|第二版|

Python
教學手冊

程式設計書 20 萬冊暢銷淬鍊

- FB 官方粉絲專頁：旗標知識講堂

- 旗標「線上購買」專區：您不用出門就可選購旗標書！

- 如您對本書內容有不明瞭或建議改進之處，請連上旗標網站，點選首頁 聯絡我們 專區。

若需線上即時詢問問題，可點選旗標官方粉絲專頁留言詢問，小編客服隨時待命，盡速回覆。

若是寄信聯絡旗標客服 emaill，我們收到您的訊息後，將由專業客服人員為您解答。

我們所提供的售後服務範圍僅限於書籍本身或內容表達不清楚的地方，至於軟硬體的問題，請直接連絡廠商。

學生團體　訂購專線：(02)2396-3257 轉 362
　　　　　傳真專線：(02)2321-2545

經銷商　　服務專線：(02)2396-3257 轉 331
　　　　　將派專人拜訪
　　　　　傳真專線：(02)2321-2545

國家圖書館出版品預行編目資料

Python 教學手冊 / 洪維恩作. -- 第二版. -- 臺北市：
旗標科技股份有限公司, 2025.06

面；　公分

ISBN 978-986-312-836-6(平裝)

1.CST: Python(電腦程式語言)

312.32P97　　　　　　　　　　　　114005752

作　　者／洪維恩

發　行　所／旗標科技股份有限公司
　　　　　　台北市杭州南路一段15-1號19樓

電　　話／(02)2396-3257(代表號)

傳　　真／(02)2321-2545

劃撥帳號／1332727-9

帳　　戶／旗標科技股份有限公司

監　　督／黃昕暐

執行企劃／黃昕暐

執行編輯／黃昕暐

封面設計／陳憶萱

校　　對／黃昕暐

新台幣售價：680 元

西元 2025 年 9 月 二版 2 刷

行政院新聞局核准登記-局版台業字第 4512 號

ISBN 978-986-312-836-6

Copyright © 2025 Flag Technology Co., Ltd.
All rights reserved.

本著作未經授權不得將全部或局部內容以任何形式重製、轉載、變更、散佈或以其他任何形式、基於任何目的加以利用。

本書內容中所提及的公司名稱及產品名稱及引用之商標或網頁，均為其所屬公司所有，特此聲明。

-序-

對許多人來說，Python 也許是目前最值得學習的程式語言。Python 簡單易學，其語法直白、學習資源豐富，且有各式各樣的套件支持，應用性廣泛。這些條件使得 Python 深植許多應用領域，如科學計算、網路爬蟲、資料分析、機器學習與人工智慧等。然而在踏入這些應用領域之前，熟悉 Python 的語法，培養程式設計的思維是必須的，本書也是基於這個理念而設計。

本書可分為三大部分，第一部分 1 到 3 章探討了 Python 基本語法與資料型別，這個部分鋪墊了 Python 程式語言的基礎。第二部分是 4 到 8 章，包含了程式流程的控制、函數、容器資料型別、物件導向技術，以及檔案與例外處理等主題，旨在培養邏輯思維能力，這些概念構成程式設計的核心基礎。第三部分 9 到 14 章則介紹了 Python 常用的套件，內容包含 NumPy、Matplotlib、Pandas、BeautifulSoup 與 Scikit-image 等，這些常用的套件可將 Python 延伸到更寬廣的領域。

相較於前一個版本採用 Google Colab 進行教學，這個版本改以 Visual Studio Code（VS Code）作為主要的開發與學習平台，讓讀者在學習語法的同時，也能熟悉一套專業的程式開發工具。VS Code 支援多種程式語言與擴充功能，能有效提升撰寫與管理程式碼的效率。儘管如此，本書所有程式範例仍可在 Google Colab 上執行。Colab 是 Google 提供的雲端服務，無需安裝 Python 環境，只要連上網路即可在瀏覽器中撰寫與執行程式。相關操作方式可參考本書附錄 B 的說明。

本書教學內容以互動學習與實作程式碼兩種方式進行。互動學習利用了 Jupyter Notebook（附檔名為 .ipynb）可直接觀察程式片段輸出的優點，主要用於介紹 Python 的基本語法與常用函數，適合逐步練習與即時觀察執行結果；而實作程式碼（.py 檔）則著重於整體程式的邏輯與架構，引導讀者從片段式學習逐步邁向完整應用的能力。值得注意的是，所有 .py 檔中的程式亦可完整貼入 .ipynb 中執行，讀者可在同一環境中自由切換。Jupyter Notebook 的使用說明詳見附錄 A。

本書二版的完成首先感謝這三年來參與 Python 實體上課的學生，這些學生多數來自資訊、商管、護理和語文相關科系。他們課堂上的提問、習題實作時遇到的問題自然也反映了初稿的不足，學生的反饋是讓本書更臻完善的重要因素。這些同學逐字閱讀了本書最後的完稿，實作每一個範例與習題，並給予許多建議，使得本書的品質得以更好的呈現。

我也感謝旗標的資深編輯黃昕暐先生，他實際地閱讀本書的內容，以極其專業的角度來看待本書的每一個細節。在我們見解不同時，他總是引經據典的貼一個鏈接，告訴我 Python 官網的解說和書裡表達方式的差異。他對於內容審慎校閱的態度，也自然成就了這本書的品質。

最後，我要謝謝紫珊和倖萱親手繪製可愛的插畫，為本書增添不少樂趣。本書章名頁裡的插畫為紫珊的巧思，而書裡部分的插圖為倖萱的塗鴉。她們沒有專業的繪圖工具，只在平板和手機上塗塗抹抹，一隻隻可愛的小派森就躍然紙上。她們都是商管領域且使用這本書的初稿學習 Python 的學生。學習 Python 的過程對她們來說好像也和畫畫一樣，充滿成就和愜意。

Python 是一個相當有趣的程式語言，學習 Python 就從現在開始吧！

洪維恩
wienhong@gmail.com
國立臺中科技大學 資訊工程系

-目錄-

第一章 認識 Python

1.1 Python 簡介 ··· 1-2
1.2 下載與安裝 Python ·· 1-3
1.3 安裝與設定 VS Code ··· 1-7
    1.3.1 下載與安裝 VS Code ·· 1-7
    1.3.2 設定 VS Code 中文套件 ·· 1-10
    1.3.3 安裝 Python 擴充套件 ·· 1-12
    1.3.4 設定 VS Code 的環境 ·· 1-17
1.4 使用 VS Code 執行 Python 程式 ·· 1-19
1.5 開始進入 Python 的世界 ·· 1-22
    1.5.1 Python 程式的基本認識 ··· 1-22
    1.5.2 程式撰寫時的注意事項 ·· 1-25
    1.5.3 程式發生錯誤 ·· 1-26
    1.5.4 程式的註解 ·· 1-27
1.6 使用內建的 AI 功能—Copilot ··· 1-28

第一章 習題 ·· 1-31

第二章 資料型別、變數與運算子

2.1 簡單的資料型別 ··· 2-2
    2.1.1 數值型別 ·· 2-2
    2.1.2 字串型別 ·· 2-5
2.2 變數與常數 ··· 2-6
2.3 常用的運算子 ··· 2-8

2.3.1 算術運算子 2-8

2.3.2 比較運算子 2-9

2.3.3 邏輯運算子 2-10

2.4 變數的設值與運算的優先順序 2-13

2.4.1 變數的設值 2-13

2.4.2 運算的優先順序 2-14

2.5 型別轉換 2-16

2.5.1 隱式轉換 2-16

2.5.2 顯式轉換 2-16

2.6 不同進位整數的轉換 2-18

2.7 輸出與輸入函數 2-19

2.7.1 Python 的輸出函數- print() 2-19

2.7.2 格式化字串 2-21

2.7.3 輸入函數- input() 2-25

2.8 關於浮點數計算時的誤差 2-26

第二章 習題 2-28

第三章 數值、字串與串列的處理

3.1 數值運算 3-2

3.1.1 內建數學函數 3-2

3.1.2 math 模組裡的基本數學函數 3-3

3.1.3 math 模組裡的指數、對數與三角函數 3-5

3.2 random 模組裡的函數 3-6

3.3 字串的處理函數 3-9

3.3.1 認識 Python 字元的編碼 3-9

3.3.2 字元的 8 進位與 16 進位表示法 3-11

3.3.3 取得字元或字串的相關訊息 3-13

3.3.4 處理字串的運算子 ································· 3-14
 　　3.3.5 字元的提取 ······································· 3-15
3.4 字串類別提供的函數 ······································· 3-15
 　　3.4.1 字串大小寫的轉換函數 ························· 3-18
 　　3.4.2 字串檢測函數 ··································· 3-20
 　　3.4.3 字串搜尋函數 ··································· 3-22
 　　3.4.4 字串編修與對齊函數 ···························· 3-23
3.5 串列與相關的處理函數 ····································· 3-26
 　　3.5.1 串列的建立與基本運算 ························· 3-26
 　　3.5.2 串列元素的提取 ································· 3-29
 　　3.5.3 range() 函數 ····································· 3-31
 　　3.5.4 串列的處理函數 ································· 3-32
第三章 習題 ·· 3-35

第四章 流程控制：選擇性敘述與迴圈

4.1 選擇性敘述 ·· 4-2
 　　4.1.1 if 敘述 ·· 4-2
 　　4.1.2 if-else 敘述 ······································· 4-3
 　　4.1.3 單行的 if-else 敘述 ······························ 4-4
 　　4.1.4 if-elif-else 敘述 ·································· 4-5
 　　4.1.5 巢狀的選擇性敘述 ································ 4-7
4.2 for 迴圈 ·· 4-9
 　　4.2.1 for 迴圈的基本語法 ······························ 4-9
 　　4.2.2 關於 pythontutor.com 網站 ······················ 4-12
 　　4.2.3 走訪 range() 函數生成的物件 ··················· 4-14
 　　4.2.4 巢狀的 for 迴圈 ·································· 4-15

4.3　while 迴圈 ··· 4-17

4.4　break、continue 和 pass 敘述 ··· 4-20

　　4.4.1　break 敘述 ·· 4-20

　　4.4.2　continue 敘述 ··· 4-23

　　4.4.3　pass 敘述 ··· 4-24

4.5　帶有 else 的迴圈 ··· 4-25

4.6　串列推導式 ·· 4-28

　　4.6.1　簡單的串列推導式 ·· 4-28

　　4.6.2　巢狀的串列推導式 ·· 4-30

第四章　習題 ··· 4-32

第五章　函數

5.1　函數的基本概念 ··· 5-2

5.2　參數的傳遞機制 ··· 5-7

　　5.2.1　變數與物件之間的關係 ··· 5-7

　　5.2.2　可變物件與不可變物件 ··· 5-10

　　5.2.3　傳遞參數到函數 ··· 5-13

5.3　關於參數的傳入 ··· 5-16

　　5.3.1　參數的預設值 ·· 5-17

　　5.3.2　位置參數與指名參數 ·· 5-18

　　5.3.3　傳遞任意個數的參數 ·· 5-19

5.4　全域變數與區域變數 ··· 5-21

5.5　遞迴函數 ··· 5-23

5.6　lambda 表達式 ·· 5-25

5.7　函數的進階應用 ··· 5-28

　　5.7.1　參數的解包 ·· 5-28

　　5.7.2　可迭代物件與迭代器 ·· 5-29

5.7.3　使用 zip() 和 enumerate() 函數 ·· 5-32

　　　5.7.4　產生器的設計與應用 ··· 5-34

　第五章　習題 ·· 5-38

第六章　容器資料型別

6.1　list 資料型別 ··· 6-2

　　6.1.1　list 類別提供的函數 ·· 6-2

　　6.1.2　巢狀串列 ·· 6-3

　　6.1.3　串列的設定、淺拷貝和深拷貝 ··· 6-6

6.2　tuple 資料型別 ··· 6-8

　　6.2.1　元組的建立與操作 ··· 6-8

　　6.2.2　再談可變與不可變物件 ·· 6-9

6.3　set 資料型別 ·· 6-14

　　6.3.1　集合的建立與基本運算 ··· 6-14

　　6.3.2　set 類別提供的函數 ·· 6-17

6.4　dict 資料型別 ··· 6-22

　　6.4.1　字典的建立與基本運算 ··· 6-22

　　6.4.2　dict 類別提供的函數 ··· 6-24

　第六章　習題 ·· 6-31

第七章　物件導向程式設計

7.1　類別的基本概念 ··· 7-2

　　7.1.1　計算圓面積與周長 —以函數完成 ·· 7-2

　　7.1.2　計算圓面積與周長 —以類別完成 ·· 7-3

7.2　類別裡的函數 ·· 7-6

　　7.2.1　實例函數 ·· 7-6

　　7.2.2　類別函數 ·· 7-9

7.2.3　靜態函數 ·· 7-12

7.3　繼承與多型 ·· 7-14

　　7.3.1　繼承 ··· 7-14

　　7.3.2　多型 ··· 7-17

7.4　類別的封裝 ·· 7-20

　　7.4.1　私有屬性 ·· 7-20

　　7.4.2　屬性前的雙底線與單底線 ·· 7-23

　　7.4.3　父類別同名屬性被覆蓋的問題 ·· 7-24

　　7.4.4　取值與設值函數 ·· 7-27

第七章　習題 ··· 7-32

第八章　檔案、異常處理與模組

8.1　檔案處理 ·· 8-2

　　8.1.1　寫入與讀取純文字檔 ·· 8-3

　　8.1.2　進階檔案處理：with、seek 與 tell ··· 8-6

　　8.1.3　讀取 csv 檔案 ··· 8-8

　　8.1.4　二進位檔的處理 ·· 8-10

8.2　異常處理 ·· 8-15

　　8.2.1　異常的分類 ·· 8-15

　　8.2.2　從 if-else 到 try-except：異常處理的演進 ·· 8-16

　　8.2.3　異常處理的應用 ·· 8-20

　　8.2.4　使用 raise 拋出異常 ·· 8-22

8.3　模組與套件 ·· 8-24

　　8.3.1　載入模組或套件的語法 ··· 8-24

　　8.3.2　使用自定義模組裡的函數 ·· 8-26

第八章　習題 ··· 8-30

第九章 使用 NumPy 套件

9.1 初探 NumPy 陣列 ·· 9-2
   9.1.1 NumPy 陣列的基本認識 ·· 9-4
   9.1.2 NumPy 常用的資料型別 ·· 9-8
   9.1.3 用來建立陣列的函數 ··· 9-10
   9.1.4 產生亂數 ·· 9-11
9.2 陣列元素的提取 ·· 9-15
   9.2.1 利用索引提取陣列元素 ·· 9-15
   9.2.2 陣列的切片操作 ·· 9-17
   9.2.3 利用布林陣列提取元素 ·· 9-18
   9.2.4 利用整數陣列提取元素 ·· 9-19
   9.2.5 拷貝與檢視 ·· 9-21
9.3 陣列的進階處理 ·· 9-24
   9.3.1 拆平與重排 ·· 9-27
   9.3.2 增減陣列的軸（維度） ·· 9-26
   9.3.3 陣列的分割與合併 ·· 9-29
   9.3.4 陣列分割與合併的應用 ·· 9-33

第九章 習題 ··· 9-35

第十章 NumPy 的數學運算

10.1 基本運算 ··· 10-2
   10.1.1 常數與數學函數 ·· 10-2
   10.1.2 邏輯運算函數 ·· 10-5
   10.1.3 陣列的顯示設定 ·· 10-6
10.2 陣列的進階運算處理 ··· 10-8
   10.2.1 運算與條件選取 ·· 10-8
   10.2.2 數值位置查找與索引轉換 ·· 10-11

vii

10.3 統計處理與資料排序 ·· 10-16
   10.3.1 統計處理 ·· 10-16
   10.3.2 排序處理 ·· 10-17
10.4 數學矩陣的相關運算 ··· 10-21
   10.4.1 矩陣常用的運算 ·· 10-21
   10.4.2 使用 numpy.linalg 模組 ··· 10-22
10.5 廣播運算 ··· 10-24
   10.5.1 廣播的基本運算 ·· 10-24
   10.5.2 廣播運算的應用 ·· 10-27
10.6 儲存 NumPy 陣列 ·· 10-33
第十章 習題 ··· 10-35

第十一章 使用 Matplotlib 繪圖套件

11.1 Matplotlib 繪圖的基本認識 ··· 11-2
   11.1.1 繪圖元件的介紹 ··· 11-2
   11.1.2 利用 add_subplot() 繪圖 ·· 11-5
   11.1.3 利用 subplots() 繪圖 ··· 11-7
   11.1.4 簡易的繪圖指令 ··· 11-10
   11.1.5 儲存繪製的圖形 ··· 11-12
11.2 二維繪圖的修飾 ··· 11-13
   11.2.1 繪圖內容的修飾 ··· 11-13
   11.2.2 坐標軸的修飾 ·· 11-19
11.3 填滿繪圖與極坐標繪圖 ·· 11-26
   11.3.1 填滿兩曲線之間的面積 ·· 11-26
   11.3.2 極坐標繪圖 ··· 11-27
11.4 統計繪圖 ··· 11-29
   11.4.1 散佈圖 ·· 11-30

  11.4.2 長條圖和圓餅圖 ……………………………………… 11-32

  11.4.3 直方圖 ……………………………………………………… 11-34

11.5 等高線圖與三維繪圖 …………………………………………… 11-35

  11.5.1 等高線圖 ………………………………………………… 11-36

  11.5.2 三維等高線圖與曲面圖 ………………………………… 11-37

  11.5.3 調整三維圖形的仰角和方位角 ………………………… 11-39

  11.5.4 三維的散佈圖 …………………………………………… 11-40

11.6 動畫的製作 ……………………………………………………… 11-41

第十一章 習題 ………………………………………………………… 11-47

第十二章 使用 Pandas 處理數據資料

12.1 一維的 Series …………………………………………………… 12-2

  12.1.1 建立 Series ……………………………………………… 12-3

  12.1.2 Series 常用的查詢及缺失值處理 ……………………… 12-4

12.2 二維的 DataFrame ……………………………………………… 12-8

  12.2.1 建立 DataFrame ………………………………………… 12-9

  12.2.2 DataFrame 常用的函數 ………………………………… 12-10

12.3 Pandas 的元素操作與運算 ……………………………………… 12-14

  12.3.1 元素的選取 ……………………………………………… 12-14

  12.3.2 條件篩選元素 …………………………………………… 12-18

  12.3.3 索引的重排與資料分組 ………………………………… 12-20

  12.3.4 刪除與插入列或欄 ……………………………………… 12-25

  12.3.5 常用的四則運算函數 …………………………………… 12-29

12.4 排序與統計函數 ………………………………………………… 12-32

  12.4.1 排序函數 ………………………………………………… 12-32

  12.4.2 統計函數 ………………………………………………… 12-34

12.5 Pandas 的繪圖 …………………………………………………… 12-38

12.6 存取 csv 檔與 pickle 檔 ……………………………………………… 12-39

第十二章 習題 ……………………………………………………………… 12-42

第十三章 網路爬蟲入門

13.1 認識網路爬蟲 ………………………………………………………… 13-2

    13.1.1 網路爬蟲的類型與應用 ………………………………………… 13-2

    13.1.2 爬蟲的工作原理 ………………………………………………… 13-3

    13.1.3 網頁的請求與回應 ……………………………………………… 13-4

13.2 使用 requests 發送 GET 請求 ………………………………………… 13-4

13.3 解析 HTML 與安裝 BeautifulSoup …………………………………… 13-6

    13.3.1 簡單的 HTML 檔案 …………………………………………… 13-7

    13.3.2 認識 HTML 的標籤 …………………………………………… 13-9

    13.3.3 開發人員工具與網頁原始碼 …………………………………… 13-11

    13.3.4 安裝與載入 BeautifulSoup …………………………………… 13-14

13.4 實作：抓取網頁特定資訊 …………………………………………… 13-14

    13.4.1 取得標籤內容 …………………………………………………… 13-15

    13.4.2 取得超連結與圖片內容 ………………………………………… 13-17

    13.4.3 取得完整的超連結 URL ……………………………………… 13-19

13.5 爬取 PTT 寵物板 ……………………………………………………… 13-22

    13.5.1 爬取一個頁面的資訊 …………………………………………… 13-23

    13.5.2 爬取多個頁面 …………………………………………………… 13-27

第十三章 習題 ……………………………………………………………… 13-34

第十四章 使用 Skimage 進行圖像處理

14.1 圖像的基本概念 ……………………………………………………… 14-2

    14.1.1 讀取與顯示圖像 ………………………………………………… 14-2

    14.1.2 圖像類型與 Skimage 內建圖像資源 ………………………… 14-3

14.2 圖像類型、儲存與色表應用 ··· 14-5
   14.2.1 灰階圖像 ·· 14-5
   14.2.2 二值圖像 ·· 14-8
   14.2.3 彩色圖像 ·· 14-10
   14.2.4 儲存圖像 ·· 14-13
   14.2.5 定義自己的色表 ·· 14-15
14.3 基礎圖像處理 ·· 14-17
   14.3.1 圖像的切割 ·· 14-17
   14.3.2 像素的操作 ·· 14-19
   14.3.3 圖像資料型別的轉換函數 ·· 14-22
   14.3.4 色彩空間的轉換 ·· 14-24
14.4 進階圖像處理 ·· 14-26
   14.4.1 改變大小與旋轉 ·· 14-26
   14.4.2 直方圖等化 ·· 14-28
   14.4.3 邊緣偵測 ·· 14-30
   14.4.4 柔化與銳利化圖像 ·· 14-32
   14.4.5 去雜訊處理 ·· 14-33
14.5 圖像修復 ·· 14-36
第十四章 習題 ·· 14-38

附錄 A：使用 Jupyter Notebook

A.1 安裝 Jupyter 擴充功能 ··· A-1
A.2 鍵入程式碼 ·· A-3
A.3 儲存格的選取、複製、移動與刪除 ·· A-6
A.4 存檔與離開 Jupyter Notebook ·· A-6
A.5 Markdown 語法 ··· A-8
A.6 於 Jupyter Notebook 裡製作目錄 ·· A-12

附錄 B: Colab 的使用

B.1 啟動 Colab ··· B-1

B.2 鍵入程式碼與文字儲存格 ·· B-2

B.3 儲存格的選取、複製、移動與刪除 ··· B-5

B.4 存檔與離開 Colab ·· B-6

B.5 設定更舒適的操作環境 ··· B-7

B.6 使用 Colab 的 AI 輔助學習 Python ·· B-8

B.7 在 Colab 存取雲端硬碟裡的檔案 ··· B-11

附錄 C: ASCII 碼表

英文索引

認識 Python

Python 是一個簡潔的語言,它好學易懂,擴展性強,初學者也可以輕易上手,因此現今 Python 已經取代眾多的程式語言,廣泛的應用在機器學習與人工智慧等領域,成為學習程式設計的首選。本章將簡單地介紹 Python 的發展史,建置學習 Python 所需的開發環境,並引導您如何撰寫與執行 Python 程式。

1. Python 簡介
2. 下載與安裝 Python
3. 安裝與設定 VS Code
4. 使用 VS Code 執行 Python 程式
5. 開始進入 Python 的世界
6. 使用內建的 AI 功能─Copilot

1.1 Python 簡介

Python 是由荷蘭工程師 Guido van Rossum 於 90 年代所創，他是 BBC 電視台《蒙提·派森飛行馬戲團（Monty Python's flying circus）》超現實喜劇的愛好者，所以選擇 Python 作為這個程式語言的名字。Python 是大蟒蛇之意，因此 Python 也就以兩隻卡通的大蟒蛇為其標誌。

Python 的標誌為兩隻卡通蟒蛇

現今 Python 已經成了最流行，最受歡迎的程式語言。舉凡資料科學、大數據、人工智慧（AI）、深度學習、物聯網等熱門應用均可看到 Python 的足跡。事實上，Python 正以極快的速度推進每一個領域，同時也影響了各級學校程式語言授課的調整。Python 之所以廣受歡迎，主要是因為它具備下列特點：

1. 容易上手：Python 的設計核心是簡單和可讀性，語法接近自然語言，類似於直白的英文句子結構，這使得學習過程可以快速上手。另外，Python 為直譯式語言，寫好程式就可以立即看到執行結果，減少學習的技術門檻。

2. 免費且開源：Python 是開源軟體，任何人都可以免費使用。開源的特性吸引許多開發者參與，進一步豐富 Python 的生態系統。

3. 開發效率高：Python 提供多樣的套件來增加功能，因此不僅提高程式的開發效率，也降低維護和運行的成本。現今許多公司選擇 Python 進行產品開發或數據分析，以滿足快速更新和變化的需求。

4. 廣泛的應用領域：Python 多用途的特性使得它可以應用於各種領域，包括科學計算、大數據分析、人工智慧與遊戲開發等。Python 更在人工智慧領域提供完善的功能，如 TensorFlow 和 PyTorch 等深度學習框架都依賴 Python，使其成為這些尖端技術的首選語言。

目前有許多開發環境可以用來執行 Python。例如 Google Colaboratory（簡稱 Colab）是雲端工具，無需安裝，使用上最為簡便；JupyterLab 和 Colab 類似，但需自行安裝。VS Code 的擴展性強，支援多種開發語言與套件。Spyder 的介面類似 MATLAB，適合科學運算。PyCharm 是專業的 Python IDE，提供強大的除錯、測試和整合功能，適合大型專案。

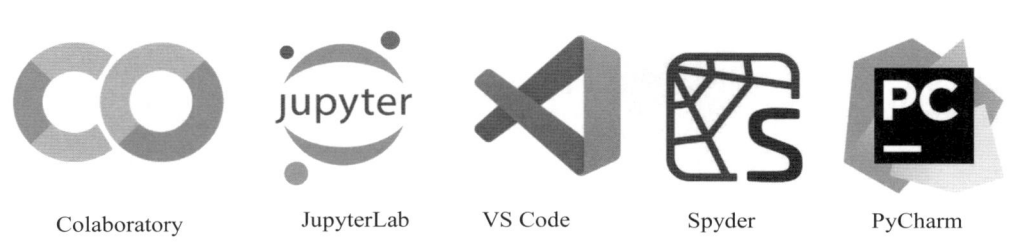

    Colaboratory   JupyterLab   VS Code   Spyder   PyCharm

我們建議讀者使用 VS Code 或是 Colab 做為 Python 的開發環境。VS Code 的界面美觀，可以撰寫多種語言，也可以執行互動式的 Jupyter Notebook。Colab 則是一個基於網頁的雲端 Python 編輯環境，無需任何安裝或設置。只要有網頁瀏覽器就可以在任何設備上隨時打開 Colab，輕鬆撰寫和運行 Python，非常適合初學者。

本書的範例可在 VS Code、VS Code 中的 Jupyter Notebook，或 Colab 中執行，您可以任選一種做為學習 Python 的環境。本章僅介紹 VS Code 的使用，Jupyter Notebook 的安裝與操作請參考附錄 A，Colab 環境的使用可參考附錄 B。

1.2 下載與安裝 Python

要使用 VS Code 學習 Python，我們需要先安裝 Python，接著安裝 VS Code 編輯工具，最後在 VS Code 中設定 Python 解譯器即可完成開發環境的配置。要下載 Python，請先到

    `https://www.python.org/downloads/`

我們可以依自己的作業系統來下載 Windows 或是 macOS 的版本。網頁下方也可下載舊版本，不過我們只需要下載最新的穩定版本，該版本通常會顯示在頁面頂部。

以 64 位元 Windows 11 作業系統為例,請點選「Download Python 3.13.2」進行下載。由於 Python 更新速度較快,您下載的版本可能與本書所使用的版本略有不同,但這些差異並不影響學習。

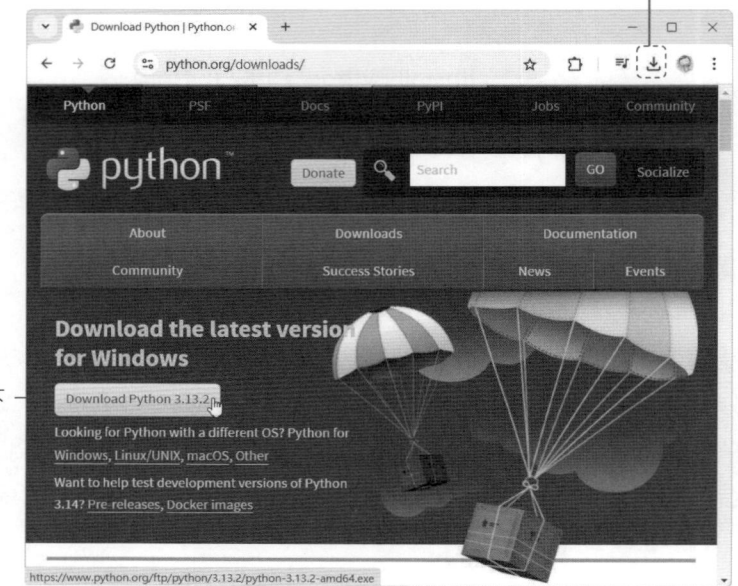

1. 請點選此項,下載最新的版本
2. 按此處可找到下載的檔案

找到要下載的 python 版本及對應的作業系統(本例為 Windows 11 64-bit)後即可進行下載。從 Files 標題的 Version 欄位裡點選「Windows installer(64-bit)」。

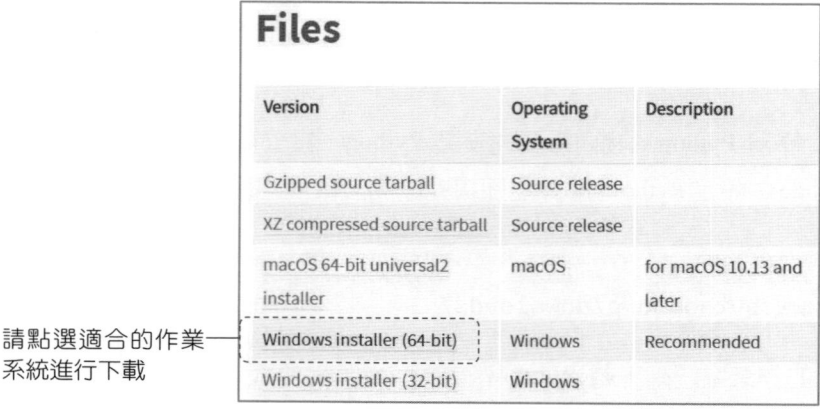

請點選適合的作業系統進行下載

下載好後，請前往下載檔案的資料夾（Windows 11 預設為「下載」），找到並執行下載的檔案「python-3.13.2-amd64.exe」即會開始安裝。在安裝畫面中，請勾選「Add python to PATH」選項，這樣在後續練習時，能直接於命令列中使用 Python。勾選「Add python.exe to PATH」與點選「Customize installation」項目後進行安裝程序。

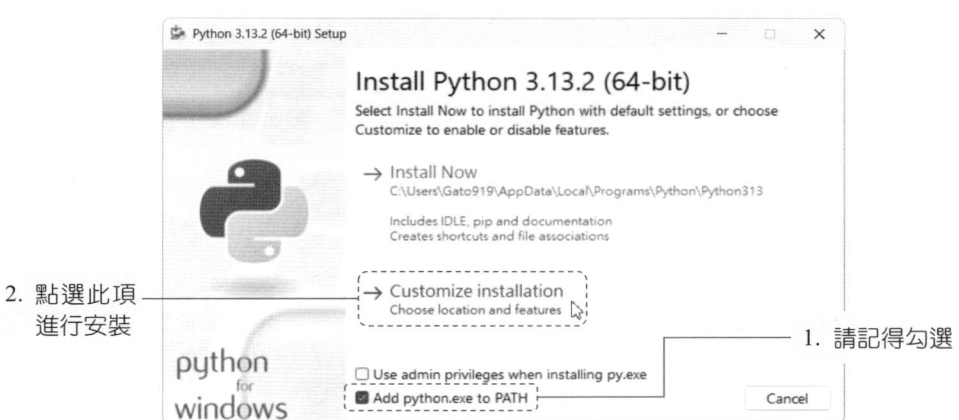

接著會出現「Optional Features」視窗，保留預設勾選的項目即可。按下「Next」鈕會出現「Advanced Options」視窗，下面有個「Customize install location」欄位可供選擇要安裝的路徑。請將安裝路徑修改為「`C:\Python313`」，以方便後續要找到 Python 安裝的位置。313 代表目前安裝的版本是 3.13 版，若您安裝的版本為 Python 3.24，安裝路徑就設為「`C:\Python324`」。

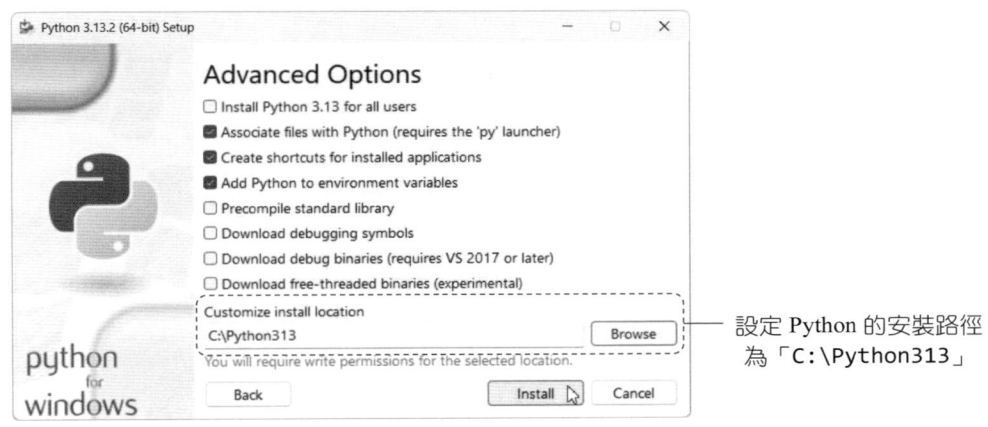

設定好路徑後按下「Install」鈕，稍等一會兒 Python 即可安裝完成，最後按下「Close」鈕結束安裝。安裝好之後，我們先來測試一下是否有安裝成功。請在 Windows 左下方的搜尋欄裡鍵入「cmd」，然後選擇「命令提示字元」，或是按下鍵盤上的「Win 鍵 +R」，於出現的視窗中輸入「cmd」：

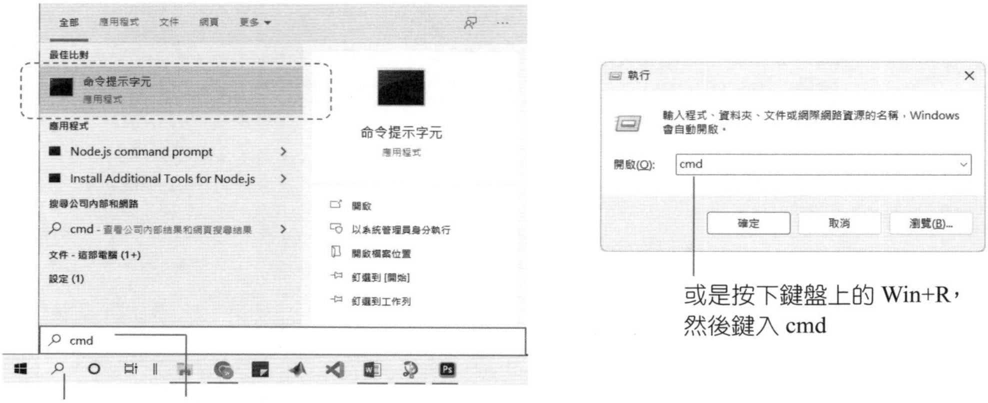

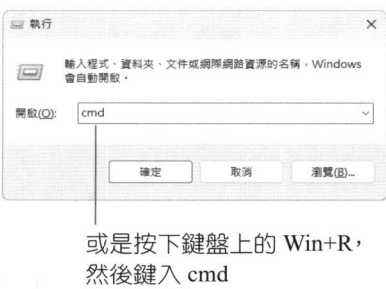

或是按下鍵盤上的 Win+R，然後鍵入 cmd

1. 按此處　　2. 於搜尋欄裡鍵入 cmd，選擇命令提示字元

按下 Enter 鍵之後，桌面上會跳出一個視窗，我們稱它為「cmd 視窗」(cmd 為 command 的縮寫)。由於我們已經把 Python 安裝在「C:\Python313」裡，且安裝時已勾選「Add python.exe to PATH」，因此在這個視窗中只需鍵入

```
python
```

即可在 cmd 視窗中啟動 Python。如果無法啟動，很可能是安裝時未勾選「Add python.exe to PATH」選項。此時您需要輸入 Python 的完整安裝路徑（例如 C:\Python313\python）才能執行。不過，許多套件的安裝與 VS Code 的整合都仰系統知道 Python 安裝在哪裡，因此建議重新安裝 Python，並在安裝畫面中勾選「Add python.exe to PATH」，以避免後續操作出現問題。

下面的視窗是啟動 Python 之後的畫面，同時我們也在裡面鍵入「3+6」和「print('Hello python')」這兩行指令，按下 Enter 鍵即可執行它們：

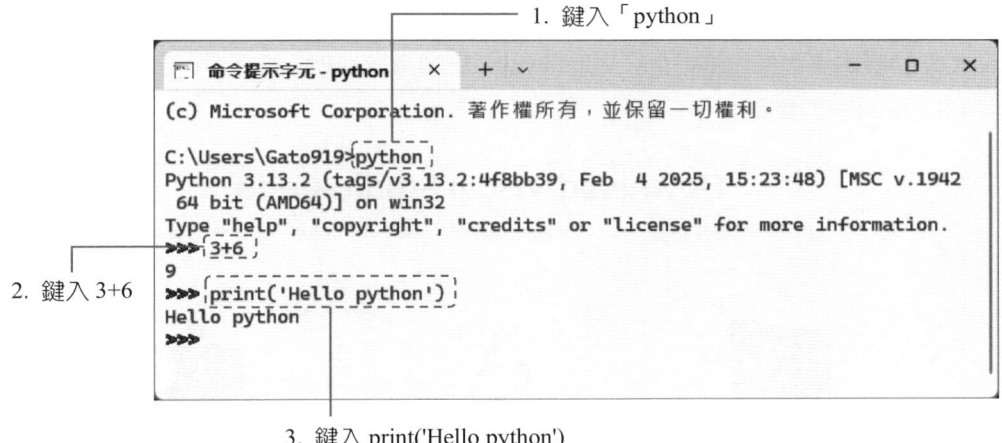

「>>>」為互動模式的提示符號，表示 Python 已準備好接受您的輸入，並立即執行輸入的指令。如果要離開 Python 的環境，請輸入「exit」（或是按下 Ctrl+Z），再按下 Enter 鍵即可離開。現在您已經安裝好 Python 的環境，並且撰寫了兩行程式。

雖然用這個方式可以執行程式，一般我們不會採用此種方法來撰寫、執行 Python，而是使用 Python 的開發環境。在 Windows 系統中，我們建議使用 VS Code 學習 Python。它可以在編輯視窗裡直接撰寫一個完整的程式，也可以在內建終端機（Terminal）或是內建的 Python 互動模式中進行指令的執行或測試。

1.3 安裝與設定 VS Code

Visual Studio Code（簡稱 VS Code）是微軟推出的一款專業程式開發工具，支援多種程式語言，例如 Java、Python、C、C++ 和 HTML 等。由於 VS Code 不僅免費，介面簡潔好用，且提供多樣化且功能強大的擴充套件，深受學校老師及業界工程師們的喜愛。因此，本書也選用 VS Code 作為 Python 的開發環境。

1.3.1 下載與安裝 VS Code

假設您使用的作業系統是 Windows，請先到

    https://code.visualstudio.com/download

即可看到 VS Code 的下載頁面。請選擇符合自己的作業系統來下載 Windows 或是 macOS 的版本。本書以 64 位元 Windows 11 作業系統為例，按下「⬇Windows」即可
● 將 VS Code 安裝檔案進行下載。

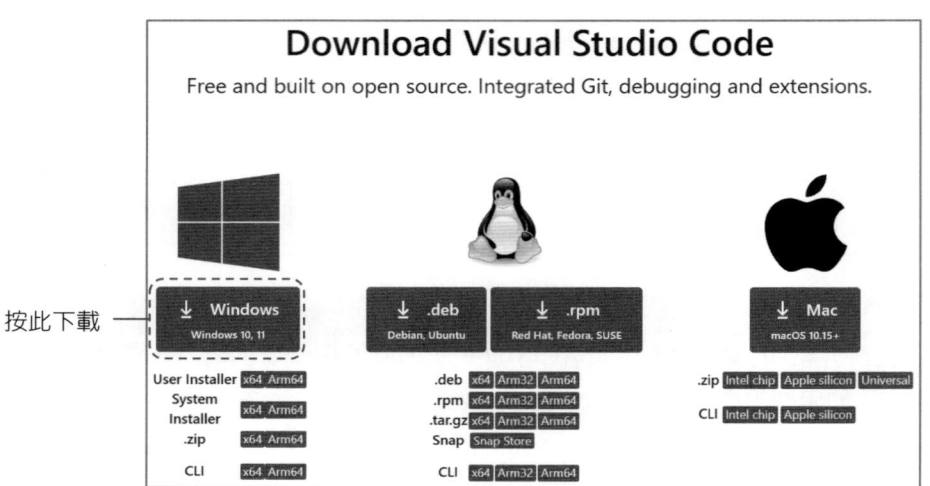

按此下載

點選下載完成的檔案「VSCodeUserSetup-x64-1.98.2.exe」（您下載的版本可能會更新一點）即會進行安裝。首先請閱讀軟體授權合約條款，點選「我同意」才能進行安裝。接著選擇安裝路徑，建議以系統預設的路徑安裝即可。

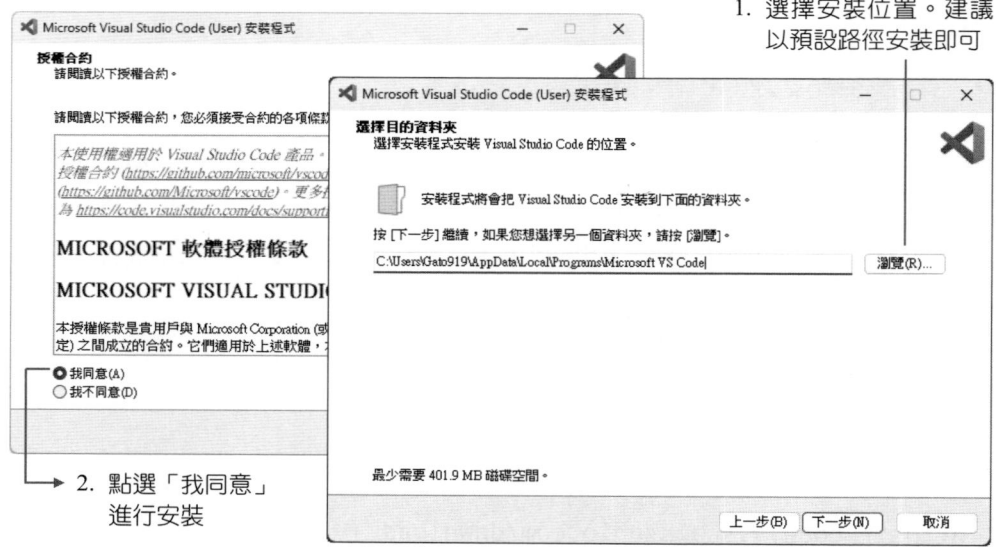

1. 選擇安裝位置。建議以預設路徑安裝即可

2. 點選「我同意」進行安裝

接著安裝程式會詢問您是否要在「開始」功能表中建立 VS Code 的捷徑，以方便日後執行。建議採用預設值即可，按「下一步」繼續安裝。

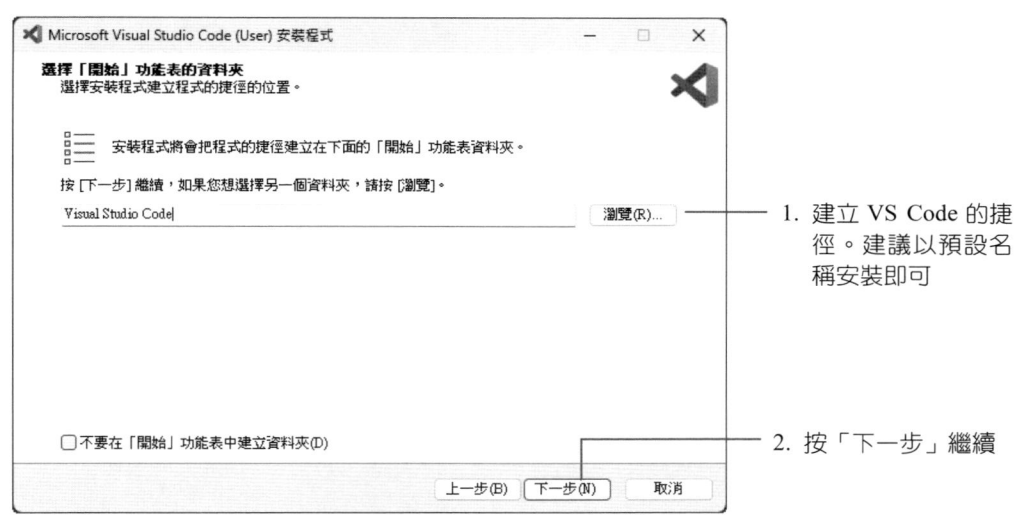

1. 建立 VS Code 的捷徑。建議以預設名稱安裝即可
2. 按「下一步」繼續

接下來的視窗會讓您選擇是否要在桌面建立圖示等附加工作，若是有特別需求再自行勾選，否則使用預設選項即可。最後在安裝前，系統會將要安裝的資訊總結，按下「安裝」鈕即會開始安裝。

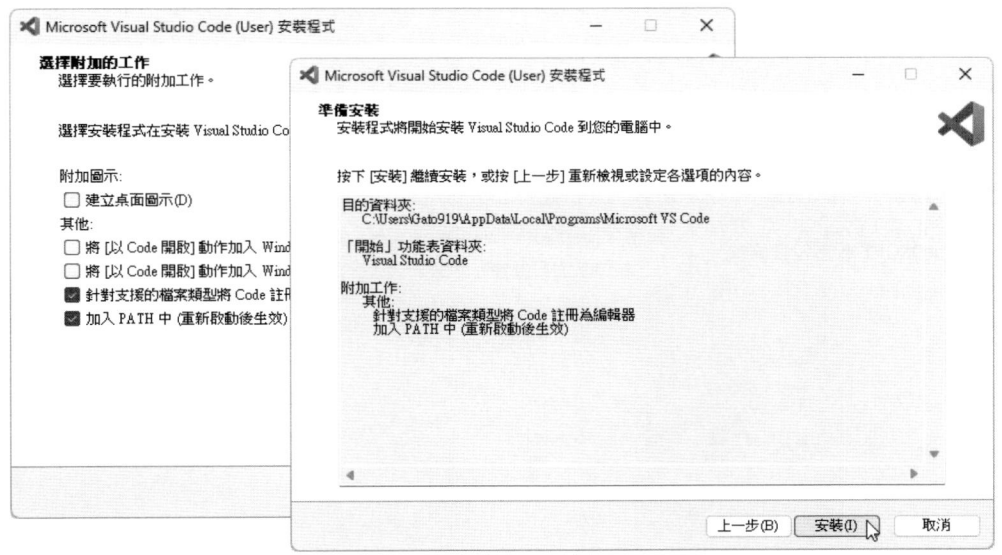

稍等一會兒安裝程式就會安裝完畢，按下「完成」鈕即可啟動 VS Code。第一次開啟 VS Code，預設介面為黑色主題，並以英文顯示。您可以看到如下面類似的畫面：

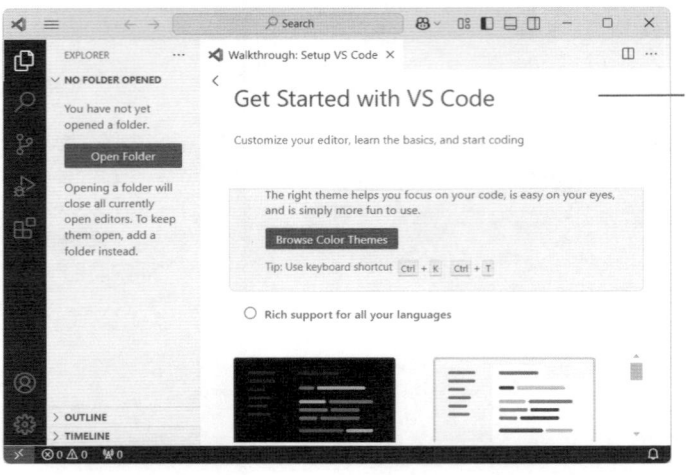

VS Code 視窗，安裝完成後為黑色主題，為了方便讀者閱讀觀看，先改為淺色主題

1.3.2 設定 VS Code 中文套件

若是想在中文介面下進行編輯程式，可以在 VS Code 視窗中點擊左側「Extensions」圖示 （或是按下「Ctrl + Shift + X」），在搜尋框中輸入「Chinese (Traditional) Language Pack」，找到「Chinese (Traditional) Language Pack for Visual Studio Code」項目，按下「Install」鈕安裝繁體中文套件。

接著，在視窗的右下方會彈出一個提示，詢問是否要將 VS Code 以中文的界面顯示。由於本書的內容是採中文界面來呈現，因此建議您點選「Change Language and Restart」將界面改為繁體中文。

安裝好語言套件後，VS Code 會自動重啟。重啟後就可以看到中文界面的 VS Code，並自動開啟一個「歡迎」的頁面。下圖是 VS Code 視窗的解說：

在「歡迎」頁面的下方可以選擇 VS Code 的佈景主題。建議您採用深色主題，長時間看下來眼睛會比較舒服（本書為了印刷時的清晰度，視窗會以淺色主題呈現）。

1.3.3 安裝 Python 擴充套件

Python 擴充套件中提供了開發 Python 所需的功能，包括語法檢查、程式碼補齊與除錯工具等，因此我們必須先安裝它。請點擊左側「延伸模組」圖示 （或是按下「Ctrl + Shift + X」），於搜尋框中輸入「Python」，找到「Python」項目，按下「安裝」鈕安裝 Python 套件。

安裝完成後請重新啟動 VS Code。重啟後，接著要選取 Python 解譯器。請按照下列流程完成解譯器設定。

1. 點擊左側「管理」圖示，於出現的選單中選擇「命令選擇區」（或是按下「Ctrl + Shift + P」）。

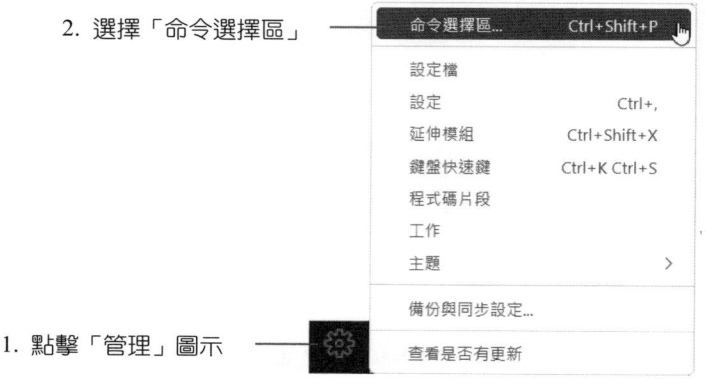

2. 於出現的對話框中輸入「Python:Select Interpreter」，選擇「Python:選取解譯器」（Python:Select Interpreter）。

輸入並選擇「Python:Select Interpreter」

3. 接著在出現的「選取解譯器」選單中選擇我們安裝完成的 Python 路徑，，此時選擇推薦項目「Python 3.13.2 C:\Python313\python.exe」做為解譯器。

若是沒有適合的解譯器，請選擇此項，自行選擇解譯器所在的路徑

選擇推薦項目

4. 若是沒有出現適合的解譯器，請選擇「輸入解譯器路徑…」，按下「尋找：瀏覽您的檔案系統以尋找 Python 解譯器。」，此時請選取解譯器安裝的路徑。

選擇此項，選取解譯器安裝的路徑

解譯器設定完成後。接下來我們要準備撰寫第一個 Python 程式。在練習本書的範例時，建議您在桌面先建立一個 My_Python 資料夾。請在 Windows 桌面空白處按下滑鼠右鍵，於出現的選單中選擇「新增」，然後再選擇「資料夾」，將資料夾名稱改為「My_Python」。

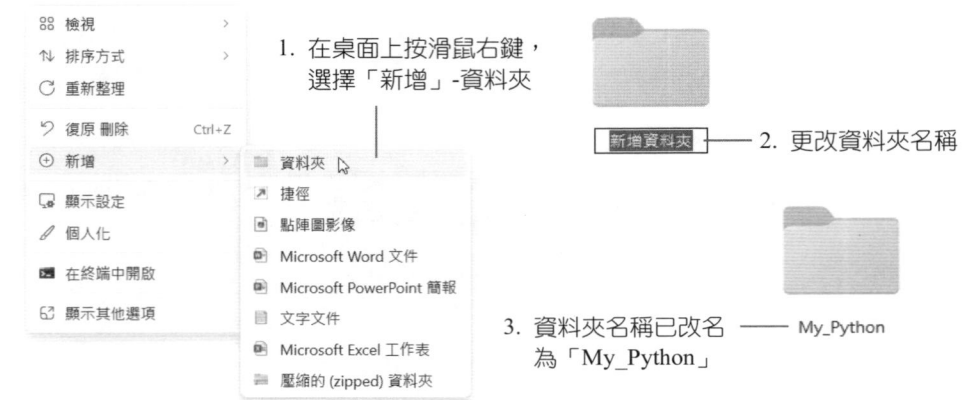

回到 VS Code 中，在視窗中點選左側工具列裡的「檔案總管」按鈕，於出現的窗格中點選 開啟資料夾 ，然後於彈出的視窗內找到 My_Python 資料夾，再按下「選擇資料夾」按鈕。此時會有一個對話方塊出現，詢問是否信任此資料夾中檔案的作者：

選擇「是，我信任作者」這個按鈕，VS Code 會在左側檔案總管中顯示該資料夾的名稱。您可以注意到原本建立的資料夾 My_Python，在 VS Code 內顯示的標籤是全部大寫 MY_PYTHON，這只是 VS Code 的顯示方式，實際的資料夾名稱仍然是 My_Python，不會受到影響。如此專案 My_Python 的環境已經準備就緒。至此，My_Python 專案的開發環境已經準備就緒，我們可以開始撰寫 Python 程式了！

請將滑鼠移到「檔案總管」中，此時 MY_PYTHON 標籤右側會出現一行工具列，按下「新增資料夾」 按鈕後建立「Ch01」資料夾，用來存放第一章的範例。

建立好 Ch01 資料夾後，我們要開始撰寫第一個程式 ch1_1.py。按下「新增檔案」按鈕後，於出現的欄位中鍵入 ch1_1.py（注意 C 是小寫）。

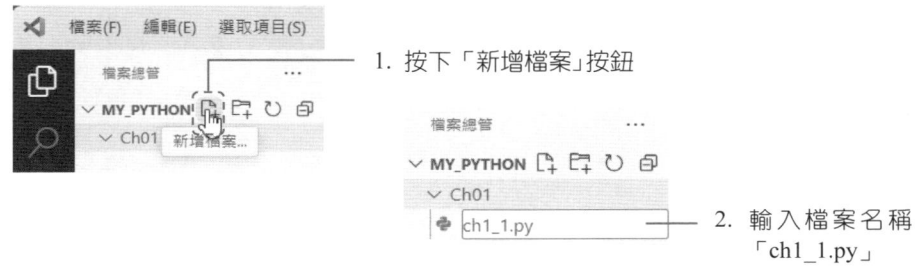

由於 VS Code 會把 My_Python 資料夾看成是一個工作區（Workspace）進行資源配置，因此在視窗的右下角可以看到 VS Code 正在忙著配置資源的一些過程。資源配置好後的視窗應如下所示：

在 VS Code 視窗下方的狀態列中可以看到解譯器的版本。請在程式編輯區中鍵入下列的程式碼：

```python
# ch1_1.py, 第一個 Python 程式
print(3+6)
print('Hello Python')
```

→ 這是行號，請不要輸入到程式編輯區

按下 VS Code 視窗右上方的「執行 Python 檔案」鈕 ▷，即可執行 Python 程式，您可以在程式編輯區下面的「終端機」標籤中查看執行結果。

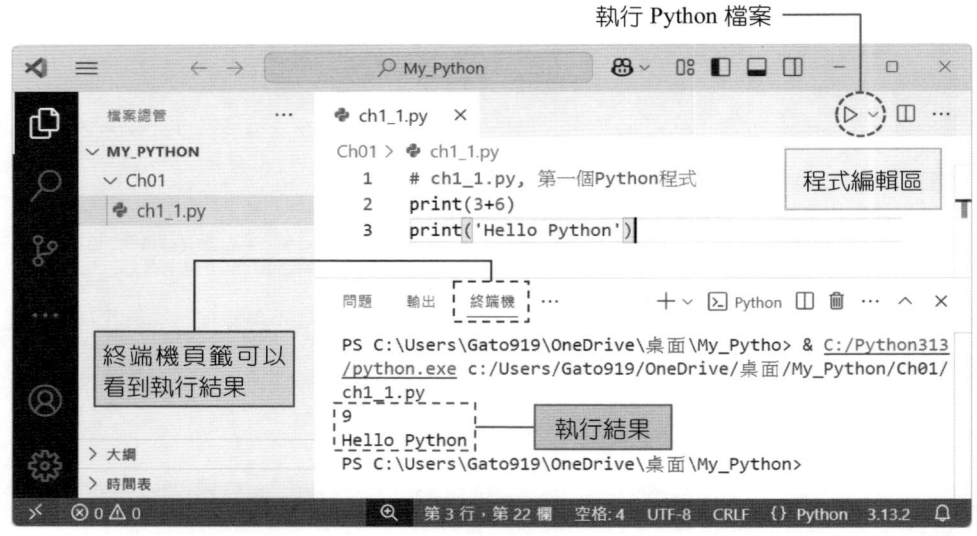

由於 Python 區分大小寫，且標點符號與括號均為半形字元，輸入時稍有不慎可能會導致錯誤的輸出結果。因此，若程式無法順利執行，請仔細檢查變數大小寫是否正確，以及標點符號與括號是否為半形，確保輸入內容與範例完全相同。

1.3.4 設定 VS Code 的環境

VS Code 提供了多樣的設定方式，可供使用者自行設定一些選項，以符合自己的需求。如設定佈景主題、編輯區字體的大小、界面顯示的語言等。下面我們來看看要如何設定這些常用的選項。

✣ 佈景主題

您可以依個人喜好選擇淺色或深色的佈景主題。點選左側工具列最下方的「管理」圖示 ，於出現的選單中選擇「主題」-「色彩佈景主題」，此時會出現一個佈景主題的選單供您選擇。一般而言，選擇深色對於長時間寫程式時，眼睛較不會疲勞，建議選擇深色的主題。

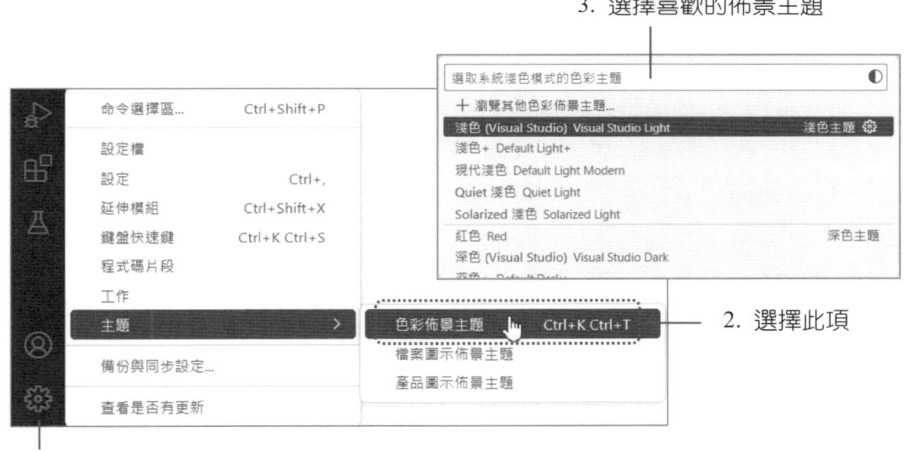

✣ 改變字體大小

如果要放大或縮小整個 VS Code 界面字體的大小，可以利用快捷鍵。按下 Ctrl 再按加號鍵 + 可以將界面的字體放大一級；相反的，按下 Ctrl 再按減號鍵 – 則是將字體縮小一級。

1-17

如果只是想設定編輯區字體的大小，請先按下「管理」圖示 ，然後選擇「設定」，於出現的頁面中選擇「使用者」標籤，再點選「經常使用的」，最後可以在 Editor:
- Font Size 中設定字體的大小：

如果看不到這個窗格，把視窗拉寬一點就會出現

❖ 改變界面顯示的語言

如果想將 VS Code 的界面切換成其他語言，可以按下「管理」圖示 ，選擇最上方的「命令選擇區」（或是直接按下快捷鍵 Ctrl+Shift+P），然後於出現的選單中鍵入「configure display Language」，選擇「設定顯示語言」，再選取您想要顯示的語言即可。選好之後，重新啟動 VS Code，VS Code 的界面就會切換成您設定的語言：

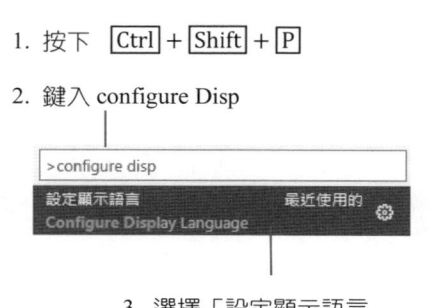

1-18

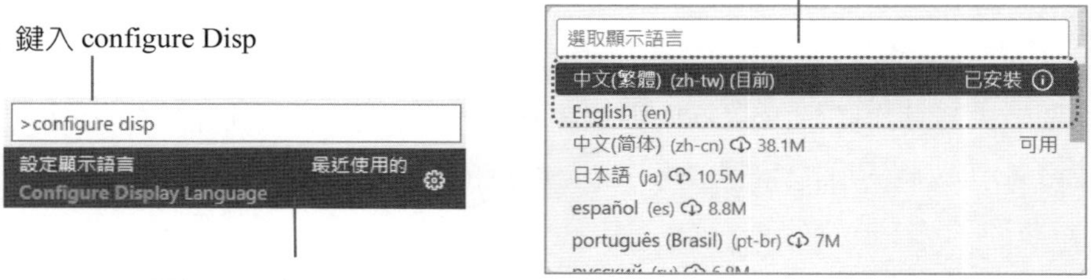

1.4 使用 VS Code 執行 Python 程式

本書的編排是以讀者的閱讀習慣為導向,輔以大量的例題與習題來提升學習的效果。此處我們列出本書的編排方式與字型的使用慣例,以方便您的閱讀。在 VS Code 中,本書會使用編輯視窗(Editor Window)與 Python REPL(Python 互動模式)兩種方式執行 Python。

♣ 編輯視窗-程式碼與程式的輸出

當範例較長且程式碼的內容相關性較多時,會在編輯視窗(也就是在 VS Code 視窗的程式編輯區)執行 Python 程式,在編輯視窗裡的程式碼儲存後的副檔名為 .py。按下「執行 Python 檔案」鈕 ▷ 就可以在下方的終端機頁籤中看到執行結果。

本書的程式碼均以 Consolas 的字型來印出,並且把程式的輸出部分列在程式之後。於程式執行時,需要使用者輸入的部分以斜體字來表示。此外,若是程式的內容需要特別的說明,會用不同的底色標示,並以條列的方式列出解說的部分。以一個簡單的程式碼為例,您可以看到本書中所使用的程式碼及輸出如下所示:

程式的行號,為方便我們的閱讀
及解說,您不需要輸入

```
01  # ch1_2.py, 於編輯視窗中執行的程式
02  a = 10
03  b = 20
04  print('a=',a)              # 印出 a 的值
05  print('b=',b)              # 印出 b 的值
06  print('Hello Python!')     # 印出字串
```

重要的程式碼會加底色來提醒您

- 執行結果:
  ```
  a= 10
  b= 20
  Hello Python!
  ```
  程式的輸出部分

1-19

✣ 使用 Python 互動式視窗（REPL 模式）

VS Code 提供 Python 互動式視窗（Interactive Window），讓使用者可以逐行執行 Python 程式碼。REPL 代表「Read-Eval-Print_Loop」，意指「讀取-求值-輸出-循環」的操作流程。若要啟動此功能，請點選左側工具列裡的「管理」-「命令選擇區」項目（或是按「Ctrl + Shift +P」），於出現的搜尋列中輸入並選擇「Python:啟動原生 Python REPL」。

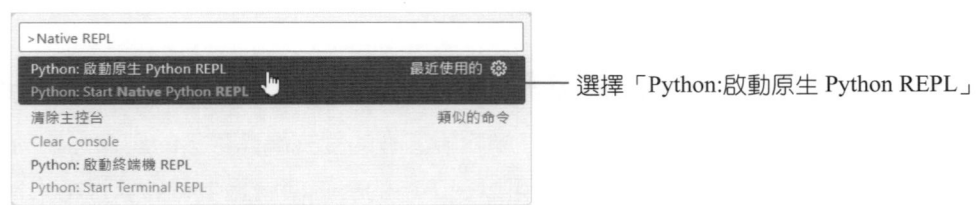

選擇「Python:啟動原生 Python REPL」

啟動後，VS Code 視窗會增加一個「Python REPL」標籤頁，在此標籤頁下方輸入程式指令，即可進行短指令的執行與測試。您可以試著輸入

```
a=10
print(a)
```

在「Python REPL」標籤內就會看到程式指令與執行結果。

指令執行區

變數觀察區

在此輸入 python 的程式指令

若是想固定「Python REPL」標籤，可以點擊標籤右側的「…」，於出現的選單中選擇「鎖定群組」，這樣標籤位置就不會隨著切換 .py 檔案而改變。您也可以拖曳標籤或調整大小，自由配置 VS Code 的視窗位置。此外，還可以拖曳標籤或調整大小，自由配置 VS Code 的視窗位置，享受更靈活的開發環境。

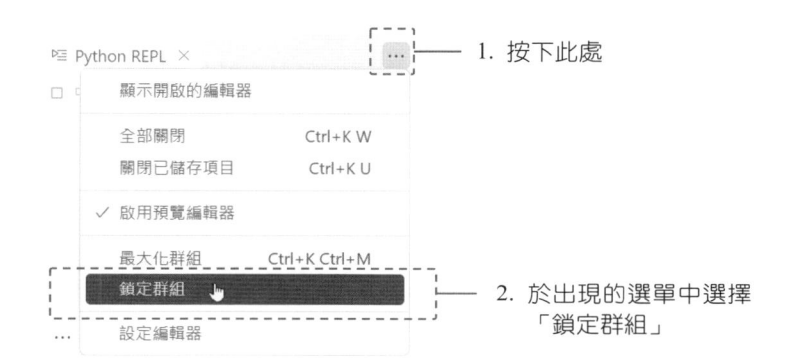

值得注意的是，Python REPL 互動式視窗中的內容預設不會自動儲存成檔案。若是希望將程式內容保存下來，可以將 REPL 中的輸入與輸出複製後貼到新的檔案中，若內容為可重複執行的程式碼，建議儲存為 .py 檔案；若僅為輸入與輸出的紀錄，可儲存為 .txt 檔案。

此外我們也可以選擇「檔案」功能表中的「儲存」（或是按下 Ctrl + S），將目前的互動內容轉存為筆記本檔案，副檔名為 .ipynb。日後若是再開啟這個檔案，VS Code 就會以 Jupyter Notebook 模式呈現，方便繼續編輯與執行。

在練習本章範例時，您可以搭配 VS Code 的程式編輯區和 Python REPL 互動式視窗，來練習輸入與執行 Python 程式碼。不過，REPL 僅適合執行簡單指令與即時測試，不太適合撰寫多行或結構較複雜的程式。隨著學習深入，建議逐步改用更方便的 Jupyter Notebook，因為它提供圖文並茂的互動式操作環境，不僅能清楚呈現輸出與圖表，撰寫與編輯程式碼也更加便利。完成本章學習後，您可參考附錄 A 進行安裝並開始使用 Jupyter Notebook。

1.5 開始進入 Python 的世界

本節將帶您初步認識 Python 程式的基本結構、撰寫規範，以及如何執行 Python 程式。在學習過程中掌握如何避免常見錯誤，寫出清楚、易讀的程式碼，即使是第一次接觸程式設計也能輕鬆上手。

1.5.1 Python 程式的基本認識

程式 (Program) 是由一行或多行敘述 (Statement) 構成，每個敘述內部包含了運算元、運算子、識別字，以及各類字元等組成元素。這些元素相互搭配，才能執行特定的運算。我們以一個簡單的範例來做說明：

```
01  # ch1_3.py，簡單的範例
02  a = 10
03  b = a + 5
04  print('b =', b)
```

- 執行結果：
  b = 15

在程式 ch1_3.py 中，第 1 行是註解。註解的目的是對程式碼提供說明，它不會被執行。在 Python 中，註解使用 # 開頭，後面接著註解內容。第 2 行設定變數 a 的值為 10，第 3 行將 a 的值加 5 之後，設給變數 b 存放。第 4 行則利用 print() 印出字串 'b =' 和變數 b 的值。從 ch1_3 中我們可以看到幾個重要的元素：

- 變數：變數是用來儲存資料的名稱，可以直接設值。此例中 a 和 b 是變數。

- 字面值（Literal）：在程式中直接寫出的固定值。在這個例子中，10、5 是字面值。

- 運算元（Operand）與運算子（Operator）：運算子用來對運算元進行運算。在這裡，+ 是運算子，用來將運算元 a 和字面值 5 相加。

- 識別字 (Identifier)：識別字是用來識別程式碼中特定項目，像是變數或函數的名稱。在本例中，a 和 b 均是自訂的變數名稱，而 print 則是 Python 的內建函數名稱，這些名稱都是識別字。

⌘ 識別字

在程式設計中，變數、函數或類別的名稱稱為識別字（Identifier）。良好的命名能提高可讀性，例如 total 表示加總，count 代表計數。選擇有意義的名稱有助於理解與維護程式。

識別字只能由英文字母（大小寫皆可）、數字或底線 _ 組成，不能包含特殊符號（如 @, #, $, %, &），且第一個字元不能是數字。例如，studentName、student_name、case2 和 num2str 都是合法的識別字，5cats（數字開頭）和 two dogs（包含空格）則無法作為識別字；而 name 和 Name 則是不同的變數名稱。

下面的範例說明 Python 的運算子、運算元與識別字。請在 VS Code 的「Python REPL」互動模式中來鍵入它們。注意每個敘述前面的「>」是用來表明後面接的敘述必須鍵入在一個新的輸入區，因此請不要把「>」符號也一起輸入。另外，本書的程式碼以粗體字代表輸入，細體字代表 VS Code 的輸出，在閱讀時應該非常好辨識。

> 7 + 5
 12

計算 7+5。在這個敘述中，數字 7 和 5 是運算元，加號「+」是運算子。

> a = 200

設定變數 a 的值等於 200，其中 a 是一個合法的識別字。

> print(a)
 200

印出 a 的值，我們得到 200。print() 在 Python 裡是用來列印的函數，print 是函數名稱，它也是一個識別字。

> 2cats = 0
 Cell In[9], line 1
  2cats=0
   ^
SyntaxError: invalid decimal literal

識別字不能是數字開頭，因此 Python 回應一個錯誤訊息，告訴我們它是一個不合語法的錯誤。

> two_cats = 0

two_cats 是合法的變數名稱，採用蛇形命名法。兩個小寫單字以底線分隔，清楚易讀。

> twoCats = 0

雖然 twoCats 是合法的變數，但不建議使用。

1-23

在上面的範例中,雖然 twoCats 也是合法的變數名稱,但這種命名方式稱為「小駝峰式命名」(lower camel case),也就是首個單字小寫,其餘單字的首字母大寫,主要用於 Java 或 JavaScript,並不建議在 Python 中使用。

另外,為了提高可讀性並符合官方建議的程式設計風格,當變數名稱由兩個以上的單字組成時應使用「蛇形命名法」(snake_case),也就是所有單字小寫,並用底線 _ 分隔,例如 two_cats。還有,變數名稱不應該以大寫字母開頭(如 Cats = 5),因為這種命名方式通常用於類別名稱(Class)。

值得注意的是,在 Python 的 REPL(互動模式)中,當輸入單一運算式(例如 7 + 5)或變數名稱時,Python 會自動顯示其結果。但若輸入的是多行程式,只有最後一行是運算式或變數時,結果才會自動顯示。若希望在多行程式中查看中途的結果,仍需搭配 print() 函數顯示輸出。

⌘ 關鍵字(Keyword)

關鍵字又稱保留字(Reserved word),是 Python 內建的詞彙,具有特定用途,因此不能作為識別字。下表列出了常見的 Python 關鍵字及其用途,詳細說明將在後續章節介紹。目前只需知道,這些關鍵字不能用來命名變數或函數。

・Python 常用的關鍵字

and	as	break	class	continue	def
del	elif	else	except	False	finally
for	from	global	if	import	in
is	lambda	None	not	or	pass
return	True	try	while	with	yield

這些關鍵字都是 Python 語言核心語法的一部分,因此系統會保留它們的特殊用途。若嘗試使用其中任何一個作為變數或函數名稱,程式將會產生語法錯誤。建議初學者在命名時多加留意,避免與這些關鍵字重複。

1.5.2 程式撰寫時的注意事項

如前所述，Python 會區分大小寫，因此 cat 和 Cat 是兩個不同的識別字。除了區分大小寫之外，還有下面幾點注意事項，可讓程式碼更具可讀性，進而減少錯誤的發生。

⌘ 避免使用英文字母 l、I 或 O 當成識別字

小寫字母 l、大寫字母 I 和數字 1 看起來非常相似，大寫字母 O 和數字 0 也是如此。為了避免混淆，建議不要單獨使用 l、I 或 O 作為識別字。此外，在 VS Code 中，預設字型為 Consolas，對這些易混淆的字母與數字有較好的辨識度，但在其他環境下仍可能造成誤判，因此仍應盡量避免使用。

⌘ 每行程式碼不宜過長

建議每行程式碼的字元數不要過多，因為過長的程式碼在閱讀與編輯時不方便，列印時也可能因為自動換行而影響可讀性。不過，若是程式碼換行的地方不符合 Python 語法，還會導致錯誤或是造成閱讀上的困擾。如果需要分行，可以使用分行符號「\」，如下面的範例：

> `1 + 2 + 3 + 4 + 5 + 6 + \`　　計算 1 加到 9，使用分行符號分成兩行。
> `7 + 8 + 9`
> 45

圓括號 ()、方括號 [ ] 和大括號 {} 內的敘述會被視為同一個敘述，因此無需額外加入分行符號。在後面的章節中，很快就會看到這些括號的實際應用。此外，當敘述較短但卻分散在多行時，可以使用分號「;」分隔多個敘述，使它們寫在同一行：

> `a = 1; b = a + 2; print(b)`　　利用分號將設定寫在同一行。
> 3

這樣的寫法雖然可以節省空間，但不建議過度使用，避免影響程式的可讀性。

⌘ 適時加上空格

在適當的地方加上空格可以使得程式碼較易閱讀。Python 建議在運算元和運算子之間加上一個空格，如此可以增加程式的可讀性。另外，如果有逗號將變數隔開，我們也會在逗號之後加上一個空格，讓程式碼更清晰：

> print((3+5)*4)
  32

3、4 和 5 是運算元，+和 * 是運算子。這個敘述沒有加空格，看起來較擁擠。

> print((3 + 5) * 4)
  32

這個敘述與前例執行結果相同，但在運算元與運算子間加上空格，可提升可讀性。

在範例中即使不加空格依然可以正確的執行，只是程式碼看起來會稍擠些。本書限於版面的關係，在程式碼稍長之處可能不會對某些敘述加上空格，不過讀者應該理解加上空格的好處。

1.5.3 程式發生錯誤

在撰寫 Python 程式時，會發生的錯誤有語法錯誤（Syntax error）和語意錯誤（Semantic error）。語法錯誤是指不符合 Python 語法規則，例如拼錯函數名稱或缺少括號，如下面的範例：

> Print('Hello Python')
  NameError: name 'Print' is not defined

Python 會區分大小寫。這裡將 print 誤寫成 Print，導致無法辨識函數。

> for = 12
  SyntaxError: invalid syntax

這也是一個語法錯誤，因為 for 是 Python 的關鍵字，所以不能作為變數使用。

語意錯誤是指邏輯上的錯誤，雖然程式語法正確，但執行結果卻不符合預期。這類錯誤通常是因為疏忽，例如用錯運算子導致結果不如預期等。程式不會報錯或停止執行，但結果卻是錯誤的。

相比之下，語法錯誤較容易處理，因為 Python 會直接指出錯誤的位置；而語意錯誤則需要程式設計師自行盤查。以下的範例有個語意錯誤，請試著先找出問題所在：

```
01  # ch1_4.py, 語意錯誤
02  price = 100
03  discount = 20
04  final_price = price + discount   # 應該是減去折扣，但這裡錯用了加法
05  print('折扣後價格 =', final_price)
```

- 執行結果：
  折扣後價格 = 120

在這個範例中，原本想計算最終價格，但不小心把折扣加到價格上，而不是從價格中減去。這是語意錯誤，因為語法正確，但邏輯是錯誤的。

學會除錯（Debug）是學好程式的首要條件。如果在執行時發生錯誤，建議試著去閱讀 Python 回應的錯誤訊息，因為它很明確的告訴您哪裡出錯了，然後修改它再執行，直到程式正確為止。

1.5.4 程式的註解

程式的註解（Comments）有助於日後理解程式碼，也方便他人閱讀我們撰寫的程式，因此應養成標上註解的好習慣。註解只是方便理解程式碼，程式並不會去執行它們。Python 以井字號「#」作為註解的開頭，井字號後面同一行文字均是註解：

```
01  # ch1_5.py, Python 的註解
02  # This is a python comment
03  num = 4
04  print('num =', num)       # 印出 num 的值 (Python 的註解)
```

- 執行結果：
  num = 4

如果註解有多行的話，可以在每一行的開頭標上井字號，或者是以三個連續的單引號或雙引號將註解括起來，如下面的範例：

1-27

```
01  # ch1_6.py,  註解的範例 ─────── Python 的單行註解
02  '''
03  A multiple line comment
04  Date: Feb. 14, 2025              Python 的多行註解
05  Author: Junnie
06  '''
07  print('A simple Python program')
```

- 執行結果：
```
A simple Python program
```

在範例中，第 1 行是單行註解，2 到 6 行是多行註解。您可以發現在 VS Code 中，第 2 和 6 行的三個引號，實際上並不是註解，而是慣例上會拿來當成多行註解使用，我們會在第三章說明字串時進一步說明。 ❖

1.6 使用內建的 AI 功能─Copilot

初學者在執行 Python 程式時難免會遇到錯誤。您可以善用 VS Code 內建的 GitHub Copilot 協助除錯與學習。請點選視窗上方的「切換聊天」（Toggle Chat）按鈕 ，可開啟 Copilot，已有 GitHub 或 GHE.com 帳號者可直接登入，首次使用則請依指示完成註冊與設定。

登入 GitHub 帳戶使用 Copilot

登入成功後，GitHub Copilot 會即時提供程式碼建議，並在偵測錯誤時提供修正方案，提升開發效率並減少除錯時間。下圖展示了 GitHub Copilot 登入後的介面。您可直接在 VS Code 內，搭配本書範例學習 Python，不用頻繁切換視窗，並可自由調整版面配置，以符合個人習慣，提升開發體驗。

在 VS Code 全螢幕模式下，請先點擊想詢問的檔案標籤（如 ch1_4.py 或是「Python REPL」標籤），使其成為作用中的標籤，然後在 GitHub Copilot 中輸入問題。Copilot 會根據該檔案的程式碼進行分析並提供回應。

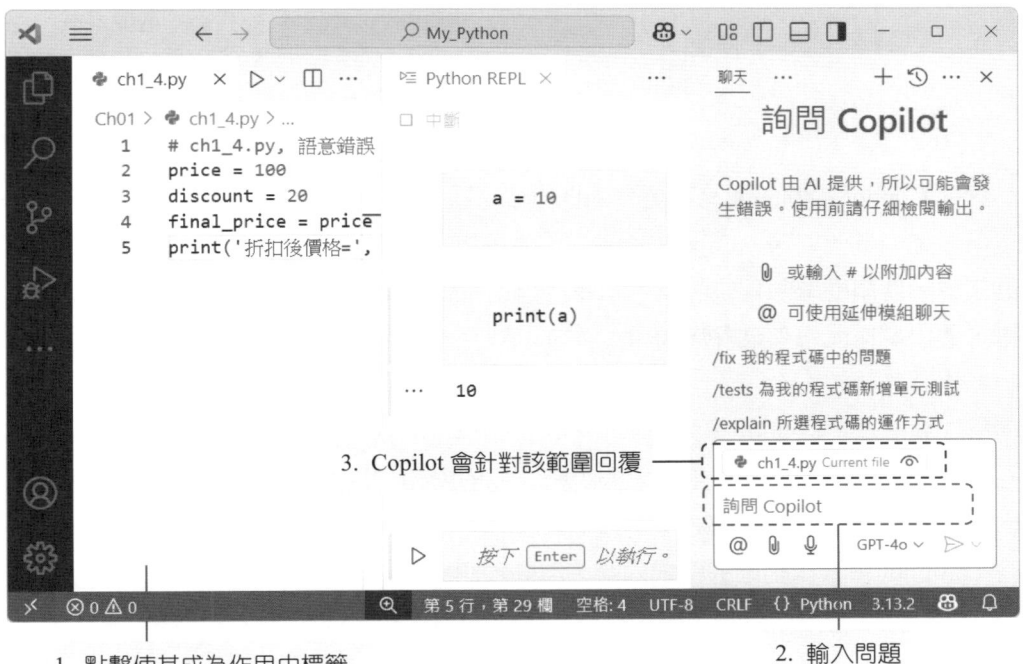

以 ch1_4.py 為例，先點擊 ch1_4.py 檔案標籤，使它成為作用中的標籤，再於 GitHub Copilot 的「Ask Copilot」欄位中輸入「哪裡有錯呢」，按下 Enter 鍵即可看到 Copilot 針對 ch1_4.py 的問題做出分析與回答。

第一章 認識 Python 與環境安裝

2. Copilot 的分析、解答

GitHub Copilot
> 已使用 1 個參考

在這段程式碼中，`final_price` 的計算方式有誤。應該是從 `price` 中減去 `discount`，而不是加上 `discount`。請將 `final_price` 的計算方式改為減法。

修改後的程式碼如下：

```
# ch1_4.py，語意錯誤
price = 100
discount = 20
final_price = price - discount
print('折扣後價格=', final_price)
```

目前作用中的檔案

ch1_4.py Current file

哪裡有錯呢

1. 輸入要詢問的問題

如果對 Copilot 的回答還有不清楚的地方，可以繼續提問，直到理解為止。此外，您也可以詢問其他問題，Copilot 會盡力提供解答。GitHub Copilot 是一個強大的 AI 輔助工具，能幫助學習程式設計，但不應過度依賴。程式設計的關鍵在於培養邏輯思維，透過實作與思考來解決問題。

值得注意的是，Copilot 是一種基於 OpenAI 模型的預測型程式碼補全工具，能根據程式碼的上下文，自動產生可能的函數、迴圈邏輯、註解，或補全尚未完成的程式碼，大幅提升開發效率並減少語法錯誤。以 ch1_6.py 為例，當您在編輯區輸入「print」時，Copilot 會根據前面的程式內容，自動預測接下來可能要撰寫的程式碼，並以淺色文字的形式顯示補全建議。您只需按下 Tab 鍵，即可快速套用這段建議程式碼。

```
ch1_6.py
Ch01 > ch1_6.py
    1  # ch1_6.py, 註解的範例
    2  '''
    3  A multiple line comment
    4  Date: Feb. 14, 2025
    5  Author: Junnie
    6  '''
    7  print('A simple Python program')
    8  print('This is a comment')
```

── Copilot 會預測並自動補全程式碼

1-30

然而，從教學角度來看，這樣的功能可能讓初學者過度依賴 AI，略過本該親自經歷的思考與修正過程，進而影響程式邏輯的學習。因此在初學 Python 的情境中，建議暫時關閉 Copilot 的補全功能，讓學習的過程能更專注於理解與實作程式邏輯。

如果要關閉 Copilot 的自動補全功能，請在 VS Code 視窗左側的「管理」功能表中選擇「命令選擇區」（或是直接按下 Ctrl + Shift + P），接著在搜尋列中輸入「GitHub Copilot: Disable Completions」，並從選單中選擇「GitHub Copilot:Toggle (Enable/Disable) Completions」，如下圖所示：

1. 輸入「GitHub Copilot: Disable Completions」
2. 選擇此項

選擇後，自動補全程式碼的功能就會暫時被關閉，直到您再次執行相同指令（Toggle），才會重新啟用補全功能。

本章簡單介紹了 Python 的演進與發展，並完成執行 Python 程式所需的編輯環境安裝與設置。除此之外，我們也透過 VS Code 和 REPL 的操作，練習了幾個 Python 的基本語法。在進入第二章之前，建議您先閱讀附錄 A，安裝 VS Code 中的 Jupyter Notebook 延伸模組，讓未來的學習過程更加順利。

第一章 習題

1. 【Python 初步操作：基本運算與輸出】試在 VS Code 裡完成下面的操作：

    (a) 計算並印出 1+3+5 的值。

    (b) 印出 'Hello world' 字串。

2. 【Python 的基本運算與輸出】試在 VS Code 中完成下面的計算：

   (a) 計算並印出 28 * 16 的值。

   (b) 計算並印出 3 + 2 * (4 + 3)。

3. 【關鍵字與識別字】如果在 VS Code 中鍵入 Python 的關鍵字，VS Code 會用不同的顏色來標示它們。試著鍵入幾個關鍵字，並說明它們的顏色與其它的識別字有什麼不同。

4. 【Python 命名規則檢查】下面所列的變數中，有哪些是合法，有哪些是不合法？若是不合法，請說明不合法之處。

   (a) holiday　　(b) True　　(c) cat@　　(d) 2_dogs　　(e) Avocado

   (f) my_id　　(g) studentID　　(h) flag2　　(i) mi_3　　(j) None

5. 【分行撰寫加總式】試計算 1 加到 15 的總和。這個計算稍長，一共有 15 項，請利用分行符號將它們分隔成 3 行來撰寫。

6. 【語法修正練習】下面的敘述在 VS Code 執行時會出現錯誤。請更正它，使得程式碼可以正確的印出 'Hello, World!' 與 '3<5' 字串。

   ```
   print 'Hello, World!'
   print '3<5'
   ```

7. 【程式錯誤理解】下面的敘述在執行時會有錯誤訊息出現。請理解它們，並指明錯誤之處。

   (a) if = 4

   (b) num + 6

   (c) 2 = 3

8. 【理解程式並加註解】下面是一個計算圓面積的程式，其中 pi 為圓周率，r 為半徑，area 為圓面積。試理解這個程式的每一行，並為它們加上註解。

   ```
   pi=3.14
   r=2
   area=pi*r*r
   print(area)
   ```

資料型別、變數與運算子

每一筆資料都有適合儲存它的資料型別。例如一個班級的學生人數一定是整數，因此要儲存班級的學生人數時，整數型別顯然是一個比較好的選擇。如果是儲存平均身高，因為它可能會帶有小數，所以可以選擇浮點數型別來存放它。本章將介紹 Python 提供的基本資料型別，以及相關的運算，其中包含了運算子的優先順序、型別的轉換，以及格式化輸出等。

1. 簡單的資料型別
2. 變數與常數
3. 常用的運算子
4. 變數的設值與運算的優先順序
5. 型別轉換
6. 不同進位數字的轉換
7. 輸出與輸入函數
8. 關於浮點數計算時的誤差

2.1 簡單的資料型別

Python 提供了不同的資料型別，以方便儲存與處理各種資料。簡單的資料型別有數值（Numeral）與字串（String）型別，較複雜的則有串列、集合與字典等。

2.1.1 數值型別

數值型別包含整數、浮點數、複數和布林型別，用於表示和處理各種數學數值。在 Python 中，數值型別的表示範圍因型別而異，以下是各種數值型別的簡單比較：

· Python 的數值型別

型別	範例值	備註
int	$10, 1024, -3578$	十進位整數，無範圍限制
	0b1010	二進位整數，使用 0b（開頭為數字 0）作為前綴
	0o12	八進位整數，使用 0o（開頭為數字 0）作為前綴
	0xA, 0x12fd	十六進位整數，前綴為 0x，英文字的部分大小寫均可
float	$3.14, -0.01, 1.5e2$	浮點數，範圍介於 2.2×10^{-308} 到 1.8×10^{308} 之間
complex	$1+2j, -3+4j$	複數，由實部與虛部組成，虛部以 j 表示
bool	True 或 False	布林，僅有 True 和 False 兩個值

如果要查詢某個數值是屬於哪一種型別，可以利用 type() 函數。

· type() 函數的用法

函數	說明
type(val)	查詢物件 val 的型別

舉例來說，想查看數字 6 是什麼型別，可以在 Jupyter Notebook 或 REPL 中輸入以下敘述（建議使用 Jupyter Notebook，安裝與使用方式請參考附錄 A；本書中範例皆以 Jupyter Notebook 執行結果為準，部分顯示方式可能與 REPL 略有不同）：

```
> type(6)                              查詢數字 6 的型別，可知它是 int 型別。
  int
```

由結果可知，數字 6 為 int 型別（在 REPL 裡會顯示 <class 'int'>）。您可以在括號中分別填入不同的資料，確認它們的型別。

⌘ 整數型別（int）

不帶有小數點的數都是整數，例如 0、12、100 與 −3 等。Python 的整數沒有數值範圍限制，可以表示任意位數的整數，但數值越大時佔用的記憶體越多，唯一的限制就是可用的記憶體大小。

```
> 6 + 20
  26
```
計算 6+20，得到 26。

```
> 1024 ** 8
  1208925819614629174706176
```
計算 1024 的 8 次方，我們得到一個很大的數。1024 和 8 都是整數，因此 Python 會算出 1024^8 的精確數值。

Python 也允許以 2 進位、8 進位或 16 進位的形式來表達整數。如果要以 2 進位形式表達，只要在 2 進位數字前面加上前綴 0b（第一個字元是數字 0，第二個字元 b 取自 2 進位的英文 binary）。如果要以 8 進位形式表達，則加上前綴 0o（第二個字元是小寫的 o，取自 8 進位的英文 octal）。16 進位的整數則是加上 0x 這個前綴，其中 x 取自 16 進位的英文 hexadecimal。

```
> 0b1100
  12
```
這是 2 進位的 1100，Python 會把它轉成 10 進位的整數。

```
> 0o16
  14
```
這是 8 進位的數字 16，其值等於 10 進位的 14。

```
> 0x8a
  138
```
這是 16 進位的數字 8a，相當於 10 進位的 138。

```
> type(0b1001)
  int
```
二進位數字的型別也是 int。

⌘ 浮點數型別（float）

帶有小數點的數即為浮點數，如 3.14、19.0、2.3e5 等，其中 2.3e5 是以科學記號來表示一個浮點數，即 2.3×10^5 之意。浮點數在運算中約有 15 到 17 位有效數字的精度，超過這個範圍可能導致精度損失（Precision loss）。Python 可表達的最小正浮點數是 $2.2250738585072014 \times 10^{-308}$，小於此數則 Python 回應 0。最大的浮點數是 $1.7976931348623157 \times 10^{308}$，大於此數則會自動將數值表示為 inf（無窮大）。

> `type(3.14)`
  `float`

  3.14 的型別是 float。

> `type(5.)`
  `float`

  整數 5 後面加一個小數點，其型別也是 float。

> `3.2 + 4`
  `7.2`

  浮點數加上整數，結果是一個浮點數。

> `2.34e5`
  `234000.0`

  這是科學記號 2.34×10^5 的表示法。

> `6.78e-3`
  `0.00678`

  這是 6.78×10^{-3}。

> `2.56e-400`
  `0.0`

  因為 2.56×10^{-400} 小於浮點數可以表達的最小值，因此得到 0 這個結果。

> `3.14e310`
  `inf`

  相同的，3.14×10^{310} 已經超出浮點數可以表達的最大值，所以 Python 將它顯示為 inf（代表 infinity，無限大的意思）。

⌘ 複數型別（complex）

數字可以分為實數（Real number）與虛數（Imaginary number），而實數與虛數的組合稱為複數。在 Python 中，數字後面加上字母 j 則表示該數是一個虛數，例如 4j。如果 z 是一個複數，則 z.real 可以取出 z 的實部（real part），而 z.imag 可以取出 z 的虛部（imaginary part）。

> 6j 　6j	這是虛數 6j。
> 2 + 1j 　(2+1j)	這是複數 2+j。注意 j 前面的數字 1 不能省略，否則 Python 會將 j 看成是一個變數。
> z = 5 + 3j	設定複數 z 為 5+3j。
> z.real 　5.0	取出複數實數部分。z.imag 則可取出虛數部分 3.0。

✤ 布林型別（bool）

在撰寫程式時，我們常需要記錄某件事情是否「成立」，像是開關是否打開，某個判別是否成立，或使用者是否登入等。這類單純的「是」或「否」狀態，在 Python 中會以布林型別（Boolean type）來表示，其值只有兩個：True（真）與 False（假）。布林值也可以當作數字使用，其中 True 相當於 1，False 相當於 0。

> 1.5 > 4 　False	1.5 > 4 不成立，因此回應 False。
> type(True) 　bool	True 是 Python 的關鍵字，也是內建常數，它的型別是 bool。
> True + 1 　2	Python 把 True 看成是 1，因此回應 2。
> False + True 　1	False 在進行數值計算時，Python 會把它看成是 0，因此回應 1。

2.1.2 字串型別

在 Python 中，字串（String）是用來表示文字資料的，通常是由單引號「'」或雙引號「"」括起來。如果需要表示多行字串，可以使用三個單引號或三個雙引號。Python 並沒有字元（Character）型別，若要表示單一字元，可使用長度為 1 的字串。

> `'a string'`
  `'a string'`

字串可以用單引號括起來。注意在 Jupyter Notebook 裡，回應的字串帶單引號，但在 REPL 的環境裡不帶單引號。

> `print('a string')`
  `a string`

print() 印出字串時，不論什麼環境，單引號（或雙引號）都不會被列印出來。

> `"another string"`
  `'another string'`

字串也可以用雙引號括起來。

> `'''A`
  `multiple line string'''`
  `'A\nmultiple line string'`

多行字串可以用三個連續的單引號（或雙引號）括起來，這種語法常用於程式碼註解。在 REPL 中，換行可按 Shift+Enter，而在 Jupyter Notebook 中則可直接按 Enter。輸出中的 \n 代表換行符號。

2.2 變數與常數

數字 12、3.14 和字串 'a string' 等都是字面值（Literal constant），它們都是在程式碼中直接寫出的固定值，這些值不會改變。有別於字面值，變數（Variable）在程式執行過程中可以改變其值，一般用來存儲臨時數據。第一章已經介紹過變數的命名規則了。您可以把變數名稱想像成是綁在盒子上的標籤，而這個盒子內所存放的內容，則由變數的值來決定。如果盒子裡放的是整數，那麼該變數就是一個整數。

> `a = 12`

設定變數 a 的值為整數 12。

> `type(a)`
  `int`

查詢變數 a 的型別，可知它是整數。

> `a = 3.14`

將變數 a 重新設值為浮點數 3.14。

> `type(a)`
  `float`

現在 a 的型別變成浮點數了。

我們可以發現 Python 使用變數之前無需宣告，這是因為 Python 是動態型別的語言（Dynamically typed）。也就是說，變數的型別會根隨它所綁定的值而自動決定。

Python 允許我們在同一行敘述內設定多個變數的值，也可以把多個變數同時設定成相同的值，用起來非常方便：

> a = b = c = 12　　　　　　　　　　　　將變數 a、b 和 c 同時設定為 12。

> print(a, b, c)　　　　　　　　　　　　印出 a、b 和 c 的值，可以發現它們的值都
　12 12 12　　　　　　　　　　　　　　　是 12。

> a, b, c = 10, 3.14, 'Python'　　　　　分別將 a 設成 10，b 設成 3.14，c 設成字串
　　　　　　　　　　　　　　　　　　　　'Python'。

> print(a, b, c)　　　　　　　　　　　　同時印出 a、b 和 c 的值。
　10 3.14 Python

另外，程式中有些數值具有特定意義，例如圓周率 3.14。為了讓程式碼更具可讀性，並避免在不同位置重複書寫相同數值時出錯，我們通常會使用具描述性的名稱來替代這些數值。這類儲存固定數值的變數稱為自定義常數（User-defined constant），習慣上我們會使用全大寫的變數名稱來表示。

> PI = 3.14159　　　　　　　　　　　　　定義 PI 為一個自定義常數，其值為 3.14159。

> MAX_SIZE = 256　　　　　　　　　　　　定義 MAX_SIZE 的值為 256。

有別於自定義常數，Python 有 3 個內建常數（Built-in constant），分別為 True、False 與 None。稍早我們已經介紹過 True 的值是 1，False 的值是 0。None 是空值的意思，表示沒有任何值，它常用在函數的傳回值上，稍後就會看到 None 的用法。

> True + 2　　　　　　　　　　　　　　　True 加上 2，得到 3。
　3

> True = 10　　　　　　　　　　　　　　 不能將內建常數重新設值，否則會有錯誤訊
　SyntaxError: cannot assign to True　　息產生。注意左邊只截取了部分的錯誤訊
　　　　　　　　　　　　　　　　　　　　息，且因為 Python 版本的不同，提示的錯
　　　　　　　　　　　　　　　　　　　　誤訊息也可能會稍有差異。

2.3 常用的運算子

在 3 + 5 這個運算式當中，3 和 5 都是運算元（Operand），而加號 + 則為運算子（Operator）。運算子是用來對運算元做運算的，就如同加號 + 把 3 和 5 相加一樣。如果運算子只需一個運算元，則此運算子為一元運算子。例如 −5 這個運算式的運算元為負號，5 為運算元。因為負號只需一個運算元，所以它是一元運算子。然而，如果「−」是當成減號的話（如 3 − 2），那麼它就是一個二元運算子，因為它需要兩個運算元。

2.3.1 算術運算子

算術運算子（Arithmetic operator）是最常見的運算子，它們可用來進行數學的運算。下表列出 Python 提供的算術運算子：

· 算術運算子

運算子	說明	範例
+	加法運算子（或是一元的正號運算子）	a + b（或 +a）
-	減法運算子（或是一元的負號運算子）	a - b（或 -a）
*	乘法運算子	a * b
/	浮點數除法運算子（計算結果為浮點數）	a / b
//	整數除法運算子（計算結果為整數）	a // b
%	餘數運算子	a % b （a/b 的餘數）
**	次方運算子	a ** b （a 的 b 次方）

算術運算子中，比較特別的是「/」與「//」運算子。浮點數除法運算子「/」計算的結果是浮點數，而整數除法運算子「//」的計算結果是整數的商。

```
> +50
  50
```
這是正整數 50，注意 Python 不會顯示正號。

```
> -100
  -100
```
這是負數 100。

```
> 60 / 4
  15.0
```
60/4，得到 15.0。注意 60 和 4 都是整數，不過相除之後，Python 會回應一個浮點數。

```
> 20 // 3
  6
```
這是整數的除法，相當於計算 20/3 的商。

```
> 20 % 3
  2
```
% 是餘數運算子，左式計算 20/3 的餘數。

```
> 2 ** 10
  1024
```
計算 2 的 10 次方。

```
> 2 ** 0.5
  1.4142135623730951
```
計算 2 的 0.5 次方，相當於把 2 開根號。

2.3.2 比較運算子

比較運算子（Comparison operator）是用來比較兩數之間大小的關係，它們的寫法和數學上的寫法相近，因此非常容易理解與記憶。

・比較運算子

運算子	說明	範例
>	大於運算子	a > b （判別 a 是否大於 b）
>=	大於等於運算子	a >= b （判別 a 是否大於等於 b）
<	小於運算子	a < b （判別 a 是否小於 b）
<=	小於等於運算子	a <= b （判別 a 是否小於等於 b）
==	等號運算子	a == b （判別 a 是否等於 b）
!=	不等於運算子	a != b （判別 a 是否不等於 b）

注意等於運算子「==」是兩個連續的等號。不等於在數學上的寫法為「≠」，相當於一條直線畫在一個等號上，因此 Python 以一個驚歎號「!」（代表直線）加上一個等號來表示「≠」符號。

除了數字之外，字串也可以比較大小，其方式是比較兩個字串相對應位置字元編碼的大小。如果第一個字元的編碼相同，則比較第二個字元，以此類推。如果要查詢字元的編碼，可以用 ord() 函數。ord 取自英文的 ordinal，為序數之意。

```
> 7 >= 12
  False
```
判別 7 是否大於等於 12，結果回應 False。

```
> 12 == 12.0
  True
```
等號運算子判別的是兩邊的數字是否相等，而不是型別，因此回應 True。

```
> 'Cats' < 'cat'
  True
```
大寫 C 的字元碼為 67，小寫 c 為 99，因此回應 True。

```
> print(ord('C'), ord('c'))
  67 99
```
利用 ord() 函數可以取得字元的編碼。

2.3.3 邏輯運算子

邏輯運算子（Logical operator）只有 3 個，分別為 and、or 和 not。正如其名，and 必須要兩個運算元都是 True，其結果才會是 True。or 則是只要一個運算元是 True，其結果便是 True。not 則是一元運算子，如果其運算元是 True，則取 not 之後變成 False。相反的，如果運算元是 False，則取 not 之後變成 True。

· 邏輯運算子

運算子	說明	範例
and	兩個運算元都是 True，則回應 True	a and b
or	只要一個運算元是 True，便回應 True	a or b
not	如果運算元是 True，則回應 False，否則回應 True	not a

```
> 5<3 and 6<10
  False
```
5 小於 3 不成立，因此回應 False。

> 4<7 and 8<7 and 3>0 　　　8 小於 7 不成立，因此回應 False。
　False

> 4<5 or 9>12 　　　　　　雖然 9>12 不成立，但是 4<5 成立，而 or
　True　　　　　　　　　　運算子只要有一個成立，結果就是 True，
　　　　　　　　　　　　　因此回應 True。

> 'a'=='a' or 7==2 and 8<5 稍後我們將提到 and 的運算優先順序高於
　True　　　　　　　　　　or，因此左式會先運算 7==2 and 8<5，得
　　　　　　　　　　　　　到 False，然後再運算 'a'=='a' or False，因
　　　　　　　　　　　　　此得到 True。

> not 8 < 10 　　　　　　 8 小於 10 為 True，取 not 之後，得到 False。
　False

有趣的是，Python 把 0、空字串與 None 均視為 False，其它的值都看成是 True。因此，任何非零的數字或包含任何字元的字串，在 Python 中都被視為 True。要查看哪些變數被 Python 視為 True 或 False，可以利用 bool() 函數。

‧bool() 函數的用法

函數	說明
bool(x)	將變數 x 轉成布林（bool）型別。如果沒有給任何的參數，則回應 False

bool(x) 中的 bool 是 Boolean（布林）的縮寫，源自數學家 George Boole，他在 19 世紀提出了布林代數，用來處理真與假的邏輯運算。在 Python 中，bool() 是將任意值轉換為布林值 True 或 False 的內建函數。

> bool('cat') 　　　　　　'cat' 不是空字串，所以回應 True。
　True

> bool() 　　　　　　　　 bool() 函數裡沒有任何參數，因此看成是
　False　　　　　　　　　 False。

2.3 常用的運算子

2-11

> bool(3.14)
  True

3.14 不是 0、空字串或 None，因此回應 True。

> bool('')
  False

bool() 裡的參數是一個空字串，因此回應 False。

下面是一個綜合範例，用來展示算術、比較和邏輯運算子的基本使用：

```
01  # ch2_1.py，運算子使用範例
02  a = 2 ** 3          # 次方運算，2 的 3 次方
03  b = 20 % 7          # 取餘數，20 除以 7 的餘數
04
05  # 比較運算子
06  is_equal = (a == b)     # 判斷是否相等
07  is_greater = (a > b)    # 判斷是否大於
08
09  # 邏輯運算子
10  result = is_equal or is_greater         # 邏輯 or 運算
11
12  # 輸出結果
13  print('a:', a, 'b:', b)
14  print('比較結果:', is_equal, is_greater)
15  print('邏輯結果:', result)
```

- 執行結果：
  ```
  a: 8 b: 6
  比較結果: False True
  邏輯結果: True
  ```

在這個範例中，第 2 行計算 2^3，得到 8，並將它存放在變數 a 中；第 3 行計算 20 除以 7 的餘數，結果為 6，並將其存放在變數 b 中。接下來，第 6 行利用比較運算子 == 判斷 a 和 b 是否相等，結果為 False，因此變數 is_equal 的值為 False。第 7 行判斷 a > b，因為 a 的值大於 b，所以變數 is_greater 的值為 True。最後，第 10 行透過邏輯運算子 or 將 is_equal 和 is_greater 進行邏輯 or 運算，其中一個條件為 True 即可滿足，因此變數 result 的值為 True。13 到 15 行是程式的輸出，我們可以觀察到輸出結果與前面的分析相同。

2.4 變數的設值與運算的優先順序

利用等號「=」可以將變數設值，而「=」和上一節介紹的運算子之間會構成不同的優先運算順序。本節我們將討論變數的設值方式，以及運算時的優先順序。

2.4.1 變數的設值

在 Python 中，等號「=」可將右邊的值設給左邊的變數，例如 a = 9 是將整數 9 設定給變數 a 存放。除了常見的「=」之外，Python 也提供了進階的複合設定敘述，方便我們更新變數的值。這些設定敘述的語法列表如下：

· 複合設定敘述的語法

設定敘述	用法	說明
=	a = 5	將 5 設定給變數 a 存放
+=	a += 5	將 a 的值加 5 之後，再設定給 a 存放，相當於 a = a + 5
-=	a -= 5	相當於 a = a - 5
*=	a *= 5	相當於 a = a * 5
/=	a /= 5	相當於 a = a / 5
%=	a %= 5	相當於 a = a % 5
//=	a //= 5	相當於 a = a // 5
**=	a **= 5	相當於 a = a ** 5

上表所列的設定敘述在撰寫程式時會經常用到，因此應理解這些設定敘述的意涵。如果不習慣採用類似 a += 5 的寫法，也可以使用傳統的 a = a + 5 這種寫法（只是變數 a 會多寫一次）。

```
> a = 12
```
設定 a = 12。

```
> a += 1; print(a)
13
```
將 a 加上 1，然後設回給 a 存放。最後再查詢 a 的值，我們得到 13。

2.4.2 運算子的優先順序

在數學裡,我們知道先乘除,後加減,因此乘除的運算優先順序比加減高。在 Python 裡,每一個運算子也有其運算的優先順序,我們將這些順序列表如下,其中先列出來的運算子優先順序越高。

· 運算子與設定敘述的優先順序　(越上面的運算子優先順序越高)

優先順序	運算子/設定敘述	說明
1	**	次方運算子
2	+, -, ~	正號、負號、位元 NOT
3	*, /, %, //	乘、除、餘數、整數除法
4	+, -	加法、減法
5	>>, <<	右移、左移運算子
6	>, <, >=, <=, !=, ==	比較運算子
7	not	邏輯運算子 not
8	and	邏輯運算子 and
9	or	邏輯運算子 or
10	=, +=, -=, *=, /= 等	設定敘述

事實上,運算子的優先順序也不需要記憶。如果對優先順序有疑慮的時候,只需把想要先算的部分加上圓括號 ( ) 即可。

```
> 6 + 2**3 * 4
  38
```
次方運算子 ** 的優先順序高於 * 和 +,而 * 又高於 +,因此左式會先計算 2**3,得到 8,8 再乘 4 得到 32,然後加 6,得到 38。

```
> a = 2 + 1; print(a)
  3
```
加號 + 的優先順序高於等號 =,因此左式會先計算 2+1,得到 3,再把 3 設定給 a 存放,因此最終 a 的值等於 3。

```
> a=3; a += a**2 + 4; print(a)
  16
```
這個運算式相當於先計算 a+a**2+4,即 3 + 9 + 4,得到 16,然後再把 16 設定給 a 存放。最後查詢 a 的值,我們果然得到 16。

事實上，我們並不太建議上面最後一個範例的寫法，因為 a+=a**2+4 將運算和設值混合在一起，影響了程式的可讀性，比較不容易理解計算邏輯。建議分開來寫成

```
a=3
temp = a**2 + 4        # 運算後 temp 的值為 13
a += temp              # 相當於 a = a + temp，因此 a 的值變成 16
print(a)
```

這樣更能清楚表達每一步的運算過程，提升程式的可讀性。下面的程式碼展示了變數複合設值與運算子優先順序的應用：

```
01  # ch2_2.py，複合設值和運算子優先順序範例
02  a = 10
03  b = 5
04
05  # 複合設值運算
06  a += 3                    # 相當於 a = a + 3
07  b *= 2                    # 相當於 b = b * 2
08  print('a:', a, 'b:', b)
09
10  # 運算子優先順序
11  result = a + b * 2        # 先乘法後加法，相當於 a + (b * 2)
12  print('result:', result)
13
14  # 括號改變優先順序
15  result2 = (a + b) * 2     # 先加法後乘法
16  print('result2:', result2)
```

- 執行結果：
  ```
  a: 13 b: 10
  result: 33
  result2: 46
  ```

在這個範例中，第 2 行與第 3 行分別將 10 和 5 設定給變數 a 和 b 存放。第 6 行執行複合設值運算 a += 3，等同於 a = a + 3，將 a 的值更新為 13；第 7 行執行 b *= 2，等同於 b = b * 2，計算後 b 的值更新為 10。從第 8 行的輸出我們可以驗證 a 和 b 的值。第 11 行 b * 2 先執行，結果為 20，再加上 a 的值 13，得到 result = 33。第 15

行透過括號改變運算順序，先計算 a + b，結果為 23，再乘以 2，得到 result2 = 46。變數 result 和 result2 的值可從第 12 和 16 行的輸出得到驗證。 ❖

2.5 型別轉換

許多時候，數字必須在不同型別之間進行轉換，例如把整數轉成浮點數，或是把數字組成的字串（如 '2.34'）轉成數值等，這些問題都屬於型別轉換。型別轉換可以分為隱式（Implicit）與顯式（Explicit）兩種。

2.5.1 隱式轉換

在隱式轉換中，Python 會自動將一種型別轉換為另一種型別，通常是將範圍較小的型別轉換為範圍較大的型別，以減少轉換時可能產生的誤差。例如，浮點數可以表示小數部分，而整數無法。因此，當浮點數與整數相加時，Python 會自動將整數轉換為浮點數，再進行運算。這樣避免了將浮點數轉換為整數後喪失小數部分，從而減少精度損失或誤差的可能性。

```
> 5 + 4.2
  9.2
```
Python 會自動將整數 5 轉換成 5.0，再與 4.2 相加，得到 9.2。

```
> 19 + True
  20
```
True 會轉換成 1，再與 19 相加。

```
> 10 / 4
  2.5
```
自動將 10 和 4 轉成 float 型別，再相除。

2.5.2 顯式轉換

顯式轉換是利用函數明確地告知 Python 要如何轉換，常用的轉換函數有 int()、float() 與 str() 等。另外，如果一個運算式是以字串的方式來呈現的話，我們可以利用 eval() 函數對這個字串求值。eval 是 <u>evaluation</u> 的縮寫，即求值之意。

・轉換與求值函數

函數	說明
int(x)	回傳將 x 轉換為整數後的結果，若 x 未填則回應 0
float(x)	回傳將 x 轉換為浮點數後的結果，若 x 未填則回應 0.0
str(x)	回傳將 x 轉換為字串後的結果，未填 x 則回應空字串
complex(x)	回傳將 x 轉換為複數的結果，未填 x 則回應 0j
eval(expr)	對運算式 expr 求值

注意在上表中只是傳回型別轉換後的結果，變數 x 的值並不會被改變：

> int('2020') + 4　　　　　　　　　將字串 '2020' 轉換成整數，即可和 4 相加。
  2024

> float(100)　　　　　　　　　　　將整數 100 轉成浮點數。
  100.0

> float('6.28')　　　　　　　　　　將字串 '6.28' 轉成浮點數。
  6.28

> eval('6.28+12.4')　　　　　　　　利用 eval() 函數則可以對字串裡的運算式
  18.68　　　　　　　　　　　　　　求值。

下面的範例展示了如何在運算中進行隱式轉換，以及使用 int() 函數進行顯式轉換。

```
01  # ch2_3.py, 隱式轉換與顯式轉換
02  # 隱式轉換
03  a = 5              # 整數
04  b = 2.5            # 浮點數
05  result = a + b     # 隱式轉換：整數 a 轉為浮點數
06  print('隱式轉換結果:', result, ', 型別:', type(result))
07  # 顯式轉換
08  c = '10'           # 字串
09  d = int(c)         # 顯式轉換：將字串轉為整數
10  print('顯式轉換結果:', d, ', 型別:', type(d))
11  print('轉換後 c 的型別:', type(c))           # c 型別不會被改變
```

2-17

- 執行結果：
  隱式轉換結果: 7.5 , 型別: <class 'float'>
  顯式轉換結果: 10 , 型別: <class 'int'>
  轉換後 c 的型別: <class 'str'>

於本範例中，第 3 與第 4 行分別定義了整數變數 a 和浮點數變數 b，當第 5 行計算 a + b 時，Python 進行了隱式轉換，將整數 a 自動轉為浮點數再於 b 相加，以確保運算結果的精度，並將相加結果存入 result 中。第 6 行輸出計算結果與其型別，顯示為浮點數。第 8 行定義了字串變數 c，值為 '10'，而第 9 行使用顯式轉換函數 int() 將字串 c 轉為整數並存入變數 d 中。第 10 行輸出轉換後的值與型別，顯示 d 是整數。最後第 11 行印出 c 的型別，顯示 c 還是字串，不會因第 8 行的設定而改變。 ❖

2.6 不同進位整數的轉換

在某些應用中，我們需要使用不同進位來表達一個整數，例如以 16 進位或 8 進位來顯示數值，或將二進位的字串轉換成十進位整數。Python 提供的相關函數如下：

・不同進位的轉換函數

函數	說明
int(x,b)	將 b 進位的數字 x 轉成整數，其中 x 必須是一個字串
bin(x), oct(x), hex(x)	分別將 10 進位的整數 x 轉成 2 進位、8 進位和 16 進位，轉換的結果以字串來表示

函數 int() 的名詞來自於英文的 integer（整數），表示將數字轉換為整數型別。oct() 來自於 octal（八進位），而 hex() 來自於 hexadecimal（十六進位）。

> int('0b11000011', 2)　　　　　　將 2 進位數字 '0b11000011' 轉換成 10 進位。
  195

> bin(16)　　　　　　　　　　　　將 10 進位數值 16 轉換成 2 進位。
  '0b10000'

> int('0xef10', 16)
  61200

將 16 進位數字 '0xef10' 轉換成 10 進位,得到 61200。

> hex(61200)
  '0xef10'

將 10 進位數字 61200 轉成 16 進位,得到 0xef10。

2.7 輸出與輸入函數

Python 是利用 print() 函數將資料輸出到螢幕上。如果想要從鍵盤輸入資料,則是使用 input() 函數。本節我們將介紹 print() 與 input() 這兩個函數。

2.7.1 輸出函數- print()

前面的範例已多次使用過 print() 函數。預設的 print() 列印完資料後會自動換行,每筆資料也會直接以空白來隔開。事實上,這些預設可以透過參數來改變。print() 的語法如下:

‧print() 函數

函數	說明
print($v1, v2, …$, sep=' ', end='\n')	列印 $v1, v2, …$ 的值

在 print() 函數中,如果有多筆資料要輸出,則以逗號分開(如 $v1, v2, …$)。參數 sep 可以設定印出來的資料要用什麼符號來區隔(sep 是 separator 的縮寫,就是區隔符號的意思),預設是一個空白。參數 end 是用來設定字串結尾的處理方式,預設是換行(\n 代表換行字元,n 取自 new line,即新的一行)。

> print('a=', 30)
  a= 30

印出字串 'a=' 和 30 這個數字。注意輸出中,等號 = 和 30 之間有一個空格,這是因為參數 sep 的預設值為一個空格所致。

> print(10, 20, 30, sep='+')
  10+20+30

指定以加號 + 隔開列印的數字。

```
> print(10,20,30,sep='*',end='@\n')
10*20*30@
```
以乘號 * 隔開要列印的數字，並在最後印上 @ 符號，然後換行。

```
> print(12); print(14)
12
14
```
分別印出數字 12 與 14。注意 Python 會分兩行來印它，這是因為 print() 函數預設列印完後會列印會換行。

```
> print(12, end='#'); print(14)
12#14
```
如果指定 end='#'，則列印完 12 後會列印 # 符號，而不會換行，因此數字 14 會接在 # 後面列印出來。

```
> print(12, end=''); print(5)
125
```
設定 end 為一個空字串，因此第一個 print() 函數印出 12 後不列印任何字元，也不換行，所以後面的 5 會緊接著列印。

現在我們已經知道 \n 的作用是換行，它是 Python 提供的跳脫字元（Escape sequence）之一。反斜線（\）為跳脫字元的起始符號，後面的字元則用來指示特定的功能或操作。下表列出了常用的跳脫字元：

・常用的跳脫字元

跳脫字元	功能	跳脫字元	功能
\a	警告音（alarm）	\t	跳欄（tab）
\b	倒退一格（backspace）	\\	反斜線（backslash）
\n	換行（new line）	\'	單引號（single quote）
\r	移到行首（carriage return）	\"	雙引號（double quote）

值得注意的是，單引號（'）和雙引號（"）本質上是沒有區別的，都可以用來定義字串。Python 設計上允許這種彈性選擇，主要是為了方便程式設計，特別是在包含引號的字串中。選擇合適的引號可以減少不必要的跳脫字元，讓程式碼更易讀。

```
> print('Hello \'Python\'')
Hello 'Python'
```
在單引號之前加上跳脫字元「\」，我們可以順利的印出單引號。

```
> print("Hello 'Python'")
  Hello 'Python'
```
在單引號的外面如果有成對的雙引號將它包圍起來，Python 就可以清楚的分辨單引號是要列印的，因此就不用加上跳脫字元。

```
> print('It is a \nsunny day')
  It is a
  sunny day
```
\n 被解釋為換行，因此 sunny day 會在下一行印出。

2.7.2 格式化字串

有些時候我們希望可以用一些格式來列印出資料，例如欄位的寬度，對齊的方式，或是小數點取幾位等。Python 提供了 f-字串（f-string）讓我們格式化要列印的字串。這種寫法是在欲輸出的字串前面加上 f（代表 format，格式之意，用大寫的 F 也可以），然後以 {變數名稱:格式碼} 的語法來輸出。下圖是個簡單的範例：

```
> item, price = '可樂', 32.54
> print(f'售價:{item:>4s},{price:6.1f}元')
```

使用 f-字串
要列印的第一個變數
列印格式：靠右列印，4 個欄位，s 代表要顯示字串
要列印的第二個變數
6 個欄位，小數 1 位，f 代表顯示浮點數

輸出結果（○ 代表一個空格）──
售價:○○可樂,○○32.5元
4 個欄位　6 個欄位，1 位小數

於上圖中，第一個要印出的變數是 item，我們採靠右列印，4 個欄位的寬度來列印這個字串。注意每個欄位可容納一個字元，中文和英文字母皆佔一個欄位。要列印的第二個變數是浮點數 price，我們指定以總共 6 個欄位，其中小數 1 位的格式來列印。f-字串是以格式碼來控制輸出的格式，其語法如下：

如果 type 的設定為 b、o 或 x 時，加上 # 則會在這些進位的數字前面加上 0b、0o 或 0x

用 width 個欄位來顯示，一個中文和英文字元都算一個欄位

+代表一律加上正負號，未填則只加負號，不加正號

加上逗號「,」則在數字中加上千分位符號

{ 　運算式:[align][+][#][0][width][,][.precision][type] }

align 是對齊的意思。對齊的方式有 <、^ 和 >，分別代表靠左、置中與靠右。預設數值靠左，字串靠右

指定小數點以下的位數

要顯示的型別，可以是 s（字串）、d（10 進位整數）、b（二進位）、o（8 進位）、x（16 進位）、f（浮點數）、e（科學記號）或 %（百分比符號）

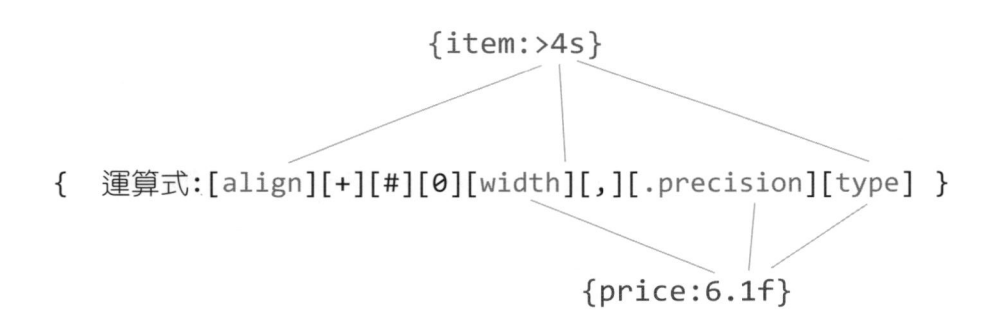

設定 0 則在數字左邊空的欄位上填 0

在上圖中，f-字串格式碼裡用方括號 [] 括起來的每一項都可以省略。下圖顯示了上面的範例與 f-字串裡的格式碼之對應關係：

{item:>4s}

{ 　運算式:[align][+][#][0][width][,][.precision][type] }

{price:6.1f}

注意 f-字串裡格式碼的前後順序是固定的，每一項的順序均不能對調。我們來看看幾個 f-字串的使用範例：

> i,f,s = 12000,3.14,'Python'　　　分別設定變數 i、f 和 s 為一個整數、浮點數和字串。

> f'i={i}, f={f}, s={s}'　　　　　以 f-字串印出變數 i、f 和 s，並省略了所有
　'i=12000, f=3.14, s=Python'　　 的格式碼。注意左式回應的是一個字串。

2-22

第二章　資料型別、變數與運算子

```
> f'i={i:+,}, f={f:5.2f}'
  'i=+12,000, f= 3.14'
```
以正負號和千分位符號顯示整數 i。浮點數 f 以 5 個欄位，小數點以下 2 位顯示。

```
> print(f'i={i:#x}, s={s:>08}')
  i=0x2ee0, s=00Python
```
以帶有前綴 0x 的 16 進位列印整數 i，以 8 個欄位，靠右列印字串 s，多餘的欄位補 0。

```
> print(f'float={f*2:5.2f}')
  float= 6.28
```
在大括號內，要輸出的資料也可以是一個運算式。左式以 5 個欄位，小數點以下 2 位印出 f * 2 的值。

下面的表格展示了 f-字串的各種格式化範例，包括整數、浮點數、字元和字串的格式控制等：

· f-字串的各種格式化範例（符號 ○ 代表一個空格）

格式碼	資料	列印結果	說明
{x:4d}	x = 12	○○12	以 4 個欄位靠右列印整數
{x:+8d}	x = 123	○○○○+123	以 8 個欄位，顯示正負號，靠右列印整數
{x:08d}	x = 123	00000123	以 8 個欄位，補 0，靠右列印整數
{x:.2f}	x = 12.345	12.35	列印浮點數，小數點後 2 位
{x:8.3f}	x = 12.3	○○12.300	以 8 個欄位，小數 3 位，靠右列印浮點數
{x:>6}	x = 'a'	○○○○○a	以 6 個欄位靠右列印字元
{x:<8}	x = 'Python'	Python○○	以 8 個欄位靠左列印字串
{x:^8}	x = 'Python'	○Python○	以 8 個欄位置中列印字串
{x:.3}	x = 'Python'	Pyt	只顯示前 3 個字元
{x:,}	x = 1234567	1,234,567	列印整數，加入千分位逗號
{x:.2%}	x = 0.1234	12.34%	列印百分比，保留 2 位小數
{x:#x}	x = 255	0xff	以 16 進位格式列印整數，帶前綴 0x

在 f-字串中，大括號 {} 已被作為預留位置（Placeholder）的符號，用以輸出資料到這個位置。因此如果想在 f-字串裡加入一個大括號，我們必須鍵入兩個連續的大括號（連同原本的大括號共有 3 個大括號）。如果想印出一個單引號或雙引號，可以用控制碼「\'」和「\"」。

> print(f'Add:{{4+5:^3d}}')
  Add:{4+5:^3d}

兩個連續的大括號被解釋成一個大括號，因此少了作為預留位置的大括號，所以 4 + 5 與後面的格式碼被當成輸出字串的一部分。

> print(f'Add:{{{4+5:^3d}}}')
  Add:{ 9 }

在 4 + 5 的外面再補上一個大括號，此時 4 + 5 就被當成一個運算式，輸出在這個大括號的位置。

> s1='Hello'; s2='World'

這是 s1 和 s2 兩個字串。

> print(f'\'{s1}\'+\'{s2}\'')
  'Hello'+'World'

利用「\'」來輸出單引號。

下面的範例是利用 f-字串格式化輸出一些變數的值，其中包含字串、整數與浮點數的顯示，並控制浮點數的小數位數。

```
01  # ch2_4.py, 使用 f-字串格式化輸出的範例
02  name = 'Bob'
03  age = 30
04  height = 175.5
05  score = 88.456
06
07  # 使用 f-string 進行格式化輸出
08  print(f'Name: {name}')                          # 插入字串變數
09  print(f'Age: {age} years old')                  # 插入整數變數
10  print(f'Height: {height:.1f} cm')               # 浮點數保留 1 位小數
11  print(f'Score: {score:.2f}')                    # 浮點數保留 2 位小數
12  print(f'Summary: {name} is {age} years old.')   # 插入多個變數
13  print(f'{name} is {height:.1f} cm tall.')       # 格式化身高
14  print(f'{name}\'s score is {score:.1f} points.') # 格式化分數
```

- 執行結果：
```
Name: Bob
Age: 30 years old
Height: 175.5 cm
Score: 88.46
Summary: Bob is 30 years old.
Bob is 175.5 cm tall.
Bob's score is 88.5 points.
```

在上面的程式中，2 到 5 行定義了 4 個變數，分別代表名字、年齡、身高和分數。8 到 11 行使用 f-字串格式化輸出，將欲輸出的變數插入到對應的位置。例如，第 10 行的 {height:.1f} 代表浮點數 height 只顯示 1 位小數，而第 11 行的 {score:.2f} 代表 score 以兩位小數來顯示。第 12 行是在一個 f-字串中同時顯示 name 和 age 兩個變數的值，最後 13 和 14 行則是分別格式化 height 和 score 的輸出。

2.7.3 輸入函數- input()

到目前為止，本書範例裡變數的值都是直接寫在程式碼裡的。如果想要讓使用者從鍵盤輸入變數的值，使得程式更有彈性，可以利用 input() 函數。注意 input() 讀進來的資料是以字串的型別設定給變數存放。如果需要的話，我們可以利用 int()、float() 將它轉成數值，或是利用 eval() 對它求值。

・input() 函數

函數	說明
var = input(prompt)	印出提示字串 prompt，等待使用者輸入，並把輸入的結果以字串型別設定給變數 *var* 存放

下面是使用 input() 函數的範例，它可讓使用者輸入姓名、年齡和身高，然後印出輸入的資訊。

```
01  # ch2_5.py, input() 函數的使用範例
02  name = input('Enter name: ')              # 輸入姓名
03  age = int(input('Enter age: '))           # 輸入年齡並轉換為整數
04  height = float(input('Enter height: '))   # 輸入身高並轉換為浮點數
05
06  print(f'Name: {name}')
07  print(f'Age: {age} years old')
08  print(f'Height: {height:.2f} cm')
```

• 執行結果：
```
Enter name: Alice
Enter age: 25
Enter height (in cm): 168.5
```

```
Name: Alice
Age: 25 years old
Height: 168.50 cm
```

這個範例執行到第 2 行時，input() 函數會等待使用者輸入一筆資料（如果用 Jupyter Notebook 執行，則輸入框會顯示於視窗上方）。輸入資料後按下 Enter 鍵，input() 會以字串型別傳回輸入的資料，並由變數 name 儲存。第 3 行將輸入的年齡轉換為整數。相同的，第 4 行將輸入的身高轉換為浮點數，以便進行數學運算。在輸出部分，6 到 8 行使用 f-字串將這些變數輸出，其中身高 height 以兩位小數來顯示。

2.8 關於浮點數計算時的誤差

當 Python 的運算包含有浮點數時，看似簡單的計算，有時結果可能會和我們想像的不一樣。我們來看看下面的範例：

> 0.1 + 0.2
0.30000000000000004

0.1 + 0.2 預期會得到 0.3，但 Python 回應一個很靠近 0.3 的浮點數。

> 0.3 - 0.2
0.09999999999999998

0.3 - 0.2 預期應該是 0.1，不過我們得到一個很靠近 0.1 的數，但小於 0.1。

> 0.3 * 3
0.8999999999999999

計算上的誤差也發生在浮點數的乘法上。

> 0.5 + 0.9
1.4

這個計算結果則是正常的。

> 0.2 + 0.3
0.5

這個計算結果也是正常的。

會產生這種誤差，是因為在電腦中浮點數是以二進位方式儲存的。有些小數（如 0.1、0.2）無法在二進位中被精確表示，就像十進位中的 1/3 = 0.333... 是一個無限循環小數一樣，電腦只能以近似值來儲存它們。例如，0.1 和 0.2 在二進位中分別約為：

```
0.1 ≈ 0.0001100110011001100110011001100110011001100110011001₂...
0.2 ≈ 0.0011001100110011001100110011001100110011001100110011₂...
```

您可以看到，這些值在二進位中呈現出無限循環（下標 2 代表二進位，您可以不用理會小數的二進位如何表達，只要觀察到裡面出現循環即可）。但 Python 的 float 型別只能儲存有限的位數，因此這些小數會被截斷成近似值。這種現象是由電腦浮點數設計的限制所造成的，並非 Python 特有，而是大多數程式語言的共同特性。

當然，並不是所有的小數都無法精確地表示。例如，像 0.5、0.25、0.75 這些小數在二進位中可以被精確表示，因為它們的分母是 2 的次方倍（如 1/2、1/4、3/4），剛好符合二進位的進位邏輯。舉例來說，0.5、0.25、0.75 的二進位分別為

```
0.5  = 0.1₂
0.25 = 0.01₂
0.75 = 0.11₂
```

這些數字在電腦中儲存時不會產生誤差，因此像 0.5 + 0.25 在 Python 中會得到完全正確的結果 0.75。

然而，在前面倒數第二個範例中，0.5 + 0.9 的結果正常顯示為 1.4，看起來好像沒有問題，但 0.9 的分數為 9/10，分母並不是 2 的次方倍，在二進位中無法精確表達，為什麼這筆計算仍正確顯示呢？這是因為雖然 0.9 無法精確表示，它的近似值與 0.5 相加時，結果剛好被電腦表達成一個看似精確的數字 1.4，因此誤差恰好被掩蓋了，但其實是一種巧合，並不代表這類計算都能避免誤差。

另外，兩個無法精確表示的小數（例如 0.2 與 0.3）相加時，偶爾也可能會出現這兩個誤差互相抵銷，讓結果恰好能讓 Python 精確的表達，此時也會出現「看似正確」的現象，如前面的最後一個範例。

現在我們可以知道，浮點數的誤差來自於電腦以二進位儲存小數的方式，導致某些十進位小數無法被精確表示，造成看似簡單的加法在程式中出現微小誤差。雖然在某些情況下誤差可能恰好抵銷，使結果看起來正確，但這純屬巧合，不能保證每次

都如此。當您未來再次看到類似 0.1 + 0.2 ≠ 0.3 的現象時，應能理解這並不是程式出錯，而是浮點數本身的設計限制。

第二章 習題

2.1 簡單的資料型別

1. 【型別查詢】試以 type() 查詢下列變數是屬於哪一種型別。

    (a) `'2+3'`   (b) `True`   (c) `6500`   (d) `2.30`   (e) `False`
    (f) `5.`   (g) `6e3`   (h) `7.5e-3`   (i) `0x12`   (j) `0o712`
    (k) `6+1j`   (l) `1314`   (m) `'python'`

2. 【不同進位轉換成 10 進位】試輸入下面不同進位的數字，並將它們轉換成十進位：

    (a) 16 進位的數字 a0ff、121ab、acd123。

    (b) 8 進位的數字 7231、754、567。

    (c) 2 進位的數字 11001010、1001001、1101010001。

2.2 變數與常數

3. 【型別查詢】設有一行敘述為 num=12+7.2，試以 type() 查詢 num 的型別。

4. 【計算圓面積】試定義 PI 的值為 3.14，並定義一個浮點數變數 radius，其值為 10.0。請根據圓面積公式 PI * radius**2 計算圓面積，並將結果設值給變數 area 存放，最後使用 print() 函數輸出 area 的值。您的輸出應為 The area of the circle is: 314.0。

5. 【變數名稱的選取】下列的變數中，有哪些比較適合用來當成自定義常數的名稱？

    (a) `MAX_NUM`   (b) `True`   (c) `day`   (d) `ID`   (e) `Sky`

2.3 常用的運算子

6. 【次方運算子】試計算 2^{120} 的值。

7. 【餘數運算子】試求 128/39 的餘數。

8. 【字串的比較】如果執行 'kitty'<'kitten'，我們會得到 False。試說明為什麼會得到這個結果？

9. 【判別運算結果】試判別下列各式的運算結果，並利用程式驗證結果是否正確。

    (a) 8<3 and 7==9 and 7>4

    (b) 2>8 or 7<=8 and 7>2

    (c) 5>3 and 4<2 or 6==6

2.4 變數的設值與運算的優先順序

10. 【運算結果分析】下列各小題運算完之後，變數 x 的值為何？

    (a) x=5; x+=2   (b) x=7; x*=3

    (c) x=3; x**=4   (d) x=10; x//=3

11. 【運算結果分析】試推導下列各式的計算結果，並以 Python 驗證結果是否正確。

    (a) 6+3**2*4   (b) 15/3+4*4/2

    (c) 6>2+5   (d) ((10-4)*2)**2//8

2.5 型別轉換

12. 【型別轉換】下面的敘述都會牽涉到型別轉換，試說明它們是隱式還是顯式轉換。

    (a) 2+True   (b) 6+int(17.4)

    (c) 21+6.5   (d) str(2) + 'piggy'

13. 【對字串裡的運算式求值】試將下面表達成字串的運算式求值：

    (a) '66+18'   (b) '6**2+3*(7-1)'   (c) "int('2020')"

2.6 不同進位數字的轉換

14. 【10 進位轉其它進位】試將 10 進位整數 1024 分別轉成 2、8 和 16 進位。

15. 【8 進位轉其它進位】試將 8 進位數字 0o65416 分別轉成 2、10 和 16 進位。

16. 【2 進位轉其它進位】試將 2 進位數字 0b1001001 分別轉成 8、10 和 16 進位。

2.7 輸出與輸入函數

17. 【print() 的練習】試利用 print() 函數印出下面的字串（包含單引號和雙引號）：

    (a) `'Holliday'`

    (b) `"You may say I'm a dreamer"`

    (c) `A back slash \ sign.`

    (d) `'''\n represents a new line character'''`

18. 【格式化輸出】設 $a = 12670$, $b = 12.344$，試利用 f-字串將變數 a 與 b 列印出如下的格式，其中符號 ○ 代表一個空格：

    (a) `a=○○12670,○b=○12.34`   （12670 前面 2 個空格）

    (b) `a=○+12670,○b=012.34`

    (c) `a=+12,670,○b=0012.3`

    (d) `a=012,670,○b=○○○+12`   （+12 前面 3 個空格）

    (e) `a={12670},○b='○○12'`   （12 前面 2 個空格）

19. 【input() 練習】試從鍵盤讀入一個整數，計算這個整數的平方之後，將它列印出來。

20. 【input() 練習】試從鍵盤讀入一個整數，把它轉成 2 進位後，將轉換結果列印出來。

2.8 關於浮點數計算時的誤差

21. 【浮點數是否精確表達】下面哪些浮點數無法用精確的二進位表達？

    (a) `0.5`   (b) `0.25`   (c) `0.8`

    (d) `1.0`   (e) `0.375`   (f) `1.25`

22. 【浮點數計算上的誤差】試在 Python 裡完成下面的計算，看看輸出的值是否和數學上的計算結果相等，並解釋為什麼會得到這個結果。

    (a) `0.25 * 0.2`   (b) `0.9 + 0.1`   (c) `0.6 / 0.2`

    (d) `1.2 - 0.2`   (e) `0.3 + 0.8`   (f) `0.1 + 0.1 + 0.1`

03 Chapter

數值、字串與串列的處理

前一章我們學習了 Python 中的數值與字串型別。本章將進一步介紹與這些型別相關的常用處理函數，並引入串列（list）這一個重要的資料型別。數值的處理函數包含了常用的數學函數和亂數等，字串的處理函數則包括字母大小寫的轉換、檢測、搜尋和格式化等，而串列的處理則涵蓋串列的建立、元素的提取、添加和刪除等。這些都是程式設計中基礎且常用的函數。

1. 數值運算
2. random 模組裡的函數
3. 字串的處理函數
4. 字串類別提供的函數
5. 串列與相關的處理函數

3.1 數值運算

許多運算需要用到數學函數,如絕對值、開根號和對數等。Python 內建一些基本函數,其餘大多數進階函數則包含在 math 模組中,使用前需先匯入該模組。

3.1.1 內建數學函數

當您啟動 Python 時,有幾個簡單的數學函數就已經載入,我們稱它們為內建(built-in)的數學函數。這些函數列表如下:

· Python 內建的數學函數

函數	說明
$abs(a)$	計算 a 的絕對值
$round(a,p)$	將 a 捨入到小數第 p 位,p 不填則捨入到整數
$pow(a,b)$	計算 a^b
$min(a1,a2,…)$	找出 $a1, a2, …$ 的最小值
$max(a1,a2,…)$	找出 $a1, a2, …$ 的最大值

上表中,round(a, p) 會依「偶數捨入法」(round half to even)將 a 取到小數第 p 位,意指當尾數正好為 5 時,會捨入到最接近的偶數。例如 round(1.25, 1) 得到 1.2,而不是 1.3,因為 1.2 的最後一位是偶數。相同的,round(1.35, 1) 得 1.4。

```
> abs(-4.8)
  4.8
```
計算 −4.8 的絕對值,得到 4.8。

```
> round(0.250,1)
  0.2
```
由於小數第 2 位是 5,若進位會變成 0.3,結果尾數是奇數。因此依五成雙規則,改取較近的偶數 0.2,捨去 0.05。

```
> pow(2,100)
  1267650600228229401496703205376
```
計算 2^{100},得到一個很大的數。

```
> min(8, -32, 62.9, 20)
  -32
```
min() 則是找出所有參數裡面最小的數。

3.1.2 math 模組裡的基本數學函數

Python 會將功能相近的函數放在同一個檔案中，稱為模組（Module），要用到時才需要載入，如此可避免不必要的記憶體佔用。與數學運算相關的函數都放在 math 模組中，若要使用其中的函數，可以透過 import 指令載入：

```
import math
```

在使用 math 模組裡定義的常數或函數時，必須以「math.常數名稱」或「math.函數名稱()」的語法來使用它們。下表列出了 math 模組裡常用的數學函數：

・math 模組定義的常數與函數

常數/函數	說明
pi	數學常數 π
e	歐拉常數 e
inf	無窮大（取自無窮大的英文 infinity）
nan	不是一個數（取自英文的 not a number），如 $0 \times \infty$
fabs(a)	傳回 a 的絕對值（為一浮點數）
factorial(a)	計算 a 的階乘，即 $a!$
ceil(a)	天花板函數，也就是傳回大於等於 a 的最小整數
floor(a)	地板函數，也就是傳回小於等於 a 的最大整數
fmod(a,b)	計算 a 除以 b 的餘數，計算的結果為浮點數
gcd(a,b)	計算 a 和 b 的最大公因數（greatest common divisor）
isfinite(a)	判別 a 是否為有界的數（即不是正負無窮大的數）
isinf(a)	判別 a 是否為正無窮大或負無窮大
isnan(a)	判別 a 是否為 nan（not a number）

```
> import math                              載入 math 模組。

> math.pi                                  這是 math 模組裡定義的常數 pi。
  3.141592653589793
```

> math.inf*0
  nan

數學上沒有定義無窮大乘上 0 的結果，因此回應 nan，代表它不是一個數。

> math.factorial(5)
  120

計算 5! = 1 × 2 × 3 × 4 × 5，得到 120。

> math.ceil(9.1)
  10

ceil(9.1) 可以找出比 9.1 大的最小整數。

> math.fmod(23,4)
  3.0

計算 23/4 的餘數。注意 fmod() 的 f 代表 float，因此它傳回的是一個浮點數。

> math.gcd(36,64)
  4

找出 36 和 64 的最大公因數。

> math.isfinite(90)
  True

90 是一個有界的數，因此回應 True。

下面的範例使用 math 模組來計算圓的面積、平方根，以及利用 round() 將輸入的浮點數捨入到整數。圓的半徑與數字由使用者輸入，需自動處理負數並輸出結果。

```
01  # ch3_1.py, math 模組的使用範例
02  import math
03
04  # 計算圓的面積
05  radius = float(input('輸入圓的半徑：'))
06  area = math.pi * (radius ** 2)
07  print(f'圓的面積是：{area:.2f}')
08
09  # 計算平方根
10  num = abs(float(input('輸入一個數：')))        # 取絕對值，避免錯誤
11  sqrt_value = math.sqrt(num)
12  print(f'{num} 的平方根是：{sqrt_value:.2f}')
13
14  # round() 的計算
15  float_num = float(input('輸入一個浮點數：'))
16  rounded_num = round(float_num)
17  print(f'{float_num} 捨入到整數的結果是：{rounded_num}')
```

- 執行結果：
  輸入圓的半徑：*5*
  圓的面積是：78.54
  輸入一個數：*16*
  16.0 的平方根是：4.00
  輸入一個浮點數：*4.7*
  4.7 捨入到整數的結果是：5

這個範例第 5 行提示使用者輸入圓的半徑，第 6 行使用 math.pi 計算圓的面積，然後將結果格式化為小數點後兩位並輸出。第 10 行要求使用者輸入一個數字，於第 11 行利用 abs() 函數取絕對值，以避免負數影響平方根計算，然後利用 math.sqrt() 計算平方根後輸出。第 15 行要求輸入一個浮點數，接著第 16 行使用內建函數 round() 將輸入的浮點數捨入到整數，最後於第 17 行將結果輸出。

3.1.3 math 模組裡的指數、對數與三角函數

math 模組裡也提供了指數、對數與三角函數等，注意三角函數是以弳度為單位，這些函數列表如下：

· math 模組裡的指數、對數與三角函數

函數	說明
exp(a)	計算 e^a，其中 e = 2.718281828...
log(a, $base$)	log(a) 是計算以 e 為底的對數，log(a, $base$) 則是以 $base$ 為底
log2(a)	計算以 2 為底的對數
log10(a)	計算以 10 為底的對數
pow(a,b)	計算 a^b（傳回的結果是浮點數，即使 a 和 b 都是整數）
sqrt(a)	計算 $\sqrt{a}$
asin(a)	反正弦函數 $\sin^{-1}(a)$，傳回值為徑度。其它相似的函數還有反餘弦 acos(a) 和反正切 atan(a) 函數
atan2(y,x)	atan(x) 回應的弳度範圍為 $\pi/2$ 到 $-\pi/2$，而 atan2(y,x) 則同時指定了 y 和 x 的坐標，因此可回應 π 到 $-\pi$ 之間的弳度

函數	說明
sin(a)	正弦函數，a 的單位為弳度。cos(a) 為餘弦，tan(a) 為正切函數
degrees(r)	將弳度 r 轉換為角度（degree）
radians(a)	將角度 a 轉換為弳度（radian）

除了上面所列的函數之外，math 模組裡還提供了雙曲線函數 sinh()、cosh()、tanh() 和反雙曲線函數 asinh()、acosh()、atanh() 等。

> `import math`　　　　　　　　　　　載入 math 模組。

> `math.exp(1)`　　　　　　　　　　　這是歐拉常數（Euler constant）。
  `2.718281828459045`

> `math.log10(1000)`　　　　　　　　計算 $\log_{10}1000$，我們得到 3.0。
  `3.0`

> `math.pow(3,50)`　　　　　　　　　利用 math 模組裡的 pow() 計算 3^{50}，我們
  `7.178979876918526e+23`　　　　　得到一個浮點數。

> `math.sqrt(3)`　　　　　　　　　　將 3 開根號。
  `1.7320508075688772`

> `math.degrees(math.atan(1))`　　　math.atan(1) 會傳回弳度，math.degrees() 再
  `45.0`　　　　　　　　　　　　　　將它轉成角度，因此得到 $\tan^{-1}(1)$ 的結果是 45°。

> `math.radians(180)`　　　　　　　　將 180° 轉換成弳度。
  `3.141592653589793`

3.2 random 模組裡的函數

Python 提供的 random 模組可以讓我們進行亂數的處理。在使用這些亂數函數之前，必須先用 import 指令把 random 模組匯進來。

· random 模組裡的函數

常數/函數	說明
seed(s)	設定亂數的種子為 s
random()	產生 0 到 1 之間的亂數
randint(a,b)	產生介於 a 到 b（包含 b）之間的整數亂數
uniform(a,b)	產生介於 a 到 b 之間的浮點數亂數
choice(obj)	從 obj 中隨機挑選一個元素
choices(obj,$k=n$)	從 obj 中隨機挑選 n 個元素，可重複挑選
sample(obj,k)	從 obj 中隨機取得 k 個元素，不重複挑選
randrange(a,b,s)	從 a 到 b（不含），間距為 s 隨機產生一個整數。預設 a 為 0，s 為 1
shuffle(lst)	將串列 lst 裡的元素打亂，並把結果設回給 lst 存放

上表中，shuffle(lst) 函數裡的 lst 是「串列（list）」資料型別，我們在 3.5 節馬上會介紹到它。簡單來說，串列是一種資料結構，可用來儲存不同型別的資料元素，這些項目可以是數字、文字，甚至是其它串列。串列中的元素會以方括號 [] 括起來，例如 [1, 2, 3, 4]。

> import random　　　　　　　　　　載入 random 模組。

> random.random()　　　　　　　　　產生一個 0 到 1 之間的亂數。因為是亂數，
　0.8035287810431224　　　　　　　您得到的數字可能會與左邊的數字不同。

> random.randint(0, 10)　　　　　　產生一個 0 到 10 之間的整數亂數。
　6

> random.randrange(-3, 3, 2)　　　從 −3 到 2（不包含 3），間距為 2 的整數
　-3　　　　　　　　　　　　　　　中隨機挑選一個，因此可供挑選的數字有
　　　　　　　　　　　　　　　　　 −3, −1, 1 和 3。本例挑到的數字是 −3。

> random.choices('Python', k=4)　　從字串 'Python' 中隨機挑選 4 個字元。您
　['o', 'h', 't', 'o']　　　　　　可以發現到字元 'o' 重複被挑選了。注意
　　　　　　　　　　　　　　　　　 挑選的 4 個字元被方括號，它是 Python 裡
　　　　　　　　　　　　　　　　　 的串列（list），本章稍後會介紹到它。

`> random.sample('Hello Python', 3)` `['P', 'l', 'e']`	從字串 'Hello Python' 中隨機挑選出 3 個字元。
`> lst=[9, 2, 3, 1, 0]`	定義串列 lst，內含 9, 2, 3, 1 和 0 這幾個元素。在 3.5 節我們會介紹到串列的性質和其詳細的用法。
`> random.shuffle(lst)`	將串列裡的元素隨機排序（有點像撲克牌隨機洗牌一樣）。
`> lst` `[9, 0, 3, 1, 2]`	查詢 lst 的值，我們可以發現元素的位置已經被隨機調換。

由於亂數是隨機生成，因此在每次執行程式時，會產生不同的亂數序列。若希望每次運行程式時產生相同的亂數序列，可以使用 seed() 函數來達成。seed() 可接收一個整數作為參數，只要在生成亂數之前提供相同的種子，產生的亂數序列就會一致。這在測試或需要重現結果的場合非常有用，因為它能確保程式每次執行時的隨機行為相同，方便追蹤問題或比較不同測試結果。

`> random.seed(999)`	設定亂數種子為 999，接下來的亂數都是由這個種子生成的。相同的種子會生成相同的亂數序列。

`> print(random.random())`
`  print(random.random())`
`  print(random.random())`
`0.7813468849570298`
`0.0800656147037001`
`0.8724924964292878`
	列印出隨機產生的浮點數亂數 3 次。我們發現每次產生的亂數都不一樣。

`> random.seed(999)`	重新設定亂數種子為 999。

`> print(random.random())`
`  print(random.random())`
`  print(random.random())`
`0.7813468849570298`
`0.0800656147037001`
`0.8724924964292878`
	一樣列印出隨機產生的浮點數亂數 3 次，我們可以發現產生的亂數和先前的亂數完全一樣，這是因為它們有相同的亂數種子的關係。

下面的範例使用 random 模組模擬學生的抽獎活動。參加者為五位學生，隨機抽出兩位得獎者（不重複），並輸出得獎結果。

```
01  # ch3_2.py, random 模組模擬抽獎活動
02  import random
03  # 參加者名單，由學生名字組成的串列
04  students= ['Alice', 'Bob', 'Tom', 'David', 'Eve']
05
06  # 隨機抽取兩位得獎者（不重複）
07  winners = random.sample(students, 2)
08
09  print('得獎者是：', winners)      # 輸出得獎者名單
```

- 執行結果：
  得獎者是： ['Tom', 'Eve']

於這個程式中，第 4 行定義了參加者名單 students，包含五位參與抽獎的名字。第 7 行使用 random.sample() 函數從名單中隨機選出兩位得獎者。由於 random.sample() 保證不重複選取元素，因此選出的兩位得獎者不會重複。最後，第 9 行將抽獎結果輸出，顯示兩位得獎者的名字。

3.3 字串的處理函數

字串（String）是一種常用的資料型別。前一章我們已經介紹過字串的基本概念，以及如何利用 print() 函數來輸出它們。本節將介紹與字串相關的處理函數。

3.3.1 認識 Python 字元的編碼

字串是由字元（Character）組成。無論是數字、英文字母或中文字，在 Python 中都有一個對應的字元碼。要查看字元的字元碼，可使用 ord() 函數。ord 是 ordinal 的縮寫，意思是有順序、依次排列。

> print(ord('a'), ord('好'))   印出字元 'a' 和 '好' 這兩個字元的字元碼。
  97 22909

早期的電腦系統多使用 ASCII 編碼，它為英文字母、數字和常見符號分配編號，範圍在 0 到 127 之間，因此無法涵蓋其它語言的文字。為了解決這個限制，後來制定了 Unicode（萬國碼）這項國際標準，為每個字元分配唯一的編號，能支援世界上大多數語言。Python 採用的就是 Unicode 編碼，這使它能正確處理各種語言的文字資料。我們可以使用 ord() 函數查詢字元的編號，例如字母 'a' 的編號是 97，中文字「好」的編號是 22909。注意 ord() 函數傳回的是十進位整數。

在 https://unicode-explorer.com 網站裡提供了完整的 Unicode 列表可供查詢。這個網站是以 16 進位的格式來表示每個字元。如要查詢某個字元，可在搜尋欄位內輸入該字元即可。下圖是查詢了「好」字的 Unicode，圖中顯示它的 Unicode 為 U+597D，其中 U+ 代表後面接的是 16 進位的 Unicode。

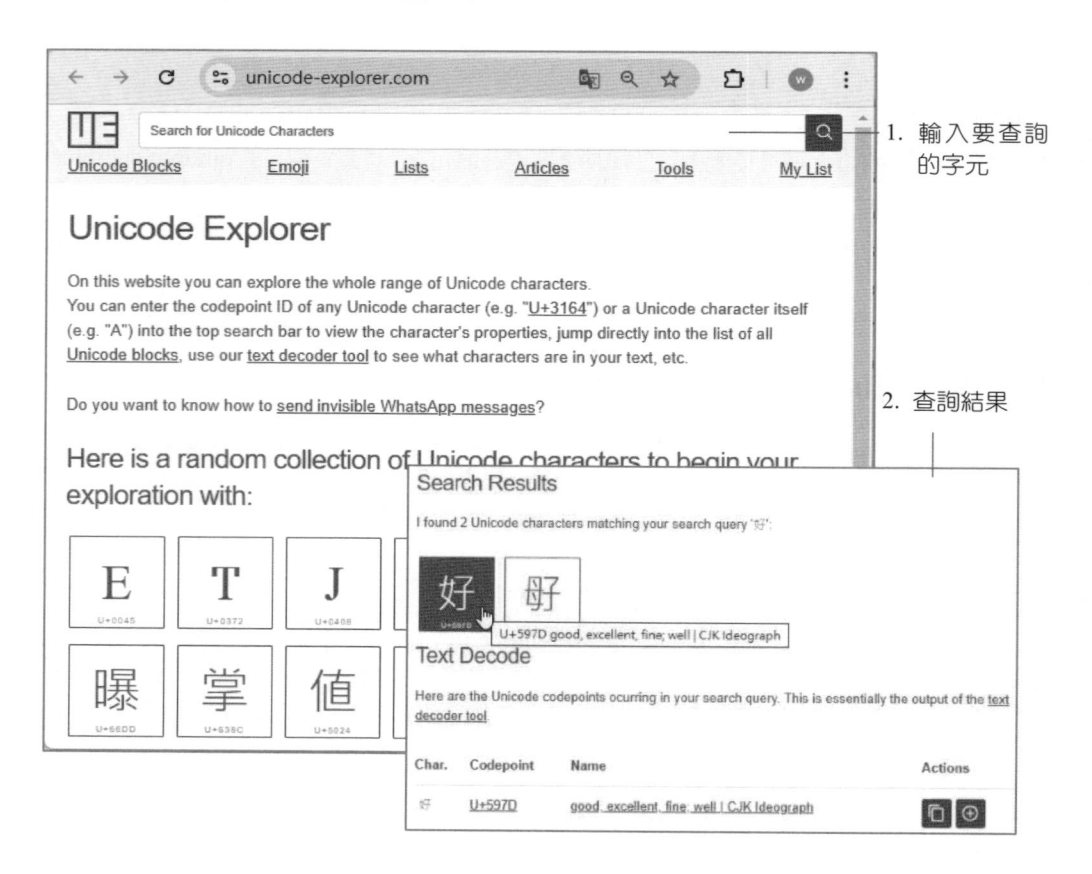

在 Python 裡，我們很容易驗證「好」字 16 進位的 Unicode 是 597D：

```
> print(hex(ord('好')))
  0x597d
```
將 ord('好') 的輸出 22909 轉成 16 進位，得到 0x597d，和圖中「好」字的 Unicode 完全相同。

3.3.2 字元的 8 進位與 16 進位表示法

我們可以利用「\」符號加上適當的前綴，搭配 8 進位或 16 進位的數字，來表示 ASCII 字元或 Unicode 字元。當使用 8 進位表示法時，需在數字前加上「\」作為前綴，例如 \ooo，其中 ooo 表示 3 個 8 進位數字；而使用 16 進位表示法時，需在數字前加上「\x」或「\u」作為前綴，例如 \xhh（2 個 16 進位數字）或 \uhhhh（4 個 16 進位數字）。這種方法被稱為字元的 8 進位和 16 進位表示法，特別適合用於表示鍵盤上無法直接輸入的特殊字元或符號，例如控制碼或非標準符號。

・字元的 8 進位和 16 進位表示法

表示法	說明
\ooo	ASCII 字元的 8 進位表示法，ooo 代表 3 個 0~7 之間的數字
\xhh	ASCII 字元的 16 進位表示法，hh 代表 2 個 16 進位的數字
\uhhhh	Unicode 字元的 16 進位表示法，hhhh 代表 4 個 16 進位的數字

```
> print('\101')
  A
```
以字元的 8 進位表示法表示大寫的 ASCII 字元 'A'。

```
> print('\x41\u0041')
  AA
```
相同的，我們也可分別以 ASCII 字元的 16 進位表示法和 Unicode 字元的 16 進位表示法來表示大寫的字母 'A'。

```
> print('Character: \u597d')
  Character: 好
```
以字元的 16 進位表示法表示 Unicode 字元 '好'。

字元的 8 進位與 16 進位表示法的好處在於，我們可以用它來來表示一些不易直接從鍵盤鍵入的特殊字元，如特殊符號「©」（版權符號）或「♠」（黑桃符號）等。我們來看看下面的範例：

```
01  # ch3_3.py，字元的 8 進位與 16 進位表示法
02  # 換行符號（16 進位的 ASCII 碼為 0A）
03  print('這是一行文字\x0A這是下一行文字')
04
05  # 表示版權符號
06  copyright = '\u00A9'  # Unicode 字元的 16 進位表示法
07  print(f'版權符號：{copyright}')
08
09  # 表示黑桃符號
10  spade = '\u2660'  # Unicode 字元的 16 進位表示法
11  print(f'黑桃符號：{spade}')
```

- 執行結果：
  這是一行文字
  這是下一行文字
  版權符號：©
  黑桃符號：♠

在這個程式碼中，第 3 行使用 16 進位表示法 \x0A 來表示 ASCII 的換行符號，將輸出內容分成兩行顯示。接著，第 6 行程式定義了一個變數 copyright，使用 Unicode 16 進位表示法 \u00A9 表示版權符號 ©，並透過 print 輸出結果。最後，第 10 行定義了變數 spade，以 Unicode 表示黑桃符號 \u2660，並同樣以 print 輸出。 ❖

3.3.3 取得字元或字串的相關訊息

利用 ord() 函數取得的字元碼即為該字元的 Unicode。如果想從 Unicode 轉成字元，可用 chr() 函數（chr 取自字元的英文 character）。Python 有一些內建的函數來獲取字元或字串的相關訊息，如下表所示：

・取得字元或字串相關訊息的函數

函數	說明
ord(*c*)	傳回字元 *c* 的編碼
chr(*i*)	傳回編碼為整數 *i* 的字元
len(*s*)	傳回字串 *s* 的長度
str(*n*)	依據數值 *n* 建立字串
max(*s*), min(*s*)	傳回字串 *s* 中，最大/最小的字元碼

下面是一個關於字元或字串函數的練習。您可以嘗試在網路上查詢某個中文或英文字元的編碼，並比較它與 ord() 函數回傳的數值是否相同。

> ord('A'), ord('a'), ord('@')
  (65, 97, 64)

查詢 A、a 和 @ 的編碼，我們分別得到 65、97 和 64。

> max('AaQ')
  'a'

a 的字元碼為 97，是所有字元碼中最大的，所以傳回 a 這個字元。

> chr(65)
  'A'

查詢編碼為 65 的字元，得到大寫字母 A。

> len('Python 程式設計')
  10

這是字串 'Python 程式設計' 的長度，共 10 個字元（中英文都算一個字元）。

> str(3.14)
  '3.14'

str() 可以將數字轉換成字串。左式是將浮點數 3.14 轉成字串。

3.3.4 處理字串的運算子

Python 內建了一些好用的運算子,可以用來對字串進行連接、重複與比較等運算。常用的運算子列表如下:

· 處理字串的運算子

運算子	說明
$s1 + s2$	將字串 $s1$ 和 $s2$ 進行連接
$s1 * n$	將字串 $s1$ 重複 n 次
>, <, >=, <=, ==, !=	依序以兩字串內對應字元的編碼來比較兩個字串
$s1$ in $s2$, $s1$ not in $s2$	檢查字串 $s1$ 是否在/不在字串 $s2$ 內

使用比較運算子比對兩個字串時,若其中一個字串的開頭完全與另一個相同,則長度較長的那個字串會被視為較大。

> '520' * 3
  '520520520'

將字串 '520' 重複 3 次。

> 'Have '+'a '+'nice '+'day'
  'Have a nice day'

利用加號 + 可以將字串連接起來。

> 'W' < 'e'
  True

W 的字元碼(87)小於 e 的字元碼(101),所以回應 True。

> 'holiday' == 'birthday'
  False

兩個字串不相同,因此回應 False。

> 'apple' < 'applepie'
  True

結果為 True,因為兩個字串的前 5 個字元均為 'apple',但 'applepie' 多了 'pie'。

> 'mat' in 'formation'
  True

'mat' 有在字串 'formation' 裡面,因此回應 True。

> 'tion' not in 'formation'
  False

'tion' 有在字串 'formation' 裡面,因此回應 False。

3.3.5 字元的提取

字串就像容器一樣,可用來容納字元(Characters)。每個字元都有其位置,稱為索引(Index)。我們可以透過索引提取字串中的一個字元,或使用切片法(Slicing)來提取特定範圍的部分字串。這些方法讓我們能夠靈活地存取字串或其它容器的內容。

・容器元素的提取(索引法和切片法)

運算子	說明
$s1[n]$	索引法。提取字串 $s1$ 索引為 n 的字元(從 0 開始數)
$s1[\text{start}:\text{end}:\text{step}]$	切片法。提取索引為 start 到 end $-$ 1 的字元,間距為 step • 若省略 start 則從頭開始提取 • 若省略 end 則提取到最後一個元素 • 若省略 step 則間距為 1,若 step 為負數則往前提取

Python 的索引是從 0 算起的,因此字串 "Wonderful' 中,索引 0 的字元是 W,索引 1 的字元是 o,以此類推。另外,負索引代表倒數的意思,且是從 -1 開始數的,s1[−1] 代表字串 s1 的倒數第一個元素。試想如果負索引是從 0 開始,那負索引就要寫成 −0,−0 和 0 的結果是一樣的,因此就會和索引 0 的元素混淆了。下圖示範了當 s1='Wonderful' 時,各種切片法的結果。透過此圖,您可以觀察切片操作的運作方式:

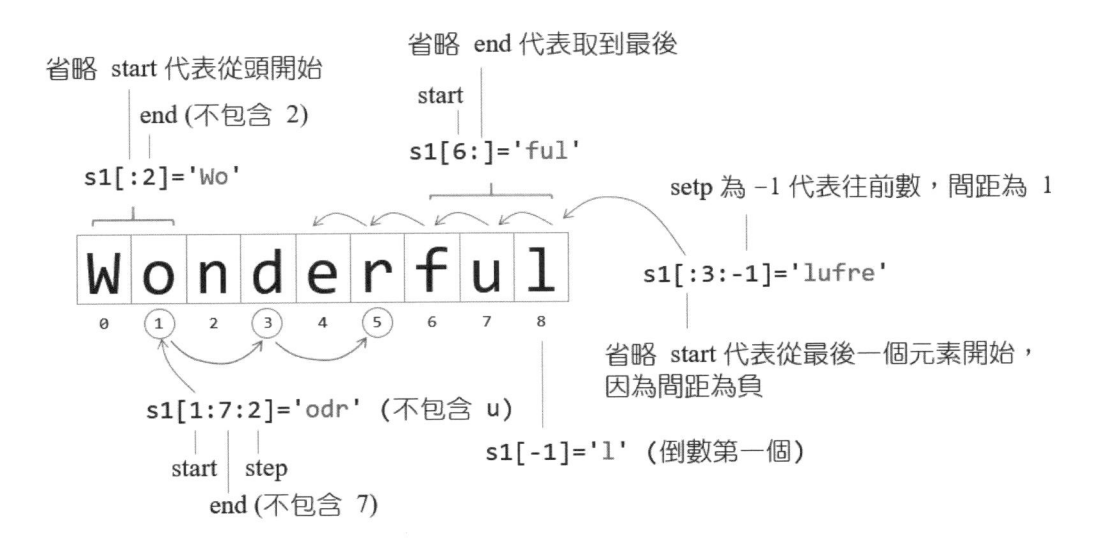

下面的表格是以字串 s1 = 'Wonderful' 來練習切片法的提取方式，幫助您更好地理解和使用它。我們也附上一張圖顯示索引與字元之間的對應關係，包括從左至右的正索引（0 到 8）以及從右至左的負索引（–9 到 –1），以方便對照：

| W | o | n | d | e | r | f | u | l |

```
 0  1  2  3  4  5  6  7  8   ← 索引
-9 -8 -7 -6 -5 -4 -3 -2 -1   ← 負索引
```

範例	結果	說明
s1[0]	W	提取索引 0 的字元
s1[-1]	l	提取最後一個字元
s1[2:5]	nde	提取索引 2 到 4 的字元（不含 5）
s1[:4]	Wond	提取從開始到索引 3 的字元（不含 4）
s1[4:]	erful	提取從索引 4 到最後的字元
s1[::2]	Wnefl	每隔一個字元提取（間距 2）
s1[1:8:2]	odru	提取索引 1 到 7 的字元，每隔一個字元
s1[::-1]	lufrednoW	反轉字串
s1[5:8]	rfu	提取索引 5 到 7 的字元（不含 8）
s1[-3:]	ful	提取最後三個字元
s1[3:-2]	derf	提取從索引 3 到倒數第二個字元
s1[-4:-1]	rfu	提取倒數第四到倒數第二個字元

注意無論是英文或中文字，索引位置依照字元的順序計算，並且各佔一個位置。

> s1 = 'Python 程式設計'　　　　　　這是 s1 字串，它包含有 4 個中文字。

> s1[-4:]　　　　　　　　　　　　從倒數第 4 個字元開始提取到最後一個字
　'程式設計'　　　　　　　　　　元，如此剛好提取出 4 個中文字。

```
> s1[6:8]
  '程式'
```

提取索引 6 和 7 的字元,因此取出 '程式' 這兩個中文字。

下面的程式可讓使用者輸入兩個字串,程式會執行字串的基本運算,包括字串連接、重複、比較、子字串檢查,並示範如何提取字串的特定部分,最後顯示結果。

```
01  # ch3_4.py,字串運算子範例
02  s1 = input('請輸入第一個字串:')
03  s2 = input('請輸入第二個字串:')
04
05  print(f'字串連接:{s1 + s2}')   # 字串連接
06  print(f'重複字串:{s1 * 3}')     # 字串重複三次
07  print(f'字串比較:{s1} > {s2} 為 {s1 > s2}')  # 比較字串大小
08  print(f"'{s1}' 的前三個字元是:{s1[:3]}")  # 提取 s1 的前三個字元
```

- 執行結果:
  請輸入第一個字串:*Hello*
  請輸入第二個字串:*World*
  字串連接:HelloWorld
  重複字串:HelloHelloHello
  字串比較:Hello > World 為 False
  'Hello' 的前三個字元是:Hel

這段程式碼示範了字串的基本運算,首先第 2 和第 3 行利用 input() 函數讓使用者輸入兩個字串。接著,程式執行四個操作:第 5 行透過 + 運算子連接兩個字串,並顯示結果;第 6 行使用 * 運算符將第一個字串重複三次,並輸出結果;第 7 行使用比較運算子 > 透過字元編碼比較兩個字串的先後順序,並顯示結果;第 8 行則提取字串 s1 的前三個字元。

3.4 字串類別提供的函數

Python 裡的每一筆資料都是由某個類別(Class)所生成的物件(Object)。例如數字 5 是整數類別 int 所生成的物件,而字串 'nice' 則是由字串類別 str 所生成。要查看某筆資料是由哪一個類別所生成,可以利用第二章介紹過的 type() 函數:

```
> type(5)
  int
```
數字 5 是 int 型別，事實上，它就是 Python 裡 int 類別生成的一個物件。

```
> type('nice')
  str
```
字串 'nice' 是 str 類別的一個物件。

類別可以看成是一個藍圖，它賦予由它生成的物件一些屬性（Attribute）或方法（Method，就是函數的意思，習慣上本書把方法稱為函數）以完成特定的工作（第七章對於類別會有更詳盡的介紹）。例如想把字串開頭的第一個字母大寫，Python 的 str 類別已經定義好 capitalize() 函數，只要利用字串去呼叫 capitalize()，或是利用 str 類別呼叫 capitalize() 並傳入字串，即可將字串的第一個字母大寫：

```
> 'nice'.capitalize()
  'Nice'
```
利用字串 'nice' 呼叫 capitalize() 函數，如此可以將字串開頭的第一個字母大寫。

```
> str.capitalize('nice')
  'Nice'
```
利用 str 類別呼叫 capitalize() 並傳入 'nice' 字串，我們也可以將字串開頭的字母大寫。

3.4.1 字串大小寫的轉換函數

大寫和小寫的英文分別為 upper case 和 lower case，Python 對於函數的命名都是取自它們的原意，因此這些函數的名稱相當容易記憶。要特別注意的是，這些函數都不會修改呼叫它的字串，而是生成一個新字串。

· 字串大小寫的轉換函數

函數	說明
s.upper(); s.lower()	將字串 s 全部轉換成大寫/小寫
s.swapcase()	將字串 s 的大小寫互換
s.capitalize()	將字串 s 的第一個字母大寫
s.title()	將字串 s 裡，每一個單字的第一個字母大寫

```
> s = 'machine LEARNing'
```
這是字串 s，它是 str 類別的物件。

```
> s.upper()
  'MACHINE LEARNING'
```
用 s 物件呼叫 upper() 函數，upper() 會將所有的字元轉換成大寫。

```
> s
  'machine LEARNing'
```
查詢 s 的內容，注意 s 的值不會被改變。

```
> str.upper(s)
  'MACHINE LEARNING'
```
使用 str 類別的 upper() 函數也可將 s 轉為大寫（原值也不會被改變）。

```
> s.swapcase()
  'MACHINE learnING'
```
將 s 裡的字元大小寫互換。

```
> s.title()
  'Machine Learning'
```
將 s 裡，每一個單字的字首大寫。

```
> s.capitalize()
  'Machine learning'
```
capitalize() 則是將字串的第一個字母大寫，其餘則是小寫。

注意 str 是 python 字串類別的名稱，如果不小心把它設值，則無法利用它來呼叫函數，因此在使用上應避免將它設值（其它 Python 內建函數亦同）。如果不小心將 str 設值，可利用 del 指令將 str 的值移除，此時 str 即可回到原本 Python 賦予它的定義。

```
> str='holiday'
```
將字串 'holiday' 設定給變數 str 存放（不建議將 str 當成一般變數使用）。

```
> str.upper('aaa')
  TypeError: upper() takes no arguments (1 given)
```
現在 str 已經是一般的變數，因此自然也就沒有 upper() 這個函數。

```
> del str
```
利用 del 指令（delete）將 str 的定義刪除，此時 *str* 就會回到它原始的定義。

```
> str.upper('aaa')
  'AAA'
```
現在我們已經可以利用 str 來呼叫 upper()（或其它）函數了。

3.4.2 字串檢測函數

字串類別 str 提供了一系列的函數，用來檢測字串是否具有某些性質。這些函數多半是 is 開頭，也就是詢問是否具有 is 後面描述的性質。

. 字串檢測函數

函數	說明
s.isupper(); s.islower()	檢測字串 s 是否全部為大寫/小寫
s.startswith(s1); s.endswith(s1)	檢測字串 s 是否以字元 s1 開頭/結尾
s.istitle()	檢測字串 s 每個單字的第一個字母是否大寫
s.isalpha()	檢測字串 s 是否全為英文字母
s.isdigit()	檢測字串 s 是否全為數字
s.isalnum()	檢測字串 s 是否全為英文字母或數字
s.isidentifier()	檢測字串 s 是否為合法的識別字或關鍵字
s.isspace()	檢測字串 s 是否全為空格

注意字串檢測函數都是 is 開頭，代表它們的作用是判斷字串是否符合特定條件，並回傳 True 或 False，例如 isalnum()(is alphanumeric) 可檢查字串是否只包含字母和數字，isdigit()(is digit) 則檢查是否只包含數字。這樣的設計讓程式碼更直觀，適用於輸入驗證或格式檢查。

```
> 'Python'.isupper()
  False
```
字串 'Python' 並沒有全部的字元都大寫，因此回應 False。

```
> 'Data Science'.istitle()
  True
```
測試字串裡，每一個單字的第一個字母是否為大寫，結果回應 True。

```
> 'hello 123'.isalpha()
  False
```
因為空格（空白字元）和數字 123 都不是英文字母，所以回應 False。

```
> '123.456'.isdigit()
  False
```
字串 '123.456' 裡有一個小數點，它不屬於數字，因此回應 False。

> '123.456'.isalnum() 　　　　　　因為小數點不是英文字母,也不是數字,
　False 　　　　　　　　　　　　　所以回應 False。

> 'my cats'.isidentifier() 　　　　　空格不能做為識別字,因此回應 False。
　False

> 'd '.isspace()　　　　　　　　　因為字串裡並不全是空白字元,因此回應
　False　　　　　　　　　　　　　False。

> 'flag'.startswith('f')　　　　　　字串 'flag' 是 f 開頭,因此回應 True。
　True

> 'corporation'.endswith('n')　　　字串 'corporation' 以 n 結尾,因此也回應
　True　　　　　　　　　　　　　True。

下面的範例可檢查使用者輸入的字串是否為有效的公司郵件地址。程式先將所有字母轉換為小寫,再檢查字串是否包含 '@' 字元,並確保字串以 '.com' 結尾。最後,程式會輸出檢測結果。

```
01  # ch3_5.py, 檢查是否為有效的郵件地址
02  email = input('請輸入電子郵件地址:')
03  email = email.lower()   # 將字串轉換為小寫
04
05  # 檢查是否包含 '@' 且以 '.com' 結尾,並輸出 True 或 False
06  print('@' in email and email.endswith('.com'))
```

- 執行結果:
　請輸入電子郵件地址:*test@abc*
　False
　請輸入電子郵件地址:*test@example.com*
　True

程式第 2 行要求使用者輸入電子郵件地址,並於第 3 行將其轉換為小寫字母,這樣可以確保不受大小寫影響。接著,第 6 行檢查字串是否包含「@」符號,並且以「.com」結尾。如果條件成立,則印出 True,否則印出 False。在第一次輸入中,由於不是以「.com」結尾,因此印出 False。第二次輸入既包含了「@」符號,且以「.com」結尾,因此印出 True。

3.4.3 字串搜尋函數

在一些應用中，我們需要知道某個字串在另一個字串中出現的次數或位置，就如同在一份文件中搜尋某個字詞一樣。我們可以利用字串類別提供的一些函數來找尋字串（或字元）。注意這些函數回應的位置都是從 0 開始數的。

· 字串搜尋函數

函數	說明
s1.count(s)	計算字串 s 在 s1 中出現的次數
s1.find(s)	找出字串 s 在 s1 中，首次出現的位置，找不到則傳回 −1
s1.rfind(s)	找出字串 s 在 s1 中，最後出現的位置，找不到則傳回 −1

在上面的函數中，rfind() 的 r 為 right 的意思，也就是從右邊來看最先出現的位置（相當於在字串最後出現的位置）。

```
> s1 = 'learing by doing'
```
這是字串 s1。

```
> s1.count('ing')
2
```
字串 s1 裡也有兩個 'ing'，因此回應 2。

```
> s1.find('ing')
4
```
找尋字串 s1 中，'ing' 第一次出現的位置。我們可以觀察到字母 i 是出現在索引為 4 的位置（從 0 開始數）。

```
> s1.rfind('ing')
13
```
'ing' 最後一次出現是在索引為 13 的位置。

```
> s1.find('w')
-1
```
字元 w 沒有在字串 s1 中，因此回應 −1。

3.4.4 字串編修與對齊函數

str 類別提供了一些函數,允許我們對字串進行編修,如置換、刪除、填滿,或是靠左、置中與靠右排列等。

· 字串編修與對齊函數

函數	說明
s.replace(old, new)	將字串 s 中,old 的部分置換為 new
s.lstrip(chars)	從 s 左側(left)開始,刪除 chars 中列出的所有字元,直到遇到不屬於其中的字元為止。若未指定 chars,則預設刪除空白字元(如空格、換行、Tab)
s.rstrip(chars)	同 s.lstrip(chars),但從 s 的右側(right)刪除
s.strip(chars)	同 s.lstrip(chars),但從 s 的兩側刪除
s.center(w)	將 s 以 w 個欄位置中排列
s.ljust(w), s.rjust(w)	將 s 以 w 個欄位靠左/靠右排列
s.zfill(w)	以 w 個欄位靠右顯示 s,多餘的欄位補 0(z 為 zeros)
s.split(sep)	以 sep 為分隔符號來分割字串,預設為空白字元
s.join([$s1, s2, ..., sn$])	將字串 $s1, s2, ..., sn$ 用字串 s 連接起來

注意利用字串 s 呼叫上表所列的字串編修函數之後,s 的內容並不會被改變,而是傳回一個新字串。

> `'kitty'.replace('y','en')`   將 'kitty' 裡的 'y' 換成 'en'。
  `'kitten'`

> `'  python  '.strip()`   將字串左右兩邊的空格去掉。
  `'python'`

> `'www.buffalo.edu'.lstrip('@wi.')`   從字串的左邊去除包含有 @、w、i 和小數
  `'buffalo.edu'`   點的字元。因為 b 是第一個不在 '@wi.' 裡的字元,因此 b 之後的字元不會被去掉。

> `'www.buffalo.edu'.strip('.deuw')`
> `'buffalo'`

從字串的兩邊去除包含有 '.deuw' 的字元，我們只剩下 buffalo 這個字串。

> `'Jeanne'.ljust(8)`
> `'Jeanne○○'`

將 'Jeanne' 以 8 個欄位的大小靠左排列。左邊的輸出以 ○ 代表一個空格。

> `'Teresa'.center(8)`
> `'○Teresa○'`

將 'Teresa' 以 8 個欄位的大小置中排列。

> `'2025'.zfill(8)`
> `'00002025'`

將字串 '2025'以 8 個欄位靠右排列，多出來的 4 個欄位填 0。

在使用 Python 的字串對齊函數（如 ljust()、rjust()、center()）處理中英文混排時，常會出現「看起來對不齊」的狀況。這是因為這些函數是根據「字元數」來補空格，而不是根據「實際顯示寬度」來對齊。然而中文字為全形，通常佔 2 個欄位；而英文與數字為半形，只佔 1 個欄位。因此，在中英文混排時，即使字元數相同，實際佔用的欄位可能不同，導致文字排列參差不齊。

例如，如果利用下面的程式碼想以 14 個欄位印出水果名，再印出其價格（左圖），您會看到輸出結果的價格部分並沒有辦法對齊（右圖）：

```
print('蘋果(Apple)'.ljust(14)+'20元')
print('奇異果(Kiwi)'.ljust(14)+'40元')
print('梅(Plum)'.ljust(14)+'50元')
```

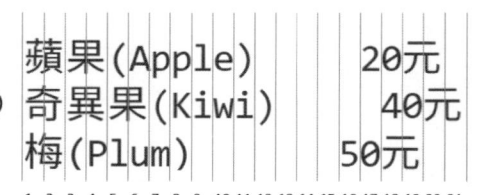

會造成上述無法對齊的原因是由於中英文字元所佔的欄位不同而導致。例如第一行的程式中，'蘋果(Apple)' 共有 9 個字元，實際佔了 2 + 2 + 7 = 11 個欄位，但 ljust() 把它看成僅佔 9 個欄位，因此 ljust(14) 會補上 14 − 9 = 5 個空格讓它湊齊 14 個欄位，11 個欄位加上 5 個空格就佔了 16 個欄位，因此你可以看到 '20 元' 這個字串是從第 17 個欄位開始列印的。第 2 和 3 行的程式碼也有相同的情況。

如果我們知道要列印字串（包含中英文字元）的長度，就可以補上適當數量的空格，就可以避免這種對不齊的情況。在 Python 中，可以使用 wcwidth 模組裡的 wcswidth() 函數（wcswidth 為 wide character string width 的縮寫，寬字元字串之寬度的意思），來計算字串在終端機中所佔的顯示欄位（一個半形字元算一個欄位）。wcwidth 模組並非 Python 內建，因此需要在 VS Code 的終端機裡利用 pip install wcwidth 來安裝它。wcwidth 會自動辨識每個字元是全形還是半形，並回傳正確的總欄位。例如：

```
from wcwidth import wcswidth   # 載入 wcswidth 函數，需安裝 wcwidth 模組
wcswidth('蘋果(Apple)')          # 回傳 11
```

可傳回 11，代表 '蘋果(Apple)' 佔有 11 個欄位，但我們希望用 14 個欄位來列印它，所以只要再補上 3 個空即可。下圖繪出了如何利用 wcswidth() 將字串 '蘋果(Apple)' 精準控制在 14 個欄位：

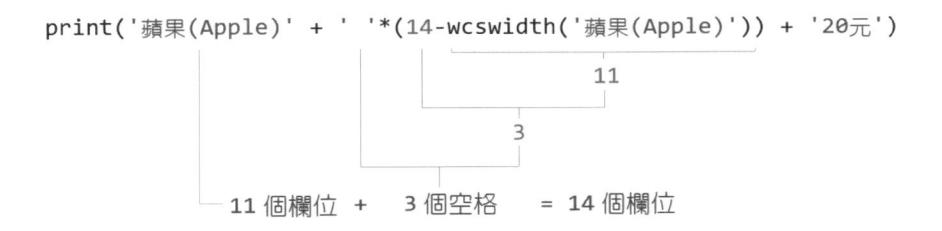

```
print('蘋果(Apple)' + ' '*(14-wcswidth('蘋果(Apple)')) + '20元')
```

```
                            11
                    3
11 個欄位   +   3 個空格   =   14 個欄位
```

下面的範例展示了在處理中英文混排時，使用 ljust() 與 wcswidth() 對齊文字的差異。您可以看到 wcswidth() 如何解列印時無法對齊的問題：

```
01  # ch3_6.py, 使用 wcswidth() 對齊文字
02  from wcwidth import wcswidth       # 載入 wcswidth 函數
03
04  print('使用 ljust() 對齊文字:')
05  print('蘋果(Apple)'.ljust(14) + '20元')
06  print('奇異果(Kiwi)'.ljust(14) + '40元')
07  print('梅(Plum)'.ljust(14) + '50元')
08
09  print('使用 wcswidth() 對齊文字:')
10  print('蘋果(Apple)' + ' '*(14-wcswidth('蘋果(Apple)')) + '20元')
11  print('奇異果(Kiwi)' + ' '*(14-wcswidth('奇異果(Kiwi)')) + '40元')
12  print('梅(Plum)' + ' '*(14-wcswidth('梅(Plum)')) + '50元')
```

- 執行結果：
  使用 `ljust()` 對齊文字：
  蘋果(Apple)　　　20 元
  奇異果(Kiwi)　　 40 元
  梅(Plum)　　　　 50 元
  使用 `wcswidth()` 對齊文字：
  蘋果(Apple)　　 20 元
  奇異果(Kiwi)　　40 元
  梅(Plum)　　　　50 元

> 【註】當您要在 Python 中使用 wcswidth() 函數時，需先安裝第三方模組 wcwidth。請在 VS Code 的終端機中輸入以下指令：
>
> `pip install wcwidth`
>
> 安裝後即可使用 from wcwidth import wcswidth 載入函數。詳細步驟可參考本書 9-2 到 9-3 頁的說明。

這個範例第 2 行載入 wcswidth() 函數。5 到 7 行使用 ljust(14)，是根據字元數補空格，未考慮中文佔用兩個欄位，導致後方的價格部分無法對齊。10 到 12 行改用 wcswidth() 計算實際顯示的欄位數，再計算要補的空格數，因此能精確控制對齊效果。結果顯示，使用 wcswidth() 能讓價格對齊，而 ljust() 的輸出則明顯錯位。❖

3.5　串列與相關的處理函數

串列（list）和字串都是容器資料型別，因為它們都可存放多個元素並透過索引存取。字串的存放的元素是字元，而串列可包含各種不同型別的元素。

3.5.1　串列的建立與基本運算

串列是常用的容器資料型別，它可以由方括號 [] 或是透過 list() 來建立，裡面的元素以逗號分隔。串列裡的元素可以包含不同的資料型別，也可以是另一個串列。

・串列建立的語法與 list() 函數

串列建立的語法	說明
[e_1, e_2, ..., e_n]	建立一個串列，串列裡的元素為 e_1, e_2, ..., e_n
`list(obj)`	依 obj 的內容建立一個串列
`sorted(lst)`	排序串列 lst，若設 reverse=True 則為降序排序
`any(lst)`	當 lst 中有任一元素為 True 時，傳回 True，否則傳回 False
`all(lst)`	當 lst 中所有元素皆為 True 時，才傳回 True，否則傳回 False

串列裡的元素可以是數字、字串,甚至是另一個串列。我們也可以透過 list() 函數將字串轉為字元串列,或用 sorted() 對串列裡的元素進行排序。以下為幾個常見範例:

> `[5, 8, 4]`
  `[5, 8, 4]`
  建立一個具有 3 個元素的串列,裡面的元素都是整數。

> `[1,'s','tea',[9, 8, 7]]`
  `[1, 's', 'tea', [9, 8, 7]]`
  串列的元素可以有不同的資料型別,也可以是另一個串列。

> `[]`
  `[]`
  這是一個空的串列。

> `list('Python')`
  `['P', 'y', 't', 'h', 'o', 'n']`
  將字串轉換成串列。您可以觀察到字串會被拆成由字元組成的串列。

> `sorted([7, 9, 1], reverse=True)`
  `[9, 7, 1]`
  將串列 [7, 9, 1] 由大排到小(降序)。

> `sorted(['cat','kitty','kitten'])`
  `['cat', 'kitten', 'kitty']`
  依字母順序(ASCII 碼順序)排序,先比第一個字母,相同則比後續字母。

> `any([0, 0, 3])`
  `True`
  傳回 True,因為串列中有一個非零數字 3,被視為 True。

> `all([True, True, False])`
  `False`
  傳回 False,因為串列中有一個 False。

另外,上一節我們曾介紹字串的處理。如果有幾個字串是放在一個串列裡,若想用某個符號將它們連接在一起,則可以使用 join()。如果是要把一個字串以某個分隔符號分割成幾個子字串,則使用 split()。

> `'+'.join(['100','200'])`
  `'100+200'`
  利用加號 + 將字串 '100' 和 '200' 連接起來。

> `''.join(['a','p','p','l','e'])`
  `'apple'`
  將字元組成的串列連接起來成為一個字串。注意最前面的單引號是一個空字串。

```
> 'Python is fun'.split()
['Python', 'is', 'fun']
```
以空白鍵為分隔符號，將字串 'Python is fun' 分割成三個子字串。

```
> 'apple,banana'.split(',')
['apple', 'banana']
```
以逗號為分隔符號來分割字串。

下面的 split() 和 join() 的使用範例，這個範例可讓使用者輸入手機號碼，並將其轉換成三種顯示格式。

```
01  # ch3_7.py, 處理手機號碼的分割、隱藏與格式化
02  phone = input('輸入手機號碼(格式：0912-345-678)：')
03  parts = phone.split('-')           # 使用 split() 分割字串
04  formatted = ''.join(parts)          # 使用 join() 去除 '-'
05  masked = f'{parts[0]}-***-{parts[-1]}'  # 隱藏中間的部分
06  masked_f = formatted[:4]+'***'+formatted[-3:]   # 另一種隱藏格式
07
08  # 輸出結果
09  print(f'去除 - 後的號碼：{formatted}')
10  print(f'隱藏中間部分並用 - 隔開：{masked}')
11  print(f'隱藏中間部分：{masked_f}')
```

- 執行結果：
  輸入手機號碼(格式：0912-345-678)：***0911-006-208***
  去除 - 後的號碼：0911006208
  隱藏中間部分並用 - 隔開：0911-***-208
  隱藏中間部分：0911***208

在這個範例中，第 2 行要求使用者輸入手機號，然後第 3 行使用 split() 函數將手機號碼以 '-' 分割為三個部分。接著，第 4 行使用 join() 函數將這些分割後的部分重新合併，組成一個去除 '-' 的純數字字串。第 5 行利用 f-字串隱藏中間的數字部分，將其替換為 ***，並保留分隔符號以及開頭和結尾的部分。最後，程式會產生另一種隱藏格式，將號碼的中間部分隱藏，並用 *** 替換。

Python 提供的 len()、max()、min() 和 sum() 等 4 個函數可以分別計算串列的長度、最大值、最小值和加總。一些運算子也可以用在串列裡進行串接或比較等。

```
> len([1,0,3,6,4])
5
```
串列的長度是 5，代表它有 5 個元素。

```
> max([3.14, 2.71, 1.25])
3.14
```
串列裡最大的元素是 3.14。

```
> sum([1, 2, 3])
6
```
將串列的元素加總，得到 6。

```
> [1, 2] + [3, 4, 5]
[1, 2, 3, 4, 5]
```
加號用在兩串列間表示合併，因此左式會將兩個小串列合併成一個大串列。

```
> [0,1,2]*3
[0, 1, 2, 0, 1, 2, 0, 1, 2]
```
乘號是串接幾次的意思。左式是將串列的內容串接 3 次的結果。

運算子 in 可用來檢查元素是否存在於串列中，可回傳 True 或 False。但需注意，in 判斷的是整個元素是否匹配，而非部分內容是否出現。以下是幾個範例：

```
> 3 in [1,2,3,4,5]
True
```
數字 3 有在串列裡面，所以回應 True。

```
> [1,3] in [1,2,3,4,5]
False
```
串列 [1, 3] 並沒有在 [1, 2, 3, 4, 5] 裡面，所以回應 False。

```
> 'py' in ['python']
False
```
字串 'pi' 並不是串列 ['python'] 裡的一個元素，所以回應 False。

```
> 'py' in ['learn', 'py']
True
```
現在串列裡有兩個元素，而 'py' 是其中一個元素，所以回應 True。

3.5.2 串列元素的提取

和字串提取方式相同，串列元素可透過索引提取，索引從 0 開始。例如，data[0] 代表索引 0 的元素，data[-1] 代表最後一個元素。此外，也可使用切片（Slice）提取多個元素，語法為 data[start : end: step]，例如 data[1:4] 取得索引 1 到 3 的元素（不含 4），而 data[::2] 則會每隔一個元素提取（間距為 2）。

> data = [7, 9, 11, 8, 17]	這是一個串列 data。
> data[0], data[-1] (7, 17)	分別提取索引 0 和最後一個元素。
> data[2:] [11, 8, 17]	提取串列裡，索引 2 之後的所有元素。
> data[:4] [7, 9, 11, 8]	從頭開始提取到索引 3 的元素（不含索引 4）。
> data[:-2] [7, 9, 11]	從頭開始提取到倒數第 3 個元素（不含倒數第 2 個）。
> data[0:4:2] [7, 11]	提取索引 0 到 3 的元素，提取間距為 2，因此提取索引為 0 和 2 這兩個元素。
> data[-2::-1] [8, 11, 9, 7]	間距為負代表往前提取，因此左式從倒數第二個元素開始往前提取到最前面一個元素。
> data[::-1] [17, 8, 11, 9, 7]	此處沒有指定 start 和 end，代表全部的元素，後面的 -1 代表往前提取，因此這個語法相當於將串列的元素反向排列。

Python 串列裡的元素也可以是一個串列（子串列），因此就形成了串列裡的串列（list of list）。要存取子串列裡的元素，我們就必須有兩個索引，第一個索引用來指明是哪一個子串列，第二個索引則是用來提取該子串列的元素。

> data=[[1,3,7], [4,8], [9,3,0,4]]	這是一個多層串列，或稱巢狀串列。
> data[1] [4, 8]	提取索引 1 的子串列，得到 [4, 8]。
> data[1][0] 4	提取索引 1 的子串列中，索引 0 的元素，因此可以提取到 4。

```
> data[2]
  [9, 3, 0, 4]
```
提取索引 2 的子串列，得到 [9,3,0,4]。

```
> data[2][1:]
  [3, 0, 4]
```
先提取索引 2 的子串列，再從中提取索引從 1 開始之後的所有元素。

3.5.3 range() 函數

在 Python 中，range() 是一個內建函數，常用於產生一連串的數字。例如，如果需要依序產生 0 到 4 的數字，就可以使用 range(5)。雖然 range() 本身不是容器，無法像串列（list）那樣直接存放元素，但它能產生一系列的數字，並讓我們逐一取用，這在後續的 for 迴圈中會非常有用。

· list() 與 range() 函數

函數	說明
range(b)	傳回一個 range 物件，代表 0 到 $b-1$，間距為 1 的數字
range(a,b)	同上，但範圍為 a 到 $b-1$
range(a,b,step)	同上，但範圍為 a 到 $b-1$，間距為 step 的數字

range() 並不會生成所有整數，而是以一個函數替代，需要時才會將它們取出。range() 的這種特性使得它佔用的記憶體非常少，即使產生一個範圍很大的數字序列，也不會影響程式的效能。例如，range(1000000) 並不會真的建立一個包含 100 萬個數字的串列，而是在需要時才依序產生數字。如果希望查看 range() 產生的數字，可以使用 list() 來轉換它。

```
> a = range(0, 8)
```
這是一個由 0 到 7（不包含 8）的整數所組成的 range 物件。

```
> a
  range(0, 8)
```
查詢 a 的值，我們發現它還是一個 range 物件。

> a[-1]
  7

range 物件也可以提取出各別的元素。左式是提出 a 的最後一個元素。

> a[3:7]
  range(3, 7)

如果是用切片法提取出一系列的元素,則它們會被打包在 range 物件裡。

> list(a)
  [0, 1, 2, 3, 4, 5, 6, 7]

利用 list() 即可將 range 物件轉換成一個串列。

> 3 in a
  True

數字 3 有包含在 0 到 7 的 range 物件 a 裡面,所以回應 True。

range() 函數可以方便地生成一個特定範圍的數字序列。它不會建立整個串列,而是回應一個 range() 物件以節省記憶體空間。這個功能常搭配 for 迴圈使用,使走訪數字序列變得簡單,這將是我們在下一章節中學習的重點。

3.5.4 串列的處理函數

在 Python 中,串列是一種可變資料型別,這意味著我們可以隨時修改它的內容。這一節將介紹一些常用的函數,幫助我們增添、插入或刪除串列中的元素。下表列出了這些函數:

・串列增添與修改元素的函數(lst 代表一個 list 物件)

函數	說明
lst.append(obj)	在串列 lst 後面添加新的物件 obj
lst.clear()	清空串列 lst 的內容
lst.extend(seq)	將 seq 裡的元素依序添加到串列 lst 後面
lst.insert(index,obj)	將 obj 插入串列 lst 中,索引為 index 的位置
lst.pop(index)	刪除並傳回串列 lst 中,索引為 index 的元素。若 index 未填則刪除並傳回最後一個元素
lst.remove(obj)	移除串列 lst 中,第一個出現的 obj

上表中，append(obj) 和 extend(seq) 雖然功能相似，但行為不同。append(obj) 是將整個物件加入串列尾端，例如加入一個串列時，會把它當成單一元素加入；而 extend(seq) 則會將 seq 中的每個元素逐一加入原串列，直接擴增串列內容。

> a = [1, 2]; a.append(3); a　　　　將 3 添加到串列 a 的後面。
[1, 2, 3]

> a = [1, 2]; a.append([3]); a　　　將串列 [3] 添加到串列 a 的後面。
[1, 2, [3]]

> a = [1, 2]; a.extend([3]); a　　　將 3 添加到 a 的後面。注意 extend() 和
[1, 2, 3]　　　　　　　　　　　　　　　append() 的不同。

> a = [1,2]; a.insert(1,9); a　　　　在索引 1 的位置插入 9。
[1, 9, 2]

lst.pop(index) 會移除並回傳串列中指定索引位置的元素；若未提供 index，則預設移除並回傳最後一個元素。相較之下，lst.remove(obj) 只會移除串列中第一個符合的物件，其餘相同的物件則不受影響。

> a = [6, 7]; p=a.pop(0); print(p, a)　　取出索引 0 的元素 6，並設定給 p 存放，
6 [7]　　　　　　　　　　　　　　　　　　然後查詢 p 和 a，可發現 6 已不在 a 中。

> a = [6, 7]; p=a.pop(); print(p, a)　　省略索引，則最後一個元素 7 會被取出。
7 [6]

> a = [1,2,3,2]; a.remove(2); a　　　移除第一個 2。
[1, 3, 2]

> a = [1,2,3]; a.clear(); a　　　　　清空 a，結果為空串列。
[]

我們已介紹完串列的常用函數，現在透過一個購物清單的範例，實際體驗如何新增、插入、擴充與移除清單中的品項，以更直觀的了解這些操作的效果。

```
01  # ch3_8.py，模擬「購物清單」的操作
02  lst = []    # 建立購物清單
03
04  lst.append('牛奶')                    # 使用 append() 增加品項
05  lst.append('麵包')
06  print('目前清單:', lst)
07
08  lst.insert(1, '雞蛋')                  # 使用 insert() 插入品項
09  print('插入雞蛋後:', lst)
10
12  lst.extend(['荔枝', '咖啡'])           # 使用 extend() 加入多個品項
13  print('加入多個品項後:', lst)
14
15  lst.remove('麵包')                    # 使用 remove() 移除品項
16  print('移除麵包後:', lst)
17
18  item = lst.pop()                      # 使用 pop() 取出最後一項
19  print('取出最後一項:', item)
20  print('更新後的清單:', lst)
21
22  lst.clear()                           # 使用 clear() 清空清單
23  print('購物完成後:', lst)
```

- 執行結果：
  目前清單: ['牛奶', '麵包']
  插入雞蛋後: ['牛奶', '雞蛋', '麵包']
  加入多個品項後: ['牛奶', '雞蛋', '麵包', '荔枝', '咖啡']
  移除麵包後: ['牛奶', '雞蛋', '荔枝', '咖啡']
  取出最後一項: 咖啡
  更新後的清單: ['牛奶', '雞蛋', '荔枝']
  購物完成後: []

程式一開始建立一個空的購物清單 lst，然後 4 到 5 行使用 append() 依序加入「牛奶」與「麵包」。接著，第 8 行透過 insert() 在索引 1 的位置插入「雞蛋」，並於第 12 行使用 extend() 一次性加入「荔枝」與「咖啡」。之後，15 行透過 remove() 移除「麵包」，18 行用 pop() 取出最後加入的品項（「咖啡」）。最後，清單內容經過 22 行的 clear() 被完全清空，模擬購物完成後的情境。

除了基本的增添與修改功能，串列還提供了許多其他有用的操作，如查詢元素、計算元素個數、排序、反轉、移除元素等。這些功能可以大大提高我們在處理資料時的效率與靈活性。當需要進一步操作資料，像是查找、排序或過濾特定條件的元素時，串列的這些函數將成為重要工具。在第六章，我們將深入了解如何使用這些功能來優化程式的設計與資料處理。

第三章 習題

3.1 數值運算

1. 【找出最大值和最小值】設有 4 個數，分別為 12, 81, 93 和 27。試利用 max() 與 min() 函數分別找出它們的最大值和最小值。

2. 【次方計算】試利用 pow() 函數計算 2^{64}。

3. 【各種數學運算】試計算下列各數學式：

    (a) $\sin(2.5) + e^{1.4}$

    (b) $\lceil 6.3^2 - 0.5 \rceil$ （$\lceil x \rceil$ 為 ceil() 函數在數學上的慣用寫法）

    (c) $\lfloor \cos(0.5^2) + \sqrt{2} \rfloor$ （$\lfloor x \rfloor$ 為 floor() 函數在數學上的慣用寫法）

    (d) 6, 8 和 12 的最大公因數

    (e) $\infty - 2 \times \infty$

    (f) $3^{0.5}$

    (g) $\log_2 1024$

    (h) $\log_7 49^3$

    (i) $\sin^{-1}(-0.7) + \tan^{-1}(\pi^2)$

4. 【角度轉弳度】試將角度 105° 轉換成弳度。

5. 【計算圓球體積和表面積】圓球的體積為 $\frac{4}{3}\pi r^3$，表面積為 $4\pi r^2$，其中 r 為圓球的半徑。若 $r = 3.2$，試分別計算圓球的體積和表面積。

3.2 random 模組裡的函數

6. 【產生亂數】試利用 random 模組裡的函數完成下面各題：

    (a) 產生一個 0 到 1 之間的亂數。

    (b) 從字串 'Significant' 中隨機抽取 3 個字元。

    (c) 產生一個 1 到 6 之間（包含 6）的整數亂數。

    (d) 從 1 到 10 之間（包含 10）的偶數隨機挑選一個數。

    (e) 產生一個介於 −1 到 1 之間的浮點數亂數。

7. 【產生亂數】試完成下列各題（設每個小題的亂數種子皆為 37）：

    (a) 產生一個 1 到 100 之間（包含 100）的整數亂數。

    (b) 從字串 'Halloween' 中隨機抽取 4 個字元。

    (c) 從串列 [12, 38, 54, 64, 77, 29] 中隨機挑選兩個數。

    (d) 設 my_list=[2, 3, 5, 8, 9]，將 my_list 裡的元素打亂，並顯示打亂後的結果。

8. 【產生亂數】試完成下列各題（設每個小題的亂數種子皆為 199）：

    (a) 隨機從字串 'abcdefg' 中選擇一個字元。

    (b) 從串列 [12, 34, 56, 78, 90] 中隨機選擇 3 個元素（不重複）。

    (c) 隨機打亂串列 [1, 2, 3, 4, 5] 的元素順序。

    (d) 產生一個 0 到 1 之間的浮點數（不包含 1）。

    (e) 從字串 'abcd' 中選擇 5 個字元，允許重複選擇。

3.3 字串的處理函數

9. 【Unicode 編碼練習】試連到 https://unicode-explorer.com 網站，然後回答下面各題：

    (a) 查詢您的中文名字之 16 進位 Unicode 編碼，並利用控制碼 \uhhhh 來顯示它們。

    (b) 試將 (a) 中您查到的 Unicode 編碼轉換成 10 進位的整數。

    (c) 利用 ord() 函數取出您的中文名字的 Unicode 編碼，結果應該會和 (b) 相同。

    (d) 試將 (c) 的結果轉換成以字串表示的 16 進位，轉換結果應該會和 (a) 相同。

10. 【串接字串】設字串 s1 和 s2 分別為您的姓和名，試利用 + 運算子將姓和名串接。

11. 【重複字串】試將字串 *^_^* 重複 10 次（即 10 個 *^_^* 串接在一起）。

12. 【字串提取與判別】設 s1 = 'Have a nice day'，試回答下列各題：

    (a) 試提取出 nice 這個子字串。

    (b) 判別 day 是否有在 s1 內。

    (c) 提取 s1 的最後一個字元。

    (d) 找出 s1 內，字元碼最大的字元。

3.4 字串類別提供的函數

13. 【字串的操作】設 s1 = 'it is never too late to learn'，試完成下面各題：

    (a) 將 s1 的每一個單字的第一個字母轉換成大寫。

    (b) 將 s1 的第一個字母轉換成大寫。

    (c) 測試 s1 是否全為英文字母。

    (d) 計算字元 'e' 在 s1 中出現的次數。

    (e) 刪除掉 never 這個單字（字串變成 'it is too late to learn'）。

    (f) 把 late 換成 LATE。

14. 【字串轉換】試利用字串類別提供的函數將 'cats and dogs' 修改成 'CatsAndDogs'。

15. 【字元刪除】試刪除字串 '*^_^*○Python○w_w*' 中，Python 左右兩邊的字元，只留下 Python 這個單字（符號 ○ 代表一個空格）。

16. 【字元刪除】在字串 '○○Peggy○Chen○○' 中，Peggy Chen 左右兩邊各有兩個空白字元，試利用字串類別提供的函數將它們刪除（符號 ○ 代表一個空格）。

3.5 串列與相關的處理函數

17. 【串列元素的提取】根據串列 data = [10, 20, 30, 40, 50, 60, 70, 80]，試作答下列各題：

    (a) 提取索引 2 之後的所有元素。

    (b) 提取索引 1 到 5 的元素。

    (c) 提取前三個元素。

    (d) 提取最後三個元素。

(e) 提取索引 0 到 6 間隔 2 的元素。

(f) 提取索引 3 之前的所有元素。

(g) 以相反順序提取所有元素。

(h) 提取索引 1 之後的所有偶數索引元素。

18. 【建立串列】根據以下描述，使用 range() 函數寫出對應的 Python 程式。

(a) 建立一個從 0 到 4 的整數串列（含 4）。

(b) 建立一個從 2 到 9 的整數串列（含 9）。

(c) 建立一個從 1 開始，間隔 2，直到 9 的整數串列（含 9）。

(d) 建立一個從 10 開始，間隔 -2，直到 1 的整數串列（含 1）。

(e) 建立一個從 3 開始，每次增加 3，直到 15（不包含 15）的整數串列。

(f) 建立一個從 -5 開始，每次增加 2，直到 6（不包含 6）的整數串列。

(g) 建立一個從 20 開始，每次減少 1，直到 11（不包含 11）的整數串列。

(h) 試試看 list(range(8, 8)) 的結果為何？

19. 【串列的操作】已知空串列 items = []，請撰寫程式碼依照以下步驟修改串列：

(a) 將 '筆記本' 加入串列。

(b) 將 '鉛筆' 加入串列開頭。

(c) 在 '筆記本' 之後插入 '橡皮擦'。

(d) 印出最終的串列內容。

20. 【串列的操作】已知 fruits = ['蘋果', '香蕉', '橘子', '葡萄', '香蕉']，請依照以下步驟刪除元素，並寫出對應的 Python 程式碼：

(a) 只刪除第一個 '香蕉'，不影響其他 '香蕉'。

(b) 移除串列中的 '橘子'。

(c) 取出並刪除串列中最後一個元素，並將該值存入變數 last_fruit。

(d) 清空整個串列。

(e) 印出每一步操作後的結果。

04 Chapter

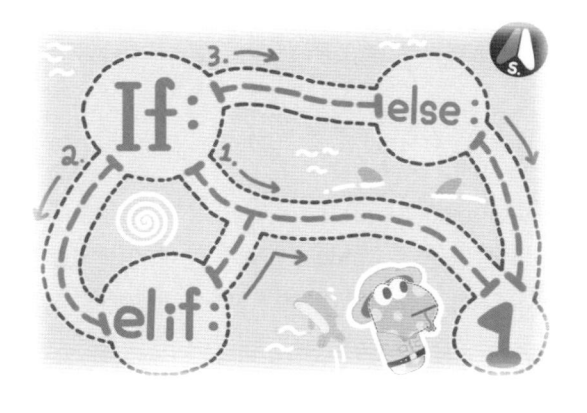

流程控制：選擇性敘述與迴圈

Python 的程式流程控制包含了選擇性敘述（Selective statements）和迴圈（Loops）兩種。當程式需要進行某些判斷，以便進行相對應的處理時，我們就可以採用選擇性敘述來完成。如果是要重複某些動作，則可以使用迴圈來進行。Python 提供的選擇性敘述有 if、if-else 和 if-elif-else，而迴圈則有 for 與 while。學會這幾種常用的流程控制指令，我們就可以利用 Python 處理更多的事情了。

1. 選擇性敘述
2. for 迴圈
3. while 迴圈
4. break、continue 和 pass 敘述
5. 帶有 else 的迴圈
6. 串列推導式

4.1 選擇性敘述

在程式設計中,常需要根據不同條件執行對應的操作,例如判斷用戶輸入是否有效、計算優惠折扣或比較數值大小等。Python 提供 if、elif 和 else 來處理選擇性敘述,使程式具備決策能力。本節將介紹這些語法及應用方式。

4.1.1 if 敘述

if 是最基本的選擇性敘述。當 if 後面的條件式成立時,會執行對應的程式區塊;若不成立,則不執行任何動作。Python 透過縮排(Indent)來界定 if 的作用範圍,因此受 if 控制的敘述必須縮排。此外,if 條件式後面必須加上冒號,以確保語法正確。

· if 敘述的語法

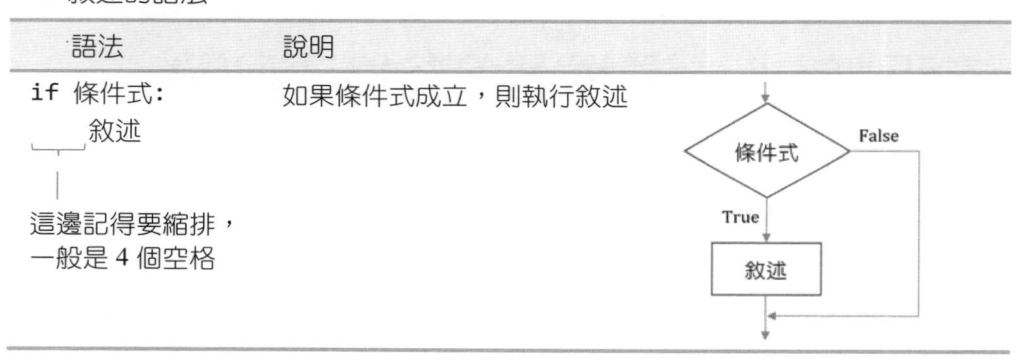

語法	說明
if 條件式: 　　敘述 這邊記得要縮排, 一般是 4 個空格	如果條件式成立,則執行敘述

下面的範例可讓使用者輸入年齡,並透過 if 敘述判斷是否符合考駕照的條件。

```
01  # ch4_1.py,判別是否可以考駕照
02  age = int(input('請輸入您的年齡:'))
03
04  if age >= 18:
05      print('您已滿 18 歲,可以考駕照')    # 這行要縮排(一般 4 個空格)
06  print('程式結束')
```

- 執行結果:
  請輸入您的年齡:21
  您已滿 18 歲,可以考駕照
  程式結束

在這個範例中,第 2 行先將輸入的數字轉換為整數,然後第 4 行檢查年齡是否達到 18 歲。如果條件成立,則執行第 5 行,印出 '您已滿 18 歲,可以考駕照',否則直接跳過第 5 行敘述。最後,第 6 行 print('程式結束') 無論條件是否成立都會執行,因為它不在 if 的縮排範圍內。

4.1.2 if-else 敘述

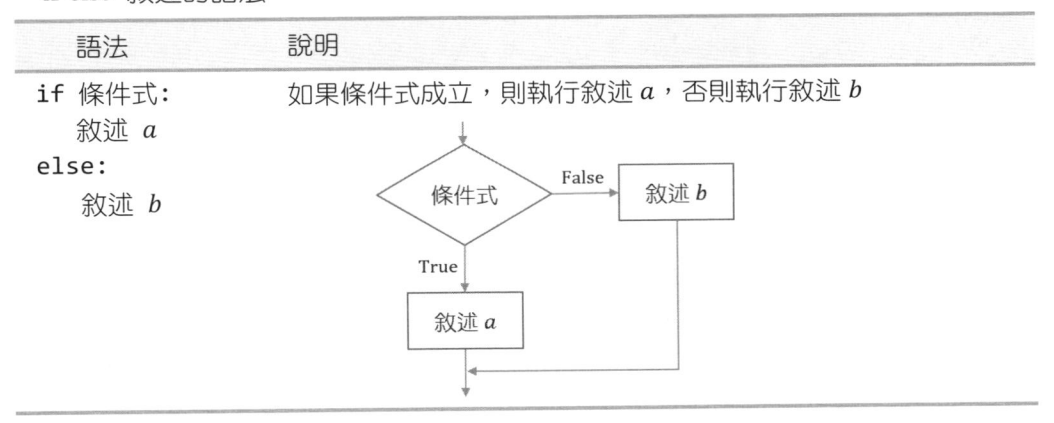

if-else 敘述是 if 的延伸,它加了一個 else(否則)敘述,也就是條件式不成立時,則執行 else 所管控的程式區塊。另外在撰寫 if-else 敘述時,不要忘了 if 條件式和 else 後面都有一個冒號,這個冒號代表後面縮排的程式都是在 if(或 else)區塊內。

· if-else 敘述的語法

語法	說明

if 條件式:
　　敘述 a
else:
　　敘述 b
	如果條件式成立,則執行敘述 a,否則執行敘述 b

下面的範例可讓使用者輸入手機號碼,程式會檢查格式是否為 09xx-xxx-xxx,若格式正確則顯示「格式正確」,否則顯示「格式錯誤」。

```
01  # ch4_2.py, 檢查手機號碼格式
02  num = input('請輸入手機號碼(格式:09xx-xxx-xxx):')
03
04  if num[:2] == '09' and num[4] == '-' and num[8] == '-':
05      print('格式正確')
06      print(f'您輸入的號碼為 {num:s}')      } if 區塊
07  else:
08      print('格式錯誤')                     } else 區塊
```

4-3

- 執行結果：
  請輸入手機號碼（格式：09xx-xxx-xxx）：*912-345-678*
  格式錯誤

在這個範例中，第 4 行的 if 檢查輸入字串的前兩個字元是否為 '09'（num[:2] == '09'），索引 4 和索引 8 的字元是否為 '-'（num[4] == '-' and num[8] == '-'）。若條件符合，則第 5 行印出「格式正確」，第 6 行印出輸入的號碼，否則執行 else 區塊，於第 8 行顯示「格式錯誤」。

4.1.3 單行的 if-else 敘述

您可以發現最少需要 4 行程式碼才能寫完 if-else 敘述。有時 if-else 要執行的內容較短，此時可以用單行的 if-else 敘述來完成它們。

・單行 if-else 敘述的語法

語法	說明
var = 敘述 *a* if 條件式 else 敘述 *b*	如果條件式成立，則執行敘述 *a*，否則執行敘述 *b*。執行結果會設定給變數 *var* 存放

一開始您可能會比較不習慣單行 if-else 敘述的寫法，不過多寫幾次就熟悉了。下面的範例同時展示了傳統 if-else 和單行 if-else 的用法：

```
01  # ch4_3.py, 傳統與單行 if-else 敘述的比較（判別成績是否及格）
02  score = int(input('請輸入分數：'))
03
04  if score >= 60:              # 傳統的 if-else
05      result1 = '及格'
06  else:
07      result1 = '不及格'
08
09  result2 = '及格' if score >= 60 else '不及格'   # 單行的 if-else
10
11  print(f'傳統 if-else 的結果：{result1}')
12  print(f'單行 if-else 的結果：{result2}')
```

- 執行結果：
  請輸入分數：75
  傳統 if-else 的結果：及格
  單行 if-else 的結果：及格

在這段程式中，首先第 2 行讓使用者輸入一個分數並將其轉為整數。第 4 到 7 行使用傳統的 if-else 來判斷分數是否大於或等於 60，並根據結果設定變數 result1 為 '及格' 或 '不及格'。第 9 行則使用單行 if-else 來完成相同的判斷邏輯，並將結果設值給變數 result2。最後，程式分別輸出兩種結果。

從上面的例子可以發現，傳統的 if-else 結構清晰易懂，適合處理較複雜的邏輯，而單行 if-else 則提供了一個簡潔的方式來表達簡單的條件判斷。這兩者在功能上相同，但在可讀性和簡潔度上有所不同，我們可以根據情況選擇適合的寫法。

4.1.4 if-elif-else 敘述

如果有多個判斷，我們可以用 if-elif-else 敘述來完成。elif 是 else-if 的縮寫，也就是「否則-如果」之意。elif 用在前一次判斷不成立，需再進行另一個判斷時。elif 可以疊加，也就是可以有很多個 elif 疊加在一起。

· if-elif-else 敘述的語法

語法	說明
`if` 條件式 c_1: 　　敘述 s_1 `elif` 條件式 c_2: 　　敘述 s_2 `elif` 條件式 c_3: 　　敘述 s_3 ... `else`: 　　敘述 s_n	如果條件式 c_1 成立，則執行 s_1，否則判別條件式 c_2 是否成立，如果成立，則執行 s_2，以此類推。如果都不成立，則執行 s_n。 右圖是下面程式碼的流程圖 `if` 條件式 c_1: 　　敘述 s_1 `elif` 條件式 c_2: 　　敘述 s_2 `else`: 　　敘述 s_n

下面的範例是利用 if-elif-else 敘述來判斷判別輸入的數 num 是正數、負數或零。

```
01  # ch4_4.py，判別一個數是正數、0 或是負數
02  num = int(input('請輸入一個整數：'))
03
04  if num > 0:
05      print('您輸入的是正數')
06  elif num < 0:
07      print('您輸入的是負數')
08  else:
09      print('您輸入的是零')
```

- 執行結果：
  請輸入一個整數：-5
  您輸入的是負數

這個範例的第 2 行要求使用者輸入一個整數，接著程式利用 if-elif-else 來判斷這個數字是正數、負數還是零。第 4 行檢查數字是否大於零，如果是，則印出「您輸入的是正數」；否則，第 6 行檢查數字是否小於零，如果是，則印出「您輸入的是負數」；如果以上兩個條件都不成立（即數字為零），則第 9 行印出「您輸入的是零」。 ❖

如果需要處理多個條件並根據情況執行不同的操作，可以使用多個 elif 敘述。例如，當我們要判斷數字的範圍或字串的類型時，使用多個 elif 可以避免多層巢狀的 if，使程式結構更加簡潔明瞭。每個 elif 都對應不同的條件，並且能夠根據情況執行特定的操作，從而使程式的邏輯更清晰，提升程式的可讀性。

下面的範例是利用 if-elif-else 敘述來撰寫一個簡單的成績評定系統，讓使用者輸入分數並輸出對應的等級。注意在這個成績等級的判斷中，elif 的順序不能顛倒，因為一旦某個條件符合，後面的條件就不再檢查，因此條件的順序會影響整體邏輯的正確性。

```
01  # ch4_5.py, 成績等級評定
02  score = int(input('請輸入分數: '))  # 輸入分數，並轉換為整數
03
04  if score >= 90:         # 判斷分數是否大於等於 90
05      grade = 'A'
06  elif score >= 80:       # 如果小於 90，且大於等於 80
07      grade = 'B'
08  elif score >= 70:       # 如果小於 80，且大於等於 70
09      grade = 'C'
10  elif score >= 60:       # 如果小於 70，且大於等於 60
11      grade = 'D'
12  else:                   # 若以上條件皆不成立（小於 60）
13      grade = 'F'
14  print(f'你的等級是: {grade}')   #輸出成績等級
```

- 執行結果：
  請輸入分數: 85
  你的等級是: B

於本例中，因為要判別的種類較多（有 5 種）且每個種類彼此之間沒有任何關係，因此利用 if-elif-else 來撰寫這種判斷是非常合適的。首先第 2 行輸入成績後，第 4 行利用 if 判斷是否大於等於 90，若成立，第 5 行將 grade 設為 'A'。如果不成立，第 6 行的 elif 判斷是否大於等於 80，若成立，第 7 行將 grade 設為 'B'，以此類推。若所有的 if 和 elif 條件皆不成立（即分數小於 60），則第 12 行執行 else，將 grade 設為 'F'（代表 Failed）。最後，第 14 行輸出成績等級 grade。

注意在這個成績等級的判斷中，if-elif 的順序不能顛倒，必須從分數最高的條件往下判斷。如果順序寫反。例如先判斷 score >= 60，那麼輸入 95 分也會被錯誤歸類為 D 級，因為 95 >= 60 成立，程式就不會再往下檢查其他條件了。

4.1.5 巢狀的選擇性敘述

有時候在 if-else 裡需要另外一個 if 或 if-else 敘述，此時就需要用到巢狀（Nested）的選擇性敘述。巢狀選擇性敘述的寫法簡單易懂，但需要注意縮排的層次要對應。下面的範例可讓使用者輸入當前氣溫，並提根據溫度提供相應的防曬與避暑建議。

```
01  # ch4_6.py, 根據氣溫提供適當的穿衣或防護建議
02  temp = int(input('請輸入氣溫: \xB0C: '))
03  humidity = int(input('請輸入濕度(%): '))
04
05  if temp < 15:   # 若氣溫低於 15 度
06      if humidity > 80:   # 若濕度高於 80%
07          print('很冷且潮濕，穿厚外套和防水衣')
08      else:
09          print('很冷，穿厚外套')
10  elif temp <= 30:   # 若氣溫介於 15 到 30 度
11      if humidity > 80:   # 若濕度高於 80%
12          print('舒適但潮濕，穿輕便防水衣')
13      else:
14          print('舒適，輕便穿搭')
15  else:   # 若氣溫高於 30 度
16      if humidity > 80:   # 若濕度高於 80%
17          print('炎熱且潮濕，多喝水並穿輕便防水衣')
18      else:
19          print('炎熱，多喝水並防曬')
```

- 執行結果：
  請輸入氣溫(°C)： *20*
  請輸入濕度(%)： *60*
  舒適，輕便穿搭

在這個範例中，第 2 行讓使用者輸入氣溫，注意在字串裡，\xB0C 顯示為 °C，而第 3 行則讓使用者輸入濕度。第 5 到 19 行使用巢狀的 if-elif-else 結構來決定適當的建議。外層的 if-elif-else 結構根據氣溫來決定主要的穿著建議：如果氣溫低於 15 度（第 5 行），則進一步檢查濕度；如果氣溫介於 15 到 30 度之間（第 10 行），則提供舒適的穿著建議；如果氣溫高於 30 度（第 15 行），則提供防暑建議。

內層的 if-else 結構則根據濕度來提供更具體的建議。例如，在氣溫低於 15 度時，如果濕度高於 80%，建議穿厚外套和防水衣；如果濕度低於 80%，則只需穿厚外套（6 到 9 行）。同樣地，在氣溫介於 15 到 30 度之間時，如果濕度高於 80%，建議穿輕便防水衣；如果濕度低於 80%，則建議輕便穿搭（11 到 14 行）。這樣的設計使得建議更加精確，能夠應對不同的天氣條件，提供合適的穿衣或防護建議。   ❖

4.2 for 迴圈

for 迴圈會依序從可迭代物件（Iterable）中取出元素，並執行相應的操作，直到所有元素都處理完畢。可迭代物件是可以逐一取出元素的物件，常見的可迭代物件包括字串、串列，以及後續會介紹的元組（tuple）、集合（set）和字典（dict）等。for 迴圈可以用來走訪這些物件，逐一取出並處理每個元素。

4.2.1 for 迴圈的基本語法

for 迴圈的語法直觀，類似簡單的英文表達方式。它的結構包含一個變數，用來存放每次取出的元素，以及需要執行的敘述。我們先來看看 for 迴圈的基本結構，並透過範例了解如何使用它來走訪可迭代物件。

· for 迴圈的語法

語法	說明
for 變數 v in 可迭代物件 itr： 敘述 a	設定迴圈變數 v 為 itr 中的每一個元素，然後執行敘述 a，直到每個元素都走訪過後為止。

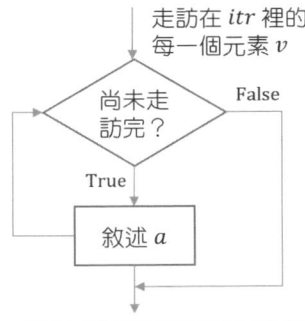

for 迴圈走訪可迭代物件中，每一個元素的過程稱為迭代（Iteration）。在迭代的過程中，每次會從可迭代物件中依序取出一個元素，並設定給迴圈變數存放，然後執行指定的操作，直到所有的元素都被走訪過為止。接下來，我們透過幾個範例來看看 for 迴圈如何實際應用在不同的可迭代物件上。

```
01  # ch4_7.py, for 迴圈走訪字串
02  for i in 'Cat':      # i 為迴圈變數
03      print(i)         # 印出字元 i
```

- 執行結果：
  C
  a
  t

這個程式碼利用 for 迴圈走訪字串 'Cat'。第 2 行 for i in 'Cat': 表示程式會依序從字串 'Cat' 中取出每個字元，並將其存入迴圈變數 i。字串 'Cat' 共有三個字元 'C'、'a' 和 't'，因此 for 迴圈會執行三次。第 3 行的 print(i) 負責印出當前迴圈取出的字元，依序輸出 'C'、'a' 和 't'。由於 print() 印完字元後，預設會換列，因此每個字元各占一列。當所有字元都被取出並印出後，for 迴圈結束，程式執行完畢。在本範例中，如果想讓這三個字元顯示在同一個橫列，只要把程式第 3 行改成如下的敘述即可：

```
03      print(i, end="")    # 印出字元 i，印完後不換行
```

上面的範例是走訪字串裡的每一個字元。我們知道串列也可以被走訪，下面的範例是利用 for 迴圈走訪串列裡的字串，並將字串開頭的字母改成大寫後列印出來：

```
01  # ch4_8.py, for 迴圈走訪串列
02  fruits = ['apple', 'banana', 'cherry']
03  for fruit in fruits:
04      print(fruit.title())
```

- 執行結果：
  Apple
  Banana
  Cherry

程式第 2 行定義了包含三個字串的串列 fruits，其中元素分別是 'apple'、'banana' 和 'cherry'。for 迴圈的運作方式與走訪字串相似，第 3 行 for fruit in fruits: 會依序從串列 fruits 中取出每個元素，並存入變數 fruit。第 4 行則把 fruit 的字首轉成大寫然後印出，因此程式執行時會依序輸出 'Apple'、'Banana' 和 'Cherry'，每個元素各占一列，直到串列中所有的元素都被走訪並處理完畢後，for 迴圈才結束。

值得一提的是，在 for 迴圈中變數的命名應該具備可讀性。例如，前例的 for fruit in fruits: 這種單複數的命名方式，能清楚表達 fruits 是一個包含多個元素的容器（即串列），而 fruit 則代表從 fruits 中取出的一個元素。這種命名方式有助於理解 for 迴圈的運作，使程式碼更具語意化。

下面的範例是利用 for 迴圈走訪串列裡的數字，然後幫它們加總，最後再列印出加總後的結果。

```
01  # ch4_9.py, for 迴圈走訪串列並加總數字
02  numbers = [4, 6, 3]
03  total = 0              # 設定初值為 0
04  for num in numbers:    # 走訪 numbers
05      total += num       # 累加 total
06
07  print('總和為:', total)
```

- 執行結果：
  總和為: 13

程式第 2 行建立了一個包含三個數字的串列 numbers，其中的數字依序是 4、6 和 3。第 3 行的變數 total 用來存放累加結果，初始值設為 0。接著 4 到 5 行的 for 迴圈開始運作，每次會從 numbers 中依序取出一個數字，並加到 total 中：

1. 第一次：取出數字 4，此時 total=0，num=4。執行 total += 4 後，total 變成 4。
2. 第二次：取出數字 6，此時 total=4，num=6。執行 total += 6 後，total 變成 10。
3. 第三次：取出數字 3，此時 total=10，num=3。執行 total+= 3 後，total 變成 13。

當 for 迴圈執行完畢後，total 的最終值為 13，此時程式會跳到第 7 行執行 print() 函數，印出總和為 13。

下面是 for 迴圈的另一個應用，這個範例可找出串列中最大的元素值。

```
01  # ch4_10.py, 找出串列中的最大值
02  numbers = [3, 7, 9, 2]      # 定義一個串列
03  max_value = numbers[0]      # 假設索引 0 的數字為最大值
04
05  for num in numbers:         # 走訪串列中的每個數字
06      if num > max_value:     # 如果發現更大的數字
07          max_value = num     # 更新最大值變數
08
09  print('最大值為:', max_value)  # 印出最大值
```

- 執行結果：
  最大值為: 9

程式的第 2 行定義了一個串列 numbers，裡面有 4 個元素。第 3 行假設串列裡索引 0 的元素是最大值，並將其存入變數 max_value。接著，使用 for 迴圈逐一取出 numbers 裡的每個數字，並與 max_value 進行比較。如果發現更大的數字，第 7 行就將 max_value 更新為該數字。當迴圈結束時，max_value 會存放整個串列的最大值，最後利用 print() 印出結果。在這個例子中，numbers 裡的最大值是 9，因此最終輸出「最大值為: 9」。

這段程式碼示範了如何使用迴圈找出最大值，用來說明條件判斷與變數更新的概念。不過實際開發時，Python 已提供內建的 max() 函數可直接完成這項任務。使用內建函式更簡潔也更有效率，但理解背後邏輯有助於奠定良好的程式設計基礎。 ❖

4.2.2 關於 pythontutor.com 網站

對 Python 初學者而言，理解迴圈的執行比較困難，因變數值會在迴圈內一直改變。有個網站能將程式碼視覺化，展現執行流程與變數變化，非常有助於學習。請連上

   https://pythontutor.com/render.html

在這個視窗中，於最上方的「Write code in」的欄位內選擇 Python 的最新版，然後貼上要追蹤的程式碼。我們以 ch4_9.py 為例將它貼上，此時可以看到如下的視窗：

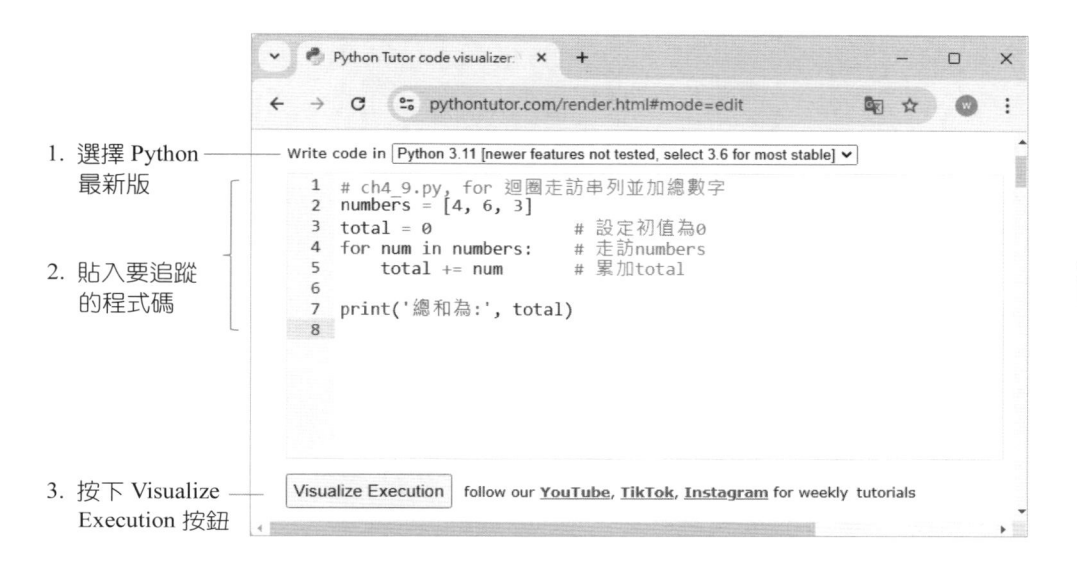

1. 選擇 Python 最新版

2. 貼入要追蹤的程式碼

```
# ch4_9.py, for 迴圈走訪串列並加總數字
numbers = [4, 6, 3]
total = 0              # 設定初值為0
for num in numbers:    # 走訪numbers
    total += num       # 累加total

print('總和為:', total)
```

3. 按下 Visualize Execution 按鈕

按下這個視窗下方的「Visualize Execution」按鈕，網頁會切到另一個視窗，此時按下「First」、「Prev」、「Next」或「Last」按鈕即可以觀察程式執行的流程、變數的變化，以及串列的內容等資訊。下圖是按下「Next」按鈕 7 次之後，網頁生成的畫面：

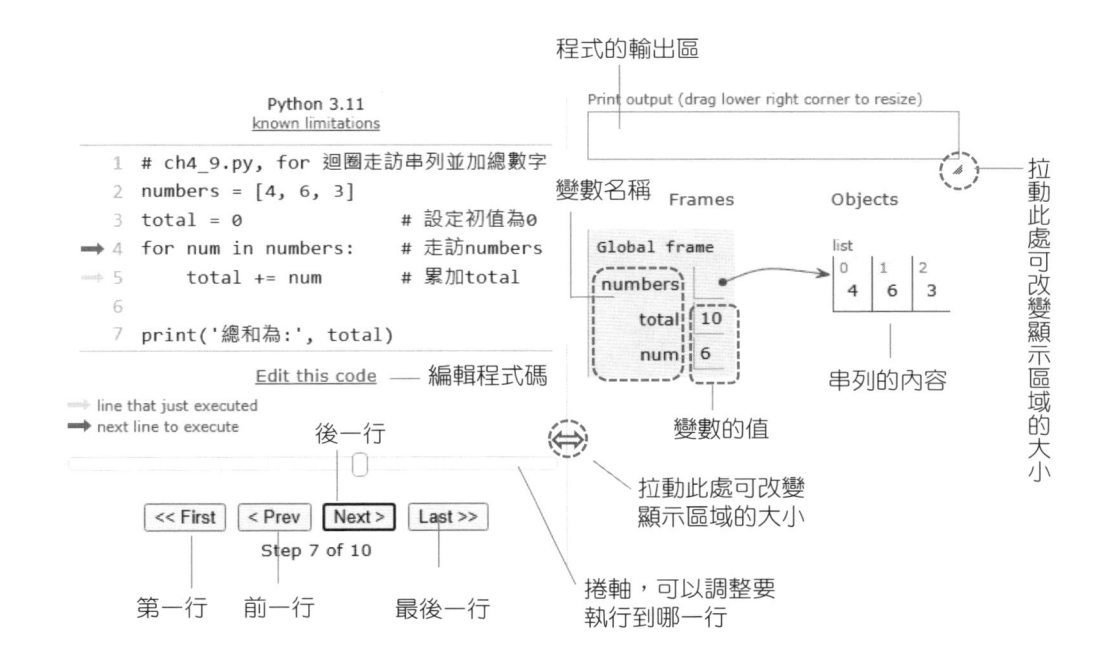

程式的輸出區

Python 3.11
known limitations

```
# ch4_9.py, for 迴圈走訪串列並加總數字
numbers = [4, 6, 3]
total = 0              # 設定初值為0
for num in numbers:    # 走訪numbers
    total += num       # 累加total

print('總和為:', total)
```

變數名稱　Frames　　　Objects

Global frame
numbers
total 10
num   6

list
0 1 2
4 6 3

變數的值

串列的內容

拉動此處可改變顯示區域的大小

Edit this code ── 編輯程式碼

→ line that just executed
→ next line to execute

後一行

<< First < Prev Next > Last >>
Step 7 of 10

第一行　前一行　　最後一行

捲軸，可以調整要執行到哪一行

拉動此處可改變顯示區域的大小

4.2 for 迴圈

4-13

您可以嘗試拉動捲軸，或是按下底部的按鈕，程式碼左邊紅色和淺綠色的箭號會跟著移動。紅色箭號代表正要執行的那一行，而淺綠色箭號則代表剛執行過的那一行。

- 每執行一行，新建的變數名稱和值會顯示在淺藍色的 Frame 區域內（即變數區）。如果變數是一個可迭代物件（如本範例中的 numbers），則變數會以一個箭號指向儲存它的記憶空間。跟隨著捲軸位置的不同，是哪一行程式碼被執行，變數的值是多少，在這個視窗裡都可以清楚的呈現。

如果想修改目前的程式碼，可以點擊 'Edit this code' 標籤，視窗會顯示原本的程式碼，讓您直接進行編輯。建議只要對 Python 的執行結果有點疑問，都可以利用這個網站來查找問題所在。pythontutor.com 的頁面會有部分廣告，如果不希望看到廣告，可改用另一個網站：

　　https://cscircles.cemc.uwaterloo.ca/visualize

4.2.3 走訪 range() 函數生成的物件

雖然 range() 本身不是容器，無法像串列那樣直接存放元素，但它能產生一系列的數字，讓 for 迴圈逐一取用。下面的範例是使用 for 迴圈走訪 range(1, 11)，也就是 1 到 10 之間的數字，並計算其中偶數的平均值。

```
01  # ch4_11.py，走訪 range()並計算偶數的平均
02  total = 0        # 用來存儲偶數的總和
03  count = 0        # 存放偶數的個數
04
05  for num in range(1, 11):    # 走訪 1 到 10（不含 11）
06      if num % 2 == 0:        # 判斷是否為偶數
07          total += num        # 加總偶數
08          count += 1          # 計算偶數個數
09
10  average = total / count     # 計算平均值
11  print('偶數的平均值:', average)
```

- 執行結果：
  偶數的平均值: 6.0

在這個範例中，第 2 行定義 total 變數來儲存偶數的總和，第 3 行定義 count 變數來計算偶數的個數，兩者初始值皆為 0。在 for 迴圈中，第 5 行讓 num 依序取得 range(1, 11) 內的數字，也就是 1, 2, 3, ..., 10。這裡的 range(1, 11) 表示從 1 開始，直到 11 前一個數字（即 10），間距預設為 1。每次取出的數字 num 會先透過第 6 行來判斷是否為偶數，若條件成立，就將該數字加總至 total，並讓 count 加 1，以記錄偶數的數量。當 for 迴圈結束後，程式計算 total/count 來求出偶數的平均值，並於第 11 行使用 print() 輸出結果。在 range(1, 11) 中，偶數為 2、4、6、8 和 10，總和為 30，個數為 5，因此平均值為 30 / 5 = 6.0。

4.2.4 巢狀的 for 迴圈

當迴圈裡又有另一個迴圈，就形成了巢狀迴圈。在外面的迴圈稱為外層迴圈（Outer loop），裡面的迴圈稱為內層迴圈（Inner loop）。巢狀迴圈的執行流程是先從外層迴圈的可迭代物件中取得一個元素，然後進到內層迴圈進行處理，處理完後再回到外層迴圈提取下一個元素，然後再度回到內層迴圈進行處理，如此循環直到內外層裡，可迭代物件中的元素都被走訪完為止。

下面是一個巢狀迴圈的範例，利用巢狀 for 迴圈來產生九九乘法表的一部分。外層的迴圈變數為 r，代表橫列（row）的意思。內層的迴圈變數為 c，代表的是直行（column）。注意若 r 和 c 相乘，即 r * c，則 r 為乘數，c 為被乘數。

```
01  # ch4_12.py，九九乘法表
02  for r in range(1, 6):   # 外層迴圈，控制乘數
03      for c in range(1, 9): # 內層迴圈，控制被乘數
04          print(f'{r}*{c}={r * c:2d}', end=' ')
05      print()   # 換行，開始印下一列
```

（第 03、04 行為內層迴圈，第 02～05 行為外層迴圈）

- 執行結果：
  ```
  1*1= 1 1*2= 2 1*3= 3 1*4= 4 1*5= 5 1*6= 6 1*7= 7 1*8= 8
  2*1= 2 2*2= 4 2*3= 6 2*4= 8 2*5=10 2*6=12 2*7=14 2*8=16
  3*1= 3 3*2= 6 3*3= 9 3*4=12 3*5=15 3*6=18 3*7=21 3*8=24
  4*1= 4 4*2= 8 4*3=12 4*4=16 4*5=20 4*6=24 4*7=28 4*8=32
  5*1= 5 5*2=10 5*3=15 5*4=20 5*5=25 5*6=30 5*7=35 5*8=40
  ```

在這個範例中,第 2 行外層迴圈的變數 r 控制第一個數字,範圍從 1 到 5,代表不同的乘數。第 3 行內層迴圈的變數 c 從 1 到 8,負責走訪每一個被乘數。每次內層迴圈執行時,r 和 c 的乘積會透過 print() 顯示出來,並使用 end=' ' 讓輸出結果在同一行。當內層迴圈跑完 c = 8 時,第 5 行的 print() 會執行換行,準備列印下一個乘數的計算結果。如此就能讓程式逐行印出九九乘法表了。 ❖

在九九乘法表的範例中,每次執行內層迴圈時,變數 r 的值都是從 1 跑到 8,因此執行的次數是固定的。而在下面這個範例中,我們要產生的是一個數字遞減的三角形圖案,這與九九乘法表的輸出方式不同。這個圖案每一個橫列的數字數量會逐漸減少,形成一個倒三角形。

```
01  # ch4_13.py, 產生數字遞減的三角形圖案
02  for r in range(0,5):    # 外層迴圈,控制列數,r 從 0 遞增到 4
03      for c in range(1,6-r):    # 內層迴圈,控制每列要印出幾個數字
04          print(c, end="")    # 印出數字
05      print()    # 換列,準備印下一列
```

- 執行結果:
```
12345
1234
123
12
1
```

```
               c=3
          c=2   ↓   c=4
     c=1   ↓        ↓   c=5
      ↓             ↓
r=0 → 1 2 3 4 5
r=1 → 1 2 3 4
r=2 → 1 2 3
r=3 → 1 2
r=4 → 1
```

在這個範例中,外層迴圈負責控制列數,由於三角形圖案共有 5 個橫列,因此我們讓 r 從 0 走訪到 4,總共執行 5 次。內層迴圈則負責控制每一列要列印的數字,而變數 c 代表該列中實際輸出的數字。每一列的數字從 1 開始,並且逐列減少。例如,第 1 列有 5 個數字,第 2 列有 4 個數字,依此類推,直到最後一列只剩 1 個數字。因此,c 的作用就是決定該列要輸出的數字,並確保它們從 1 依序遞增列印出來。

我們可以觀察到:

- 當 r = 0 時,變數 c 需要輸出 1, 2, 3, 4, 5;
- 當 r = 1 時,變數 c 需要輸出 1, 2, 3, 4;
- 當 r = 4 時,變數 c 只輸出 1。

因此，每一列 c 需要列印的最大數字會隨 r 增加而減少。如果這個最大數字記為 x，則 x = 5 − r，所以 c 需要從 1 列印到 5 − r。所以我們可以讓 c 走訪 range(1, 6 − r)，確保每列輸出的數字和數量均正確。在程式中，第 3 行讓 c 依照這個範圍走訪，並在第 4 行輸出 c 的值。為了讓數字能夠連續顯示在同一列，第 4 行 print() 的 end="" 參數避免了自動換列。當內層迴圈結束後，第 5 行的 print() 會執行換列。如此，程式便能逐行輸出數字遞減的三角形，直到 r = 4 時，最後一列只輸出 1。

4.3 while 迴圈

for 迴圈適合用在迭代次數很明確的情況。如果要執行的次數不很明確，例如加總超過某個值就停止計算，則可採用 while 迴圈。while 迴圈可以看成是 for 迴圈的另一種表達方式，這兩種迴圈也可以互換。

・while 迴圈的語法

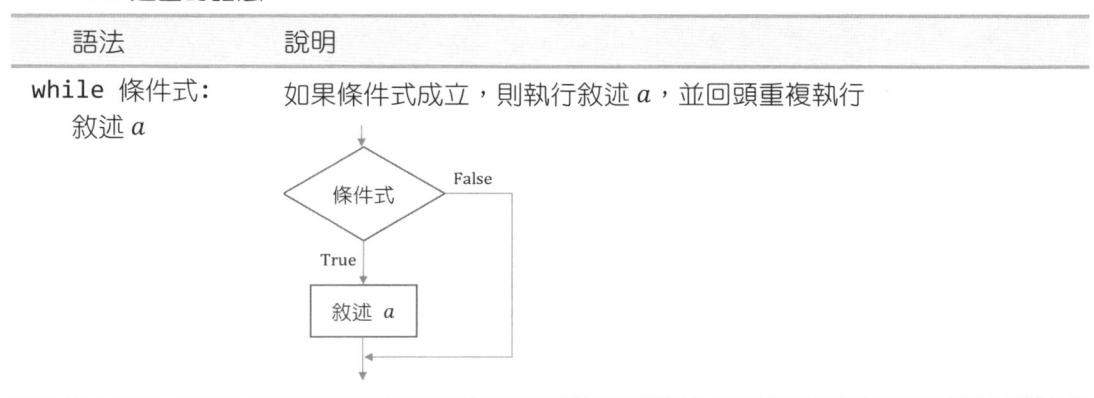

語法	說明
while 條件式: 　　敘述 a	如果條件式成立，則執行敘述 a，並回頭重複執行

下面的範例是利用 while 迴圈來計算 1 加到 5。

```
01  # ch4_14.py, 利用 while 迴圈來計算 1 加到 5
02  total=0
03  n=1
04  while n<=5:
05      total=total+n
06      n=n+1
07  print(total)
```

第 05~06 行為 while 迴圈的主體

4-17

- 執行結果：
  ```
  15
  ```

這個範例第 2 和 3 行把 total 和 n 分別設值為 0 和 1，然後於 4~6 行進到 while 迴圈的主體。一開始 n 小於等於 5 成立，所以第 5 行計算 total = total + n，得到 total = 1，第 6 行把 n 加 1，得到 n = 2。到此第一輪的 while 迴圈已經結束，回到第 4 行 while 迴圈的開頭。此時 n = 2，回到第 4 行仍小於等於 5，所以執行第 5 行，得到 total = 1 + 2 = 3，第 6 行再把 n 加 1，得到 n = 3。如此循環，當 n > 5 時第 4 行 while 後面的條件不成立，因此跳離 while 迴圈後，執行第 7 行印出加總的結果。 ❖

在 ch4_14 中，while 迴圈執行的次數是固定的，然而 while 更適合用在重複執行但事先無法確定迴圈次數的情境，例如等待特定條件成立時才結束。下面的範例是利用 while 迴圈讓使用者重複猜 1 到 10 之間的數字，直到猜對為止：

```python
01  # ch4_15.py, 使用 while 猜測數字
02  import random
03  target = random.randint(1, 10)    # 隨機產生1到10的數字
04  guess = 0   # 用來存放使用者的猜測值
05
06  while guess != target:       # 當猜錯時，持續執行
07      guess = int(input('猜一個1到10之間的數字: '))
08      if guess < target:
09          print('太小了！請再試一次')
10      elif guess > target:
11          print('太大了！請再試一次')
12  print('恭喜你，猜對了！')
```

- 執行結果：
  ```
  請猜一個 1 到 10 之間的數字: 5
  太小了！請再試一次
  請猜一個 1 到 10 之間的數字: 8
  太大了！請再試一次
  請猜一個 1 到 10 之間的數字: 6
  恭喜你，猜對了！
  ```

執行時，第 2 到 3 行利用 random 模組裡的 randint() 函數產生 1 到 10 之間的隨機數做為欲猜測的數字 (target)，第 4 行 定義變數 guess，初始值為 0，以確保 while 迴圈至少執行一次。在第 6 行，while 迴圈檢查 guess 是否等於 target，若不同則繼續執行。第 7 行提示使用者輸入數字，並將輸入值轉換為整數。第 8 至 11 行判斷輸入的數與 target 的關係；若數字太小，則執行第 9 行顯示「太小了！」，若數字太大，則執行第 11 行顯示「太大了！」。如果 guess 等於 target，則跳出 while 迴圈並執行第 12 行，顯示「恭喜你，猜對了！」。由於 target 是隨機的，每次執行時，使用者可能需要不同次數的猜測才能找到正確答案。

如果在 while 迴圈內部再放入另一個 while，就形成巢狀 while 迴圈。這樣的結構中，每當外層迴圈執行一次，內層迴圈都會完整執行，直到內層條件不成立才返回外層。通常外層 while 迴圈用來控制「列數」或「主要流程」，而內層迴圈負責「每列的細節」或「重複執行的內容」。使用巢狀 while 迴圈時，需要特別注意變數的更新，確保內層迴圈能正確結束，避免進入無窮迴圈。

下面是巢狀 while 迴圈的範例，用來列印一個數字遞增的三角形。和 for 迴圈相比，for 迴圈只要走訪完被迭代物件即可跳離迴圈，而 while 則必須撰寫跳離迴圈的條件。

```
01  # ch4_16.py, 使用while列印數字遞增的三角形
02  row = 1   # 控制列數
03
04  while row <= 5:          # 外層迴圈，決定要印出幾列
05      col = 1
06      while col <= row:    # 內層迴圈，決定當前要印幾個數字
07          print(col, end="")   # 印出數字但不換列
08          col += 1         # 讓行數遞增
09      print()   # 換列
10      row += 1  # 讓列數遞增
```

- 執行結果：
```
1
12
123
1234
12345
```

```
row=1 ⟶ 1
row=2 ⟶ 12
row=3 ⟶ 123
row=4 ⟶ 1234
row=5 ⟶ 12345
       col=1   col=5
         col=2   col=4
            col=3
```

在這個範例中，程式第 2 行定義變數 row，初始值為 1，代表目前的列數。第 4 行外層 while 迴圈控制總共有幾列，當 row 小於等於 5 時持續執行。第 5 行 col 變數初始為 1，以確保每列從 1 開始計數。第 6 行內層迴圈控制該列要印出的數字範圍。

從三角形圖形可以觀察到當 row = 3 時，三角形第 3 列就從 1 印到 3，row = 5 時，三角形第 5 列就從 1 印到 5，因此可歸納出內層迴圈當 col 小於等於 row 時（第 6 行），則持續執行。第 7 行印出 col 的值，並用 end = "" 讓數字不換行。為確保該列中的數字依序遞增，第 8 行將 col 的值加 1，以準備印出下一個數字。當內層迴圈結束後，第 9 行使用 print() 進行換列。最後，第 10 行讓 row 遞增，以準備印出下一列的數字。

如果本範例改成使用 for 迴圈來撰寫（建議試試看），您會發現 for 迴圈的寫法更為簡潔，因為它內建了變數自增的特性（例如 for col in range(1, row + 1)）。相對地，while 迴圈則需要手動設定變數並進行自增（如 col += 1 和 row += 1），較為繁瑣。然而，while 迴圈的靈活性較高，適合用於不確定執行次數的情境，例如依據某個條件來決定是否繼續執行，而 for 迴圈則更適合處理已知範圍內的重複執行。 ❖

4.4 break、continue 和 pass 敘述

在程式設計中，break、continue 和 pass 是三個常用的流程控制敘述，它們能在迴圈或 if 條件中影響程式的執行流程。break 用來提前結束迴圈，continue 用來跳過當前迴圈的剩餘部分，而 pass 則作為佔位符，讓程式在某些情況下不執行任何操作。

4.4.1 break 敘述

break 是一個用來終止迴圈的關鍵字，無論是 for 還是 while 迴圈，當程式執行到 break 時，會立即跳出該層迴圈，並繼續執行迴圈之後的程式碼。它常用於在特定條件達成時提前結束迴圈，例如：當已找到目標、錯誤次數達上限或滿足其他終止條件時。使用 break 可以提高程式的效率，避免不必要的重複運算。

下面範例可用來搜尋字串中的特定字母,當找到目標字母後,顯示訊息並利用 break 終止迴圈,有效簡潔地完成字元搜尋。

```
01  # ch4_17.py,搜尋字元
02  text = 'Hello, world!'
03  target = ','        # 欲搜尋的字元
04
05  for ch in text:
06      if ch == target:
07          print('找到字元:', target)
08          break       # 找到字元,終止迴圈
09      print('目前字元:', ch)
```

- 執行結果:
  目前字元: H
  目前字元: e
  目前字元: l
  目前字元: l
  目前字元: o
  找到目標字元: ,

在這個範例中,第 2 和 3 行分別定義要搜尋的字串 text 與希望找到的字元 target。第 5 行透過 for 迴圈逐一走訪字串 text 中的每個字元。在 6 到 8 行中,如果走訪到的字元與 target 相同,便印出提示訊息,並使用 break 立即結束迴圈,從而避免不必要的後續檢查;若未符合則依序印出每個字元。

從上面的範例中,我們可以觀察到使用 break 可帶來下面的好處:

1. break 可以讓程式在找到目標字元後立刻結束迴圈,避免多餘的判斷,有助於提升效率,特別是在處理長字串或大量資料時。

2. 如果沒有使用 break,即使已經找到目標字元,迴圈仍會繼續執行下去,比較浪費資源,且若目標字元出現多次,也可能造成重複輸出。

下面的範例模擬了密碼輸入的過程，並利用 break 敘述限制使用者最多可嘗試 3 次。這樣的設計確保了密碼安全性，同時也能避免使用者無限制地嘗試輸入錯誤密碼。

```
01  # ch4_18.py, 限制密碼的輸入次數
02  password = 'python123'   # 正確密碼
03  attempts = 0   # 記錄輸入次數
04
05  while attempts < 3:   # 最多允許3次輸入
06      pwd = input('請輸入密碼：')   # 使用者輸入密碼
07      if pwd == password:
08          print('密碼正確，登入成功！')
09          break   # 結束迴圈
10      else:
11          print('密碼錯誤！')
12          attempts += 1   # 增加錯誤次數
13
14  if attempts == 3:
15      print('輸入錯誤3次，系統鎖定！')
```

- 執行結果：
  請輸入密碼：*hello123*
  密碼錯誤！
  請輸入密碼：*python123*
  密碼正確，登入成功！

這個範例首先設定了一個正確的密碼 password，並以變數 attempts 來記錄使用者的輸入次數。在 5 到 12 行的 while 迴圈中，程式會提示使用者輸入密碼，每次輸入後會進行比對。如果密碼正確，程式會顯示「密碼正確，登入成功！」並於第 9 行使用 break 終止迴圈，此時程式碼會跳到 14 行繼續執行，因為 attempts 不等於 3，所以第 15 行不會執行。如果密碼錯誤，則提示「密碼錯誤！」並將錯誤次數加 1。當錯誤次數達到 3 次時，第 5 行的 while 判定就不成立，因此結束 while 迴圈，繼續執行 14 行，此時 attempts=3，因此會顯示「輸入錯誤 3 次，系統鎖定！」並結束程式。

上一個範例是利用 while 迴圈讓使用者有三次的機會輸入密碼，因此迴圈最多執行 3 次。然而在某些應用中，我們會刻意把 while 設計成無窮迴圈，直到某些條件滿足了才用 break 敘述跳離迴圈。下面是一個無窮迴圈的範例，它會不斷要求使用者輸入指令，直到輸入 'exit' 之後，才會由 break 敘述跳離迴圈。

```
01  # ch4_19.py, 利用 break 跳離無窮迴圈
02  while True:
03      cmd = input("請輸入指令（輸入 'exit' 結束）: ")
04      if cmd == 'exit':
05          print('程式已結束')
06          break           # 跳離 while 迴圈
07      print(f'你輸入的是: {cmd}')
```

- 執行結果：
  請輸入指令（輸入 'exit' 結束）: *hello*
  你輸入的是: hello
  請輸入指令（輸入 'exit' 結束）: *123*
  你輸入的是: 123
  請輸入指令（輸入 'exit' 結束）: *exit*
  程式已結束

這段程式碼的第 2 行使用 while True: 建立了一個無窮迴圈，使程式不斷要求使用者輸入指令。第 3 行 input() 會讀取使用者輸入的內容並存入變數 cmd，然後第 4 行檢查輸入是否為 'exit'。如果是，則執行第 6 行的 break 來結束迴圈，並印出「程式已結束」；否則，程式會顯示輸入的字串，然後回到 while 開始新一輪的輸入。無窮迴圈常見於互動式應用，如聊天機器人等，直到特定條件被滿足才結束執行。

4.4.2 continue 敘述

continue 是用來跳過當前迴圈中的剩餘程式碼。當迴圈中遇到 continue 時，會跳過後續的指令，然後回到迴圈的條件檢查部分，繼續進行下一次迴圈。當滿足特定條件時，continue 能夠省略不必要的處理，讓程式更有效率地執行下一輪操作。

下面的範例是利用 for 迴圈走訪數字串列，並使用 continue 跳過負數，只累加正數，最後輸出正數的總和。

```
01  # ch4_20.py, 使用 continue 跳過負數進行累加
02  numbers = [10, -5, 3, -1, 7, -6, 2]    # 包含正數和負數的串列
03  total_sum = 0             # 初始化總和變數
04
05  for num in numbers:       # 走訪串列中的每個數字
06      if num < 0:
07          continue          # 如果數字是負數，跳過這次迭代
08      total_sum += num      # 將正數加到總和中
09
10  print('正數的總和是:', total_sum)
```

- 執行結果：
  正數的總和是: 22

這個程式首先定義了一個包含正數和負數的串列 numbers，然後使用 for 迴圈走訪串列中的每個數字。程式在迴圈內檢查走訪到的數字是否為負數。如果是，則執行 continue，直接跳過本次迴圈的剩餘部分（第 8 行），進入下一次迴圈，確保負數不會被加入總和。對於非負數的情況，則第 8 行將其累加到變數 total_sum 中。最後，程式輸出累加後的正數總和。 ❖

4.4.3 pass 敘述

Python 中，pass 是一個佔位符（Placeholder），用於保留程式碼結構但不執行任何操作。當程式的某些地方需要某些功能，但暫時沒有具體的程式碼時，可以使用 pass 來避免語法錯誤。例如，在 if、for 或 while 迴圈中，如果尚未決定如何處理某些條件，可以先放 pass，讓程式能夠順利執行而不產生錯誤。雖然 pass 本身不會影響程式執行，但它有助於保持程式的可讀性，並為未來的開發騰出空間。

下面的範例使用了 for 迴圈走訪 numbers 串列，並檢查每個數字是奇數還是偶數。如果數字是偶數，則執行 pass，目前不做任何處理，但未來可以放置相關的程式。若是奇數，則印出該數是奇數。

```
01  # ch4_21.py, 檢查數字串列中的奇偶數，並印出奇數
02  numbers = [4, 7, 10, 3, 8, 5]
03
04  for num in numbers:
05      if num % 2 == 0:
06          pass   # 之後可能會加入處理偶數的程式
07      else:
08          print(f'{num} 是奇數')
```

- 執行結果：
  7 是奇數
  3 是奇數
  5 是奇數

在程式執行時，偶數 4、10、8 會被 pass 跳過，不會有輸出，而 7、3、5 是奇數，會顯示對應訊息。從這個簡單的範例中，我們可以觀察到 pass 可以讓程式結構完整，適合用於預留未實作的程式區塊。

4.5 帶有 else 的迴圈

for 和 while 迴圈都可以帶有 else。當 for 迴圈已經處理完可迭代物件裡的元素，或是 while 迴圈的條件式變成 False 時，如果迴圈帶有 else，便會執行 else 裡的敘述。在某些情況下，帶有 else 的迴圈可以少寫一個條件式，可以讓程式碼更為簡潔。for-else 和 while-else 的語法和流程圖如下所示：

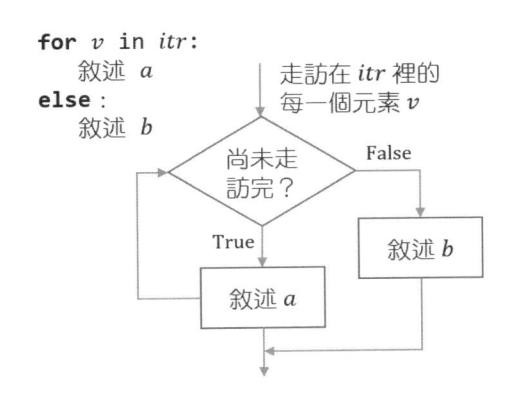

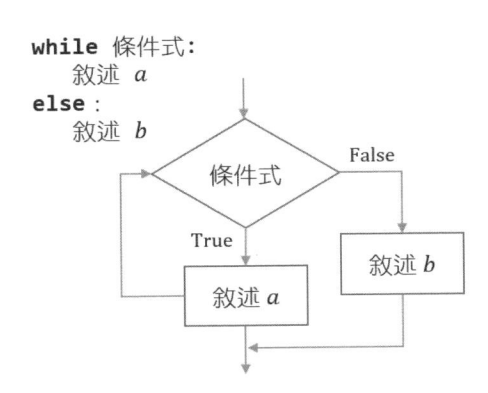

```
for v in itr:
    敘述 a
else:
    敘述 b
```

```
while 條件式:
    敘述 a
else:
    敘述 b
```

4-25

下面是一個不帶 else 的 for 迴圈範例，這個程式可檢查串列中是否有負數，如果有，則印出找到負數，否則印出都是正數。

```
01  # ch4_22.py，檢查輸入的串列是否有負數（沒有 else 的寫法）
02  numbers=eval(input('請輸入一個串列： '))
03  found=False              # 用 found 來記錄是否有負數被找到
04  for num in numbers:
05      if num<0:
06          print('找到負數')
07          found=True       # 找到負數
08          break            # 跳離 for 迴圈
09  if not found:            # 如果沒有找到負數
10      print('都是正數')
```

- 執行結果：
  請輸入一個串列： *[-9,4,3,2]*
  找到負數
  請輸入一個串列： *[9,0,3,4]*
  都是正數

在程式一開始，第 3 行先設定 found 為 False，代表沒有負數被找到，然後在 for 迴圈裡走訪串列 numbers 裡的元素。只要有任一個元素小於 0（第 5 行），則印出「找到負數」，且 found 會被設為 True，同時利用 break 敘述跳離迴圈，程式來到第 9 行。因為 found 為 True，not found 變成 False，所以第 10 行就不會被執行，到此程式就結束了。如果走訪完 numbers 都沒有找到負數，則 found 一直保持 False。因此離開 for 迴圈之後，第 9 行的 not found 就變成 True，第 10 行就會印出「都是正數」。

我們可以注意到這個範例在迴圈執行完後，還必須利用一個 if 敘述來檢查 found 是否有被修改。如果改寫成 for-else 的話，當迴圈正常執行完畢時（沒有遇到 break）便會執行 else 區塊裡的敘述，撰寫起來更為方便。 ❖

下面的範例同上一個例子，都是用來檢查串列中是否有負數，但這個範例改以 for-else 來撰寫，您可以比較一下這兩者的不同。

```
01  # ch4_23.py,檢查輸入的串列是否有負數（for-else 的寫法）
02  lst=eval(input('請輸入一個串列: '))
03  for n in lst:
04      if n<0:
05          print('找到負數')
06          break
07  else:
08      print('都是正數')
```

- 執行結果：
  請輸入一個串列: *[8,9,-1,0]*
  找到負數

在 for 迴圈中，如果走訪的元素小於 0，第 6 行的 break 會跳離 for 迴圈（包括 else 敘述）。如果元素全走訪完，但都沒有遇上 break 敘述，則代表所有的元素都不是負數，此時 7~8 行的 else 區塊會被執行。與前例相比，這個範例少了一個用來記錄狀態的變數 found，也少了一個 if 敘述。

下面的範例是利用 while-else 判別給予的整數是否為質數。質數是大於 1，且只能被 1 和本身整除的數。例如，2、3、5、7、11、13 都是質數，因為它們只能被 1 和自己整除。

```
01  # ch4_24.py,判別給予的整數是否為質數（While-else 的寫法）
02  num = int(input('請輸入一個大於 1 的數: '))
03  divisor = 2
04
05  while divisor < num:
06      if num % divisor == 0:   # 可以被 divisor 整除
07          print(f'{num}不是質數，因為可以被{divisor}整除。')
08          break
09      divisor += 1
10  else:
11      print(f'{num}是質數！')
```

- 執行結果：
  請輸入一個大於 1 的數: *7*
  7 是質數！

4.5 帶有 else 的迴圈

4-27

```
請輸入一個大於 1 的數: 10
10 不是質數,因為可以被 2 整除。
```

這個程式先讓使用者輸入一個大於 1 的整數,並將 divisor(除數的意思)設為 2。接著,進入 while 迴圈,第 6 行檢查 num 是否能被 divisor 整除。如果可以,則輸出它不是質數,然後利用 break 跳離整個 while-else 迴圈(包含 else 區塊)。否則,第 9 行將 divisor 遞增,回到 while 開頭繼續檢查,直到 divisor 等於 num。如果整個 while 迴圈都沒有 break,表示 num 沒有被 2 到 num-1 之間的數整除,則執行 else 區塊,輸出這個數是質數。

4.6 串列推導式

以往產生串列時,通常需要使用 for 迴圈與條件式。若 for 迴圈的敘述與條件式不複雜,則可用串列推導式(List comprehension)簡化程式碼,寫起來類似前面介紹的單行 if-else。接下來我們分兩個小節探討串列推導式。

4.6.1 簡單的串列推導式

串列推導式可將運算式、迴圈和條件式等一起寫在串列括號裡,用以產生新的串列。這種語法可以把多行的程式碼寫在同一行,使得程式碼看起來比較簡潔。

・串列推導式

語法	說明
[運算式 for 變數 in 可迭代物件 if 條件式]	針對可迭代物件裡的每一個元素,如果 if 成立,則執行運算式,然後把執行的結果組成一個串列輸出

在串列推導式的語法中,運算式可以是一個簡單的變數,或是某個數學的運算式,也可以是單行的 if-else 敘述。另外,上表中的 if 條件式並不是必要。如果有 if 條件式,則會先篩選元素,只有符合條件式的元素才會納入建立的串列中。

> [i**2 for i in [3,5,-1,4,9]]　　利用 for 走訪串列 [3, 5, -1, 4, 9]，然後
　[9, 25, 1, 16, 81]　　　　　　將串列裡的每個元素平方。

> [i for i in [3,5,-1,4,9] if i>0]　　找出串列 [3, 5, -1, 4, 9] 中，所有大於
　[3, 5, 4, 9]　　　　　　　　　　　0 的數。

> [i if i>0 else 0 for i in [6,-1,3]]　將串列中，小於 0 的數設為 0，大於 0
　[6, 0, 3]　　　　　　　　　　　　 的數不變。這個範例我們用到了單行
　　　　　　　　　　　　　　　　　　的 if-else 敘述。

> [c for c in 'apple' if c in 'aeiou']　挑出字串 'apple' 中的母音（即在
　['a', 'e']　　　　　　　　　　　　　'aeiou' 字母）。

下面是一個稍長的例子。這個例子可從 [3, 6, -6, 4, 9] 中篩選出大於 0 的數，然後將篩選後的數中，偶數平方，奇數保持不變。注意這個範例中有兩個 if，讀者應了解每個 if 擺放的位置，以及它們的作用：

> [i**2 if i%2==0 else i for i in [3,6,-6,4,9] if i>0]
　[3, 36, 16, 9]　　　　└→ 2. 將挑出的數進行處理　　　　　└→ 1. 挑出大於 0 的數

下面的範例分別使用 for 迴圈和串列推導式，找出使用者輸入數字的所有正因數（Factors）。某數的因數是能夠整除該數的正整數，例如，12 的因數有 1、2、3、4、6 和 12，因為這些數都能整除 12。

```
01  # ch4_25.py, 找出輸入數字的所有因數
02  n = int(input('請輸入一個數字：'))
03  # 使用 for 迴圈找出因數
04  factors_for = []
05  for i in range(1, n+1):
06      if n % i == 0:    # 找到因數
07          factors_for.append(i)
08  print(f'{n} 的因數有 (for 迴圈):', factors_for)
09
10  # 使用串列推導式找出因數
11  factors_list_comp = [i for i in range(1, n+1) if n % i == 0]
12  print(f'{n} 的因數有 (串列推導式):', factors_list_comp)
```

- 執行結果：
  請輸入一個數字：*12*
  12 的因數有 (for 迴圈)：[1, 2, 3, 4, 6, 12]
  12 的因數有 (串列推導式)：[1, 2, 3, 4, 6, 12]

這個程式首先讓使用者輸入一個數字 n，接著 5 到 7 行使用 for 迴圈走訪從 1 到 n 的所有數字，並檢查每個數字是否為 n 的因數，若是則將其加入 factors_for 串列中。第 11 行則是採用串列推導式的寫法，它的運作方式是走訪從 1 到 n，並篩選出可以被 n 整除 (n%i == 0) 的數，然後將其存入 factors_list_comp。從這個範例，我們可以體會到 for 迴圈的寫法較為詳細，逐步展開每個步驟，適合初學者理解程式運作；而串列推導式則較為簡潔，適合熟練者快速撰寫程式碼。❖

4.6.2 巢狀的串列推導式

巢狀的串列推導式由兩個 for 迴圈組成，其語法和上一節介紹的串列推導式相似，只不過裡面有兩個 for 迴圈，第一個出現的 for 迴圈相當於外層迴圈，第二個出現的 for 迴圈則是內層迴圈。

・巢狀串列推導式

語法
[運算式 for 變數 a in 可迭代物件 a for 變數 b in 可迭代物件 b if 條件式] 　　　　　　　外層迴圈　　　　　　　　　　內層迴圈

巢狀串列推導式的執行順序與巢狀 for 迴圈相同，會先讓變數 a 從可迭代物件 a 中依序取值；每次取值後，內層的變數 b 會走訪可迭代物件 b，並對變數 a 和 b 套用運算式，最後將結果以串列輸出。

下面的範例是利用巢狀的串列推導式來建立字母字元 'a', 'b', 'c' 與數字字元 '1', '2', '3' 的所有可能組合。

4-30

```
01  # ch4_26.py,字母與數字的組合
02  chars = ['a', 'b']
03  numbers = ['1', '2', '3']
04  combinations = [c + n for c in chars  for n in numbers]
05  print(combinations)
```
                                         外層迴圈   內層迴圈

- 執行結果：
  ['a1', 'a2', 'a3', 'b1', 'b2', 'b3']

在這個範例中，外層迴圈 for c in chars 從 chars 中依序取出字元 'a' 和 'b'。每次取一個字元後，內層迴圈 for n in numbers 會走訪 numbers 中的所有數字，然後將字元與每個數字用 + 號組合成字串。首先，當 c 是 'a' 時，內層迴圈會依次生成 'a1'、'a2'、'a3'。然後，外層迴圈將 ch 更新為 'b'，內層迴圈再生成 'b1'、'b2'、'b3'。最終，這些組合被存儲在 combinations 串列中，並於第 5 行將它列印出來。

注意 ch4_26.py 第 4 行的串列推導式，我們也可以將它改寫成巢狀 for 迴圈：

```
combinations = []
for c in chars:          # 外層迴圈：走訪 chars
    for n in numbers:    # 內層迴圈：走訪 numbers
        combinations.append(c + n)  # 產生組合並加入 combinations 中
```

您可以試著將 ch4_26.py 改用巢狀 for 迴圈來撰寫，執行的結果應該會完全一樣。下表顯示了串列推導式是如何將巢狀 for 迴圈化簡成更簡潔的語法：

· 串列推導式和巢狀 for 迴圈的對應關係

巢狀 for 迴圈	串列推導式
combinations = []	不需要初始化，結果直接產生
for c in chars:	for c in chars
for n in numbers:	for n in numbers
combinations.append(c + n)	c + n 放在開頭，自動加入串列

在範例 ch4_26.py 中，外層與內層迴圈取出的元素彼此之間並沒有關聯，外層和內層迴圈各自走訪自己的範圍，最終形成了所有可能的配對。下面的範例使用了巢狀的串列推導式，將串列內的兩個字串的所有字母轉換成大寫，並串接成一個新的大寫字串。在這個範例中，內層迴圈會對外層迴圈取出的元素進行操作，因此兩者之間有直接的關聯。

```
01  # ch4_27.py，將兩個字串的字母轉成大寫
02  words = ['hi', ' hello']
03  chars = [c.upper() for word in words  for c in word]
04  print(''.join(chars))
```
                              外層迴圈   內層迴圈

- 執行結果：
HI HELLO

這個範例第 3 行使用了巢狀的串列推導式，外層迴圈依序從 words 取出一個字串，存放於變數 word，內層則走訪 word 的每個字元，並將其轉為大寫後存入 chars。例如，words 中的 'hi' 會先被取出，內層迴圈會將 'h' 和 'i'，轉換成 'H' 和 'I'；接著 'hello' 會被取出，內層迴圈再進行相同的處理。最後，第 4 行會將 chars 內的所有字元串接成一個新字串並輸出。 ❖

串列推導式能讓程式碼更簡潔，但遇到複雜邏輯時，可能會降低可讀性，讓程式變得難以理解和維護。如果包含多層巢狀結構或條件判斷，使用 for 迴圈可能更直觀。此外，過度使用串列推導式可能讓除錯變得困難。因此，在簡單情境下可以使用，但當邏輯較複雜時，選擇 for 迴圈會更清楚明瞭。

第四章 習題

4.1 選擇性敘述

1. 【冷暖氣開關判斷】某公司規定氣溫高於 28 度可開冷氣，氣溫低於 15 度可開暖氣。請設計一個程式式，由鍵盤輸氣溫 temp，然後顯示現在的狀態（開冷氣、開暖氣或不開冷暖氣三種）。例如若 temp=20，則顯示：現在溫度為 20 度，不開冷暖氣。

2. 【判別奇偶數】試從鍵盤讀入一個整數 num，然後判斷 num 是奇數還是偶數。如果是奇數，則印出 "num 是奇數"，否則印出 "num 是偶數"。例如，若輸入 5，則印出：5 是奇數。

3. 【閏年或平年】試從鍵盤讀入一個整數 year，代表西元的年份，然後判斷該年是閏年或平年。例如若輸入 2024，則印出：2024 是閏年（閏年的條件為：year 能被 400 整除，或是 year 能被 4 整除但不能被 100 整除）。

4. 【判別三角形是否成立】三角形成立的條件為兩邊的和必須大於第三邊。試由鍵盤三個整數 s1、s2 和 s3，分別代表三個邊長，然後判別它們可否成為一個三角形。例如，若邊長分別為 5、12 和 3，則印出：(5, 12, 3) 無法形成三角形。

5. 【成績等級】設學生期末成績是以分數 grade 劃分為 A、B、C、D 與 F 五個等級。如果 grade ≥ 90，則等級為 A，80 ≤ grade < 90 為 B，70 ≤ grade < 80 為 C，60 ≤ grade < 70 為 D，小於 60 分為 F。試寫一程式輸入分數 grade，然後印出 grade 所屬的等級。例如若 grade = 78，則輸出：78 分，等級為 C。

6. 【三個數比較大小】試由鍵盤分別輸入三個整數，然後利用選擇性敘述將它們由小排到大。例如若三個整數分別為 3、7 和 4，則輸出：(3, 4, 7)。

7. 【改為單行的 if-else】試將下面的 if-else 敘述改為單行的 if-else 敘述：

   (a)
   ```
   if 5%2==1:
       print('5為奇數')
   else:
       print('5為偶數')
   ```

   (b)
   ```
   x,y=6,3
   if x>y:
       z=x
   else:
       z=y
   ```

   (c)
   ```
   x=[5,6,4]
   if x:
       print('x is not empty')
   else:
       print('x is empty')
   ```

   (d)
   ```
   x=-10
   if x<0:
       x=-x
   else:
       x
   ```

8. 【判斷季節】由鍵盤輸入變數 month 的值，代表月份，然後判斷其所屬的季節（3 到 5 月為春季，6 到 8 月為夏季，9 到 11 月為秋季，12 到 2 月為冬季）。例如輸入 3，則印出：3 月為春季。

9. 【時間轉換】試輸入秒數 sec（為一個整數，$sec < 86,400$），然後計算它等於幾小時，幾分，幾秒。例如，若 $sec = 14865$，則印出：14865 秒等於 04 小時 07 分 45 秒。

10. 【計算停車費】設停車的費用每小時 40 元。若停車時間大於 12 小時，則大於 12 小時的部分每小時以 30 元計。試撰寫一程式可輸入一個整數 hour，代表停車的時數，程式的輸出為應繳的金額。例如若 hour 為 16，則輸出：停車 16 小時，應繳 600 元。

11. 【畢氏定理】畢氏定理告訴我們，直角三角形的兩個短邊長度的平方和等於斜邊長度的平方。試由鍵盤讀入三個整數 a、b 和 c，代表三角形的三個邊長，然後依輸入的值印出下列三種可能的情況：(1) 不能成為三角形；(2)可成為三角形，但不是直角三角形；(3) 為直角三角形。例如，若輸入的邊長為 3、4 和 5，則印出：(3, 4, 5) 為直角三角形。

12. 【找零錢程式】已知硬幣的面額只有 50、10、5 和 1 元四種。試設計一個找零錢的程式，當顧客付款 100 元，購買的金額為 price 時，店員應該找的零錢數。例如若 price=21，則輸出：50 元 1 枚，10 元 2 枚，5 元 1 枚，1 元 4 枚。若 price=65，則輸出：50 元 0 枚，10 元 3 枚，5 元 1 枚，1 元 0 枚。

4.2 for 迴圈

13. 【計算階乘】試由鍵盤輸入一個數 n，然後計算 n 的階乘。（n 的階乘的定義為 1 乘到 n，例如 5 的階乘為 120）。

14. 【多少個閏年】試計算從西元 0001 年到今年為止，一共經歷了多少個閏年（year 為閏年的條件為：year 能被 400 整除，或是 year 能被 4 整除但不能被 100 整除。）

15. 【最大公因數】試由鍵盤讀入兩個數，然後利用 for 迴圈找出它們的最大公因數。提示：設輸入的兩個數為 a 和 b，且 a 小於等於 b。利用 a 和 b 同時去除 c，其中 c 從 1 變化到 a。可以同時被 a 和 b 整除之最大的 c 即為最大公因數。

16. 【繪出圖案】試利用巢狀 for 迴圈印出下面的圖案：

```
(a)  *****        (b)      *       (c)  *****      (d)  *****
     ****                  **            ****            ^****
     ***                  ***            ***             ^^***
     **                  ****            **              ^^^**
     *                  *****            *               ^^^^*

(e)  1            (f)  5              (g)  1           (h)  0
     12                54                   22               12
     123               543                  333              345
     1234              5432                 4444             6789
     12345             54321                55555            abcde
```

17. 【繪出圖案】試利用巢狀 for 迴圈印出下面的圖案：

    (a) 5   (b) 12345   (c) 55555   (d) 54321
         45   1234   4444   4321
         345   123   333   321
         2345   12   22   21
         12345   1   1   1

    (e) 5   (f) 12345   (g) 54321   (h) 5
         44   1234   5432   54
         333   123   543   543
         2222   12   54   5432
         11111   1   5   54321

18. 【反向輸出數字】試由鍵盤輸入一個整數，然後利用 for 迴圈將此整數反向輸出。例如輸入 12345，則輸出為 54321。

19. 【感測器數據】設由某個感測器傳回來的三組數據為 data = [[2, 4, 5], [5, 8, None], [10, 3, 4]]，試判別每一組數據是否包含有不完整的資料（Incomplete data，一般以 None 表示）。若沒有，則印出此組數據的總和，如果有，則顯示：Incomplete data。例如於本範例中，輸出應為

    第 1 組：總和為 11
    第 2 組：Incomplete data
    第 3 組：總和為 17

4.3 while 迴圈

20. 【整數的位數】試由鍵盤輸入一個整數，然後判斷輸入的數是幾個位數的整數。例如若輸入 23983，則輸出：5 個位數的整數。（提示：一個整數用整數除法除以 10，其位數會少一位）。

21. 【處理千分位符號】有時讀進來的數字會包含有千分位符號（即逗號，如 13,988 或 1,661,231）。試由鍵盤讀入一個帶有一個或數個千分位符號的整數，然後印出這個整數乘上 2 之後的結果。例如，若輸入 13,988，則輸出 27976；若輸入 1,661,231，則輸出 3322462。

22. 【找出因數】 整數 n 的因數是指能夠整除 n 的正整數。請輸入一個整數 num，然後列出它所有的因數，並計算因數的個數。例如，若輸入整數 20，則輸出：20 的因數有 6 個，分別為 [1, 2, 4, 5, 10, 20]。

23. 【判別質數】質數是除了 1 和它本身之外，沒有其它因數的數，也就是說質數只會有兩個因數。請利用這個觀念來判別輸入的整數是否為質數。例如 17 只有 1 和 17 兩個因數，所以 17 是質數。

24. 【尋找字元的索引】利用 while 迴圈找到字串 'machine_learning' 中，第一個不是英文字母之字元的索引。本例的執行結果應為：位於索引 7。

4.4 break、continue 與 pass 敘述

25. 【不能被 3 整除的數】試印出 1 到 10 之間，所有不能被 3 整除的整數。本例的執行結果應為：不能被 3 整除有 1 2 4 5 7 8 10。

26. 【總和大於 100 的最小 n】試找出最小的正整數 n，使得從 1 加到 n 的總和大於或等於 100。(答案為 14)

27. 【滿足條件的最少學生數】雅筑帶一群學生去校外參訪，已知學生不超過 100 個人，學生每 3 個一組，最後剩下 2 個；每 5 個一組，最後剩下 3 個；每 7 個一組，最後剩下 2 個。試問這群學生最少有多少個？試利用 for 迴圈求解這個問題。(答案為 23)

28. 【滿足條件的前三個學生數】同上題，滿足上題條件的學生數有無窮多個，試找出學生數最少的 3 個解。(答案為 23、53、83)

29. 【走訪串列，遇負數終止】設 num=[47, 89, 12, −4, 12, 2, 97]，試撰寫一程式，依序讀取 num 的元素值，並將它們列印出來。如果讀到負數，則列印完該負數後，即停止列印其它元素。

30. 【設定密碼】請撰寫一個程式，讓使用者輸入自己設定的密碼，並確保密碼符合以下條件：只能包含英文字母或數字，且長度至少為 6 個字元。

    程式會檢查輸入的密碼，若不符合條件，則提示錯誤訊息：

    (a) 若包含非英文字母或數字，則顯示：「密碼只能包含英文字母或數字」

    (b) 若長度不足 6 個字元，則顯示：「密碼長度至少 6 個字元」

    (c) 若同時違反兩個條件，則依序顯示錯誤訊息

    使用者須重新輸入密碼，直到符合條件為止，成功後顯示：「密碼設定成功」。

4.5 帶有 else 的迴圈

31. 【判別字串裡的字元】試由鍵盤讀入一個字串（不包含單引號或雙引號），並利用迴圈逐字判別字串裡的字元是否全為數字。只要有一個字元不是數字，則輸出：輸入的數包含不合法的字元，否則輸出此字串。

32. 【判別數字可否被 3 整除】設 nums =[8, 11, 98, 23, 47]，試判別 nums 內是否包含有可被 3 整除的數。如果有，則輸出：包含有可被 3 整除的數，否則輸出：沒有包含可被 3 整除的數。

33. 【判別數字是否在範圍內】設 lower_limit = 0，upper_limit = 255，試由鍵盤讀入一個由整數組成的串列，然後判別此陣列內的每一個元素是否都在 lower_limit 到 lower_limit 這個範圍之內。例如，若輸入 [9, 12, −1, 32, −8]，則印出：最少有一個數不在 [0, 255] 之內，若輸入 [9, 12, 3, 32]，則印出：輸入的數全在範圍之內。請參考執行結果：

    - 執行結果：
      請輸入一串數字，用逗號分隔：[9,12,-1,32,-8]
      最少有一個數不在 [0, 255] 之內

4.6 串列推導式

34. 【串列推導式的練習】試以串列推導式完成下列各題：

    (a) 建立一個 1 到 10 的平方所組成的串列。

    (b) 建立一個 1 到 50 之間，可以同時被 3 和 4 整除的串列。

    (c) 取出字串 'List comprehension' 中所有的母音，並組成一個字元串列。

    (d) 依串列 [3, −1, 4, 7, −3, 2] 的值來建立另一個新串列，若串列元素的值為正，則新串列元素的值為 1，否則為 −1。本題建立出來的串列應為 [1, −1, 1, 1, −1, 1]。

35. 【取出母音】試以串列推導式取出 ['Spring', 'Summer', 'Autumn', 'Winter'] 中所有的母音，並組成一個新的字元串列。答案應為：['i', 'u', 'e', 'A', 'u', 'u', 'i', 'e']。

36. 【找出包含 'a' 的單字】試以串列推導式找出 ['State', 'University', 'of', 'New', 'York', 'at', 'Buffalo'] 中，所有包含有字元 'a' 的英文單字。輸出的結果應為 ['State', 'at', 'Buffalo']。

37. 【元素的所有組合】試以串列推導式建立從 num1=[1, 2, 3] 和 num2=[4, 5] 這兩個串列中，各提取一個元素的所有組合，每一個組合以串列表示。本題輸出的結果應為 [[1, 4], [1, 5], [2, 4], [2, 5], [3, 4], [3, 5]]。

38. 【生成新的矩陣】給于一個 3×3 的矩陣 matrix = [[1, 2, 3], [4, 5, 6], [7, 8, 9]]，請使用巢狀串列推導式，將矩陣中所有的數字加 1，並生成一個新的矩陣。答案應為：[[2, 3, 4], [5, 6, 7], [8, 9, 10]]。

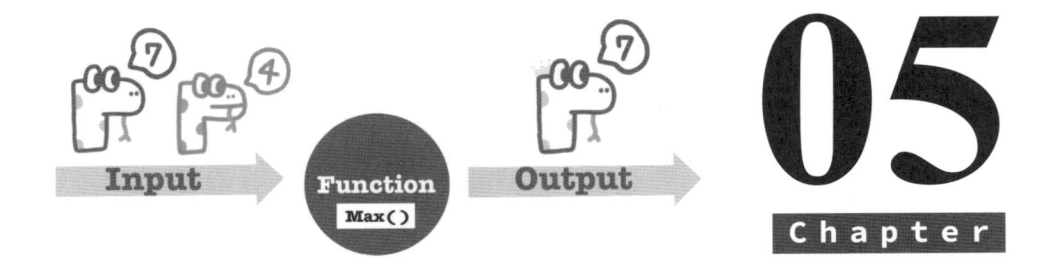

函數

函數（Function）是把需要執行特定功能的程式片段打包成一個單元，以方便重複使用。函數具有相當多的優點，它把執行特定功能的程式片段獨立出來，因此非常方便程式碼的除錯，並提高程式的可讀性，同時也可以簡化程式碼，使得程式碼看起來更為簡潔。本章將介紹如何撰寫屬於自己的函數。

1. 函數的基本概念
2. 參數的傳遞機制
3. 關於參數的傳入
4. 全域變數與區域變數
5. 遞迴函數
6. lambda 表達式
7. 函數的進階應用

5.1 函數的基本概念

我們早已使用過許多 Python 的內建函數，例如 print()、len() 和 sum() 等。這些函數有些可以接收多個參數（如 print()），有些則通常只接收一個（如 len()）。此外，有些函數有實際的傳回值（Return value，如 sum()），但像 print() 這類的函數會傳回 None，代表它們主要是執行動作而不是產生結果。我們來看看幾個簡單的範例：

> print('a', 'b', 7, 4)
  a b 7 4

print() 可以有任意個參數（這個範例有 4 個），但它沒有傳回值。注意左式的輸出是 print() 將結果顯示在畫面上，而不是傳回值。

> a = print('Python')
  Python

這個 print() 函數只有一個參數，我們嘗試讓變數 a 來接收它的傳回值。

> print(a)
  None

顯示 a 的值，我們發現它是 None，代表 print() 沒有傳回實際的資料，因此預設傳回 None。

> sum([1, 2, 3])
  6

將串列 [1,2,3] 加總，得到 6，這個數字 6 是 sum() 函數的傳回值。

上面我們看到的函數都是 Python 內建的。如果要設計自己的函數，可以用下面的語法撰寫：

・定義函數的語法

語法	說明

def 函數名稱(參數1，參數2,…):
    敘述
    return 傳回值
	定義函數。如果沒有傳回值，可以不寫 return 敘述。

在上面的語法中，def 是關鍵字，為 define 的縮寫，用來定義函數。函數可以有一個或多個參數（Parameters），也可以沒有參數。若有多個參數，則以逗號分隔，而函數的執行內容寫在縮排的敘述中。當程式執行到 return 時，函數會結束，並回到函數呼叫處繼續執行。如果 return 後面有值，則該值會傳回，可設定給變數或是參與運算。如果 return 後面沒有傳回值，或是沒有寫 return 敘述，則預設會傳回 None。

我們來看看一個簡單的函數範例。這個函數模擬擲骰子的過程，每次呼叫時會隨機產生 1 到 6 的數字，並將結果輸出。以下是程式碼：

```
01  # ch5_1.py, 模擬擲骰子程式
02  import random
03  def roll_dice():
04      num = random.randint(1, 6)      } 函數的本體，注意要縮排    } 函數
05      print(f'骰出的數字是: {num}')
06
07  roll_dice()    # 呼叫函數
08  roll_dice()    # 呼叫函數              } 主程式
```

- 執行結果：
  骰出的數字是： 3
  骰出的數字是： 5

這個程式定義了一個沒有參數，也沒有 return 敘述的函數 roll_dice()，用來模擬擲骰子的動作。函數內部使用 random.randint(1, 6) 產生 1 到 6 之間的亂數，並將結果儲存在 num 中，然後顯示骰出的數字。由於每次呼叫 roll_dice() 時都會產生一個隨機數，因此在 7 到 8 行的主程式中連續呼叫兩次，程式會擲出兩次隨機的結果。

下面的範例將 ch5_1.py 做個變化，讓 roll_dice() 函數可以接收一個整數參數，用來指定骰子要擲幾次：

```
01  # ch5_2.py, 帶有一個參數的擲骰子程式
02  import random
03  def roll_dice(n):
04      for _ in range(n):
05          num = random.randint(1, 6)               } 函數
06          print(f'骰出的數字是: {num}')
07
08  roll_dice(3)   # 擲骰子 3 次               } 主程式
```

- 執行結果：
  骰出的數字是： 6
  骰出的數字是： 2
  骰出的數字是： 1

5-3

這個程式定義了一個函數 roll_dice(n)，它可接收一個參數 n，用來決定要擲骰子的次數。4 到 6 行函數內部使用 for 迴圈重複執行 n 次，每次使用 random.randint(1, 6) 產生 1 到 6 之間的整數亂數，並將結果儲存在變數 num 中，然後用 print() 顯示擲出的數字。在第 8 行的主程式中，我們呼叫 roll_dice(3)，因此會擲骰子 3 次，每次產生不同的隨機結果。

您可以注意到在函數 roll_dice(n) 中，第 4 行程式碼負責執行 n 次的擲骰子動作，其中的變數 _ 是一個常見的慣例寫法，表示這個變數在迴圈中不會被實際使用。我們只關心迴圈執行的次數，而不需要用到變數值，因此以 _ 來取代實際的變數名稱，使程式碼更簡潔。 ❖

下面是一個有實際傳回值的 roll_dice() 函數，它可將所擲骰子的總點數傳出，並於主程式中印出總點數。

```
01  # ch5_3.py，將擲骰子的總點數傳出
02  import random
03  def roll_dice(n):
04      total = 0
05      for _ in range(n):
06          result = random.randint(1, 6)
07          print(f'這次擲骰子的結果是：{result}')
08          total += result    # 將點數加總
09      return total    # 傳回骰子的總點數
10
11  # 主程式，呼叫 roll_dice()並印出總和
12  n = 3    # 擲 3 次
13  total_sum = roll_dice(n)
14  print(f'{n} 次擲骰子的總和是：{total_sum}')
```

- 執行結果：
  這次擲骰子的結果是： 4
  這次擲骰子的結果是： 2
  這次擲骰子的結果是： 6
  3 次擲骰子的總和是： 12

這個範例中，roll_dice() 函數可接收一個參數 n，代表擲骰子的次數。函數內部使用 for 迴圈重複擲骰子 n 次，每次的結果於第 7 行印出，第 8 行將每次擲出的結果加總到 total 變數中。迴圈結束後，第 9 行將加總結果傳回。在主程式中，我們擲 3 次骰子，把總和儲存在 total_sum 中並顯示出來。

在 Python 中，函數可以接收多個參數，並在 return 敘述中同時傳回多個值，這讓我們能夠在一個函數中完成多項計算，並將數個結果傳回給呼叫函數的地方。例如，在數學運算中，兩數相除可得商和餘數。我們可以設計一個函數來計算兩個數的商和餘數，並將它們同時傳回，如下面的範例：

```
01  # ch5_4.py, 計算商與餘數的函數
02  def quo_rem(a, b):
03      quo = a // b        # quotient (商)
04      rem = a % b         # remainder (餘數)
05      return quo, rem     # 同時傳回商和餘數
06
07  # 主程式, 測試函數
08  x, y = 17, 5
09  q, r = quo_rem(x, y)    # 呼叫 quo_rem(x,y),並讓 q 和 r 接收傳回值
10  print(f'{x} 除以 {y} 的商: {q}')
11  print(f'{x} 除以 {y} 的餘數: {r}')
```

- 執行結果：
  17 除以 5 的商: 3
  17 除以 5 的餘數: 2

在本例中，quo_rem(a, b) 可接收 a 與 b 兩個參數，並回傳它們的商與餘數。函數的第 3 行使用 // 運算取得商，第 4 行以 % 運算取得餘數，第 5 行將這兩個結果同時傳回。主程式的第 9 行呼叫 quo_rem()，傳入 x = 17 和 y = 5，並將傳回值分別儲存到 q 和 r，再於 10~11 行將結果輸出。

函數的參數可以是各種型別的資料。下面我們定義 clip() 函數，它可以接收一個串列 lst 和兩個數字 minv 與 maxv，然後把 lst 中，小於 minv 的元素設為 minv，大於 maxv 的元素設為 maxv，也就是把元素剪裁成介於 minv 和 maxv 之間的數字。

```
01  # ch5_5.py, 剪裁數字
02  def clip(lst, minv, maxv):
03      new_lst = []                # 存放剪裁後的數字
04      for n in lst:
05          if n < minv:
06              new_lst.append(minv)    # n<minv,將 minv 添加到 new_lst
07          elif n > maxv:
08              new_lst.append(maxv)    # n>maxv,將 maxv 添加到 new_lst
09          else:
10              new_lst.append(n)       # 添加原來的元素到 new_lst
11      return new_lst
12
13  # 主程式,測試函數
14  nums = [3, 7, 2, 9, 5, 12, 1]
15  print(clip(nums, 4, 10))
```

- 執行結果：

  [4, 7, 4, 9, 5, 10, 4]

在這個範例中，clip() 函數可用來剪裁串列中的數值，使其保持在指定範圍內。clip() 有三個參數：lst 是要處理的數值串列，minv 是下界，maxv 是上界。第 3 行先建立空的串列 new_lst，接著 for 迴圈逐一檢查 lst 中的數值。若小於 minv，則將 minv 添加到 new_lst；若大於 maxv，則添加 maxv；否則添加原值。最後，函數傳回調整後的串列 new_lst。在本例中，minv 和 maxv 可為整數或浮點數，因此函數適用於不同的數值型別。

5.2 參數的傳遞機制

要了解函數參數的傳遞機制，我們要先知道變數和物件之間的關係。本節將介紹這兩者之間的關聯，說明可變（Mutable）與不可變物件（Immutable）的特性，並探討它們如何影響函數參數的傳遞方式。

5.2.1 變數與物件之間的關係

在 Python 中，所有的資料都是物件，而變數實際存放的是這些物件在記憶體中的位址（Address）。例如若設定 a = [1, 2, 3]，則 a 是變數，[1, 2, 3] 是串列物件，而 a 存放的實際上是串列 [1, 2, 3] 在記憶體中的位址。因此設定 a = [1, 2, 3] 可以理解為 "把 a 指向物件 [1,2,3]"。

我們可以把變數想像成一張標籤，上面寫著物件的地址，而物件本身就像是一棟房子。每個物件都佔有一個記憶體位置，而變數的角色就是幫我們找到這個位置。舉例來說，當執行 a = [1, 2, 3] 時，Python 會先建造一棟房子（串列 [1, 2, 3]），再把這棟房子的地址寫在 a 這張標籤上。之後，我們每次使用 a 時，Python 都會根據這張標籤找到對應的房子，然後對它進行操作，如外牆粉刷或車庫增建等：

1. 建造一棟房子　　2. 將地址寫在標籤上　　3. 對變數 a 進行操作

這也意味著，如果我們設 b = a，那麼 b 也會拿到同一張地址標籤，而不是複製一棟新的房子。因此，透過 b 進行修改時，a 也會反映出變化，因為它們指向的是同一個記憶體位置。這樣的機制在理解 Python 的參數傳遞時非常重要。從上面的分析可知，設定 b = a 可以理解為 "把 a 存放的位址複製一份設定給 b 存放"。

我們可以用 id(a) 函數來取得物件 a 的位址。如果想判別變數 a 和 b 是否指向同一個物件，可以使用與 is 運算子。

・is 和 id() 的語法

語法	說明
id(a)	回傳 a 所指向物件的唯一識別碼（記憶體位址）
a is b	比較變數 a 和 b 是否指向同一個物件

注意我們常用的 == 運算子是用來比較兩個物件的值是否相等，而 is 用來比較兩個變數是否指向同一個物件。即使兩個物件的值相同，若它們不是同一個物件，is 會回傳 False，而 == 會回傳 True。簡單是說，is 是關注物件放在哪裡，而 == 關心的是物件的內容。我們來看看下面的範例：

```
01  # ch5_6.py, 物件的位址
02  a = [1, 2, 3]           # 建立串列 [1,2,3]，並讓 a 指向它
03  b = a                   # b 也指向同一個物件
04  c = [1, 2, 3]           # 建立物件 c
05  print('a 指向的物件位址:', id(a))
06  print('b 指向的物件位址:', id(b))
07  print('c 指向的物件位址:', id(c))
08  print('a 和 b 是否指向同一物件？', a is b)    # 回應 True
09
10  b.append(4)             # 修改 b 的內容
11  print('\n修改 b 之後，a 和 b 的值：')
12  print('a =', a)         # [1, 2, 3, 4]
13  print('b =', b)         # [1, 2, 3, 4]
14  print('a 指向的物件位址:', id(a))
15  print('b 指向的物件位址:', id(b))
```

- 執行結果：
  a 指向的物件位址: 2770965652800
  b 指向的物件位址: 2770965652800
  c 指向的物件位址: 2770965801024
  a 和 b 是否指向同一物件？ True

  修改 b 之後，a 和 b 的值：

```
a = [1, 2, 3, 4]
b = [1, 2, 3, 4]
a 指向的物件位址：2770965652800
b 指向的物件位址：2770965652800
```

這個範例第 2 行建立一個串列物件 [1,2,3]，並將其位址指派給變數 a 存放。第 3 行 b = a 讓變數 b 也指向和 a 相同的物件，也就是把 a 存放的位址複製後設定給 b 存放。第 4 行 Python 會新建一個內容與 a 相同的串列 [1, 2, 3]，再讓變數 c 指向它。但由於是新的物件，因此記憶體位址將與 a 不同。

第 5~7 行使用 id() 函數分別取得變數 a、b 和 c 所指向的位址。由於 a 和 b 指向相同的物件，所以 5~6 行的輸出顯示 a 和 b 指向的位址相同，且第 8 行也判別 a 和 b 指向同一個物件。注意第 7 行印出 c 的位址和 a 與 b 不同，因為 c 指向的 [1, 2, 3] 是新建的物件，只是內容與 a 和 b 指向的物件相同。

另外，由於 a 和 b 是指向同一個物件，因此第 10 行將 4 添加到 b 也會影響到 a，因此 12~13 行顯示 a 和 b 的值會同步更新。值得一提的是，第 10 行將整數 4 添加到 b 之後，b 指向的物件位址並不會改變，這好比是粉刷 b 這棟房子的外牆並不會改變到房子的地址，因此 14~15 行印出的位址是相同的。下圖展示了本範例執行完 2、3、4 和 10 行後變數所指向的物件與位址的變化情形。從這個圖中讀者應可理解變數如何共享同一個物件，以及修改一個物件帶來的影響。

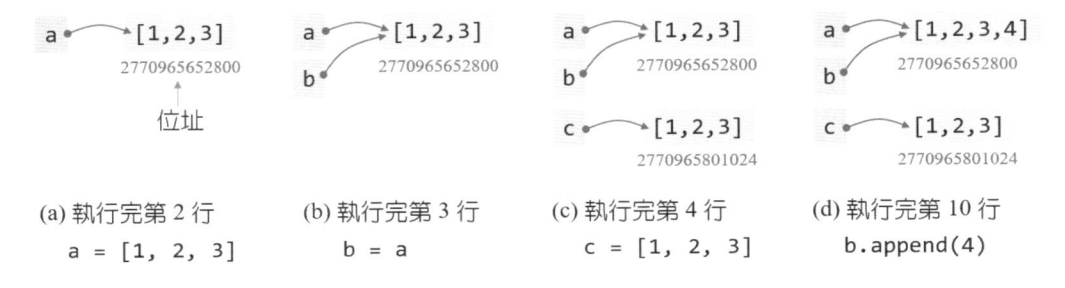

(a) 執行完第 2 行
    a = [1, 2, 3]

(b) 執行完第 3 行
    b = a

(c) 執行完第 4 行
    c = [1, 2, 3]

(d) 執行完第 10 行
    b.append(4)

5.2.2 可變物件與不可變物件

在 Python 中，物件可分為可變（Mutable）與不可變（Immutable）兩種。不可變物件（如數字和字串）一旦建立後，其內容無法更改，而可變物件（如串列）則可以直接修改內容。這個差異在函數參數傳遞時尤為重要，因為當傳遞可變物件時，函數內修改變數指向的物件將會影響函數外的原始物件。理解這一點有助於掌握 Python 參數的傳遞機制。

❀ 可變物件（Mutable Objects）

可變物件是指在建立後，內容可以被修改的物件。例如在 ch5_6.py 中，第 10 行我們將 4 添加到串列 b，使其內容變為 [1, 2, 3, 4]，因此串列是一個可變物件。常見的可變還包括下一章將介紹的字典（dictionary）和集合（set）等。這些物件的值可以被更改，但不會改變物件本身的位址，這點我們也可以從 ch5_6.py 中得到驗證。

❀ 不可變物件（Immutable Objects）

不可變物件指的是在建立後內容無法修改的物件。常見的不可變物件包括數字、字串，以及下一章將介紹的元組（tuple）等。例如敘述 a = 5 是將 a 指向整數 5 的位址，我們沒有辦法改變這個位址裡面的值，如果再設定 a = 14，這只是將 a 改指向整數 14 的位址，而不是去更改整數 5 的位址裡存放的數字。另外，要驗證字串是不可變物件，最直觀的例子是我們可以提取字串中的任意字元，但無法修改它：

`> s = 'hello'`	建立一個字串物件 'hello'，並讓變數 s 指向它。
`> s[0]` 　h	我們可以順利提取出索引 0 的字元，得到 'h'。
`> s[0]='H'` 　TypeError: 'str' object does not support item assignment	嘗試修改索引 0 的字元，Python 顯示無法修改。注意左式省略了部分的錯誤訊息。

不可變物件的駐留機制

Python 透過駐留機制（Interning）來有效管理不可變物件的儲存。當 Python 啟動時，它會將一些常用的小整數（通常為 –5 到 255）和部分短字串（如空字串、單個字母、數字組成的字串等）存入駐留池（Interning pool）。

在程式運行時，若需建立某個不可變物件，Python 會先檢查駐留池中是否已有相同物件，若存在則直接取用，否則新建物件，並視物件內容、編譯環境及內部最佳化策略決定是否將其加入駐留池。駐留機制能避免重複建立相同物件，從而提升記憶體使用效率與執行速度。

現在來進行一個駐留機制的小測試。如果在 VSCode 的 REPL 或 Jupyter Notebook 裡輸入左圖的指令，可以發現小整數 5 被駐留，因為變數 a 和 b 指向同一個物件（a is b 為 True），表示 b = 5 時，Python 直接重用駐留池中的 5，而未重新建立新物件。相反地，變數 c 和 d 指向不同的記憶體位址，顯示 1024 未被駐留，每次設值時都會建立新的物件。同樣地，右圖測試的短字串與長字串也呈現相似的行為。

```
a = 5

b = 5

a is b
True ── 整數 5 被駐留

c = 1024

d = 1024

c is d
False ── 整數 1024 未被駐留
```

```
a = 'Hello'

b = 'Hello'

a is b
True ── 短字串 'Hello' 被駐留

a = 'Hello Python'

b = 'Hello Python'

a is b
False ── 長字串 'Hello Python' 未被駐留
```

有趣的是，上面測試的結果是在 REPL 裡執行的，因此部分數值和字串未被駐留；若改成將程式碼存成 .py 檔一次執行，則 Python 在編譯階段會對常用物件進行駐留與優化，使稍長的字串和常見的整數都被駐留，結果可能會與 REPL 模式不同。

在日常生活中，駐留池的概念隨處可見。想像您的手機安裝了許多 App，但您只會把那些常用且功能固定的 App 放在主頁的快捷區。這個快捷區就像駐留池，也就是一個預先準備好的區域，用來存放那些您經常需要使用的 App（就像小整數和短字串）。當你開啟手機（啟動 Python）時，快捷區中的 App 就已經準備好，點擊一下就能快速啟動，而無需每次都從一長串 App 中尋找。相反地，那些不常用的 App 不會被放入快捷區，每次使用時可能需要從全部的 App 中重新搜尋和載入，這就類似於 Python 中較大或較長的不可變物件，每次建立時會是全新的記憶體位置。

下面以一個實例和圖解來了解不可變物件和駐留機制的關係。稍早我們提及，在建立一個不可變物件時，Python 會先檢查它是否已存在駐留池，若是，則直接取用，否則建立它，並視情況決定是否將其加入駐留池。下面的範例說明了這個機制：

```
01  # ch5_7.py, 不可變物件的建立與駐留機制
02  # 測試短字串的駐留機制
03  s1 = 'apple'
04  s2 = 'apple'
05  print(f's1 的 id: {id(s1)}, s2 的 id: {id(s2)}')
06
07  # 測試重新設值
08  s2 = 'banana'
09  s3 = s2
10  print(f's2 的 id: {id(s2)}, s3 的 id: {id(s3)}')
```

- 執行結果：
  s1 的 id: 1420474887424, s2 的 id: 1420474887424
  s2 的 id: 1420474888288, s3 的 id: 1420474888288

這個範例在剛開始執行時，第 3 行需要建立字串物件 'apple'。由於 'apple' 並沒有存在於剛初始化好的駐留區內，因此 Python 會建立它，並讓變數 s1 指向它，如下圖 (a)。由於 'apple' 是一個短字串，Python 會將它加入駐留區。第 4 行變數 s2 也指向

'apple'，由於 'apple' 已在駐留區中，因此 s2 會直接指向駐留區中的 'apple'，而不會新建一個 'apple' 物件，如下圖 (b)，所以第 5 行印出 s1 和 s2 的位址是相同的。

第 8 行 s2 重新設值為 'banana'。由於 'banana' 不在駐留區內，Python 會建立一個新的字串物件，並讓 s2 指向它，此時 'banana' 也會被送進駐留區，如下圖 (c)。第 9 行將 s2 存放的位址設定給 s3，此時 s2 和 s3 都指向字串 'banana'，因此第 10 行印出相同的位址，，如下圖 (d)。注意第 8 行 s2 = 'banana' 並不是將原本 s2 指向的 'apple' 改為 'banana'，而是新建一個 'banana' 物件，再讓 s2 指向它。

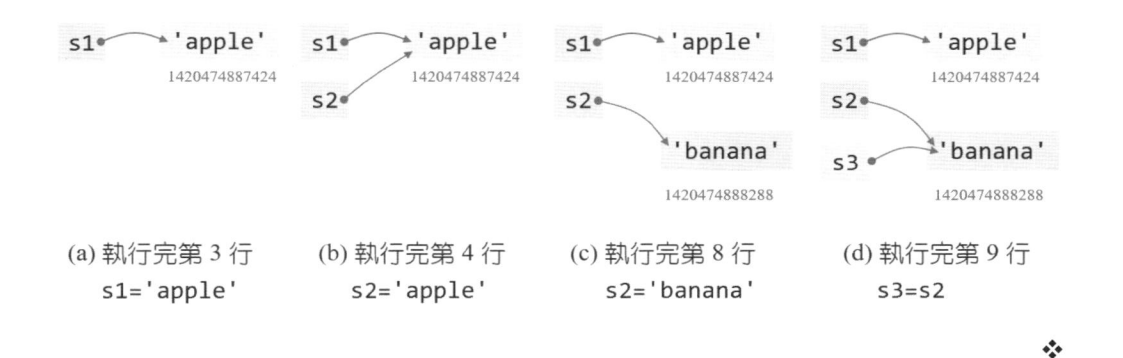

(a) 執行完第 3 行
s1='apple'

(b) 執行完第 4 行
s2='apple'

(c) 執行完第 8 行
s2='banana'

(d) 執行完第 9 行
s3=s2

5.2.3 傳遞參數到函數

理解可變和不可變物件後，學習 Python 函數參數的傳遞機制就簡單多了。在 Python 中，當變數 a 傳遞給函數 fun(b) 時，b 接收的是 a 指向物件的位址，因此 a 和 b 會指向同一個物件。如果 a 是可變物件（如串列），則 b 仍指向同一個物件，因此函數內的修改會影響 a。但如果 a 是不可變物件（如數值或字串），由於內容無法更改，因此 fun(b) 內無法直接修改 b 指向的物件。

下面是一個範例，說明 Python 在參數傳遞時，實際上是傳遞「物件的位址」。這個範例傳遞一個串列（可變物件），並在函數內外印出其位址，來觀察傳遞的過程：

```
01  # ch5_8.py, 傳遞可變物件到函數
02  def modify_list(lst):
03      print('函數內部，lst 的位址:', id(lst))
04      lst.append(100)      # 修改可變物件的內容
05
06  nums = [1, 2, 3]         # 建立一個串列(可變物件)
07  print('函數外部，nums 的位址:', id(nums))
08
09  modify_list(nums)        # 呼叫函數，傳入可變物件
10  print('函數外部，nums 的內容:', nums)    # 檢查 nums 是否受到影響
```

- 執行結果：
  函數外部，nums 的位址: 2630004729152
  函數內部，lst 的位址: 2630004729152
  函數外部，nums 的內容: [1, 2, 3, 100]

這個範例中，2 到 4 行定義了 modify_list(lst) 函數，於第 3 行印出它所接收參數 lst 的位址，並在第 4 行將 100 添加到 lst 中。在主程式中，第 6 行建立了 nums 串列，並在第 7 行印出它的位址。第 9 行呼叫 modify_list()，並傳入 nums，第 10 行則印出呼叫 modify_list() 後，num 的內容。

執行後，我們會發現函數內部 lst 的位址與函數外部 nums 的位址相同，說明 lst 與 nums 是指向同一個物件，如下圖 (a)。因此，當 lst.append(100) 在函數內部執行後，nums 也會受到影響，導致 nums 在函數外部的內容變成 [1, 2, 3, 100]，如下圖 (b)。這證明了 Python 在函數中傳遞可變物件時，實際上傳遞的是該物件的位址，因此函數內的修改會影響原始變數所指向的物件。

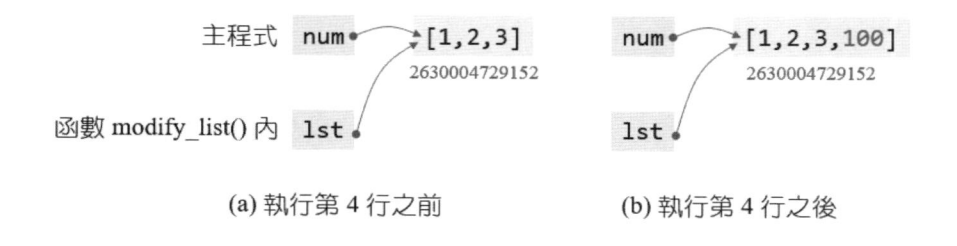

主程式 num ● ─→ [1,2,3]   num ● ─→ [1,2,3,100]
             2630004729152   2630004729152

函數 modify_list() 內 lst ●   lst ●

      (a) 執行第 4 行之前   (b) 執行第 4 行之後

範例 ch5_8.py 是傳遞可變物件到函數，下面的範例則展示了字串（不可變物件）在函數中操作及其在記憶體中的位址變化（駐留現象）。

```python
01  # ch5_9.py,傳遞不可變物件到函數
02  def modify_string(s):
03      s1 = 'Hello'           # 字串 'Hello' 會從駐留池取得
04      s2 = 'Python'          # 字串 'Python' 會新建
05      print(f'函數中 s 的 id: {id(s)}, s1 的 id: {id(s1)}')
06
07      s = s1 + ' ' + s2      # 嘗試修改 s,實際上會建立新的字串
08      print('修改後的字串 s:', s)
09      print('修改後的 s 的 id:', id(s))
10      return s
11
12  # 主程式
13  str1 = 'Hello'
14  str2 = modify_string(str1)    # 呼叫函數
15  print(f'主程式中 str1 的 id: {id(str1)}, str2 的 id: {id(str2)}')
16  print('主程式中 str2 的值:', str2)
```

- 執行結果：
  函數中 s 的 id: 2023842622960, s1 的 id: 2023842622960
  修改後的字串 s: Hello Python
  修改後的 s 的 id: 2023842765872
  主程式中 str1 的 id: 2023842622960, str2 的 id: 2023842765872
  主程式中 str2 的值: Hello Python

我們以執行流程來介紹這個範例。首先在主程式中，第 13 行會建立一個 'Hello' 物件，再將變數 str1 指向它，並把 'Hello' 放到駐留池中。第 14 行呼叫 modify_string()，並把 str1 傳遞給參數 s。在函數 modify_string() 中，第 3 行變數 s1 被設值為 'Hello'，由於 'Hello' 已經存在於駐留池中，因此會從駐留池中取得。第 4 行變數 s2 被設值為 'Python'，這會建立一個新的字串物件（參考下圖 (a)）。第 5 行印出參數 s 和變數 s1 的位址。

在第 7 行，變數 s 被重新設值為 s1 + ' ' + s2，這是一個字串合併操作，會建立一個新的字串物件，如下圖 (b)。第 8 和 9 行分別印出修改後的字串及其位址，我們發現

新字串的位址（2023842765872）不同於參數 s 的位址（2023842622960），這說明字串是不可變物件，每次修改都會建立新的物件，而不是修改原有物件。函數最後傳回新字串 s 的位址，並由 str2 接收。

回到主程式後，第 15 和 16 行分別印出主程式中 str1 和 str2 的位址，顯示它們指向不同的記憶體位址。第 17 行印出 str2 的值，顯示函數傳回的是新字串。您可以觀察到第 9 行 s 的位址和第 15 行 str2 的位址是一樣的，顯示函數 modify_string() 傳回的新字串與主程式中的 str2 指向同一個記憶體位址。這說明了在函數中的 return 敘述傳回的是物件 s 的位址，這個位址由主程式裡的 str2 接收。

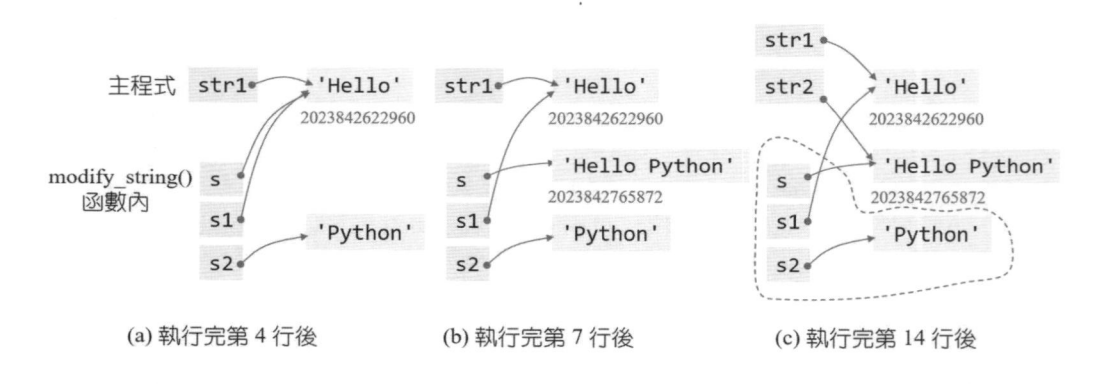

```
主程式              str1 ●──→ 'Hello'          str1 ●──→ 'Hello'                  str1 ●
                              2023842622960               2023842622960           str2 ●──→ 'Hello'
                                                                                            2023842622960
modify_string()   s  ●                       s  ●──→ 'Hello Python'              s  ●──→ 'Hello Python'
函數內                                                  2023842765872                       2023842765872
                  s1 ●──→ 'Python'           s1 ●                                s1 ●
                  s2 ●                       s2 ●──→ 'Python'                    s2 ●──→ 'Python'

       (a) 執行完第 4 行後              (b) 執行完第 7 行後                (c) 執行完第 14 行後
```

注意圖中虛線部分表示函數 modify_string() 已執行完畢，因此函數內的變數 s、s1 和 s2 會被回收，但傳回的新字串 s 仍由主程式中的 str2 指向，這說明了函數返回的物件在主程式中仍然有效。 ❖

5.3 關於參數的傳入

經過前面多次練習，您應該已經注意到，print() 函數可以接受 0 個、1 個或多個參數，並透過調整參數來改變輸出方式。例如，設定 sep='#' 可以用井號分隔每個輸出的資料，設定 end=''（空字串）則可以讓輸出不換行。這些效果都是透過修改參數的預設值來達成的。本節將介紹如何設計自己的函數，使其具備類似的靈活性。

5-16

5.3.1 參數的預設值

在 print() 函數中,如果不設定 sep 參數的值,則預設會以空白作為分隔符號。這種預設的機制也可以應用在自己定義的函數中,我們只要在參數後面使用 = 指定預設值,如果呼叫函數時未提供該參數,它就會自動使用預設值。例如,在下面的範例中,introduce() 函數有三個參數,其中 age 與 city 已設定預設值,因此呼叫函數時可以省略這兩個參數:

```
01  # ch5_10.py, 參數的預設值
02  def introduce(name, age = 18, city = '台北'):
03      print(f'Hi,我是 {name},今年 {age} 歲,來自 {city}')
04
05  # 測試不同的參數組合
06  introduce('Sandy')                  # 預設年齡 18,城市為台北
07  introduce('Tippi', 19)              # 省略城市,年齡變 19
08  introduce('Junie', 20, '台中')      # 指定所有參數
```

- 執行結果:
  ```
  Hi,我是 Sandy,今年 18 歲,來自 台北
  Hi,我是 Tippi,今年 19 歲,來自 台北
  Hi,我是 Junie,今年 20 歲,來自 台中
  ```

這個範例的 introduce() 定義了三個參數:name(必填)、age(預設為 18)和 city(預設為 '台北')。在函數內,使用 f-字串將這些參數填入字串中,並顯示一個簡單的介紹。測試時,第 6 行只提供 name,因此 age 和 city 會使用預設值(如 '台北' 和 18)。第 7 行提供了 age,但省略 city,則 city 會保持預設值。最後,當三個參數都指定時,函數會顯示完整的自訂介紹。

在使用函數參數的預設值時,有下面幾個注意事項:

1. 函數在定義參數時,必填的參數必須放前面,有預設值的參數放後面。實際呼叫時就會依照順序先將傳入的資料一一對應到必填的參數,再為剩餘的參數選用預設值。例如,在 introduce() 函數中,name 是必填參數,age 和 city 是可選填具有的預設值的參數,因此必須先提供 name,才能選擇性地省略 age 或 city。如果將必填參數放在預設參數後面,會引發錯誤。

2. 當省略某些參數時，會使用函數中設定的預設值。在本例中，若只傳入一項資料，就會對應到 name，此時 age 和 city 會自動使用預設值 18 和 '台北'。如果再多傳入一項資料，則會對應到 age，此時 city 仍會使用預設值 '台北'。

3. 若需要為每個參數提供自訂值，只需按順序提供所有參數，例如呼叫 introduce('Junie', 20, '台中')。這樣可以根據需求來靈活使用預設參數，讓函數更加通用。

5.3.2 位置參數與指名參數

Python 預設是採用位置參數（Positional parameters）來獲取傳進來的參數。這表示在呼叫函數時，傳入的參數必須按照函數定義時的位置順序來對應。然而，當需要傳遞的參數過多，讓人難以記住順序時，我們可以使用指名參數（Keyword parameters）的方式來傳遞參數。這種方式在呼叫函數時，可以直接指定參數名稱和對應的值，這樣不僅讓程式碼更清晰，也避免了傳遞錯誤。

下面的範例展示了如何在 order_drink() 函數中使用位置參數、指名參數，以及參數的預設值。此函數可用來訂購飲品，參數包括飲品名稱、容量、糖分和冰塊量。透過不同的參數傳遞方式，我們能夠有效地控制函數的行為。

```
01  # ch5_11.py, 位置參數與指名參數
02  def order_drink(drink, size, sugar=90, ice=100):
03      print(f'品名: {drink}, 容量: {size}, 糖分: {sugar}, 冰塊: {ice}')
04
05  order_drink('珍奶', '大杯', 50, 30)                      # 使用位置參數
06  order_drink(size='大杯', drink='綠茶', sugar=70)         # 使用指名參數
07  order_drink('紅茶', '小杯', ice = 50)     # 位置參數+指名參數+預設值
```

- 執行結果：
  品名：珍奶, 容量：大杯, 糖分：50, 冰塊：30
  品名：綠茶, 容量：大杯, 糖分：70, 冰塊：100
  品名：紅茶, 容量：小杯, 糖分：90, 冰塊：50

在這個範例中，order_drink() 函數有四個參數：drink（飲品名稱）、size（大小杯）、sugar（糖分，預設為 90）、ice（冰塊，預設為 100）。在主程式中，第 5 行使用位置參數，根據順序提供飲品、大小杯、糖分和冰塊的數量。第 6 行使用指名參數，將每個參數的名稱與相對應的值指定出來，在這種情況下無需關心參數的順序。第 7 行使用位置參數與指名參數，不過省略了糖分的值，這樣就會使用它的預設值 90。

5.3.3 可變長度的位置參數

如果函數的參數個數不確定，我們可以在定義函數時，在參數前加上「*」號，這樣就可以接收可變長度的位置參數。Python 會將這些參數收集到一個元組（tuple，先把它想像成是元素的組合）。元組與串列類似，都是用來存儲多個元素的資料結構，不過元組一旦建立後就無法修改。關於元組的詳細介紹會在下一章中進行講解。

如果在函數定義中使用了 *args（表示接收可變長度的位置參數），在呼叫時，則在 *args 前面數必須使用位置參數傳入（因為 *args 是位置參數，前面不能是指名參數），而其後的參數則必須使用指名方式傳入。*args 會收集所有多餘的位置參數，並將它們存儲為一個元組。

下面的範例展示了 Python 函數中三種常見的參數型態：位置參數 a 與 b、可變長度的位置參數 *args，以及具預設值的指名參數 c。透過不同的呼叫方式，可傳入多筆數值進行加總，並觀察各類參數在語法上的限制與使用規則：

```
01  # ch5_12.py，使用任意個數的參數
02  def sum_args(a, b, *args, c = 0):
03      print(f"a = {a}, b = {b}, args = {args}, c= {c}", end=", ")
04      print(f'sum = {a + b + sum(args) + c}')
05
06  sum_args(1, 2, 3, 4, 5)              # *args = (3, 4, 5)，c 用預設值 0
07  sum_args(1, 2, 3, 4, c=5)            # *args = (3, 4)，c = 5
08  sum_args(1, b=2, c=5)                # *args = ()，c = 5
09  # sum_args(1, b=2, 3, c=5)           # 錯誤：指名參數後不可在位置參數之前
10  # sum_args(a=1, 2, 3, c=4)           # 錯誤：指名參數後不可在位置參數之前
```

5-19

- 執行結果：
  ```
  a = 1, b = 2, args = (3, 4, 5), c= 0, sum = 15
  a = 1, b = 2, args = (3, 4), c= 5, sum = 15
  a = 1, b = 2, args = (), c= 5, sum = 8
  ```

這個範例在第 2 行定義了函數 sum_args()，可接收兩個必填的參數 a 和 b，一個可變長度的位置參數 *args，以及一個具有預設值的指名參數 c。第 3 行印出每個參數的值，並於第 4 行透過 sum(args) 計算所有 *args 中數值的總和，然後將 a、b、*args 的總和以及參數 c 相加後印出結果。

在接下來的呼叫中，第 6 行傳入了 5 個位置參數，其中 *args 接收 (3, 4, 5)，因為沒有給 c，所以使用預設值 0。第 7 行 *args 接收 (3, 4)，而 c 明確指定為 5。第 8 行 a 是以位置參數傳入，而 b = 2 和 c = 5 則以指名參數傳入，注意 *args 沒有分配到位置參數，所以為空，因此 b = 2 得以用指名參數的方式傳入（若 *args 有分配到位置參數，則指名參數 b = 2 不能在位置參數 *args 之前）。

最後兩行是錯誤的呼叫（已註解），像是第 9 行指名參數（b = 2）不能在位置參數（3）前面，第 10 行一樣是指名參數（a = 1）跑到位置參數前面去了，因此引發錯誤。如果第 2 行的定義中，c 沒有預設值，則第 6 行 sum_args(1, 2, 3, 4, 5) 會有錯誤發生，因為 *args 會吃掉所有剩餘的位置參數，導致 c 接收不到任何值。 ❖

到目前為止，我們已經接觸了四種常見的函數參數類型，接下來整理一些使用時容易忽略的重要規則：

1. 位置參數：呼叫函數時，必須依照定義順序傳值，否則可能出現錯誤。

2. 指名參數：可直接指定參數名稱，不需依順序，但必須放在所有位置參數之後。

3. 帶有預設值的參數：定義時具有預設值，未提供值時會自動套用。具有預設值的參數必須排在沒有預設值的參數之後。

4. 可變長度的位置參數（*args）：用來接收任意數量的位置參數，會以元組形式傳入。*args 要放在位置參數之後、帶有預設值的參數之前。

5.4 全域變數與區域變數

Python 中的每個變數都有其有效範圍（Scope）。如果某段程式碼能夠存取變數 x，我們就說 x 在這段程式碼內是有效的（在可見範圍內）。根據有效範圍的不同，變數可以分為全域變數（Global Variable）和區域變數（Local Variable）兩種：

- 全域變數：在函數外部定義的變數，程式的其它部分都可以存取它。如果函數內部沒有定義同名的變數，那麼函數內部也會直接使用它的值。
- 區域變數：在函數內部定義的變數，只能在該函數內部使用，無法在函數外部存取。如果區域變數名稱與全域變數相同，則函數內部的區域變數會遮蔽掉全域變數，但這不會影響函數外部的全域變數。

下面的範例說明全域變數與區域變數的不同，我們可從中了解到變數的作用範圍及其對程式執行結果的影響。

```
01  # ch5_13.py, 全域變數與區域變數
02  x = 10          # 全域變數
03  y = 20          # 全域變數
04  def my_function():
05      x = 5       # 區域變數（會覆蓋掉全域變數）
06      print(f'函數內部 x = {x}, y = {y}')
07
08  my_function()
09  print('函數外部 x =', x)
```

區域變數的有效範圍

- 執行結果：
  函數內部 x = 5, y = 20
  函數外部 x = 10

在這個範例中，變數 x 和 y 在函數外部被定義，因此它們是全域變數，可以在整個程式中存取。然而，在 my_function() 內部，x 被重新定義為區域變數，這會遮蔽全域變數 x，但兩者僅名稱相同，並非同一個變數。

執行程式時，首先定義全域變數 x 和 y，接著定義 my_function()。當第 8 行呼叫 my_function() 時，程式進入函數內，第 5 行設定區域變數 x＝5，第 6 行印出 x 和

5-21

y 的值。由於 y 在函數內沒有被重新定義，程式會取用全域變數 y = 20，因此輸出 x = 5，y = 20。函數執行結束後，區域變數 x 失效，回到主程式時，全域變數 x 的值仍然是 10，因此第 9 行印出 x = 10。這說明了修改區域變數不會影響全域變數的值。

在 Python 中，如果在函數內部需要修改全域變數的值，必須使用 global 關鍵字來明確指定該變數是全域變數，而不是重新建立一個區域變數。例如，下面的程式碼透過 global 讓函數能夠更新變數 count，以記錄該函式被呼叫的次數。

```
01  # ch5_14.py, 使用 global 關鍵字
02  count = 0                # 全域變數，記錄函數呼叫次數
03  def call_function():
04      global count         # 指定使用全域變數 count
05      count += 1
06      print('函數已被呼叫', count, '次')
07
08  call_function()
09  call_function()
10  call_function()
```

- 執行結果：
  函數已被呼叫 1 次
  函數已被呼叫 2 次
  函數已被呼叫 3 次

在本範例中，第 2 行變數 count 被設為全域變數，初始值為 0。在 3 到 6 行定義的函數 call_function() 中，第 4 行使用 global 關鍵字來指定 count 為全域變數。每次呼叫函數時，第 5 行會將 count 增加 1，並在第 6 行印出函數被呼叫的次數。主程式在第 8 到 10 行分別呼叫 call_function() 三次，每次呼叫都會更新並印出 count 的值。如此我們就可以在函數中使用全域變數來追蹤狀態。

在這個範例中，如果不使用 global 關鍵字，即把第 4 行改成

```
04      count = 0    # 指定使用區域變數 count
```

則函數內部的變數 count 將被視為區域變數，而不是全域變數。在這種情況下，由於沒有使用 global 關鍵字，函數內部的 count 是區域變數，不會影響全域變數 count。所以，無論呼叫多少次 call_function()，全域變數 count 的值都不會改變，仍然是 0。因此如果我們多加一行，在第 11 行印出全域變數 count 的值，它將顯示 0。由此可知不使用 global 關鍵字時，函數內部的變數與全域變數是獨立的。

5.5 遞迴函數

遞迴函數是一種特殊的函數，它會在自己的函數裡面再次呼叫自己。這種方法通常用來解決可以分成較小相同的問題時。遞迴函數需要有一個終止條件，當達到這個條件時，就停止呼叫自己，並開始傳回結果。

階乘（Factorial）是常用來做為遞迴範例的一個函數，這是因為階乘函數本身也可以寫成遞迴的型式，例如

$$
\begin{aligned}
4! &= 1 \times 2 \times 3 \times 4 \\
&= 4 \times (1 \times 2 \times 3) \\
&= 4 \times 3!
\end{aligned}
$$

因此，如果我們把階乘函數命名為 fact()，則 fact(4) = 4 × fact(3)。這種要計算 fact(4) 之前，必須要先計算出 fact(3) 的關係稱為遞迴。然而遞迴必須有一個終止點，否則就會無限制的遞迴下去了，這個終止點稱為終止條件。我們可以把階乘函數的終止條件設為 fact(1) = 1（因為 1! = 1），如此當計算到 fact(1) 時，Python 知道其值為 1，就不會再往下遞迴。我們可以把 fact() 函數寫成如下的數學式：

$$\text{fact}(n) = \begin{cases} n \times \text{fact}(n-1) & n > 1 \\ 1 & n = 1 \end{cases}$$

用 Python 來撰寫遞迴函數 fact() 時，它的寫法和上面的數學式很像，有了這個數學式的幫助，撰寫遞迴函數就不太困難了。我們來看看下面的範例：

5-23

```
01  # ch5_15.py, 遞迴函數,階乘
02  def fact(n):
03      if n>1:                    # 遞迴
04          return n*fact(n-1)     # 傳回 n 乘以 n-1 的階乘
05      else:
06          return 1               # 終止條件,當 n=1 時傳回 1
07
08  # 測試函數
09  print(fact(4))    # 輸出 24
```

- 執行結果：
  24

在這個範例中,您可以發現要計算 fact(4) 之前必須先計算 4*fact(3),要知道 fact(3) 必須先計算 3*fact(2)。相同的,要知道 fact(2) 必須先計算 2*fact(1)。因為 fact(1) 在函數裡有明確的定義,其值為 1,因此可回溯求得 fact(2) 的值為 2,fact(3) 的值為 6,最終可求得 fact(4) 的值為 24。我們把 fact(4) 的求值過程畫成下圖來理解遞迴函數的運作過程：

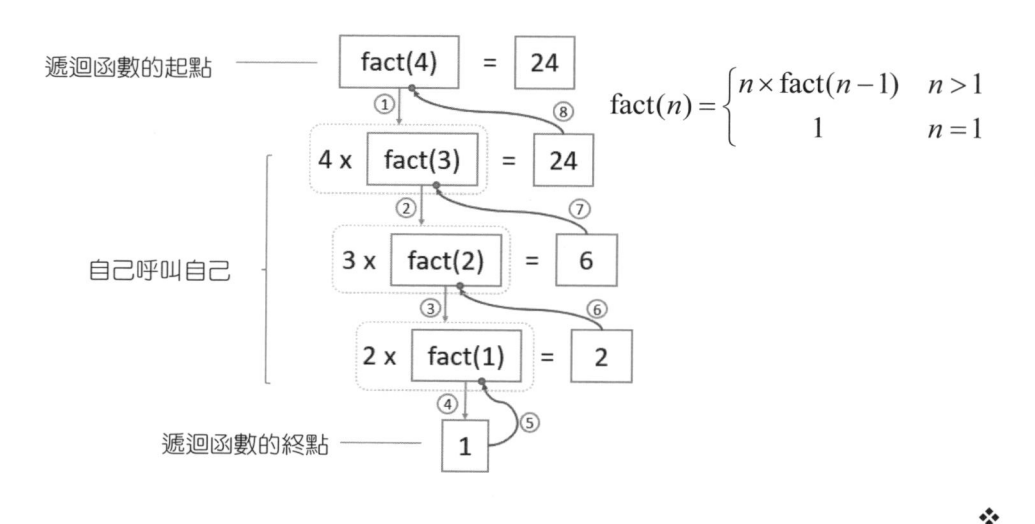

$$\text{fact}(n) = \begin{cases} n \times \text{fact}(n-1) & n > 1 \\ 1 & n = 1 \end{cases}$$

下面是遞迴的另一個範例,它可印出倒三角形的星號圖案。每次遞迴時,函數會印出一行星號,並在下一次遞迴時減少星號數量,直到達到最小的行數為止。

```
01  # ch5_16.py, 遞迴函數, 印出倒三角形的圖案
02  def print_star(n):
03      if n<=0:              # 終止條件:當 n==0 時結束
04          return
05      print(n*'*')          # 印出當前那一行的星號
06      print_star(n-1)       # 遞迴:呼叫函數來印出下一行星號
07
08  # 測試函數
09  print_star(5)
```

- 執行結果：

   * * * * *
   * * * *
   * * *
   * *
   *

在這個範例中，第 2 行定義了函數 print_star()，可接收一個參數 n，表示要印出的星號數量。第 3 行函數檢查 n 是否等於 0。如果是，則函數結束（return），這是遞迴的終止條件，用來終止遞迴。如果第 4 行沒有被執行，則會執行第 5 行，印出 n 個星號，然後於第 6 行將參數 n 減少 1，再呼叫自己。這樣每次遞迴呼叫時，印出的星號數量會減少一個。在第 9 行，我們呼叫 print_star(5) 開始遞迴，從印出 5 個星號開始，直到印出 1 個星號為止。

5.6 lambda 表達式

有時候我們需要的函數非常簡短，使用 def 來定義一個簡短的函數實在有些麻煩，因此 Python 提供了一個簡單的 lambda 表達式，方便我們把函數寫在一行來定義它。lambda 表達式的語法如下：

· lambda 表達式

語法	說明
lambda $p1, p2, \ldots$: 運算式	傳回一個函數物件，此函數是以 $p1, p2, \ldots$ 為參數來執行後面的運算式

lambda 表達式一般適合用在很短就可以寫完的函數。如果函數裡的敘述較多的話，採用傳統函數的定義方式會比較方便，也容易閱讀。下面我們來看看 lambda 表達式的應用：

```python
01  # ch5_17.py, lambda 表達式
02  # 不帶參數的 lambda
03  say_hello = lambda: 'Hello!'
04  print(say_hello())          # 輸出：Hello!
05
06  # 單個參數的 lambda
07  odd_or_even = lambda x: '奇數' if x % 2 else '偶數'
08  print(odd_or_even(5))        # 輸出：奇數
09
10  # 兩個參數的 lambda
11  add = lambda x, y: x + y
12  print(add(3, 7))             # 輸出：10
```

- 執行結果：
  ```
  Hello!
  奇數
  10
  ```

這個範例利用 lambda 表達式定義了幾個簡單的函數。首先，在第 3 行定義了一個不帶參數的 lambda 函數 say_hello()，它可傳回字串 'Hello!'，並在第 4 行呼叫該函數，輸出結果為 'Hello!'。接著，在第 7 行定義了只有一個參數的 odd_or_even()，它根據輸入數字 x 利用單行的 if-else 敘述傳回 '奇數' 或 '偶數'，並在第 8 行呼叫該函數並傳入 5，輸出結果為 '奇數'。最後，在第 11 行定義了一個帶有兩個參數的 add()，它可傳回兩個數字的和，並在第 12 行呼叫該函數傳入 3 和 7，輸出結果為 10。 ❖

Lambda 表達式可以作為參數傳遞給其它函數，使程式碼更加靈活，此時可直接傳遞整個 lambda 表達式，而無需命名。因此，由 lambda 表達式生成的函數也稱為匿名函數（Anonymous function）。下面的範例是一個更有應用性的函數 filter_v()，它可接收 lambda 表達式作為條件，來篩選串列中的數值：

```
01  # ch5_18.py, 將 lambda 表達式傳送到函數裡
02  def filter_v(func, values):    # 可接收 lambda 表達式作為參數
03      return [v for v in values if func(v)]
04
05  # 有名稱的 lambda：篩選偶數
06  is_even = lambda x: x % 2 == 0
07  result1 = filter_v(is_even, [3, 4, 6, 7])
08  print(result1)   # 輸出：[4, 6]
09
10  # 匿名的 lambda：篩選大於 5 的數
11  result2 = filter_v(lambda x: x > 5, [3, 4, 6, 7])
12  print(result2)   # 輸出：[6, 7]
```

- 執行結果：
  [4, 6]
  [6, 7]

這個範例 2 到 3 行定義了 filter_v()，它可接收一個函數 func 和一個串列 values 作為參數，然後傳回滿足 func 所指定條件的所有元素，並以串列呈現。第 6 行定義了一個有名稱的 lambda 表達式 is_even()，用於篩選偶數。第 7 行呼叫 filter_v()，傳入 is_even() 和一個數字串列，此時 is_even() 會套用到串列 [3, 4, 6, 7] 裡的每一個元素，得到 [False, True, True, False]。因此，4 和 6 會被挑選出來，得到 [4, 6]。第 11 行呼叫 filter_v()，並傳入匿名的 lambda 表達式來篩選大於 5 的數字，得到 [6, 7]。

在第四章中介紹過的 sorted() 函數有一個 key 參數，它可以接收一個函數 (如 lambda 表達式) 來定義排序的依據。key 參數可接收一個函數，該函數會對每個元素進行處理，並傳回用於排序的值。這樣可以根據自定義的條件進行排序，而不僅僅是對元素值的大小排序。例如，可以按字串長度排序，或是根據元素的某個特徵來排序，讓排序方式更加靈活。例如，假設

> words = ['apple', 'banana', 'kiwi', 'grape']

則下面的程式碼會根據字串的長度排序：

> sorted(words, key=lambda word: len(word))   # 按字串長度排序
  ['kiwi', 'apple', 'grape', 'banana']

在這個敘述中,lambda 函數會接收串列 words 中的每個單字,並傳回其長度,作為排序的依據。'kiwi' 長度是 4,最短,因此排在第一位。'apple' 和 'grape' 的長度都是 5,它們的排序按照原串列中出現的順序來決定。'banana' 長度是 6,最長,因此排在最後一位。相同的,下面的程式會根據字串的最後一個字母進行排序:

```
> sorted(words, key=lambda word: word[-1])    # 按最後一個字母排序
  ['banana', 'apple', 'grape', 'kiwi']
```

5.7 函數的進階應用

本節將介紹函數的進階應用,其中包含了函數參數的解包(Unpacking)、zip() 與 enumerate() 函數的使用,以及迭代器(Iterator)的概念與應用等。

5.7.1 參數的解包

有時候,函數的設計允許接收 n 個參數,但我們手上的資料是 n 個數據封裝在一個串列中,無法直接將整個串列當作單一參數傳遞給函數。不過,如果將串列解包(Unpacking)為個別參數,函數就能正常接收。在 Python 中,只需在函數的參數前加上星號 *,即可對該參數進行解包。換句話說,如果參數是一個包含 3 個元素的串列,則該串列會被解包成 3 個獨立的參數。

```
> print([5, 4, 3])
  [5, 4, 3]
```
於本例中,print() 接收一個參數,它是一個串列。print() 只是把這個串列列印出來。

```
> print(*[5, 4, 3])
  5 4 3
```
在串列前面加上一個星號,代表將這個串列解包成 3 個參數,因此這個語法相當於呼叫 print(5,4,3)。

```
> add = lambda a,b : a+b
```
定義一個 add() 函數,它可以接收兩個參數,並傳回這兩個參數的加總。

> add(5, 8)　　　　　　　　　　　　計算 add(5,8)，我們得到一個正確的結果。
　13

> add(*[5, 8])　　　　　　　　　　如果資料是包在串列裡，將串列解包，add()
　13　　　　　　　　　　　　　　　函數就可以正確的計算加總。

從上面的範例我們可以看到解包的作用。在撰寫程式時，解包帶來許多方便，它可以減少額外的處理。下面的範例展示了如何使用解包將學生資料給傳遞函數：

```
01  # ch5_19.py，使用解包傳遞學生資料
02  def student_info(name, score):
03      print(f'學生姓名: {name:<6} 成績: {score}')
04
05  # 學生資料，每個元素是一個包含姓名和成績的串列
06  students = [['John',  85], ['Alice', 92], ['Bob',  78]]
07  for student in students:   # 走訪學生資料並解包傳遞給函數
08      student_info(*student)
```

- 執行結果：
  學生姓名: John　　成績: 85
  學生姓名: Alice　 成績: 92
  學生姓名: Bob　　 成績: 78

這個範例 2 到 3 行定義了 student_info() 函數，它可接收兩個參數 name 和 score，並印出學生的姓名和成績。第 6 行定義了一個串列 students，裡面每個元素都是一個包含姓名和成績的串列。第 7 到 8 行使用 for 迴圈走訪 students 串列，並使用解包運算子 * 將每個串列的元素分別傳遞給 student_info() 的參數 name 和 score。每次迴圈都會解包一個學生的資料並傳遞給函數，最終印出所有學生的姓名和成績。

5.7.2 可迭代物件與迭代器

可迭代(Iterable)物件是可以逐一取出元素的物件，如串列和字串；而迭代器(Iterator)則是用來依序走訪這些元素的工具。雖然 for 迴圈也可以走訪可迭代物件，不同的是，迭代器提供更靈活的控制，可以根據需求隨時停止或繼續走訪。相較之下，for 無法提供這種細緻的控制，而是一次性走訪完畢。

5-29

在 Python 中，iter(seq) 函數是以可迭代物件 seq 為參數建立一個迭代器，並可搭配 next() 用來逐一取出元素。下表列出了它們的用法：

· iter() 和 next() 函數

函數	說明
a = iter(seq)	以可迭代物件 seq 建立一個迭代器 a
next(z, expr)	從迭代器 a 提取一個元素。若無元素可提取，則執行 expr 敘述，若 expr 省略，則傳回 StopIteration 錯誤

我們可以將迭代器 a 看成是郵局裡的取號機，而可迭代物件 seq 的拷貝就是取號機裡的號碼牌。例如，若 seq = [12, 15, 17]，我們可以透過 a = iter(seq) 建立一個迭代器 a，這個過程就像是將號碼牌 [12, 15, 17] 拷貝一份放進取號機 a 中。每次客人來辦理業務時，就從取號機取出一張號碼牌（呼叫 next(a)）。當所有號碼都被取完後，next() 就會執行 expr，表示無法再提供任何號碼。注意這個取號的過程是對拷貝的那一份資料操作的，因此原本的串列 seq 不會受到影響

```
> seq = [12, 15, 17]; a = iter(seq)
```
以串列 seq 建立一個迭代器。

```
> next(a)
12
```
從迭代器 a 中提取一個元素，得到 12。注意這邊的 next() 省略了 expr 參數。

```
> next(a)
15
```
再提取下一個元素，得到 15。

```
> next(a)
17
```
再提取下一個元素，得到 17。此時迭代器裡已經沒有元素。

```
> next(a)
Traceback (most recent call last):
    … StopIteration
```
已無元素可提取，因而引發 StopIteration 錯誤。如果寫上 next(a, None)，則傳回 None，不會有錯誤訊息發生。

```
> seq
[12, 15, 17]
```
查詢 seq，可發現它的內容並未被改變，這也說明了迭代器 a 裡的元素是 seq 的拷貝。

當我們去郵局辦事時，通常需要先抽號碼，然後到櫃檯辦理。這個流程與 Python 的迭代器的運作方式相似：號碼牌就像可迭代物件的拷貝，而取號機就是迭代器，它扮演分配號碼牌的角色。以下的程式碼模擬了以迭代器來實現取號機的功能：

```
01  # ch5_20.py, 郵局取號機的 Python 版本
02  tickets = [101, 102, 103]   # 可迭代物件（等待辦理業務的號碼）
03  machine = iter(tickets)     # 取號機（迭代器）負責依序叫號
04
05  while True:         # 郵局開始叫號
06      current_ticket = next(machine, None)  # 先嘗試取下一個號碼
07      if current_ticket is None:  # 沒有號碼就直接結束，不顯示提示
08          print("沒有號碼了，停止提取號碼。")
09          break
10      input("請按 Enter 鍵取號...")  # 等待用戶按下 Enter
11      print('請', current_ticket, '到櫃檯')  # 依序提取號碼
```

- 執行結果：
  請按 Enter 鍵取號...
  請 101 到櫃檯
  請按 Enter 鍵取號...
  請 102 到櫃檯
  請按 Enter 鍵取號...
  請 103 到櫃檯
  沒有號碼了，停止提取號碼。

這段程式碼首先在第 2 行定義了一個串列 tickets，其中包含等待辦理業務的號碼 [101, 102, 103]，這是一個可迭代物件。接著在第 3 行使用 iter() 以 tickets 為參數建立一個迭代器 machine，這個迭代器負責依序叫號。

第 5 行使用 while True: 建立一個無窮迴圈，模擬郵局持續叫號的情境。第 6 行透過 next() 嘗試從迭代器 machine 中取出下一個號碼，並指定當號碼取完時回傳 None。第 7 行判斷 current_ticket 是否為 None，若為 True，表示號碼已全部叫完，程式會印出「沒有號碼了，停止提取號碼。」並透過 break 離開迴圈。若尚有號碼，則第 10 行會先透過 input("") 暫停程式，等待用戶按下 Enter 鍵模擬取號的動作。第 11 行則印出某個號碼到櫃檯的訊息。

5.7.3 使用 zip() 和 enumerate() 函數

現在我們已經知道迭代器的工作原理。Python 也提供了 zip() 和 enumerate() 兩個函數，讓我們更方便地建立不同用途的迭代器。zip() 用來將多個可迭代物件中的元素配對，形成新的迭代器。enumerate() 則用來在走訪可迭代物件時提供序號，讓我們可以同時獲取元素及其序號。

· zip() 和 enumerate() 函數

函數	說明
zip($s1, s2,...$)	提取 $s1$, $s2$,... 相同位置的元素，並傳回一個由元組組成的迭代器，每個元組包含對應位置的元素
enumerate(seq)	從可迭代物件 seq 建立為一個包含序號和值的迭代器

zip() 函數適合需要同時走訪多個元素的情境，例如將學生姓名與成績配對，而 enumerate() 函數則常用於需要追蹤元素順序的場合，例如列印帶有序號的清單。

> `a = [1, 2, 3]; b = [10, 20, 30]`　　這是 a 和 b 兩個串列。

> `z = zip(a, b)`　　將兩個串列裡的元素兩兩配對在一起，並將生成的迭代器設給變數 z 存放。

> `list(z)`
`[(1, 10), (2, 20), (3, 30)]`　　將迭代器 z 的元素全部取出並轉成串列，我們可以看到 zip 的結果是將 a 和 b 中，對應位置的元素包在元組（由圓括號括起來）裡配對而成。

> `list(z)`
`[]`　　因為執行完上一個指令後，迭代器 z 中的所有元素已經被消耗掉了，因此第二次執行一樣的指令會得到一個空串列。

> `list(enumerate(b))`
`[(0, 10), (1, 20), (2, 30)]`　　將串列 b 中的每個元素與其序號（從 0 開始）配對，得到左邊的結果。

```
> list(enumerate('cat',start=1))
  [(1, 'c'), (2, 'a'), (3, 't')]
```
設定 start=1 代表序號從 1 開始。注意字串 'cat' 也是可迭代物件，因此每個字元會與其序號一起被配對。

下面的範例是利用 zip() 和 enumerate() 函數來處理學生的成績。透過這些函數，我們可以輕鬆地將學生名字與成績配對，並依序顯示流水編號、學生姓名和總成績。

```
01  # ch5_21.py, zip() 和 enumerate() 函數的應用
02  names = ['Alice', 'Bob', 'Jenny']        # 學生的名字
03  math = [85, 90, 78]                       # 數學成績
04  english = [88, 92, 80]                    # 英文成績
05
06  # 使用 zip 函數將學生的名字與他們的成績配對，並計算總成績
07  results = []
08  for name, ma, en in zip(names, math, english):
09      total = ma + en
10      results.append((name, total))
11  print('學生的總成績:', results)
12
13  # 利用 enumerate() 印出序號和學生資訊
14  for i, (name, total) in enumerate(results, start=1):
15      print(f'{i}: {name}，總成績: {total}')
```

- 執行結果：
```
學生的總成績: [('Alice', 173), ('Bob', 182), ('Jenny', 158)]
1: Alice，總成績: 173
2: Bob，總成績: 182
3: Jenny，總成績: 158
```

在這個範例中，2 到 4 行定義了三個串列：names 存放學生的名字，math 存放數學成績，english 存放英文成績。接著，8 到 10 行使用 zip() 將這三個串列配對，並利用 for 迴圈走訪配對後的每一組元素。例如，第一次 for 迴圈會從 zip() 中提取出 ('Alice', 85, 88) 這個元組，然後將元組裡面的元素分別設定給 name、ma 和 en 存放，再將數學成績 ma 和英文成績 en 相加，最後將學生的名字和總成績以元組的形式添加到 results 串列中。for 迴圈走訪完後，在第 11 行印出所有學生的總成績。

在 14 到 15 行的迴圈中，enumerate(results, start=1) 依次將 results 中的每個項目添加從 1 開始的序號，然後傳回一個包含序號和對應元素的元組。例如，第一次迴圈傳回 (1, ('Alice', 173))，其中的 1 會給變數 i 接收，代表學生的編號，而 (name, score) 則是接收 ('Alice', 173)。取得這些訊息之後，第 15 行利用 f-字串印出每位學生的編號、姓名和總成績。　　　　　　　　　　　　　　　　　　　　　　　　　　　❖

5.7.4 產生器的設計與應用

迭代器就像是一個超有條理的小幫手，它可以一個接一個丟出數據供我們使用。然而，如果我們需要處理上千萬筆數據，5.7.2 節介紹的迭代器可能會耗盡電腦的記憶體，這時候，產生器生成的迭代器（Generator Iterator）就派上用場了！它的最大好處是：只有在我們需要的時候才計算產生數據，完全不用擔心記憶體被塞爆。要建立這種迭代器，可以先利用 def 定義產生器函數，並使用 yield 來產生數值：

・定義產生器的語法

語法	說明
`def` 產生器名稱(參數1, 參數2,…): 　　敘述 　　`yield` *value*1 　　敘述 　　`yield` *value*2 　　...	定義一個產生器，呼叫後可傳回一個迭代器。

產生器在呼叫後，會傳回一個迭代器。每次走訪這個迭代器取用下一筆資料時，便會執行產生器裡的敘述，遇到 yield 時就傳回後面的值，然後暫停執行。當再度透過迭代器取用下一筆資料，產生器便從暫停的地方繼續往下執行。重復這個動作，直到沒有再遇到 yield 敘述為止。

在產生器的語法裡，yield 和函數裡的 return 敘述一樣，都可傳回數值（yield 是產生的意思），不過當函數遇到 return 之後，整個函數的執行就結束；而產生器遇到 yield 時，則是傳回 yield 後面接的值，然後就暫停執行，直到透過迭代器取用下一個數值時，才會繼續往下執行。下面是一個產生器建立和使用的範例：

```
01  # ch5_22.py,產生器的範例
02  def gen_test():
03      a = 5
04      yield a              # 傳回 a 的值
05      b = a + 2
06      yield b              # 傳回 b 的值
07      yield b ** 2         # 傳回 b 的平方值
08
09  gi = gen_test()          # 呼叫產生成器,得到迭代器物件 gi
10  # 使用 next() 函數從產生成中依次取值
11  print(next(gi))          # 輸出: 5
12  print(next(gi))          # 輸出: 7
13  print(next(gi))          # 輸出: 49
14  # print(next(gi))        # 如果再取值一次,會引發 StopIteration 錯誤
```

- 執行結果:
  ```
  5
  7
  49
  ```

在這個範例中,2 到 7 行定義了一個產生器函數 gen_test(),並在第 9 行呼叫這個函數建立一個迭代器 gi。第 11 行使用 next() 從 gi 中提取一筆資料,此時執行流程會來到第 3 行,在產生器裡先設定 a = 5,再於第 4 行傳回 a,然後便暫停執行(a 的值會被保留),因此第 11 行會印出 5。

第 12 行再次從 gi 取用下一筆資料,此時進到產生器裡的第 5 行,設定 b = a + 2,即 b = 7,並在第 6 行傳回 b,然後再次暫停執行,因此第 12 行會印出 7。第 13 行再次從 gi 取用資料,執行流程進到產生器的第 7 行,計算 b 的平方,得到 49,並傳回這個值,因此第 13 行會印出 49。如果第 14 行再呼叫一次 next(gi),會引發 StopIteration 錯誤,因為產生器中已無更多的值可以產生。

在學習了本節介紹的產生器原理後,我們可以將這些知識實際應用,設計一個屬於自己的亂數產生器。為了讓這個過程易於理解,我們可以從一個「玩具級別」的線性同餘產生器(LCG,Linear Congruential Generator)開始。LCG 是一個經典的隨機亂數生成演算法,它基於以下的公式生成:

$$x_{n+1} = (a \times x_n + c) \bmod m$$

這個公式會根據前一個亂數值 x_n 計算出下一個亂數值 x_{n+1}，並通過取模運算 (mod m) 來確保亂數結果落在 0 到 $m-1$ 這個範圍內。在這個玩具亂數產生器中，我們使用簡單的參數 $a = 5$、$c = 1$ 和 $m = 16$ 來學習和測試，以理解亂數產生的機制。下面是基於上述參數來完成玩具版的亂數產生器：

```
01  # ch5_23.py, 亂數產生器的實作
02  def toy_lcg(seed, a=5, c=1, m=16):   # 線性同餘亂數產生器 (LCG)
03      while True:
04          seed = (a * seed + c) % m
05          yield seed                    # 傳回新的亂數
06
07  # 使用範例
08  lcg = toy_lcg(seed = 3)               # 初始化亂數產生器，種子值為 3
09  print(next(lcg))                      # 產生一個亂數
10  print(next(lcg))                      # 產生一個亂數
11  for _ in range(20):                   # 產生 20 個亂數
12      print(next(lcg), end = ' ')
```

- 執行結果：

```
0
1
6 15 12 13 2 11 8 9 14 7 4 5 10 3 0 1 6 15 12 13
```

在這個範例中，2 到 5 行定義了一個產生器 toy_lcg()，用於生成亂數序列，其中參數 seed 是初始種子，用於決定亂數序列的起點。在函數中，透過 while True 迴圈不斷更新 seed 的值，並使用 yield 將結果傳回，實現需要時才產生亂數的功能。在使用範例中，首先以種子值為 3 建立一個由 toy_lcg() 生成的迭代器，接著透過 next(lcg) 逐一產生亂數，或使用 for 迴圈連續產生 20 個亂數。

在真實的亂數產生器中，參數 a（乘數）、c（增量）和 m（模數）的選擇非常重要，它們會直接影響亂數的品質和週期性。Python 的 random 模組裡的亂數生成器並未公開使用的參數，不過在 C 語言裡是使用 $a = 1103515245$，$c = 12345$ 和 $m = 2^{31}$。有興趣的讀者可以查詢一下 Copilot 或 ChatGPT 獲取更多的資訊。 ❖

除了使用 def 搭配 yield 來建立產生器之外，我們還可以利用產生器推導式（Generator expression）。其語法類似串列推導式，但串列推導式使用方括號 [ ]，而產生器推導式則使用圓括號 ( )。

> lst=[i**2 for i in range(1,10)]　　利用串列推導式產生 1 到 9 的平方。注意串列推導式會一次產生所有的數值。

> lst　　這是串列推導式產生的結果。
　[1, 4, 9, 16, 25, 36, 49, 64, 81]

> gi=(i**2 for i in range(1,10))　　這是一個產生器推導式，它也可以產生 1 到 9 的平方，不過是在需要時才會產生。我們讓 gi 來接收產生器傳回的迭代器。

> print(next(gi))
　print(next(gi))
　print(next(gi))　　連續走訪迭代器 gi 三次，因此產生器產生 3 個整數的平方。
　1
　4
　9

> for i in gi:
　　print(f'{i:4d}',end='')　　利用 for 迴圈來走訪 gi 裡剩餘的元素。
　　16　25　36　49　64　81

現在我們已經學過兩種建立產生器的方式了。產生器推導式適合簡單的產生器，語法類似串列推導式，一次產生一個值，記憶體占用低，其語法較簡潔，適合簡單的走訪。yield 則用於 def 函數內，可包含更複雜的邏輯，每次執行到 yield 暫停並記住狀態。相比之下，yield 則更靈活，適用於需要多步驟計算或條件控制的情境。

第五章 習題

5.1 函數的基本概念

1. 【累加函數】試設計 add(n) 函數，可以用來傳回 $1 + 2 + \cdots + n$ 的值。例如，add(10) 應傳回 55。

2. 【次方運算】試設計 pow(x, n) 函數，可用來計算並傳回 x 的 n 次方。

3. 【判別質數】試設計 isprime(x) 函數，用來判別 x 是否為質數。如果是，則傳回 True，否則傳回 False。

4. 【找出小於等於某數的所有質數】試設計 primes(x) 函數，可以用來找出小於等於 x 的所有質數，並將找出來的質數以串列的型式傳回。

5. 【質因數】任一個整數都可以分解為其質因數（Prime factor，即因數為質數）的乘積。例如 $72=2^3 \times 3^2$，因此 72 的質因數為 2 和 3。試撰寫一函數 prime_factors(x)，可以找出 x 所有的質因數，找出來的質因數以串列的型式傳回。

6. 【質因數分解】試設計一函數 factor(x)，可以將整數 x 進行質因數分解，並將結果以子串列組成的串列傳回。例如 $72=2^3 \times 3^2$，因此 factor(72) 傳回 [[2,3],[3,2]]，又例如 $330 = 2 \times 3 \times 5 \times 11$，因此 factor(330) 傳回 [[2,1],[3,1],[5,1],[11,1]]。

7. 【二進位轉十進位】試設計一函數 bin2dec(bs)，用來將二進位的數字 bs（為一字串，裡面的字元只能是 0 或 1，bs 可以是任意長度）轉換成 10 進位的整數。如果 bs 的長度為 0，則傳回 None。提示：'1011' = $1 \times 2^3 + 0 \times 2^2 + 1 \times 2^1 + 1 \times 2^0 = 11$，因此 bin2dec('1011') 傳回 11。

8. 【方便記憶電的話號碼】早期電話的按鍵上都有相對應的英文字寫在旁邊，這個對應表如下所示：

號碼	字元
2	A B C
3	D E F
4	G H I
5	J K L
6	M N O
7	P Q R S
8	T U V
9	W X Y Z

這個設計的初衷是為了方便記憶電話號碼，例如，'PYTHON' 可以表示數字 798466。要記住 'PYTHON' 這個有意義的單字會比記住 798466 這組數字來的簡單。試寫一函數 to_numbes(word)，可以將輸入的字串 word 依上表轉換成由數字組成的字串，並將其輸出。

9. 【整數的位數】試撰寫一函數 n_digits(num)，它可接收一個整數 num，然後輸出 num 是幾個位數的整數。例如輸入 n_digits(5591)，則輸出 4。

10. 【完美數】一個數如果是所有小於它本身的因數之和，這個數就稱為完美數（Perfect number）。例如 6 的因數中，小於 6 的因數有 1, 2, 3 且 6 = 1 + 2 + 3，所以 6 是完美數。另外，28 = 1 + 2 + 4 + 7 + 14，所以 28 也是一個完美數。

    (a) 試撰寫一函數 factors(n)，可以傳回 n 的因數中，所有小於 n 的因數。
    (b) 試利用 (a) 的結果找出 4 個位數以下所有的完美數。

5.2 參數的傳遞機制

11. 【傳遞串列】試撰寫 square(lst) 函數，可接收內含任意個整數的串列 lst，傳回值為這些整數的平方所組成的串列，但傳入的串列不會被改變。例如，若 lst = [2, 4, 6]，則 square(lst) 會傳回 [4, 16, 36]，且呼叫 square(lst) 後，lst 的值依然為 [2, 4, 6]。

12. 【串列串接】試撰寫一函數 combine(t1, t2)，可將串列 t1 和 t2 串接並傳回串接結果。例如 combine([1,3], [2,5,6]) 可傳回 [1, 3, 2, 5, 6]。

13. 【函數內更改串列的值】若定義函數

    ```
    def add100(lst):
        lst[0] += 100
    ```

    假設 lst = [10, 20, 30]，在呼叫完 add100(lst) 後，重新查詢 lst 的值，您會得到什麼樣的結果？試解釋您得到的結果。

5.3 關於參數的傳入

14. 【參數的預設值】試設計一函數 add_n(lst, n)，可將串列 lst 裡的每一個元素加上 n，並傳回加上 n 之後的串列。如果沒有傳入 n，則 n 預設為 0。

15. 【指名參數】試請撰寫一函數 repeat_text()，可接收兩個參數 text（字串）和 times（重複次數，預設值為 2），並且必須使用指名參數來傳遞 times，函數應回傳 text 重複

times 次後的結果。例如 repeat_text(text="Hi", times=3) 應回傳 "HiHiHi"。

16. 【小寫轉大寫函數】試設計一函數 to_upper(str1)，它可接收一個字串 str1，傳回值為小寫字母變成大寫之後的字串（其它不是小寫字母的字元不變）；如果省略 str1，則 to_upper() 傳回 'Null' 字串。例如 to_upper('Julia_prog') 會傳回 'JULIA_PROG'。

17. 【任意個數的參數】請撰寫 find_max() 函數，它可接收任意多個數字作為參數，並回傳其中的最大值。若沒有傳入任何數字，則回傳 None。例如 find_max(4, 9, 3) 傳回 9，find_max(6, 4) 傳回 6，而 find_max() 則傳回 None。

5.4 全域變數與區域變數

18. 【計算函數呼叫次數】請撰寫一段程式碼，包含以下要求：

    (a) 定義一個全域變數 counter，初始值為 0，並定義一個函數 increment()，該函數每次被呼叫時，將 counter 的值加 1。

    (b) 定義一個函數 get_counter()，該函數回傳 counter 的當前值。

    (c) 在主程式中，呼叫 increment() 三次，然後呼叫 get_counter()，並印出其結果。

19. 【全域與區域變數】試說明下面的程式碼中，在函數 func() 裡的變數 x 是全域變數還是區域變數？請試著理解 print() 函數輸出的結果，並核對程式執行的結果和您理解的結果是否相同：

    ```
    x = 'amazing'
    def func():
        x = 'impressive'
        print('Python is '+ x)

    func()
    print('Python is '+ x)
    ```

5.5 遞迴函數

20. 【遞迴計算總和】設 $total(n) = 1 + 2 + 3 + \cdots + n$，試利用遞迴的方式來撰寫函數 $total(n)$（提示：$total(n) = n + total(n-1)$ 且 $total(1) = 1$。

21. 【遞迴計算次方】試撰寫遞迴函數 r_pow($base, n$)，用來計算 $base$ 的 n 次方，並利用此函數來計算 2^8。

5-40

22. 【遞迴計算乘積和的函數】試撰寫遞迴函數 r_sum(n) 來求算 $1 \times 2 + 2 \times 3 + 3 \times 4 + \cdots + (n-1) \times n$ 之和，並以 $n = 5$ 來測試您的結果。

23. 【費氏數列的遞迴】費氏數列（Fibonacci sequence）的定義為

$$\text{fib}(n) = \begin{cases} 1 & n = 1 \\ 1 & n = 2 \\ \text{fib}(n-1) + \text{fib}(n-2) & n \geq 3 \end{cases}$$

其中 n 為整數，也就是說，費氏數列任一項等於前兩項的和，且 fib(1) = fib(2) = 1。

(a) 試利用 for 迴圈撰寫 fib_for(n) 函數，並計算 $n = 40$ 時費氏數列的值。

(b) 試利用遞迴撰寫 fib_recursive(n) 函數，並計算 $n = 40$ 時費氏數列的值。

(c) 試比較以迴圈和遞迴的方式來計算費氏數列時，在執行的時間上會有什麼樣的差異？哪一種方式執行效率較好？為什麼？

5.6 lambda 表達式

24. 【lambda 表達式的練習】試完成下列各題：

(a) 試以 def 定義函數 sign(x)，它可接收一個參數 x，若 $x \geq 0$，則傳回 1，否則傳回 -1。

(b) 試將 (a) 所定義的函數改成以 lambda 函數來撰寫。

(c) 設 lst = $[9, -3, 8, 2, 1, -1, -4]$，試利用 (b) 定義的 lambda 函數來判別 lst 裡元素的正負值，然後傳回判別的結果（請用串列推導式來撰寫）。於此例中，判別結果應為 $[1, -1, 1, 1, 1, -1, -1]$。

(d) 試設計一個 lambda 函數，它可以接收一個參數 x，若 x 大於 0，則傳回 1；若為 0，則傳回 0，若小於 0，則傳回 -1。請將函數命名為 sign2(x)，並測試結果。

25. 【將函數改寫為 lambda 函數】試將下列的函數改以 lambda 函數來撰寫：

(1)
```
def f1(x):
    if x>0:
        return x
    else:
        return -x
```

(2)
```
def f2(x):
    if x%2==0:
        return True
    else:
        return False
```

(3)
```
def f3(lst):
    s=sum([i**2 for i in lst])
    return s
```

(4)
```
def f4(lst):
    a=[i for i in lst if i%2==0]
    return a
```

26. 【傳回區間內的值】試撰寫一 lambda 函數，可以接收一個整數串列 lst，傳回值為這個串列裡，介於 0 到 255 之間的數。例如 lst = [−3, 6, 100, 300]，則傳回 [6, 100]。

27. 【使用 Lambda 處理負數】試撰寫一 lambda 函數，可以接收一個整數串列 lst，並將串列裡小於 0 的元素都設為 0，其餘的值則不變。例如 lst = [−3, 6, −4, 6, 8]，則傳回 [0, 6, 0, 6, 8]。

5.7 函數的進階應用

28. 【彩色像素的灰階值】將紅色 r，綠色 g 和藍色 b 轉成灰階 v 的公式為 $v = r \times 0.299 + g \times 0.587 + b \times 0.114$，試依序作答下列各題：

    (a) 試定義一個函數 rgb2gray(r, g, b)，它可以接收 r, g, b 三個參數，並傳回這三個顏色轉換成灰階之後的值 v（v 要捨入到整數）。

    (b) 設 lst = [32, 56, 128] 代表由三個顏色組成的串列，試利用 rgb2gray() 計算這三個顏色的灰階值（請利用解包運算子「*」來傳入參數）。

    (c) 設 colors = [[34, 128, 34], [56, 22, 169], [147, 43, 98], [155, 65, 38]]，試計算 colors 裡，每一個子串列的灰階值。

29. 【建立字典】設 a = ['P', 'y', 't', 'h', 'o', 'n']，b = [1, 2, 3, 4, 5, 6]，試以 a 的元素為鍵，b 的元素為值，利用 zip() 函數來建立一個具有 6 個鍵值對的字典。

30. 【串列元素的配對】設 $a = (45, 33, 75)$，$b = (109, 85, 63)$，$c = (9, 8, 5)$，試將 a, b 和 c 組合成由子串列組成的串列 [[45, 109, 9], [33, 85, 8], [75, 63, 5]]。

31. 【費式數列】費式數列任一項的值等於前兩項之和，且第 1 項和第 2 項的值均為 1，例如費氏數列的前 10 項分別為 1, 1, 2, 3, 5, 8, 13, 21, 34 和 55。試依序作答下列各題：

    (a) 試寫一函數 fib(n)，可以傳回前 n 個費式數列的值。

    (b) 試將 (a) 改寫成一個費式數列產生器 fib_gen(n)。

32. 【產生器生成特定整數】試撰寫一個產生器 gen(n)，可以產生所有小於等於 n 的整數中，可以被 3 整除，但不能被 5 整除的數。

33. 【質數產生器】試撰寫一個質數產生器 primes(n)，可以用來產生小於等於 n 的質數。

34. 【質數產生器】試撰寫一個質數產生器 primes()，可以用來產生無窮多個質數。亦即只要把 primes() 建立的物件傳入 next() 函數，就可以傳回下一個質數。

06 Chapter

容器資料型別

Python 提供了四種容器型別（Container data types），分別為 list、tuple、set 和 dict，可以用來承載各種不同的資料，因此稱它們為「容器」。您對 list 應該已經不陌生，早在第三章時我們就已經初步介紹過它，並學習了如何新增、刪除及存取元素。tuple、set 和 dict 各自具備不同的特性與適用場景，讓我們能更有效率地管理與處理資料。Python 已經為這些容器建立好相對應的規則和函數，以方便我們進行資料的處理。這四種容器型別在 Python 的各種應用裡隨處可見。

1. list 資料型別
2. tuple 資料型別
3. set 資料型別
4. dict 資料型別

6.1 list 資料型別

前幾章已經多次使用過串列（list）這個容器了。串列裡的元素可以包含不同的資料型別，也可以是另一個串列。串列一旦被建立之後，其內容可以被修改（Mutable）。另外，串列是有序的（Ordered），這代表兩個串列的元素如果一樣，但是順序不同，則視為不相等的串列。

6.1.1 list 類別提供的函數

我們已經知道串列的基本操作，本節將進一步介紹一些實用的函數，例如計算元素出現次數、複製串列、查找索引、反轉順序及排序等。

· list 類別提供的函數（lst 代表一個 list 物件）

函數	說明
lst.count(obj)	統計元 obj 在串列 lst 中出現的次數
lst.copy()	複製串列 lst
lst.index(obj)	從串列 lst 中找出第一個元素值為 obj 的索引
lst.reverse()	將串列 lst 中的元素反向排列
lst.sort(reverse=False)	將 lst 從小排到大。若 reverse = True 則從大排到小

在上面的函數中，sort() 和 reverse() 會直接修改原有的串列，而不會傳回運算結果。相反的，copy() 會傳回原串列的一個拷貝，這樣對新串列的修改不會影響原串列。

> lst=[16, 18, 13, 18, 18]　　　　　串列 lst 裡有 5 個元素。

> lst.count(18)　　　　　　　　　　查詢 18 在 lst 中有幾個，得到 3 個。
　3

> lst.index(13)　　　　　　　　　　查詢 13 在 lst 中的位置，結果回應 2，代
　2　　　　　　　　　　　　　　　　表它在索引 2 的位置。

> lst.sort(reverse = True)　　　　　將串列從大到小排序。注意 sort() 並不會
　　　　　　　　　　　　　　　　　　傳回排序之後的結果。

> lst
　[18, 18, 18, 16, 13]

查詢 lst，我們確定 lst 已經從大到小排序。

> a=[5, 3, 1]; a.reverse()

將串列 a 反向排列，得到 [1, 3, 5]。

> print(a)
　[1, 3, 5]

查詢 a 的值，我們發現它已被修改。

在 Python 中，將串列 lst 設定給另一個變數 a 存放（lst = a）事實上是將 a 指向和 lst 相同記憶空間。因此修改了 a 的內容，lst 的內容也跟著被修改。如果不想讓 a 和 lst 指向同一個串列，我們可以利用 copy() 先將 lst 拷貝一份，再設定給 a 存放：

> lst = [1, 2, 3]; a = lst

設定 lst = [1, 2, 3]，再設定 a = lst，這個設定是讓 lst 指向和 a 相同的記憶空間。

> a[0] = 99; print(a)
　[99, 2, 3]

將 a 索引 0 的元素設為 99，然後查詢 a 的值，可以確定 a 已經被修改了。

> lst
　[99, 2, 3]

查詢 lst 的內容。有趣的是，上式修改的是串列 a，但是我們發現 lst 也被修改了。

> lst = [1, 2, 3]; b = lst.copy()

重新設定 lst = [1, 2, 3]，然後將 lst 拷貝一份給 b 存放。

> b[0] = 99; print(b)
　[99, 2, 3]

將 b 索引 0 的元素設成 99，並查詢設值後的結果，我們確定它已經被修改。

> lst
　[1, 2, 3]

查詢 lst，我們發現它還是保留原來的值，並沒有因為 b 被修改而跟著修改。

6.1.2 巢狀串列

於第三章中我們首度提及串列中也可以包含有其它子串列，也就是巢狀串列。要存取子串列裡的元素，我們就必須有兩個索引，第一個索引用來指明是哪一個子串列，第二個索引則是用來提取該子串列的元素。

> lst = [[1,3,7], [4,8], [9,3,0]]	這是一個巢狀串列。
> lst[1] [4, 8]	提取索引 1 的子串列，我們得到 [4, 8]。
> lst[1][0] 4	提取索引 1 的子串列中，索引 0 的元素，因此可以提取到 4。
> lst[2] [9, 3, 0]	提取索引 2 的子串列，得到 [9, 3, 0]。
> lst[2][1:] [3, 0]	提取索引 2 的子串列，再從中提取索引從 1 開始之後的所有元素。

和其它程式語言不同，Python 並沒直接提供陣列（Array）這種資料型別，不過我們可以用串列來實現。如果串列的每一個元素都是另一個等長的子串列，那麼這個串列就如同數學上的矩陣。利用串列的索引，我們可以很容易的提取某一列的全部或部分元素。如果要提取某一直行，可利用 for 迴圈。

> grade = [[67, 80, 87, 69], 　　　　　 [71, 80, 65, 53], 　　　　　 [77, 58, 60, 49]]	這是一個巢狀串列 grade，裡面的元素都是長度相同的子串列。
> len(grade) 3	查詢 grade 的長度，得到 3，代表裡面有 3 個元素（事實上是 3 個子串列）。
> len(grade[0]) 4	查詢 grade[0] 的長度，得到 4。
> grade[0] [67, 80, 87, 69]	提取索引 0 的元素，得到一個子串列。
> [c[0] for c in grade] [67, 71, 77]	我們可以利用串列推導式來提取每一個橫列中，索引為 0 的元素。

巢狀串列是一種非常實用的資料結構，適用於儲存和處理複雜的資料。在許多現實應用中，我們經常需要處理具有多層次關係的數據，比如學生的姓名和成績、商店的庫存和價格等。透過巢狀串列，我們可以將資料以有組織的方式進行儲存，並輕鬆地進行走訪和計算。接下來的範例展示了如何使用巢狀串列來儲存學生的成績資料，並計算每位學生的平均成績。

```
01  # ch6_1.py, 包含學生姓名及多科成績的巢狀串列
02  students = [
03      ['Alice', [85, 90, 78]],
04      ['Bob', [88, 76, 92]],
05      ['Charlie', [90, 85, 89]]
06  ]
07
08  # 計算每位學生的平均成績
09  for student in students:
10      name = student[0]
11      scores = student[1]
12      avg_score = sum(scores) / len(scores)
13      print(f'{name} 的平均成績為 {avg_score:.2f}')
```

- 執行結果：
  ```
  Alice 的平均成績為 84.33
  Bob 的平均成績為 85.33
  Charlie 的平均成績為 88.00
  ```

這段程式碼 1 到 5 行定義了一個巢狀串列 students，用於存放學生的姓名及其成績。每個學生的資料以子串列的形式存儲，其中索引 0 的元素是學生的姓名，索引 1 的元素是該學生的成績串列。這樣的巢狀結構使得程式能夠方便地組織和存取多位學生的資料，並且為後續的計算提供了清晰的資料結構。

第 9 到 13 行使用 for 迴圈走訪 students 串列，逐一處理每位學生的資料。在迴圈中，程式提取子串列中的姓名和成績，然後使用 sum() 計算成績總和，並除以成績的數量來計算平均成績。最後，print() 函數輸出每位學生的姓名及其平均成績，格式化輸出保留兩位小數。

6.1.3 串列的設定、淺拷貝和深拷貝

在 Python 中，串列的設定和拷貝行為會影響變數與記憶體的管理。我們知道 a = lst 會讓 a 和 lst 指向相同的記憶體位址，因此修改 a 也會影響 lst。然而淺拷貝和深拷貝的模式和設定運算不太一樣：

- 淺拷貝（lst.copy()）：淺拷貝會建立一個新的串列，但內部的元素仍然指向原來的物件。這意味著，如果串列裡的元素是可變物件（例如是另外一個串列），那麼修改這些可變物件時，原始串列和拷貝的串列會同步變動。

- 深拷貝（copy.deepcopy(lst)）：深拷貝會建立一個新的串列，內部的元素也會被完全複製，所以即使串列中有可變物件，拷貝後的串列和原始串列也不會互相影響。由於拷貝後的資料與原始資料完全獨立，因此深拷貝可避免資料被意外修改。

下面的範例說明了設定運算、淺拷貝和深拷貝這三種情況的區分別：

```
01  # ch6_2.py，設定運算、淺拷貝和深拷貝的比較
02  import copy                    # 載入 copy 模組
03  lst = [[1, 2], 34]             # 建立一個原始串列
04
05  # 設定運算（指向同一個 list）
06  a = lst                        # a 和 lst 指向相同的記憶體位址
07  a[0][0] = 99                   # 修改 a[0][0]
08  print('設定運算:', lst)         # [[99, 2], 34]，lst 也被修改
09
10  # 淺拷貝：copy()
11  lst = [[1, 2], 34]             # 重設 lst
12  b = lst.copy()                 # 建立淺拷貝
13  b[0][0] = 99                   # 修改 b[0][0]
14  print('淺拷貝:', lst)           # [[99, 2], 34]，lst 仍然被影響
15
16  # 深拷貝：copy.deepcopy()
17  lst = [[1, 2], 34]             # 重設 lst
18  c = copy.deepcopy(lst)         # 建立深拷貝
19  c[0][0] = 99  # 修改 c[0][0]
20  print('深拷貝:', lst)           # [[1, 2], 34]，lst 不受影響
```

- 執行結果：
  設定運算：[[99, 2], 34]
  淺拷貝：[[99, 2], 34]
  深拷貝：[[1, 2], 34]

在這個範例中，第 2 行載入 copy 模組，第 3 行建立了一個包含兩個元素的串列 lst，其中索引 0 的元素是子串列 [1, 2]，索引 1 的元素是數字 34。第 6 行將變數 a 設定為 lst，這表示 a 和 lst 共享同一個記憶體位址，如圖 (a) 所示，因此修改 a[0][0] 為 99 時，lst 也會被修改，輸出結果為 [[99, 2], 34]。

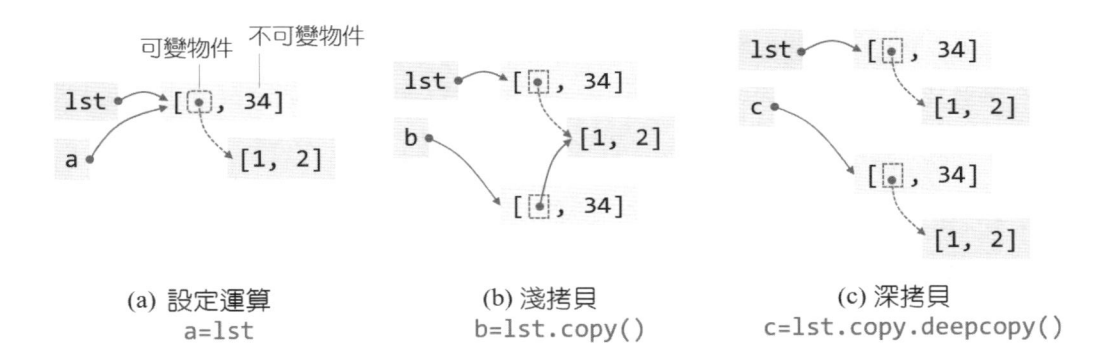

(a) 設定運算
a=lst

(b) 淺拷貝
b=lst.copy()

(c) 深拷貝
c=lst.copy.deepcopy()

第 12 行使用 copy() 建立 lst 的淺拷貝 b，這表示 b 是一個新的串列，但內部的子串列仍然與 lst 共用記憶體，如圖 (b)。因此，當修改 b[0][0] 為 99 時，lst 也會受到影響，輸出結果為 [[99, 2], 34]。

第 18 行 c = copy.deepcopy(lst) 建立 lst 的深拷貝，這表示 c 及其內部的子串列都是獨立的物件，如圖 (c)。因此，當修改 c[0][0] 為 99 時，lst 不會受到影響，輸出結果為 [[1, 2], 34]。注意使用 deepcopy() 之前，需先載入 copy 模組（第 2 行）。

6.2 tuple 資料型別

tuple 和 list 類似，都是由一連串有序的資料組成，但 tuple 的內容一旦建立後就不可變更（Immutable）。這表示 tuple 本身無法修改，但如果內部包含可變物件（如 list），則該物件內部的元素仍可以變更。在中文中，tuple 沒有一個完全對應的詞，一般翻譯為「元組」或「序對」。本書譯為元組（代表元素的組合），或直接稱它為 tuple。

6.2.1 元組的建立與操作

元組（tuple）是由逗號區隔元素所建立的資料結構，通常會搭配圓括號使用，以提升可讀性。不過，構成元組的關鍵是逗號而非括號。若元組僅包含一個元素，或出現在運算式中時，建議使用圓括號以避免語法混淆。此外，我們也可以使用內建的 tuple() 函數，從其它可迭代物件（如串列、字串）建立元組。

· 與元組運算相關的函數

函數	說明
tuple(obj)	依 obj 的內容建立一個元組
tpl.count(value)	傳回在元組 tpl 中，value 的個數
tpl.index(value)	傳回在元組 tpl 中，value 的索引

下面是一些建立元組的簡單範例，包含不使用括號的寫法、使用 tuple() 函數建立元組，以及單一元素之元組的表達方式等：

> 5, 3, 'Jerry'
  (5, 3, 'Jerry')

建立一個具有 3 個元素的元組。注意 Python 的輸出會自動加上圓括號。

> (5, 3, 'Jerry')
  (5, 3, 'Jerry')

我們也可以為元組加上圓括號。

> type((5, 3, 'Jerry'))
  tuple

查詢 (5,3,'Jerry') 的型別，可知它是一個元組。圓括號記得不能省略，否則 type() 會誤以為我們輸入了三個參數。

`> tuple(range(5, 10))` `(5, 6, 7, 8, 9)`	將 range 物件轉換成元組。
`> tuple('python')` `('p', 'y', 't', 'h', 'o', 'n')`	將 'python' 轉換成由字元組成的元組。
`> (3)` `3`	這不是元組，它只把數字加了圓括號。
`> (3,)` `(3,)`	在數字 3 後面加一個逗號，這才是只有一個元素的元組。

由於元組的元素不可變，因此比起串列，元組不支援插入、刪除或重新排序等修改內容的操作。不過，我們仍然可以對元組執行許多查詢類的操作，例如尋找最大值或最小值、比較兩個元組、提取特定元素等。

`> tpl=(16, 43, 27)`	這是一個具有 3 個元素的元組。
`> tpl.index(27)` `2`	查詢元素 27 在 tpl 裡的索引，得到 2。
`> tpl.count(16)` `1`	16 在 tpl 中出現過一次。
`> tpl[1:]` `(43, 27)`	提取索引 1 之後的所有元素，注意其結果也是一個元組。
`> max(tpl), min(tpl), len(tpl)` `(43, 16, 3)`	max()、min() 和 len() 這些函數也可以作用在元組裡。注意這三個運算以逗號隔開，因此左式的運算結果也是一個元組。
`> 2*tpl` `(16, 43, 27, 16, 43, 27)`	將 tpl 的元素以乘號 * 串接兩次，組成一個新的元組。
`> tpl+(99,)` `(16, 43, 27, 99)`	將兩個元組串接在一起，組成一個新的元組。

值得一提的是,元組本身雖不可變,但其元素允許是可變的物件。因此無論是不可變的數字、字串或是元組,還是可變的串列、集合或字典(下兩節將提到),都可以做為元組的元素。

6.2.2 再談可變與不可變物件

串列和元組都可以存放各種不同型別的物件,更精確地說,它們存放的是這些物件的記憶體位址。由於串列是可變的,因此它存放的位址可以修改,也就是說,串列的元素可以重新指向另一個物件。相反地,元組是不可變的,因此其中存放的位址在建立後無法更改。下面的範例說明了這個事實:

```
01  # ch6_3.py,比較串列與元組的元素位址變化
02  lst = [10, 20, 30]        # 串列
03  tpl = (10, 20, 30)        # 元組
04
05  print('修改前:')           # 印出元素的 id(記憶體位址)
06  print('id(lst[0]):', id(lst[0]))
07  print('id(tpl[0]):', id(tpl[0]))
08
09  lst[0] = 99               # 串列允許修改
10  # tpl[0] = 99             # 這行會出錯,因為元組不可變
11
12  print('修改 lst[0] 後:')
13  print('id(lst[0]):',id(lst[0]))  # id 改變,表示 lst[0]指向新物件
14  print('lst:', lst)
```

- 執行結果:
  ```
  修改前:
  id(lst[0]): 140731151484104
  id(tpl[0]): 140731151484104
  修改 lst[0] 後:
  id(lst[0]): 140731151486952
  lst: [99, 20, 30]
  ```

在這個範例中，第 2 和 3 行分別定義了一個串列 lst 和一個元組 tpl，兩者都包含相同的整數元素 [10, 20, 30]。第 6 和 7 行印出修改前 lst 和 tpl 中索引 0 之元素的記憶體位址。這些位址可以使用 id() 函數獲取，並顯示為十進位格式。

值得注意的是，第 6 和 7 行印出的位址是一樣的，這是因為小整數駐留的現象（見 5.2.2 節），即 Python 會將小整數（通常是 -5 到 255）放在駐留區中以提高效能。因此，在駐留區內的整數即使存在於不同的變數中，也會共用相同的記憶體位址。此時 lst 和 tpl 的記憶體的配置如下圖 (a) 所示。注意我們刻意把 lst 和 tpl 的元素值畫成指向某個整數的位址，用來體現「串列與元組的元素存放的是物件的記憶體位址」這個事實。

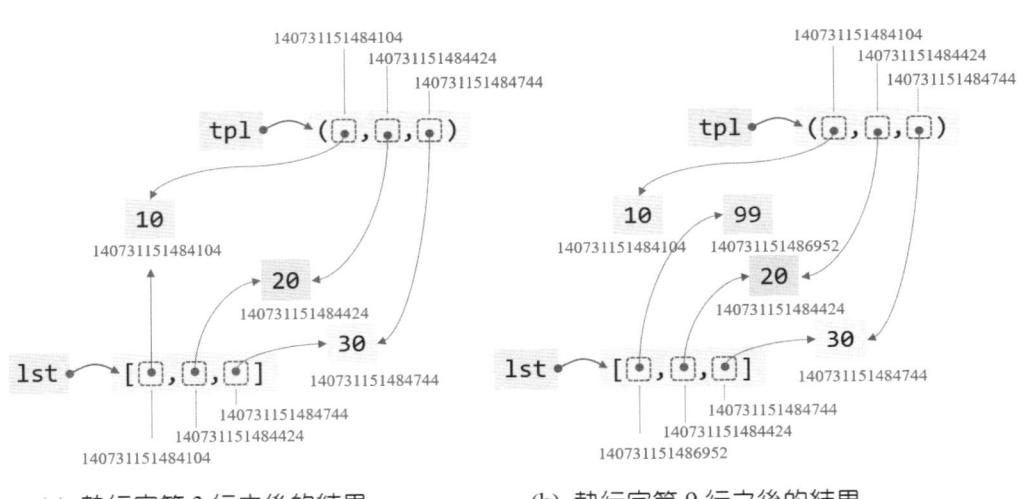

(a) 執行完第 3 行之後的結果　　(b) 執行完第 9 行之後的結果

接著，第 9 行將 lst 索引 0 的元素修改為 99。由於串列是可變的，因此 lst[0] 原本指向 10，但修改後，它的位址會改為指向 99，表示 lst[0] 指向了一個新的物件，如圖 (b) 所示。然而，元組是不可變的，這意味著元組中的每個元素一旦設定，所存放的記憶體位址便無法更改。因此，在第 10 行如果試圖修改 tpl[0] 會引發錯誤。第 12 行印出修改後的 lst[0] 的記憶體位址。可以觀察到，修改後 lst[0] 的位址與修改前不同，顯示 lst[0] 指向了一個新的物件。最後，程式碼印出修改後的 lst，顯示其內容已變為 [99, 20, 30]。

現在我們已經知道元組的每個元素存放的是物件的記憶體位址，這些位址在元組建立後無法改變；但如果該位址指向的物件是可變的（如 list），則該物件的內容仍可修改。我們來看一個例子：

```
01  # ch6_4.py，修改元組中的可變物件
02  tpl = (4, 'cat', [1, 2])              # 建立元組
03
04  print('修改前:')
05  print('id(tpl[0]):', id(tpl[0]))      # 整數
06  print('id(tpl[1]):', id(tpl[1]))      # 字串
07  print('id(tpl[2]):', id(tpl[2]))      # list
08
09  tpl[2].append(3)          # 在 list 裡面新增元素
10
11  print('修改後:')
12  print('id(tpl[2]):', id(tpl[2]))  # list 的位址沒變，但內容變了
13  print('tpl:', tpl)        # 印出修改後的 tpl
```

- 執行結果：
  ```
  修改前:
  id(tpl[0]): 140731151483912
  id(tpl[1]): 2244023856480
  id(tpl[2]): 2244022265152
  修改後:
  id(tpl[2]): 2244022265152
  tpl: (4, 'cat', [1, 2, 3])
  ```

在這個範例中，第 2 行定義了 tpl 是一個元組，包含三個元素：整數 4、字串 'cat'，以及串列 [1, 2]。5 到 7 行使用 id() 函數印出 tpl 內部各元素的記憶體位址，我們用下圖 (a) 來表示記憶體的配置。由於元組的不可變性，每個元素的位址在元組建立後無法改變。不過，tpl[2] 指向的是一個串列，而串列是可變的，因此可以對此串列的內容進行修改。

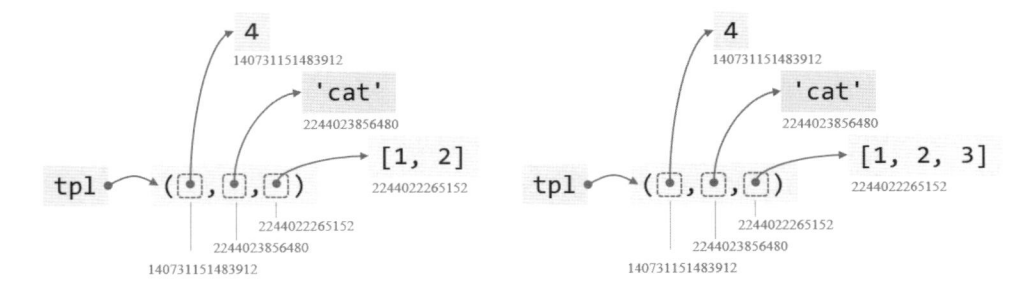

(a) 原始的元組 tpl
tpl = (4, 'cat', [1, 2])

(b) 修改 tpl 裡的串列 (可變物件)
tpl[2].append(3)

接著，第 9 行使用 tpl[2].append(3) 在串列內新增整數 3。修改後，再次檢查 tpl[2] 的 id()，發現位址沒有改變，這表示 tpl[2] 仍指向同一個串列，但其內容已經變為 [1, 2, 3]，如圖 (b) 所示。這證明了元組的元素位址無法改變，但如果元素本身是可變物件（如串列），則該物件的內容仍可修改。

那為什麼不可變的元組，要容許其元素是可變的（如串列）呢？這種設計主要是靈活性考量，方便用於需要部分數據固定，但某些部分仍可變動的情境。例如，假設我們要存放學生的學號、姓名（固定不變），以及考試成績（可能更新），我們可以使用元組來確保學號與姓名不被修改，但讓串列存放成績，以便後續新增分數，如下面的程式碼：

> student = (202503, 'Alice', [85, 90, 78])   # 學號、姓名、成績串列

如更新成績，只要更改 student[2] 即可，因為它是一個可變動的串列：

> student[2].append(95)   # 更新成績（允許修改串列的內容）

如此元組 student 不可變的特性可以確保學生的基本資料不會被修改，但串列讓我們能夠靈活管理成績的變動。

6.3 set 資料型別

集合（set）是一種元素不重複的容器，且其中的元素必須是不可變的。集合內的元素是無序的（Orderless），這表示 Python 不保證元素的存放順序，且相同的元素組合不論排列方式如何，仍然視為相同的集合。此外，由於集合沒有固定順序，因此無法使用索引來存取特定元素。

6.3.1 集合的建立與基本運算

我們可以使用大括號 {} 來建立集合，或是透過 set() 函數來建立。此外，像 len()、max() 等函數，以及比較運算子等也可以用於集合的運算。

・set() 與 hash() 函數

函數	說明
$\{a_1, a_2, …\}$	利用大括號建立元素為 $a_1, a_2, …$ 的集合
set(obj)	依 obj 的內容建立一個集合
hash(obj)	計算 obj 的雜湊值

集合的元素必須是可雜湊（Hashable）的。一般來說，只有不可變（Immutable）的物件才能被雜湊，因此不可變性是成為集合元素的基本條件。常見的可雜湊型別包括整數、浮點數、字串，以及僅包含不可變元素的元組。

我們可以利用 hash() 函數來檢查某個物件是否為可雜湊。只要 hash(x) 不會引發錯誤，就表示 x 是可雜湊的，因而也能作為集合的元素。

```
> {3, 6, 4, 4}
  {3, 4, 6}
```
這是一個集合。集合裡的元素不會重複，因此 4 會被拿掉一個，且元素會重排。

```
> set([3, 6, 4, 4])
  {3, 4, 6}
```
我們也可以利用 set() 以串列為其參數來建立一個集合。

>	`{'Kitten'}`	字串可以做為集合的元素。這個範例中，集合裡只有 'kitten' 這個元素。
	`{'kitten'}`	

> `set('Kitten')`
`{'K', 'e', 'i', 'n', 't'}`

將字串作為 set() 的參數時，字串中的每個字元會放入集合中，重複的字元會自動去除。

> `set()`
`set()`

這是一個空的集合，Python 用 set() 來表示它。

> `{}`
`{}`

大括號同時用於集合和字典，{} 代表的是空字典，而非空集合。

> `hash((12, 15))`
`1599942983381215927`

計算 (12, 15) 的雜湊值不會出錯，表示它是可雜湊的，因此可作為集合元素。

> `set((12, [15]))`
TypeError: unhashable type: 'list'

元組內含可變物件（串列 [15]），導致不可雜湊，無法做為集合的元素。

> `{{1, 2, 3}}`
TypeError: unhashable type: 'set'

集合本身也不能作為集合的元素，因為集合本身就是可變的，無法被雜湊。

集合在執行元素的查找、加入或刪除時，會透過元素的雜湊值來快速定位，因此集合的元素必須是可雜湊的。這些元素通常也是不可變的，因為只有不可變的元素才能正確計算並維持雜湊值。下表整理了常見資料型別在「不可變」與「可雜湊」兩方面的對照，幫助理解哪些型別可以作為集合的元素。

‧不可變與可雜湊

類型	不可變	可雜湊	說明
`int`	✓	✓	整數，內容固定，可作為集合元素
`str`	✓	✓	字串，內容不可變，可作為集合元素
`tuple(1,2,3)`	✓	✓	元組內的元素皆不可變，因此可雜湊
`tuple([], 3)`	✓	✗	元組為不可變，但內含可變串列，因此不可雜湊
`list`	✗	✗	串列可變，不能作為集合元素
`set`	✗	✗	集合可變，可新增和刪除元素，因此不可雜湊

6-15

Python 的內建函數 sum()、len() 和 max() 也可以用在集合裡。另外，當比較運算子用於兩個集合時，可以解釋成集合之間是否存在「等於」或「包含於」的關係：

> `len({4, 3, 4, 5, 5})`
> `3`

len() 可以用來找出集合的長度。注意這個集合裡的 4 和 5 兩個元素各有一個重複，實際上是 {3,4,5}，所以長度為 3。

> `max({4, 3, 4, 5, 5})`
> `5`

max() 可以找出集合裡最大的數字。

> `'p' in {'p','i','g','g','y'}`
> `True`

字元 'p' 有在集合裡面，因此回應 True。

> `{5, 6, 7, 8}[0]`
> `TypeError: 'set' object is not subscriptable`

集合是無序的，因此無法利用索引來提取特定元素（有序的物件才會有索引）。

> `{1, 2, 3, 4} > {1, 2}`
> `True`

{1,2,3,4} 包含 {1,2}，因此回應 True。

> `{1, 2, 3}=={3, 1, 2, 2, 2, 1}`
> `True`

集合內重複的元會去掉並重排，因此右邊的集合會和左邊的集合相同。

> `set('sun') <= set('sunny')`
> `True`

set('sun') 結果為 {'n', 's', 'u'}，set('sunny') 結果為 {'n', 's', 'u', 'y'}，因此回應 True。

我們已經看過 hash(x) 這個函數，它是一個將資料轉換成整數「雜湊值」的函數，這個轉換過程稱為「雜湊（Hashing）」。雜湊的概念雖然有些抽象，但它的核心用途就是為了快速比對、查找與儲存資料。只要兩個物件的內容相同，它們的雜湊值就會一致；反之，若雜湊值不同，就一定是不同的資料。這使得我們可以利用雜湊值來快速檢查某個資料是否已經出現過，而不需要一次次地比對整個內容。

下面的範例展示了如何透過 hash() 搭配集合與 in 運算子，有效檢查字串是否重複出現。從這個範例您可以了解到雜湊的基本概念，以及它在實務中如何應用來加快查找效率。

```
01  # ch6_5.py, 用 hash() 檢查是否出現過
02  seen = set()                    # 空集合
03
04  data = ['apple', 'banana', 'apple', 'orange', 'banana']
05
06  for item in data:
07      h = hash(item)              # 計算 item 的雜湊
08      if h in seen:               # 如果 item 的雜湊已經存在集合裡
09          print(f'重複項目：{item}')
10      else:
11          seen.add(h)             # 將雜湊加到集合裡
```

- 執行結果：
  重複項目：apple
  重複項目：banana

在這個範例中，第 2 行建立了一個空集合 seen，用來儲存資料的雜湊值。第 4 行的 data 則是我們要檢查的字串串列，包含幾個水果名稱，其中 apple 和 banana 重複出現。第 6 行開始進入迴圈，依序讀取每個資料項目 item。在第 7 行，我們使用 hash(item) 計算這個字串的雜湊值 h，這個值是整數，代表該資料的唯一特徵。

第 8 到 11 行的 if-else 判斷這個雜湊值是否已經出現在集合中，若是，就印出這項資料為重複項目，否則資料就是第 1 次出現。第 11 行是當資料第一次出現時的處理方式：將它的雜湊值加入 seen 集合中，以利之後比對。這段程式碼示範展現了 hash() 的用途：我們不需保留所有原始資料，只要記住其雜湊值，就能迅速判斷是否重複。這種方式非常適合應用在大量資料處理或重複檢查的場景中。

6.3.2 set 類別提供的函數

set 類別裡提供了一些函數，方便我們對集合進行相關的處理，例如增添或刪除元素，或是求取交集、聯集與差集等運算。由於集合可以增添或刪除元素，所以集合本身是可變的。

- 集合編修函數 （s 代表一個 set 物件）

函數	說明
s.add(x)	將元素 x 添加到集合 s 中
s.clear()	移除集合 s 中的所有元素
s.copy()	拷貝集合 s
s.discard(x)	刪除 s 中指定的元素 x；若 x 不存在則不做任何處理
s.pop()	從 s 隨機移除一個元素，並傳回移除的元素值
s.remove(x)	將 x 從集合 s 中刪除，若 x 不存在則傳回錯誤訊息

有趣的是，集合裡的元素必須具有不可變的性質，但從上表中可以發現集合本身卻可以被修改，例如可以在集合裡添加或刪除元素等。這種性質和元組恰好相反，元組本身不能被修改，但不限定其元素是否具有不可變的性質。

```
> s = {1, 2, 3, 4}
```
這是集合 s。

```
> s.add(12); print(s)
  {1, 2, 3, 4, 12}
```
將 12 添加到 s 裡，然後查詢 s 的值，我們確定 12 已經被添到集合裡了。

```
> s.remove(12); print(s)
  {1, 2, 3, 4}
```
將集合裡的元素 12 刪除，現在 s 裡的元素為 {1, 2, 3, 4}。

```
> s.discard(3); print(s)
  {1, 2, 4}
```
將元素 3 刪除，現在 s 剩下 3 個元素。

```
> e=s.pop(); print(f'{s}, e={e}')
  {2, 4}, e=1
```
從 s 中隨機移除一個元並傳回。本例移除的元素是 1，因此 s 只剩下 {2,4}。

```
> s.clear(); print(s)
  set()
```
清除 s 的內容，此時 s 為空集合。注意 Python 用 set() 來表示空集合。

集合提供了多種運算，它們與數學上的集合概念相似。例如，issubset() 可檢查是否為子集合，issuperset() 可判斷是否為父集合，而 isdisjoint() 可用於確認兩個集合是否無交集。

- 集合的判別與運算函數（*s1* 與 *s2* 均代表一個 set 物件）

函數	說明
s1.isdisjoint(*s2*)	判斷 *s1* 和 *s2* 是否無相同的元素，無則傳回 True
s1.issubset(*s2*)	判斷 *s1* 是否為 *s2* 的子集合
s1.issuperset(*s2*)	判斷 *s1* 是否為 *s2* 的父集合
s1.difference(*s2*)	屬於 *s1*，但不屬於 *s2* 的集合（差集，同 *s1* − *s2*）
s1.intersection(*s2*)	*s1* 和 *s2* 的交集（同 *s1* & *s2*）
s1.symmetric_difference(*s2*)	*s1* 和 *s2* 的對稱差集（非共有的元素，同 *s1* ^ *s2*）
s1.union(*s2*)	*s1* 和 *s2* 的聯集（同 *s1* | *s2*）

上表中，以 is 開頭的函數（如 isdisjoint()）都是用於判別特定關係，它們可回傳 True 或 False。這種設計讓集合運算更直觀，便於條件判斷。

> {1, 2}.issubset({1, 2, 3})　　　　{1,2} 是 {1,2,3} 的子集合，因此回應
　True　　　　　　　　　　　　　　True。

> {1, 2, 3}.issuperset({1, 2, 3})　　一個集合本身也是自己的父集合，因此
　True　　　　　　　　　　　　　　回應 True。

> {3, 4}.isdisjoint({1, 2, 3})　　　{3,4} 和 {1,2,3} 有包含相同的元素，因
　False　　　　　　　　　　　　　　此回應 False。

常見的集合運算包括交集、聯集、差集和對稱差集等。這些運算可用集合提供的函數來完成，如 a.union(b) 是 a 與 b 的聯集，而 a.difference(b) 是 a 與 b 的差集等。

> a = {1, 2, 4}; b = {1, 2, 3}　　　設定 a、b 兩個集合。

> a.intersection(b)　　　　　　　　a 和 b 的交集為 {1,2}。
　{1, 2}

> a & b　　　　　　　　　　　　　我們也可以利用交集運算子 & 來計算 a
　{1, 2}　　　　　　　　　　　　　和 b 的交集。

```
> a.union(b)
{1, 2, 3, 4}
```
a 和 b 的聯集為 {1, 2, 3, 4}。

```
> a.difference(b)
{4}
```
a 和 b 的差集為 {4},因為元素 1 和 2 也在集合 b 內,會減去它。

```
> a.symmetric_difference(b)
{3, 4}
```
symmetric_difference() 傳回不是共有的元素所成的集合,因此傳回 {3, 4}。

上面集合運算的範例可以用下圖來表示,從圖中可以清楚看出兩個集合的關係,以及它們在交集、聯集或差集中所包含的元素。

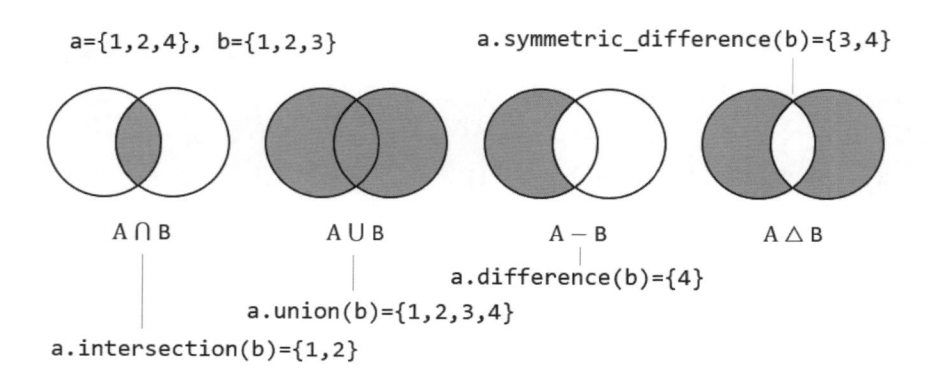

a={1,2,4}, b={1,2,3}　　　　　a.symmetric_difference(b)={3,4}

A ∩ B　　　A ∪ B　　　A − B　　　A △ B

a.intersection(b)={1,2}
a.union(b)={1,2,3,4}
a.difference(b)={4}

在日常生活中,我們常常會比較兩段文字「像不像」,例如判斷文章是否抄襲,或兩個句子是否表達相似的意思。不過,如果直接逐字比對會受到許多「常見但不重要」的字干擾,例如 is、a、with、this 等,這些字叫做「停用詞(Stop words)」,意思是它們在句子中出現頻率高,但不太影響語意。為了讓比對更準確,我們可以先把這些字過濾掉,再來看剩下的「關鍵字」重複多少。

我們在衡量兩段文字像不像時,常用 Jaccard 相似度,它是一種衡量「兩組資料有多少重複項目」的方式,其公式為:

$$\text{Jaccard 相似度} = \frac{\text{兩集合交集後的元素數量}}{\text{兩集合聯集後的元素數量}}$$

這個公式也可以理解為「兩組有交集的比例有多高？」Jaccard 相似度越接近 1，代表兩句話「越相似」；越接近 0，則「越不同」。這種方法簡單直觀，很適合用來比較文字內容的相似程度。例如，若句子 A 的關鍵字集合為 {'pig', 'dog', 'cat'}，句子 B 的關鍵字集合為 {'dog', 'cat', 'bat'}，則交集為 { 'dog', 'cat'}，數量是 2，聯集為 {'pig', 'dog', 'cat', 'bat'}，數量是 4，因此 Jaccard 相似度為 2/4 = 0.5。

在下面的範例中，我們比較兩段句子在去除停用詞前後的相似度，並透過 Jaccard 相似度，來看它們之間有多少詞彙是重疊的。這能幫助我們理解過濾掉不重要的內容，讓我們更能清楚看見兩者的真正關聯。

```
01  # ch6_6.py, 判別兩句話的相似度
02  text1 = 'The quick brown fox jumps over the lazy dog'
03  text2 = 'A quick brown fox jumps above a lazy dog'
04
05  stopwords = {'the', 'a', 'over', 'above'}    # 停用詞集合
06  s1 = set(text1.split())         # 將句子分成單字，再轉集合（含停用詞）
07  s2 = set(text2.split())
08
09  s1c = s1 - stopwords            # 去除停用詞， - 為差集運算
10  s2c = s2 - stopwords            # 去除停用詞
11
12  # 計算 Jaccard 相似度
13  sim_raw = len(s1 & s2) / len(s1 | s2)          # & 為交集，| 為聯集
14  sim_clean = len(s1c & s2c) / len(s1c | s2c)
15
16  print(f'原始相似度（含停用詞）：{sim_raw:.2f}')
17  print(f'去除停用詞後相似度：{sim_clean:.2f}')
```

- 執行結果：
  原始相似度（含停用詞）：0.50
  去除停用詞後相似度：0.75

這段程式碼 2 到 3 行分別定義了兩段英文句子 text1 和 text2，我們想比較它們的內容有多相似。text1 是一個經典英文句子：'The quick brown fox jumps over the lazy dog'，它涵蓋了英文全部 26 個字母，因此常用於打字練習、鍵盤測試與字型展示等。第 5 行定義了一個 stopwords 集合，裡面包含一些常見但在語意比對時影響不大的字詞

6-21

（例如 'the'、'a'）。第 6 到 7 行先將兩個句子以 split() 切成單字，然後轉換成集合 s1 和 s2，這些集合中的元素代表各自句子所包含的不重複單字。第 9 與 10 行透過集合的差集運算（-）去除掉停用詞，得到 s1c 和 s2c，代表「只保留關鍵詞」的版本。第 13 行與第 14 行則分別計算去除停用詞前後的 Jaccard 相似度。最後程式於第 16 和 17 行印出結果。

執行結果顯示，原始相似度為 0.50，去除停用詞後的相似度為 0.75，這代表在未處理停用詞時，句子已有一定程度的相似性，但在移除像 'the'、'a'、'over'、'above' 等常見詞彙後，Jaccard 相似度大幅上升，顯示兩句話的關鍵詞幾乎完全重疊，代表這兩句話高度相似。這樣的結果說明，停用詞的確可能干擾語意判斷，而適當過濾後能讓比對更聚焦於句子的主要內容。透過這個例子，我們可以看出集合在文字處理上的靈活應用，以及停用詞過濾對相似度分析的重要貢獻。 ❖

6.4 dict 資料型別

Python 的 dict 是一種常見的資料型別，通常譯為「字典」（dictionary）。字典由鍵值對（Key-value pair）組成，其中的鍵不可重複。建立字典後，我們可以修改其內容，因此字典是可變的。由於字典的鍵具有唯一性，這一點與集合的元素特性相似，但字典除了存放鍵之外，還能對應值，因此與集合的用途不同。

6.4.1 字典的建立與基本運算

字典就是鍵值對的集合。字典的鍵和集合的元素一樣，必須是可雜湊的，也就是它們必須為數字、字串或內含不可變元素的元組。

· dict() 函數

函數	說明
dict(obj)	依 obj 的內容建立一個字典
{$k1:v1$, $k2:v2$, …}	以 $k1:v1$, $k2:v2$, … 為鍵值對建立字典

字典可以用大括號 {} 來建立，或是利用 dict() 來建立。下面是一些簡單的例子：

> `{'Tom':12, 'Jerry':7}`　　　　　　建立一個字典，內含兩個鍵值對。
　`{'Tom': 12, 'Jerry': 7}`

> `dict(Tom=12, Jerry=7)`　　　　　　利用 dict() 建立相同的鍵值對。注意
　`{'Tom': 12, 'Jerry': 7}`　　　　　Tom 和 Jerry 不需寫成字串的形式。

> `dict([('Tom',12), ('Jerry',7)])`　利用由元組組成的串列來建立字典。
　`{'Tom': 12, 'Jerry': 7}`

> `{(1,3):'odd', (2,4):'even'}`　　　因為元組裡面的元素 1、3 和 2、4 都是
　`{(1, 3): 'odd', (2, 4): 'even'}`　不可變的，所以元組可以做為字典的鍵。

> `dict()`　　　　　　　　　　　　　　這是一個空字典，我們也可以利用空的
　`{}`　　　　　　　　　　　　　　　　大括號 {} 來建立空字典。

字典不僅能存放鍵值對，還能讓我們透過鍵快速查找對應的值。此外，字典是可變的，允許動態新增鍵值。

> `d1={'tea':65}`　　　　　　　　　　這是字典 d1，裡面只有一個鍵值對。

> `d1['coffee'] = 40; print(d1)`　　　因為 'coffee' 這個鍵不在 d1 裡，Python
　`{'tea': 65, 'coffee': 40}`　　　　會將它加入字典中，並設定其值為 40。

> `d1['tea']`　　　　　　　　　　　　方括號裡加上鍵名 'tea'，我們可以提取
　`65`　　　　　　　　　　　　　　　出鍵 'tea' 對應的值。

> `len(d1)`　　　　　　　　　　　　　利用 len() 查詢 d1 的長度，可知現在 d1
　`2`　　　　　　　　　　　　　　　　有兩個鍵值對了。

> `d1['coffee'] = 46; print(d1)`　　　字典中，相同的鍵不會重複，因此左式
　`{'tea': 65, 'coffee': 46}`　　　　相當於把鍵為 'coffee' 的值設為 46。

> `del d1['tea']; print(d1)`　　　　　將鍵為 'tea' 的鍵值對刪除，然後查詢 d1
　`{'coffee': 46}`　　　　　　　　　　的值。我們發現 d1 裡的 'tea' 這個鍵值
　　　　　　　　　　　　　　　　　　對已經不見了。

在字典的運算中，in 和 not in 可以確認某個鍵是否存在，== 可比較兩個字典的內容是否相等，而 is 則判別兩個變數是否指向同一個字典。

```
> d1 = {'apple': 20, 'orange': 15}
```
建立字典 d1。

```
> 'orange' in d1
  True
```
查詢 'orange' 這個鍵是否有在 d1 裡，結果回應 True。

```
> 'candy' not in d1
  True
```
查詢 'candy' 這個鍵是否不在 d1 內，結果回應 True。

```
> {'a':3, 'b':5} == {'b':5, 'a':3}
  True
```
儘管兩個鍵值對順序不同，但它們包含相同的鍵值對，因此會傳回 True，表示這兩個字典是相等的。

6.4.2 dict 類別提供的函數

dict 類別內建了幾個常用的函數，方便我們修改、更新，或是取得 dict 物件內的鍵或值。這些函數的功能從它們名稱裡就可以體現出來了，因此應該很好理解。

· 字典的查詢函數　（d 代表一個字典）

函數	說明
d.get(key, default)	傳回 key 的值。如果 key 不在 d 中，則傳回 default；若 default 未填，則傳回 None
d.items()	傳回 d 中所有的鍵值對，並以元組的形式呈現
d.keys()	傳回 d 所有的鍵所組成的物件
d.values()	傳回 d 所有的值所組成的物件

在上表中，get() 可在鍵不存在時提供預設值，而 items()、keys() 和 values() 分別用於取得鍵值對、所有鍵與所有值，讓字典處理更方便。

```
> d = {0:'red', 1:'green'}
```
設定 d 為 {0:'red', 1:'green'}。

> `d.get(0)`   提取鍵為 0 的值。
`'red'`

> `d.get(2, 'white')`   因為 2 不是 d 的一個鍵，因此這個式子
`'white'`   會傳回預設的值 'white'。

> `d.keys()`   d.keys() 傳回一個可迭代物件，如果再
`dict_keys([0, 1])`   套用 list() 則可將其內容全部取出。

> `list(d.values())`   用 list() 取出 d.values() 中的所有元素。
`['red', 'green']`

> `tuple(d.items())`   將 d 中所有的鍵值對轉換為由鍵值對組
`((0, 'red'), (1, 'green'))`   成的元組。

字典不僅能存取鍵值對，還提供多種方法來編修與刪除資料。例如，透過 update() 可一次合併多組鍵值，而 pop() 則能移除指定鍵並回傳對應的值。此外，popitem() 可刪除並回傳最後一個鍵值對，而 clear() 則能一次清空字典，使其變為空集合。

字典的編修與刪除函數 (*d1* 與 *d2* 均代表一個字典)

函數	說明
`d1.clear()`	刪除 *d1* 內的所有元素
`d1.copy()`	傳回字典 *d1* 的拷貝
`dict.fromkeys(seq, val)`	以 seq 中的元素做為鍵，val 為值來建立字典。如果 val 未填，則值為 None
`d1.setdefault(key, val)`	如果 key 存在，則回傳對應的值；否則，將 {key: val} 加入 *d1*，並回傳 val
`d1.update(d2)`	將 *d2* 的鍵值對加入 *d1*，若鍵已存在，則更新對應的值；否則，新增該鍵值對
`d1.pop(key, val)`	刪除 key 及其對應的值，並回傳該值；若 key 不存在，則回傳 val，若未提供 val，則會產生錯誤
`d1.popitem()`	取出最後一個鍵值對，並以元組傳回它們。如果為空的字典，則產生錯誤訊息

值得一提的是，從 Python 3.7 版本開始，字典的行為被設計為是有序的，也就是字典會按照鍵值對插入的順序儲存，並不會自動重排。這一點與集合不同，因為集合是無序的，元素的儲存順序並不被保證。

`> dict.fromkeys([0, 1])` 　`{0: None, 1: None}`	以串列裡的 0 和 1 做為字典的鍵來建立字典，每個鍵對應的值預設為 None。
`> dict.fromkeys([0, 1], 'red');` 　`{0: 'red', 1: 'red'}`	以串列裡的 0 和 1 做為鍵來建立字典，所有鍵的值都設為 'red'。
`> d = {0:'red'}`	設定 d 為 {0:'red'}。
`> d.update({1: 'green'}); print(d)` 　`{0: 'red', 1: 'green'}`	利用鍵值對 {1: 'green'} 更新 d，由於 d 沒有鍵為 1 的鍵值對，所以會新增它。
`> a = d.pop(1); print(a, d)` 　`green {0: 'red'}`	刪除鍵為 1 的鍵值對。注意 pop() 會傳回被刪除的值，因此 a 的值為 'green'，而 d 只剩下一個鍵值對 {0: 'red'}。
`> d.popitem()` 　`(0, 'red')`	將唯一的鍵值對取出，此時字典裡已經沒有元素了。
`> d` 　`{}`	查詢 d，現在它是一個空的字典。

由於字典的行為被設計成是有序的，因此利用 update() 新加入的鍵值對就會被附加在原有字典的後面，而 popitem() 也會從最後面的鍵值對依序取出：

`> d1 = {10: 'a', 20: 'b'}`	這是字典 d1。
`> d2 = {5: 'c'}`	這是字典 d2。
`> d1.update(d2); print(d1)` 　`{10: 'a', 20: 'b', 5: 'c'}`	使用 update() 後，d2 的鍵值對被附加到 d1 的後面，Python 不會將鍵值對排序。

```
> last_item = d1.popitem()
```
d1.popitem() 會提取出 d1 的最後一個鍵值對。

```
> print(last_item)
  (5, 'c')
```
從 last_item 的值我們可以驗證最後一個鍵值對被提取出來了。

```
> print(d1)
  {10: 'a', 20: 'b'}
```
d1 裡剩下前兩個鍵值對。

另外，函數 setdefault(k, val) 用於在字典中查找指定的鍵 k。如果鍵 k 存在，則傳回對應的值；如果鍵 k 不存在，則將 {k: val} 這個鍵值對添加到字典中，並傳回 val。這個函數可以用來簡化一些常見的字典操作。下面的範例展示了如何使用 setdefault() 來計算單字出現的次數。

```
01  # ch6_7.py, 計算單字出現的次數
02  count = {}    # 初始化一個空字典
03  words = ['apple', 'banana', 'apple', 'orange', 'banana', 'apple']
04
05  # 使用 setdefault 函數來計算每個單字出現的次數
06  for word in words:
07      count.setdefault(word, 0)
08      count[word] += 1
09
10  print(count)
```

- 執行結果：
  {'apple': 3, 'banana': 2, 'orange': 1}

在這個範例中，首先在第 2 行初始化了一個空字典 count，用來儲存每個單字及其出現的次數。第 3 行建立了一個串列 words，其中包含了多個重複的單字。在 for 迴圈中我們走訪每個單字，並於第 7 行使用 count.setdefault(word, 0) 這行程式碼來檢查 word 是否在字典 count 中。如果 word 已經存在，則傳回其對應的值；如果 word 不存在，則將 word 的值設置為 0，並返回 0。其處理步驟如下：

1. 剛開始 count 為空字典 {}。

2. 處理單字 'apple'：
   - 'apple' 不在 count 中，將 {'apple': 0} 加入字典，得到 {'apple': 0}。
   - 第 8 行將 'apple' 的計數加 1，結果為 {'apple': 1}。

3. 處理單字 'banana'：
   - 'banana' 不在 count 中，將 {'banana': 0} 加入字典，得到 {'apple': 1, 'banana': 0}。
   - 第 8 行將 'banana' 的計數加 1，結果為 {'apple': 1, 'banana': 1}。

4. 再次處理單字 'apple'：
   - 'apple' 已存在字典中，傳回其值 1。
   - 第 8 行將 'apple' 的計數加 1，結果為 {'apple': 2, 'banana': 1}。

依上面的步驟走訪完每個單字，count 字典就包含每個單字出現的次數了。 ❖

最後我們以字典的淺拷貝與深拷貝來結束本章。dict 裡有一個 copy() 函數，可以建立字典的淺拷貝。這個函數會複製字典的最外層結構（字典本身及其直接包含的鍵值對），但如果字典裡的值是可變的物件（例如串列、字典、集合），這些物件本身不會被真正複製，而是共用同一個記憶體位址。也就是說，如果修改了拷貝後字典中的可變物件，原始字典也會同步變動。要建立完全獨立的副本，可以用 copy.deepcopy() 函數，它會複製整個資料結構，讓每一層的物件都是新的，彼此互不影響。

在此我們舉個例子。想像一下有一個線上購物平台，為顧客準備了一份預設的贈品清單，並在顧客沒有特別要求修改時按此清單發放。現在我們需要根據顧客需求調整贈品，但這些修改不應影響其他顧客的預設清單，以免導致錯誤或混亂。下面的程式碼模擬了贈品清單的建立與修改的過程：

```
01  # ch6_8.py, 字典的淺拷貝
02  # 預設贈品清單
03  default = {
04      'user': 'customer',
05      'gifts': ['A', 'B']
06  }
07
08  a_copy = default.copy()              # 顧客 a 的贈品清單（淺拷貝）
09  a_copy['user'] = 'Isabelle'          # 修改顧客 a 的名字
10  a_copy['gifts'].append('C')          # 顧客 a 新增一個贈品
11
12  print('預設清單: ', default)          # 出現問題：預設清單被修改
13  print('顧客 a 清單:', a_copy)
```

- 執行結果：
  預設清單: {'user': 'customer', 'gifts': ['A', 'B', 'C']}
  顧客 a 清單:{'user': 'Isabelle', 'gifts': ['A', 'B', 'C']}

在這段程式中，3 到 6 行建立了一個字典 default，其中包含 'user' 和 'gifts' 兩個鍵，代表預設的顧客和贈品清單。接著，第 8 行利用 copy() 為顧客 a 建立了一個淺拷貝 a_copy，第 9 行修改了顧客的名字，並於第 10 行新增了額外的贈品 'C'。然而，由於淺拷貝僅複製了字典的外層結構，而內部的可變物件（如串列）仍然共享相同的記憶體地址（如圖 (a)），對 a_copy['gifts'] 的修改直接影響了 default['gifts']，這導致預設的贈品清單也包含了新增的贈品 'C'（如圖 (b)），違背了不同清單應該相互獨立的需求。

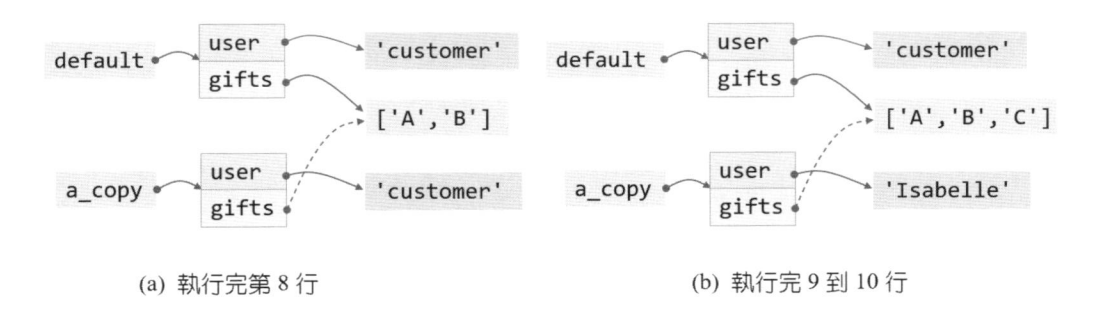

(a) 執行完第 8 行   (b) 執行完 9 到 10 行

要解決 ch6_8.py 的問題,只要把淺拷貝換成深拷貝就可以了。深拷貝會建立一個完全獨立的副本,即使裡面還有其它可變物件,也會一併複製,以確保與原資料完全分離。

- 修改後的範例如下:

```
01  # ch6_9.py, 字典的深拷貝
02  import copy
03  default = {        # 預設贈品清單
04      'user': 'customer',
05      'gifts': ['A', 'B']
06  }
07
08  a_copy = copy.deepcopy(default)      # 顧客 a 的贈品清單(深拷貝)
09  a_copy['user'] = 'Isabelle'          # 修改顧客 a 的名字
10  a_copy['gifts'].append('C')          # 顧客 a 新增一個贈品
11
12  print('預設清單: ', default)          # 這行不會出現問題了
13  print('顧客 a 清單:', a_copy)
```

- 執行結果:
  預設清單: {'user': 'customer', 'gifts': ['A', 'B']}
  顧客 a 清單:{'user': 'Isabelle', 'gifts': ['A', 'B', 'C']}

在這個範例中,第 2 行載入了 copy 模組,而第 8 行則使用 deepcopy() 來取代原本的淺拷貝。透過深拷貝,當 a 清單的內容被修改時,預設清單仍維持不變。下圖顯示了深拷貝執行後的記憶體配置,您可以與前一個範例進行比較。

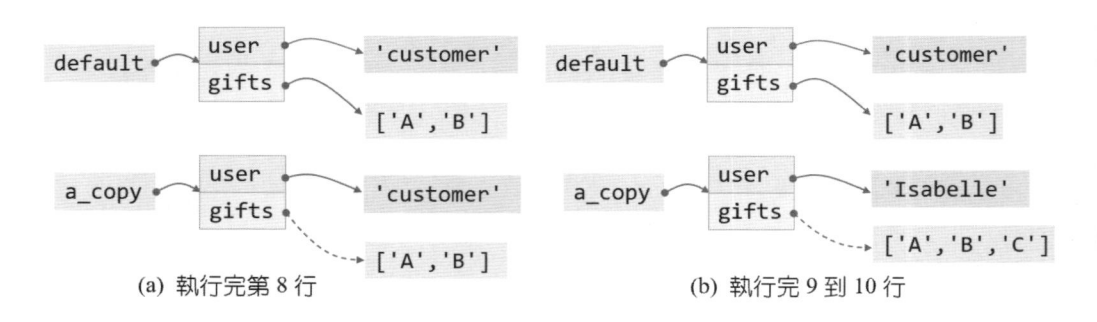

(a) 執行完第 8 行

(b) 執行完 9 到 10 行

第六章 習題

6.1 list 資料型別

1. 【生成奇數串列】試利用 range() 建立一個 1 到 20 之間，所有奇數組成的串列。

2. 【將字串轉為串列】設 str1 = 'machineLearning'，試建立由字串裡每一個字元所組成的串列。

3. 【range() 轉串列】試利用 range() 函數建立下面的串列：

    (a) [100, 104, 108, 112, 116, 120]

    (b) [−1, −2, −3, −4, −5, −6, −7, −8, −9]

    (c) [−1, −4, −7, −10, −13, −16, −19]

    (d) [10, 19, 28, 37, 46, 55, 64]

4. 【串列的操作】設 lst = [9, 8, 7, 1, 2, 3, 7, 3, 2]，試完成下列各題：

    (a) 取出 lst 中，索引為 0 到 2 的元素（含索引 2）。

    (b) 取出 lst 中最後 3 個元素。

    (c) 取出 lst 中，索引為 4 到 7 的元素（含索引 4）。

    (d) 取出 lst 中，索引為偶數的元素（不包含索引為 0 的元素）。

    (e) 找出 lst 的長度、最大值與最小值，並計算 lst 元素的總和。

    (f) 反向提取倒數第 1 個到倒數第 4 個元素，即提取結果應為 [2, 3, 7, 3]。

    (g) 將 lst 反向排列，結果應為 [2, 3, 7, 3, 2, 1, 7, 8, 9]。

5. 【串列的操作】在下列各小題中，每一題的 lst 皆為 [43, 12, 12, 34]，試完成各題：

    (a) 試將 [2, 12] 裡的元素添加到 lst 的後面，然後計算 12 在 lst 裡出現幾次。

    (b) 試將整個串列 [25, 99] 添加到 lst 中（結果應為 [43, 12, 12, 34, [25, 99]]）。

    (c) 將 65 插入 lst 中，索引為 2 的位置。

    (d) 移除 lst 中，元素值為 12 的元素（有兩個）。

    (e) 將 lst 由大到小排序。

    (f) 移除 lst 的最後一個元素之後，再移除索引為 2 的元素。

6. 【append() 對串列的影響】設 lst = [12, 43, 83, 91]，若設定 a = lst，且利用 append() 函數將 23 添加到串列 a，使其成為 a 的最後一個元素，此時 lst 的內容為何？試繪圖來解釋這個現象。

7. 【串列元素的提取】設 lst = [[17, 21], [98, 12], [33, [44, [21, 38, 35]]], [35, 42]]，試於 lst 中提取下列各元素：

    (a) [17, 21]   (b) 21   (c) 33   (d) [35, 42]   (e) 98

    (f) 44   (g) [21, 38, 35]   (h) [38,35]   (i) [21, 38]   (j) 38

    (k) [[17, 21], [98, 12]]   (ℓ) [44, [21, 38, 35]]

6.2 tuple 資料型別

8. 【提取元組元素】設 tpl = (12, [23, 34],(37, 0, 'cat'))，試於 tpl 中提取下列各元素：

    (a) 12   (b) [23, 34]   (c) (12, [23, 34])   (d) 'cat'

    (e) (0, 'cat')   (f) (37, 0, 'cat')   (g) 0   (h) 34

9. 【元組的運算】設 tpl = (12, 65, 37, 37, 34, 65, 37)，試回答下列各題：

    (a) 求 tpl 的最大值、最小值與總和。

    (b) 判別 66 是否在 tpl 裡。

    (c) 找出元素 34 在 tpl 裡的索引。

    (d) 統計元素 37 在 tpl 裡出現的個數。

10. 【元組元素的找尋】 請撰寫 find_value(tpl, target) 函數，它可接收一個元組 tpl 和一個目標值 target，並使用 while 迴圈來查找目標值在元組中的索引。如果找到，回傳該索引；如果未找到，回傳 −1。例如，若 tpl 為 (10, 20, 30, 40)，target 為 30，則應傳回 2，因為 30 在索引 2 的位置。

6.3 set 資料型別

11. 【可以作為集合的元素】下列有哪幾個物件可以用來作為集合的元素？

    (a) 'cat'   (b) 3.89   (c) [79, 12]   (d) (12, 45)   (e) 198

    (f) {33, 66}   (g) (98,)   (h) ['Python']   (i) (0.81, [4])   (j) {'P':12}

12. 【集合相等性判斷】集合 {2, 5, 5, 3, 4} 和 {2, 3, 4, 5} 是否相等？試說明相等或不相等的原因。

13. 【集合的運算】設 s1 = {3, 2, 2, 1, 4, 5}，試完成下列各題：

    (a) 求 s1 元素的個數。

    (b) 判別元素 0 是否在 s1 裡。

    (c) 判別 {0, 1, 2} 是否小於等於 s1。

    (d) 判別 set(range(9)) 是否大於 s1。

14. 【集合的運算】於下列各小題中皆假設 s1 = {1, 2, 4, 4, 8} 和 s2 = {4, 5, 6, 7, 8}，試完成下列各題：

    (a) 將元素 5 添加到 s1 中。

    (b) 刪除掉 s1 中的元素 8。

    (c) 找出 s1 有，但 s2 沒有的元素。

    (d) 找出 s1 和 s2 共有的元素（即交集）。

    (e) 找出 s1 和 s2 不是共有的元素。

    (f) 求出 s1 和 s2 的聯集。

    (g) 用 s2 的值來更新 s1（s2 有，但 s1 沒有的元素會加入 s1 中）。

    (h) 刪除 s1 和 s2 的所有元素。

15. 【集合的交集運算】請撰寫一個 unique_intersection() 函數，該函數可接收兩個集合，並回傳它們的交集結果，請嘗試不使用集合的 intersection() 來實作。例如，若輸入 {1, 2, 3, 4} 和 {3, 4, 5, 6}，則應回傳 {3, 4}。

6.4 dict 資料型別

16. 【字典的鍵】下列何者可以做為字典的鍵？

    (a) 'piggy'   (b) [23, 67]   (c) {79, 12}   (d) 45   (e) (12,)

    (f) ([7,8], 9)   (g) (12, 'p')   (h) ['Python']   (i) [0.81]   (j) (7,{8, 9})

17. 【建立字典】設 name = [(1, 'January'), (2, 'Feb'), (3, 'Mar')]，試利用 dict() 將 name 建立成一個字典。

18. 【字典的操作】下列各小題皆假設 d1={0: 'red',1: 'green',2: 'blue'}，試回答下列各題：

    (a) 查詢 d1 中，鍵為 1 的值。

    (b) 將鍵為 2 的值修改為 'yellow'。

    (c) 刪除鍵為 0 的鍵值對。

    (d) 查詢鍵 4 是否在 d1 中。

19. 【字典的操作】試依序完成下列各小題：

    (a) 試利用串列 ['Jan', 'Feb', 'Mar'] 裡的元素做為字典的鍵來建立一個字典 d1，d1 內預設的值均為 None。

    (b) 分別將 d1 的鍵 'Jan', 'Feb' 和 'Mar' 的值設為 1, 2, 3。

    (c) 利用 update() 函數將字典 {'Apr' : 4} 加入 d1 中。

    (d) 利用 pop() 函數刪除的 d1 中，鍵為 'Feb' 的鍵值對。

20. 【字典的操作】於下列各小題中皆假設 d1={ 'large': 34, 'medium': 28, 'small': 20}，試回答下列各題：

    (a) 建立一個由 d1 所有的鍵所組成的串列。

    (b) 建立一個由 d1 所有的值所組成的元組。

    (c) 建立一個由 d1 中，所有的鍵值對所組成的串列，其中的鍵和值以元組表示。

    (d) 如果執行 d1.setdefault('large', 36)，您會得到什麼結果？試說明其原因。

    (e) 如果執行 d1.setdefault('xlarge', 40)，您會得到什麼結果？試說明其原因。

21. 【設計字典生成函數】試設計一函數 make_dict(keys, values)，可以依據給定的 keys 和 values 來建立並傳回一個字典，其中 keys 和 values 是長度相等的串列。若 values 省略，則所有 keys 對應的 values 皆為 0。例如 make_dict([0, 1, 2], [32, 43, 55]) 可傳回 {0: 32, 1: 43, 2: 55}，而 make_dict([0, 1, 2]) 則傳回 {0: 0, 1: 0, 2: 0}。

22. 【字典鍵值對調換函式設計】請撰寫一個 invert_dict() 函數，該函數可接受一個字典，並回傳一個新的字典，其中鍵和值互換。如果原始字典的值有重複，請保留其中任意一個鍵作為新字典的值。例如，輸入 {'a': 1, 'b': 2, 'c': 3}，應回傳 {1: 'a', 2: 'b', 3: 'c'}。

07 Chapter

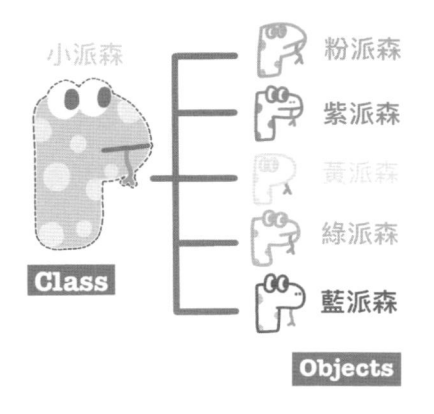

物件導向程式設計

Python 裡的每個變數或常數都是一個物件（Object），這些物件都是由相對應的類別（Class）所建立。例如整數 12 是由 int 類別所建立的物件，而字串 'Hello' 則是由 str 類別所建立。類別與物件之間的關係，是物件導向程式設計（Object-Oriented Programming，簡稱 OOP）的核心概念之一。熟悉 Python 的 OOP 不僅有助於理解其語法，也能為日後的機器學習與人工智慧課程打下基礎，因為許多相關的套件都是基於 Python 的 OOP 設計的。

1. 類別的基本概念
2. 類別裡的函數
3. 繼承與多型
4. 類別的封裝

7.1 類別的基本概念

在前幾章中我們早已接觸過類別，只是還沒有把類別的觀念帶進來而已。例如，我們知道 'Python'.upper() 可得到大寫的 'PYTHON'，這是因為 'Python' 是字串類別 str 所建立的物件，而 str 類別內定義了 upper() 這個函數，可以將字串轉成大寫。類別的概念對於初學者來說可能較難理解，本節將透過傳統函數的寫法與類別的寫法來完成圓面積與周長的計算，讓讀者比較它們的不同之處，理解類別如何讓程式更有結構、更容易管理。

7.1.1 計算圓面積與周長 — 以函數完成

如果知道圓的半徑，我們就可以利用它來計算圓的面積（Area）與周長（Perimeter），因此半徑是圓形最重要的資料之一。我們已經學過函數，只要把半徑作為參數傳遞到函數裡即可計算出圓面積與周長。我們先以傳統的寫法來完成這個問題，下面是程式的實作：

```
01  # ch7_1.py，計算圓面積與周長（傳統的寫法）
02  def area(radius):                    # 圓面積函數
03      return 3.14 * radius ** 2
04  def perimeter(radius):               # 圓周長函數
05      return 2 * 3.14 * radius
06
07  radius = 4      # 半徑
08  c_area = area(radius)                # 計算圓面積
09  c_peri = perimeter(radius)           # 計算圓周長
10  print(f'半徑: {radius}, 面積: {c_area}, 周長: {c_peri}')
```

- 執行結果：
  半徑: 4, 面積: 50.24, 周長: 25.12

這個範例 2 到 5 行定義了函數 area() 和 perimeter()，分別用來計算圓面積和周長。圓面積為圓周率乘上半徑的平方，周長為 2 倍的半徑乘上圓周率。第 7 行設定半徑 radius 為 4，第 8 行和第 9 行則傳入參數 radius 來計算半徑為 4 的圓面積和周長。最後，第 10 行輸出這些計算結果。

您可以觀察到，使用傳統函數來計算圓面積和周長時，資料（半徑）和函數是分開的。這意味著在每次呼叫函數時，我們就必須主動傳遞相關資料給函數來處理。這種方法容易導致錯誤，特別是在處理多個圓形或更複雜的資料結構時。

7.1.2 計算圓面積與周長 — 以類別完成

本節我們將以類別來完成計算圓面積與周長的工作。類別是一個藍圖，它規範了由該類別建立的物件會有哪些屬性（Attributes，即資料）與用來處理這些屬性的函數。我們必須先定義類別，然後利用類別來建立它的物件。如果物件 a 是由類別 A 所建立，則我們稱 a 為類別 A 的 instance（一般譯為實例）。例如 'Python' 就是 str 類別的實例，而 12 則是 int 類別的實例。要定義一個類別，我們可以利用 class 關鍵字：

· 定義類別的語法

語法	說明

``class 類別名稱:
    def __init__(self, 參數1, 參數2, …):
        self.屬性1 = 參數1
        self.屬性2 = 參數2
        # 初始化其它屬性
 	
    def 函數名稱():
        # 函數的內容```
	定義類別，其中 __init__() 為初始化函數，self 代表由此類別建立的物件，或稱為此類別的實例。

上表中，__init__() 是初始化函數（注意前後均為兩個底線），init 為 <u>initialize</u> 的縮寫，即初始化的意思，它在建立物件時會自動執行。self 代表該類別建立的物件，可用來呼叫類別內的函數或存取物件的屬性。類別內除了的函數 __init__() 之外，還可以定義其它的函數，用來執行各種不同的工作。

在 Python 中，定義於類別裡的函數通常稱為 method，中文常翻作「方法」。但「方法」在中文裡詞義較多，容易與程式語意混淆。其實它們就是定義在類別中的函數，因此在本書中，我們將 method 翻譯為「函數」，以保持原意並降低理解上的混淆。

有了上述的概念後，我們就可以開始撰寫一個類別了。下面的範例將 ch7.1.py 改成以類別的方式來撰寫，從中您可以學到如何定義類別、使用初始化函數設定屬性，並透過函數讓物件執行特定行為，最後建立物件來實現這些功能。

```python
01  # ch7_2.py，計算圓面積與周長，類別的寫法
02  class Circle:
03      def __init__(self, rad=1):   # 初始化函數
04          self.radius = rad
05      def area(self):              # 圓面積函數
06          return 3.14 * self.radius ** 2
07      def perimeter(self):         # 圓周長函數
08          return 2 * 3.14 * self.radius
09
10  c1 = Circle(4)           # 建立 Circle 物件 c1
11  c2 = Circle()            # 建立 Circle 物件 c2
12  print(f'半徑: {c1.radius}, 面積: {c1.area()}, 周長: {c1.perimeter()}')
13  print(f'半徑: {c2.radius}, 面積: {c2.area()}, 周長: {c2.perimeter()}')
```

（定義 Circle 類別）

- 執行結果：
  半徑: 4, 面積: 50.24, 周長: 25.12
  半徑: 1, 面積: 3.14, 周長: 6.28

這個範例定義了一個 Circle 類別，其中包含一個初始化函數 __init__()，用來設定 radius 屬性的值，以及 area() 和 perimeter() 兩個函數，分別用來計算圓面積和周長。我們分下面 4 個細項來探討這個範例，以加深您對類別的認識。

1. 類別名稱。本例的第 2 行利用關鍵字 class 定義了 Circle 類別，類別的本體從第 3 行開始到第 8 行結束。一般類別名稱通常採用首字母大寫的駝峰式命名法，如 Rectangle、Circle 和 ArrayList 等。這樣的命名習慣可以讓程式碼更具可讀性，並且與變數或函數名稱（通常使用小寫）區分開來。

2. __init__() 函數。第 3 到 4 行的 __init__() 為一個特殊的函數。在建立物件時它會自動執行，無需明確去呼叫它。通常我們會在 __init__() 內部定義物件的屬性，並在建立物件時自動設值。

3. self 是 __init__() 裡的第一個參數，它代表 Circle 類別所建立的物件。例如第 10 行利用 Circle 類別建立了一個物件 c1，並傳入參數 4，此時 __init__() 會自動被呼叫，且第一個參數 self 就是 c1，而 4 則由 rad 接收，並在第 4 行將 c1 的半徑 radius 屬性設值為 4，如下圖所示。注意雖然 self 這個名稱可以替換成其它名字，但大家還是普遍使用 self 來維持一致性與可讀性。

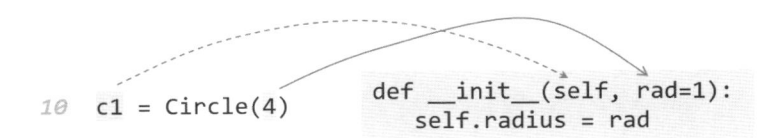

```
10   c1 = Circle(4)          def __init__(self, rad=1):
                                 self.radius = rad
```

4. 第 5 到 8 行的 area() 和 perimeter() 均是類別內部的函數，分別用來計算圓面積和周長。它們的第一個參數是 self，代表呼叫這兩個函數的物件。例如 12 行利用 c1 呼叫 area() 和 perimeter()，此時 self 就是 c1，因此可以利用 self 來提取物件的屬性（如第 8 行的 self.radius）並處理它。

在程式執行時，第 10 和 11 行分別建立了 Circle 類別的物件 c1 和 c2，因此這兩個物件都具有各自獨立的 radius 屬性，如下圖 (a)。第 12 行利用 c1.radius 取得 c1 的 radius 屬性，此外，當 c1 呼叫 area() 和 perimeter() 時，Python 會將 c1 作為參數傳遞給這兩個函數的 self，因此 self 和 c1 會指向同一個記憶空間，如圖 (b) 所示。在 area() 和 perimeter() 內，self.radius 的值為 4，因此第 2 行會輸出半徑為 4 的圓面積和周長。接著，第 13 行依相同流程輸出對應的內容。

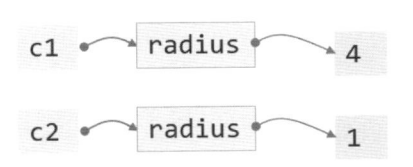

(a) 執行完 10 和 11 行之後 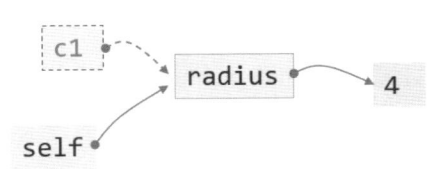　　(b) 在 area() 和 perimeter() 內

從本節的兩個範例可以觀察到，ch7_1.py 使用傳統的函數寫法來計算圓面積與周長，這種方式簡單直觀。然而，當需要處理多個圓的計算時，每次都要手動傳遞半徑，變數管理也變得較為零散。

相較之下，ch7_2.py 採用類別來封裝與圓相關的屬性與行為（即函數）。這種方式的好處是，可以將 radius 屬性與 area()、perimeter() 等函數封裝在 Circle 類別內，使得程式結構更具模組化與可讀性。此外，每個 Circle 物件都能獨立管理自己的半徑與計算結果，提升了程式的可擴展性與靈活性。因此，當程式的需求較簡單時，傳統函數的寫法已足夠；但若需處理多個相關資料，採用類別能讓程式碼更具結構性、易讀性與可重用性，是較好的選擇。

7.2 類別裡的函數

在 Python 中，類別可以包含不同類型的函數，以提供更靈活的功能。類別裡的函數可以根據用途分為三種類型：實例函數、類別函數 和靜態函數。這三種函數的主要差異在於對屬性的存取方式。例如，實例函數能夠存取物件的屬性，類別函數則可操作整個類別的屬性，而靜態函數則與物件和類別皆無直接關聯。本節將依序介紹這三種函數的特性與用法。

7.2.1 實例函數

實例函數（Instance method） 是類別中最常見的函數，主要用於處理特定物件的屬性或函數。這類函數的第一個參數為 self，代表該呼叫該函數的物件，利用 self 可以使其存取或修改該物件的屬性，或呼叫其它的函數。透過實例函數，每個物件可以擁有獨立的行為，因此適合用於需要對個別物件進行操作的情境。於 ch7_2.py 中的 area() 和 parameter() 函數即為實例函數。接下來我們再以悠遊卡的儲值與消費為例，來說明如何定義與使用實例函數。

```python
# ch7_3.py, 悠遊卡的儲值與消費
class EasyCard:
    def __init__(self, owner, amount=0):
        self.name = owner              # 持有者姓名
        self.balance = amount          # 帳戶餘額
        print( f'{self.name} 新卡儲值 {amount}')
    def add_value(self, amount):       # 儲值（實例函數）
        self.balance += amount
        print( f'{self.name} 儲值 {amount}，餘額：{self.balance}')
    def spend(self, amount):           # 消費（實例函數）
        if amount <= self.balance:     # 消費金額小於餘額
            self.balance -= amount
            print(f'{self.name} 消費 {amount}，餘額：{self.balance}')
        else:
            print('餘額不足')

ac1 = EasyCard('Mary',50)      # 建立 EasyCard 類別的物件，並儲值 50
ac1.add_value(300)             # 儲值 300
ac1.spend(200)                 # 消費 200
ac1.spend(400)                 # 嘗試消費 400，但餘額不足
ac2 = EasyCard('Tom', 100)     # 建立 EasyCard 類別的物件，並儲值 100
ac2.spend(20)                  # 消費 20
```

- 執行結果：
  ```
  Mary 新卡儲值 50
  Mary 儲值 300，餘額：350
  Mary 消費 200，餘額：150
  餘額不足
  Tom 新卡儲值 100
  Tom 消費 20，餘額：80
  ```

這個範例定義了一個 EasyCard 類別，用於模擬悠遊卡的儲值與消費的基本操作。這個類別包含兩個屬性：name 和 balance，分別表示悠遊卡持有者和餘額。類別中定義了兩個實例函數：add_value() 和 spend()，分別用於處理儲值和消費操作。

在類別中，__init__() 函數用於初始化悠遊卡持有者和初始餘額。add_value() 函數接收一個參數 amount，表示儲值金額，並將該金額加到悠遊卡餘額 balance 中，最後傳回儲值後的餘額訊息。spend() 函數也接收一個參數 amount，表示消費金額。如果

消費金額小於或等於悠遊卡餘額，則從餘額中扣除該金額，並傳回消費後的餘額訊息；否則，傳回 '餘額不足' 的提示。

在主程式中，第 17 行建立了一個 EasyCard 類別的物件 ac1，持有者為 Mary，初始餘額 50。接著第 18 行利用 ac1 呼叫 add_value() 儲值 300，並印出儲值後的餘額。然後，第 19 和 20 行呼叫 spend() 分別消費 200 和 400，並印出每次消費後的餘額。由於消費 400 元時，餘額已經不足，所以回應 '餘額不足' 字串。相同的，第 21 行建立另一個物件 ac2，持有者為 Tom 並儲值 100，隨後提取 20 元。

於本例中，add_value() 和 spend() 都是實例函數，因為它們操作的是特定物件的資料，第一個參數都是 self。這些實例函數透過 self 提取和修改實例的屬性，確保每個悠遊卡的資料獨立且正確地反映其操作結果。這樣的設計使得每個 EasyCard 的物件都能獨立管理自己的儲值和消費操作。   ❖

實例函數也可以傳遞由自定義的類別所生成的物件。在下面的範例中，我們定義了一個寵物 Pet 類別，其中包含一個實例函數 race()。這個實例函數可接收另一個 Pet 物件作為參數，並模擬兩個寵物之間的賽跑。

```
01  # ch7_4.py，傳遞物件到實例函數（兩隻寵物之間的賽跑）
02  import random
03  class Pet:
04      def __init__(self, name):
05          self.name = name
06      def race(self, other):      # 可接收一個 Pet 物件
07          my_speed = random.randint(1, 10)        # self 物件的速度
08          other_speed = random.randint(1, 10)     # other 物件的速度
09          winner = self.name if my_speed > other_speed else other.name
10          return f'{winner} 跑贏了~'
11
12  pet1 = Pet('小橘貓')           # 建立 pet1 物件
13  pet2 = Pet('虎斑貓')           # 建立 pet2 物件
14  result = pet1.race(pet2)       # 傳遞 pet2 到 race() 並進行比賽
15  print(result)
```

- 執行結果：
  小橘貓 跑贏了~

這個範例 3 到 10 行定義了 Pet 類別，裡面包含一個初始化函數 __init__() 和一個實例函數 race()。__init__() 在第 5 行利用 self.name = name 這個敘述來初始化寵物的名稱。注意這個敘述裡有兩個 name，等號左邊是物件的屬性 name，而右邊的 name 是參數，它們兩個是完全不同的變數，只是名稱相同。race() 可接收另一個 Pet 物件作為參數，並模擬兩個寵物之間的賽跑。race() 函數於 7 到 8 行使用 random.randint() 生成兩個隨機速度，並比較這兩個速度來決定勝者，最後傳回勝者的名稱。

程式的執行流程從第 12 行開始，首先建立兩個 Pet 類別的物件 pet1 和 pet2，分別代表 '小橘貓' 和 '虎斑貓'。接著，14 行利用 pet1 呼叫 race()，並將 pet2 物件作為參數傳遞進去，模擬兩隻寵物之間的賽跑。race() 傳回賽跑的結果，並將結果存儲在變數 result 中。最後，使用輸出賽跑結果，顯示哪隻寵物獲勝。這段程式碼示範了如何使用實例函數來比較不同的物件，並且說明了物件也可以作為參數來傳遞。

7.2.2 類別函數

類別函數（Class method）是一種「服務整個類別」的工具，用來處理與整體類別相關的資料，而不是針對某個特定的物件。想像一個學校的系統，用於管理學生。假設我們有一個 Student 類別，可為每個學生建立一個 Student 物件。現在，如果我們想知道學校裡總共有多少個學生，這個「總人數」應該是屬於整個學校（類別）的共用資料（類別屬性），而不是某個特定學生的資料。

類別屬性（Class attribute）是類別層級的變數，用來存儲與整體類別有關的共用資訊。與實例函數不同，類別函數的第一個參數是 cls，為 class 的縮寫，在呼叫時會自動傳入類別本身，而不是某個特定的物件。類別函數通常使用 @classmethod 修飾子（Decorator）來定義，使其能夠直接透過類別名稱呼叫，而無需建立物件。

這樣的設計就好比我們可以透過類別函數直接修改類別層級的資料（例如學生總數），而不用跟每個由 Student 類別建立的學生物件打交道。下面的範例以 Student 類別為例，說明了類別函數與類別屬性的使用方式及其應用情境：

```python
01  # ch7_5.py，簡單的學生管理系統
02  class Student:
03      count = 0      # 類別屬性，用於計數，由所有物件共享
04      def __init__(self, name, age):
05          self.name = name
06          self.age = age
07          Student.count += 1          # 每次建立物件時計數增加
08      @classmethod                    # 類別函數 from_age()
09      def from_age(cls, name, age):
10          return cls(name, age)       # 直接傳回類別的物件
11      @classmethod                    # 類別函數 get_count()
12      def get_count(cls):
13          return cls.count            # 傳回目前的物件數量
14
15  print(f'total: {Student.get_count()}')
16  s1 = Student('Alice', 20)           # 建立物件
17  s2 = Student.from_age('Bob', 22)    # 使用類別函數建立物件
18  print(f'Name: {s1.name}, Age: {s1.age}')
19  print(f'Name: {s2.name}, Age: {s2.age}')
20  print(f'total: {Student.get_count()}')  # 由類別呼叫 get_count()
21  print(f'total: {s1.get_count()}')       # 由物件呼叫 get_count()
```

- 執行結果：
```
total: 0
Name: Alice, Age: 20
Name: Bob, Age: 22
total: 2
total: 2
```

這個範例定義了一個 Student 類別，用於模擬簡單的學生管理系統。第 3 行定義了一個類別屬性 count，用來記錄學生物件的總數，它是由所有物件所共享。__init__() 函數初始化學生的姓名 name 和年齡 age，並於第 7 行在每次建立物件時，count 的計數就增加 1。這樣每當建立一個新的 Student 物件，count 屬性就會自動增加，反映

目前已建立的學生物件數量。注意在取用 count 屬性時，前面必須冠上類別名稱，如 Student.count，否則 Python 會把它當成是 __init__() 裡的區域變數。

這個範例有兩個類別函數，from_age() 和 get_count()，每個類別函數的前一行必須加上 @classmethod 修飾子，表示它是一個類別函數。from_age() 接收 name 和 age 作為參數，並傳回一個新的 Student 物件。注意 cls 就代表 Student 類別，因此第 10 行的 cls(name, age) 可以把它理解成 Student(name, age)，這個敘述等同於建立一個 Student 物件，於是 __init__() 函數會被呼叫來設定它的初值，再將它傳回，所以類別屬性 count 的值也會被加 1。另一個類別函數是 get_coun()，它可傳回目前的 Student 物件的數量，在它的前一行同樣使用 @classmethod 修飾子，使得它可以直接以類別來呼叫。

程式的執行流程從第 15 行開始，首先利用 Student 呼叫 get_count()，得到 0，因為此時還沒有建立任何物件。接著 16 到 17 行建立兩個 Student 類別的物件 s1 和 s2。s1 是直接使用初始化函數建立的，姓名為 'Alice'，年齡為 20，此時 count 的值為 1。s2 是使用類別函數 from_age() 建立的，姓名為 'Bob'，年齡為 22，此時 count 的值也更新為 2。接著，程式印出這兩個學生的姓名和年齡，並於第 20 行使用 Student 呼叫類別函數 get_count() 傳回目前的學生物件總數，得到 2。最後，第 21 行使用 s1 呼叫 get_count() 也可以得到相同的結果，由此可知類別函數可以由類別或是類別生成的物件呼叫。

看完上面的範例，我們可以了解到 @classmethod 就是一個幫類別工作的修飾子。平常我們寫的實例函數是為物件服務的，但 @classmethod 讓函數變成可以為整個類別工作，而不是針對某個物件。另外，類別函數可以在不建立物件的情況下，直接由類別名稱來呼叫。在 ch7_5.py 中，如果 get_count() 設計成實例函數，它就需要由物件來呼叫，因此在沒有建立 Student 物件的情況下，將無法呼叫它。所以將 get_count() 設計成類別函數是比較恰當的。

7.2.3 靜態函數

靜態函數（Static method）使用 @staticmethod 修飾子來定義，它是一種不依賴特定物件或類別屬性的函數。與實例函數和類別函數不同，靜態函數的參數裡不需傳入 self 或 cls，代表它不會存取物件屬性或類別屬性，適合用來執行獨立的操作。靜態函數可以直接由類別或物件呼叫，不過由類別呼叫通常更為自然。

下面的範例示範了如何使用靜態函數來檢查電子郵件的格式。這個範例定義了一個 Student 類別，包含一個靜態函數 check()，用來簡單的檢查電子郵件中是否包含 '@' 符號，如果有，則是正確的電子郵件格式。

```
01  # ch7_6.py，檢查 e-mail 的格式-使用靜態函數
02  class Student:
03      def __init__(self, name, email):
04          self.name = name
05          self.email = email
06      @staticmethod                      # 靜態函數
07      def check(email):                  # 確認 Email 裡有 '@'
08          return '正確的 email' if '@' in email else '錯誤的 email'
09
10  print(Student.check('invalid-email'))          # 錯誤的 email
11  s1 = Student('Alice', 'alice@email.com')       # 建立 Student 物件
12  print(Student.check(s1.email))                 # 正確的 email
```

- 執行結果：
  錯誤的 email
  正確的 email

這個範例定義了 Student 類別，裡面的 __init__() 用來初始化學生的姓名 name 和電子郵件 email。第 6 行用 @staticmethod 修飾子來定義靜態函數 check()，用於檢查電子郵件的格式。check() 可接收一個電子郵件地址作為參數，並檢查該地址中是否包含 '@' 符號。如果包含，則傳回 '正確的 email'，否則傳回 '錯誤的 email'。

程式的執行流程從第 10 行開始，首先利用類別 Student 呼叫靜態函數 check()，檢查電子郵件地址 'invalid-email' 是否有效，結果回應：錯誤的 email。接著，在第 11 行

建立物件 s1，姓名為 'Alice'，電子郵件為 'alice@email.com'。最後，在第 12 行再次呼叫 check() 檢查物件 s1 的電子郵件地址，並印出結果。從這個範例我們可以觀察到靜態函數不依賴於特定的物件，因此可以直接通過類別名稱來呼叫（利用物件 s1 呼叫也可以，您可以自行試試）。

從上面的範例我們已經初步了解靜態函數的用法了。在程式設計中，類別裡如有不同功能的函數相互搭配，能讓程式更有條理，例如使用靜態函數和類別函數來解決特定問題。以下的範例說明了如何透過這兩種函數來完成質數的判別，以及在一個範圍內找尋所有的質數。

```
01  # ch7_7.py, 使用靜態函數和類別函數來找尋質數
02  class PrimeChecker:
03      @staticmethod
04      def is_prime(n):            # 靜態函數，判別 n 是否為質數
05          for i in range(2, int(n**0.5) + 1):
06              if n % i == 0:
07                  return False
08          return True
09      @classmethod                # 類別函數，傳回小於 limit 的所有質數
10      def find_primes(cls, limit):
11          primes = [n for n in range(2, limit + 1) if cls.is_prime(n)]
12          return primes
13
14  limit = 20
15  primes = PrimeChecker.find_primes(limit)
16  print(f'小於等於 {limit} 的質數有: {primes}')
17  print(PrimeChecker.is_prime(23))
```

- 執行結果：
  小於等於 20 的質數有: [2, 3, 5, 7, 11, 13, 17, 19]
  True

這個範例定義了一個 PrimeChecker 類別，用於檢查質數和找到指定範圍內的所有質數。類別包含兩個函數：靜態函數 is_prime() 和類別函數 find_primes()。靜態函數 is_prime() 可接收一個整數 n，並檢查 n 是否為質數。如果從 2 到 int(n**0.5) 有任何一個數可以整除 n，則傳回 False，表示 n 不是質數；否則，傳回 True，表示 n 為質

7-13

數。類別函數 find_primes() 可接收一個整數 limit，並傳回一個所有小於等於 limit 的質數串列。

程式的執行流程從第 14 行開始，首先設定變數 limit 為 20。接著，利用 PrimeChecker 呼叫類別函數 find_primes() 找到所有小於等於 20 的質數，並將結果存儲在變數 primes 中，並於 16 行輸出結果。17 行則是利用 PrimeChecker 直接呼叫 is_prime(23)，從輸出 True 可知 23 是一個質數。

也許您會好奇，為什麼第 5 行的檢查範圍是到 int($\sqrt{n}$) 而不是檢查到 n 呢？這是因為如果一個數 n 不是質數，那麼一定能找到一個小於或等於 $\sqrt{n}$ 的數可以整除它。這樣可以減少不必要的檢查，提高效率。例如，假設 n 是 36，開根號是 6，所以我們只需要檢查 2 到 6 之間的數是否可以整除 36 就可以了。如果我們檢查到 6 以後的數（如 9），我們會發現 36 也可以被 9 整除（36 = 9 * 4），但這是多餘的檢查，因為我們已經知道 36 不是質數，因為它可以被 4 整除。 ❖

7.3 繼承與多型

在物件導向程式設計中，繼承（Inheritance）和多型（Polymorphism）是提升程式可重用性（Re-use）的重要技術。繼承允許我們從現有類別建立新類別，透過這種方式，繼承而來的類別可以沿用原有類別的屬性與函數，減少重複撰寫程式碼。多型則讓不同類別的物件可以使用相同名稱的函數來執行不同的行為，使程式更具彈性。

7.3.1 繼承

繼承是物件導向程式設計的重要特性之一，它允許新類別（子類別）從既有類別（父類別）繼承屬性與函數，避免重複撰寫相同的程式碼。透過繼承，子類別可以直接使用父類別的功能，也能根據需求進一步擴充或覆寫特定函數，使程式更具彈性與可維護性。

Python 在使用繼承時，子類別需要在類別名稱後的括號內指定父類別。下面是一個簡單的繼承範例，其中展示了如何讓子類別繼承父類別的功能，並覆寫其中的函數。

```python
01  # ch7_8.py, 簡單的繼承範例
02  class Animal:                    # 父類別
03      def speak(self):             # 父類別裡的 speak()
04          print('動物發出聲音')
05      def run(self):               # 父類別裡的 run()
06          print('動物在奔跑')
07
08  class Dog(Animal):               # 子類別 Dog 繼承自父類別 Animal
09      def speak(self):             # 子類別自己的 speak()
10          print('汪汪！')
11          super().speak()          # 呼叫父類別的 speak()
12
13  dog = Dog()         # 建立子類別的物件
14  dog.speak()         # 呼叫自己的 speak()函數
15  dog.run()           # 直接呼叫由父類別繼承過來的函數
```

- 執行結果：
  汪汪！
  動物發出聲音
  動物在奔跑

這個簡單的繼承範例包含 Animal 和 Dog 兩個類別。父類別 Animal 有 speak() 和 run() 兩個函數。speak() 可印出 '動物發出聲音'，而 run() 則印出 '動物在奔跑'。子類別 Dog 則繼承自 Animal。在子類別中也定義了一個和父類別相同的函數 speak()，因此父類別的 speak() 繼承過來時，就被子類別的 speak() 覆蓋掉了，這種覆蓋父類別相同函數的行為稱為覆寫（Override）。子類別的第 10 行可印出 '汪汪！'，並於第 11 行利用 super().speak() 重用（Re-use）父類別的 speak() 函數，傳回 '動物發出聲音'。

程式的執行流程從第 13 行開始，首先建立一個 Dog 類別的物件 dog。接著，呼叫 dog 的 speak()，這個函數首先印出 '汪汪！'，然後執行 super().speak()，這個敘述會執行父類別 Animal 的 speak()，印出 '動物發出聲音'。最後，第 15 行利用 dog 呼叫繼承而來的 run()（因為 Dog 自己本身沒有這個函數），結果印出 '動物在奔跑'。

本範例雖然簡單,但它展示了如何使用繼承來擴充父類別的函數,並通過覆寫和 super() 來重用父類別的功能。這些都是 OOP 裡重要的技術。另外,super 是 Python 的一個關鍵字(keyword),英文有「上級」的意思,對應到物件導向的概念,super() 就代表父類別,它主要用來讓子類別呼叫父類別的函數或存取屬性。 ❖

在前面的範例中,父類別和子類別都沒有定義 __init__() 函數。下面的範例我們展示了如何在子類別中使用 super() 呼叫父類別的 __init__() 來初始化屬性,這樣可以確保父類別屬性的初始化被正確執行。

```
01  # ch7_9.py, 帶有__init__() 的繼承範例
02  class Phone:           # 父類別,手機
03      def __init__(self, brand):
04          self.brand = brand          # 手機品牌
05
06  class Smartphone(Phone):             # 子類別,智慧型手機
07      def __init__(self, brand, os):
08          super().__init__(brand)     # 呼叫父類別的 __init__()
09          self.os = os                # 智慧型手機的操作系統屬性
10      def info(self):
11          return f'{self.brand} 智慧型手機,操作系統: {self.os}'
12
13  my_phone = Smartphone('Apple', 'iOS')  # 建立子類別的物件
14  print(my_phone.info())
```

- 執行結果:
  Apple 智慧型手機,操作系統: iOS

這個範例展示了父類別 Phone 及其子類別 Smartphone 之間的繼承關係。父類別 Phone 包含一個初始化函數,用於初始化手機品牌 brand。類別 Smartphone 則繼承自 Phone。在 Smartphone 類別中,於 __init__() 內的第 8 行首先利用 super() 呼叫父類別 Phone 的 __init__() 來初始化品牌,此時的子物件就有了 brand 這個屬性,第 9 行再初始化智慧型手機的操作系統屬性 os。此外,Smartphone 類別還定義了一個 info() 函數,可傳回手機品牌 brand 和操作系統 os 的字串。

程式的執行流程從第 13 行開始，首先建立一個 Smartphone 類別的物件 my_phone，品牌為 'Apple'，操作系統為 'iOS'。在建立 my_phone 物件時，Smartphone 的 __init__() 被呼叫，並通過 super().__init__(brand) 呼叫父類別 Phone 的 __init__() 來初始化品牌，如此 my_phone 物件就有了值為 'Apple' 的 brand 屬性。接著，智慧型手機的操作系統屬性 os 被初始化為 'iOS'。最後，呼叫 my_phone 的 info() 函數，傳回包含品牌和操作系統資訊的字串。

從本節的兩個範例可以看出，Python 的繼承機制允許子類別重用父類別的屬性和函數，從而提高程式碼的可擴展性與重複使用性。子類別可以改寫父類別的函數，或透過 super() 呼叫父類別的函數，以擴展新功能或保留原有的行為。這樣的設計使得子類別能夠在繼承基礎功能的同時，可根據需求進行擴充。

7.3.2 多型

多型（Polymorphism）是物件導向程式設計中的重要概念，指的是相同的函數名稱在不同類別中可以有不同的功能。這個設計使得程式更具彈性，能夠以統一的方式處理不同類別的物件，而不需關心其類型。

在 Python 中，多型主要透過函數的改寫（Overriding）來實現。例如，Animal 類別中的 speak() 函數可以在子類別 Dog 和 Cat 中有不同的行為，這樣程式可以統一使用 speak() 函數，而不需特別判斷物件類型。下面是一個簡單的多型範例，展示如何使用相同的函數名稱 speak()，但在不同的類別中具有不同的功能：

```
01  # ch7_10.py, 多型的範例
02  class Animal:                          # 父類別 Animal
03      def speak(self):
04          print('動物發出聲音')
05
06  class Dog(Animal):                     # 子類別 Dog
07      def speak(self):
08          print('汪汪！')
09
10  class Cat(Animal):                     # 子類別 Cat
11      def speak(self):
12          print('喵喵！')
13
14  # 測試多型
15  animals = [Dog(), Cat(), Animal()]     # 建立不同型別的物件
16  for animal in animals:
17      animal.speak()                     # 不同型別的物件呼叫相同名稱的函數
```

- 執行結果：
汪汪！
喵喵！
動物發出聲音

在這個範例中，Animal 類別定義了一個 speak() 函數，作為基礎的版本。類別 Dog 和 Cat 則繼承 Animal，並覆寫 speak() 函數，使其符合各自的行為。在程式執行時，第 15 行建立 animals 串列，內含 Dog、Cat 和 Animal 三個類別的物件。在迴圈中，我們逐一走訪這些物件，並呼叫各自的 speak() 來實現不同的行為。您可以發現這些物件在呼叫 speak() 之前，我們不需要先知道物件的型別，這就是多型的特性。   ❖

那如果範例 ch7_10.py 不用多型技術，那程式碼要怎麼寫呢？這時我們就需要用到 Python 內建的函數 isinstance() 來判別物件是屬於哪一個類別。isinstance(obj, class) 用於檢查 obj 是否為 class 或其子類別的實例。例如 isinstance(3, int) 回應 True，而 isinstance(3.5, int) 回應 False。下面的範例修改自 ch7_10.py，但是不用多型來撰寫：

```
01  # ch7_11.py, 不使用多型的範例
02  class Animal:                  # 父類別 Animal
03      pass
04
05  class Dog(Animal):             # 子類別 Dog
06      pass
07
08  class Cat(Animal):             # 子類別 Cat
09      pass
10
11  # 測試
12  animals = [Dog(), Cat(), Animal()]
13  for animal in animals:
14      if isinstance(animal, Dog):
15          print('汪汪！')
16      elif isinstance(animal, Cat):
17          print('喵喵！')
18      else:
19          print('動物發出聲音')
```

- 執行結果：
  汪汪！
  喵喵！
  動物發出聲音

這段程式碼定義了 Animal、Dog 和 Cat 三個類別。類別 Animal 的主體只有一個 pass 關鍵字，表示這個類別目前沒有定義任何屬性或函數。類別 Dog 和 Cat 繼承自 Animal 類別，同樣使用 pass 關鍵字。pass 關鍵字在這裡作為佔位符，使得類別定義語法上完整但不執行任何操作。

程式的執行流程從第 12 行開始，在第 12 行建立了一個包含 Dog、Cat 和 Animal 物件的串列 animals，然後使用 for 迴圈走訪這個串列。迴圈裡使用 isinstance() 函數檢查物件的類別，並根據物件所屬的類別執行特定的動作。如果是 Dog 類別的物件，則印出 '汪汪！'；如果是 Cat 類別的物件，則印出 '喵喵！'；否則，印出 '動物發出聲音'。

比較 ch7_10.py 和 ch7_11.py 這兩種寫法，第一種寫法的好處在於利用多型，讓各個子類別自行定義 speak() 函數，使得迴圈裡能夠統一處理不同類型的 Animal 物件，而不需使用 if-elif 判斷物件所屬的類別。這樣的設計提升了程式的擴充性，如果未來要新增其它動物，只需定義新的子類別並撰寫 speak() 即可，無需修改其它敘述。

7.4 類別的封裝

封裝（Encapsulation）是物件導向程式設計中的重要概念，指的是將屬性和函數封裝在一起，並限制外部對屬性的直接存取，必須透過指定的函數來操作物件。這樣的設計不僅能保護物件內部資料，防止外部程式直接修改，還能避免在繼承時意外覆蓋父類別的屬性，確保程式正確執行。

7.4.1 私有屬性

在 Python 中，我們可以在屬性名稱前加上雙底線（如 __attributes），使其變成私有屬性來限制類別外部對該屬性的存取。這種方式有助於強化封裝，防止外部程式直接修改內部資料。要存取私有屬性，必須透過特別設計的存取函數，使程式更具可控性。

我們以一個簡單的範例來說明私有屬性的存取。下面的範例設計了一個 BankAccount 類別，這個類別透過封裝來保護帳戶資料，讓使用者只能透過提供的函數來查詢餘額、存款或取款，而無法直接修改帳戶資訊（餘額）。這樣可以避免不當的操作，確保帳戶資料的安全。

```
01  # ch7_12.py, 類別封裝的範例，保護銀行的帳戶資料
02  class BankAccount:
03      def __init__(self, balance):
04          self.__balance = balance      # 私有屬性
05      def get_balance(self):            # 公有函數，用於獲取帳戶餘額
06          return self.__balance
07      def deposit(self, amount):        # 公有函數，用於存款
08          self.__balance += amount
09          print(f'存入 {amount} 元，餘額 {self.get_balance()} 元')
10      def withdraw(self, amount):       # 公有函數，用於取款
11          if 0 < amount <= self.__balance:
12              self.__balance -= amount
13              print(f'取出 {amount} 元，餘額 {self.get_balance()} 元')
14          else:
15              print('餘額不足')
16
17  acc = BankAccount(1000)
18  print(f'帳戶餘額: {acc.get_balance()} 元')
19  acc.deposit(500)
20  acc.withdraw(200)
21  acc.withdraw(2000)              # 取款金額無效或餘額不足
22  # print(acc.__balance)          # 錯誤，無法讀取私有屬性
```

- 執行結果：
  帳戶餘額: 1000 元
  存入 500 元，餘額 1500 元
  取出 200 元，餘額 1300 元
  餘額不足

這個範例設計了一個 BankAccount 類別，用於模擬銀行帳戶的基本操作。類別的初始化函數 __init__() 用於設定帳戶的初始餘額，並將其存入私有屬性 __balance。在 __balance 前加上雙底線，表示該屬性為私有，無法在類別外部直接存取，需透過特定的函數來讀取或修改，以確保帳戶資料的安全。

另外，類別中也定義了 3 個函數。get_balance() 可傳回當前的帳戶餘額。deposit() 可接收一個參數 amount，即存款金額，並將其加到餘額中，然後印出存款後的餘額。withdraw() 可接收一個取款金額參數 amount，如果取款金額小於或等於餘額，則從餘額中扣除該金額，然後印出取款後的餘額。

程式執行時，第 17 行建立一個 BankAccount 類別的物件 acc，初始餘額為 1000。接著，第 18 行呼叫 acc 的 get_balance()，印出帳戶餘額。然後，第 19 行呼叫 deposit() 存入 500 元。第 20 行呼叫 withdraw()，取出 200 元。最後，第 21 行再次呼叫 withdraw()，嘗試取出 2000 元，由於取款金額超過了帳戶餘額，因此印出 '餘額不足'。

在這個範例中，BankAccount 的屬性 __balance 被設計成私有，封裝在類別裡面，外部無法直接存取它。如果嘗試拿掉第 22 行的註解，Python 會回應一個錯誤訊息，告訴我們 acc 並沒有 __balance 屬性，代表類別的外部無法讀取它。如果我們在第 23 和 24 行多增加兩行：

```
23    acc.__balance = 500         # 新增一個屬性 __balance 給 acc 物件
24    print(acc.get_balance())    # 回應 1300，不受 23 行設定的影響
```

您會發現執行後並不會有錯誤訊息，且 acc.get_balance() 一樣會回應 1300，並不受第 23 行設定的影響。這是因為 23 行的設定實際上是新增一個公有屬性 __balance 給 acc 物件，和 acc 裡的私有屬性無關，它們只是同名而已。

從本範例可知，通過公有函數 get_balance()、deposit() 和 withdraw()，我們可以安全地提取和修改私有屬性 __balance。這樣的封裝確保了帳戶餘額的安全，防止外部程式碼直接修改帳戶餘額，並提供了函數來進行存款和取款操作。 ❖

7.4.2 屬性前的雙底線與單底線

在範例 7_12.py 中，我們提及 __balance 是私有屬性，可限制類別外部對它的存取。不過 Python 與部分靜態型別語言（如 Java、C++）稍有不同，Python 沒有真正的「私有」屬性，而是透過名稱改寫（Name mangling）來限制屬性的存取。Mangling 原意是扭曲、弄亂的意思。在 Python 中，Name mangling 的過程會將名稱進行某種程度的"扭曲"或修改，使其在內部使用時不再是原本的名稱，以保護它們被意外覆蓋或衝突。這有點像是日常生活中，為了保護隱私而使用化名。

名稱改寫技術是在類別中，欲限制的屬性名稱之前加上雙底線。這樣，Python 內部自動對該屬性進行改名，將其轉換為 _ClassName__attribute，從而避免外部直接存取。例如，前例中 BankAccount 類別裡的 __balance 屬性，Python 為了避免外界對它的意外存取，因此 Python 內部會自動將它改寫成 _BankAccount__balance 這個名子，因此在類別外部就無法存取到它。如果您真是想驗證看看，請在 7_12.py 程式碼的最後面加上下面這行敘述並執行它：

```
print(acc._BankAccount__balance)     # 提取 __balance 的值
```

此時您可以發現 __balance 的值還是可以被提取出來。

因此您應該了解到，Python 前綴為雙底線的屬性只是會觸發名稱改寫，並不是意義上真正的私有，外部仍然可以存取這些屬性。其目的只是為了避免類別外部誤用，或是被子類別同名的屬性覆蓋。

除了先前介紹的前綴為雙底線的屬性之外，Python 還提供了前綴為單底線（_attribute）的屬性。這種寫法主要用來提醒使用者，該屬性是供內部使用的屬性，不應該由類別外部的程式任意更改。但這僅具有提示作用，類別外部仍然可以存取它。不過，按照慣例，這類屬性不應該被直接修改或存取。下面是屬性的前綴為單底線的例子：

```
01  # ch7_13.py, 前綴為單底線的屬性
02  class Example:
03      def __init__(self):
04          self._data = 42        # 單底線表示這是內部使用的屬性
05      def show_data(self):
06          print(f'內部資料: {self._data}')
07
08  obj = Example()
09  obj.show_data()                # 正常存取
10  print(obj._data)               # 雖然可以存取，但按照慣例不建議這樣做
11  obj._data = 100                # 仍然可以修改，但不建議這樣直接更改
12  obj.show_data()                # 確認修改後的值
```

- 執行結果：
  內部資料: 42
  42
  內部資料: 100

這個範例展示了如何在 Python 類別中使用單底線來標示內部屬性。屬性 _data 以單底線開頭，表示它是「內部使用」的，雖然外部程式仍然可以存取和修改，但按照慣例不建議這樣做。在 Example 類別中，我們提供了 show_data() 來顯示該屬性，並展示從類別外部依然可以存取和修改這個屬性。這種寫法只是強調程式內部資料不應隨意被外部操作，但它不會觸發名稱改寫機制，因此外部仍然可以修改它。❖

7.4.3 父類別同名屬性被覆蓋的問題

當類別繼承時，若使用雙底線（__attribute）進行名稱改寫，我們可以避免子類別意外覆蓋父類別的同名屬性，進一步強化 OOP 的封裝。如果屬性 attribute 沒有使用名稱改寫，也就是只使用單底線 _attribute 或直接使用 attribute，那麼子類別定義相同名稱的屬性時，就會覆蓋父類別的屬性，導致無法存取原本的值。

我們來看看下面的例子。在這個範例中，我們原本希望 Child 類別能夠繼承 Parent，並沿用 Parent 的屬性 value。然而，Child 在內部不小心使用了相同名稱的屬性並賦予新值，結果意外地覆蓋了父類別的 value，導致非預期的行為。

```
01  # ch7_14.py, 子類別覆蓋父類別屬性的範例
02  class Parent:
03      def __init__(self):
04          self.value = 10            # 沒有使用雙底線，子類別可能會覆蓋它
05      def get_value(self):           # 傳回 value 的值
06          return self.value
07
08  class Child(Parent):
09      def __init__(self):
10          super().__init__()
11          self.value = 20            # 直接覆蓋了父類別的 value
12
13  p = Parent()
14  c = Child()
15  print(p.get_value())               # 10（父類別的屬性正常）
16  print(c.get_value())               # 20（子類別的屬性覆蓋了父類別的 value）
```

- 執行結果：
  10
  20

這個程式展示了子類別不小心覆蓋掉父類別屬性的情況。首先，在父類別 Parent 的初始化函數中，將屬性 value 設為 10，並定義一個函數 get_value() 用來傳回 value 的值。接著，子類別 Child 繼承了 Parent。在 Child 的初始化函數中，我們希望 Child 可以沿用父類別的 value 屬性，因此第 10 行 super().__init__() 呼叫父類別的初始化函數，然後在第 11 行 "不小心" 將子類別的 value 設值為 20。

程式在執行時，第 13 行建立 Parent 類別的物件 p，此時 p.value 為 10。在第 14 行建立 Child 類別的物件 c，此時程式進到第 9 行執行初始化函數，然後進到 Parent 的初始化函數，並在第 4 行設定 c.value 的值為 10。程式回到 Child 類別的第 11 行，此行就直接把 c.value 從 10 覆蓋成 20。第 15 行呼叫 p.get_value()，傳回 p 的 value 值，結果為 10，這表示父類別的屬性正常工作。第 16 行呼叫 c.get_value()，結果為 20，這表示子類別的 value 不小心被改成 20 了。

為了避免子類別覆蓋父類別的屬性，可以在父類別的屬性名稱前加上雙底線，例如 self.__value，這樣會啟用名稱改寫，使得子類別無法直接覆蓋父類別的私有屬性：

```python
01  # ch7_15.py, 訂正 ch7_14 的錯誤
02  class Parent:
03      def __init__(self):
04          self.__value = 10       # 使用雙底線，讓屬性變為私有
05      def get_value(self):
06          return self.__value     # 存取私有屬性
07
08  class Child(Parent):
09      def __init__(self):
10          super().__init__()
11          self.value = 20         # 這個 value 變成了 Child 自己屬性
12
13  p = Parent()
14  c = Child()
15  print(p.get_value())            # 10
16  print(c.get_value())            # 10（Child 無法覆蓋 Parent 的 __value）
```

- 執行結果：

  10
  10

這個範例與 ch7_14.py 類似，主要的差別在第 4 行與第 6 行。在 Parent 類別中，我們將原本的 self.value 改為 self.__value，使其成為私有屬性，這樣就會觸發名稱改寫，如此 Child 類別便無法直接覆蓋它。此外，在 Child 類別中，第 11 行 self.value = 20 其實是定義一個新的屬性，與 Parent 的 __value 無關。因此，當 c.get_value() 被呼叫時，它存取的是 Parent 中的 __value，結果仍然是 10，而不會受到 Child 的影響。這種方式可以保護父類別的屬性，避免子類別意外覆蓋它的值。

7.4.4 取值與設值函數

在物件導向程式設計（OOP）中，為了控制對類別屬性的存取，通常會使用取值函數（getter）和設值函數（setter）。getter 用於獲取屬性值，而 setter 則負責設置或更新屬性值。我們可以透過這些函數在存取屬性時加入額外的驗證或處理，從而提高程式的安全性與靈活性。我們先來看一下傳統程式語言 getter 和 setter 的寫法：

```python
01  # ch7_16.py, 傳統程式語言的 getter 和 setter
02  class Circle:
03      def __init__(self, r):
04          self.set_radius(r)              # 呼叫 setter
05      def get_radius(self):               # getter, 用來獲取半徑
06          return self._rad
07      def set_radius(self, r):            # setter, 用來設置半徑
08          self._rad = r if r > 0 else 0
09      def area(self):                     # area() 函數
10          return 3.14 * self._rad ** 2
11
12  c1 = Circle(5)
13  print('Radius:', c1.get_radius())       # 呼叫 getter
14  print('Area:', c1.area())               # 計算圓面積
15
16  c1.set_radius(-10)                      # 呼叫 setter
17  print('New Radius:', c1.get_radius())
18  print('New Area:', c1.area())
```

- 執行結果：
```
Radius: 5
Area: 78.5
New Radius: 0
New Area: 0.0
```

這個範例展示了如何使用 getter 和 setter 來管理類別 Circle 中的屬性 _rad。本範例的 getter 是 5 到 6 行的 get_radius() 函數，用來取得圓的半徑，而 setter 則是 7 到 8 行的 set_radius()，可用來更改半徑 _rad 的值，並確保半徑為正數，如果輸入的半徑值為負，則將其值設為 0。注意的 3 到 4 行的 __init__() 函數也呼叫了 setter，如此在建立物件時，也可以利用 set_radius() 來設定 _rad 屬性的值。

在執行時，第 12 行在建立 Circle 類別的物件 c1 時，參數 5 會傳遞到初始化函數，然後於初始化函數內呼叫 7 到 8 行的 setter，將半徑 _rad 初始化為 5。13 和 14 行分別使用 get_radius() 和 area() 取得半徑和圓面積。然後，第 16 行嘗試使用 set_radius() 設置新的半徑為 −10（無效，會設置為 0），最後再次使用 get_radius() 提取並印出新的半徑，然後使用 area() 計算新的圓面積。

我們可以注意到這個範例捨棄了以 print(c1._rad) 或 c1._rad = 5 這種傳統的方式來取值或設值。取而代之的是利用 getter 和 setter 來提取和設置 _rad 屬性，其中的 setter 確保了半徑的有效性。另外，我們也可以於 getter 裡設計在傳回 _rad 之前，會先印出某些訊息來幫助除錯或理解程式的執行流程。

另外，我們可以注意到屬性 _rad 前面加了一條底線。稍早曾提過這是一種大家普遍遵循的做法，用來提醒這個屬性不應該在類別外部直接存取，而應該透過 getter 和 setter 函數來提取和修改，這樣有助於封裝並保護資料的完整性。不過我們應該知道這個底線的作用純粹是提醒，並不能真正限制存取權限。　　　　　　　　　　　❖

在上個範例中，我們定義了 getter 和 setter 函數來存取或設定物件的屬性。例如，c1.get_radius() 用來取得 c1 的 _rad 屬性，而 c1.set_radius(5) 則用來設定 _rad 屬性為 5。然而您可能會想到，如果可以直接寫成 c1.radius = 5 來設定 _rad 為 5 的同時，還可以判斷設定的值是否有效，使用起來將會更方便。同樣地，如果可以用 c1.radius 取得 _rad 的值，並在取得時顯示一些需要的訊息，這樣的應用會更加廣泛。

Python 已經幫我們設計好這個機制了！Python 提供了 @property 修飾子，讓我們能夠將 getter 和 setter 整合到類別中，使其用法與存取普通屬性相同，讓使用方式更加直觀與便利。在英文中，property 是性質、屬性的意思。@property 修飾子也就告訴了 Python，其後定義的函數可以把它當成屬性來用，而屬性名稱即為函數名稱。例如，範例 ch7.16.py 的 getter 為 get_radius()，是用來取得半徑屬性 _rad 的值。因此我們可以把 @property 修飾子之後定義的函數名稱命名為 radius：

```
    @property                  # 使用 @property 來定義 getter
    def radius(self):          # Python 會把函數名稱 radius 當屬性來用
        return self._rad
```

如此一來，呼叫函數 radius() 的動作就會被轉化成類似提取屬性 radius 的語法。例如，在主程式裡如果有一行敘述

```
    print(c1.radius)    # 呼叫 @property 後面定義的 radius()函數。
```

這行敘述表面上看起來像是印出 c1 的 radius 屬性，但實際上會執行 @property 後面定義的 radius() 函數。

現在我們知道 @property 後面定義的函數就是 getter，@property 修飾子允許我們將函數名稱當成屬性來使用。而對應的 setter 則透過 @property_name.setter 來定義。以圓的半徑這個範例來看，屬性的名字（property_name）為 radius，因此我們可以利用下面的語法來定義 setter：

```
    @radius.setter             # 使用 @radius.setter 來定義 setter
    def radius(self, r):       # 函數名稱應和 @property 定義的 getter 相同
        self._rad = r if r > 0 else 0
```

定義好後，要設定 _rad 的值，我們只需要把 radius 當成是物件的屬性來設值，Python 就會呼叫@radius.setter 之後定義的函數：

```
    c1.radius = 5    # 呼叫 @property 後面定義的 radius()
```

用 @property 和 @property_name.setter 定義好 getter 和 setter 之後，外部程式碼就可以像存取普通屬性一樣，而不需要明確地呼叫 getter 和 setter 函數。

下面的範例是前一個範例的改版，其中展示了如何使用 @property 修飾子來定義 getter 和 setter。您可以注意到 @property 使得我們可以像存取屬性一樣的方式來呼叫函數，從而提高了程式的可讀性和易用性。

```
01  # ch7_17.py, 使用 @property 撰寫 getter 和 setter
02  class Circle:
03      def __init__(self, r):
04          self.radius = r            # 這一行會呼叫 setter
05
06      @property                      # 使用@property 定義 getter
07      def radius(self):              # 把函數名稱 radius 當屬性來用
08          print('getter 被呼叫了')
09          return self._rad
10
11      @radius.setter                 # 使用@radius.setter 定義 setter
12      def radius(self, r):           # 函數名稱應和 getter 相同
13          print('setter 被呼叫了')
14          self._rad = r if r > 0 else 0
15
16      def area(self):                # 計算圓形的面積
17          return 3.14 * self._rad ** 2
18
19  c1= Circle(5)
20  print('Radius:', c1.radius)       # 呼叫 getter
21  print('Area:', c1.area())         # 呼叫 area()
22  c1.radius = -10                   # 呼叫 setter
23  print('New Radius:', c1.radius)   # 呼叫 getter
24  print('New Area:', c1.area())     # 呼叫 area()
```

- 執行結果:
  ```
  setter 被呼叫了
  getter 被呼叫了
  Radius: 5
  Area: 78.5
  setter 被呼叫了
  getter 被呼叫了
  New Radius: 0
  New Area: 0.0
  ```

在這個範例中，我們希望使用 getter 和 setter 來讀取和設定屬性 _rad，並希望透過 c1.radius 的語法來讀取物件 c1 的 _rad 屬性，以及透過 c1.radius = r 的語法來設定 _rad 的值為 r。因此，我們在第 6 行使用 @property 修飾子定義了 getter 函數，函數名稱為 radius，內含兩行程式碼: 第 8 行印出 'getter 被呼叫了'，以方便觀察 getter

被呼叫的時機；第 9 行傳回屬性 _rad 的值。這個設計使得我們可以像提取屬性一樣，利用 c1.radius 呼叫第 7 到第 9 行的 getter，來傳回 _rad 的值。

第 11 行使用 @radius.setter 修飾子定義了 setter 函數，函數名稱也是 radius，但它可以接收一個參數 r。在第 13 行印出 'setter 被呼叫了'，並於第 14 行設定 _rad 的值為 r，同時確保 _rad 的值為正數或 0（若 r 為負數，則 _rad 被設為 0）。這個設計使得我們可以像為屬性設值一樣，利用 c1.radius = r 的語法呼叫第 12 到第 14 行的 setter 為 _rad 設值。

在初始化函數中，如果建立的物件是 c1，那麼第 4 行的 self.radius = r 就相當於執行 c1.radius = r，這個語法會呼叫第 12 到第 14 行的 setter。因此，在這個範例中，只要物件被建立，setter 就會自動被呼叫。

在執行時，第 19 行首先建立一個 Circle 類別的物件 c1，並將半徑 5 傳遞到初始化函數。初始化函數內呼叫了 setter，把 5 傳給第 12 行的參數 r，在印出 'setter 被呼叫了' 之後，將 c1 的 _rad 屬性設為 5。接著，第 20 行使用 c1.radius 呼叫了 7 到 9 行的 getter，在印出 'getter 被呼叫了' 之後，傳回 _rad 的值（為 5），21 行使用 area() 函數計算並印出圓形的面積。最後，第 22 行使用 setter 傳入 –10。由於傳入的是負數，因此第 14 行將 c1 的 _rad 屬性設為 0。因此，第 23 行的 getter 取出的半徑為 0，且第 24 行計算的圓面積也為 0。

從範例 7_17.py 我們可學習到如何使用 @property 定義 getter 和 setter，讓屬性 _rad 可以透過 c1.radius 讀取或設定。初始化時也會自動呼叫 setter，確保半徑為正數或 0，並透過 getter 傳回半徑值，實現屬性存取的封裝與控制。

第七章 習題

7.1 類別的基本概念

1. 【Window 類別練習】試設計一個 Window 類別，其 __init__() 函數可設定 width 和 height 屬性，預設值分別為 10 和 5。另外在 Window 類別內定義 area() 函數，用來傳回 Window 物件的面積。測試時，請建立 w0 物件，其 width 和 height 使用預設值，並建立 w1 物件，將 width 設為 12、height 設為 8。預期執行結果如下：

   ```
   w0 = Window()
   w1 = Window(12, 8)
   print(w0.area())        # 輸出: 50
   print(w1.area())        # 輸出: 96
   ```

2. 【Sphere 類別練習】已知球體積為 $4\pi r^3/3$，表面積為 $4\pi r^2$。試建立 Sphere 類別，內含 __init__() 函數，可將 rad 屬性設為 r，並定義 volume() 函數，可傳回圓球的體積，以及 surface_area() 函數，可傳回圓球的表面積。測試時，請建立 rad = 2 的 Sphere 物件 s0，並求出該物件的體積和表面積。預期執行結果如下（π 的值用 3.14）：

   ```
   s0 = Sphere(2)
   print(s0.volume())           # 輸出: 33.49（約略值）
   print(s0.surface_area())     # 輸出: 50.24（約略值）
   ```

3. 【Calculator 類別練習】試設計 Calculator 類別，內含 __init__(a, b) 函數，可將 n1 與 n2 屬性分別設為 a 與 b，並撰寫下面四個函數：add() 可傳回 n1 與 n2 之和，gcd() 可傳回 n1 與 n2 的最大公因數，lcm() 可傳回 n1 與 n2 的最小公倍數，power() 可傳回 n1 的 n2 次方。試以 c0 = Calculator(2, 10) 來測試這些函數，預期執行結果如下：

   ```
   c0 = Calculator(2, 10)
   print(c0.add())      # 輸出: 12
   print(c0.gcd())      # 輸出: 2
   print(c0.lcm())      # 輸出: 10
   print(c0.power())    # 輸出: 1024
   ```

4. 【Person 類別】試建立一個 Person 類別，其 __init__() 函數可接收 name 和 age 兩個參數，並將它們設值給屬性 name 和 age 存放。接著定義一個 greet() 函數，該函數可以根據 name 和 age 輸出問候語。下面是程式執行的範例：

   ```
   p = Person('Alice', 21)
   p.greet()   # 輸出: 嗨，我是 Alice，21 歲.
   ```

5. 【Book 類別的練習】 試建立一個 Book 類別，其 __init__() 函數可接收 title、author 和 pages 三個參數，並分別設值給 title、author 和 pages 屬性。接著，定義一個 summary() 函數，該函數可輸出書本簡介。下面是程式執行的範例：

    ```
    book = Book('Python', 'Jerry', 180)
    book.summary()    # 輸出: Python 作者為 Jerry，共 180 頁。
    ```

7.2 類別裡的函數

6. 【Circle 的類別屬性 pi】 試定義一個類別 Circle，該類別包含類別屬性 pi（圓周率，初值設為 3.14159），以及實例屬性 radius（圓的半徑）。類別應提供兩個函數：area() 用於計算圓的面積，perimeter() 用於計算圓的周長。請測試當修改類別屬性 pi 時，是否會影響方法的計算結果。下面是程式執行的範例：

    ```
    c1 = Circle(5)
    print(f'面積:{c1.area():.2f}')            # 輸出: 面積: 78.54
    print(f'周長:{c1.perimeter():.2f}')       # 輸出: 周長: 31.42
    Circle.pi = 3.14        # 修改類別屬性 pi 的值
    c2 = Circle(5)
    print(f'面積: {c2.area():.2f}')           # 輸出: 面積: 78.50
    print(f'周長: {c2.perimeter():.2f}')      # 輸出: 周長: 31.40
    ```

7. 【類別屬性 company】 試定義一個類別 Employee，包含類別屬性 company（公司名稱，所有員工共用，值為 'Unknown'），以及實例屬性 name（姓名）與 salary（薪水）。接著為此類別設計一個函數 display_info()，用於輸出員工的姓名、薪水及公司名稱，並測試設定公司名稱後，兩個不同員工的資訊是否正確顯示。下面是執行範例：

    ```
    Employee.company = 'TechCorp'    # 設定公司名稱為 'TechCorp'
    emp1 = Employee('Alice', 50000)
    emp2 = Employee('Bob', 60000)
    emp1.display_info()   # 輸出: 姓名: Alice, 薪水: 50000, 公司: TechCorp
    emp2.display_info()   # 輸出: 姓名: Bob, 薪水: 60000, 公司: TechCorp
    ```

8. 【攝氏轉華氏的類別函數】 試定義一個類別 Temperature，該類別包含一個類別函數 from_celsius()，用於將攝氏溫度轉換為華氏溫度。類別應提供一個建構子 __init__()，可接收華氏溫度並將其存儲為實例屬性 fahrenheit。from_celsius() 函數可接收攝氏溫度並使用公式 F = C * 9/5 + 32 計算對應的華氏溫度。請建立一個 Temperature 物件，並測試 from_celsius() 是否能正確轉換攝氏溫度。預期的執行結果如下：

    ```
    temp = Temperature.from_celsius(25)      # 25°C 轉換為華氏溫度
    print(temp.fahrenheit)                   # 輸出: 77.0
    ```

9. 【計算學生總數的類別函數】 試定義一個類別 Student，該類別包含一個類別屬性 student_count，用於追蹤目前的學生總數。請撰寫一個類別函數 get_student_count()，用來傳回目前的學生總數。當每個新的 Student 物件被建立時，student_count 應該自動遞增。預期的執行結果如下：

    ```
    s1 = Student('Alice')
    s2 = Student('Bob')
    s3 = Student('Charlie')
    print(Student.get_student_count())    # 輸出: 3
    ```

10. 【計算圓的面積與周長的靜態函數】試定義一個類別 Circle，該類別包含一個靜態函數 area()，用於計算圓的面積。靜態函數應接收圓的半徑 radius 作為參數，並計算圓的面積，圓周率請用 3.14。類別中還應有一個靜態函數 perimeter()，用於計算圓的周長。類別撰寫好後，請建立 Circle 類別的物件，並使用這些靜態函數來計算圓的面積與周長。預期的執行結果如下：

    ```
    radius = 5
    print(f'{Circle.area(radius):.2f}')         # 輸出: 78.50
    print(f'{Circle.perimeter(radius):.2f}')    # 輸出: 31.40
    ```

11. 【檢查是否為質數的靜態函數】 定義一個類別 NumberUtils，該類別包含一個靜態函數 is_prime()，用於判斷一個數字是否為質數。靜態函數應接收一個整數 n 作為參數，如果 n 是質數，則傳回 True，否則傳回 False。撰寫好類別之後，試利用 NumberUtils 類別呼叫靜態函數來檢查不同的數字是否為質數。預期的執行結果如下：

    ```
    print(NumberUtils.is_prime(11))     # 輸出: True
    print(NumberUtils.is_prime(15))     # 輸出: False
    ```

12. 【Factor 類別】 設 Factor 類別的定義如下：

    ```
    class Factor:
        factor_list=[2,3,6,8]
        def __init__(self, num):
            print('初始的 factor_list: ',Factor.factor_list)
            self.num=num
    ```

    試在 Factor 類別中分別定義下面 5 個函數：實例函數 find_factors()，用來找出 factor_list 中可整除 num 的元素；類別函數 add_factors(lst)，可接收整數串列 lst，並將 lst 中 factor_list 沒有的元素加入其中；類別函數 remove_factors(lst)，可移除 factor_list 中出現在 lst 裡的元素；類別函數 show_factor_list()，用來顯示 factor_list；靜態函數 isfactor(num, n)，用來判別 n 是否為 num 的因數。預期執行結果如下：

```
f0 = Factor(12)                 # 輸出: 初始的 factor_list: [2, 3, 6, 8]
print(f0.find_factors())        # 輸出: [2, 3, 6]
Factor.add_factors([4, 6, 9])
Factor.show_factor_list()       # 輸出: [2, 3, 6, 8, 4, 9]
Factor.remove_factors([3, 8])
Factor.show_factor_list()       # 輸出: [2, 6, 4, 9]
print(Factor.isfactor(15, 3))   # 輸出: True
print(Factor.isfactor(15, 4))   # 輸出: False
```

7.3 繼承與多型

13. 【動物類別與小狗類別的繼承】試定義一個父類別 Animal，包含函數 make_sound()，該函數輸出 '動物發出聲音' 的訊息。接著，定義一個子類別 Dog，繼承自 Animal，並改寫 make_sound() 方法，使其輸出 '汪汪' 的訊息。定義好類別之後，試建立 Dog 類別的物件並呼叫 make_sound() 函數，確認是否能夠正確覆寫父類別的函數 make_sound()。預期的執行結果如下：

    ```
    dog = Dog()
    dog.make_sound()           # 輸出: 汪汪
    ```

14. 【圖形類別與矩形、圓形類別的繼承】定義一個父類別 Shape，包含函數 area()，用來計算圖形的面積（但在父類別中只有一個 pass 敘述，面積無法計算）。接著，定義兩個子類別 Rectangle 和 Circle，分別表示矩形和圓形。這兩個類別應該覆寫 area() 函數來計算自己的面積。定義好類別之後，請測試這兩個類別的 area() 函數，確認是否能正確計算並輸出面積。預期的執行結果如下：

    ```
    rect = Rectangle(4, 5)
    circle = Circle(3)
    print(rect.area())         # 輸出: 20
    print(circle.area())       # 輸出: 28.27
    ```

15. 【Car 與 Truck 的繼承】定義一個類別 Car，包含屬性 color，並提供 show() 函數來輸出 color 的值。再定義 Truck 類別，讓其繼承 Car，並在 __init__() 函數中初始化 doors（車門數）、owner（車主）和 color，其中 color 的設置應呼叫父類別的 __init__() 函數。最後，在 Truck 類別內定義 show() 函數，可輸出 doors、owner 和 color 的值。預期執行結果如下：

    ```
    truck = Truck(4, 'Alice', 'Red')
    truck.show()              # 輸出: doors=4, owner=Alice, color=Red
    ```

16. 【Person 與 Student 的繼承】試定義 Person 類別，包含屬性 name，以及 print_name()，用來輸出 name 的值。再定義 Student 類別，讓其繼承 Person，並在 __init__() 中初始化 name 和 gender（性別），其中 name 的設置應呼叫父類別的初始化函數。最後，在 Student 類別內定義 print_info()，可輸出 name 和 gender 的值。預期執行結果如下：

    ```
    student = Student('Bob', 'Male')
    student.print_info()          # 輸出: Bob, Male
    ```

7.4 類別的封裝

17. 【學生類別的私有屬性】定義一個類別 Student，該類別包含私有屬性 _name 和 _age，並提供函數 set_name() 和 set_age() 用於設定這些屬性。Student 類別內有一個函數 validate_age() 用來檢查年齡是否有效（需介於 18 到 25 歲），並在 set_age() 函數中使用它，確保外部無法直接存取這些私有屬性。撰寫好後，請建立一個 Student 物件，並測試設置姓名和年齡。預期的執行結果如下：

    ```
    student = Student('Alice', 20)
    print(student.get_info())         # 輸出: Alice, 20 years old
    student.set_age(150)              # 輸出：無效的年齡
    ```

18. 【Getter 與 Setter】定義一個類別 Year，該類別包含私有屬性 __year，用來存放西元年份。請撰寫 isleap() 函數來判別 __year 是否為閏年，並提供 @property 修飾的函數 year() 作為 Getter，使 y0.year 可以取得 __year 的值，同時提供 @year.setter 修飾的 year() 作為 Setter，使 y0.year = y 可以設定 __year 的值。預期執行結果如下：

    ```
    y0 = Year(2024)
    print(y0.isleap())        # 輸出: True
    print(y0.year)            # 輸出: 2024
    y0.year = 2023
    print(y0.isleap())        # 輸出: False
    ```

19. 【矩形類別的面積計算】 定義一個類別 Rectangle，該類別包含兩個屬性 _width 和 _height，表示矩形的寬和高，請使用 @property 修飾子定義 area() 函數作為 Getter，用來計算矩形的面積，並使用 @width.setter 和 @height.setter 修飾子，確保寬度和高度不能為負數，若為負數則設為 0，並輸出一個提示。預期的執行結果如下：

    ```
    rect = Rectangle(5, 10)
    print(rect.area)          # 輸出: 50
    rect.width = -3           # 輸出: 寬度不能為負數，設置為 0
    rect.height = -2          # 輸出: 高度不能為負數，設置為 0
    print(rect.area)          # 輸出: 0
    ```

08 Chapter

檔案、異常處理與模組

在程式設計中,我們經常需要與檔案互動,例如將資料寫入磁碟或從磁碟讀取,因此了解檔案處理相當重要。然而,開啟檔案時可能因輸入錯誤導致找不到檔案,或因運算錯誤使程式中斷,這時需要異常處理機制來確保程式能順利執行。此外,我們可以將自訂函數寫入檔案,形成模組(module),並將功能相近的模組放入同一資料夾,組成套件(package),方便日後直接載入使用。本節將介紹檔案操作、異常處理與模組這三個主題,以拓展 Python 的應用領域

1. 檔案處理
2. 異常處理
3. 模組與套件

8.1 檔案處理

檔案處理可分為兩個部分：將資料寫入檔案與從檔案讀取資料。檔案可分為純文字檔（Text file）與二進位檔（Binary file）。一般來說，若使用 Windows 的記事本打開檔案，能夠直接閱讀內容的檔案為純文字檔，例如程式碼、HTML 檔或純文字的 TXT 檔等。若內容顯示為無法識別的符號，則該檔案為二進位檔，例如 EXE、DOC 等檔案。Python 的開檔和關檔函數如下：

.開檔與關檔函數

函數	說明
open(fname, mode, encoding=char_set)	以 mode 模式開啟檔案 fname，並設定編碼的字元集為 char_set
close()	關閉開啟的檔案

open() 的 encoding 參數用來指定文字檔案的編碼字元集，若未指定，Python 會使用系統預設。繁體中文 Windows 通常預設為 Big5（cp950），而 macOS、Linux 及英文系統多為 utf-8。自 Python 3.7 起，部分平台會預設使用 utf-8，但 Windows 上仍依地區設定而可能是 Big5。為避免亂碼，建議始終明確指定 encoding='utf-8'。

我們利用 open() 開啟一個檔案時，必須在 mode 參數裡指明這個檔案是用來寫入還是讀取資料，是純文字檔還是二進位檔。mode 參數列表如下：

.mode 參數

mode	說明
r	開啟用來讀取的檔案（預設，r 來自 read）
w	開啟用來寫入的檔案。如果檔案已經存在，則會被覆蓋掉（w 來自 write）
a	在既有檔案後面寫入資料。若檔案不存在，則開啟一個新檔（a 來自 append）
t	以純文字模式開啟（預設，t 來自 text）
b	以二進位模式開啟（b 來自 binary）
+	開啟一個同時可供讀寫的檔案

8.1.1 寫入與讀取純文字檔

Python 提供了一些函數可供寫入或讀取純文字檔。注意若讀取檔案時，使用的編碼與存檔時不同，可能會導致解碼錯誤而產生亂碼。因此，若純文字檔僅包含 ASCII 字元，通常可使用預設編碼方式。但若包含中文字或其它非 ASCII 字元，則須確保讀取時使用相同的編碼方式，例如 utf-8，以避免亂碼。

· 讀取與寫入函數

函數	說明
read(n)	讀取 n 個字元，n 省略則讀取到檔案末端
readline()	讀取一行文字
readlines()	讀取多行文字，並將它們組成串列傳回
write(str)	將字串 str 寫到檔案內
writelines($s1,s2,…$)	將字串組成的串列 [$s1,s2,…$] 寫到檔案內

下面透過一個簡單範例說明如何在 Python 中開啟新檔、寫入青花瓷這首歌的部分歌詞到新開的檔案，然後關閉檔案並查看寫入的內容。

```
01  # ch8_1.py, 寫入檔案練習
02  file = open('demo.txt', 'w', encoding='utf-8')   # 開啟檔案
03
04  # 使用 write() 寫入單行
05  file.write('天青色等煙雨,')
06  file.write('而我在等妳。\n')
07
08  # 使用 writelines() 一次寫入多個字串
09  file.writelines(['月色被打撈起,', '暈開了結局。\n'])
10  file.close()       # 關閉檔案
```

這個範例第 2 行透過 open() 函數開啟一個可供寫入的純文字檔 demo.txt，並指定 utf-8 編碼。在寫入模式 'w' 下，如果檔案已存在，原來的內容將被清空；如果不存在，則會自動建立新檔案。5 到 6 行使用 write() 將單行文字依序寫入檔案，第 9 行透過 writelines() 將串列中的每個字串依序寫入檔案。最後使用 close() 函數關閉檔案。

8-3

在 VS Code 中執行 ch8_1.py 時，檔案會寫到專案資料夾的根目錄裡。如果您是使用 Jupyter Notebook 來執行，則檔案會寫在 Notebook 所在的資料夾。例如，如果 ch8_1.py 和執行本範例的 ch8.ipynb 都放在 My_Python 專案資料夾的 ch08 子資料夾中，則 ch8_1.py 會將檔案寫在 My_Python 資料夾裡，而 ch8.ipynb 會將檔案寫在 My_Python\ch08 資料夾裡。請在 VS Code 的檔案總管中找到 demo.txt，點擊兩下這個檔案，即可看到我們寫入的內容。

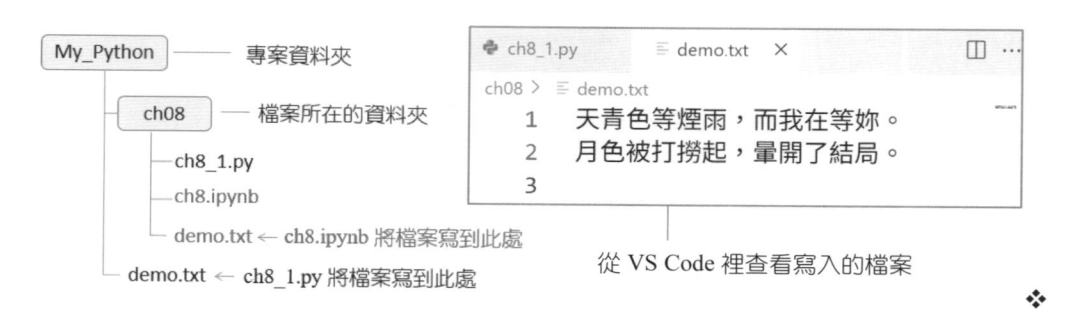

```
My_Python ── 專案資料夾
    └─ ch08 ── 檔案所在的資料夾
          ├─ ch8_1.py
          ├─ ch8.ipynb
          └─ demo.txt  ← ch8.ipynb 將檔案寫到此處
    └─ demo.txt  ← ch8_1.py 將檔案寫到此處
```

從 VS Code 裡查看寫入的檔案

現在已經寫進一個檔案到磁碟了。如果要將新的內容附加在 demo.txt 的後面，而不覆蓋原有的檔案，則開檔模式要用 'a'，代表附加（append）的意思，如下面的範例：

```
01  # ch8_2.py，附加內容到已存在檔案後面
02  file = open('demo.txt', 'a', encoding='utf-8')   # 附加模式
03  file.write('如傳世的青花瓷自顧自美麗，\n')   # 使用 write() 寫入單行
04  file.write('妳眼帶笑意。\n')
05  file.close()              # 關閉檔案
06
07  file = open('demo.txt', 'r', encoding='utf-8')   # 讀取模式
08  print(file.read())     # read() 讀取檔案全部內容，含換行符號
09  file.close()   # 關閉檔案
```

- 執行結果：
  天青色等煙雨，而我在等妳。
  月色被打撈起，暈開了結局。
  如傳世的青花瓷自顧自美麗，
  妳眼帶笑意。

這個範例透過 open() 函數以附加模式 'a' 開啟 demo.txt 檔案。在附加模式下，新增的內容會被寫入檔案末端，而不會覆蓋原有的內容。3 到 4 行使用 write() 將文字「如傳世的青花瓷自顧自美麗，」和「妳眼帶笑意。」依序寫入檔案，並在最後加上換行符號。完成寫入後，使用 close() 關閉檔案以確保資料正確寫入。隨後，第 7 行程式再次以讀取模式 'r' 開啟檔案，並使用 read() 讀取檔案的全部內容，包括換行符號，最後將內容顯示到螢幕上。

在 ch8_2.py 中，read() 可以一次讀取整個檔案全部內容。如果只是想一次讀取一行（以換行符號分界），可以用 readline() 函數。

```
01  # ch8_3.py, readline() 和 readlines() 函數
02  file = open('demo.txt', 'r', encoding='utf-8')   # 開啟檔案
03
04  # readline() 一次讀取一行，讀取到\n 即停止，strip()可去除\n
05  print('readline():', file.readline().strip())    # 讀取第一行
06  print('readline():', file.readline().strip())    # 讀取第二行
07
08  # readlines() 一次讀取多行，回傳一個包含所有行的串列
09  print('readlines():', file.readlines())   # 讀取剩餘所有行，回傳串列
10  file.close()   # 關閉檔案
```

- 執行結果：
  readline(): 天青色等煙雨，而我在等妳。
  readline(): 月色被打撈起，暈開了結局。
  readlines(): ['如傳世的青花瓷自顧自美麗，\n', '妳眼帶笑意。\n']

這個範例首先開啟了 ch8_2.py 執行完後產生的檔案 demo.txt，然後於第 5 和第 6 行使用 readline() 一次讀取檔案中的一行內容，並在遇到換行符號 \n 時停止，將該行字串（包含換行符號）傳回。為了去除行尾的換行符號，我們使用了 strip() 函數，它會移除字串開頭和結尾的空白字元與換行符號。接著，第 9 行使用 readlines() 一次讀取檔案中剩餘的所有行，並以串列的形式傳回。從這個範例可知，readline() 適用於逐行讀取檔案內容，方便逐步處理每一行；而 readlines() 則適合一次讀取檔案的所有行，便於後續處理。

8-5

8.1.2 進階檔案處理：with、seek 與 tell

在前面的範例中，我們用 open() 開檔，且處理完資料之後就需要以 close() 關檔。如果沒有關檔的話，這個檔案會一直處在被開啟的狀態，因此可能會導致後續處理上的錯誤，如搬移、刪除或重新命名等。Python 提供了 with open() as 語法，可在執行完後面的程式區塊後便自動關閉檔案，以避免忘了關檔的情況發生。

· with open() as 語法與 seek() 和 tell() 函數

函數	說明
with open(fname, mode) as f: 　　statements	開啟檔案 fname，並以 f 接收開啟的檔案，然後執行 statements 區塊。執行完後，檔案會自動關閉
seek(n)	將指標移到檔案中，位元組索引為 n 的位置
tell()	傳回目前指標在檔案中的位置

下面是使用 with open() as 的範例。我們先開啟一個檔案寫入 'Python 程式設計' 字串，然後重新開啟這個檔案，並利用 seek() 和 tell() 函數來設定和查看讀檔位置。在 utf-8 中，英文佔 1 個 byte，中文佔 3 個 bytes。下圖繪出了 'Python 程式設計' 每個字元和所佔位元組的索引，以方便您對照下面範例的解說：

P	y	t	h	o	n	程	式	設	計

位元組索引　0　1　2　3　4　5　6~8　9~11　12~14　15~17

```
01  # ch8_4.py, with open() as 的範例
02  with open('text.txt', 'w', encoding='utf-8') as f:    # 寫檔
03      f.write('Python 程式設計')  # 將文字寫入檔案
04
05  with open('text.txt', 'r', encoding='utf-8') as f:    # 讀檔
06      print('讀取兩個字元:', f.read(2))
07      print('指標位置:', f.tell())
08      print('讀取六個字元:', f.read(6))
09      print('指標位置:', f.tell())
10      f.seek(0)    # 將檔案指標移動到檔案開頭
11      print('從頭讀取檔案所有內容:', f.read())
```

- 執行結果：
  讀取兩個字元：Py
  指標位置：2
  讀取六個字元：thon 程式
  指標位置：12
  從頭讀取檔案所有內容：Python 程式設計

這個範例首先透過 with open() as 以寫入模式開啟檔案 text.txt，將字串 'Python 程式設計' 寫入。接著，再次使用 with open() as 以讀取模式開啟檔案，於第 6 行使用 read(2) 讀取檔案的前兩個字元，並印出結果。第 7 行使用 tell() 獲取目前檔案指標的位置，得到 2，代表已經讀取 2 個 bytes；接著第 8 行使用 read(6) 繼續讀取接下來的六個字元，並於第 9 行再次使用 tell() 確認檔案指標位置。目前已經讀了 6 個英文字和 2 個中文字，因此已經讀取了 6 + 2 × 3 = 12 個 bytes，所以第 9 行的 tell() 顯示 12。最後透過 seek(0) 將檔案指標移動到檔案開頭，並使用 read() 讀取檔案的全部內容，因此從輸出的最後一行可以看到整個字串。

下面是另一個利用 with open() as 處理檔案的範例。於這個範例中，我們寫入三天中，兩個時段的溫度。在讀取這些寫入的資料之後，於迴圈內計算每天的平均溫度：

```
01  # ch8_5.py，寫入與讀取氣溫記錄，並計算平均溫度
02  with open('temperature.txt', 'w', encoding = 'utf8') as f:
03      f.writelines([
04          '星期一 18 25\n',         # 記得寫上換行符號 \n
05          '星期二 20 27\n',
06          '星期三 19 26\n'
07      ])
08
09  # 讀取氣溫並計算每天的平均氣溫
10  with open('temperature.txt', 'r', encoding = 'utf8') as f:
11      temps = [line.split() for line in f]        # 解析每行資料
12  print(temps)              # 顯示解析後的資料
13
14  for day, t1, t2 in temps:                       # 計算並顯示結果
15      avg_temp = (int(t1) + int(t2)) / 2          # 計算平均氣溫
16      print(f'{day}的平均氣溫: {avg_temp:.1f}度')
```

- 執行結果：
  [['星期一', '18', '25'], ['星期二', '20', '27'], ['星期三', '19', '26']]
  星期一的平均氣溫：21.5 度
  星期二的平均氣溫：23.5 度
  星期三的平均氣溫：22.5 度

這個範例開啟了檔案 temperature.txt，並將一週三天的最低溫與最高溫寫入檔案，每行包含星期幾、最低溫和最高溫三筆資料，資料以空格隔開。這些資料使用 writelines() 一次寫入，完成後自動關閉檔案。writelines() 不會自動寫入換行符號，所以記得要自己補上。

接著，第 10 行開啟檔案，使用串列推導式讀取檔案的每一行，將它們解析為串列，並存入變數 temps。為了方便觀察解析後的結果，第 12 行將 temps 印出。從輸出可以看到 line.split() 會將讀取到的每行字串以空格為界，將他們拆分成星期、低溫和高溫三筆資料。第 14 行透過 for 迴圈逐行處理資料，將每行的最低溫與最高溫轉換為整數，計算平均氣溫，並以格式化字串的方式印出結果。

8.1.3 讀取 CSV 檔案

CSV（Comma-Separated Values）是常見的純文字格式，用來儲存表格資料。每筆資料由數字或文字組成，並以特定分隔符號（如逗號）分隔，因此稱為 Comma-Separated。不過，CSV 也可使用其它符號分隔，如空格或分號。雖然可用一般文字檔方式讀取並解析 CSV 檔，但 Python 提供內建的 csv 模組，可更方便地處理 CSV 資料。

· CSV 模組裡常用的函數

函數	說明
writer = csv.writer(f)	建立一個 csv 寫入器，以便寫入資料到 CSV 檔
writer.writerow(row)	寫入單行資料（行尾預設加上 \r\n）
writer.writerows(rows)	一次寫入多行資料（每行行尾預設加上 \r\n）
csv.reader(f, delimiter=',')	建立一個 csv 讀取器，預設的分隔符號為逗號
next(reader)	讀取下一行的資料

下面的範例和 ch8_5.py 類似，都是用來處理三天的平均溫度，但以 csv 模組裡提供的函數來操作。

```python
01  # ch8_6.py CSV 檔的處理
02  import csv
03  with open('temperature.csv', 'w', newline="", encoding='utf-8') as f:
04      writer = csv.writer(f)
05      writer.writerow(['Day', 't1', 't2'])  # 寫入標題
06      writer.writerows([
07          ['星期一', 18, 25],
08          ['星期二', 20, 27],
09          ['星期三', 19, 26]
10      ])
11  # 讀取 CSV 檔案並計算平均
12  with open('temperature.csv', 'r', encoding='utf-8') as f:
13      reader = csv.reader(f)
14      next(reader)   # 跳過標題行
15      for day, t1, t2 in reader:
16          avg_temp = (int(t1) + int(t2)) / 2  # 計算平均
17          print(f'{day}的平均氣溫: {avg_temp:.1f} 度')
```

- 執行結果：
  星期一的平均氣溫: 21.5 度
  星期二的平均氣溫: 23.5 度
  星期三的平均氣溫: 22.5 度

這個範例在第 3 行開啟檔案 temperature.csv，並指定 newline = "" 以避免寫入多餘的空行。這是因為 csv.writer() 預設會在每行的行尾加上 \r\n （Windows 的換行符號）。如果在開啟檔案時沒有設 newline = ""，Python 的 open() 會自動將 \n 轉成 \r\n，結果是每一行變成了 \r\r\n，導致寫出來的 CSV 檔案出現多餘的空行。

第 4 行使用 csv.writer() 建立 CSV 寫入器，並在第 5 行透過 writerow() 寫入標題行「Day, t1, t2」。接著，第 6 到第 10 行使用 writerows() 一次寫入多行資料，包括星期一到星期三的最低溫與最高溫。注意寫入時，每一行資料是以串列的形式呈現，串列中的每個元素即為該行中的每筆資料。完成寫入後，檔案會自動關閉。

隨後，第12行以讀取模式開啟同一檔案，並使用 csv.reader() 建立 CSV 讀取器 reader。reader 是一個迭代器（第五章曾介紹過），它不會一次將整個檔案讀入記憶體，而是可以用 next() 逐行讀取，或是在 for 迴圈裡走訪。讀取的資料會以串列的形式傳回。第 14 行透過 next() 跳過標題行不讀，然後於 15 到 17 行使用迴圈逐行讀取資料。每行資料分別解析為日期、最低溫和最高溫，將溫度轉換為整數後計算平均值，並以格式化字串的方式印出結果。 ❖

8.1.4 二進位檔的處理

前面 3 個小節處理的都是純文字檔案，可以使用記事本開啟並直接查看其內容。另一種常見的檔案類型是二進位檔（Binary file），這類檔案存儲的是原始的二進位數據，而非可讀的文字格式。在介紹二進位檔的處理方式之前，我們先來看看 Python 如何表示位元組序列，也就是 bytes 物件。

在 Python 中，bytes 物件的表示方式類似於字串，但前面加上 b 作為前綴，並使用 \xhh 來表示一個位元組（hh 為兩個 16 進位數字）。由於一個位元組（byte）等於 8 個位元（bit），其數值範圍為 0 到 255，這正好可以用兩位 16 進位數字（00 至 FF）來表示。例如，16 進位數 \xb4 等於 10 進位的 180，因此 b'\xb4' 是 Python 的一個 bytes 物件，其值對應於 10 進位的 180。

此外，如果 \xhh 的數值對應到 ASCII 可顯示字元（如數字、英文字母、符號）或控制字元（如換行 \n 或 Tab 鍵 \t），Python 會直接顯示對應的可顯示字元或控制字元，而不使用 \xhh 格式表示。

> ba0=b'\x61\x66\xa8\x0a\x09'	這是一個 bytes 物件。它是由位元組所組成的序列，而不是一個字串。
> ba0 b'af\xa8\n\t'	查詢 ba0 的值，其結果和我們輸入的不同。
> len(ba0) 5	查詢 ba0 的長度，得到 5，代表 ba0 有 5 個 bytes。

於上面的範例中，雖然輸入的 bytes 物件和顯示的 bytes 物件不同，但它們的值完全相同，只是表達方式不同。在我們的輸入中，第一個位元組是 16 進位的 61，10 進位是 97，剛好是字母 a 的 ASCII 碼，因此 Python 用 a 來表達它。

相同的，第二個位元組的值和字母 f 的 ASCII 碼相同，所以 Python 顯示 f。第三個位元組是 16 進位的 a8，由於在 ASCII 碼中沒有相對應的可顯示字元或控制碼，因此 Python 在顯示時保留了 \xa8。第四和第五個位元組的值分別等同於換行 \n 和 Tab 鍵 \t 這兩個控制碼，所以顯示了 \n\t。

在 Python 中，bytes 物件是一種不可變（Immutable）的位元組序列，類似於字串但儲存的是 0 到 255 的數值。我們可使用 bytes() 建立 bytes 物件，並透過索引、切片或迴圈存取其中的位元組。若使用 list()，則可將 bytes 轉換為對應的數值串列。

> ba1 = bytes([97, 95, 67, 13])　　　利用 bytes() 函數可以將整數轉換成 bytes 物件。

> ba1
　b'a_C\r'　　　查詢 bytes 物件的內容。

> list(ba1)
　[97, 95, 67, 13]　　　將 bytes 物件轉換成串列，Python 會給出它們的 10 進位值。

> [b for b in ba1]
　[97, 95, 67, 13]　　　這是利用 for 迴圈取出 ba1 裡的每一個位元組。

> ba1[2:]
　b'C\r'　　　取出 ba1 裡，索引從 2 開始之後的位元組。

有了上面的概念之後，學習 Python 二進位檔的處理就容易多了。在處理大量資料時，將資料以二進位格式儲存可以節省空間並提高讀取效率。下面的範例展示如何將二維矩陣寫入二進位檔案，並從檔案中讀取回原始數據。

```python
01  # ch8_7.py 二進位檔的處理
02  matrix = [
03      [12, 34, 56, 78],
04      [90, 23, 45, 67],
05      [89, 21, 43, 65]
06  ]
07
08  # 將矩陣寫入二進位檔案
09  with open('matrix.bin', 'wb') as file:
10      for row in matrix:
11          file.write(bytes(row))       # 每列轉換為二進位並寫入檔案
12
13  # 從二進位檔案讀取矩陣
14  r_matrix = []
15  with open('matrix.bin', 'rb') as file:
16      for _ in range(3):                # 矩陣有 3 列
17          row = list(file.read(4))      # 讀取 4 個 bytes(每列 4 個數字)
18          r_matrix.append(row)
19          print(row)                    # 印出每列的內容
```

- 執行結果：

```
[12, 34, 56, 78]
[90, 23, 45, 67]
[89, 21, 43, 65]
```

這個範例在 2 到 6 行定義了一個二維串列 matrix，包含 3 列 4 行的整數資料。接著，第 9 行以二進位寫入模式 'wb' 開啟檔案 matrix.bin，並使用迴圈逐行處理矩陣中的每一列。每列資料於第 11 行透過 bytes() 轉換為二進位格式後寫入檔案。

接著，第 14 行先初始化一個空陣列 r_matrix，然後於 15 行二進位讀取模式 'rb' 開啟同一檔案，並使用迴圈逐列讀取資料。第 17 行每次讀取 4 個位元組（對應矩陣的一列資料），透過 list() 將二進位資料轉換回整數串列，並將其添加到 r_matrix 中。最後，逐列打印讀取的數據，驗證讀取結果與原始矩陣一致。 ❖

bytes() 函數只能將 0 到 255 之間的整數所組成的串列轉換成 bytes 物件，然而對於其它的資料型別，或較複雜的 Python 物件，利用 bytes() 來轉換可能就會失敗了：

> bytes([384, 512])
ValueError: bytes must be in range(0, 256)

嘗試將 [384, 512] 轉換成 bytes 物件，錯誤訊息顯示整數的值必須介於 0 到 255 之間。

> bytes([3.14, {3, 7}])
TypeError: 'float' object cannot be interpreted as an integer

將一筆較複雜的資料轉換成 bytes 物件，錯誤訊息顯示無法對浮點數進行轉換。

由於二進位檔案只能儲存位元組（bytes），因此必須先將資料轉換為 bytes 物件才能寫入。Python 提供 pickle 模組來處理這類轉換。pickle 原意為「醃製」，可以理解為將資料「醃製」成 bytes 物件以便儲存，並在需要時還原回原始資料。pickle 模組裡有四個常用的函數，列表如下：

· pickle 模組裡常用的函數

函數	說明
dump(obj, f)	將物件 obj 轉換成 bytes 物件後寫入檔案 f（需以 wb 模式開啟）
dumps(obj)	將物件 obj 轉換成 bytes 物件
load(f)	從檔案 f（需以 rb 模式開啟）讀取 bytes 並還原為原始物件
loads(b)	將 bytes 物件 b 還原為 Python 物件

在 pickle 模組中，函數名稱中加上的 s 代表 string 的意思，實際上是指處理記憶體中的 byte string，也就是 bytes 物件。像是 dumps(obj) 會將 obj 轉成 bytes 物件，適合暫存或傳輸使用；loads() 則用來將 bytes 物件還原回 Python 的物件。相對地，dump() 和 load() 則是處理檔案的函數，用來直接將資料寫入或讀取檔案。

> import pickle

載入 pickle 模組。

> pickle.dumps(128)
b'\x80\x04K\x80.'

利用 dumps() 將整數 128 轉成 bytes 物件。這是在 Windows 的 VS Code 裡執行的結果，其它系統的結果可能會不同。

> data = [{56, 'dd'}, 'Python']

這是一個較複雜的資料。

8-13

```
> b_arr = pickle.dumps(data)
```
將 data 轉換成 bytes 物件。

```
> pickle.loads(b_arr)
  [{56, 'dd'}, 'Python']
```
利用 loads() 將 bytes 物件轉換成原來的資料，轉換的結果和 data 完全相同。

下是一個使用 pickle 模組的範例，示範如何將 Python 的字典轉換成 bytes 物件存入檔案，然後從檔案讀取寫入的 bytes 物件，並轉換成原來的字典：

```
01  # ch8_8.py, 使用 pickle 模組的範例
02  import pickle
03  # 要儲存的字典資料
04  data = {'name': 'Alice', 'age': 25, 'scores': [90, 85, 88]}
05
06  with open('data.pkl', 'wb') as f:   # 將資料存入 pickle 檔案
07      pickle.dump(data, f)            # 將 data 轉成二進位後寫入檔案 f
08
09  with open('data.pkl', 'rb') as f:   # 從 pickle 檔案讀取資料
10      loaded_data = pickle.load(f)
11
12  print(loaded_data)
```

- 執行結果：
  {'name': 'Alice', 'age': 25, 'scores': [90, 85, 88]}

這個範例在第 4 行定義了一個字典 data，包含姓名、年齡和成績等資料。接著，第 6 行以二進位寫入模式開啟檔案 data.pkl，並使用 pickle.dump() 函數將字典轉成 bytes 物件後寫入檔案。隨後第 9 行以二進位讀取模式開啟 data.pkl，並使用 pickle.load() 將檔案中的 bytes 物件轉換成原始的 Python 字典，並存入變數 loaded_data 中。最後，第 12 行列印讀取的資料，驗證讀取結果與原始字典一致。 ❖

現在我們已經學會如何利用 pickle 模組的 dumps() 將任意資料轉換成 bytes 物件了。轉好之後，我們可以將它寫入二進位檔，從二進位檔提取的 bytes 物件也可以利用 loads() 將它轉成原來的資料，使用起來相當方便。

8.2 異常處理

在執行程式時難免會碰上一些錯誤。過去我們遇到這些錯誤時，Python 就停在錯誤之處不再執行，直到把錯誤都解決為止。程式執行時發生錯誤可視為異常（Exception），Python 提供了異常處理機制來檢測這些異常。若處理得當，即使有錯誤的程式還是可以繼續執行，這便是異常處理的目的。

8.2.1 異常的分類

程式發生無法執行的錯誤通常可分語法錯誤（SyntaxError）和執行時期錯誤（Runtime Error）兩種。語法錯誤指的是程式不符合 Python 的語法規則，無法執行；而執行期錯誤則發生在程式執行過程中，雖然語法正確，但因為某些原因導致執行中斷，例如數字除以零或變數未定義。我們用幾個範例來看看異常如何產生，以及它們所屬的類型。

> `for = 12`
> SyntaxError: invalid syntax …

for 是關鍵字，不能用做變數名稱，此時 Python 回應 SyntaxError，代表語法錯誤。

> `6 / 0`
> ZeroDivisionError: division by zero …

這是除數為 0 的錯誤（ZeroDivisionError），它是屬於執行時期的錯誤。

> `'Python'[9]`
> IndexError: string index out of range …

因為索引超出範圍，Python 回應索引錯誤的訊息（IndexError），這也是屬於執行時期的錯誤。

在上面的範例中，Python 會拋出一個錯誤類別（SyntaxError、ZeroDivisionError 和 IndexError），並顯示相對應的錯誤訊息。例如 Python 回應 'Python'[9] 的錯誤訊息為 IndexError: string index out of range，其中的 IndexError 是這個錯誤的類型，事實上它也是一個 Python 的異常類別。冒號後面的 string index out of range 則是針對這個異常的解說。

8-15

如果可以很精準的知道程式異常的類別，我們就可以有效的來捕捉這些異常，然後引導程式執行相對應的敘述，如此就可以有效的避免程式因錯誤而造成執行中斷。下表整理了一些 Python 常見的異常類別及其說明，幫助讀者理解有哪些類別及其發生的情境。

‧異常類別與其發生的情境

異常類別	說明
SyntaxError	語法錯誤，例如 print('Hello' 缺少括號
IndentationError	縮排錯誤，例如沒有縮排
TypeError	型別錯誤，例如 '123' + 5（字串與數字相加）
ValueError	傳遞給函數的值類型正確，但內容錯誤，例如 int('abc')
IndexError	索引超出範圍，例如 lst = [1, 2]; print(lst[5])
KeyError	字典中找不到鍵，例如 d = {'a': 1}; print(d['b'])
ZeroDivisionError	除以 0，例如 10 / 0
FileNotFoundError	檔案不存在，例如 open('not_exist.txt')
IOError	輸入/輸出錯誤，通常與檔案讀寫有關
AttributeError	物件沒有該屬性，如 'abc'.pop('d')（字串沒有 pop() 函數）
NameError	變數未定義，例如 print(a)（但 a 未宣告）
ModuleNotFoundError	模組不存在，例如 import non_existent_module
RecursionError	遞迴深度超過限制，例如無窮遞迴函數
MemoryError	記憶體不足，例如建立超大串列 lst = [1] * (10**10)

8.2.2 從 if-else 到 try-except：異常處理的演進

當然，我們也可以使用熟悉的 if-else 來預先判斷可能發生的錯誤，再執行相對應的處理。但當判斷條件變多時，因為我們必須考量到各種可能發生的錯誤，程式寫起來就會顯得繁瑣。相較之下，異常處理寫起來就比較簡潔。我們先舉一個使用 if-else 來避免因輸入不是數字或除數為 0 而產生的錯誤，稍後我們再將它改寫成 Python 標準異常處理的版本。

```
01  # ch8_9.py, 使用 if-else 來避免輸入錯誤
02  num = input('請輸入一個數字：')
03
04  if num.isdigit() or (num.startswith('-') and num[1:].isdigit()):
05      num = int(num)
06      if num == 0:    # 檢查是否為 0
07          print('錯誤：除數不能為 0！')
08      else:
09          result = 10 / num
10          print(f'計算結果為：{result}')
11  else:
12      print('錯誤：請輸入數字！')
```

- 執行結果：
  請輸入一個數字：*0*
  錯誤：除數不能為 0！
  請輸入一個數字：*e*
  錯誤：請輸入數字！
  請輸入一個數字：*4*
  計算結果為：2.5

這個範例在第 2 行讓使用者輸入一個數字，第 4 行檢查使用者輸入的字串是否為有效的數字。isdigit() 可判斷字串是否為全為數字，num.startswith('-') and num[1:].isdigit() 判別輸入的是否為負數，其中 num.startswith('-') 判別 num 是否為負號開頭，而 num[1:].isdigit() 則判別後面的字串是否為全為數字。

如果第 4 行判別成功，則 5 到 10 行進一步處理輸入的數字。若輸入為 0，則第 7 行提示「錯誤：除數不能為 0！」；否則，計算 10 除以該數字的結果，並在第 10 行印出計算結果。若輸入的內容不符合數字格式，則在第 12 行提示「錯誤：請輸入數字！」。

上面的範例雖然可以處理掉一些輸入的錯誤，然而它的缺點也顯而易見。首先這種方式較為繁瑣，需要檢查輸入是否為數字，並處理 0 的情況，導致程式碼較為冗長。此外，它無法處理浮點數或其它非數字的輸入，例如輸入 3.5 會被視為錯誤。這些情況用 Python 的異常處理來應對就顯得容易多了。

Python 利用 try-except-else-finally 敘述來處理程式的異常,這個敘述可以分為四大區塊。一般我們會把執行時可能會發生異常(錯誤)的程式寫在 try 區塊內,利用 except 來捕捉異常,並把發生異常的處理方式寫在 except 區塊裡。如果 except 沒有捕捉到異常,則執行 else 區塊,最後的 finally 區塊不論是否發生異常都一定會被執行。

・try-except-else-finally 的語法

異常處理的語法	說明
| ```
try:
    try 敘述
except 異常類別0 as e0:
    except 敘述 0
except 異常類別1 as e1:
    except 敘述 1
...
else:
    else 敘述
finally:
    finally 敘述
``` | 要捕捉錯誤的程式碼放在 try 區塊中,如果 try 敘述執行時發生異常:<br>a. 異常若是屬於異常類別 0,則執行 except 敘述 0。<br>b. 異常若是屬於異常類別 1,則執行 except 敘述 1,以此類推。<br>c. 如果都沒有異常發生,則執行 else 敘述。<br>d. 無論是否有捕捉到異常,finally 敘述都會被執行。 |

在 try-except-else-finally 敘述中,else 和 finally 兩個區塊都是可選的,可以根據需要省略。此外,我們可以使用多個 except 區塊,以針對不同型別的異常進行處理。如果將異常型別指定為 Exception,則大多數常見的錯誤(如型別錯誤、索引錯誤等)都會被捕捉,因為 Exception 是所有一般錯誤的基底類別(base class)。

當程式發生錯誤時,Python 會拋出一個異常類別建立的物件,其中包含錯誤的詳細資訊。如果拋出物件的類別和 except 後面的異常類別相同,這個物件就會被捕獲,然後進行區塊內的處理。在 except 區塊中,我們可以使用「as 變數名稱」來儲存拋出的異常物件,方便後續處理。例如

```
try:
    3 + 'cat'                    # 3 無法和字串'cat'相加
except TypeError as e0:
    print(f'錯誤詳情:{e0}')      # 顯示異常物件的訊息
```
```

則會印出「錯誤詳情：unsupported operand type(s) for +: 'int' and 'str'」，這代表異常物件 e0 儲存了詳細的錯誤訊息，說明 + 運算子不支援 int（整數）和 str（字串）這兩種類型的相加。

下面是 ch8_9.py 的改版，我們以完整的 try-except-else-finally 語法來示範如何處理除數為零，或是非數字的錯誤。

```
01  # ch8_10.py, 使用 try-except-else-finally 處理異常
02  try:
03      num = int(input('請輸入一個數字：'))
04      result = 10 / num       # 可能會發生 ZeroDivisionError
05  except ZeroDivisionError:
06      print('錯誤：除數不能為 0！')
07  except ValueError:
08      print('錯誤：請輸入數字！')
09  else:
10      print(f'計算結果為：{result}')   # 只有當計算成功時才執行
11  finally:
12      print('程式執行結束')   # 無論有無錯誤都會執行
```

- 執行結果：
  請輸入一個數字：0
  錯誤：除數不能為 0！
  程式執行結束

在這個範例中，try 區塊的第 3 行程式嘗試將使用者輸入的值轉換為整數，第 4 行進行除法運算，計算 10 除以該數字的結果。如果使用者輸入的是 0，這個運算將導致錯誤，Python 會拋出一個 ZeroDivisionError 的異常物件。此物件會被第 5 行的 except ZeroDivisionError 所捕捉，然後顯示「錯誤：除數不能為 0！」的訊息。

如果使用者輸入的不是數字，像是字母或其他符號，則 int() 函數在第 3 行便無法執行，此時 Python 會拋出一個 ValueError 異常物件。這個異常會被第 7 行的 except ValueError 捕捉，然後顯示「錯誤：請輸入數字！」的訊息。

第 9 到 10 行的 else 區塊，會在 try 區塊完全沒有發生任何異常時執行，此時代表使用者輸入正確，程式會計算並顯示結果。最後，第 11 到 12 行的 finally 區塊則是不論是否發生異常都會執行，通常用來執行收尾工作。在這個範例中，會顯示「程式執行結束」的訊息。

和前例相比，本範例透過 try-except 自動處理錯誤，避免手動檢查輸入的繁瑣步驟，使程式更簡潔易讀。另外，您也可以試試輸入負數，或者是其它進位的整數，程式依然可以保持正常的運行。

您可以把異常處理想像成是「先嘗試執行，若發生錯誤再處理」，因此能夠簡化流程，避免繁瑣的條件判斷。相較於 if-else 這種「先判別，後執行」的方式更有彈性，能處理更多類型的錯誤，並確保程式在不同輸入情況下都能穩定運行。

8.2.3 異常處理的應用

異常處理常用於開啟檔案或處理使用者輸入等情境。例如，使用者可能嘗試開啟不存在的檔案，或輸入非預期的數值。透過異常處理，程式可以提醒使用者輸入正確的資料，避免因錯誤而中止。下面的範例假設使用者可以重複輸入數字，並輸出該數的平方。您可以體會到，如果輸入的不是數字，程式將發生錯誤並直接終止。

```
01  # ch8_11.py, 未經異常處理的程式
02  while True:
03      n = input('Input a number:')
04      if n in 'Qq':                    # 如果 n 為 'Q' 或 'qq'
05          print('Quit program')
06          break
07      else:                            # 否則印出 n 的平方
08          print(int(n)**2)
```

- 執行結果：
```
Input a number: 2
4
Input a number: w
ValueError: invalid literal for int() with base 10: 'w'
```

這個範例設計了一個無窮迴圈，可讓使用者輸入一個數字，然後印出輸入數字的平方。如果輸入的是字母 Q 或 q，則印出 Quit program 並跳離迴圈（4~6 行）。在執行時，輸入 2 可以正確的印出 4，如果輸入 Q 或 q 以外的字母，則因為無法轉成整數的關係，造成 ValueError 異常而無法執行，此時無窮迴圈就會被中斷。

下面的範例是修改前例的問題，使得輸入 Q 或 q 以外的字元時，程式也可以正常的運行。從這個範例您可以明顯感受到，ch8_11.py 在執行時，程式可能會因為輸入錯誤而中斷，此時使用者就必須重新執行程式再次輸入，而下面的範例則如果輸入不對，只會要求您重新輸入，而不會中斷程式。

```
01  # ch8_12.py, 加入異常處理的程式, 濾掉無法轉成 int 的輸入
02  while True:
03      n=input('Input a number:')
04      if n in 'Qq':
05          print('Quit program')
06          break
07      try:
08          print(int(n)**2)          # 這行可能會出錯
09      except Exception:             # 這行可接收拋出的任何異常
10          print('Input error')
```

- 執行結果：
```
Input a number: w
Input error
Input a number: 10
100
Input a number: q
Quit program
```

這個範例我們把平方的計算放在 try 區塊內（7~10 行），由它來監控是否會有無法計算的情況發生。如果有，則印出 'Input error'，否則印出輸入之數的平方。無論是否有辦法計算，都會回到迴圈的開頭要求使用者再次輸入一個數字。如果按下 Q 或 q，則會跳離迴圈。

8.2.4 使用 raise 拋出異常

當程式遇到錯誤時，Python 會自動拋出異常，例如 1/0 會觸發 ZeroDivisionError。但有時候我們希望主動檢查條件，並在不符合時拋出異常且自訂錯誤訊息，這時就可以使用 raise。例如在檢查年齡時，可以用 raise ValueError('年齡必須大於 18 歲') 來阻止不符合條件的輸入，避免後續發生錯誤。透過 raise，我們可以在錯誤發生前主動攔截，確保計算過程順利。

・raise 的語法

語法	說明
raise 異常類別(錯誤訊息)	主動拋出異常，由適當的 try-except 區塊處理。 ・異常類別：代表 Python 內建的異常類別，如 ValueError、TypeError 等。 ・錯誤訊息：用來描述異常的訊息

以下的範例展示了如何使用 raise 關鍵字在密碼驗證中主動觸發異常，以確保輸入的密碼符合特定要求：

```python
01  # ch8_13.py, 利用 raise 主動拋出異常，確保密碼符合條件
02  def set_password():
03      while True:
04          try:
05              password = input('請輸入密碼（至少 8 個字元，且包含數字）: ')
06              if len(password) < 8:
07                  raise ValueError('長度不足，至少 8 個字元！')
08              if not any(char.isdigit() for char in password):
09                  raise TypeError('至少包含一個數字！')
10              return password            # 密碼符合要求，回傳
11          except ValueError as e:
12              print(f'輸入錯誤：{e}')
13          except TypeError as e:
14              print(f'格式錯誤：{e}')
15
16  user_password = set_password()         # 測試 set_password()
17  print(f'密碼設定成功：{user_password}')
```

- 執行結果：
  請輸入密碼（至少 8 個字元，且包含數字）：`87111`
  輸入錯誤：長度不足，至少 8 個字元！
  請輸入密碼（至少 8 個字元，且包含數字）：`password`
  格式錯誤：至少包含一個數字！
  請輸入密碼（至少 8 個字元，且包含數字）：`abc12345`
  密碼設定成功：`abc12345`

這個範例定義了一個 set_password() 函數，要求使用者輸入密碼，並檢查密碼的長度與內容是否符合條件。如果密碼長度小於 8 個字元，第 7 行會使用 raise 拋出 ValueError 異常，並提供錯誤訊息「長度不足，至少 8 個字元！」。這個異常會被第 11 行的 except ValueError as e: 捕獲，其中物件 e 包含 ValueError() 中的錯誤訊息，因此第 12 行會輸出「輸入錯誤：長度不足，至少 8 個字元！」。

同樣地，如果密碼中不包含數字，第 9 行會透過 raise 拋出 TypeError 異常，提示「至少包含一個數字！」。這個異常則由第 13 行的 except TypeError as e: 捕捉，並顯示相應的錯誤訊息。整個函數使用 while True 讓使用者可以不斷重新輸入，直到符合條件為止，最後回傳符合要求的密碼。

這種設計透過 raise 主動拋出異常，使錯誤處理與正常流程分開，提高程式的可讀性。當異常發生時，對應的 except 區塊會捕獲錯誤並提示使用者重新輸入。只有當密碼符合所有條件時，函數才會回傳密碼，結束程式。

最後，您也許會問為什麼密碼長度小於 8 個字元時，我們會透過 raise 拋出 ValueError，而不是 TypeError 或其它異常類別呢？這是因為 ValueError 用於表示傳入的值不符合預期的範圍或條件。密碼長度不足，屬於密碼的值不合法，因此使用 ValueError 更符合語義。相對地，若密碼未包含數字，我們選擇拋出 TypeError，因為這種情況更接近型別上的錯誤。當然，即使您選擇拋出其它異常類別，程式仍能正常執行，只是會讓錯誤的屬性表達得不夠明確。

8.3 模組與套件

到目前為止，我們已經使用過幾個 Python 內建模組（Module），如第二章介紹的 math 和 random，以及本章的 pickle。模組是一個 Python 程式檔（副檔名為 .py），其中可以定義函數、常數或類別等。當多個相關的模組放在同一個資料夾內，就形成了一個套件（Package）。

8.3.1 載入模組或套件的語法

要使用模組裡的函數（或其它成員，如常數或類別等），我們可以載入整個模組，再以這個模組來取用函數；或是明確載入模組裡的特定函數。

1. 要載入整個模組，可以利用下面的語法：

    import module (as md)

    此語法可載入整個模組 module。在呼叫 module 裡的函數 func() 時必須使用 module.func() 的語法來呼叫。若 module 的名稱太長，可以在 import 後面利用 as 加上縮寫名稱，例如 md，即可將 module 縮寫為 md。此時在呼叫函數時只要使用 md. func() 即可。

2. 要明確載入模組裡特定的函數，可利用下面的語法：

    from module import func1 (,func2,...)

    此語法從 module 中載入 func1() 函數（或是同時載入數個函數）。利用這種方式載入函數時，在程式中可以直接呼叫載入的函數名稱，使用起來就像是內建的函數一樣。

這兩種語法都很常用，但是初學者常會忘記哪一種語法在呼叫函數時要加上模組名稱。如果是「只載入模組」，表示 Python 只能存取這個模組本身，使用裡面的函數時，仍然需要加上模組名稱；但如果是「從模組中載入函數」，Python 已經能直接存取那些函數，因此在呼叫時就不需要再寫模組名稱了。

```
> import math
```
載入內建的 math 模組。

```
> math.sqrt(2)
  1.4142135623730951
```
在 sqrt() 前面必須加上模組名稱 math，才能呼叫 sqrt()。

```
> import math as m
```
載入 math 模組，並將 math 縮寫為 m。

```
> m.sqrt(2)
  1.4142135623730951
```
現在利用 m.sqrt(2) 即可呼叫 sqrt()。

```
> from math import sqrt, sin
```
同時將 sqrt() 和 sin() 兩個函數載入。

```
> sqrt(2)
  1.4142135623730951
```
因為已經載入函數，所以可以直接呼叫 sqrt()。

套件（Package）是把性質相關的模組放在一個資料夾內，這個資料夾就成了一個套件。如果要載入套件裡的模組，或是模組裡面的某個函數，只要將套件名稱加在模組名稱前面，並以一個點連接，即可依前述的方法來取用。例如，假設套件 package 裡有一個模組 module，模組裡有一個函數 func1()。如果要載入 module，可以用下面的語法：

```
import package.module (as md)
```

此時可使用 package.module.func1() 的語法來呼叫 func1()。如果 package.module 有縮寫（as 加上縮寫名稱），則可利用縮寫來呼叫。我們也可以從 package 套件載入 module_name 模組，如下面的語法：

```
from package import module
```

此時可利用 module.func1() 的語法來呼叫 func1()。當然，我們也可以利用下面的語法直接載入 module 裡的函數 func1()：

```
from package.module import func1
```

因為函數已經被載入，所以 func1() 可直接在程式裡呼叫，無需加上其它前綴。

8.3.2 使用自定義模組裡的函數

本節我們來探討一下如何在 VS Code 裡建立自己的模組,並練習載入與使用模組裡的函數。假設您目前開啟的專案所在的資料夾是 My_Python,正在執行的檔案是 ch8_14.py,它是放資料夾 ch8 內。在 ch8 內還有一個 greeting.py 模組,以及另一個資料夾 math_code,內含一個模組 calculator.py。另外,在 My_Python 資料夾裡還有一個資料夾 geometry,裡面有一個模組 area。我們把這些模組的關係畫成下圖,方便理解它們之間的關係。

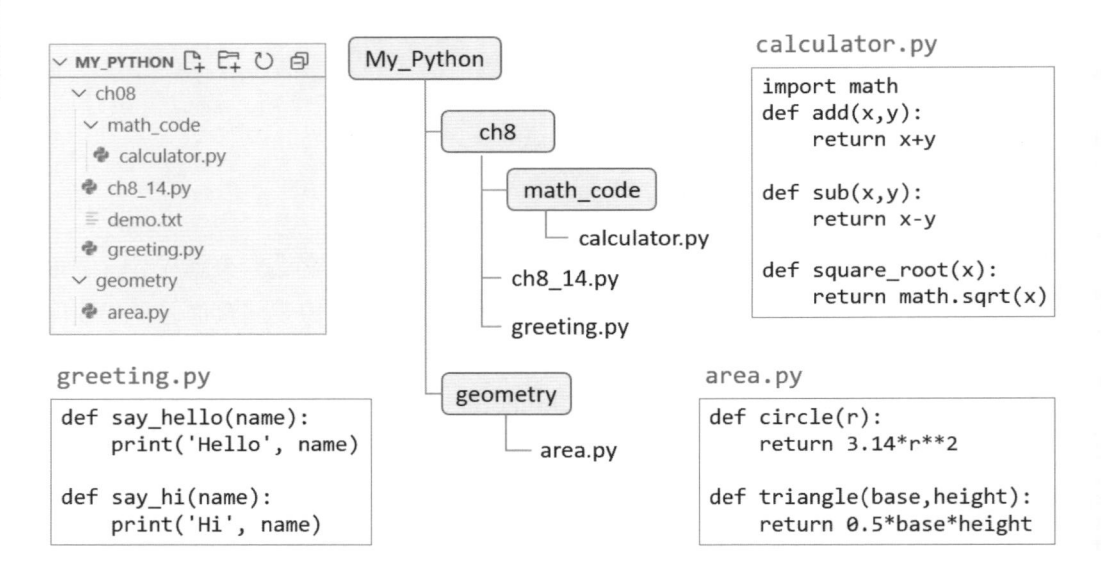

```
∨ MY_PYTHON
  ∨ ch08
    ∨ math_code
        calculator.py
      ch8_14.py
      demo.txt
      greeting.py
    ∨ geometry
      area.py
```

```
My_Python
├── ch8
│   ├── math_code
│   │   └── calculator.py
│   ├── ch8_14.py
│   └── greeting.py
└── geometry
    └── area.py
```

calculator.py
```python
import math
def add(x,y):
    return x+y

def sub(x,y):
    return x-y

def square_root(x):
    return math.sqrt(x)
```

greeting.py
```python
def say_hello(name):
    print('Hello', name)

def say_hi(name):
    print('Hi', name)
```

area.py
```python
def circle(r):
    return 3.14*r**2

def triangle(base,height):
    return 0.5*base*height
```

從上圖中我們可以看到 greeting.py 裡有 say_hello() 和 say_hi() 兩個函數,area.py 裡有 circle() 和 triangle() 兩個函數,而 calculator.py 裡則有 add()、sub() 和 square_root() 三個函數。注意在 calculator.py 裡我們也載入了 Python 內建的 math 模組,因為裡面的 square_root() 會呼叫到 math 模組裡的 sqrt()。

請在 VS Code 裡建置好上面的環境,以方便後面的練習。注意建好的環境,在 VS Code 的檔案總管看起來應和左上角的圖一樣。下面我們依模組位置的不同,分兩個部分來探討如何載入自定義的模組和函數。

♣ 載入位於當前資料夾裡的模組或函數

在載入模組時，Python 會先搜尋當前執行檔案所在的資料夾。如果模組位於該資料夾或其子資料夾內，就可以直接載入。例如當前資料夾是 ch08，因此 greeting.py 和 math_code 資料夾中的 calculator.py 都可以直接載入。

要使用 greeting 模組裡的函數，我們可以利用下面的語法：

```
> import greeting
```
載入 greeting 模組。

```
> greeting.say_hi('Tom')
  Hi Tom
```
呼叫 greeting 模組裡的 say_hi() 函數。

```
> greeting.say_hello('Mary')
  Hello Mary
```
呼叫 greeting 模組裡的 say_hello()。

若不想每次呼叫函數時都加上模組名稱，可以直接載入函數：

```
> from greeting import say_hello
```
直接載入函數 say_hello()。

```
> say_hello(Jeanne)
  Hello Jeanne
```
直接呼叫 say_hello() 函數。

要使用 math_code 資料夾內 calculator.py 的函數，由於 math_code 是當前資料夾內的子資料夾，Python 可以找到它，因此可使用 math_code.calculator 載入 calculator 模組，或是呼叫模組裡面的函數：

```
> import math_code.calculator
```
載入 calculator 模組。

```
> math_code.calculator.add(3, 2)
  5
```
呼叫 add(3, 2)，傳回 5。

如果覺得名稱太長，可以用 as 來縮寫：

```
> import math_code.calculator as cr
```
將 math_code.calculator 縮寫成 cr。

```
> cr.sub(5, 3)
  2
```
用縮寫名稱來呼叫 sub(5, 3)，傳回 2。

我們也可以直接從 math_code 載入 calculator 模組：

```
> from math_code import calculator
```
從 math_code 載入 calculator 模組。

```
> calculator.add(6, 4)
  10
```
呼叫 add(6, 4)，傳回 10。

最後，如果想直接載入某個函數，可以這樣寫：

```
> from math_code.calculator import add
```
明確載入 add() 函數。

```
> add(2,3)
  5
```
呼叫 add(2, 3)，傳回 5。

♣ 載入位於其它資料夾裡的模組或函數

如果要載入的模組不在當前的資料夾或其子資料夾內，我們只要把存放模組的資料夾路徑添加到 Python 搜尋模組的路徑即可。例如，存放 area 模組的資料夾 geometry 是存放在 c:\python\my_code 這個路徑中，利用下面的語法即可將它添加到 Python 的搜尋路徑：

```
import sys                                    # 載入 sys 模組
sys.path.append('C:\\python\\my_code')        # 將路徑添加到搜尋路徑
```

注意路徑之間用兩個反斜線 \\ 隔開，這是因為反斜線 \ 是跳脫字元，兩個反斜線組合起來才代表一個真正的反斜線，用於分隔檔案路徑。

下面的程式碼示範了如何使用 import 載入各種不同資料夾內的模組。

```
01  # ch8_14.py, 自定義模組的載入練習
02  import sys
03  # 將自定義模組的路徑加入系統模組搜尋路徑
04  sys.path.append('C:\\python\\my_code')
05
06  from greeting import say_hello      # 從 greeting 載入 say_hello()
07  say_hello('Jeanne')                  # 呼叫 say_hello()
08
09  from math_code import calculator     # 從 math_code 載入 calculator 模組
10  print(calculator.add(6,4))           # 呼叫 add() 進行加法運算
11
12  import geometry.area as ar           # 載入模組並命名為 ar
13  print(ar.circle(2))                  # 呼叫 circle()
14
15  from geometry.area import circle     # 直接載入 circle() 函數
16  print(circle(10))                    # 呼叫 circle()
```

- 執行結果：
```
Hello Jeanne
10
12.56
314.0
```

這個範例第 2 行透過 sys.path.append() 將 C:\python\my_code 加入 Python 的模組搜尋路徑，確保可以找到 geometry 資料夾內的模組。接著，第 6 行 from greeting import say_hello 直接載入 say_hello() 函數，並呼叫它來顯示問候語。第 9 行從 math_code 資料夾載入 calculator 模組，並使用 add() 進行數字加法運算。接下來第 12 行 import geometry.area as ar 讓 area.py 內的函數可以透過 ar 來呼叫，這裡使用 ar.circle(2) 計算半徑為 2 的圓面積。最後，第 15 行 from geometry.area import circle 直接載入 circle() 函數，省略模組名稱，計算半徑 10 的圓面積。

第八章 習題

8.1 檔案處理

1. 【檔案的寫入與讀取】試依序完成下列各題：

    (a) 試將 'Python' 這個字串寫入純文字檔 ex8_1.txt 中。

    (b) 設 lst = []，請開啟 sample.txt，一次讀取一個字元，然後把讀取到的字元添加到串列 lst 中，直到讀取完所有的字元為止（讀到檔案末端後，如果再讀取時會讀到空字串）。讀完之後，lst 的值應為 ['P', 'y', 't', 'h', 'o', 'n']。

2. 【純文字檔與二進位檔的練習】試依序完成下列各題：

    (a) 試撰寫一程式找出 100 的所有因數，並將找出的因數寫入純文字檔 ex8_2.txt 中，每個因數用逗號隔開。

    (b) 開啟 ex8_2.txt，讀取寫入的因數，然後計算其總和。

    (c) 以二進位檔的格式將 100 的所有因數寫入 ex8_2.bin 中。

    (d) 讀取儲存於 ex8_2.bin 中的數字，然後計算其總和。

3. 【讀取文字檔並找最大值】設一個純文字檔 ex8_3.txt 的內容如下（數字之間有一個空格），試讀取這個純文字檔，然後找出裡面數字的最大值和最小值。

    23 45 23 65
    44 56 88 21
    50 67 89 12

4. 【pickle 模組的練習】試完成下列各題：

    (a) 找出小於 1000 的所有質數，並以一個串列 lst 存放。

    (b) 將 (a) 中的 lst 利用 pickle 模組裡的 dumps() 函數轉成 bytes 物件，然後將它存在 ex8_4.bin 檔案中。

    (c) 讀取 ex8_4.bin 檔案，並將其內容還原回原來的資料。您得到的結果應該是一個小於 1000 的質數所組成的串列。

5. 【理解 bytes 物件】設有一個 bytes 物件 barr 為 b'\x0c&@\xfc'，試查閱 ASCII 編碼表，寫出它們解碼後應該是哪四個數字，再將 barr 轉換為由 0~255 之間的數字組成的串列，以驗證您寫出的結果。

6. 【csv 模組】請撰寫一個程式，使用 csv 模組來建立一個檔案 ex8_6.csv，該檔案包含學生的姓名、年齡與成績。程式應該先寫入以下三位學生的資料：

   ```
   John,18,85
   Mary,19,90
   Jeff,17,78
   ```

   接著，再使用 csv 模組讀取 ex8_6.csv 檔案，並將每位學生的姓名、年齡和成績顯示在螢幕上，顯示格式如下：

   ```
   姓名：John，年齡：18，成績：85
   姓名：Mary，年齡：19，成績：90
   姓名：Jeff，年齡：17，成績：78
   ```

7. 【io 模組】在 Python 的 io 模組裡提供了 StringIO 和 BytesIO 兩個類別，可分別將字串和 bytes 物件寫入電腦的記憶體而不是磁碟中，並且會建立一個類似檔案的物件。我們可以利用這個物件來讀取資料，使用起來就像是讀取檔案內的資料一樣。例如下面的程式碼可以將 csv_data 資料寫入記憶體，建立一個物件 *f0*，然後利用 *f0* 對檔案進行讀取：

   ```
   > import csv
     from io import StringIO
     csv_data='12,65,37,1024\n122,43,23,12'
     f0=StringIO(csv_data)
     print([i for i in csv.reader(f0,delimiter=',')])
     [['12', '65', '37', '1024'], ['122', '43', '23', '12']]
   ```

   相同的，下面的範例是將 b'\x02\x04\x05\n\x14\x192d' 寫入記憶體，然後利用 BytesIO 類別建立的物件 f0 來讀取 bytes 物件的內容。

   ```
   > from io import BytesIO
     f0=BytesIO(b'\x02\x04\x05\n\x14\x192d')
     f0.read(4)     # 讀取4個位元組
     b'\x02\x04\x05\n'
   ```

   利用這種方式，有些場合就無需把資料寫入磁碟，再從磁碟讀取資料了。因為從磁碟讀寫資料速度較慢，如果短時間需要進行大量的讀寫資料，利用這種方式可以加快存取的速度。

(a) 試利用 StringIO() 將下列的資料寫入記憶體中,然後從記憶體讀取這些數據,並找出它們的最大值。

75, 87, 86, 19, 69
78, 65, 12, 77, 90

(b) 試利用 BytesIO() 將 [{3,5},'Python', (64,1024)] 寫入記憶體中,然後讀取它們,並將讀取的 bytes 物件轉換成原來的資料。

8.2 異常處理

8. 【解碼錯誤的異常處理】執行下面的程式碼時,我們會得到一個錯誤訊息。試捕捉這個錯誤,然後印出 'utf-8 解碼錯誤' 字串。

    b'\x04\xeb\x12'.decode('utf-8')

9. 【輸入錯誤的異常處理】試設計一個程式,在 try 區塊裡由使用者輸入兩個整數 a 和 b,並判別這兩個數的大小。如果 a 小於 b,則印出 'a 小於 b' (a 和 b 請用輸入的數字取代),否則印出 'a 大於或等於 b'。如果使用者輸入的不是數字,則無法轉成整數,因此會有錯誤發生,此時請在 except 區塊印出 '無法判別大小,請重新輸入'。如果 try 區塊裡沒有任何錯誤,則印出 '判別完成'。重複上面的步驟,直到使用者鍵入 Q 或 q 為止,然後顯示 '程式結束'。

10. 【處理數字輸入的錯誤】試設計一個程式,可以讓使用者輸入一個數,然後印出這個數開根號的結果。若輸入非數字的字元或負數,都將導致錯誤。試撰寫 try-except 來處理輸入時的錯誤:若輸入負數,則提示 '不能輸入負數',若是輸入非數字的字元,則提示 '必須輸入數字'。如果沒有錯誤,則顯示 '輸入正確' 與開根號的結果。

11. 【處理除法錯誤與輸入錯誤】請撰寫一個程式,要求使用者輸入兩個數字,然後計算並顯示它們的除法結果。如果使用者輸入的不是數字,則捕捉並處理此錯誤,顯示 '無效輸入,請輸入數字' 的提示訊息。如果使用者輸入的第二個數字是 0,則捕捉並處理除以零的錯誤,顯示 '除數不能為零' 的提示訊息。程式應該重複執行,直到使用者輸入 'exit' 為止,並顯示 '程式結束' 的訊息。

12. 【to_byteArray() 的異常處理】試撰寫函數 to_byteArray(lst),可以接收一個由整數組成的串列,然後將它轉換成 bytes 物件並傳回。如果無法轉換(例如整數太大、串列裡的內容是浮點數或其它原因),則顯示 '無法轉換'。

13. 【raise 的應用】請撰寫一個程式，要求使用者輸入年齡，並將其轉換為整數。如果輸入的年齡小於 18，使用 raise 拋出一個 ValueError 類別的物件，並顯示錯誤訊息 '年齡不能小於 18'。如果年齡大於或等於 18，則印出 '年齡為 [輸入的年齡] 歲'。

8.3 模組與套件

14. 【自訂模組計算因數與質數】試撰寫一函數 factors(n)，用來傳回 n 的所有因數，以及 primes(n)，可用來傳回所有小於等於 n 的質數，並依序完成下列各題：

    (a) 將 factors(n) 和 primes(n) 這兩個函數放在 ex8_14_math1.py 中，再將 ex8_14_math1.py 放在目前的工作資料夾內，然後利用這個模組裡的函數計算 factors(50) 和 primes(100)。

    (b) 請在 C 碟的根目錄裡建立一個資料夾 python_pkg，然後將 factors() 和 primes() 這兩個函數放在 python_pkg 的 ex8_14_math2.py 中。放置好了之後，請利用 ex8_14_math2.py 裡的函數計算 factors(50) 和 primes(100)。

15. 【跨檔案使用函數判別質數】設函數 factors(n) 可傳回 n 的所有因數所組成的串列，且 factors(n) 是定義在 ex8_15_m1.py 中。現在我們想設計一個函數 is_prime(p)，它定義在 ex8_15_m2.py，可以用來判別 p 是否為質數（傳回 True 或 False）。如果 p 是質數，則 p 只有兩個因數（1 和 p），所以從 factors(p) 傳回串列的長度就可以知道 p 是否為質數，因此我們需要在 ex8_15_m2.py 裡載入 ex8_15_m1.py 的 factors()，才能在 is_prime(p) 裡使用 factors()。試完成這個工作，使得 is_prime()可以順利呼叫到 factors()。

16. 【自訂模組計算質因數分解】質因數分解是將一個整數分解成它的質數因數。例如，60 的質因數分解是 2 * 2 * 3 * 5。請依下列要求完成：

    (a) 在 ex8_16_math1.py 中定義兩個函數。prime_factors(n) 用來將n分解成質因數，並傳回質因數的串列。is_prime(n) 判斷 n 是否為質數，傳回 True 或 False。

    (b) 在主程式中匯入 ex8_16_math1.py，並使用 prime_factors(n) 計算 60 及 100 的質因數。

    (c) 請將 prime_factors() 和 is_prime() 函數放在 C:\python_pkg/ex8_16_math2.py 中。

    (d) 在主程式中匯入 ex8_16_math2.py，並分別計算並印出 prime_factors(150)與 prime_factors(512) 的結果。

17. 【跨檔案使用函數計算數字特性】Harshad 數是指一個整數可以被它的「數字總和」整除的數字。例如：18 的各位數字加總為 1 + 8 = 9，而 18 可以被 9 整除，因此 18 是 Harshad 數。請依下列要求完成：

    (a) 在 ex8_17_m1.py 中定義函數 sum_of_digits(n)，可傳回整數 n 各位數字的總和。

    (b) 在 ex8_17_m2.py 中定義函數 is_harshad(n)，用來判斷 n 是否為 Harshad 數。此函數需正確呼叫 sum_of_digits(n) 來進行判斷。

    (c) 請撰寫主程式 ex8_17.py，依序檢查 1~100 之間的整數，並印出所有 Harshad 數。

18. 【跨檔案使用函數判斷阿姆斯壯數】阿姆斯壯數（Armstrong number）是指一個 n 位數的數字，其每個位數的 n 次方總和等於該數本身。例如，53 是三位數，且 $1^3 + 5^3 + 3^3 = 153$，所以 153 是阿姆斯壯數。9474 是四位數，且 $9^4 + 4^4 + 7^4 + 4^4 = 9474$，所以 9474 也是阿姆斯壯數。請依下列要求完成：

    (a) 在 ex8_18_m1.py 中定義一個函數 digits(n)，可傳回整數 n 的每一位數所組成的串列。例如 digits(153) 傳回 [1, 5, 3]。

    (b) 在 ex8_18_m2.py 中定義函數 is_armstrong(n)，用來判斷 n 是否為阿姆斯壯數。此函數需正確呼叫 digits(n)，計算每一位數的 n 次方總和，並與原數比對。

    (c) 請撰寫主程式 ex8_18.py，檢查 1 到 9999 之間的所有整數，並印出其中所有阿姆斯壯數。

09 Chapter

使用 NumPy 套件

在處理資料時,NumPy 是很常用的一個套件。NumPy 是 Numerical Python 的縮寫,專門用來處理數值的運算。NumPy 強化了 Python 本身在數值計算上的不足,使得 Python 在處理陣列時可以高速的運算。許多資料科學裡常用的套件都是以 NumPy 的陣列為基礎而發展的,因此對於資料科學而言,NumPy 的學習極其重要。本章將著重在 NumPy 陣列的建立與操作,下一章則是介紹 NumPy 在數值上的各種運算。

1. 認識 NumPy 的陣列
2. 陣列元素的提取
3. 陣列的進階處理

9.1 初探 NumPy 陣列

Python 本身並沒有提供陣列（Array）這種資料結構。雖然我們可以利用串列來實現陣列的功能，但是使用起來不太方便，也沒有效率。NumPy 是為了讓 Python 進行高效數值運算而設計的套件，在運算速度上遠高於 Python 原生的串列。

NumPy 是第三方套件，必須先安裝才能使用。請在 VS Code 的終端機窗格裡鍵入：

```
pip install numpy
```

即可安裝 NumPy。安裝前，VS Code 的右下角可能會跳出一個警告訊息。由於我們是在自己安裝的 Python 環境裡執行，並非虛擬環境，因此可以不用理會這個訊息，點選「不要再顯示」按鈕即可。

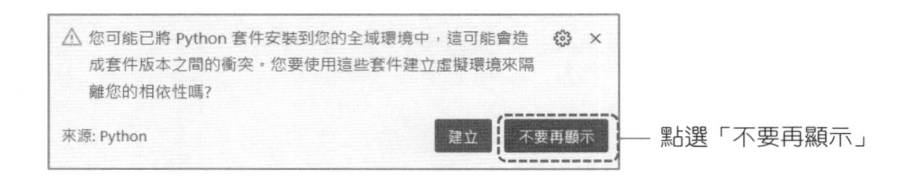

安裝的時間不到一分鐘即可完成，此時您可以看到安裝完成的訊息，同時也顯示了 NumPy 安裝的版本。

雖然不同版本在某些函數的細節或輸出格式上可能會有些差異，但不影響我們學習 NumPy 的核心用法。NumPy 套件（Python 的其它套件亦同）只需進行一次安裝，下次要使用時不需再次安裝。

如果鍵入 pip install numpy 之後出現錯誤訊息而無法安裝，很可能是因為在安裝時沒有把 python 的路徑加到環境變數中。要解決這個問題，請按 Win + S 鍵，於搜尋欄內鍵入 env，您就可以看到「編輯您的帳戶的環境變數」項目會出現。點選這個項目，於出現的「環境變數」對話方塊中選取「Path」，然後按下「編輯」：

1. 按 Win + S 鍵，鍵入 env 後，選取此項

2. 選取「Path」

3. 點選「編輯」

此時會開啟「編輯環境變數」對話方塊。請點選「新增」，然後鍵入安裝 Python 的路徑 C:\Python313，以及其子資料夾 Scripts 的路徑 C:\Python313\Scripts，如下圖所示：

2. 鍵入這兩行路徑，並按「上移」將它們移到最上面

1. 選取新增

可上移路徑

鍵入好後，按下「確定」鈕即完成設定。設定完後，請重啟 VS Code，再重新安裝一次 NumPy 應該可以順利成功了。

9.1.1 NumPy 陣列的基本認識

安裝好 NumPy 之後，我們可利用下面的語法將 NumPy 載入：

```
import numpy as np
```

上面的語法把 numpy 縮寫為 np，這是 Python 社群的標準寫法。在之後的練習中都假設您已經將 NumPy 載入，每節練習的範例就不再特別顯示載入 NumPy 的語法。

NumPy 的陣列可分為一維、二維或多維。二維陣列可視為多個一維陣列組成，三維陣列則是多個二維陣列疊加而成，以此類推。我們可用 array() 建立 NumPy 陣列。

· 建立陣列的函數與相關的屬性

函數/屬性	說明
array(obj, dtype = t)	以 obj 建立一個資料型別為 t 的 NumPy 陣列。若省略 dtype，NumPy 會自動根據 obj 的內容推斷適合的資料型別
a.ndim	陣列 a 的維度（number of dimensions，或稱為軸數）
a.shape	陣列 a 的形狀（即每一軸有多少個元素）
a.dtype	陣列 a 的型別（data type）
a.size	陣列 a 元素的個數

在 NumPy 中，陣列的維度可以看成是坐標軸的數目，所以 n 維陣列也稱為 n 軸陣列。NumPy 的一維陣列是由一串有順序的元素所組成，我們可以用下圖來表示：

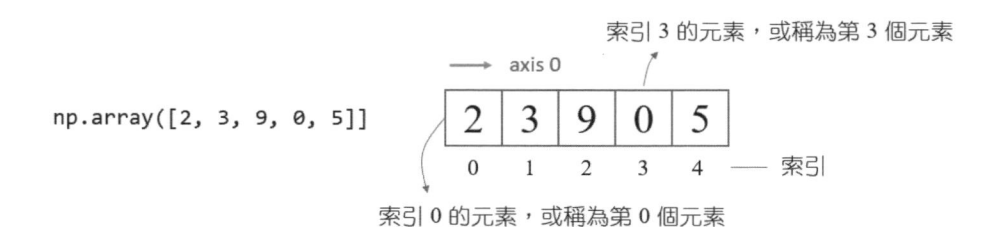

```
                                    索引 3 的元素，或稱為第 3 個元素
                          ⟶ axis 0
np.array([2, 3, 9, 0, 5])  ┌─┬─┬─┬─┬─┐
                           │2│3│9│0│5│
                           └─┴─┴─┴─┴─┘
                            0 1 2 3 4  ── 索引
            索引 0 的元素，或稱為第 0 個元素
```

一維陣列只有一個軸，也就是軸 0。我們可以利用 Python 的串列、元組或 range() 函數等方式來建立一維陣列。

> import numpy as np	載入 NumPy 套件，並縮寫為 np。
> a = np.array([0, 1, 2, 3, 4])	以串列建立 NumPy 的一維陣列，並設定給變數 a 存放。
> a.ndim 1	查詢 a 的維度，得到 1，代表 a 是一個一維陣列。
> a.shape (5,)	查詢 a 的形狀。a.shape 回應一個 tuple，裡面的數字 5 代表陣列 a 裡有 5 個元素。
> a.dtype dtype('int64')	查詢 a 的型別，得到 int64，代表 a 裡的元素是 64 bits 的整數。

在 Jupyter Notebook 中，直接輸入陣列 a 和使用 print(a) 所顯示的結果可能不同；在 REPL 環境下執行時，也可能略有差異。書中的範例是在 VS Code 的 Jupyter Notebook 中執行的結果。不過您不用在意它們的差異，這並不影響 NumPy 的學習。

> print(a) [0 1 2 3 4]	印出 a 的內容，這是一種簡潔的表示法，適合快速查看陣列的數值內容。
> a array([0, 1, 2, 3, 4])	直接查詢 a 則顯示 array(...) 的格式，這比 print(a) 更能看出它是 NumPy 陣列。

另外，當我們把數字（如 12）轉換成 NumPy 陣列時，會得到一個零維陣列，代表它是一個純量（Scalar）。它的形狀為 ()，維度是 0，說明它沒有任何軸。

> np.array([12]).shape (1,)	這是一維陣列，裡面只有一個元素 12，其形狀是 (1,)。
> np.array(12).shape ()	如果數字 12 外面沒有方括號，則它是一個純量，其形狀以空的 tuple 表示。
> np.array(12).ndim 0	純量的維度為 0。

9.1 初探 NumPy 陣列

9-5

二維陣列是由數個等長的一維陣列所組成。如果一個二維陣列是由 m 個一維陣列組成，且每個一維陣列中有 n 個元素，那麼這個二維陣列就有 m 個橫列，n 個直行，形狀為 (m,n)。我們通常稱這樣的陣列為 $m \times n$ 的二維陣列。

二維陣列有兩個軸，軸 0 是垂直方向，也稱為列的方向（列索引逐漸變大的方向），而軸 1 是水平方向，也稱為行的方向。NumPy 陣列索引是從 0 開始的，為了方便和索引一致，在陣列中我們會稱呼索引 0 的列為第 0 列，相同的索引為 0 的行為第 0 行。熟悉這樣的命名方式，能幫助我們更直觀地理解陣列的形狀與資料位置。下面是一個 3×4 的二維陣列的例子：

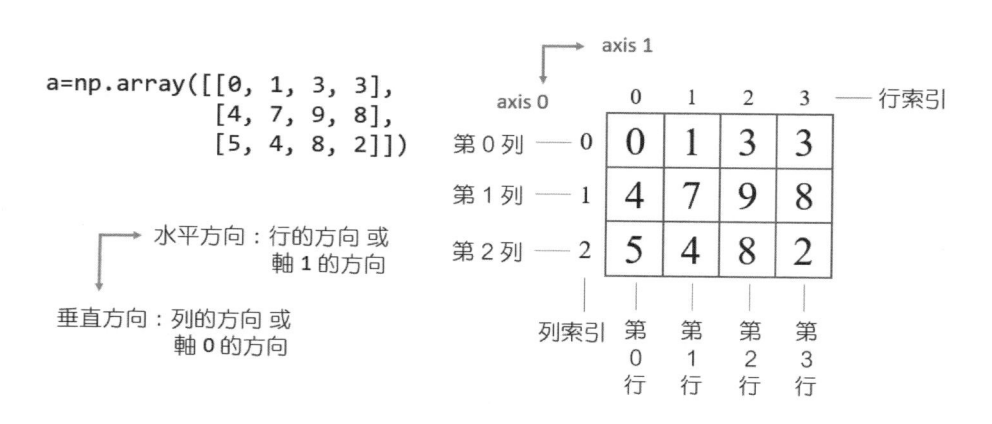

```
a=np.array([[0, 1, 3, 3],
            [4, 7, 9, 8],
            [5, 4, 8, 2]])
```

水平方向：行的方向 或
軸 1 的方向

垂直方向：列的方向 或
軸 0 的方向

	axis 1				
axis 0		0	1	2	3 |— 行索引
第 0 列 — 0	0	1	3	3
第 1 列 — 1	4	7	9	8
第 2 列 — 2	5	4	8	2

列索引　第0行　第1行　第2行　第3行

接下來是一些二維陣列的簡單範例，我們從中可以觀察二維陣列的維度（ndim）、形狀（shape）以及元素總數（size）等基本屬性。

> `a = np.array([[1, 3, 2],[4, 7, 9]])` 　以兩個具有三個元素的子串列，建立一個 2×3 的 NumPy 陣列。

> `print(a)`
　`[[1 3 2]`
　`[4 7 9]]`
　印出陣列 a 的內容。我們可觀察到它有兩個橫列，三個直行。

> `a`
　`array([[1, 3, 2]`
　`       [4, 7, 9]])`
　如果直接查看 a，NumPy 會在輸出中加上 array()，包住整個陣列內容。

```
> a.ndim
2
```
陣列 a 的維度為 2，也就是二維陣列。

```
> a.shape
(2, 3)
```
陣列 a 的形狀為 2×3，即 2 個橫列，3 個直行。

```
> a.size
6
```
陣列 a 裡的元素共有 6 個。

另外，軸 0 方向只有一個元素的二維陣列看起來有點像一維陣列，但請不要把它們搞混了，因為它們在形狀和操作上仍然有明確的差異。例如，np.array([[1, 2, 3]]) 是形狀為 (1, 3) 的二維陣列，而 np.array([1, 2, 3]) 則是形狀為 (3,) 的一維陣列。

三維陣列 $p\times m\times n$ 可以看成是由 p 個 $m\times n$ 的二維陣列所組成。三維陣列有 0、1 和 2 三個軸，在這三個軸上分別有 p、m 和 n 個元素。於下圖中，圖 (a) 是以 NumPy 建立一個 $2\times 3\times 4$ 的三維陣列，如果把它畫成三維空間，可得圖 (b)。圖中可以看出沿著軸 0、軸 1 和軸 2 的方向，陣列分別有 2、3 和 4 個元素。

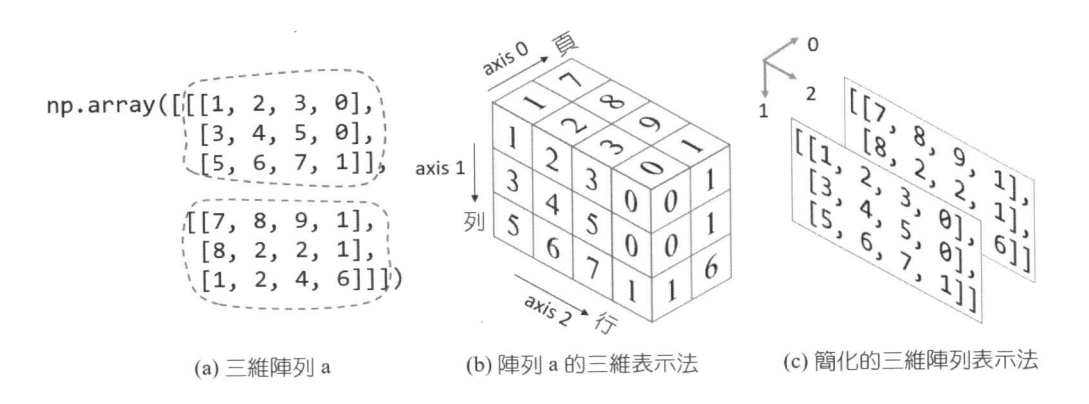

(a) 三維陣列 a　　(b) 陣列 a 的三維表示法　　(c) 簡化的三維陣列表示法

圖 (c) 是簡化的表示法，從圖中可以看到陣列是由 2 個 3×4 的二維陣列沿著軸 0 的方向所組成。3×4 的二維陣列看起來像是一頁，因此有時也會把軸 0 的方向稱為頁（page）的方向。

```
> a = np.array([[[1, 2, 3, 0],
                 [3, 4, 5, 0],
                 [5, 6, 7, 1]],

                [[7, 8, 9, 1],
                 [8, 2, 2, 1],
                 [1, 2, 4, 6]]])
```
建立一個 2×3×4 的陣列。注意在 array() 的參數是一個三層的巢狀串列，最外層（軸 0）的串列裡有 2 個子串列，每個子串列（軸 1）裡都還有 3 個小串列，每個小串列（軸 2）都有 4 個元素。

```
> print(a)
[[[1 2 3 0]
  [3 4 5 0]
  [5 6 7 1]]

 [[7 8 9 1]
  [8 2 2 1]
  [1 2 4 6]]]
```
―― 這個空行用來區隔軸 0 上的兩個二維陣列

這是 NumPy 對於三維陣列的表示方式。形狀為 2×3×4 的陣列可以看作是由 2 個 3×4 的二維陣列所組成。NumPy 在顯示時，會在這兩個二維陣列之間插入一個空行，這個空行有助於我們以平面的方式理解三維陣列的結構。

```
> a.ndim
3
```
查詢 a 的維度，可知它是三維陣列。

```
> a.shape
(2, 3, 4)
```
查詢 a 的形狀，可知 a 是 2×3×4 的陣列。

```
> a.size
24
```
陣列 a 共有 24 個元素（2×3×4 = 24）。

在實際處理資料時，大於三維的陣列也很常見，但是我們無法畫出它們的幾何形狀。不過以一個 $p \times q \times r \times c$ 的四維陣列來說，只要把它想像成是由 p 個 $q \times r \times c$ 的三維陣列所組成，這樣就比較好理解四維（或四維以上）的陣列了。

9.1.2 NumPy 常用的資料型別

NumPy 提供了許多型別，方便我們建立陣列時使用。一些常用的型別和相關的轉換函數列表如下。我們可以注意到 NumPy 陣列元素的型別不僅可以是數字，也可以是字串或其它型別。

• 型別和型別的轉換函數

資料型別/函數	說明
bool	布林型別
int8, int16, int32, int64	8, 16, 32 和 64 位元的有號整數（有正負號）
uint8, uint16, uint32, uint64	8, 16, 32 和 64 位元的無號整數（均為整數或 0）
float16, float32, float64	16, 32 和 64 位元的浮點數
<Ux	至多 x 個字元的 Unicode 字串
object	任意型別
a.astype(t)	將陣列 a 轉換成 t 型別
a.tolist()	將陣列 a 轉換成 list 型別

下面的範例展示了如何指定資料型別、轉換型別，以及將 NumPy 陣列轉換成 Python 的串列，幫助讀者熟悉基本的陣列操作。

> `np.array([1,2,3], dtype='float64')` 　建立一維陣列，並指定型別為 float64。
  `array([1., 2., 3.])`

> `np.array([0, 1, 4], dtype=bool)` 　以 bool 型別來建立陣列。我們可以注意
  `array([False, True, True])` 　到 0 被轉成 False，其餘被轉成 True。

> `a=np.array([[1.2,4.0],[6.9,8.3]])` 　這是一個二維的浮點數陣列。

> `a.astype('int32')` 　傳回一個將陣列 a 轉換為 32 位元整數型
  `array([[1, 4],` 　別的新陣列，原陣列 a 不會被修改。
  　　　`[6, 8]], dtype=int32)`

> `a.dtype` 　查詢 a 的型別，我們可以發現 a 的型別
  `dtype('float64')` 　還是 float64。

> `a.tolist()` 　將陣列 a 轉換成 list。注意 tolist() 不會
  `[[1.2, 4.0], [6.9, 8.3]]` 　改變 a 的內容。

NumPy 陣列的元素也可以是字串，或者是其它較複雜的資料型別，如串列，集合或字典等，如下面的範例：

> a = np.array(['Tom','Jerry'])   以兩個字串來建立一個陣列。

> print(a.dtype)   查詢 a 的型別，顯示 <U5，代表 a 裡每
  <U5   一個字串的字元數不超過 5 個。

> np.array(['T',5])   如果沒有指定 dtype，NumPy 會因為 5 可
  array(['T', '5'], dtype='<U21')   以轉成字串，導致變成是字串的陣列。

> np.array(['T',5], dtype=object)   如果指定 dtype=object，表示陣列的元素
  array(['T', 5], dtype=object)   可以是任意的 Python 物件。因此，字串
                                                    'T' 和整數 5 可以共存於同一個陣列。

9.1.3 用來建立陣列的函數

除了利用 array() 函數來建立陣列之外，我們也可以利用其它函數來建立陣列。常用的陣列建立函數列表如下：

・陣列建立函數

函數	說明
$\text{arange}(a,b,d,\text{dtype}=t)$	從 a 到 b (不含 b)，間距 d，建立型別為 t 的陣列
$\text{linspace}(a,b,n)$	從 a 到 b 分割 $n-1$ 等份，並傳回 n 個分割點
$\text{zeros}((m,n,\ldots),\text{dtype}=t)$	傳回型別為 t，形狀為 $m \times n \times \cdots$ 的全 0 陣列
$\text{ones}((m,n,\ldots),\text{dtype}=t)$	傳回型別為 t，形狀為 $m \times n \times \cdots$ 的全 1 陣列
$\text{empty}((m,n))$	傳回 $m \times n$ 的空陣列，內容為記憶體中的殘值
$\text{diag}(\text{lst},\text{dtype}=t)$	傳回一個以 lst 為對角線，其餘元素為 0 的矩陣
$\text{eye}(n,\text{dtype}=t)$	傳回一個 $n \times n$ 的單位矩陣
$\text{tile}(\text{arr},(m,n,\ldots))$	將 $m \times n \times \cdots$ 個 arr 拼貼成一個陣列並傳回

在上面的函數中，arange() 是 <u>a</u>rray <u>range</u> 的縮寫，也就是陣列範圍的意思。linspace 是 <u>lin</u>ear <u>space</u> 的縮寫，為等距間隔之意。

> `np.arange(5)`
  `array([0, 1, 2, 3, 4])`

arange() 裡如果只寫一個參數，則傳回 0 到該參數（不含），間距為 1 的陣列。

> `np.arange(1, 10, 2)`
  `array([1, 3, 5, 7, 9])`

傳回一個從 1 到 9（不含 10），間距為 2 的陣列。

> `np.linspace(0, 1, 5)`
  `array([0., 0.25, 0.5, 0.75, 1.])`

將 0 到 1 的區間分成 4 個等份，並傳回 5 個分隔點。

> `np.ones(3, dtype = 'int32')`
  `array([1, 1, 1], dtype=int32)`

建立 3 個元素都是 1 的一維陣列，並指定型別為 int32。

> `np.zeros((2, 3))`
  `array([[0., 0., 0.],`
  `       [0., 0., 0.]])`

建立一個 2×3 的全 0 陣列。注意預設的型別是 float64。

> `np.diag([1, 2, 3, 4])`
  `array([[1, 0, 0, 0],`
  `       [0, 2, 0, 0],`
  `       [0, 0, 3, 0],`
  `       [0, 0, 0, 4]])`

以 1、2、3 和 4 為對角線上的元素，建立一個其餘位置皆為 0 的對角矩陣。

> `np.tile([[1, 2], [3,4]], (2, 3))`
  `array([[1, 2, 1, 2, 1, 2],`
  `       [3, 4, 3, 4, 3, 4],`
  `       [1, 2, 1, 2, 1, 2],`
  `       [3, 4, 3, 4, 3, 4]])`

拼貼 2×2 的二維陣列成 2×3 個區塊，結果為一個 4×6 的二維陣列。

9.1.4 產生亂數

Python 內建 random 模組裡的亂數函數一次只能產生一個亂數，如果要產生多個亂數，必須要撰寫 for 迴圈。NumPy 也有一個 random 模組，它用起來就方便多了。這個模組裡提供許多亂數產生函數，且可以產生一維、二維或是多維的亂數陣列。下表列出了三個較常用的函數：

· random 模組裡的亂數產生函數

函數	說明
seed(sd)	使用亂數種子 sd 建立亂數
randint(a,b,size)	建立 size 個範圍為 a 到 b（不含）的整數亂數
rand(size)	建立 size 個範圍為 0 到 1 的浮點數亂數
randn(size)	建立 size 個標準常態分佈亂數（平均值 0，標準差 1）

在產生亂數時，我們通常會先設定亂數種子，以確保結果可重現（也就是每次執行都會產生一樣的結果）。以下展示了產生整數與浮點數亂數的範例：

```
> np.random.seed(999)
```
設定亂數種子為 999。在執行此函數之後，後面的亂數會依序由此種子產生。

```
> p = np.random.randint(1, 7, (2, 3))
  print(p)
  [[1 5 6]
   [2 1 2]]
```
產生 2 × 3 個 1 到 7（不含）之間的整數亂數。因為產生的亂數為 1 到 6，剛好是骰子上面的點數，因此可以用它來模擬三個骰子擲兩次，每次擲出來的點數。

```
> print(np.random.rand(3, 2))
  [[0.63968144 0.09092526]
   [0.33222568 0.42738095]
   [0.55438581 0.62812652]]
```
產生 3 × 2 個 0 到 1 之間的亂數。

```
> print(np.random.randn(3, 1))
  [[ 0.98433937]
   [ 0.67012194]
   [-0.37051232]]
```
產生 3 × 1 個平均值為 0，標準差為 1 的常態分佈亂數。

除了呼叫 random 模組裡的函數來建立亂數之外，在新版的 NumPy 中，建議使用 default_rng(sd) 函數以種子先建立一個亂數產生器物件，再以這個物件來呼叫相關的亂數產生函數。這種寫法比較容易控制亂數的行為，方便重現相同的結果。

・亂數產生器與相關函數

函數	說明
rg=default_rng(sd)	以 sd 為亂數種子建立一個亂數產生器 rg
rg.random(size)	以 rg 建立 size 個 0 到 1 之間的亂數
rg.integers(a,b,size)	建立 size 個從 a 到 b 的整數亂數（不含 b）
rg.standard_normal(μ,σ,size)	建立 size 個平均值為 μ，標準差為 σ 的常態分佈亂數。μ 預設為 0，σ 預設為 1
rg.permutation(arr,axis)	依 axis 隨機排列 arr 的橫列或直行
rg.shuffle(arr,axis)	同上，但 arr 會被更改為隨機排序後的值
rg.choice(arr,n,axis,replace)	依 axis 隨機抽取 arr 裡的 n 個橫列或直行。設 replace = True 則放回抽取的元素

default_rng() 函數裡的 rng 為 random number generator 的縮寫，即亂數產生器之意。一般我們都會以 default_rng() 建一個亂數產生器，再利用它來呼叫相關的函數。

```
> rg = np.random.default_rng(998)
```
使用種子 998 建立一個亂數產生器 rg。

```
> print(rg.integers(3, 5, (2, 6)))
  [[4 4 3 4 3 4]
   [4 4 4 3 3 3]]
```
建立 2×6 個整數亂數，整數的範圍為 3 到 5 之間（不含 5）。

choice() 可從陣列中選出一個或多個元素，並可設定是否重複抽樣（replace），適用於模擬抽籤或隨機分組等情境。

```
> rg.choice(range(5), 4)
  array([4, 3, 0, 4])
```
從 0 到 4 之間的整數隨機抽出 4 個數。因為沒有設定 replace 參數，其預設值是 True，代表元素抽完之後就會放回去，因此會抽到相同的元素。

```
> rg.choice(range(5),4,
     replace=False)
  array([3, 0, 1, 4])
```
設定 replace=False 則抽出來的元素不放回，因此不會抽到相同的元素。

9-13

NumPy 也提供了 permutation() 和 shuffle() 這兩個打亂資料順序的函數,它們的功能類似,但行為不同。permutation() 回傳一個新的打亂後陣列,不會改變原資料;而 shuffle() 則會直接修改原陣列的順序,如下面的範例:

```
01  # ch9_1.py, permutation()和 shuffle()的差異
02  import numpy as np
03  rg = np.random.default_rng()              # 建立亂數生成器
04
05  arr = np.array([1, 2, 3, 4])              # 初始化一個陣列
06  permuted_arr = rg.permutation(arr)        # 使用 permutation ()
07  print('permutation() 產生的新陣列:', permuted_arr)
08  print('permutation() 後的原始陣列:', arr)
09
10  arr = np.array([1, 2, 3, 4])              # 重新初始化陣列
11  rg.shuffle(arr)                           # 使用 shuffle()
12  print('shuffle() 打亂後的原始陣列:', arr)
```

- 執行結果:
  ```
  permutation() 產生的新陣列: [3 2 1 4]
  permutation() 後的原始陣列: [1 2 3 4]
  shuffle() 打亂後的原始陣列: [2 3 1 4]
  ```

這個範例碼展示了 permutation() 和 shuffle() 的差異。首先第 3 行建立了一個亂數產生器 rg,第 5 行初始化陣列 arr。第 6 行使用 rg.permutation(arr) 建立一個新的隨機排列陣列 permuted_arr,並在第 7 行輸出結果,第 8 行印出原本陣列的內容,我們發現執行 permutation(arr) 過後,原始陣列 arr 不變。接著,第 10 行重新初始化陣列 arr,確保其內容回到初始狀態。第 11 行使用 rg.shuffle(arr) 將原陣列 arr 就地打亂,並在第 11 行輸出結果,於 12 行的輸出您可以發現陣列 arr 的內容已被改變。 ❖

在進行抽查或點名時,常需要從一群學生中隨機選出幾位以檢視成績或出席情況。這時就可以使用 choice() 函數,從整筆學生資料中隨機挑選數列進行處理。以下範例示範如何從學生名單中隨機抽查兩位學生的成績資料,避免重複抽樣並保留完整資訊。

```python
# ch9_2.py, 使用 choice() 抽查學生成績
import numpy as np
rg = np.random.default_rng()    # 建立隨機數生成器
data = np.array([    # 建立二維陣列,包含學生姓名和單科成績
    ['Alice', 85],
    ['Bob', 92],
    ['Cathy', 78],
    ['David', 90],
])
# 從學生資料中隨機抽查 2 位學生的成績,不重複抽樣
result = rg.choice(data, size=2, replace=False, axis=0)
print(result)
```

- 執行結果:
  ```
  [['David' '90']
   ['Alice' '85']]
  ```

這個範例第 3 行建立一個亂數產生器 rg,4 到 9 行建立一個包含學生姓名和單科成績的二維陣列 data,每行代表一位學生及其成績。第 11 行使用 choice() 從 data 中,隨機抽查兩位學生。參數 replace=False 表示抽樣不重複,而 axis=0 則指定在列方向選取,也就是以「學生為單位」進行隨機選擇。這種方式適合用在抽查成績、點名或隨機分組等教學應用情境中。

9.2 陣列元素的提取

陣列元素的提取是一個很重要的操作,因為我們常需要從整個陣列提取部分的資料以供後續的處理。在 NumPy 中,我們可以利用陣列的索引來提取元素,也可以利用切片(Slice)、布林陣列或是整數串列來提取。

9.2.1 利用索引提取陣列元素

因為 n 維的陣列就有 n 個軸,每個軸有各自的索引,因此只要給予元素在某個軸上的索引即可提取該元素。注意索引是從 0 開始數的。

```
> a = np.array([3, 8, 9, 7])
```
這是一個一維陣列，它有 4 個元素。

```
> a[0], a[-1]
  (np.int64(3), np.int64(7))
```
取出索引為 0 和 -1 的元素。注意 -1 代表倒數第 1 個元素。

在二維陣列中，如果只用一個索引值提取，例如 a[m]，則會取得第 m 列的元素（一維陣列）；若進一步寫成 a[m][n]，則表示取第 m 列中第 n 行的元素。

```
> b = np.array([[3, 4, 5, 7],
                [6, 8, 1, 0],
                [8, 9, 3, 4]])
```
這是一個 3 × 4 的二維陣列。

```
> b[0]
  array([3, 4, 5, 7])
```
3 × 4 的二維陣列可以看成是由 3 個一維的陣列組成，其索引編號為 0 到 2，因此 b[0] 可以提取出第 0 列的元素。

```
> b[0][2]
  np.int64(5)
```
這個語法相當於取出 b[0]（即 [3,4,5,7]）之後，再取出第 2 個（索引 2）元素，因此得到 5。

```
> b[-1]
  array([8, 9, 3, 4])
```
提取二維陣列 b 裡的倒數第一個一維陣列，因此得到 [8, 9, 3, 4]。

```
> b[-1] = [1, 2, 9, 9]
```
將二維陣列 b 的倒數第一個一維陣列設成 [1, 2, 9, 9]。

```
> b
  array([[3, 4, 5, 7],
         [6, 8, 1, 0],
         [1, 2, 9, 9]])
```
查詢 b 的值，可以發現列 b 裡的最後一個一維陣列已經被設成 [1, 2, 9, 9] 了。

對於三維陣列，索引的使用方式與二維類似，只是多了一個維度。假設有一個三維陣列 a，可以使用三個索引值 a[p][m][n] 來提取元素，其中 p 代表選擇第 p 個二維陣列，m 代表該陣列中的第 m 列，n 代表該列中的第 n 個元素。讀者可以自行試試。

9.2.2 陣列的切片操作

在第 3 章我們就已經介紹過切片（Slice）了，這種提取方法很方便用來提取陣列裡某個區域的元素。下面的範例是將切片操作用在一維和二維的陣列，不過相同的概念在多維的陣列裡一樣適用。

> a = np.array([10, 16, 32, 17, 20])　　這是 NumPy 的一維陣列。

> a[:3]　　提取前 3 個元素
array([10, 16, 32])

> a[1:4]　　提取第 1 到第 3 個元素（不含第 4 個）。
array([16, 32, 17])

> a[2:]　　提取從第 2 個開始之後的所有元素。
array([32, 17, 20])

> a[::-1]　　從最後一個元素往前提取所有的元素，相當於反向排列。
array([20, 17, 32, 16, 10])

> a[2::-1]　　從第二個元素開始往前提取。
array([32, 16, 10])

陣列的切片提取法不僅可以用在一維的陣列，也可以用在二維或多維陣列的軸上。也就是說，我們可以針對某個軸進行切片處理。

> a = np.array([[0, 1, 2, 3],　　這是一個 3×4 的二維陣列。
                [6, 7, 8, 9],
                [12, 13, 14, 15]])

> a[1, 2:]　　取出第 1 列，第 2 行開始之後所有的行。
array([8, 9])

> a[0, ::-1]　　取出第 0 列後將裡面的元素反向排列。
array([3, 2, 1, 0])

9-17

```
> print(a[1:, :])
  [[ 6  7  8  9]
   [12 13 14 15]]
```
提取索引 1 開始之後所有的列,從中提取出所有的行。右式利用 print() 印出陣列的內容,更容易看出陣列的結構。

```
> print(a[:,2])
  [ 2  8 14]
```
提取所有的列,索引為 2 的行。注意提取的結果是一個一維的陣列。

```
> print(a[:,2:3])
  [[ 2]
   [ 8]
   [14]]
```
提取所有的列,索引為 2 的行(不含索引 3)。因為在行的方向採用了切片的語法,所以回應一個直行(3×1 的矩陣)。

```
> print(a[:2])
  [[0 1 2 3]
   [6 7 8 9]]
```
左式只給了 1 個索引,代表列索引,因此會提取索引為 2 和 3 的列。

9.2.3 利用布林陣列提取元素

有趣的是,NumPy 也可以利用布林陣列 mask 來提取陣列 data 的元素。此時,data 和 mask 的形狀(shape)必須相同。在提取時,mask 中值為 True 的位置,對應到 data 中相同位置的元素會被選出,形成一個新的一維陣列。

```
> a = np.array([22, 65, 36])
```
這是一維陣列 a。

```
> a[[True, False, True]]
  array([22, 36])
```
陣列 a 中的串列,True 的元素對應到 22 和 36,所以這兩個元素會被提取出來。

```
> b = np.array([[1, 2, 3],
                [2, 6, 4]])
```
陣列 b 是一個 2×3 的二維陣列。

```
> b > 3
  array([[False, False, False],
         [False,  True,  True]])
```
將 b 的每個元素和 3 比較,然後傳回一個和 b 一樣形狀的布林陣列,其中 True 的位置就是 b 的元素大於 3 的位置。

```
> b[b > 3]
  array([6, 4])
```
於 b>3 這個陣列中,如果元素值為 True,就從 b 中取出相同位置的元素,因此可以提取出 6 和 4,這些數都大於 3。

```
> b[:, [True, False, True]]
  array([[1, 3],
         [2, 4]])
```
陣列 b 的列索引為冒號,代表提取所有的列,行索引為 [True, False, True],因此第 0 和第 2 行會被提取。

9.2.4 利用整數陣列提取元素

切片是用來提取連續或等間距的元素。如果被提取的元素是散列在陣列不同的位置,間距也不固定,則我們可利用整數串列做為索引,來指明哪些元素需要提取。這種提取方式稱為花式索引(Fancy indexing):

```
> a = np.array([9, 17, 23, 34, 45])
```
這是一個一維陣列。

```
> a[[0, 2, 2]]
  array([ 9, 23, 23])
```
採用花式索引為 0、2 和 2 的元素。注意元素可以重複提取。

```
> idx = np.array([[2, 0, 3],
                  [1, 3, 4]])
```
這是一個二維陣列。我們將利用它做為索引來提取陣列 a 的元素。

```
> a[idx]
  array([[23,  9, 34],
         [17, 34, 45]])
```
以 idx 為索引提取 a 的元素,並重組為與 idx 同形狀的陣列。本例取出索引 2、0、3、1、3、4 的元素。

前面的範例是將花式索引應用在一維陣列的例子。我們也可以把它用在二維以上的陣列。以二維陣列而言,二維陣列需要有兩個索引(軸 0 和軸 1,即列和行),我們可以在其中一個軸採用花式索引,另一個軸採用其它的索引方式,或是兩個軸都使用花式索引來提取元素。

```
> a = np.array([[6, 3, 4, 2],
                [3, 1, 4, 8],
                [1, 5, 3, 7]])
```
這是一個二維的陣列 a。

```
> a[[0, 2, 1], [3, 1, 2]]
  array([2, 5, 4])
```
提取列索引分別為 0、2 和 1,行索引分別為 3、1 和 2 的元素,因此相當於提取索引為 [0, 3]、[2, 1] 和 [1, 2] 的元素。

9-19

> a[1:3, [3, 2]]
　array([[8, 4],
　　　　 [7, 3]])

提取 1 到 2 列，且索引為 3 和 2 的行。
注意行的部分會依提取的順序排列。

> a[[True, False, True], 1:]
　array([[3, 4, 2],
　　　　 [5, 3, 7]])

利用布林陣列提取索引為 0 和 2 的列，
並切片法提取索引為 1 開始之後的行。

下面的範例展示了 NumPy 陣列中，四種常見的資料提取方式，並搭配實際的學生成績資料進行說明。

```python
# ch9_3.py，陣列提取的應用
import numpy as np
scores = np.array([          # 每行分別是國文、英文、數學和自然成績
    [72, 88, 91, 65],        # Tom
    [85, 67, 78, 90],        # Jerry
    [60, 75, 80, 70]         # Mary
])
names = np.array(['Tom', 'Jerry', 'Mary'])

print('Jerry 的數學成績:', scores[1, 2])   # 索引
print('Tom 和 Jerry 的國文、英文成績:\n', scores[0:2, 0:2])   # 切片

print('Tom 和 Mary 的自然成績:', scores[[0, 2],[3, 3]])         # 花式

# 布林陣列：找出數學成績大於 80 的學生
mask = scores[:, 2] > 80         # mask 的值為 [True False False]
print('Math > 80:', names[mask])
```

- 執行結果：
```
Jerry 的數學成績: 78
Tom 和 Jerry 的國文、英文成績:
 [[72 88]
 [85 67]]
Tom 和 Mary 的自然成績: [65 70]
Math > 80: ['Tom']
```

在這個範例中，3 到 7 行定義了 3×4 的二維陣列 scores，每列代表一位學生（Tom、Jerry、Mary）的成績，每行代表一個科目（國文、英文、數學、自然）。第 8 行將學生的名字放在一個陣列 names 裡。第 10 行利用索引 scores[1, 2] 提取 Jerry 的數學成績，輸出結果為 78。第 11 行利用切片 scores[0:2, 0:2] 提取 Tom 和 Jerry 的國文與英文成績，這裡的切片 [0:2, 0:2] 表示選取第 0 到第 1 列（不包含第 2 列）以及第 0 到第 1 行的資料，輸出結果為一個 2×2 的子陣列。

第 13 行使用花式索引 scores[[0, 2], [3, 3]] 提取 Tom 和 Mary 的自然成績，這裡的索引 [0, 2] 和 [3, 3] 分別指定了列與行，輸出結果為 [65, 70]。接著，第 16 行使用布林陣列篩選數學成績大於 80 的學生，條件 scores[:, 2] > 80 會生成一個布林陣列，篩選出符合條件的位置，並在第 17 行輸出對應的學生姓名，結果為 ['Tom']。

9.2.5 拷貝與檢視

到目前為止，我們已經介紹過四種從陣列 a 中提取出資料 b 的方式。那麼如果修改了 b 的內容，陣列 a 的內容是否也會被修改呢？本節我們將探討這個問題。

當我們從陣列 a 中提取出資料給變數 b 時，b 和 a 之間的關係會依據提取的方式而有所不同。如果是採切片的方式來提取，則 b 會指向和 a 相同的記憶體空間，因此修改 b 會影響到原本的 a，這時我們說 b 是 a 的一個檢視（View），就好比拿著放大鏡在檢視原始陣列 a 一樣，看到的結果就是 b，且修改了 b 的內容，a 會跟著修改，反之亦然。相反的，如果是採索引、花式或布林陣列提取時，b 則是 a 的拷貝（Copy），彼此獨立，修改 b 並不會改動 a 的內容。

這樣的差異對程式的行為有重要影響，因此在撰寫程式時，我們必須清楚地知道自己所做的是 view 還是 copy，才能避免非預期的錯誤。我們以下面的範例來說明 NumPy 陣列中切片（Slicing）與花式索引（Fancy indexing）之間的差異。

```
01  # ch9_4.py,拷貝與檢視的比較
02  import numpy as np
03  a = np.array([8, 6, 0, 9, 1, 9])       # 初始化一維陣列 a
04  s = a[1:4]                              # 切片取出 [6, 0, 9],這是 View
05  s[0] = 99                               # 修改 s[0],會影響原始陣列 a[1]
06  print('切片結果 s:', s)                  # s 變為 [99, 0, 9]
07  print('原始陣列 a:', a)                  # a[1] 被改為 99
08
09  a = np.array([8, 6, 0, 9, 1, 9])       # 重新初始化 a
10  f = a[[1, 2, 3]]                        # 花式索引取出 [6, 0, 9],這是 Copy
11  f[0] = 77                               # 修改 f[0],不會影響原始陣列 a[1]
12  print('花式索引結果 f:', f)              # f 變為 [77, 0, 9]
13  print('原始陣列 a:', a)                  # a[1] 保持不變
```

- 執行結果:
  切片結果 s: [99 0 9]
  原始陣列 a: [8 99 0 9 1 9]
  花式索引結果 f: [77 0 9]
  原始陣列 a: [8 6 0 9 1 9]

在這個範例中,第 3 行定義了陣列 a,第 4 行使用切片 s = a[1:4] 取得原始陣列 a 的一部分,但這是以「檢視(View)」的方式存在,因此 s 與 a 共用記憶體,如下圖 (a)。當執行第 5 行 s[0] = 99 時,對應的 a[1] 也會被修改,如下圖 (b)。接著第 10 行重新建立一個新的陣列 a,並使用花式索引 f = a[[1, 2, 3]] 取出多個索引位置的元素,這會產生一個「複製(Copy)」的新陣列 f,如下圖 (c),與原始陣列沒有記憶體關聯,因此修改 f[1] = 77 不會影響到 a[2] 的值,如下圖 (d)。

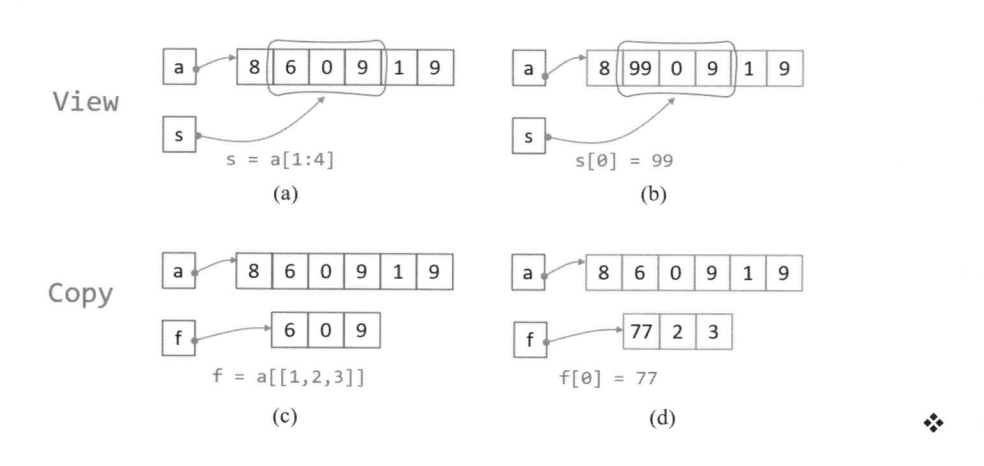

Python 之所以針對陣列的提取方式設計不同的儲存機制，是因為切片所提取的元素在記憶體中通常是連續的，因此使用「View」的方式不僅節省空間，也能提高存取效率。而花式索引所提取的元素不必是連續的，甚至可以重複，所以無法直接對原始資料的位置做操作，因此改用「Copy」的方式來處理，這樣對 Python 而言反而更有效率，也能避免資料混亂或非預期的修改。

在某些情況下，提取出來的結果是 View 還是 Copy 並不容易分辨。不過，我們可以使用 np.shares_memory(a, b) 來判斷 a 和 b 是否共享記憶體，進而確認它們之間的關係。另外，如果想明確的拷貝某個陣列，而不希望它只是個 view，則可以利用 copy()。

・shares_memory() 和 copy() 函數

函數	說明
shares_memory(a, b)	判別 a 和 b 是否共用相同的記憶體空間
a.copy()	將 a 拷貝一份

下面這幾個範例是 shares_memory() 和 copy() 的簡單練習。你可以嘗試改變陣列的提取方式，來觀察提取出的結果是 View 還是 Copy，以理解它們是否與原始陣列共用記憶體。

> `a = np.array([1, 2, 3])`　　　　　　　　　a 是一個 NumPy 陣列。

> `b=a[1:]; c=a[[True, False, False]]`　　b 是由切片法提取，c 是布林陣列提取。

> `np.shares_memory(a, b)`　　　　　　　　陣列 a 和 b 共用相同的記憶體空間，這
  `True`　　　　　　　　　　　　　　　　　　是由於 b 是切片法所提取。

> `np.shares_memory(a, c)`　　　　　　　　c 是由布林陣列所提取，所以 a 和 c 沒有
  `False`　　　　　　　　　　　　　　　　　共用記憶體空間。

> `d = a[1:].copy()`　　　　　　　　　　　　將 a 的切片拷貝一份，並設定給 d 存放。

> `np.shares_memory(a, d)`　　　　　　　　拷貝之後，d 就有自己就有獨立的記憶
  `False`　　　　　　　　　　　　　　　　　體空間，因此回應 False。

9.2 陣列元素的提取

9-23

9.3 陣列的進階處理

在許多時候，我們需要改變陣列的大小、形狀或是維度，以方便後續的計算，例如在下一章將介紹的廣播（Broadcasting）或數學矩陣的運算等就常需要用到這些處理。在本節中，我們將介紹一些進階的陣列處理函數。

9.3.1 拆平與重排

拆平就是把二維以上的陣列轉成一維的陣列，常用於資料預處理階段；而重排則是將陣列的形狀重新排列成另一種形狀，但不改變其中的資料內容。

‧與拆平和重排相關的函數

函數	說明
a.reshape($m,n, ...$)	將 a 排成 $m \times n \times \cdots$ 的形狀（傳回 a 的 view）
a.flatten()	將 a 拆平成一維陣列（傳回 a 的 copy）
a.ravel()	將 a 拆平成一維陣列（傳回 a 的 view）
a.T	將 a 轉置。$m \times n \times \cdots \times p$ 的陣列轉置後變為 $p \times \cdots \times n \times m$

a.reshape() 和 a.T 會回傳原陣列的 view，是因為它們僅改變資料的解讀方式，不改變記憶體中的實際資料。NumPy 陣列在記憶體中是連續儲存的，這使得只要透過調整形狀（shape）或軸的順序（如轉置），就能以不同方式存取同一份資料，無需複製。

```
> a = np.array([1, 2, 3, 4, 5, 6])
```
這是一維陣列，它有 6 個元素。

```
> b = a.reshape(3, 2); print(b)
  [[1 2]
   [3 4]
   [5 6]]
```
將陣列 a 重排成 3 × 2 的二維陣列。

```
> c = b.T; print(c)
  [[1 3 5]
   [2 4 6]]
```
將 b 進行轉置運算，得到 2 × 3 的陣列。T 為 Transpose 的縮寫，為轉置的意思。

> np.shares_memory(a, b)
  True

a 和 b 是共用記憶空間，因為 b 是由 a 重排而來。

> np.shares_memory(a, c)
  True

a 和 c 也是共用記憶空間。

> a.reshape(2, -1)
  array([[1, 2, 3],
         [4, 5, 6]])

當 reshape() 的參數為 -1 時，表示該軸的大小由 NumPy 自動推算。由於重排後的元素總數不變，若已指定軸 0 為 2，則軸 1 會自動推算為 6 / 2 = 3。

注意 reshape() 會將陣列 a 裡的元素先沿軸 1（最後一個軸）一個個填上。填滿之後，沿軸 0 的方向前進一個單位，繼續沿軸 1 的方向填上元素。如此循環，直到所有的元素都填滿為止。

在處理多維陣列時，我們常需要將其攤平成一維，以便進行簡化的運算或操作。NumPy 提供了兩個常用的函數：ravel() 和 flatten()，它們看似相似，但在記憶體使用上有關鍵差異。ravel() 會傳回 view，而 flatten() 則傳回 copy。以下範例將說明這兩者的行為及差異。

```
01  # ch9_5.py, ravel() 和 flatten() 的區別
02  import numpy as np
03  a = np.array([[1, 2], [3, 4]])         # 原始二維陣列
04  b = a.ravel()                           # ravel() 傳回 view
05  print('使用 ravel() 後的陣列 b：', b)
06  b[0] = 100                              # 修改 b[0]
07  print('修改 b 後的原始陣列 a：\n', a)
08  print('是否共享記憶體？', np.shares_memory(a, b))    # True
09
10  a = np.array([[1, 2], [3, 4]])         # 重新初始化 a
11  c = a.flatten()                         # flatten() 傳回 copy
12  print('使用 flatten() 後的陣列 c：', c)
13  c[0] = 200                              # 修改 c[0]
14  print('修改 c 後的原始陣列 a：\n', a)
15  print('是否共享記憶體？', np.shares_memory(a, c))    # False
```

- 執行結果：
  用 ravel() 後的陣列 b: [1 2 3 4]
  修改 b 後的原始陣列 a:
   [[100   2]
   [3   4]]
  是否共享記憶體？ True
  使用 flatten() 後的陣列 c: [1 2 3 4]
  修改 c 後的原始陣列 a:
   [[1 2]
   [3 4]]
  是否共享記憶體？ False

這個範例的第 3 行定義了一個二維陣列 a，第 4 行使用 ravel() 將其轉為一維，並儲存在 b。ravel() 傳回的是原始陣列的 view，因此第 6 行修改 b[0] 的值後，第 7 行可以看到原始陣列 a 的內容也被更改了。第 8 行呼叫 shares_memory(a, b)，結果為 True，證實兩者共用記憶體。

第 10 行重新建立陣列 a，接著第 11 行使用 flatten() 傳回一個陣列 c。第 13 行修改 c[0] 的值後，第 14 行印出的 a 顯示沒有改變。這表示 flatten() 不會影響原始資料，所有 flatten() 傳回的是一個 copy()。第 15 行的 shares_memory(a, c) 顯示為 False，說明 a 和 c 不共用記憶體。

9.3.2 增減陣列的軸（維度）

某些運算需要對陣列增減維度。np.newaxis 可用於新增維度，例如將一維陣列變成二維，讓資料更適合進行加總、轉置或其他操作；而 squeeze() 能移除維度為 1 的軸，適合簡化資料，讓操作更直觀，這兩者常用於機器學習與資料分析等應用中。

· 調整陣列的軸與改變陣列維度的函數

函數	說明
np.newaxis	為陣列新增一個軸（也可以用 None 代替）
a.squeeze(axis=k)	移除軸 k，axis 未填則移除所有維度為 1 的軸

在陣列的某個軸的位置新增一個軸,這種做法很抽象也不易理解。我們先用一個簡單的一維陣列 a=np.array([1,2]) 來做說明,如圖 (a) 所示。如果 a 要增加一個軸 0,其語法為 a[None, :],其中 None 在軸 0 的位置。軸 0 是最外層的括號,因此我們在原本陣列 [1,2] 的最外層加上一個括號(粗體,如圖 (b)),就等同於增加一個軸 0。增加後,陣列的維度就變成 1×2,多了一個軸在軸 0 的方向。

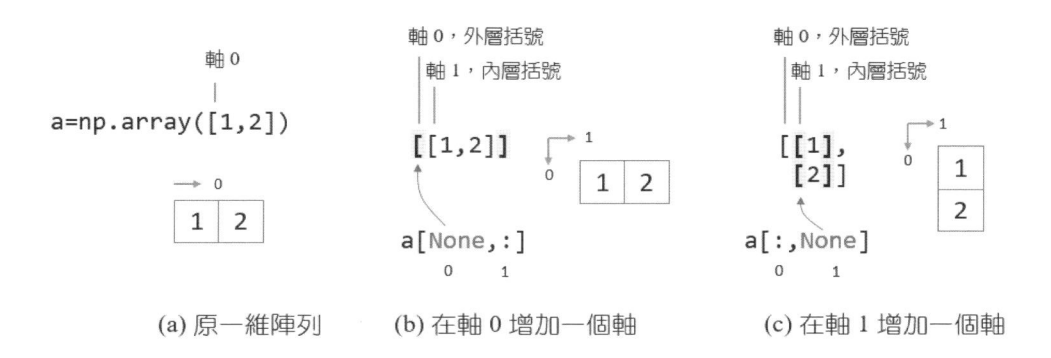

(a) 原一維陣列　　(b) 在軸 0 增加一個軸　　(c) 在軸 1 增加一個軸

相同的,如果是陣列 a 要加一個軸 1,則語法為 a[:, None],None 在軸 1 的位置。軸 1 是內層括號,所以我們在原本陣列 [1, 2] 裡面,為每個元素加上一對內層括號(粗體,如圖 (c)),得到 [[1], [2]],您可以發現它是一個 2×1 的陣列。

```
> a = np.array([1, 2])
```
　　a 是一維陣列,它只有一個軸 0。

```
> print(a[None, :])
  [[1 2]]
```
　　在軸 0 增加一個軸,得到 1×2 的二維陣列,新增的軸上只有 1 個元素。

```
> print(a[:, None])
  [[1]
   [2]]
```
　　在軸 1 增加一個軸,得到 2×1 的陣列。注意沿著軸 1 的方向只有 1 個元素。

上面的概念也可以套用到二維或高維陣列,只要記得「在哪個軸插入 None,就相當於在該位置的方括號加一層,從而增加一個軸」。例如,下圖 (a) 的二維陣列 np.array([[1,2],[3,4]]) 要在軸 0 新增一個軸,所以我們在 [[1,2],[3,4]] 的最外層加上一個括號,成為 [[[1,2],[3,4]]],原本的外層括號變成了中層括號(現在是軸 1),而原本的內層括號 [1, 2] 和 [3, 4] 成為最內層(軸 2),如下圖 (b) 所示。

```
a=np.array(
    [[1,2],
     [3,4]])
```

軸 0，外層括號
軸 1，中層括號
軸 2，內層括號

`[[[1,2],`
`  [3,4]]]`

a[None,:,:]

`[[[1,2]],`
` [[3,4]]]`

← 軸 0 分隔空白 →

a[:,None, :]

`[[[1],`
`  [2]],`
` [[3],`
`  [4]]]`

a[:,:,None]

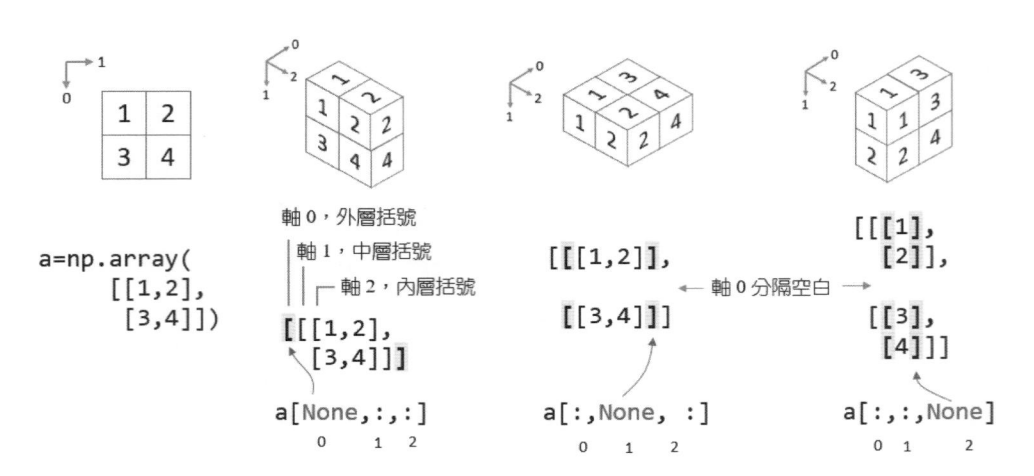

(a) 原二維陣列　(b) 在軸 0 增加一個軸　(c) 在軸 1 增加一個軸　(d) 在軸 2 增加一個軸

相同的，如果要在軸 1 新增一個軸，相當於在原本每一列的外側加上一層括號，也就是把原本的陣列 [[1,2],[3,4]] 改寫為 [[[1,2]],[[3,4]]]。從結構上來看，原本的兩列 [1,2] 和 [3,4] 現在各自被包在一層方括號中，形成兩個子陣列。這代表在軸 1 的位置多出了一層結構，也就是多了一個軸。新增後的陣列其大小為 $2 \times 1 \times 2$，其中新增的軸就是長度為 1 的那一軸。如圖 (c)。在軸 2 插入新軸時，也可以用相同的方法來理解。

> `a = np.array([[1, 2], [3, 4]])`　　設定 a 是一個 2×2 的二維陣列。

> `print(a[None,:,:])`　　在軸 0 的位置增加一個軸，使得原本
  `[[[1 2]`　　　　　　　　　　　　　2×2 的陣列變成 $1 \times 2 \times 2$。
  `  [3 4]]]`

> `print(a[:,None,:])`　　新增一個軸在軸 1，因此左式回應之陣
  `[[[1 2]]`　　　　　　　　　　　　列的維度為 $2 \times 1 \times 2$。

  ` [[3 4]]]`

和新增一個軸相反的是移除一個軸。squeeze() 可以用來移除陣列中，只有單一元素的軸，例如將形狀 (1, 2, 3) 的陣列移除掉一個軸，變成 (2, 3)。

```
> b = np.array([[[1, 2], [3, 4]]])
```
這是一個三維陣列，形狀為 (1, 2, 2)。

```
> print(b.squeeze())
  [[1 2]
   [3 4]]
```
squeeze 是擠壓的意思。squeeze() 函數可將只有一個元素的軸移除，因此原本陣列 b 的形狀為 $1 \times 2 \times 3$，擠壓後變成 2×3。

9.3.3 陣列的分割與合併

NumPy 也提供了一些相關的函數，方便我們將陣列進行分割（Split）或合併（Stack），也可以指定在垂直（<u>V</u>ertical）或水平（<u>H</u>orizontal）的方向進行。這些函數列表如下：

・分割和合併相關的函數

函數	說明
$\text{vsplit}(arr, n)$	將 arr 切割成 n 個垂直（<u>v</u>ertical）並排的子陣列
$\text{hsplit}(arr, n)$	將 arr 切割成 n 個水平（<u>h</u>orizontal）並排的子陣列
$\text{vstack}((a0, a1))$	將陣列 $a0$ 和 $a1$ 於垂直的方向合併
$\text{hstack}((a0, a1))$	將陣列 $a0$ 和 $a1$ 於水平的方向合併

上表介紹的函數只能在軸 0（垂直）方向或軸 1（水平）方向合併，但它們可以合併不同形狀的陣列，例如 2×3 的陣列可以和具有 3 個元素的一維陣列垂直合併，或是和具有 2 個元素的陣列水平合併。

```
> a = np.arange(16).reshape(4, 4)
```
這是一個 4×4 的二維陣列。

```
> print(a)
  [[ 0  1  2  3]
   [ 4  5  6  7]
   [ 8  9 10 11]
   [12 13 14 15]]
```
印出陣列 a。

```
> a1, a2 = np.vsplit(a, 2)
```
將 a 平均分割成兩個垂直並排的子陣列，並將它們設定給 a1 和 a2 存放。

`> print(a1)`
`  [[0 1 2 3]`
`   [4 5 6 7]]`
	a1 是一個 2×4 的二維陣列。

`> print(a2)`
`  [[ 8  9 10 11]`
`   [12 13 14 15]]`
	a2 也是一個 2×4 的二維陣列。

`> print(np.hstack((a1, a2)))`
`  [[ 0  1  2  3  8  9 10 11]`
`   [ 4  5  6  7 12 13 14 15]]`
	將 a1 和 a2 在水平方向合併。

`> print(np.vstack((a1,[0,0,0,0])))`
`  [[0 1 2 3]`
`   [4 5 6 7]`
`   [0 0 0 0]]`
	將 2×4 的陣列和具有 4 個元素的串列垂直合併。

現在我們已經介紹過 vstack()、hstack()、vsplit() 和 hsplit() 函數，這些都是針對縱向與橫向的陣列合併與分割。下面介紹的函數不僅能在特定方向（上下、左右）操作，還可以在任意軸上進行分割與合併，適用於高維陣列的情境，讓陣列操作變得更自由。

・分割和合併的相關函數

函數	說明
split(a,n,axis=k)	將陣列 a 沿軸 k 的方向切割成 n 個等份
split($a,[m,n,...]$,axis=k)	將 a 沿軸 k 的方向於索引為 $m,n,...$ 之處切割
stack((a,b),axis=k)	在軸 k 新增一個維度，並沿此軸合併 a 和 b
np.concatenate((a,b), axis=k)	沿軸 k 將 a 和 b 串接合併成一個新陣列

在上表中，「沿軸 k 的方向切割」可以把它想像成剪刀和軸 k 是垂直的來剪裁就不會理解錯誤了。例如沿軸 0 的方向切割，軸 0 是垂直方向，所以剪刀和軸垂直就是水平方向，因此剪刀剪裁出來就是垂直並排的子陣列了。下圖用幾個簡單的範例來說明不同的 axis 參數帶來的結果：

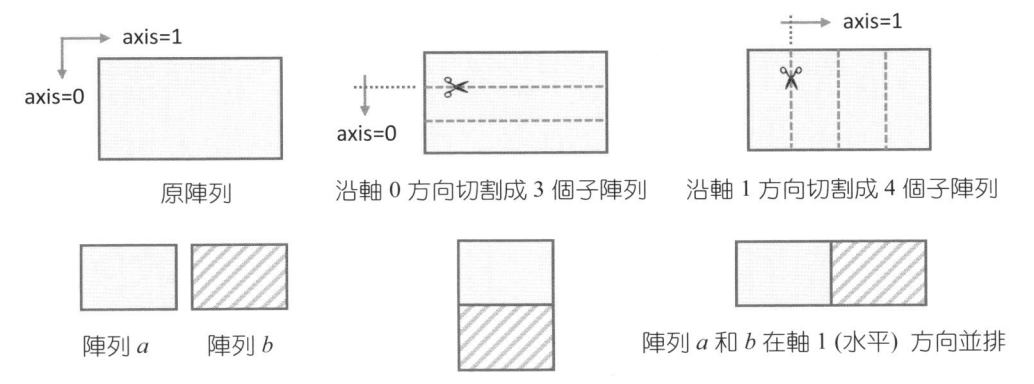

```
        axis=1                                    axis=1
axis=0                    axis=0
         原陣列            沿軸 0 方向切割成 3 個子陣列    沿軸 1 方向切割成 4 個子陣列


  陣列 a    陣列 b                              陣列 a 和 b 在軸 1 (水平) 方向並排

           陣列 a 和 b 在軸 0 (垂直) 方向並排
```

在 split() 和 stack() 這兩個函數中，如果不指定切割或合併的方向（axis 參數），則預設都是軸 0 的方向。

> a=np.array([[1, 2, 3, 4],   這是一個 2×4 的二維陣列。
            [5, 6, 7, 8]])

> np.split(a, 2, axis = 1)   沿軸 1 的方向將陣列 a 切割成兩個大
  [array([[1, 2],   小相同的子陣列 (大小均為 2×2)。注
         [5, 6]]),   意切割好的陣列是放在一個串列內。
   array([[3, 4],
         [7, 8]])]

> np.split(a, [1, 3], axis = 1)   在軸 1 的方向，於索引為 1 與 3 之元
  [array([[1],   素的前面分割陣列，因此我們會得到 3
         [5]]),   個二維陣列，其維度分別為 2×1、2×
   array([[2, 3],   2 和 2×1。
         [6, 7]]),
   array([[4],
         [8]])]

stack() 函數可將幾個形狀一樣的陣列疊在一起，變成一個多一維的新陣列，常用於堆疊圖像或時間序列資料等。stack() 會新增一軸，然後在那個軸的方向合併兩個陣列。有了上一節陣列新增一軸的概念之後，stack() 函數就比較好理解了。

例如，stack(a, b, axis=0) 就是會在 a, b 這兩個陣列新增一個軸 0，使其變成三維陣列，然後在軸 0 的方向合併，如下圖 (a)。在軸 1 和軸 2 的方向合併可以分別參考圖 (c) 和 (d)。

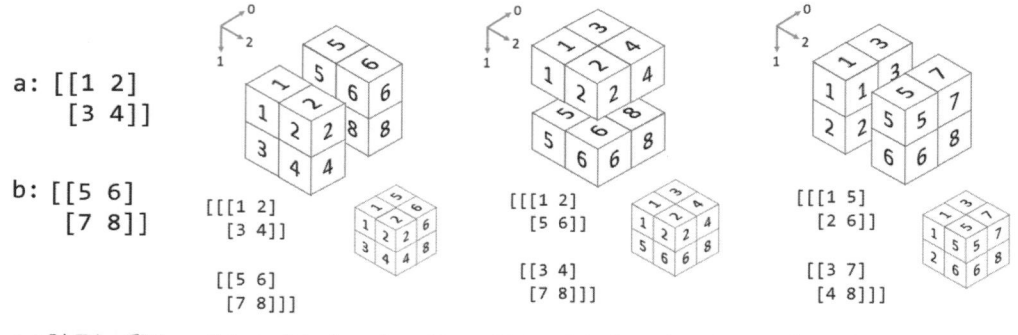

a: [[1 2]
    [3 4]]

b: [[5 6]
    [7 8]]

[[[1 2]
  [3 4]]

 [[5 6]
  [7 8]]]

[[[1 2]
  [5 6]]

 [[3 4]
  [7 8]]]

[[[1 5]
  [2 6]]

 [[3 7]
  [4 8]]]

(a) 陣列 a 和 b　　(b) stack(a, b, axis = 0)　　(c) stack(a, b, axis = 1)　　(d) stack(a, b, axis = 2)

下面是 stack() 作用在不同軸的範例，用以驗證上圖的結果。您可以體會一下它們和 vstack() 與 hstack() 的不同。

> a = np.array([[1, 2], [3, 4]])　　　　定義 a 和 b 兩個陣列。
  b = np.array([[5, 6], [7, 8]])

> print(np.stack((a, b),axis = 0))　　　stack() 會在軸 0 方向新增一個軸給 a
  [[[1 2]　　　　　　　　　　　　　　　　和 b，使其成為三維陣列，然後將 a 和
    [3 4]]　　　　　　　　　　　　　　　　b 兩個陣列沿軸 0 合併。

   [[5 6]
    [7 8]]]

> print(np.stack((a, b), axis = 1))　　將 a 和 b 兩個陣列沿軸 1 合併。
  [[[1 2]
    [5 6]]

   [[3 4]
    [7 8]]]

9-32

現在您已經知道，當我們需要將多個形狀相同的陣列「疊在一起」時，可以使用 stack() 函數，它會在指定軸新增一個維度，再沿著這個新軸合併各個陣列。不過如果不想增加維度，而是在原有軸上接續排列資料，這時就可以使用 concatenate()。

```
> a = np.array([[1, 2], [3, 4]])
  b = np.array([[5, 6]])
```
陣列 a 和 b 的形狀分別 (2, 2) 和 (1, 2)，兩者在軸 1 方向都有兩個元素，所以在軸 0 方向可以合併。

```
> np.concatenate((a, b), axis = 0)
  array([[1, 2],
         [3, 4],
         [5, 6]])
```
沿軸 0 將陣列 a 和 b 垂直合併，結果為 (3, 2) 的陣列。

9.3.4 陣列分割與合併的應用

在處理資料（如圖像）時，常需要先對陣列進行切塊與重排作為預處理，使其符合後續函數所需的格式。以一個 4×6 的陣列為例，如果一個預處理需要先將它切成 2×3 個子陣列（每個形狀為 2×2），再將每個子陣列拉長成 4×1，最後將這些陣列並排組成新的 4×6 陣列，此時我們就會利用到陣列的切割與合併函數。我們可以用下圖來表達此預處理的過程：

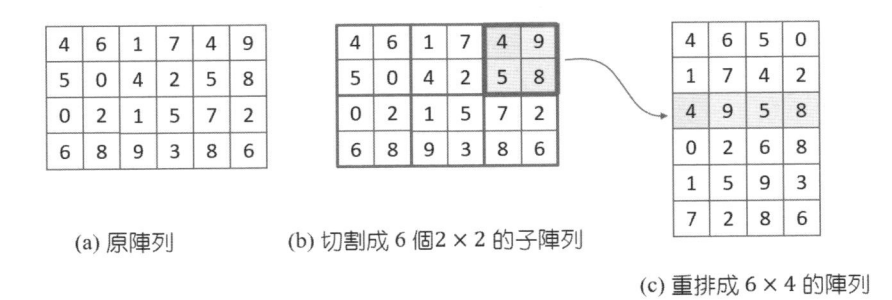

(a) 原陣列　　(b) 切割成 6 個 2×2 的子陣列　　(c) 重排成 6×4 的陣列

下面的範例是將上圖 (a) 的陣列切塊後，重排成 4×6 的陣列的程式碼。藉由此範例，我們可以熟悉 split()、reshape() 與 concatenate() 等常用函數。

```python
01  # ch9_6.py, 陣列的切割與重排
02  import numpy as np
03  mat = np.array([[4, 6, 1, 7, 4, 9],
04                  [5, 0, 4, 2, 5, 8],
05                  [0, 2, 1, 5, 7, 2],
06                  [6, 8, 9, 3, 8, 6]])
07
08  # Step 1: 切成兩塊（2x6）
09  rows = np.vsplit(mat, 2)
10
11  # Step 2: 每塊切成三個 2x2
12  blocks = [np.hsplit(r, 3) for r in rows]
13
14  # Step 3: 每個 2x2 攤平成 1x4
15  flat = [b.reshape(1, 4) for grp in blocks for b in grp]
16
17  # Step 4: 垂直合併
18  out = np.concatenate(flat, axis=0)
19
20  print('重排後的新陣列:')
21  print(out)
```

- 執行結果：
  重排後的新陣列:
  [[4 6 5 0]
   [1 7 4 2]
   [4 9 5 8]
   [0 2 6 8]
   [1 5 9 3]
   [7 2 8 6]]

在這個範例中，3 到 6 行建立了一個 4×6 的矩陣 mat。第 9 行使用 vsplit()將矩陣切成垂直並排的兩個區塊（每塊大小為 2×6，變數 rows 的內容如下圖 (a)）。第 12 行將每個區塊矩陣利用 hsplit() 函數切成三個水平並排的 2×2 子矩陣，並將結果設為 blocks，其內容如圖 (b)。第 15 行將 blocks 中，每個 2×2 的子矩陣利用 reshape() 函數攤平成 1×4 的一維陣列，結果如圖 (c)。最後，第 18 行利用 concatenate() 函數將所有一維陣列垂直堆疊成一個新的矩陣。

```
[array([[4, 6, 1, 7, 4, 9],         [[array([[4, 6],
        [5, 0, 4, 2, 5, 8]]),                [5, 0]]),
 array([[0, 2, 1, 5, 7, 2],          array([[1, 7],         [array([[4, 6, 5, 0]]),
        [6, 8, 9, 3, 8, 6]])]                [4, 2]]),       array([[1, 7, 4, 2]]),
                                     array([[4, 9],          array([[4, 9, 5, 8]]),
                                            [5, 8]])],       array([[0, 2, 6, 8]]),
                                    [array([[0, 2],          array([[1, 5, 9, 3]]),
                                            [6, 8]]),        array([[7, 2, 8, 6]])]
                                     array([[1, 5],
                                            [9, 3]]),
                                     array([[7, 2],
                                            [8, 6]])]]
```

      (a) rows   (b) blocks   (c) flat

本章介紹了 NumPy 中陣列的基本操作，包括建立與認識陣列、提取特定元素的方法，以及切割與重排的技巧。這些基礎能力有助於進一步進行資料分析、圖像處理等應用，為後續的學習打下穩固基礎。

第九章 習題

9.1 初探 NumPy 陣列

1. 【二維陣列的建立與屬性查詢練習】試依序完成下列各題：

    (a) 試建立一個 4×1 的二維陣列 a，內容為 1.2、4.3、5.4 和 6.7。並分別查詢陣列 a 的形狀（shape）、維度（ndim）和大小（size）。

    (b) 同上題，但陣列的大小為 1×4。

    (c) 試建立一個 1×1 的二維陣列 a，裡面只有一個元素 5，並查詢 a 的形狀、維度和大小。

    (d) 試建立一個 3×4 的二維陣列 a，其中第 0 列的元素全為 4，第 1 列的元素全為 8，第 2 列元素全為 5。

2. 【二維陣列的建立】試建立如下的二維陣列：

    (a) $\begin{pmatrix} 4 & 7 \\ 8 & 12 \end{pmatrix}$ (b) $\begin{pmatrix} 7.4 \\ 6.7 \\ 2.0 \end{pmatrix}$ (c) $\begin{pmatrix} 7 & 4 \\ 6 & 7 \\ 9 & -5 \end{pmatrix}$ (d) $\begin{pmatrix} 1 & 2 & 3 \\ 4 & 5 & 6 \\ 7 & 8 & 9 \end{pmatrix}$

3. 【三維陣列的建立與軸向操作練習】試建立一個 $2\times 3\times 4$ 的陣列，它可以看成是由 2 個 3×4 陣列所組成。請將第 0 個陣列（軸 0 的第 0 項）全為 0，第 1 個陣列（軸 0 的第 1 項）全為 1。

4. 【建立固定間距的一維陣列】試建立一個 0 到 1（包含 1），間距為 0.1 的一維陣列。注意此陣列應有 11 個元素。

5. 【建立指定型別的三維零陣列】試建立一個 $2\times 3\times 4$ 的全 0 陣列，型別為 uint8。

6. 【建立指定範圍的浮點亂數陣列】試建立一個 2×3 的浮點數亂數陣列，浮點數的數值介於 -1 到 1 之間。

7. 【不重複隨機抽樣】試從數字 1 到 20 中隨機挑選 10 個數字，挑選過的數字不可重複挑選。

8. 【多維陣列的隨機抽樣與排列操作】設陣列 a 的內容如下，試回答下列各題：

$$a = \begin{pmatrix} 0 & 1 & 3 & 4 & 5 \\ 6 & 7 & 8 & 9 & 10 \\ 11 & 12 & 13 & 14 & 15 \end{pmatrix}$$

   (a) 試從 a 中隨機挑選 8 個數字，挑選的數字不能重複。

   (b) 試從 a 中隨機挑選 10 個數字，挑選的數字可以重複。

   (c) 試從 a 中隨機挑選出 2 個不重複的橫列。

   (d) 將 a 的直行隨機排列。

9.2 陣列元素的提取

9. 【陣列索引與切片操作】設 a=np.array([23, 67, 54, 26, 92, 88, 53])，試回答下列各題：

   (a) 試提取陣列 a 中，索引為 0、2 和 5 的元素。

   (b) 試提取陣列 a 中，最後 3 個元素。

   (c) 試提取陣列 a 中，大於 50 的所有元素。

   (d) 試提取陣列 a 中，索引為奇數的元素。

   (e) 試提取陣列 a 中，所有的偶數。

   (f) 試將陣列 a 的元素反向排列。

   (g) 試提取索引為 2 到 4（包含 4）的元素，並將它們反向排列。

10. 【二維陣列綜合練習】設 *a*=np.arange(20).reshape((4, 5))，試回答下列各題：

    (a) 提取陣列 *a* 中，列索引為 0 到 2，行索引為 1 到 3 的元素。

    (b) 提取陣列 *a* 中，行索引為 2 和 3 的元素。

    (c) 提取陣列 *a* 中，列索引為 1 到 3 的元素。

    (d) 將陣列 *a* 的直行反向排列，例如原本是第 0、1、2 行，排列後變 2、1、0 行。

    (e) 取出陣列 *a* 中，所有可以被 3 整除的數。

    (f) 找出陣列 *a* 中，列與行的索引之和為偶數的所有元素，並將它們放在一個串列裡（本題可能需要撰寫迴圈）。

    (g) 找出陣列 *a* 中，可以被 2 整除，但不能被 3 整除的元素共有幾個。

11. 【花式索引練習】設 *a*=np.array([38, 43, 21, 87, 92, 55, 40, 63])，試利用花式索引提取陣列 *a* 的元素，使其提取後的結果為如下的陣列：

    (a) `array([21, 21, 87, 87])`   (b) `array([[21, 21, 87, 87]])`

    (c) `array([[21],`   (d) `array([[21, 92, 92],`
            `[21],`   `[87, 43, 38]])`
            `[87],`
            `[87]])`

    (e) `array([[21, 92],`   (f) `array([[38, 63],`
            `[87, 43],`   `[38, 63],`
            `[55, 87]])`   `[38, 63]])`

12. 【花式索引進階練習】設 *a*=np.arange(10,30).reshape(4,5)，試利用花式索引提取陣列 *a* 的元素，使其提取後的結果為如下的陣列：

    (a) `array([17, 23])`   (b) `array([10, 16, 23])`

    (c) `array([[13, 14],`   (d) `array([[20, 22, 23],`
            `[23, 24],`   `[25, 27, 28]])`
            `[28, 29]])`

    (e) `array([[10, 12],`   (f) `array([[11, 13, 14],`
            `[20, 22]])`   `[16, 18, 19]])`

13. 【NumPy 陣列的 View 與 Copy】設 *a*=np.array([0,1,2,3,4,5])。在下列各題中，試說明 *b* 是 *a* 的一個 view 或是 copy，並驗證您的判斷結果。

(a) b=a[3:]   (b) b=a[::-1]
(c) b=a.reshape(2,3)   (d) b=np.random.permutation(a)
(e) b=a[[0,3,4]]   (f) b=a[1:4]
(g) b=a   (h) b=a.copy()
(i) b=np.random.choice(a,4)   (j) b=a[a>3]

9.3 陣列的進階處理

14. 【NumPy 陣列屬性與重塑】設 a=np.arange(12)，試回答下列各題：

    (a) 查詢陣列 a 的 size, shape, 和 ndim 屬性。

    (b) 將 a 分別排成 4×3、1×12、12×1 和 $2 \times 2 \times 3$ 的陣列。

15. 【NumPy 陣列的重塑與切割】設 a=np.arange(12).reshape(3,4)，試回答下列各題（每個小題陣列 a 的內容都一樣）：

    (a) 將陣列 a 拆平成一維陣列。

    (b) 將陣列 a 重排成 4×3 的二維陣列。

    (c) 利用 np.newaxis 增加一個軸給陣列 a，使其成為 $3 \times 1 \times 4$ 的三維陣列。

    (d) 將 (c) 的結果利用 copy() 拷貝一份給變數 b 存放，然後利用 squeeze() 將 b 變成 3×4 的二維陣列。

    (e) 將陣列 a 切割成兩個等份且水平並排的陣列。

    (f) 將陣列 a 沿軸 0 的方向切割成兩個垂直的陣列，其大小分別為 1×4 和 2×4。

16. 【NumPy 多維陣列操作與切割】設 a=np.arange(24).reshape(2,3,4)，試回答下列各題（每個小題陣列 a 的內容都一樣）：

    (a) 在陣列 a 的軸 0 位置新增一個軸，使其成為 $1 \times 2 \times 3 \times 4$ 的四維陣列。

    (b) 將陣列 a 在軸 0 的方向切割成 2 個等份。

    (c) 將陣列 a 分割成兩個 $2 \times 3 \times 2$ 的陣列。

    (d) 將陣列 $a[0]$（形狀為 3×4）和 $a[1]$（形狀為 3×4）分別在垂直方向和水平方向合併（合併後應該分別是 6×4 和 3×8 的陣列）。

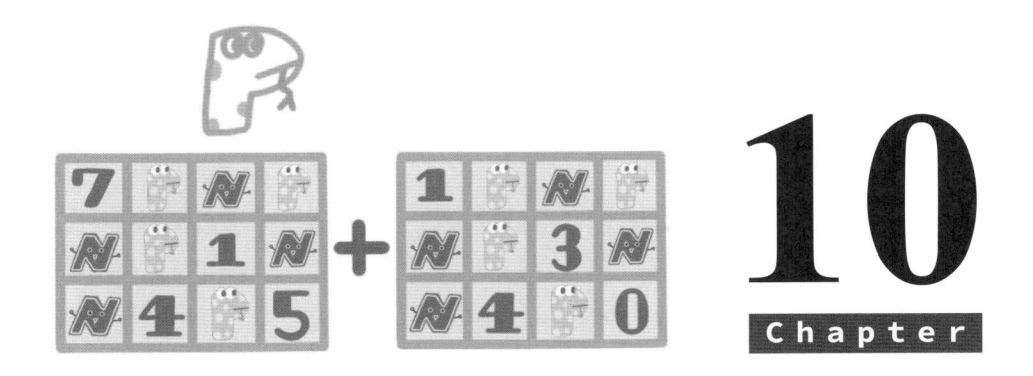

NumPy 的數學運算

前一章我們介紹了 NumPy 陣列的建立與一些基本的操作,本章將介紹如何利用 NumPy 來進行常用的數學運算。過去在 Python 裡必須要透過迴圈才能完成的工作,在 NumPy 裡通常只要簡單的幾個函數就可以完成,甚至不需撰寫迴圈。事實上,許多運算利用原生的 Python 也可以寫成,不過 NumPy 的速度可能會快上十倍或百倍。因此當運算效率是一個很重要的考量時,NumPy 絕對是首選。

1. 基本運算
2. 陣列的進階運算處理
3. 統計處理與資料排序
4. 數學矩陣的相關運算
5. 廣播運算
6. 儲存 NumPy 陣列

10.1 基本運算

本節將介紹 NumPy 基本運算的函數，其中包含了常用的數學函數，以及用來取得陣列一些統計性質的函數等。

10.1.1 常數與數學函數

和 Python 一樣，NumPy 內建了豐富的數學函數，方便進行各種數學運算。不同的是，NumPy 提供的數學函數都可以作用於 Python 的串列或是 NumPy 的陣列裡。例如，如果將一個串列取 log，則串列裡的每個元素都會被取 log。

・NumPy 常用的常數和數學函數

常數/函數	說明
pi	數學常數 π，其值為 3.14159265439…
e	歐拉常數（Euler's constant），其為 2.71828…
inf	無窮大
nan	Not a number，一般用來代表一個空值
sqrt(a)	計算陣列 a 的開根號
sin(a),cos(a),tan(a)	計算陣列 a 的正弦、餘弦和正切
arcsin(a),arccos(a),arctan(a)	反正弦、反餘弦和反正切函數
sinh(a),cosh(a),tanh(a)	雙曲線正弦、餘弦和正切函數
arcsinh(a),arccosh(a),arctanh(a)	反雙曲線正弦、餘弦和正切函數
ceil(a)	取出比 a 大的最小整數（天花板函數）
floor(a)	取出比 a 小的最大整數（地板函數）
round(a,p)	將 a 依偶數捨入法取至小數第 p 位（預設 0）
degrees(a)	將弳度 a 轉換成角度
radians(a)	將角度 a 轉換成弳度
mod(a,b)	計算 a/b 的餘數
modf(a)	傳回一個 tuple，內含 a 的小數與整數部分
exp(a)	自然指數函數

常數/函數	說明
log2(a), log10(a), log(a)	計算以 2、10 與歐拉常數為底的對數
maximum(a,b)	逐一比較陣列 a 和 b 的元素，並傳回較大的數
minimum(a,b)	逐一比較陣列 a 和 b 的元素，並傳回較小的數

相同的，在執行本章的範例之前，請記得載入 NumPy 模組，在稍後各節的範例將不再出現載入 NumPy 的敘述。

> `import numpy as np`　　　　　　　　　　載入 NumPy 模組。

> `np.pi`　　　　　　　　　　　　　　　　　這是 NumPy 提供的常數 π。
　`3.141592653589793`

> `np.inf/np.inf`　　　　　　　　　　　　∞/∞ 的結果無法計算，所以回 nan，代
　`nan`　　　　　　　　　　　　　　　　　　表它不是一個數。

> `np.e`　　　　　　　　　　　　　　　　　這是歐拉常數。
　`2.718281828459045`

在 Python 中，若要對串列中的每個元素做相同運算（例如加 3 或平方），通常需要撰寫 for 迴圈或使用串列推導式。在 NumPy 中，這些運算可以直接套用在串列或陣列上，不僅省去迴圈，執行效率也更高。

> `a = np.array([0, 1, 2])`　　　　　　　這是一個 NumPy 的一維陣列 a。

> `a + 3`　　　　　　　　　　　　　　　　　將陣列 a 加上 3，此時 3 會加到 a 裡面
　`array([3, 4, 5])`　　　　　　　　　　　的每一個元素。

> `a ** 2`　　　　　　　　　　　　　　　　將陣列 a 裡的每個元素平方。
　`array([0, 1, 4])`

> `a + [4, 5, 6]`　　　　　　　　　　　　a 和 [4,5,6] 都有三個元素，因此 NumPy
　`array([4, 6, 8])`　　　　　　　　　　　會將串列轉陣列，並逐元素相加。

NumPy 提供多樣的數值處理功能，能輕鬆完成餘數計算、比較大小與捨入等運算，我們在資料分析裡常用到它們。

> `np.mod([78, 80, 93], 2)`
  `array([0, 0, 1])`

計算 78、80 和 93 除以 2 的餘數。

> `np.round(12.45, 1)`
  `np.float64(12.4)`

依偶數捨入法將 12.45 捨入到小數第 1 位，得到 12.4。注意 np.float64() 代表裡面的數字是 NumPy 64 bits 的浮點數。

> `np.maximum([4, 5, 4], [1, 2, 7])`
  `array([4, 5, 7])`

maximum() 會分別比較兩個參數裡的每一個元素，然後傳回較大者。

> `np.ceil([0.1, 4.7, 3.01])`
  `array([1., 5., 4.])`

ceil 是 ceiling 的縮寫，也就是天花板的意思。比 0.1 大的最小整數是 1，所以運算結果是 1，其餘的數以此類推。

> `np.floor([5.38, 4.99, 3.01])`
  `array([5., 4., 3.])`

floor(x) 則是取出小於 x 的最大整數。

另外，NumPy 也內建了各種數學函數，例如三角函數、指數與對數運算，讓我們能有效處理工程與科學領域常見的計算需求。

> `np.log2(1024)`
  `np.float64(10.0)`

計算以 2 為底，1024 的對數。

> `np.sqrt([2, 3])`
  `array([1.41421356, 1.73205081])`

將串列裡的每個元素開根號。

> `np.sin(np.radians(90))`
  `np.float64(1.0)`

將 90 度轉成弧度，然後進行 sin 運算。

> `np.exp([-3, 1])`
  `array([0.04978707, 2.71828183])`

計算 e^{-3} 和 e^1。

10.1.2 邏輯運算函數

NumPy 也提供陣列中，元素對元素的邏輯運算。注意在 Python 裡，非 0 的元素都會被看成是 True，元素 0 則被看成是 False。

· 邏輯運算函數與 array_equal() 函數

函數	運算子	說明
logical_and(a,b)	a & b	and 運算，兩者皆非 0 為 True
logical_or(a,b)	a | b	or 運算，只要任一元素非 0 即為 True
logical_xor(a,b)	無	xor 運算，元素轉為布林值後，值不同為 True
logical_not(a)	~a	not 運算，將布林值反轉
array_equal(a,b)	無	比較陣列 a 和 b 是否相等

上表中的 array_equal() 函數和 == 雖然都是用來比較陣列，但用途不同。array_equal(a, b) 會檢查兩個陣列的形狀與所有元素是否完全相同，回傳單一的布林值（True 或 False）。而 a == b 則是逐一比較對應元素，回傳一個布林陣列。

> a = np.array([0, 2, 3])　　　　　　這是陣列 a。

> b = np.array([0, 3, 0])　　　　　　這是陣列 b。

> np.array_equal(a, b)　　　　　　　比較 a 和 b 的形狀和內容是否相同。
　False

> np.logical_and(a, b)　　　　　　　陣列 a 和 b 中只有索引 1 的元素都是
　array([False,True,False])　　　　True，因此 and 的結果只有這個位置為
　　　　　　　　　　　　　　　　　　為 True。

> np.logical_xor(a, b)　　　　　　　陣列 a 和 b 中，索引 2 的元素分別為
　array([False,False,True])　　　　True 和 False，因此 xor 的結果只有這
　　　　　　　　　　　　　　　　　　個位置為 True。

> np.logical_not(a)　　　　　　　　 將陣列 a 取 not 運算。
　array([True,False,False])

10-5

10.1.3 陣列的顯示設定

在使用 NumPy 處理大量數據時，輸出的可讀性相當重要。set_printoptions() 可以全域設定陣列的顯示格式，例如小數點位數或是否使用科學記號；而 with printoptions() 則提供暫時性的格式設定，方便在特定區塊中調整輸出樣式，結束後自動還原。

・顯示設定函數

函數	說明
`set_printoptions(settings)`	以 settings 控制 NumPy 陣列印出時的格式
`with np.printoptions(settings):` 敘述	可在區塊內暫時設定陣列的顯示格式，區塊結束後會自動恢復原本的設定

上表的函數有三個常用的設定。precision 用來設定浮點數的小數位數，預設 8 位；suppress=True 可關閉科學記號顯示，讓較大或較小的數值以一般格式呈現（預設 False）；linewidth 則用來調整每行的顯示寬度，預設為 75 個字元，超過會自動換行。

下面的範例展示了如何使用 set_printoptions() 來調整數值輸出的格式。

```
01  # ch10_1.py set_printoptions() 的範例
02  import numpy as np
03  a = np.array([1440, 123.89, 0.123])
04  b = np.sin([0.5, 1, 3])
05
06  print('預設輸出：')
07  print(a)
08  print(b)
09
10  # 設定新的格式選項
11  np.set_printoptions(precision = 2, suppress = True)
12
13  print('套用設定後的輸出：')
14  print(a)
15  print(b)
16  np.set_printoptions(precision = 8, suppress = False) # 設回預設值
```

- 執行結果：
  預設輸出：
  [1.4400e+03 1.2389e+02 1.2300e-01]
  [0.47942554 0.84147098 0.14112001]
  套用設定後的輸出：
  [1440.   123.89   0.12]
  [0.48 0.84 0.14]

這個範例的 3 到 4 行建立陣列 a 和 b。第 7 到 8 行顯示了預設格式下的陣列輸出，數值會以完整的浮點數格式呈現。接著，第 11 行使用 np.set_printoptions() 設定了新的輸出格式，其中 precision = 2 指定小數點後顯示兩位數，suppress = True 則避免以科學記號顯示小數值。14 到 15 行再次輸出陣列，這次的輸出會依照新的格式選項顯示，數值比較簡潔。最後，16 行將 precision 和 suppress 參數設回預設值，這樣可以避免後續輸出仍沿用第 11 行設定的格式。

如果是在 Jupyter Notebook 中執行 ch10_1.py 的話，set_printoptions() 的設定會影響到後續所有 NumPy 陣列的輸出格式。例如，套用 precision = 2，接下來的輸出都會固定以小數點兩位顯示。set_printoptions() 並沒有提供返回預設值的參數，如果想將小數點的顯示設回原本的 8 位，可以手動設定 precision = 8 來返回預設值。為了避免這種持續性的影響，您可以使用 printoptions() 搭配 with 區塊，讓格式設定只在區塊內暫時生效，區塊外則自動恢復原本的設定，如下面的範例：

```
01  # ch10_2.py, printoptions() 搭配 with 區塊
02  import numpy as np
03  a = np.sin([0.5, 1, 3])
04
05  with np.printoptions(precision = 3):    # 設定小數點精度為 3 位
06      print(a)    # 在區塊內的 print() 會使用這個精度
07
08  print(a)  # 這裡的 print() 會使用預設精度
```

- 執行結果：
  [0.479 0.841 0.141]
  [0.47942554 0.84147098 0.14112001]

這個範例展示了如何使用 NumPy 的 printoptions 來暫時設定數值輸出的格式。5 行使用 with np.printoptions(precision = 3) 暫時設定小數點精度為 3 位，並在區塊內的第 6 行輸出陣列 a，此時的輸出會遵循該設定，顯示陣列到小數點以下 3 位。第 8 行再次輸出陣列 a，但這次的輸出會恢復為 NumPy 的預設精度，因為 printoptions 的設定僅在 with 區塊內有效。

10.2 陣列的進階運算處理

在資料分析中，陣列不僅用來儲存數據，更經常需要搭配進階操作來萃取、轉換或整合資料。本節將介紹常用的進階函數，幫助您更有效率地處理與分析陣列資料。

10.2.1 運算與條件選取

在處理陣列資料時，我們常會需要進行加總、找出最大或最小值、判斷是否符合條件，或移除重複項目。NumPy 提供了相關的函數，讓這些操作變得簡單。

‧NumPy 常用的陣列彙總與判斷函數

函數	說明
sum(a,axis=i)	沿軸 i 對陣列 a 進行加總，如果沒設定軸的方向則全部加總
min(a,axis=i)	沿軸 i 找出陣列 a 中元素的最小值
max(a,axis=i)	沿軸 i 找出陣列 a 中元素的最大值
all(a,axis=i)	沿軸 i 判別陣列 a 中元素是否全為 True
any(a,axis=i)	沿軸 i 判別陣列 a 中，任意一個元素是否為 True

上表所列的函數可透過 np.函數名稱() 或 陣列物件.函數名稱() 來呼叫。例如進行加總時，可使用 np.sum(a)，也可寫成 a.sum()。若變數 a 已是 NumPy 陣列，使用 a.sum() 更為簡潔；而 np.sum() 的優點則在於能處理其它的資料型別，例如 Python 的 list 或 tuple 等。

```
> a = np.array([1, 5, 0])
```
這是陣列 a。

```
> a.sum()
  np.int64(6)
```
計算陣列的加總。這是呼叫物件的 sum() 函數。

```
> np.sum(a)
  np.int64(6)
```
一樣計算陣列的加總,不過這是呼叫 NumPy 提供的 sum() 函數。

```
> a.max()
  np.int64(5)
```
利用陣列 a 呼叫 max() 計算 a 的最大值。

如果要處理二維陣列,則要指定處理的方向。軸 0 是列(垂直)的方向,軸 1 是行(水平)的方向。如果是三維,則軸 0 可看成是垂直紙面的方向,軸 1 和 2 則分別是列和行的方向。如果沒有指定沿著哪個軸,則代表針對整個陣列進行運算。

```
> a = np.array([[1, 2, 3],
                [4, 5, 6],
                [7, 8, 9]])
```
這是一個 3×3 的陣列。

```
> a.sum()
  np.int64(45)
```
計算陣列的加總。因為沒有指定要加總的方向,所以 sum() 加總了整個陣列。

```
> a.sum(axis = 0)
  array([12, 15, 18])
```
指定沿著軸 0 的方向加總。軸 0 是垂直方向,因此會在垂直方向加總。

```
> np.min(a)
  np.int64(1)
```
由於沒有指定是哪個軸,因此 min() 會找出陣列 a 裡,所有元素的最小值。

```
> np.max(a, axis = 1)
  array([3, 6, 9])
```
在水平方向找出每一橫列的最大值。

另外,all() 和 any() 也是常用的函數。all() 要全部的元素都是 True,運算結果才會是 True。any() 則是只要任一個元素是 True,運算結果就為 True。

```
> np.all([0, 1, 2])
  np.False_
```
串列裡有元素 0，視為 False，因此 all() 運算的結果為 False。

```
> np.any([False, False, True])
  np.True_
```
串列的最後一個元素為 True，所以 any() 的運算結果為 True。

您可以觀察到上面最後的兩個輸出是 np.False_ 和 np.True_，它們是 NumPy 自定義的布林型別，就像 np.int64(5) 是 NumPy 的 int64 型別一樣。這些型別的設計，主要是為了讓陣列運算比使用 Python 原生型別 False 和 True 更有效率。

下面是使用 all() 和 any() 的應用範例，用來判別工廠機台的溫度是否出現異常。

```
01  # ch10_3.py, all() 和 any() 的應用
02  import numpy as np
03  # 每列代表不同時間點的溫度
04  temps = np.array([
05      [25, 30],    # 時間點 0，正常
06      [15, 18],    # 時間點 1，全部正常
07      [12, 92]     # 時間點 2，機台 1 過熱（從 0 開始數）
08  ])
09
10  # 檢查所有溫度是否正常
11  all_ok = np.all((temps >= 10) & (temps <= 90))
12  print('全部正常？', all_ok)
13
14  # 找出每個時間點是否有任何異常
15  has_problem = np.any((temps < 10) | (temps > 90), axis=1)
16  print('有異常時間點：', has_problem)
```

- 執行結果：
  全部正常？ False
  有異常時間點： [False False True]

在範例 4 到 8 行的陣列記載的是機台的溫度，橫列為時間點，直行代表機台。第 11 行使用 all() 檢查陣列 temps 中的所有溫度是否都在正常範圍（10 到 90 之間）。條件 (temps >= 10) & (temps <= 90) 會生成一個布林陣列，all() 將檢查該布林陣列是否所有值都為 True，結果存入變數 all_ok 中。由於 92 度已超出範圍，因此第 12 行

的輸出為 False。第 15 行使用 any() 檢查是否有任何溫度異常（小於 10 或大於 90），並透過 axis=1 指定沿軸 1（即每個時間點）檢查是否有異常。由於時間點 2 有機台過熱（92 度），因此第 16 行的輸出顯示最後一個時間點有異常發生。

10.2.2 數值位置查找與索引轉換

除了取得陣列中的資料，我們也常需要知道資料的位置，例如找出最大值的位置，或在多維與一維索引之間進行轉換。NumPy 提供了一些實用的函數，讓我們能靈活地存取、查找陣列裡的元素。

· 數值位置查找與索引轉換函數

函數	說明
$\text{argmin}(a, \text{axis}=i)$	沿軸 i 的方向找出元素最小值的所在位置
$\text{argmax}(a, \text{axis}=i)$	沿軸 i 的方向找出元素最大值的所在位置
$\text{unravel\_index}(a, (m, n, \dots))$	將一維索引 a 轉換成形狀為 $(m, n, \dots)$ 的索引
$\text{ravel\_multi\_index}(a, (m, n, \dots))$	將維度為 $(m, n, \dots)$ 的索引 a 轉換成一維索引
$\text{where}(\text{condition})$	找出 condition 為 True 的位置
$\text{where}(\text{condition}, x, y)$	若 condition 成立，則傳回 x，否則傳回 y
$\text{unique}(a, \text{axis}=i)$	沿軸 i 的方向刪去重複的列（或行、頁等）

上表中，argmin() 和 argmin() 中的 arg 是 argument 的縮寫，意思是讓我們找出讓某個陣列中，最小或最大值時所對應的位置（索引值）。

```
> a = np.array([3, 7, 9, 0])
```
這是陣列 a。

```
> np.argmax(a)
  np.int64(2)
```
查詢 a 的最大值的所在位置，得到 2。

```
> a.argmax()
  np.int64(2)
```
利用陣列物件 a 來呼叫 argmax()，也可以得到相同的結果。

10-11

如果陣列是二維，我們也可以指定軸的方向來找尋最大值或最小值發生的位置：

```
> a = np.array([[4, 3, 8, 1],
                [3, 9, 0, 2],
                [6, 9, 7, 5]])
```
這是一個 3×4 的陣列 a。

```
> a.argmax(axis = 0)
  array([2, 1, 0, 2])
```
沿著垂直方向找出每一個直行最大值的位置。

```
> a.argmax(axis = 1)
  array([2, 1, 1])
```
沿著水平方向找出每一個橫列最大值的位置。

```
> a.argmin()
  np.int64(6)
```
查詢最小值的所在位置，得到 6。

在最後一個例子中，a.argmax() 回傳 6，這是因為當二維陣列 a 由左而右、由上而下展平成一維陣列後，最小值 0 出現在索引 6 的位置。我們稱這個位置為一維索引。如果想知道該元素在原始二維陣列中的列索引與行索引，可以使用 unravel_index() 函數將一維索引轉換為對應的二維索引。

```
> np.unravel_index(6, a.shape)
  (np.int64(1), np.int64(2))
```
查詢一維索引 6 在 3×4 的陣列中，列與行的索引，得到 (1, 2)，代表最小的數字是位於陣列 a 中 [1, 2] 這個位置。

```
> a.argmax()
  np.int64(5)
```
查詢最大值的所在位置，得到 5。注意 argmax() 只傳回第一個最大值的位置，即使在本例中，最大值有兩個。

```
> np.ravel_multi_index([1,2],(3,4))
  np.int64(6)
```
ravel_multi_index 直譯就是把多維索引展平。左式表示若陣列為 3×4，則多維索引 [1, 2] 對應的一維索引為 6。

為了方便您的理解，我們以 3×4 的陣列為例，把一維索引與其對應的二維索引繪於下圖，其中每個元素的右上角為一維索引，而左上角為二維索引。

```
                        ┌──────→ 一維索引
                        │
           > np.unravel_index(7, (3, 4))
二維索引      (np.int64(1), np.int64(3))
   一維索引                          └──→ 二維索引
                                     二維索引
   [0,0] 0 [0,1] 1 [0,2] 2 [0,3] 3
0     4       3       8       1
   [1,0] 4 [1,1] 5 [1,2] 6 [1,3] 7
1     3       9       0       2
   [2,0] 8 [2,1] 9 [2,2] 10 [2,3] 11
2     6       9       7       5
     0       1       2       3
           > np.ravel_multi_index([1, 3], (3, 4))
             np.int64(7)
                         └──→ 一維索引
```

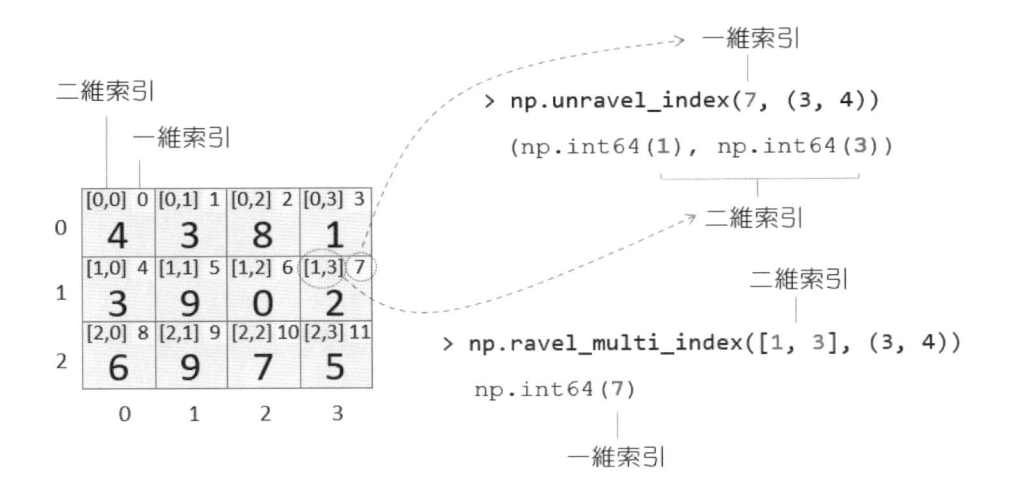

unravel_index() 和 ravel_multi_index() 如果要同時轉換多個索引，可將這些索引放在一個串列中傳入。例如，若已知一個形狀為 3×4 的陣列中，一維索引為 0、3 和 7，則對應的二維索引可以使用以下語法查得：

```
> np.unravel_index([0, 3, 7], (3, 4))
  (array([0, 0, 1]), array([0, 3, 3]))
```

上面的回應表示對應的列索引為 0、0、1，行索引為 0、3、3，因此其二維索引分別為 [0, 0]、[0, 3] 和 [1, 3]。相同的，若我們想知道這些二維索引在一維陣列中對應的位置，則可以分別將列索引與行索引組成兩個串列，作為 ravel_multi_index() 的參數，例如：

```
> np.ravel_multi_index([[0, 0, 1],[0, 3, 3]], (3, 4))
  array([0, 3, 7])
```

這代表 [0, 0] 對應到一維索引 0，[0, 3] 對應到 3，而 [1, 3] 對應到 7，與前面的結果相互對應、驗證正確。

另外，NumPy 的 where() 是一個很常用的函數，它可以傳回判斷結果為 True 的位置，常用於過濾、查找特定條件的元素索引。

10-13

```
> a = np.array([7, 3, 5])
```
定義 a 為一個 NumPy 陣列。

```
> np.where(a > 4)
  (array([0, 2]),)
```
a > 4 的運算結果為 [True, False, True]，因此 where() 回應 [0, 2]。

where() 另一個用法是可以根據判斷結果為 True 或 False 來傳回不同值，這種寫法可以把 if 敘述迴圈化，非常好用：

```
> np.where(a > 4, 99, a)
  array([99, 3, 99])
```
where() 逐一走訪 a 裡的每一個元素。如果元素值大於 4，則傳回 99，否則傳回 a 的原值。

```
> np.where(a > 4,[5, 6, 7],[8, 9, 0])
  array([5, 9, 7])
```
若 a 的元素值大於 4，則選擇 [5, 6, 7] 中的與元素相同位置的對應值，否則從 [8, 9, 0] 中選取。

在前面的範例中，因為 a 中索引為 0 和 2 的元素大於 4，因此輸出的陣列中，5 和 7 是 [5, 6, 7] 裡索引為 0 和 2 的元素，9 則是 [8, 9, 9] 裡索引為 1 的元素。如果嘗試改用 if 敘述來寫這段程式，就得搭配 for 迴圈才能達到一樣的效果（不妨試試看）。相比之下，直接使用 where() 不但更簡潔，也讓程式更好讀。

在多維陣列中，where() 會回傳一個由多個陣列組成的 tuple，每個陣列分別代表在該維度中，符合條件之元素的索引。例如，在二維陣列中，會回傳兩個陣列，分別代表符合條件的列索引與行索引。

```
> a = np.array([[4, 3, 7],
                [5, 1, 2]])
```
這是陣列 a。

```
> np.where(a % 2 == 0)
  (array([0, 1]), array([0, 2]))
```
陣列 a 中 4 和 2 是偶數，分別在第 0 列第 0 行和第 1 列第 2 行。因此列索引組成的陣列為 [0, 1]，而行索引為 [0, 2]。

```
> np.where(a % 2 == 0, 0, a)
  array([[0, 3, 7],
         [5, 1, 0]])
```
對陣列 a 中的每個元素進行判斷：若為偶數，則回傳 0；否則回傳原本的數值。最終回傳的是一個新的陣列。

下面的範例以甜甜圈評分資料為例，示範如何使用 where() 找出滿分的位置，並將其轉換為一維索引以便儲存，再還原成原始的二維索引。

```python
01  # ch10_4.py, where() 與索引轉換函數應用
02  import numpy as np
03  scores = np.array([          # 甜甜圈得分資料（3 家店，4 種口味）
04      [ 87, 100,  92, 75],     # 第 0 號店
05      [100,  85, 100, 60],     # 第 1 號店
06      [ 88,  90,  87, 73]      # 第 2 號店
07  ])
08  max_pos = np.where(scores == 100)        # 找出所有滿分的 index
09
10  # 轉換成一維索引（方便儲存，轉換後的值應為 [1, 4, 6]）
11  indices = np.ravel_multi_index(max_pos, scores.shape)
12
13  # 從一維還原回 (店號, 口味)
14  unraveled = np.unravel_index(indices, scores.shape)
15  for store, flavor in zip(*unraveled):
16      print(f'第 {store} 號店，第 {flavor} 種口味')
```

- 執行結果：
  第 0 號店，第 1 種口味
  第 1 號店，第 0 種口味
  第 1 號店，第 2 種口味

這個範例 3 到 7 行定義了二維陣列 scores，用來記錄 3 家甜甜圈店在 4 種口味上的票選得分。橫列為店家，直行為口味。例如 scores[0, 1] 的值為 100，表示第 0 號店的第 1 種口味獲得滿分。第 8 行使用 where() 函數找出所滿分的位置，結果存入變數 max_pos，其值應為 (array([0, 1, 1]), array([1, 0, 2]))。

第 11 行透過 ravel_multi_index() 將二維索引轉換為一維索引，儲存在變數 indices 中。indices 的值應為 [1, 4, 6]，您可以感覺到它比二維索引 max_pos 更方便儲存或傳遞資料。第 14 行使用 unravel_index() 將一維索引還原為二維索引。15 到 16 行透過迴圈逐一列出還原後的結果，並標示每個滿分的店號與口味。

本節最後介紹一下 unique() 函數，它可以用來找出陣列中所有不重複的元素，常用於分類、統計或去掉資料重複的部分。

```
> a = np.array([[3, 4, 5, 4],
                [6, 0, 8, 0],
                [6, 0, 8, 0]])
```
這是一個 3 × 4 的陣列 a。

```
> np.unique(a, axis = 1)
  array([[3, 4, 5],
         [6, 0, 8],
         [6, 0, 8]])
```
沿軸 1 檢查是否有相同的直行。因為索引為 1 和 3 的行完全相同，因此索引為 3 的行會被刪除。

```
> np.unique(a)
  array([0, 3, 4, 5, 6, 8])
```
這邊沒有指定是沿著哪個軸，因此左式會剔除整個陣列中，重複的數字。

10.3 統計處理與資料排序

在資料分析中，統計運算與資料排序是理解資料分布與特性的重要工具。本節將介紹常用的統計函數與排序技巧，協助我們更有效掌握數據趨勢與關鍵值。

10.3.1 統計處理

如果想找出陣列的一些基本統計性質，我們可以利用下面的函數。相同的，如果沒有指明沿著哪個軸做運算，則代表針對整個陣列進行處理。

· 常用的統計處理函數

函數	說明
mean(a,axis=i)	沿軸 i 計算 a 的平均值
median(a,axis=i)	沿軸 i 計算 a 的中位數
std(a,axis=i)	沿軸 i 計算 a 的標準差（standard deviation）
var(a,axis=i)	沿軸 i 計算 a 的變異數（variance）
percentile(a,q,axis=i)	沿軸 i 找出 a 的 q 個百分位數

除了上面列出的函數外，NumPy 還支援更多進階的統計運算，如眾數、相關係數、分組統計等，若有進一步需求可參閱官方文件或相關資源深入了解。

> `a = np.array([[3, 4, 5],`
> `              [6, 1, 8]])`

這是 2 × 3 的陣列 a。

> `a.mean()`
> `np.float64(4.5)`

計算整個陣列 a 的平均值，得到 4.5。

> `a.mean(axis = 1)`
> `array([4., 5.])`

沿著軸 1（水平方向）計算陣列 a 的平均值。

> `np.median(a)`
> `np.float64(4.5)`

這是陣列 a 的中位數。

> `a.std()`
> `np.float64(2.217355782608345)`

計算陣列 a 的標準差。

> `a.var(axis = 0)`
> `array([2.25, 2.25, 2.25])`

沿著軸 0（垂直方向）計算陣列 a 的變異數。

> `np.percentile(a, 50)`
> `np.float64(4.5)`

找出 a 的 50 百分位數（事實上它也是中位數）。

10.3.2 排序處理

NumPy 常用的排序函數有 sort() 和 argsort()。我們之前已經看過 arg 開頭的函數了（如 argmin()，它可傳回陣列最小值的索引），argsort() 可傳回排序後元素的索引，而不是排序後的元素值。

‧ 排序函數

函數	說明
sort(a,axis=i)	沿軸 i 將 a 的元素由小到大排序後傳回（不改變 a 的內容）
argsort(a,axis=i)	同上，但傳回排序後元素的索引

10-17

sort() 和 argsort() 都是限定由小到大排序。如果想從大排到小，我們只要把排序的結果反向排列即可。

> a = np.array([17, 88, 12, 93])　　　　這是一個一維陣列。

> np.sort(a)　　　　　　　　　　　　　將陣列 a 由小到大排序。注意排序後 a
　array([12, 17, 88, 93])　　　　　　的內容不會被改變（已經把排序結果傳
　　　　　　　　　　　　　　　　　　　出來了，a 的值也沒有必要改變）。

> a　　　　　　　　　　　　　　　　　查詢 a 的值，我們確認它沒有被修改。
　array([17, 88, 12, 93])

> a.sort()　　　　　　　　　　　　　　這種寫法會把 a 就地（in-place）排序。
　　　　　　　　　　　　　　　　　　　因為 a 已就地排序，所以沒有傳回值。

> a　　　　　　　　　　　　　　　　　這是陣列 a 的內容。我們可發現其值已
　array([12, 17, 88, 93])　　　　　　被修改成由小到大排序。

> a[::-1]　　　　　　　　　　　　　　利用這個語法可以取得將 a 由大到小排
　array([93, 88, 17, 12])　　　　　　序的結果。

argsort(a) 可以用來取得元素排序後，每一個元素在陣列 a 的位置。有了排序後的結果和原本位置的訊息，我們就可以還原陣列 a 的內容。

> a = np.array([71, 77, 25, 19])　　　重新定義陣列 a。

> idx = np.argsort(a); idx　　　　　　陣列 a 中最小的元素 19 的索引為 3，因
　array([3, 2, 0, 1])　　　　　　　　此 idx 索引 0 的元素為 3。次小元素 25
　　　　　　　　　　　　　　　　　　　的索引為 2，因此 idx 索引 1 的元素為
　　　　　　　　　　　　　　　　　　　2，以此類推。

> b = np.sort(a); b　　　　　　　　　　將 a 排序後，設定給 b 存放。
　array([19, 25, 71, 77])

> c = np.zeros(4, dtype = int)　　　　建立一個全 0 陣列 c。我們將利用它和
　　　　　　　　　　　　　　　　　　　排序後的結果 b，以及 idx 來還原 a。

> c[idx] = b; c
  array([71, 77, 25, 19])

根據索引陣列 idx，將陣列 b 的值依序填入陣列 c 的對應位置，即可還原陣列 a。

排序函數也可以沿著某個軸進行運算。配合 argsort() 函數的運算結果，我們也可以先針對某一列或行來排序，然後其它列或行再依排序的結果來排序。

> a = np.array([[7, 8, 3],
               [4, 1, 9]])

這是陣列 a 的內容。

> np.sort(a)
  array([[3, 7, 8],
         [1, 4, 9]])

sort() 預設會沿著最後一個軸排序。二維陣列最後一個軸是軸 1，因此這個式子會沿著軸 1 排序。

> np.sort(a, axis = 0)
  array([[4, 1, 3],
         [7, 8, 9]])

指定沿著軸 0 排序，所以每一行中，較小的數字會被排在上面。

> np.sort(a, axis = None)
  array([1, 3, 4, 7, 8, 9])

如果設定 axis=None，則將陣列的所有元素一起排序，排序結果是一個一維陣列。

> np.argsort(a, axis = 0)
  array([[1, 1, 0],
         [0, 0, 1]])

argsort() 也可以指定要沿著哪一個軸來排序。

> a[0,:]
  array([7, 8, 3])

這是陣列 a 的第 0 列。

> np.argsort(a[0,:])
  array([2, 0, 1])

這是將陣列 a 的第 0 列由小到大排序後，原本元素的索引。

> a[:,np.argsort(a[0,:])]
  array([[3, 7, 8],
         [9, 4, 1]])

根據第 0 列排序後的結果，把整個陣列的每一行進行排序（每一行一起動）。

下面範例使用 NumPy 的統計與排序函數，針對一週的步數紀錄進行分析，快速取得平均、中位數、標準差，並找出最高與最低步數所對應的日期。

```python
01  # ch10_5.py, 步數紀錄分析
02  import numpy as np
03  steps = np.array([8500, 9000, 7600, 8800, 5300])
04  days = np.array(['Mon', 'Tue', 'Wed', 'Thu', 'Fri'])
05
06  print('平均步數：', np.mean(steps))
07  print('中位數：', np.median(steps))
08  print('標準差：', np.std(steps))
09
10  # 最多與最少步數及星期
11  max_idx = np.argmax(steps)
12  min_idx = np.argmin(steps)
13  print(f'最多步數：{steps[max_idx]}({days[max_idx]})')
14  print(f'最少步數：{steps[min_idx]}({days[min_idx]})')
15
16  # 步數排序（橫列輸出）
17  idx = np.argsort(steps)
18  result = [f'{days[i]}:{steps[i]}' for i in idx]
19  print('步數排序：', result)
```

- 執行結果：
  平均步數： 7840.0
  中位數： 8500.0
  標準差： 1357.350360076572
  最多步數：9000(Tue)
  最少步數：5300(Fri
  步數排序： ['Fri:5300', 'Wed:7600', 'Mon:8500', 'Thu:8800', 'Tue:9000']

這個範例的第 3 行定義陣列 steps，裡面儲存了 5 天的步數資料。第 4 行定義了陣列 days，對應每一天的名稱。第 6 到 8 行計算並輸出步數的統計數據，包括平均值、中位數和標準差。第 11 和 12 行分別利用 argmax() 和 argmin() 找出步數最多與最少的索引位置，並透過 13 和 14 行輸出對應的步數與星期。

第 17 到 19 行的程式碼負責將步數從小到大排序，並輸出對應的結果。17 行使用 argsort() 取得 steps 的排序索引，18 行透過串列推導式，將排序後的索引對應到陣列 days 和 steps，生成一個包含每一天名稱與步數的串列，並於 19 行將結果輸出。 ❖

10.4 數學矩陣的相關運算

NumPy 內建了一些常用的函數,用來進行矩陣的相關運算,其中包含了矩陣的乘法、行列式的求值、反矩陣的運算,以及特徵值與最小平方法的求解等。

10.4.1 矩陣常用的運算

我們可以使用 dot(),或是 matmul() 函數來計算矩陣的乘法(matmul 為 matrix multiplication 的縮寫,為矩陣乘法之意),或者也可以利用較簡便的矩陣的乘法運算子 @ 來進行計算。

・矩陣運算函數

函數	說明
$dot(a, b)$	計算 a 和 b 的點積(Dot product)
$matmul(m1, m2)$	計算矩陣 $m1$ 與 $m2$ 相乘 (Matrix multiplication)
$m1 @ m2$	矩陣 $m1$ 與 $m2$ 相乘的運算子的表示法

dot() 函數依照參數的不同,有不同的計算方式。當 a 和 b 都是一維陣列時,dot(a, b) 會計算它們的內積(dot product);若兩者都是二維陣列,則 dot(a, b) 對應到矩陣乘法,但實務上更常使用 matmul(a, b) 或 a @ b 來進行矩陣相乘。此外,當 a 和 b 為純量、一維、二維或更高維陣列時,dot() 的行為會有所不同,建議查閱 NumPy 官方說明文件以獲得更詳細的資訊。

```
> a = np.array([0, 1, 2])               a 是一個一維陣列。

> b = np.array([3, 4, 5])               b 也是一個一維陣列。

> vr = np.array([[3, 4, 5]])            vr 是一個 1×3 的二維陣列(列向量)。

> m = np.array([[2, 3, 1, 1],           m 是一個 3×4 的二維陣列(矩陣)。
                [3, 0, 1, 0],
                [1, 0, 3 ,2]])
```

10-21

```
> np.dot(a, b)
  np.int64(14)
```
a 和 b 都是一維陣列，因此 dot() 會計算它們的點積，也就是元素對元素相乘後加總。

```
> np.dot(2, m)
  array([[4, 6, 2, 2],
         [6, 0, 2, 0],
         [2, 0, 6, 4]])
```
這個運算式相當於純量 2 乘上矩陣 m 裡的每一個元素。

```
> np.matmul(vr, m)
  array([[23, 9, 22, 13]])
```
利用 matmul() 函數對多數人而言，比較容易理解它是一個矩陣的乘法。

```
> vr @ m
  array([[23, 9, 22, 13]])
```
我們也可以利用 @ 運算子來完成矩陣的乘法。

10.4.2 使用 numpy.linalg 模組

NumPy 把線性代數常用的行列式與反矩陣等函數蒐錄在 numpy.linalg 模組裡（linalg 是 linear algebra 的縮寫，線性代數的意思），下表列出了一些常用的函數：

- numpy.linalg 模組裡常用的函數

函數	說明
$det(m)$	計算矩陣 m 的行列式（determinate）
$inv(m)$	計算矩陣 m 的反矩陣（inversion）
$eigvals(m)$	計算矩陣 m 的特徵值（eigen values）
$eig(m)$	計算矩陣 m 的特徵值和特徵向量
$solve(m,b)$	計算矩陣方程式 $m \cdot x = b$ 中的解 x
$lstsq(m,b)$	計算矩陣方程式 $m \cdot x = b$ 中，具有最小誤差的解 x

下面幾個簡單的範例介紹了 NumPy 中常用的線性代數函數，包括行列式、反矩陣、特徵值、解方程式與最小平方法等。

```
> from numpy import linalg
```
從 numpy 載入 linalg 模組。

```
> m = np.array([[1, 4], [3, -1]])
```
這是 2 × 2 的矩陣 m。

```
> b = np.array([[6], [5]])
```
這是 2 × 1 的向量 b。

```
> linalg.det(m)
  np.float64(-13.0)
```
這是 m 的行列式。

```
> linalg.inv(m)
  array([[0.07692308, 0.30769231],
         [0.23076923,-0.07692308]])
```
這是 m 的反矩陣。

```
> m @ linalg.inv(m)
  array([[1., 0.],
         [0., 1.]])
```
一個矩陣乘上它的反矩陣，結果應該等於單位矩陣。左式驗證了這個定理。

```
> linalg.solve(m, b)
  array([[2.],
         [1.]])
```
利用 solve() 解出 $m \cdot x = b$ 的 x。

```
> linalg.eig(m)
  EigResult(eigenvalues=array(
  [ 3.60555128, -3.60555128]),
  eigenvectors=array(
  [[ 0.83791185, -0.65572799],
   [ 0.54580557,  0.75499722]]))
```
eig() 回應一個 EigResult 物件，內含矩陣 m 的特徵值（eigen values）和特徵向量（eigen vectors）。

```
> linalg.eigvals(m)
  array([3.60555128, -3.60555128])
```
如果只想要知道特徵值，可以利用 eigvals() 函數。

如果方程式的數目多於未知數的數目，則我們可以求得最小平方解，也就是如果把最小平方解帶入方程式中，則誤差的平方和（稱為殘差，Residuals）為最小。

```
> m = np.array([[ 1, 2],
                [ 3, 5],
                [-1, 1]])
```
這是 3 × 2 的矩陣 m。

10.4 數學矩陣的相關運算

10-23

```
> b = np.array([[4, 8, 5]]).T
```
這是 3 × 1 的向量 b。現在我們要求解 $m \cdot x = b$ 的最小平方解。

- ```
  > linalg.lstsq(m, b)
    (array([[-2.13513514],
            [ 2.90540541]]),
     array([0.12162162]),
     np.int32(2),
     array([6.25362248, 1.37557476]))
  ```
  lstsq() 回應具有 4 個元素的 tuple。索引 0 的元素是最小平方解，接著是殘差，再來是矩陣 m 的秩（Rank），最後一個是 m 的奇異值（Singular value）。

10.5 廣播運算

廣播（Broadcasting）在 NumPy 裡是一個很重要的技術，它可以讓兩個維度不同的陣列彼此進行數學上的運算。為了達成這個目的，較小的陣列會被廣播，使得廣播後的陣列與較大的陣列有著相同的形狀，以方便數學上的運算。本節我們將介紹廣播的基本運算，與其實際上的應用。

10.5.1 廣播的基本運算

在多數情況下，NumPy 會自動幫我們處理陣列的廣播，不過有時後我們要先把兩個陣列做一些預處理，使得它們有相容的形狀可以廣播。我們來看看下面簡單的範例：

```
> a = np.array([[0, 1, 2],
                [3, 4, 5]])
```
a 是一個 2 × 3 的陣列。

```
> b = np.array([[1, 1, 1],
                [1, 1, 1]])
```
b 也是一個 2 × 3 的陣列。

```
> a + b
  array([[1, 2, 3],
         [4, 5, 6]])
```
陣列 a 和 b 的形狀完全一樣，所以它們可以直接相加，此時 NumPy 並沒使用廣播技術。

```
> a + 1
  array([[1, 2, 3],
         [4, 5, 6]])
```
將陣列 a 加上 1。因為 1 是純量，NumPy 會自動將純量廣播成 2 × 3 陣列，再和陣列 a 相加。
```

當兩個陣列的形狀不同時，NumPy 的廣播機制會先從最後一個軸開始對齊兩者的形狀，並將較短陣列的前方補上大小為 1 的軸，使兩者擁有相同的軸數。接著從軸 0 開始逐一比較每個軸的大小：若對應軸的大小相等，或其中之一為 1，則視為相容。若所有軸皆相容，廣播即成功；此時 NumPy 會將大小為 1 的軸透過複製的方式擴展為對應軸的大小（即廣播），使兩個陣列的形狀一致，進而執行逐元素運算。

例如，當兩個陣列的形狀分別為 (2, 3) 和 (3,) 時，NumPy 的廣播機制會先從最後一個軸對齊兩者的形狀，並將較短的陣列 (3,) 在前方補上一個大小為 1 的軸，使其形狀變為 (1, 3)，與 (2, 3) 擁有相同的軸數（同為 2 個）：

```
    (2, 3)              (2, 3)
    (3,)       ⇒        (1, 3)
    │                   │
1. 對齊最後一個軸      2. 補上一個大小為 1 的軸
```

接著從軸 0 開始比較：兩個陣列軸 0 的大小分別為 2 和 1，所以相容。軸 1 的大小均為 3，也相容，因此可以廣播。此時 NumPy 會將形狀為 (1,3) 的陣列在軸 0 方向上複製（即廣播）成 2 列，形狀變成 (2,3)，使兩個陣列形狀相同，如此便可進行逐元素運算。例如，假設陣列 a 和 b 分別為

```
a = np.array([[0, 1, 2],          # 形狀為 (2, 3)
              [3, 4, 5]])

b = np.array([1, 1, 0])           # 形狀為 (3,)
```

現在我們想利用廣播運算計算 a + b。陣列 a 和 b 的形狀分別為 (2, 3) 和 (3,)，因此先將最後一個軸對齊，並在 b 形狀的前方補上一個大小為 1 的軸，此時 b 變成

```
np.array([[1, 1, 0]])             # 形狀為 (1, 3)
```

接著 b 在軸 0 的方向複製成兩列，使其成為

```
np.array([[1, 1, 0],              # 形狀為 (2, 3)
          [1, 1, 0]])
```

現在 b 的大小和 a 完全相同了，因此它們可以逐元素相加，得到

```
np.array([[1, 2, 2],
          [4, 5, 5]])
```

下圖是陣列 a 和 b 這兩個陣列相加時，廣播機制的運作流程：

a: [[0, 1, 2],　　⇒　複製 [[1, 1, 0],　　⇒　　　　　　　　= [[1, 2, 2],
　　[3, 4, 5]])　　　　　　[1, 1, 0]]　　　　　⊕　　　　　[4, 5, 5]]

b: [1, 1, 0]　　⇒　　　[[1, 1, 0]]

(2, 3)　　　　　(2, 3)　　　　　(2, 3)
(3,)　　⇒　　(1, 3)　　⇒　　(2, 3)

1. 對齊最後一個軸　2. 補上一個大小為 1 的軸　3. 往對應的方向(軸 0)複製成 2 列

再舉一個廣播的範例。假設陣列 a 和 b 分別為 array([[0, 1, 2]]) 和 array([[3], [4]])，我們希望計算 a + b。兩者的形狀分別為 (1, 3) 和 (2, 1)，如下圖所示。首先從最後一個軸對齊形狀，由於兩者軸數已相同，無需補軸。接著從軸 0 開始比較：a 和 b 軸 0 的大小分別為 1 和 2，因此相容。軸 1 的大小分別為 3 和 1，也相容，因此可廣播。於是 NumPy 會將 a 擴展為 (2, 3)，b 也擴展為 (2, 3)，最後逐元素相加，得到一個形狀為 (2, 3) 的陣列。

a: [[0, 1, 2]]　　⇒　複製 [[0, 1, 2],　　⇒　　　　　　　= [[3, 4, 5],
　　　　　　　　　　　　　[0, 1, 2]]　　　　⊕　　　　　　[4, 5, 6]]

b: [[3],　　　　⇒　　　　[[3, 3, 3],
　　[4]]　　　　　　　　　[4, 4, 4]]

a: (1, 3)　　⇒　　a: (2, 3)
b: (2, 1)　　　　　b: (2, 3)

軸數相同，無需補軸

下表整理了 NumPy 進行陣列運算時的廣播行為，說明當兩個陣列形狀不同時，如何透過尾端對齊與補軸處理來進行形狀比對。表中列出了原始形狀、對齊後的形狀、是否可廣播，以及成功廣播後的結果形狀。

- 形狀對齊與運算相容性

a 的形狀	b 的形狀	a 對齊後形狀	b 對齊後形狀	可廣播？	結果形狀
(3, 1)	(4,)	(3, 1)	(1, 4)	是	(3, 4)
(2, 3)	(3,)	(2, 3)	(1, 3)	是	(2, 3)
(5, 1, 4)	(1, 3, 1)	(5, 1, 4)	(1, 3, 1)	是	(5, 3, 4)
(3, 2)	(3, 1)	(3, 2)	(3, 1)	是	(3, 2)
(1, 4, 3)	(4, 1)	(1, 4, 3)	(1, 4, 1)	是	(1, 4, 3)
(3, 2)	(2, 3)	(3, 2)	(2, 3)	否	—

下面是另一個廣播的範例。在這個例子中，兩個二維陣列的每個軸的大小都不一樣，因此每個陣列會各自在一個軸進行廣播，然後再進行運算：

```
> a = np.array([[0],
                [1],
                [2]])
```
陣列的 a 的形狀為 (3,1)。

```
> b = np.array([[3, 4, 5, 6]])
```
陣列的 b 的形狀為 (1,4)。

```
> a + b
  array([[3, 4, 5, 6],
         [4, 5, 6, 7],
         [5, 6, 7, 8]])
```
計算 a + b。陣列 b 會在軸 0 的方向廣播成 3×4 的陣列。陣列 a 會在軸 1 的方向廣播成 3×4 陣列，然後再將廣播後的陣列相加。

10.5.2 廣播運算的應用

有了上面的概念，將廣播技術應用在三維或以上的陣列的時候就比較容易理解。然而有些時候，我們必須告訴 NumPy 如何對陣列廣播，以符合需要。例如，假設群組 pa 有 3 個點，群組 pb 有 4 個點，現在想知道 pa 裡是哪一個點離 pb 裡的哪一個點

最近，此時我們就必須計算 pa 裡的每一個點到 pb 裡每一個點的距離，因此總共需要算 12 次。兩個點 (x_0, y_0) 和 (x_1, y_1) 之間，距離 d 的計算公式為

$$d = \sqrt{(x_0 - x_1)^2 + (y_0 - y_1)^2}.$$

因為較小的數開根號之後也較小，而且我們只想知道是哪兩個點的距離最近，真實的距離並不關心，因此我們可以簡單的計算兩點之間的距離平方 $d^2 = (x_0 - x_1)^2 + (y_0 - y_1)^2$，再依此來找出距離最近的兩點即可。

假設群組 pa 中第 0、1 和 2 三個點的坐標分別為 (2,3)、(4,3) 和 (5,4)，而群組 pb 中第 0、1、2 和 3 四個點的坐標分別為 (3,0)、(4,7)、(5,2) 和 (6,1)。下面的範例是以 for 迴圈來完成這個題目，稍後我們會使用 NumPy 的廣播機制來完成相同目標。

```
01  # ch10_6.py, 找出最小距離的兩個點, for 迴圈版
02  import numpy as np
03  pa = np.array([[2, 4, 5],           # pa 的 x 座標
04                 [3, 3, 4]])          # pa 的 y 座標
05  pb = np.array([[3, 4, 5, 6],        # pb 的 x 座標
06                 [0, 7, 2, 1]])       # pb 的 y 座標
07  d2 = np.zeros((pa.shape[1], pb.shape[1]))
08
09  for i in range(pa.shape[1]):        # pa 中的點
10      for j in range(pb.shape[1]):    # pb 中的點
11          d2[i,j] = np.sum((pa[:, i] - pb[:, j])**2)
12
13  print(d2)
14  ma, mb = np.unravel_index(np.argmin(d2), d2.shape)
15  print(f'pa: {ma}, pb: {mb}, 距離平方為：{d2[ma, mb]:.2f}')
```

- 執行結果：

```
[[10. 20. 10. 20.]
 [10. 16.  2.  8.]
 [20. 10.  4. 10.]]
pa: 1, pb: 2, 距離平方為：2.00
```

這個範例中，3 到 6 行分別定義了陣列 pa 和 pb，用於儲存兩組點的座標。第 7 行初始化一個全零陣列 d2，大小為 3×4，用來儲存點到點的距離平方。9 到 11 行透過

for 迴圈計算 pa 中第 i 個點到 pb 中第 j 個點的距離平方，並將結果存入 d2[i, j] 中。注意 11 行的 pa[:, i] 和 pb[:, j] 可分別取出 pa 第 i 個點和 pb 第 j 個點的坐標。將它們相減後，可得它們在每個軸上的差值，將差值平方後加總，即可得到兩點之間的距離平方。

離開 for 迴圈之後，第 13 行印出陣列 d2。從印出的結果可觀察到 pa 第 1 個點到 pb 第 2 個點的距離平方為最小，其值為 2。第 14 行使用 argmin(d2) 找出 d2 最小值的索引，並透過 unravel_index() 將其轉換成列索引 ma 和行索引 mb。從第 15 行的輸出中可以看出 pa 的第 1 個點到 pb 的第 2 個點最近，距離平方為 2.0。 ❖

現在我們已經利用 for 迴圈找出哪兩個點有最短的距離，這是傳統程式語言的計算方式。在 NumPy 中，我們可以利用陣列廣播的特性，使得不用撰寫迴圈，依然可以把這個問題解決。

因為 pa 的形狀為 (2, 3)，pb 是 (2, 4)，而我們希望求得的 d2 其形狀是 (3, 4)。我們知道在 NumPy 廣播機制中，如果兩個陣列的形狀一樣，則一個陣列中，長度為 1 的軸會向另一個陣列相同的軸廣播（也就是複製），長度相同的軸則不廣播。因此我們可以分別新增一個軸給 pa 和 pb，如此就可以在新增的軸上進行廣播了。我們可以利用下圖來規劃整個計算的流程：

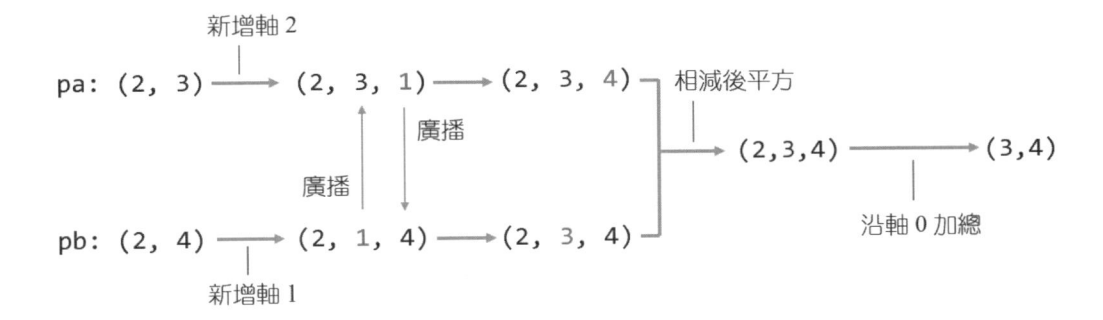

```
                新增軸 2
                    │
pa: (2, 3) ──────→ (2, 3, 1) ──────→ (2, 3, 4) ─┐ 相減後平方
                                   廣播          │
                                                 ├──→ (2,3,4) ──────→ (3,4)
                                   廣播          │         沿軸 0 加總
pb: (2, 4) ──────→ (2, 1, 4) ──────→ (2, 3, 4) ─┘
                    │
                新增軸 1
```

10.5 廣播運算

10-29

上圖中，廣播後的形狀為 (2, 3, 4)，將它們相減，然後平方，再沿著軸 0 加總即可得到 d2。我們把廣播的過程繪於下圖，從圖中可以很清楚的理解 NumPy 的廣播是如何運作的：

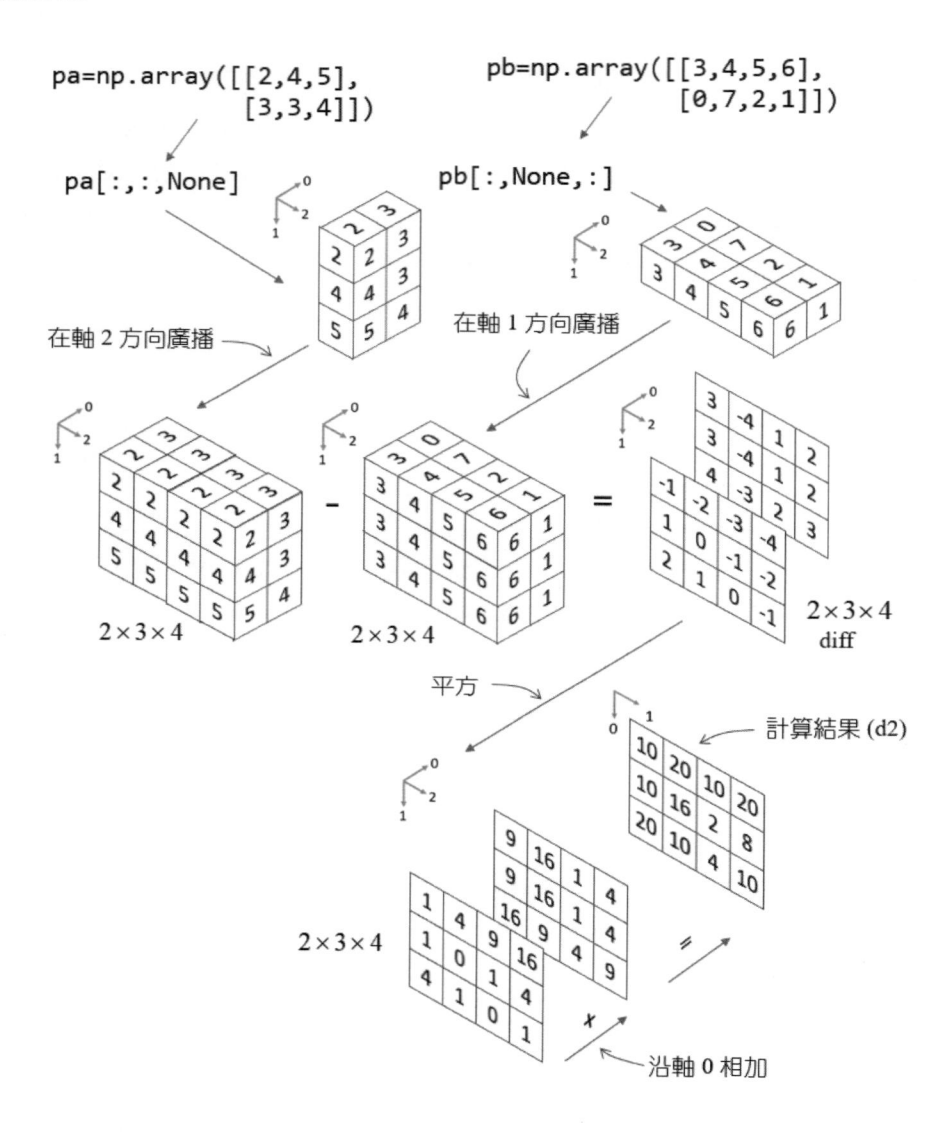

規劃好了之後，撰寫程式起來就容易多了。下面的程式碼完成和 ch10_6.py 一樣的功能，但改以廣播機制來撰寫。

```python
01  # ch10_7.py, 找出最小距離的兩個點，廣播版
02  import numpy as np
03  pa = np.array([[2, 4, 5],          # x 座標 (3 個點)
04                 [3, 3, 4]])         # y 座標
05  pb = np.array([[3, 4, 5, 6],       # x 座標 (4 個點)
06                 [0, 7, 2, 1]])      # y 座標
07
08  # 使用 broadcasting 計算差值, shape: (2, 3, 4)
09  diff = pa[:, :, None] - pb[:, None, :]
10
11  # 將 diff 平方後加總，得到距離平方陣列, shape: (3, 4)
12  d2 = np.sum(diff**2, axis=0)
13
14  # 找出距離平方最小的位置
15  ma, mb = np.unravel_index(np.argmin(d2), d2.shape)
16  print(f'pa: {ma}, pb: {mb}, 距離平方為 : {d2[ma, mb]:.2f}')
```

- 執行結果：

```
pa: 1, pb: 2, 距離平方為 : 2.00
```

在這個範例中，第 9 行將 pa 和 pb 分別新增一個軸 2 和軸 1，然後相減。此時 NumPy 廣播機制會將兩個陣列自動擴展為相同的形狀 (2, 3, 4)。這個形狀中的 2 代表每個點的 x 座標和 y 座標，3 對應 pa 中的 3 個點，4 對應 pb 中的 4 個點。相減後的陣列 diff 中，每個位置 (i, j) 對應的是 pa 第 i 個點與 pb 第 j 個點在 x、y 方向上的差值。透過這樣的三維結構，NumPy 能夠一次計算 pa 中每一點與 pb 中所有點的座標差，大幅減少迴圈運算的時間。第 12 行再透過平方加總，得到完整的陣列 d2。

廣播技術帶來最大的好處是運算速度。以上面的例子為例，以 for 迴圈計算距離時必須從陣列裡提取每一個元素再做運算，而廣播則是一次將兩個陣列進行運算，因此在運算時間上相對會快上許多，當 pa 和 pb 裡的點數變多時，廣播技術帶來運算速度的提升更是明顯。下面的範例簡單的比較這兩者運算速度的區別。

```
01  # ch10_8.py, 迴圈和廣播所需時間的比較
02  import numpy as np
03  from time import time                        # 載入 time 函數
04  def dist_for(pa, pb):                        # for 迴圈版本
05      d2 = np.zeros((pa.shape[1], pb.shape[1]))
06      for i in range(pa.shape[1]):             # a 中的點
07          for j in range(pb.shape[1]):         # b 中的點
08              d2[i,j] = np.sum((pa[:, i] - pb[:, j])**2)
09
10  def dist_broadcast(pa, pb):                  # 廣播版本
11      diff = pa[:, :, np.newaxis] - pb[:, np.newaxis, :]
12      d2 = np.sum(diff**2, axis=0)
13
14  np.random.seed(0)
15  pa = np.random.randint(0, 100, size=(2, 1000))  # 1000 個點
16  pb = np.random.randint(0, 100, size=(2, 1200))  # 1200 個點
17
18  start = time()                  # 測試 for 迴圈版本
19  dist_for(pa, pb)
20  print(f'[迴圈版本] 花費時間：{time() - start:.4f} 秒')
21
22  start = time()                  # 測量 broadcasting 版本
23  dist_broadcast(pa, pb)
24  print(f'[廣播版本] 花費時間：{time() - start:.4f} 秒')
```

- 執行結果：
  [迴圈版本] 花費時間：3.5592 秒
  [廣播版本] 花費時間：0.0084 秒

在這個範例中，第 3 行從 time 模組載入 time() 函數，我們將利用它來計時。4 到 12 行定義了兩個函數，其中 dist_for() 是使用 for 迴圈的版本，dist_brocast() 是使用廣播技術的版本。這兩個函數的寫法和之前在計算距離時幾乎一樣，不過捨棄了部分的程式碼，也省略了 return 敘述，只專注在 d2 陣列的求值。

第 14 行使用 random.seed(0) 設定隨機種子，確保產成的亂數一致。15 到 16 行分別生成兩組隨機整數座標陣列 pa 和 pb，分別代表 1000 個點和 1200 個點的座標。第 18 行開始測量 dist_for() 函數的執行時間，並在第 20 行輸出執行時間。相同的，22 到 24 行測量並輸出執行 dist_broadcast() 函數所需的時間。

從執行結果可以觀察到，廣播版本的執行時間僅為 0.0084 秒，相較於迴圈版本的 3.5592 秒，快了約 424 倍。這是因為廣播利用了 NumPy 的向量化運算，避免了 Python 層級迴圈的執行負擔。

從上面的範例可知，使用 for 迴圈處理資料時，邏輯直觀、容易理解，適合用於小規模資料或需要逐步追蹤與除錯的情境，但在面對大量資料時效能較差，程式碼也較冗長。相比之下，NumPy 的廣播機制能在不寫迴圈的情況下，直接對不同形狀的陣列進行運算，運行速度快、寫法簡潔，適合大規模資料的向量化運算。不過，廣播在邏輯上較抽象，初學者可能較難掌握。總體而言，小資料適合用 for 迴圈，大量資料處理或執行速度是重要考量時則建議使用廣播。

10.6 儲存 NumPy 陣列

大型的計算需要耗費掉許多時間，因此有時我們會希望將運算結果（NumPy 陣列）儲存起來，以方便需要時載入。下表列出了有關 NumPy 陣列存取的函數：

- 有關 NumPy 陣列存取的函數

函數	說明
tobytes(a)	將陣列 a 轉成 bytes 物件
frombuffer(b,dtype=t)	將 bytes 物件 b 轉成型別為 t 的 NumPy 陣列
save(fname,a)	將陣列 a 存到檔案 fname 中，格式為 npy
savez(fname,$v1=a1,v2=a2,…$)	將 $a1, a2,…$ 以名稱 $v1, v2,…$ 存到 fname 中
load(fname, allow_pickle=True)	讀取 fname 所儲存的 NumPy 陣列

NumPy 提供了 tobytes() 和 frombuffer() 這兩個實用的函數。前者可將陣列轉為 bytes 物件，方便儲存或傳輸；後者則可將 bytes 還原為 NumPy 陣列。

> ```
> a = np.array([98, 12, 450],
>              dtype = np.int32)
> ```
建立陣列 a，並指定其型別為 np.int32。

> ```
> z = a.tobytes()
> ```
將陣列 a 轉換成 bytes 物件 z。

> ```
> len(z)
> 12
> ```
物件 z 佔了 12 個 bytes。

> ```
> np.frombuffer(z, dtype=np.int32)
> array([98, 12, 450], dtype=int32)
> ```
frombuffer() 可以讀取存於 z 的內容，不過記得要指明陣列的型別。

NumPy 的 save() 一次可以儲存一個陣列，檔案格式為 .npy，這種格式保留了陣列的形狀、資料型別等資訊，方便日後還原。對應的 load() 函數可將 .npy 檔載入回 NumPy 陣列。如果陣列型別是 object，則要加上一個 allow_pickle=True 的選項。

> ```
> a = np.array([2.15, 3.14, 4.15])
> ```
這是陣列 a。

> ```
> np.save('test', a)
> ```
將陣列 a 寫入 test.npy 檔案中，save() 會自動加上 npy 這個副檔名。

> ```
> np.load('test.npy')
> array([2.15, 3.14, 4.15])
> ```
載入 test.npy 即可取得存入的陣列。

> ```
> a2=np.array(['Python'],
>             dtype = object)
> ```
這是型別為 object 的陣列 a2。

> ```
> np.save('test2', a2)
> ```
將 a2 寫入 test2.npy 中。

> ```
> np.load('test2.npy',
>         allow_pickle = True)
> array(['Python'], dtype=object)
> ```
test2.npy 因為內含 object 型別的陣列，會透過 pickle 格式儲存，因此需要加上 allow_pickle = True 才能允許讀取它。

save() 一次只能寫入一個陣列。如果要寫入多個陣列在同一個檔案中，可以改用 savez()。savez() 可以指定陣列的名稱來寫入，將來可以利用這些名稱來提取特定的陣列。

```
> width = np.array([21, 20, 20])          這是 width 陣列。

> height = np.array([172, 183, 176])      這是 height 陣列。

> np.savez('example',                     將 width 和 height 儲存為 example.npz，
      w = width, h = height)              並分別命名為 w 和 h。注意 savez() 建立
                                          的檔案副檔名為 .npz。

> npzfile = np.load('example.npz')        讀取 example.npz，並將結果設定給變數
                                          npzfile 存放。

> npzfile['w']                            提取變數 w 的內容，這種語法類似用字
  array([21, 20, 20])                     典的鍵取出對應的值。。

> npzfile['h']                            提取變數 h 的內容。
  array([172, 183, 176])
```

本章介紹了 NumPy 的基本運算、排序方法、矩陣計算、廣播機制與陣列儲存技巧，這些都是資料處理與科學運算的基礎工具。熟練這些功能，不僅能提升程式效率，也可以為後續進階應用打下良好基礎。

第十章 習題

10.1 基本運算

1. 【基本數學運算】設 $a = -2.3$，$b = 5.75$，試計算下面數學運算的結果：

    (a) 找出 a 的絕對值。
    (b) 比 a 大的最小整數。
    (c) 比 b 小的最大整數。
    (d) 將 b 依偶數捨入法捨入到小數第 1 位。
    (e) 將 b 取以 2 為底的對數。
    (f) 計算 b 的平方根。

2. 【陣列逐元素的計算】設 $a1$ = np.array([1.5, 2.6, 3.3])，$a2$ = np.array([2.2, 2.1, 3.9])，請完成下列操作：

    (a) 計算兩個陣列中對應元素的最大值與最小值。

(b) 計算每個元素的正弦與餘弦值。

(c) 將 $a1$ 的每個元素轉換為小於該數的最大整數。

(d) 計算 $a2$ 每個元素以 10 為底的對數值。

10.2 陣列的進階運算處理

3. 【元素的提取練習】設 a=np.array([67.4, 76.1, 73.7, 84.9])，試依序完成下列各題：

   (a) 將 a 裡的每個元素開根號。

   (b) 取出 a 中的小數部分。

   (c) 取出 a 的元素中，整數部分是偶數的元素（本例應提取出 76.1 和 84.9）。

   (d) 取出 a 的元素中，最小之數的索引。

   (e) 提取陣列 a 中，大於 70 的數，並將它們平均。

4. 【二維陣列的操作】設 $a = \begin{pmatrix} 5 & 12 & 8 & 14 \\ 6 & 1 & 8 & 14 \\ 21 & 17 & 3 & 0 \end{pmatrix}$，試依序作答下列各題：

   (a) 計算 a 的平均值，並設之為 m。

   (b) 提取 a 中，大於 m 之元素，並將它們平均。

   (c) 提取 a 中，小於等於 m 之元素，並將它們平均。

   (d) 建立一個陣列 b，形狀與 a 相同，且如果 a 裡的元素值大於 m 的話，陣列 b 裡相對應的元素值就為 1，否則 b 的元素值就為 0。

5. 【二維陣列的操作】設 $a = \begin{pmatrix} 12 & 10 & 0 & 9 & 12 \\ 3 & 17 & 18 & -3 & 3 \\ 0 & 7 & 8 & 5 & 0 \end{pmatrix}$，試依序作答下列各題：

   (a) 找出 a 中，每一個橫列的最大值。

   (b) 找出 a 中，每一個直行的最小值的索引。

   (c) 將陣列 a 的每一個橫列加總。

   (d) 將陣列 a 的每一個直行平均。

   (e) 找出陣列 a 的元素值為 0 之列和行的索引。

   (f) 找出陣列 a 的元素中，大於 0 之元素的總和。

(g) 找出陣列 a 的最大值之列和行的索引。

(h) 提取陣列 a 中，元素值不包含 0 的直行。

(i) 陣列 a 中有兩個直行的元素都相同，試去掉其中一個直行。

(j) 從 a 中分別提取不包含元素 5 的橫列和直行。

(k) 找出陣列 a 中，絕對值為 3 之元素的個數。

6. 【一維與二維索引的轉換】若 a 為一個 6×4 的陣列，試回答下列問題：

    (a) 在 a 中，如果一維索引為分別為 7, 9, 14，則在陣列 a 中，列和行的索引為何？

    (b) 若元素的列和行的索引分別為 [0,3,4,2] 和 [1,3,2,0]，則這些元素的一維索引分別為何？

7. 【距離的計算】設 $a = \begin{pmatrix} 0 & 1 & 2 & 3 & 4 \\ 2 & 3 & 4 & 0 & 1 \\ 4 & 0 & 1 & 2 & 3 \\ 1 & 2 & 3 & 4 & 0 \\ 3 & 4 & 0 & 1 & 2 \end{pmatrix}$。

    如果把列和行的索引看成是坐標 (r, c)，試作答下列各題：

    (a) 試找出離坐標 (2,2) 最近，且元素值為 4 的坐標（答案為 (1,2)）。

    (b) 試找出離坐標 (4,3) 最近，且元素值為 0 的坐標（答案為 (4,2)）。

    (c) 試找出離坐標 (4,0) 最近，且元素值為 2 的坐標（答案為 (3,1)）。

    (d) 找出相距最遠的兩個 4 的坐標（答案應為 (0,4) 和 (4,1)）。

    (e) 找出陣列 a 中，值為 0 的元素共有幾個。

8. 【找質數】試設計一函數 prime_list(n)，可以找出小於 n 的所有質數。

9. 【圓周率的計算】試以下面的方程式定義函數 find_pi(n)，用來計算 π 的近似值，並計算當 $n = 2$ 和 $n = 10$ 時，π 的近似值為多少：

$$\pi = \sum_{k=0}^{n} \frac{1}{16^k} \left(\frac{4}{8k+1} - \frac{2}{8k+4} - \frac{1}{8k+5} - \frac{1}{8k+6} \right)$$

10.3 統計與資料的排序

10. 【統計練習】設 a = np.array([[10, 20, 30], [40, 50, 60], [70, 80, 90]])，試完成下面各題：

    (a) 計算每一行（axis=0）的平均值。

    (b) 計算每一列（axis=1）的中位數。

    (c) 計算整個陣列的標準差。

    (d) 計算每一列的第 25 百分位數（percentile，q=25）。

11. 【排序練習】設 a = (12, 7, 23, 76, 23, 77, 54, 33, 98)，試取出 a 裡的偶數，然後將它們從小到大排序。

12. 【依離原點的距離排序】設有 5 個點的坐標，分別為 (6,4), (7,1), (7,4), (3,8), (6,9)。試計算這 5 個點離原點的距離，並依距離來排序這 5 個點（從小排到大）。

13. 【二維陣列的排序】設 $a = \begin{pmatrix} 5 & 16 & 12 & 1 \\ 6 & 11 & 18 & 13 \\ 2 & 7 & 3 & 8 \end{pmatrix}$，試依序作答下列各題：

    (a) 將 a 裡的元素從小排到大，排成一個一維陣列。

    (b) 將 a 裡的元素在軸 1（水平）的方向由小到大排序。

    (c) 將 a 的每一列依該列的第一個元素值由小到大排序。排序完的陣列應如下所示：

    $\begin{pmatrix} 2 & 7 & 3 & 8 \\ 5 & 16 & 12 & 1 \\ 6 & 11 & 18 & 13 \end{pmatrix}$

10.4 數學矩陣的相關運算

14. 【求解方程式】試求解下列的方程式：

    (a) $\begin{pmatrix} -1 & 2 \\ 1 & 6 \end{pmatrix} \begin{pmatrix} x_1 \\ x_2 \end{pmatrix} = \begin{pmatrix} 4 \\ 0 \end{pmatrix}$

    (b) $\begin{pmatrix} 3 & 2 & 4 \\ 5 & 7 & 3 \\ 1 & 6 & 0 \end{pmatrix} \begin{pmatrix} x_1 \\ x_2 \\ x_3 \end{pmatrix} = \begin{pmatrix} -6 \\ 2 \\ 1 \end{pmatrix}$

    (c) $\begin{pmatrix} 0 & 2 & -2 \\ 7 & 4 & 3 \\ 8 & -4 & -5 \end{pmatrix} \begin{pmatrix} x_1 \\ x_2 \\ x_3 \end{pmatrix} = \begin{pmatrix} 17 \\ 12 \\ 16 \end{pmatrix}$

15. 【求解最小平方解】試求下列方程式的最小平方解以及殘差：

(a) $\begin{pmatrix} 1 & 2 \\ 1 & 2 \\ 1 & 3 \end{pmatrix} \begin{pmatrix} x_1 \\ x_2 \end{pmatrix} = \begin{pmatrix} 0 \\ 1 \\ 3 \end{pmatrix}$

(b) $\begin{pmatrix} 2 & 1 \\ 1 & 2 \\ 1 & 1 \end{pmatrix} \begin{pmatrix} x_1 \\ x_2 \end{pmatrix} = \begin{pmatrix} 2 \\ 0 \\ -3 \end{pmatrix}$

10.5 廣播運算

16. 【廣播與迴圈的比較】設 $a = (78, 22, 65, 87, 12, 98, 63, 79)$ 且 $x = 57$，試在 a 中找出離 x 最近的數（請寫兩個版本，一個使用 for 迴圈，另一個不要使用 for 迴圈）。

17. 【找出最相近的顏色】設 c 是由 0 到 255 之間的整數亂數所組成的陣列，形狀為 (3,10)，陣列的每一個直行代表紅、綠藍三個顏色。現有一個顏色 $a = (37, 65, 182)$，試找出 c 中，與 a 最相近的顏色（即距離為最短）。

18. 【三維空間的距離】設陣列 a 和 b 的每個直行代表三維空間中，每一個點的坐標，其內容如下（a 有 7 個點，b 有 4 個點）：

$$a = \begin{pmatrix} 3 & 4 & 8 & 3 & 8 & 9 & 7 \\ 8 & 3 & 5 & 0 & 3 & 2 & 3 \\ 9 & 2 & 4 & 4 & 3 & 6 & 2 \end{pmatrix}, b = \begin{pmatrix} 8 & 7 & 3 & 1 \\ 5 & 4 & 4 & 2 \\ 4 & 9 & 0 & 6 \end{pmatrix}$$

(a) 試建立一個 7×4 的距離平方表 D（squared distance），其中 $D[i, j]$ 代表 a 裡行索引為 i 的點到 b 裡行索引為 j 的點之距離的平方。請利用 for 迴圈撰寫。

(b) 同習題 (a)，但請利用 NumPy 的廣播來撰寫。

(c) 同習題 (b)，但是距離平方表 D 為一個 4×7 的陣列，其中 $D[i, j]$ 代表為 b 裡行索引為 i 的點到 a 裡行索引為 j 的點之距離的平方。

19. 【以公式建立陣列】設一個 4×5 的陣列 arr 在索引為 (r, c) 的位置之值為 $2r + c$，即 $\text{arr}[r, c] = 2r + c$。陣列 arr 的內容如下：

$$\text{arr} = \begin{pmatrix} 0 & 1 & 2 & 3 & 4 \\ 2 & 3 & 4 & 5 & 6 \\ 4 & 5 & 6 & 7 & 8 \\ 6 & 7 & 8 & 9 & 10 \end{pmatrix}$$

(a) 試以 for 迴圈建立陣列 arr（可能需要兩個 for 迴圈）。

(b) 試以串列推導式來建立陣列 arr。

(c) 試以 NumPy 的廣播運算來建立 arr。

10.6 儲存 NumPy 陣列

20. 【陣列儲存】設 a=np.array([1,4,5,7,8])，試依序作答下列各題：

    (a) 試將 a 利用 tobytes() 轉成 bytes 物件，並將結果設定給變數 z。

    (b) 利用 frombuffer() 讀取變數 z 的內容，並驗證結果是否與 a 相同。

    (c) 將陣列 a 的內容利用 save() 存成 example.npy，然後以 load() 讀取檔案 example.npy，驗證看看是否能取回 a 的內容。

21. 【儲存多個陣列】設 a、b 和 c 為下面 3 個陣列，並依序作答接續的問題：

$$a = \begin{pmatrix} 0 & 2 \\ 1 & 6 \end{pmatrix}, \quad b = \begin{pmatrix} 7 \\ 2 \\ 1 \end{pmatrix}, \quad c = \begin{pmatrix} 0 & 2 & 0 \\ 6 & 4 & 2 \\ 8 & 3 & 4 \end{pmatrix}$$

(a) 分別將陣列 a、b 和 c 利用 savez() 存到檔案 variables.npz 中，變數的名稱分別使用 ar、br 和 cr。

(b) 讀取 variables.npz，並從中提取出變數 ar、br 和 cr 的內容。

使用 Matplotlib 繪圖套件

Matplotlib（Matlab plotting library）是專門用來繪製圖形的套件。搭配 NumPy 的數值運算，Matplotlib 可以繪製非常精美的圖形，其中包含了二維與三維的函數圖、極座標繪圖、統計圖、等高線圖，甚至是動畫等。這些繪圖函數提供了相當豐富的選項，方便我們針對圖形進行調整，以符合所需。本章將從基本的繪圖元件開始介紹，引導讀者熟悉 Matplotlib 的繪圖語法，進而可以繪製出自己想要的圖形。

1. Matplotlib 繪圖的基本認識
2. 二維繪圖的修飾
3. 填滿繪圖與極座標繪圖
4. 統計繪圖
5. 等高線圖與三維繪圖
6. 動畫的製作

11.1 Matplotlib 繪圖的基本認識

Matplotlib 是 Python 常用的繪圖庫，可用來產生各種靜態與動態圖表。它屬於第三方套件，在 VS Code 的終端機窗格內輸入以下指令即可安裝：

```
pip install matplotlib
```

安裝完成後，就可以開始使用 Matplotlib 套件來製作圖表。在 Matplotlib 裡有非常多的模組，最常見的模組是 pyplot（Python plot），通常會將它縮寫成 plt（plot）。在進行繪圖前，記得先載入 pyplot 模組：

```
import matplotlib.pyplot as plt
```

Matplotlib 提供多種繪圖方式，功能豐富，但可能讓初學者感到混淆。不過只要先了解基本繪圖元件，後續學習就能更加順利。本節將從介紹各個繪圖元件開始。

11.1.1 繪圖元件的介紹

假設我們要繪製一張數學函數圖，可以將 Matplotlib 的繪圖流程想像成以下幾個步驟。首先，先建立一個畫布（Figure ①），接著在畫布上新增一個 x-y 的座標系統（Axes ②③④），這個座標系統就是我們繪圖的主要區域。接下來，就能在這個區域中繪製線條（Line ⑤）或資料點標記（Markers ⑥）。畫好之後，還可以加上圖的標題（Title ⑦），以及 x 軸和 y 軸的標籤（Label ⑧⑨），這樣就初步完成一張完整的函數圖。

另外，我們可能會想在同一個座標系統中，加入另一個函數的圖形，並使用不同的顏色來加以區分。此時就需要加入圖例（Legend ⑩），用來標示不同的函數。同時，我們也可以在圖中加入網格線（Grid ⑪），並進一步細部設定座標軸線（Spine ⑫）的位置，以及軸線的刻度（Ticks ⑬⑭）和刻度標籤（Tick label ⑮⑯）的安排方式，最後再把圖形輸出。這些繪圖步驟在 Matplotlib 裡都能完成，操作流程也不算複雜。

下圖是 Matplotlib 官方網站上經典的圖形元件解說圖（Anatomy）。我們特別在每個元件旁邊標上數字編號，方便對照前面的文字說明。這些元件的英文名稱非常重要，因為在設定圖形各部分屬性時，就是以這些名稱作為設定對象。

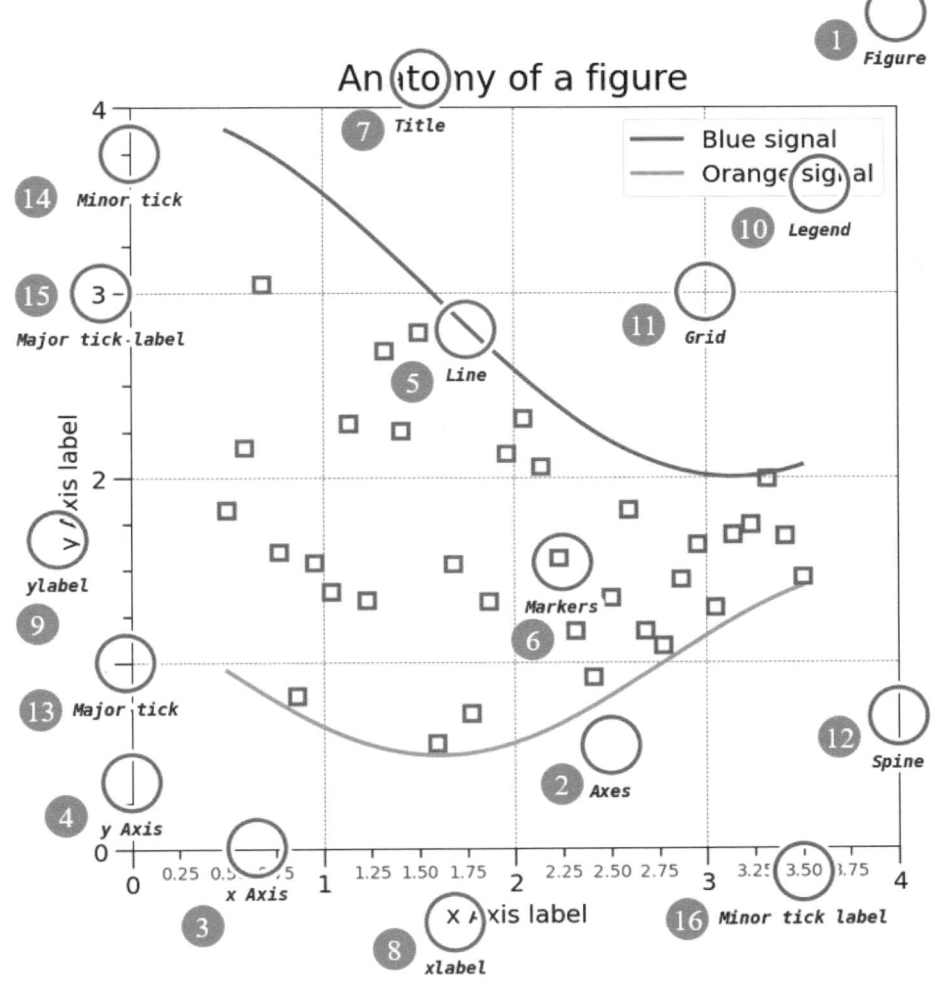

https://matplotlib.org/stable/gallery/showcase/anatomy.html

在繪圖之前，通常會先決定要在一張畫布上放置幾張圖。畫布上的每一張圖稱為子圖（subplot），一般而言，每個子圖會被一個座標系統佔滿，因此也可以將子圖視為一個獨立的座標系統。不同的子圖可以使用不同類型的座標系統，例如二維直角座標、極座標或三維直角座標等。

子圖於畫布上是呈 m 列 n 行的排列，也就是形成 $m \times n$ 的子圖陣列。下面的圖是將子圖分別排成 1×1、2×1、1×2 和 2×3 的例子。

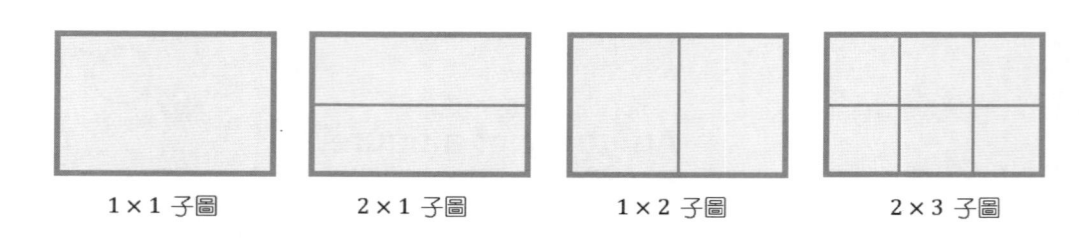

1×1 子圖　　　2×1 子圖　　　1×2 子圖　　　2×3 子圖

要繪製圖形，需先建立畫布（Figure）物件 fig，再加入子圖，這個動作可透過 fig.add_subplot() 或 plt.subplots() 完成。下表整理了本節使用的繪圖函數。

· 添加子圖的函數與其它常用的函數

函數	說明
fig = figure(figsize=(w,h))	建立一個畫布 fig，寬為 w，高為 h 英吋
ax = fig.add_subplot(r,c,i)	配置 $r \times c$ 個子圖到 fig，並傳回編號 i 的子圖
fig, ax = subplots(r,c)	建立畫布 fig，並添加 $r \times c$ 個子圖 ax 到 fig 中
plot(x,y,style_string)	以 NumPy 陣列 x 為橫座標，y 為縱座標繪製曲線圖
savefig(fname)	將繪圖存到檔名為 fname 的圖檔中
show()	顯示繪圖

上表中，plot() 是常用函數之一，其中的參數 style_string 為樣式字串，可組合顏色、線條樣式與資料點形狀（標記）來設定圖形樣式。這些字元的含義如下：

· plot() 顏色、線條和資料點選項

字元	顏色	字元	標記	字元	線條樣式
r	紅色 (red)	.	點	-	實線
g	綠色 (green)	o	圓	--	虛線
b	藍色 (blue)	^	三角形	-.	點實線
c	青色 (cyan)	s	正方形	:	點虛線
m	洋紅 (magenta)	d	菱形		
y	黃色 (yellow)	+	加號		
k	黑色 (black)	x	交叉		
w	白色 (white)	*	星號		

這些選項的順序可以自由排列，也可以只指定其中一項或兩項。例如，'r.-' 代表線條是紅色實線、資料點為小圓點；'*k-.' 代表線條是黑色點實線、資料點以星號表示。這種方式讓我們能快速客製化每條曲線的外觀。

11.1.2 利用 add_subplot() 繪圖

這一小節我們先介紹利用 add_subplot() 來添加子圖。由於 add_subplot() 是透過畫布物件 fig 來呼叫，因此我們需要先建立畫布 fig，再透過 fig.add_subplot() 在畫布上加入一個子圖。我們以一個簡單的範例來說明如何使用 add_subplot() 函數。

假設想繪製 $y = x^2$, $-2 \leq x \leq 2$ 的圖形。在繪製 $y = x^2$ 這個圖形之前，我們先利用 NumPy 來產生數據。所有資料點的 x 座標可以利用 linspace() 來產生，然後將所有點的 x 座標平方，就得到所有點的 y 座標。接下來要開始繪製函數的圖形。在這個範例中，畫布裡只需要一個子圖，因此程式碼較為簡單：

```
01  # ch11_1.py, 利用add_subplot() 繪製一個圖形
02  import numpy as np
03  import matplotlib.pyplot as plt
04
05  x = np.linspace(-2, 2, 32)    # 建立-2 到 2 的等距數值,共 32 筆
06  y= x ** 2                     # 每個 x 元素平方
07  fig = plt.figure()            # 建立畫布物件 fig
08  ax = fig.add_subplot()        # 加入一個子圖
09  ax.plot(x, y, 'r')            # 繪製紅色曲線圖
10  plt.show()                    # 顯示圖形
```

在這個範例中，第 7 行利用 figure() 建立一張畫布 fig，第 8 行利用 add_subplot() 添加一個子圖 ax 到畫布 fig 中。因為一個子圖就是一個座標系統，所以我們把子圖命名為 ax（Axes 的縮寫）。add_subplot() 中沒有任何引數，代表整個畫布就只有一個子圖。add_subplot() 建立的子圖預設是直角座標系統（稍後會介紹如何更改座標系統）。第 9 行繪出了 $y = x^2$ 的圖形。第 10 行的 show() 則是將所繪的圖形顯示出來。下圖為本例繪圖的輸出：

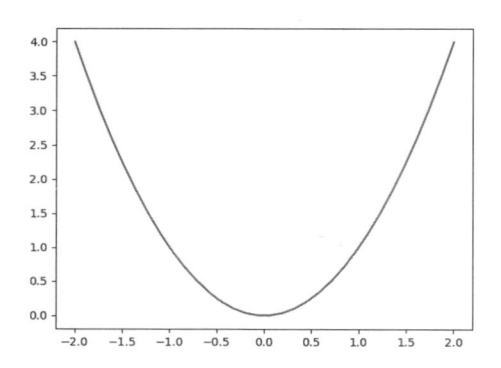

除了加入單一個子圖，我們還可以利用 add_subplot() 函數添加多個子圖到畫布中，這時需使用三個參數來指定子圖的排列方式與位置。例如，add_subplot(2,3,1) 代表畫布將配置 2×3 個子圖，且目前要添加編號 1（左上角）的子圖在畫布上。注意子圖的編號是從 1 開始（不是從 0），以由左而右，由上而下的順序來編排。下面是在畫布裡配置 1×2 個子圖，並於每一個子圖上繪圖的範例：

```
01  # ch11_2.py, 利用 add_subplot() 同時繪製兩個圖形
02  import numpy as np
03  import matplotlib.pyplot as plt
04  
05  x = np.linspace(0, 2*np.pi, 128)    # 建立 0 到 2π 的資料點
06  fig = plt.figure(figsize=(12, 4))   # 設定畫布的寬和高
07  ax1 = fig.add_subplot(1, 2, 1)      # 建立1×2的子圖，並取得第1個子圖
08  ax1.plot(x, np.sin(x), 'r')         # 繪製 sin(x) 紅色線
09  ax1.set_title('y=sin(x)')           # 設定子圖標題
10  
11  ax2=fig.add_subplot(1, 2, 2)        # 取得畫布fig中，編號2的子圖
12  ax2.plot(x, np.cos(x), 'b')         # 繪製 cos(x) 藍色線
13  ax2.set_title('y=cos(x)')           # 設定子圖標題
14  plt.show()
```

程式第 6 行呼叫 figure() 建立一個畫布 fig，並設定畫布的大小（figsize，figure size 的縮寫）寬為 12，高為 4 個單位。第 7 行指定 fig 要配置 1×2 個子圖，並取得編號 1 的子圖。第 8 行則以紅色（red）畫出了 $y = \sin(x)$ 的圖形，並在第 9 行加上子圖的標題。第 11 行取得畫布 fig 中，編號 2 的子圖，並於第 12 行在這個子圖內裡以藍色（blue）線條畫出 $y = \cos(x)$ 的圖形，然後在第 13 行加上標題。

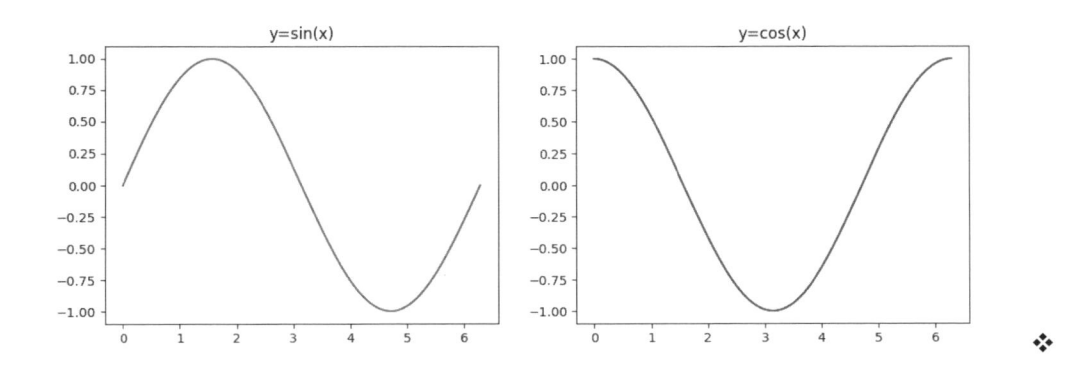

值得注意的是，add_subplot() 的參數格式有兩種寫法，一種是傳入三個參數，或是以一個三位數的整數來指明是幾列幾行的繪圖區，以及目前要繪製的繪圖區。例如

```
fig.add_subplot(1,2,1)      # 傳入三個參數
```
和
```
fig.add_subplot(121)        # 使用三位數整數
```

兩者語法是一樣的，第一種寫法適合在迴圈中靈活設定子圖位置，第二種寫法則較簡潔快速。值得一提的是，由於 Python 不允許整數常數以 0 開頭（例如 021 會被視為語法錯誤），因此子圖的編號需從 1 開始。

11.1.3 利用 subplots() 繪圖

除了利用 add_subplot() 來繪圖之外，我們也可以透過 subplots() 來達成相同的效果。這裡要特別注意的是，add_subplot() 是由畫布物件 fig 呼叫，而 subplots() 則是呼叫 plt 模組裡的 subplots() 函數。subplots() 可同時傳回一張畫布和多個子圖（所以 subplots() 後面接了一個 s，而 add_subplot() 一次只傳回一個子圖，所以後面不接 s）。如果需要 n 個子圖，利用 subplots() 可以省下重複撰寫 n 行 add_subplot() 的程式碼，因此當子圖數量較多時，使用 subplots() 會更加便利與簡潔。下面是利用 subplots() 繪製 $y = \sin(x)\cos(2x)$ 的範例：

```
01  # ch11_3.py, 用subplots() 繪製 y=sin(x)cos(2x) 的圖形
02  import numpy as np
03  import matplotlib.pyplot as plt
04
05  x = np.linspace(0, 2*np.pi, 128)              # 建立0到2π的資料點
06  fig, ax = plt.subplots()                      # 同時建立畫布和子圖
07  ax.plot(x, np.sin(x)*np.cos(2*x), 'r')        # 繪製圖形，紅色線
08  plt.show()                                    # 顯示圖形
```

在這個範例中，第 6 行利用 plt 呼叫 subplots() 函數，它會同時傳回畫布 fig 和一個子圖 ax（subplots() 並未傳入任何參數，因此預設只建立一個子圖）。第 7 行則在子圖 ax 裡利用 plot() 繪出函數的圖形。與前兩個使用 add_subplot() 的範例相比，plt.subplots() 的好處在於它可以一次性建立畫布與子圖，因此可減少一行程式碼，使程式看起來不那麼複雜。

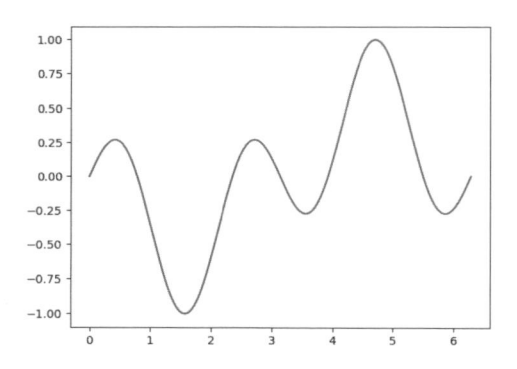

以下範例程式展示如何使用 plt.subplots() 建立 2 列 3 行的子圖（subplot），並在每個子圖中繪製函數 $y = \sin(x)\cos(x)^2$ 的圖形。我們先透過 NumPy 產生等距的 x 值，接著計算對應的 y 值，再以不同的線條樣式、顏色和標記符號呈現在各子圖中，讓讀者能清楚比較圖形的視覺效果：

```
01  # ch11_4.py, 利用plt.subplot() 繪製一個2x3的圖形
02  import numpy as np
03  import matplotlib.pyplot as plt
04
05  x = np.linspace(0, 2*np.pi, 64)
06  y = np.sin(x) * np.cos(x)**2              # 計算 y 值
07  fig, ax = plt.subplots(2, 3, figsize=(12, 6))   # 建立 2x3 子圖
08  ax[0,0].plot(x, y)                # 第1個子圖
09  ax[0,1].plot(x, y, 'ro-')         # 第2個子圖，紅色實線，圓形標記
10  ax[0,2].plot(x, y, 'xk')          # 第3個子圖，黑色 x 標記
11  ax[1,0].plot(x, y, 'g^:')         # 第4個子圖，綠色虛線，三角形標記
12  ax[1,1].plot(x, y, '.')           # 第5個子圖，小圓點標記
13  ax[1,2].plot(x, y, 'ms')          # 第6個子圖，洋紅色方形標記
14  plt.show()                        # 顯示圖形
```

在本例中，第 7 行建立了 2×3 的子圖，並指定畫布 fig 寬為 12，高為 6。因為 subplots() 中指明子圖有 2 列 3 行，因此 ax 會是一個 2×3 的子圖陣列。8 到 13 行則分別在每一個子圖上以不同的選項來繪圖，其中 ax[0,0] 是以預設值來繪製，其餘的圖則是以一個字串參數來指定要如何呈現函數圖形的顏色、線條形狀和資料點符號。字串參數裡每個字元的意義可以參考 11.1.1 節的附表。注意每個字元的位置可以互換或省略。例如 'ro-' 和 '-or' 一樣都是繪出紅色、實線，圓形資料點的線條。

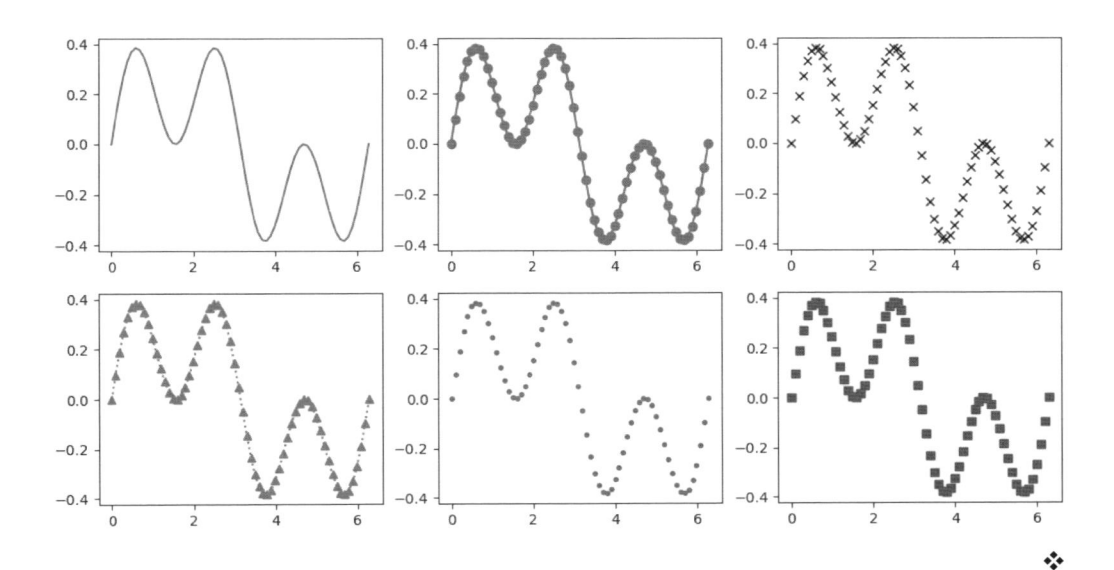

11.1.4 簡易的繪圖指令

在許多場合，如果只是要簡單的畫個函數圖形，我們可以直接以 plt.plot() 函數來繪圖，如此就可以不必建立畫布和子圖。不過如果畫布裡想要有兩個或以上的子圖，或是想加入比較複雜的選項，建議還是採用 add_subplot() 或 subplots() 函數。下面的範例是利用 plt.plot() 來繪出 $y = x^3 - 4x^2 + 6$ 的範例。

```
01  # ch11_5.py, 利用 plt.plot() 繪製一個3次多項式的圖形
02  import numpy as np
03  import matplotlib.pyplot as plt
04
05  x = np.linspace(-2, 5, 32)       # 建立從 -2 到 5 的資料點
06  y = x**3 - 4 * x**2 + 6          # 計算 3 次多項式
07  plt.plot(x, y)                   # 直接以plt.plot()繪圖
08  plt.title('Cubic poly')          # 加上圖形的標題
09  plt.show()
```

於本例中，第 7 行直接呼叫 plt 裡的 plot() 函數來繪圖，並於第 8 行為圖形加上標題 'Cubic poly'。您可以注意到這個語法可以在不建立畫布和子圖的情況下繪圖。繪出的圖形如下：

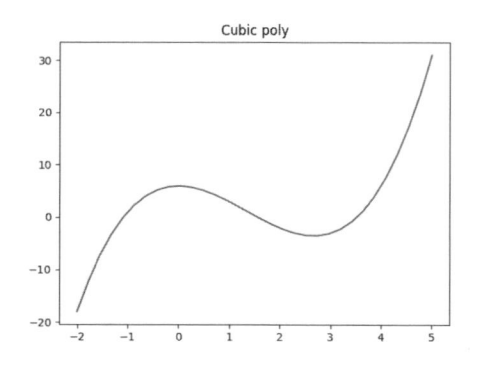

plot() 函數也可以同時繪製兩個函數在同一張圖。下面的範例是將 $\sin(x)$ 和 $\cos(x)$ 的圖形一起繪於同一張圖，同時為圖形添加 x 和 y 軸的標籤：

```
01  # ch11_6.py, 利用 plt.plot() 同時繪製兩個函數的圖形
02  import numpy as np
03  import matplotlib.pyplot as plt
04  x = np.linspace(0, 2*np.pi, 48)
05  plt.plot(x, np.sin(x),'r-', x, np.cos(x),'b.')   # 繪製兩個函數圖
06  plt.xlabel('x-axis')       # x 軸標籤
07  plt.ylabel('y-axis')       # y 軸標籤
08  plt.show()
```

這個範例在第 5 行的 plot() 裡同時指定繪出兩個函數的圖像，執行結果如下：

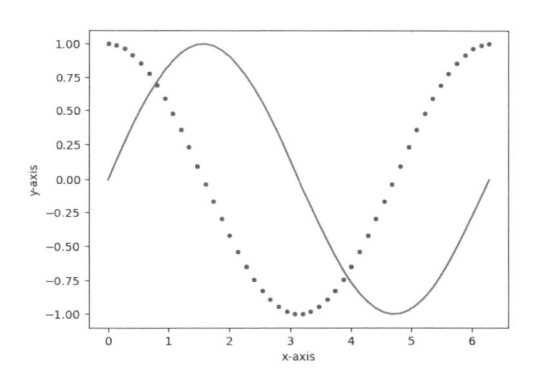

注意在本例中如果把第 5 行拆成下面兩行，我們也可以得到相同的結果。有興趣的讀者可以試試：

```
plt.plot(x,np.sin(x),'r-')
plt.plot(x,np.cos(x),'b.')
```

Matplotlib 為簡易繪圖提供了一些函數，用來修飾函數的圖形，例如前兩例提到的 plt.title() 和 plt.xlabel() 即是。限於篇幅的關係，這個部分本書並未介紹，有興趣的讀者可以查詢網路上相關的資源。

11.1.5 儲存繪製的圖形

如果想將繪製好的圖形儲存成圖檔，可以使用 savefig() 函數。這個函數支援多種常見的圖檔格式，例如 JPG、PNG、BMP 或 TIF 等。其中像 PNG 這類格式還支援透明背景，這時可以透過參數設定是否要將背景設為透明（預設為不透明）。

下面的範例繪出了 $y = \sin(x)\, e^{-0.2x}$ 的圖形，並加入一些選項讓圖形更美觀，這些設定會在後面的小節再詳細介紹。注意 savefig() 函數必須放在 plt.show() 函數之前呼叫，否則會儲存到一張空白的圖，因為 show() 執行後會將畫布清空。

```python
01  # ch11_7.py, 利用 plt.savefig() 儲存繪製的圖形
02  import numpy as np
03  import matplotlib.pyplot as plt
04  x = np.linspace(0, 6*np.pi, 120)
05  y = np.sin(x) * np.exp(-0.2 * x)
06
07  fig = plt.figure(figsize = (7, 5))
08  ax = fig.add_subplot()
09  ax.plot(x, y, linewidth = 3)        # 指定線條寬度為3個點
10  ax.grid()                           # 加上網格線
11  plt.savefig("ch11_7.png", dpi=300, transparent=True)
12  plt.show()                          # 注意這行要放在plt.savefig()的後面
```

在上面的範例中，前 8 行程式碼我們已經很熟悉。第 9 行是透過 plot() 繪圖，並設定線條的寬度為 3。第 10 行開啟網格線顯示，11 行使用 savefig() 將圖形儲存為 ch11_7.png，解析度設定為 300 dip，背景設為透明。執行完這個範例，除了會在畫面上看到圖形，也會在工作資料夾中看到這個圖檔。若將這張圖貼到 PowerPoint 或其他繪圖軟體中，就能看到圖形的背景是透明的，方便後續排版或設計使用。

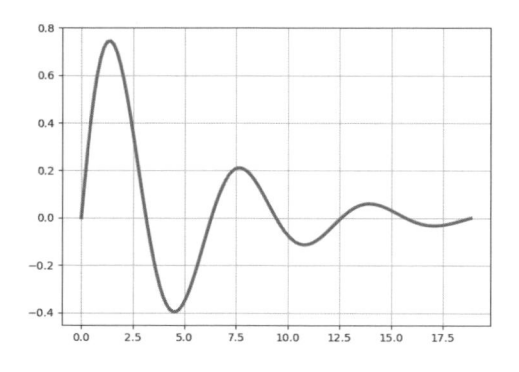

11-12

11.2 二維繪圖的修飾

上一節已經介紹了如何建立畫布、添加子圖,並利用 plot() 繪出一張函數圖。我們也學會了如何對圖形做一些簡單的修飾,如加入圖名、座標軸名稱,或是改變線條顏色或標記符號等。在本節中,我們將介紹一些二維繪圖的修飾方法,使得繪出來的圖形更符合所需。

11.2.1 繪圖內容的修飾

有些時候,我們需要在圖形內加上座標軸名稱、網格線和圖例,或是為畫布添加標題等。在 Matplotlib 裡,只要簡單的使用幾個函數,就可以達成這些修飾。下圖列出本節使用到的相關函數。

・修飾繪圖內容的函數

函數	說明
suptitle(title)	添加畫布的標題為 title,可指定字型與字體等
annotate(txt,xy=(x,y),pos)	於位置 pos 加上註解 txt,註解箭頭起點為(x,y)
text(x,y,txt)	於位置 (x,y) 之處加上文字 txt
grid()	參數設定 True 則繪製網格線,False 則不繪製
tight_layout()	將畫布中的子圖緊密排列(可避免刻度重疊)
set_xlabel(xlabel)	設定 x 軸的標籤為 xlabel
set_ylabel(ylabel)	設定 y 軸的標籤為 ylabel
set_zlabel(zlabel)	設定 z 軸的標籤為 zlabel
set_title(str)	設定圖形的標題為 str
legend(loc=position)	顯示圖例,並設定顯示的位置為 position
fig.subplots_adjust(hspace=n)	設定子圖之間的垂直距離為子圖高度的 n 倍
fig.subplots_adjust(wspace=n)	設定子圖之間的水平距離為子圖寬度的 n 倍

在上表中,loc 的 position 可為 'best'、'upper left'、'lower right'、'center'、'upper center'、'center left' 等,用來設定圖例在圖中的顯示位置,以避免遮擋圖形內容。

若想在同一個子圖中繪製兩個函數，只要把函數圖形畫在同一個繪圖區。為了區分這兩條曲線，通常會使用不同的線條樣式，並加上圖例（legend），如下範例所示：

```
01  # ch11_8.py, 同時畫兩張圖，並加入圖例(legend)
02  import numpy as np
03  import matplotlib.pyplot as plt
04
05  x = np.linspace(0, 2*np.pi, 48)
06  fig, ax = plt.subplots()
07  ax.plot(x, np.sin(x), label='sin(x)')        # 圖例的標籤為 sin(x)
08  ax.plot(x, np.cos(x), label='cos(x)', linewidth=5)
09  ax.legend(loc = 'lower left')      # 加入圖例，並置於圖形的左下方
10  plt.show()
```

於本例中，第 6 行利用 subplots() 同時建立了一個畫布 fig 和子圖 ax，第 7 和 8 行則在這個子圖中繪製 $sin(x)$ 和 $cos(x)$ 的圖形。在 plot() 裡設定 label 選項，用來標識顯示在圖例上的標籤。第 8 行加入一個 linewidth 選項，用來設定線條的寬度。第 9 行則在子圖內加入圖例，並設定位置在左下角（loc = 'lower left'，如未設定則代表最佳位置）。在圖例中，細線是 $sin(x)$，粗線是 $cos(x)$，與在 plot() 中的設定相符。

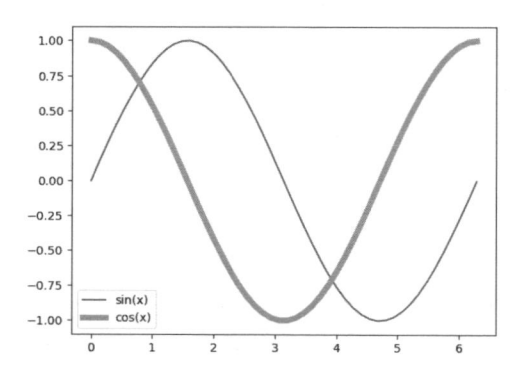

在繪製函數圖形時，我們希望可以得到一條平滑的曲線。如果取樣點數太少，曲線會呈現鋸齒狀；若點數過多，則增加計算負擔。一般來說，可適度增加取樣點，使曲線更平滑。此外，Matplotlib 預設情況下無法正確顯示中文，若要在圖形中加入中文文字，需先設定支援中文的字型，如下範例所示：

```
01  # ch11_9.py，更改取樣點的數目並加入畫布名（含中文字型設定）
02  import numpy as np
03  import matplotlib.pyplot as plt
04  x1 = np.linspace(0, 2*np.pi, 36)
05  x2 = np.linspace(0, 2*np.pi, 128)
06
07  with plt.rc_context({'font.family': 'Microsoft JhengHei',
08                       'axes.unicode_minus': False}):
09      fig, ax = plt.subplots(2, 1, figsize=(12, 4))
10      fig.suptitle('不同的取樣點數', fontsize=16)
11      ax[0].plot(x1, np.sin(x1**2))
12      ax[1].plot(x2, np.sin(x2**2), 'r')
13      fig.subplots_adjust(hspace=0.4)
14      plt.show()
```

rc_context() 裡參數的設定只會影響這個程式區塊

這個範例第 7 到 8 行利用 with plt.rc_context() 將 rc_context() 裡指定的字型與符號套用於第 9 到 14 行的縮排區塊，其中 font.family 設為支援中文顯示的字型 Microsoft JhengHei；axes.unicode_minus 設為 False 則可避免負號（-）顯示為方框。rc_context() 的 rc 是 run commands 的縮寫，表示格式設定只在區塊內生效。這樣的寫法可避免設定延伸到後續程式，影響其它圖表，特別是在 Jupyter Notebook 中。

第 9 行建立 2×1 的子圖，並於其中繪製 $y = sin(x^2)$ 的圖形。第 10 行加入畫布的中文標題，並設定字體大小為 16 個點。這個圖形在 x 較大時轉折較多，從輸出中可以看出，上圖的取樣點只有 36 個（第 4 行），因此有明顯的鋸齒狀，而下圖的取樣點有 128 個（第 5 行），圖形的輸出明顯平滑很多。注意第 13 行設定了兩個子圖的垂直距離為子圖高度的 40%，如果沒有設定這行，兩個子圖的垂直方向會較為較近。

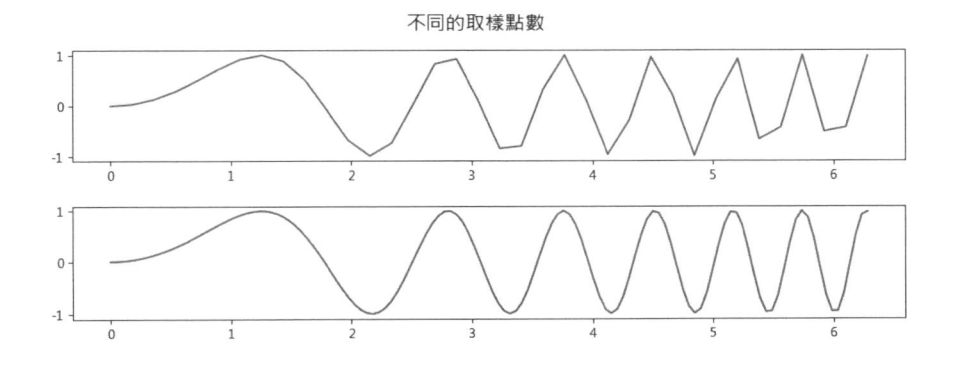

在前幾個例子中，我們看到 plot() 函數可以利用字串選項（如 'ro-'）來設定顏色、形狀和線條這三個屬性。如果要設定更多的屬性，可以利用 plot() 的選項進行細部設定，如下面的範例：

```
01  # ch11_10.py, plot()選項的細部設定，並加入座標軸名稱
02  import numpy as np
03  import matplotlib.pyplot as plt
04
05  x = np.linspace(0, 6, 24)
06  fig, ax = plt.subplots(1, 2, figsize = (12, 4))
07  ax[0].plot(x, x*np.sin(x), 'mo-')
08  ax[1].plot(x, x*np.sin(x), color='blue', marker='s',
09              linestyle='--', linewidth=3, markersize=10,
10              markerfacecolor='yellow', alpha=0.7)
11  for i in range(2):          # 利用for迴圈設定座標軸名稱
12      ax[i].set_xlabel('x-axis')
13      ax[i].set_ylabel('y-axis')
14  plt.show()
```

這個範例第 7 行繪出 $y = x\sin(x)$ 的圖形，線條顏色為紫色實線，資料點以圓圈表示。8 到 10 行同樣畫出 $y = x\sin(x)$，但以指名參數的方式設定顏色為藍色，資料點符號為正方形，線條為虛線（事實上，這三個選項也可以透過字串 'bs--' 來設定）。我們還額外設定線條的寬度（linewidth）為 3，標記符號大小（markersize）為 10，標記符號的填滿顏色（markerfacecolor）為黃色，且圖形的透明度（alpha）為 0.7。另外，因為兩個子圖 x 軸的軸名相同，y 軸的軸名也一樣，因此 11 到 13 行利用一個 for 迴圈來設定它們的軸名。

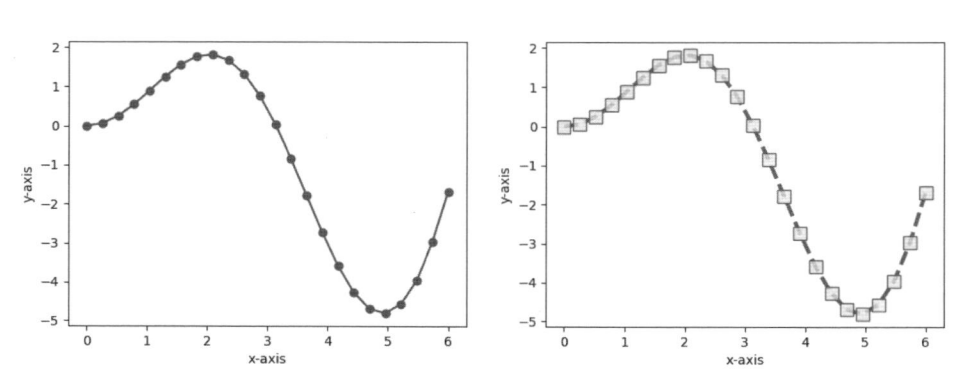

11-16

有些時候，我們需要在圖形內畫上網格線，以輔助我們讀取函數的值，此時就需要用到 grid() 函數。我們可以單純的利用預設值來畫網格線，也可以細部設定網格線的畫法，如下面的範例：

```
01  # ch11_11.py, 設定網格線與座標軸刻度
02  import numpy as np
03  import matplotlib.pyplot as plt
04
05  x = np.linspace(0, 8, 32)
06  y = x * np.sin(x)
07  fig,ax = plt.subplots(1, 2, figsize = (12, 4))
08  ax[0].plot(x, y)
09  ax[0].grid()                          # 設定網格線，或 ax[0].grid(True)
10
11  ax[1].plot(x, y, 'r')
12  ax[1].set_yticks([-4, 0, 4, 8])       # 設定座標軸刻度
13  ax[1].grid(color='b', alpha=0.5, linestyle=':', linewidth=1)
14  plt.show()
```

在這個範例中，左圖只是單純的將網格線打開（第 9 行），因此網格線會用預設值畫在主要刻度（Major ticks）上。在右圖中，我們設定了 y 軸的主要刻度為 –4、0、4 和 8（第 12 行，這個函數下一節將會介紹），因此第 11 行繪製 y 軸的網格線會落在這些主要刻度上。另外，第 13 行也設定了網格線的顏色為藍色，透明度 50%，線條樣式為點組成的虛線，且線條的寬度為 1。

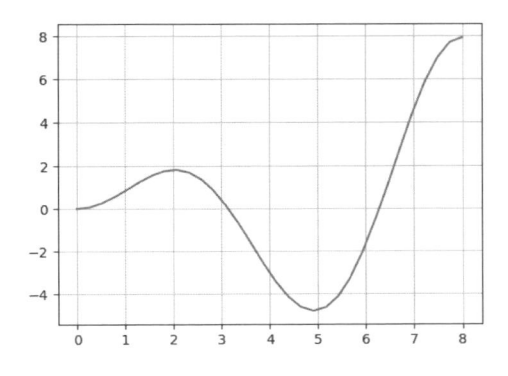

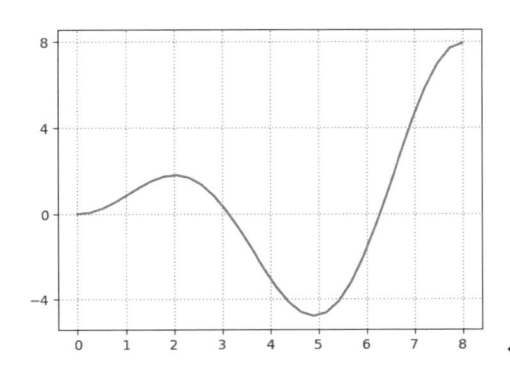

另外，Matplotlib 的 annotate() 函數可在圖中加入註解，並搭配箭頭指向特定位置；而 text() 則用於在圖中單純顯示文字。下面是一個簡單的範例：

```
01  # ch11_12.py, 在圖形上加上註解文字和箭號
02  import numpy as np
03  import matplotlib.pyplot as plt
04  
05  x = np.linspace(0, 4*np.pi, 200)
06  fig, ax = plt.subplots()
07  ax.plot(x, x*np.sin(x), x, x*np.cos(x))
08  ax.annotate('x sin(x)', xy=(2.5,2.5), xytext=(2.5,6), fontsize=12,
09      arrowprops = dict(arrowstyle='->', facecolor='black'))
10  ax.annotate('x cos(x)',xy=(8,-5), xytext=(6,-9), fontsize=12,
11      arrowprops = dict(arrowstyle='-', facecolor='black'))
12  ax.text(4, 11,'Annotaion', fontsize=18, color='r')
13  ax.grid()
14  plt.show()
```

這個範例繪出了 $y = x\sin(x)$ 和 $y = x\cos(x)$ 的圖形。第 8 到 9 行利用 annotate() 添加註解，文字為 `'x sin(x)'`，箭頭指向的位置為 (2.5, 2.5)，文字左下角的座標為 (2.5, 6)，字體大小為 12。箭頭的樣式（Arrow style）為 `'->'`，顏色為黑色。相同的，10 到 11 行對 $y = x\cos(x)$ 進行註解，欲註解的位置位於 (8, −5)，文字左下角的座標為 (6, −9)，而箭頭的樣式設為 `'-'` 代表從註解位置拉出來的是不帶箭頭的直線。第 12 行是利用 text() 在圖形內座標為 (4, 11) 的地方填上文字 'Annotation'，字體大小為 18，紅色。

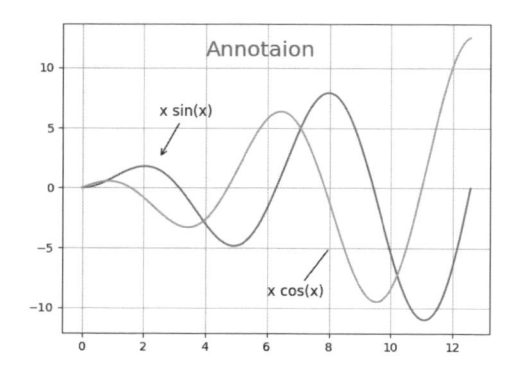

11-18

11.2.2 座標軸的修飾

二維圖形有兩個座標軸，我們可以對座標軸進行一些設計，以便修飾圖形。例如，我們可以改用對數座標、修改座標軸的刻度、限制座標軸的繪圖範圍，或是將座標軸的比例設成相同等等。下表是關於修飾座標軸函數的整理：

· 修飾座標軸的函數

函數	說明
set_xscale('log')	設定 x 軸為對數座標
set_yscale('log')	設定 y 軸為對數座標
set_xticks([$x_1, x_2, ..., x_n$])	設定 x 軸的刻度為 $x_1, x_2, ..., x_n$
set_yticks([$y_1, y_2, ..., y_n$])	設定 y 軸的刻度為 $y_1, y_2, ..., y_n$
minorticks_on()	顯示次要刻度
set_xlim([xmin, xmax])	設定 x 軸的繪圖範圍為 xmin 到 xmax
set_ylim([ymin, ymax])	設定 y 軸的繪圖範圍為 ymin 到 ymax
ticklabel_format()	設定刻度的顯示方式（例如以科學記號顯示）
set_aspect('equal')	設定座標軸等比
spines[pos]	提取軸線，pos 可以為 top，bottom，left 和 right，可以利用 set_position() 設定軸線的位置，set_visible() 設定軸線是否可見

在繪製二維的函數圖形時，x 軸的範圍比較容易控制，然而 y 軸的範圍是由 plot() 函數根據 y 軸的值來推估出一個適當的範圍（一般是把 y 的最大和最小值當成是 y 軸的上下限）。然而有些場合我們可能需要調整這個範圍，讓圖形局部可以更清楚的呈現，此時可以呼叫 set_ylim() 函數來設定繪圖區 y 軸的範圍（y-limit）。下面的範例是設定 y 軸範圍的例子，並加入畫布和子圖的標題，同時嘗試在同一個 plot() 函數內畫出 $y = x^2$ 和 $y = x^3$ 兩條曲線：

```
01  # ch11_13.py,設定繪圖的範圍
02  import numpy as np
03  import matplotlib.pyplot as plt
04  x = np.linspace(0, 6, 64)
05
06  fig, ax = plt.subplots(1, 2, figsize=(10, 4))
07  ax[0].plot(x, x**2, x, x**3)     # 繪出兩條曲線
08  ax[0].set_title('default')
09
10  ax[1].plot(x, x**2,'r-', x,x**3, 'b--', linewidth=3)
11  ax[1].set_title('custom range')
12  ax[1].set_ylim([0, 30])   # 設定 y 軸的顯示範圍
13  fig.suptitle(r'Setting y-limit', fontsize=16)    # 設定畫布標題
14  plt.show()
```

程式第 7 行在一個 plot() 函數內繪出兩條函數曲線,並在第 8 行呼叫 set_title() 來設定左邊子圖的標題。第 10 行則是在另一個子圖上繪出兩條函數曲線,注意 plot() 裡面的參數 'r-' 和 'b--' 分別控制了 $y = x^2$ 和 $y = x^3$ 的顯示方式,而最後的 linewidth 選項則是同時設定兩條曲線的寬度(注意 'r-' 和 'b--' 是位置參數,而 linewidth = 3 是指名參數,指名參數必須放在位置參數的後面)。第 12 行呼叫 set_ylim() 來設定 y 軸的顯示範圍是從 0 到 30,並於第 13 行設定畫布的標題(因為是利用 fig 去呼叫 suptitle() 的,suptitle 是 super title 的縮寫,也就是最上層標題的意思)。

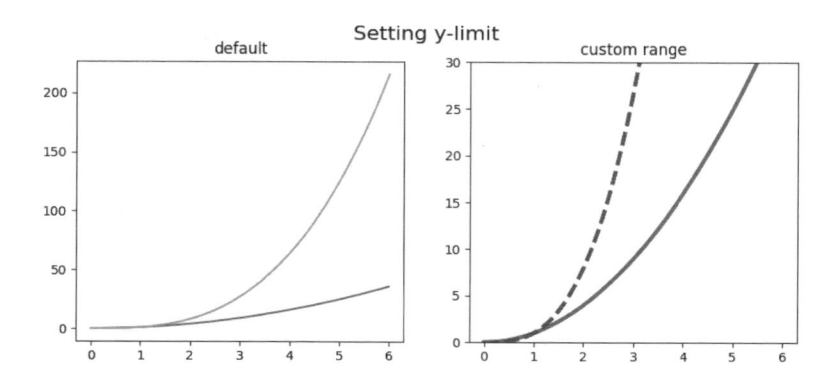

從這個範例可知,我們可以在同一個 plot() 函數內繪製兩條曲線。不過如果想要細部設定每一條曲線的話,一個 plot() 函數只畫一條曲線比較方便。

二維繪圖的座標軸預設是線性的，也就是在 x 或 y 座標軸內，等距的刻度代表相同的距離。有些時候，我們可能會希望把座標軸設定為對數座標，方便觀察函數的一些性質，此時可以利用 set_xscale('log') 和 set_yscale('log')，將座標軸設為對數座標：

```
01  # ch11_14.py, 對數座標
02  import numpy as np
03  import matplotlib.pyplot as plt
04  x = np.linspace(0, 6, 64)
05  fig, ax = plt.subplots(1, 2, figsize = (12, 4))
06  ax[0].plot(x, x**2, x, x**3)
07  ax[0].set_title('x, log-y')
08  ax[0].set_yscale('log')      # 設定 y 軸為對數座標
09
10  ax[1].plot(x, x**2, x, x**3)
11  ax[1].set_title('log-x, log-y')
12  ax[1].set_xscale('log')      # 設定 x 軸為對數座標
13  ax[1].set_yscale('log')      # 設定 y 軸為對數座標
14  plt.show()
```

在這個範例中，我們建立了兩張子圖，並於第 8 行設定左邊子圖的 y 軸為對數座標，第 12 和 13 行設定右邊子圖的 x 軸和 y 軸均為對數座標。我們可以看到若座標軸是對數座標的話，座標軸的刻度是以 10 的次方倍數成長。

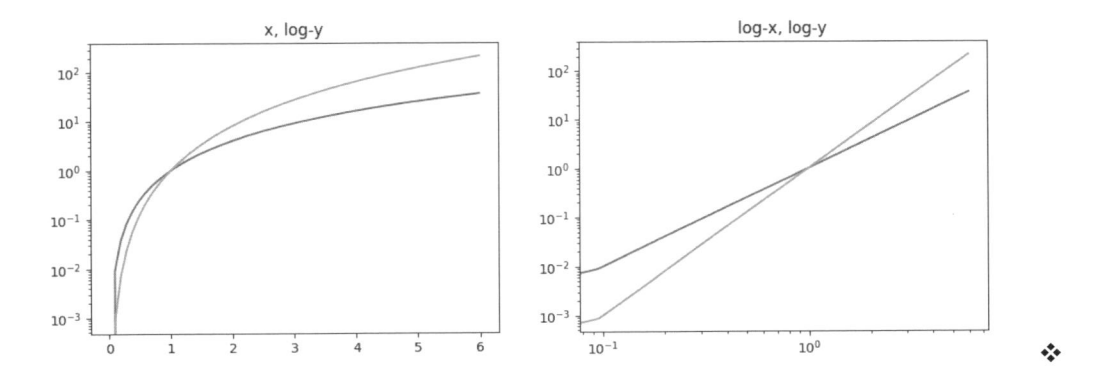

在某些時候，plot() 繪製出來之圖形的刻度（ticks）可能會太密集，或是我們希望在某些刻度標上特殊的符號（ticks label），此時可以利用 set_xticks() 和 set_xticklabels() 設定 x 軸的刻度和標籤。在 y 軸和 z 軸的方向也有相對應的函數來設定：

11-21

```
01  # ch11_15.py,設定刻度和標籤
02  import numpy as np
03  import matplotlib.pyplot as plt
04
05  x = np.linspace(0, 6, 64)
06  fig, ax = plt.subplots()
07  ax.plot(x, np.sin(x), x, np.cos(x))
08  ax.set_yticks([-1, 0, 1])              # 設定 y 軸的刻度
09  ax.set_xticks([0, 3.14, 6.28])         # 設定 x 軸的刻度
10  ax.set_xticklabels([0, r'$\pi$', r'2$\pi$'],fontsize = 12)
11  ax.minorticks_on()                     # 顯示次要刻度
12  plt.show()
```

這個範例分別繪出了 $y = \sin(x)$ 和 $y = \cos(x)$ 的圖形,並在第 8 行設定 y 軸只顯示 -1、0 和 1 三個刻度。第 9 行則是設定 x 軸在 0、3.14 和 6.28 的地方顯示刻度,並於第 10 行設定刻度的標籤為 0、π 和 2π。要顯示 π 這個特殊字元,我們必須以 LaTex 的語法來標上它。在 LaTex 的語法裡,`$\pi$` 代表一個字元 π,在第 10 行中我們把它放在一個字串裡,前面加上一個 r(r'`$\pi$`')來避免 LaTex 字串被解讀成其它意思。第 11 行的 minorticks_on() 則是設定要顯示次要刻度(您可以嘗試把這行加上 # 做為註解,看看次要刻度是在哪裡)。至於 Latex 的語法說明已經超出本書的範圍,有需要的讀者可以在網路上自行查詢。

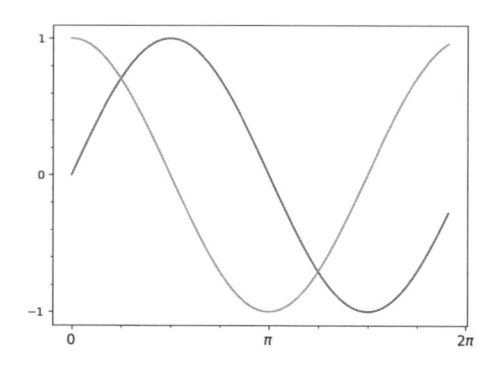

如果圖形座標軸的刻度過大,顯示起來可能會不太美觀,此時可以改用科學記號來顯示刻度。我們可以利用 ticklabel_format() 來完成這個功能,如下面的範例:

```
01  # ch11_16.py，以科學記號顯示座標軸的刻度
02  import numpy as np
03  import matplotlib.pyplot as plt
04  x = np.linspace(0, 6, 64)
05
06  fig, ax = plt.subplots(1, 2, figsize = (12, 4))
07  ax[0].plot(x, np.exp(2*x))
08  ax[0].set_title('default')
09
10  ax[1].plot(x, np.exp(2*x))
11  ax[1].set_title('scientific')
12  ax[1].ticklabel_format(axis='y', style='sci', scilimits=(-3,3))
13  plt.show()
```

這個範例繪出了 $y = e^{2x}$ 的圖形。因為指數函數的值成長的很快，因此 y 軸的刻度顯得較大，在視覺效果上比較不美觀（左圖）。在第 12 行我們利用 ticklabel_format() 將 y 軸刻度（axis = 'y'）改為只要刻度小於 10^{-3} 或大於 10^{3}（scilimits=(-3, 3)），就以科學記號的方式來表示（style = 'sci'）。和左圖相比，右圖的座標刻度比較簡潔，也較易閱讀。

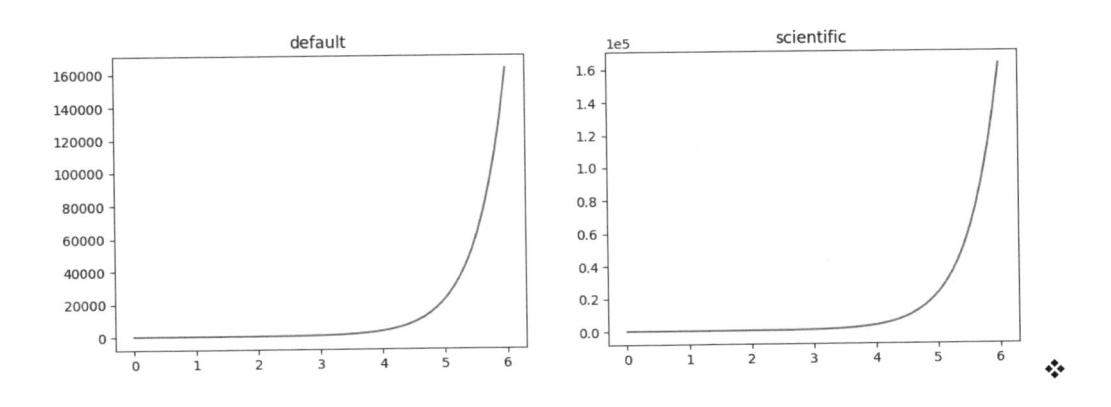

許多數學函數的圖形，其 x 軸和 y 軸座標的比例（aspect）可能會不一樣（例如前一個範例就是）。然而在某些場合，我們會希望 x 軸和 y 軸有一樣的比例，例如不同的比例可能會造成對於斜率的誤判，或是誤解圓形為橢圓形。在 Matplotlib 中，我們可以設定 set_aspect('equal') 來強制讓座標軸等比例，如下面的範例：

```
01  # ch11_17.py,設定座標軸的比例
02  import numpy as np
03  import matplotlib.pyplot as plt
04  x = np.linspace(-1, 1, 200)
05  y = np.sqrt(1 - x**2)
06
07  fig, ax = plt.subplots(1, 2)
08  ax[0].plot(x, y, 'b', x, -y, 'b')
09  ax[0].set_title('aspect: default')
10
11  ax[1].plot(x, y, 'b', x, -y, 'b')
12  ax[1].set_aspect('equal')         # 設定座標軸等比
13  ax[1].set_title('aspect: equal')
14  fig.tight_layout()
15  plt.show()
```

在這個範例中,我們要繪出方程式為 $x^2 + y^2 = 1$ 的圓。因為 plot() 只能畫出 $y = f(x)$ 的函數圖,所以只要畫出 $y = \pm\sqrt{1 - x^2}$ 就可以得到圓的圖形。左圖沒有設定座標軸的比例,於是圓形就被畫成橢圓形了。右圖我們利用 set_aspect('equal') 來設定座標軸等比,因此可以得到一個完美的圓形。

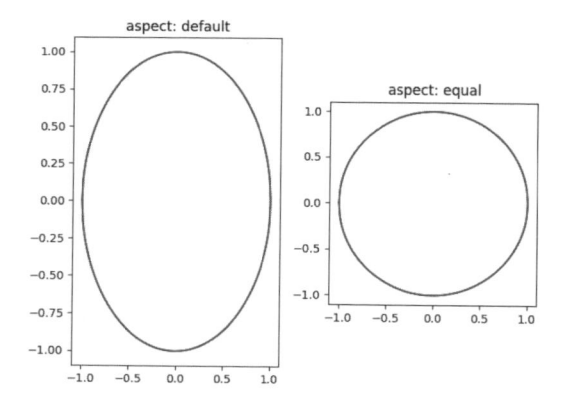

另外,我們可以發現上面圖形中,有刻度的座標軸線都沒有通過原點,而是在圖形的左邊和下面。Matplotlib 把座標軸線稱為 Spine,一張圖預設會有上下左右 4 個軸線。我們可以針對每一個軸線利用 set_visible() 函數設定顯示或不顯示,或是利用 set_position() 來設定其位置。下面是一個簡單的範例。

```
01  # ch11_18.py, 設定座標軸的顯示位置
02  import numpy as np
03  import matplotlib.pyplot as plt
04  x = np.linspace(-1.7, 6, 32)
05  y = x**3 - 6*x**2 + 3*x + 2
06
07  fig, ax = plt.subplots(1, 2, figsize = (12, 4))
08  ax[0].plot(x,y)
09  ax[0].spines['right'].set_visible(False)     # 設右邊軸線不可見
10  ax[0].spines['top'].set_visible(False)       # 設上面軸線不可見
11
12  ax[1].plot(x,y,'r:')
13  ax[1].spines['right'].set_visible(False)
14  ax[1].spines['top'].set_visible(False)
15  ax[1].spines['bottom'].set_position(('data', 0)) # 下面軸線的位置
16  ax[1].spines['left'].set_position(('data', 0))   # 左邊軸線的位置
17  plt.show()
```

這個範例第 7 行建立了兩個子圖 ax[0] 和 ax[1]，第 8 行繪製了 $y = x^3 - 6x^2 + 3x + 2$ 的圖形。注意 ax[0] 和 ax[1] 物件均包含有 spines 這個屬性，它類似於 Python 的字典，裡面有 top、bottom、left 和 right 四個鍵。只要利用這四個鍵，就可以提取出圖形的上下左右四個軸線，然後就可以利用它們來呼叫特定的函數了。例如，第 9 和第 10 行分別將左圖右邊和上面的軸線設為不可見（set_visible(False)），因此左圖看不到這兩個軸線。另外，在右圖中，我們也把右邊和上面的軸線設為不可見，然後把下面軸線移到 y 軸座標為 0 之處（第 15 行的 set_position(('data',0))）；相同的，第 16 行把左邊的軸線移到 x 軸座標為 0 之處，如此看起來就像是常見的數學函數圖了。

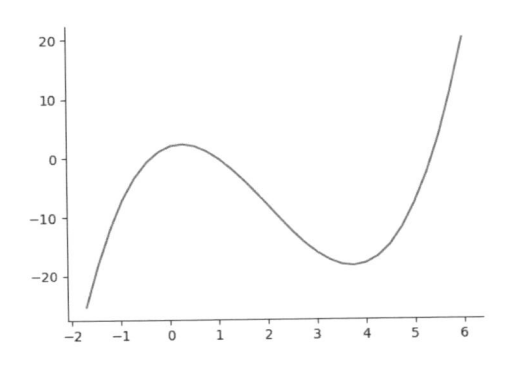

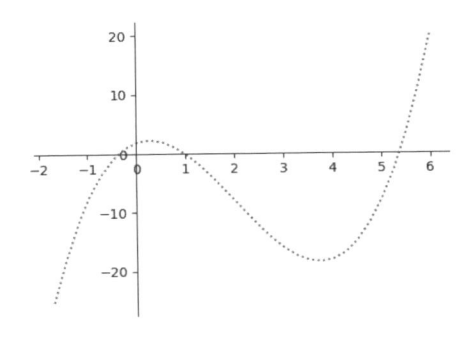

11-25

11.3 填滿繪圖與極座標繪圖

本節介紹兩個較特殊的繪圖,包括填滿繪圖和極座標繪圖。填滿繪圖可以用來填滿兩個曲線之間的面積,而繪製極座標圖則需要設定不同的座標系統,本節也將學習到如何在一張畫布內建立兩個不同座標系統的子圖。

- 與填滿繪圖和極座標繪圖相關的函數

函數	說明
fill_between(x, y_1, y_2)	在 y_1 和 y_2 之間的區域填上顏色
add_subplot(projection='polar')	用 add_subplot() 建立極座標子圖
subplots(subplot_kw={'projection':'polar'})	利用 subplots() 建立極座標子圖
set_rticks([$r_1, r_2, ..., r_n$])	設定極座標的刻度為 $r_1, r_2, ..., r_n$
set_rmax()	設定極座標 r 方向的顯示範圍
set_rlabel_position(d)	設定極座標刻度的顯示角度為 d

11.3.1 填滿兩曲線之間的面積

若 $y_1 = f(x)$, $y_2 = g(x)$,則 fill_between(x, y_1, y_2) 可在 $f(x)$ 和 $g(x)$ 之間圍起來的區域填上顏色,並可指定透明度。如果 y_2 未給值,則預設為 0,此時會變成填滿 $f(x)$ 和 x 軸之間的區域。

```
01  # ch11_19.py, 將兩條曲線之間的區域填滿
02  import numpy as np
03  import matplotlib.pyplot as plt
04  x = np.linspace(0, 2*np.pi, 200)
05
06  fig, ax = plt.subplots()
07  ax.plot(x, np.sin(x), 'r')
08  ax.plot(x, np.cos(2*x), 'b')
09  ax.fill_between(x, np.cos(2*x), np.sin(x), alpha=0.5, color='yellow')
10  plt.show()
```

在這個範例中,我們在第 7 和第 8 行分別畫上 $y = \sin(x)$ 和 $y = \cos(2x)$ 兩條曲線,並於第 9 行在這兩條曲線之間填滿黃色,並設定透明度為 0.5。您可以試著改變填滿的顏色或透明度,並觀察其變化。

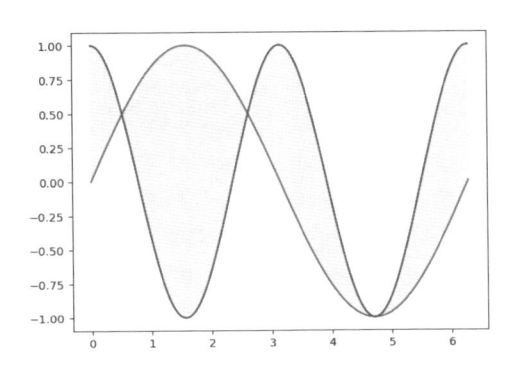

11.3.2 極座標繪圖

到目前為止,本章提到的繪圖函數都是在直角座標系統裡進行的,這也是 subplots() 或 add_subplot() 在建立子圖時預設的座標系統。我們也可以將子圖改為極座標系統,然後就可以在這個子圖裡繪製極座標函數 $r = f(t)$ 的圖形。下面是一個簡單的例子:

```python
01  # ch11_20.py, 極座標繪圖
02  import numpy as np
03  import matplotlib.pyplot as plt
04  t = np.linspace(0, 2*np.pi, 64)
05
06  fig,ax=plt.subplots(subplot_kw={'projection':'polar'}) # 極座標系統
07  ax.plot(t,np.sqrt(t), 'r', linewidth = 4)
08  ax.set_rticks([0, 1, 2])
09  ax.set_rmax(3)
10  ax.set_rlabel_position(-45)
11  plt.show()
```

在這個範例中,第 6 行利用 subplots() 建立一個子圖,並利用 subplot_kw 參數指定採用極座標系統(subplot_kw={'projection':'polar'})。第 7 行利用 plot() 進行極座標繪圖,其中角度 t 是從 0 到 2π,共 64 個點,而繪圖的函數為 $r = \sqrt{t}$,同時我們也

11-27

指定了繪圖顏色為紅色，線條寬度為 4。第 8 行設定了 r 方向座標軸的刻度（rticks）為 0，1 和 2，第 9 行則是設定 r 方向的最大繪圖範圍（rmax）為 3。第 10 行設定 r 方向座標軸的刻度在 $-45°$ 的方向顯示（也就是 315°）。注意我們也可以把第 6 行改寫成下面兩行來建立子圖，一樣可以畫出相同的極座標圖：

```
fig=plt.figure()
ax=fig.add_subplot(projection='polar')    # 指定建立的子圖為極座標系統
```

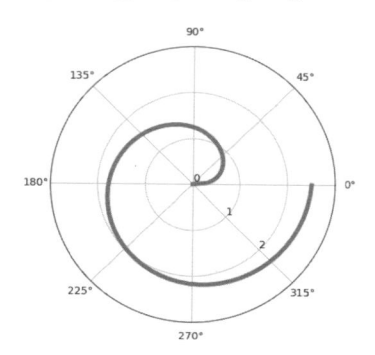

有趣的是，subplots() 一次建立多個子圖時，這些子圖會共用相同的座標系統；而 add_subplot() 則是一次建立一個子圖，彼此可以擁有不同的座標系統。因此，如果畫布中的子圖需要使用不同的座標系統，就必須改用 add_subplot()。來看一個例子：

```
01  # ch11_21.py, 同時繪製極座標圖與直角座標圖
02  import numpy as np
03  import matplotlib.pyplot as plt
04  t=np.linspace(0,2*np.pi,64)
05  fig=plt.figure(figsize=(10,4))
06
07  ax1 = fig.add_subplot(121, projection='polar')    # 極座標系統
08  ax1.set_title('polar coordinate')
09  ax1.set_rticks([-0.5, 0, 0.5, 1])
10  ax1.plot(t, np.sin(t), '-', linewidth = 3)
11
12  ax2 = fig.add_subplot(122)      # 直角座標
13  ax2.plot(t, np.sin(t), 'r')
14  ax2.set_title('x-y coordinate')
15  ax2.set_aspect(2)
16  plt.show()
```

11-28

在這個範例中,我們利用 add_subplot() 建立兩個子圖,左邊的子圖是在極座標系統裡繪製 $r = \sin(t)$ 的圖形,而右邊的子圖則是在直角座標系統裡繪製 $r = \sin(t)$ 的圖形。注意在極座標繪圖中,r 的值可以是負數,因此可以看到在圓心的 r 值為 -1。另外,這個範例沒有指定 r 座標軸刻度的方向,因此預設為 30°。如果覺得曲線擋住刻度,可以利用 set_rlabel_position() 來調整顯示的角度。

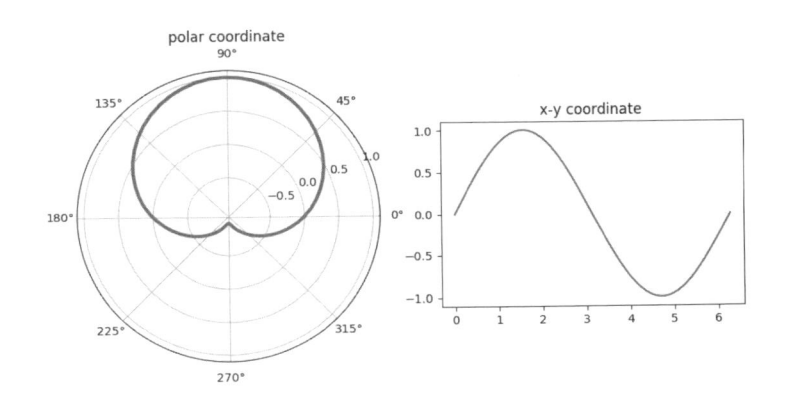

11.4 統計繪圖

常見的統計繪圖有資料點的散佈圖(scatter plot)、長條圖(bar chart)、圓餅圖(pie chart)和直方圖(histogram)等。這些圖形的屬性和 plot() 所繪圖形的屬性有些不同,因此繪圖的選項也不太一樣。本節我們來探討這些圖形的繪製函數。

· 統計繪圖常用的函數

函數	說明
scatter(x,y)	以 x 為橫座標,以 y 為縱座標繪製散佈圖
bar(x,y)	繪製長條圖
pie(sizes)	依 sizes 裡的比例繪製圓餅圖
hist(x)	繪製數據資料 x 的直方圖

11.4.1 散佈圖

散佈圖用來呈現資料點的分佈,從中可以知道資料的趨勢。散佈圖的繪製可以利用 scatter(x,y) 來完成,其中 x 和 y 分別為資料點的 x 座標和 y 座標組合而成的向量。

```
01  # ch11_22.py, 散佈圖
02  import numpy as np
03  import matplotlib.pyplot as plt
04
05  x = np.linspace(-1, 1, 30)
06  y = x + np.random.rand(len(x))
07  fig, ax = plt.subplots(1, 2, figsize = (12, 4))
08  ax[0].scatter(x, y)       # 散佈圖
09  ax[1].scatter(x, y, marker='^', color='red') # 修改標記符號和顏色
10  plt.show()
```

在這個範例中,第 5 行是資料點的 x 座標,第 6 行是資料點的 y 座標,它是由 x 座標加上一個 0 到 1 之間的隨機亂數所組成。第 8 行用 scatter() 函數的預設值繪製 x 和 y 的散佈圖,我們可以看到預設的資料點是由藍色的實心圓所組成。第 9 行則是指定以紅色的三角形來繪製資料點。

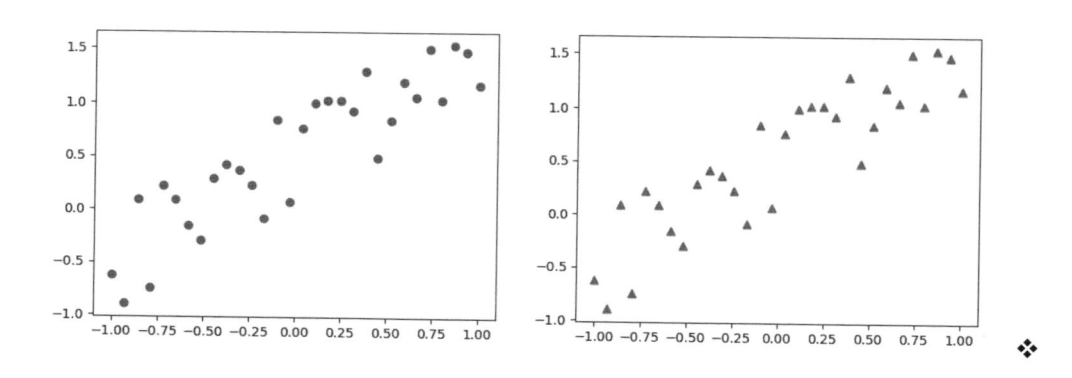

在繪製散佈圖時,我們可能會希望每個資料點的大小與顏色會不一樣,用以呈現資料點的重要性或權重,此時可以加入 color 和 size 兩個陣列,來標記每一個資料點的顏色和大小,如下面的範例:

```
01  # ch11_23.py, 細部設定散佈圖資料點的呈現方式
02  import numpy as np
03  import matplotlib.pyplot as plt
04  rng = np.random.default_rng(999)
05  x = rng.random(60)              # x 軸座標隨機
06  y = rng.random(60)              # y 軸座標隨機
07  colors = rng.random(60)         # 顏色隨機
08  sizes = 500 * rng.random(60)    # 標記符號大小隨機
09
10  fig,ax = plt.subplots()
11  sc=ax.scatter(x, y, c=colors, s=sizes, alpha=0.3, cmap='viridis')
12  plt.colorbar(sc, ax = ax)       # 加入色條
13  plt.show()
```

第 4 行用種子 999 建立亂數產生器 rng，接著產生 60 個資料點的 x 和 y 座標（範圍 0 到 1）、顏色 colors（0 到 1）以及大小 sizes（乘以 500 後範圍約為 0 到 500）。第 11 行用 scatter() 繪製散佈圖，透過 c = colors 和 s = sizes 設定每個點的顏色與大小，並加入透明度 alpha = 0.3。cmap = 'viridis' 表示使用 viridis 色表（Color map）。色表是用來把不同數值顯示成對應的顏色，方便資料視覺化呈現。

注意在第 11 行用變數 sc 接收 scatter() 傳回的物件，裡面含有色表資訊。第 12 行將 sc 和子圖 ax 傳給 colorbar()，圖的右側就會顯示色條。色條上的顏色對應的是 colors 陣列中的數值。由於第 7 行產生的數值會落在 0 到 1 之間，因此色條旁顯示的數字也會在這個範圍內。這個範圍其實可以自訂，Matplotlib 會自動將最小值對應到底部顏色，最大值對應到頂部顏色，其餘數值則依比例對應色表中的漸層顏色。

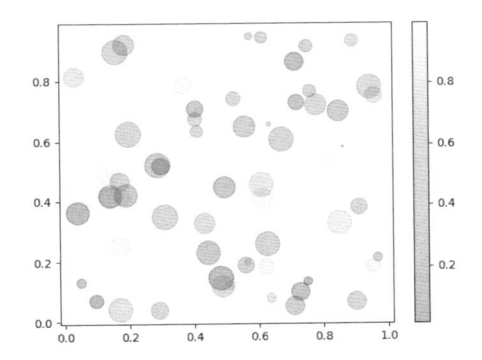

11.4.2 長條圖和圓餅圖

長條圖（Bar chart）是以條狀的方式來呈現資料變量大小，常用來比較不同類別或時間點的數值。這種圖形清楚明瞭，特別適合用於觀察小型資料集的變化情形。在 Matplotlib 裡，我們可以使用 bar() 函數來繪製長條圖。以下是一個簡單的例子，將 x 軸資料設為 1 到 9，並以這些數值的正弦值作為長條的高度：

```
01  # ch11_24.py, 長條圖
02  import numpy as np
03  import matplotlib.pyplot as plt
04  x = np.arange(1,10)
05  fig, ax = plt.subplots()
06  ax.bar(x, np.sin(x), color='yellow', width=0.8, edgecolor= 'blue')
07  plt.show()
```

第 6 行使用 ax.bar() 來繪製長條圖，x 是長條的水平位置，np.sin(x) 則是對應的長條高度。這裡每個長條會以黃色填色、藍色邊框顯示，並將寬度設為 0.8，表示每個長條佔據兩個資料點之間距離的 80%，因此長條之間會保留一點間距。如果把 width 設為 1，就會讓每個長條剛好相連。

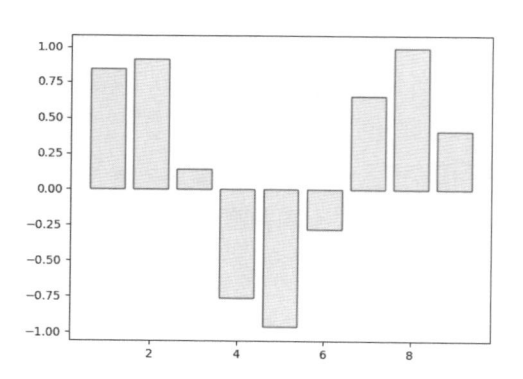

這種基本的長條圖很適合用來呈現單一數據列的變化，若要繪製群組長條圖、堆疊長條圖或加上資料標籤，也都可以在此基礎上進一步擴充。

另一種常見的統計圖表是圓餅圖（Pie chart），它很適合用來表示數據之間的比例關係。Matplotlib 是利用 pie() 來繪製圓餅圖，如下面的範例：

```
01  # ch11_25.py, 圓餅圖
02  import matplotlib.pyplot as plt
03  labels = ['pony', 'kitten', 'puppy', 'piggy']
04  sizes = [15, 30, 45, 10]
05  colors = ['yellow', 'gold', 'lightblue', 'pink']
06  explode = [0, 0.1, 0, 0]   # 設定分離的比例
07
08  fig,ax=plt.subplots()
09  ax.pie(sizes, explode=explode, labels=labels, colors=colors,
10         autopct='%1.1f%%', shadow=True, startangle=90)
11  ax.set_aspect('equal')
12  plt.show()
```

在這個範例中，要畫的數據一共有 pony、kitten、puppy 和 piggy 四個類別，我們在第 3 行用一個 labels 變數來存放它們，方便在圓餅圖裡做為標籤來顯示。第 4 行的 sizes 變數存放四個類別的佔比，分別為 15%、30%、45% 和 10%。第 5 行的 colors 變數存放要顯示的顏色，分別為黃色、金色、淺藍色和粉紅色。同時第 6 行指定 kitten 這一塊餅要和圓餅分離，分離的大小為 0.1，即半徑的 10%（分離的訊息存於 explode 變數，explode 原意為爆炸之意）。

在繪圖時，於第 9 行呼叫 pie()，並傳入 sizes、explode、labels 和 colors 這 4 個變數，並以字串 '%1.1f%%' 控制百分比的顯示格式，其中 %1.1f 代表百分比要顯示到小數點以下 1 位，而 %% 則顯示一個百分比符號（autopct 是 auto percentage 的縮寫，自動填上百分比的意思）。shadow = True 設定了圓餅圖要加上陰影，startangle = 90 則是設定開始繪製的類別（pony）從 90 度開始逆時針旋轉。

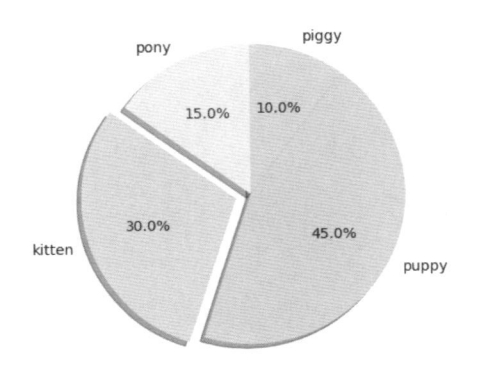

11.4.3 直方圖

直方圖（Histogram）是一種用來顯示數據分佈情況的統計圖，一般它是用在數據是連續的時候。Matplotlib 以 hist() 函數來繪製直方圖，下面是一個簡單的範例：

```
01  # ch11_26.py, 直方圖繪製
02  import numpy as np
03  import matplotlib.pyplot as plt
04  x = np.random.normal(0, 1, 4096)
05
06  fig, ax = plt.subplots(1, 2, figsize = (12, 4))
07  ax[0].hist(x, bins=20, edgecolor='black', alpha=0.5)  # 繪製直方圖
08  ax[0].set_title('Normal distribution')
09
10  ax[1].hist(x, rwidth=0.8, cumulative=True, bins=20, alpha=0.5)
11  ax[1].set_title('Cumulative distribution')
12  plt.show()
```

在這個範例中，第 4 行產生 4096 個常態分佈的亂數，並於第 7 行利用 hist() 繪出亂數分佈的直方圖（左圖），其中 bins = 20 表示將資料分成 20 組（每一組的範圍稱為 bin，也可稱為「組距」或「組界」），邊框的顏色為黑色，透明度為 0.5。於右圖中，我們繪製的是亂數的累積分佈圖（於 hist() 內設定 cumulative = True），且設定直方圖中，長條的寬度為組界寬度的 0.8（rwidth = 0.8）。由於亂數一共有 4096 個，因此累積分佈圖的最高點座標大概也是這個值。

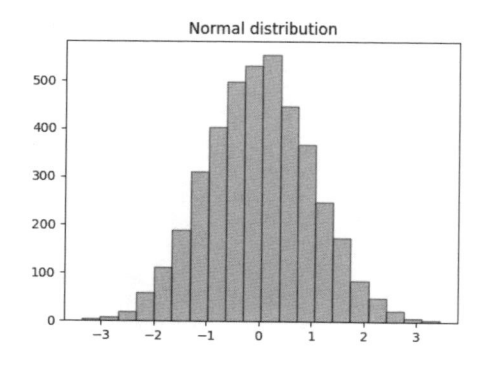

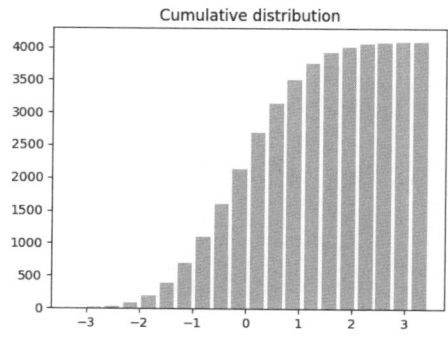

11.5 等高線圖與三維繪圖

前面三節介紹的都是二維的繪圖,本節將介紹等高線圖(Contour plot),以及三維的等高線圖、函數圖與散佈圖等。相關的函數列表如下:

· 等高線圖與三維繪圖常用的函數

函數	說明
contour(XX,YY,ZZ)	繪製等高線圖
contour3D(XX,YY,ZZ)	繪製三維等高線圖
plot_surface(XX,YY,ZZ)	繪製三維曲面圖
clabel(cs)	標註等高線的值,cs 為等高線的物件
ax.elev, ax.azim	取得座標系統 ax 的仰角和方位角
view_init(elev,azim)	設定座標系統的仰角為 elev,方位角為 azim
colorbar()	顯示色條

在繪製三維繪圖時,需要先計算每個平面上點的 $z = f(x, y)$ 值,再把對應的 x、y 和 z 座標傳給三維函數繪圖。因此,我們必須先建立平面上 x 和 y 座標點,這可以藉由 NumPy 的 meshgrid() 來完成。

若要繪製三維函數圖形 $z = 2x + y$,其中 x 的範圍從 0 到 3,y 的範圍從 5 到 7,間距均為 1,我們可以先建立 x 和 y 的串列,再用 meshgrid() 建立所有點的 x 座標 XX 與 y 座標 YY,最後再計算每個點對應的 z 值 ZZ,公式為 $ZZ = 2 * XX + YY$。

> x = [0, 1, 2, 3] y = [5, 6, 7]	建立由 x 座標和 y 座標所組成的串列。
> XX, YY = np.meshgrid(x, y)	建立平面上所有點的 x 座標 XX,和所有點的 y 座標 YY。

> XX
  array([[0, 1, 2, 3],
         [0, 1, 2, 3],
         [0, 1, 2, 3]])
	查詢 XX 的結果是一個 3×4 的陣列,每列都是 0 到 3,表示 x-y 平面上各點的 x 座標(每列的 y 值相同)。

11-35

```
> YY
  array([[5, 5, 5, 5],
         [6, 6, 6, 6],
         [7, 7, 7, 7]])
```

這是 YY 的內容。您可以注意到它的每一個直行的值都是 5 到 7，從這邊可以看出它是 x-y 平面上，每一個點的 y 座標（所以 x 軸方向的值都相等）。

```
> 2 * XX + YY
  array([[ 5,  7,  9, 11],
         [ 6,  8, 10, 12],
         [ 7,  9, 11, 13]])
```

計算 $2XX + YY$，就可以計算出每一個座標 (x, y) 的 z 值。

11.5.1 等高線圖

等高線圖是由三維圖形中，高度相等的曲線連接而成。我們可以利用 contour() 來繪製等高線圖，也可以利用 contourf() 搭配色表將等高線圖之間的區域填滿（contourf() 裡的 f 為 fill 之意），或是利用 clabel() 為等高線圖標上等高線的值。本節我們以

$$z(x, y) = (1 - x^3 + y^3)\, e^{-x^2 - y^2}, \quad -3 \leq x \leq 3,\ -3 \leq y \leq 3$$

為例，來說明等高線圖的繪製。下面的程式碼先建立含 128 個元素的 x 和 y 陣列，透過 meshgrid() 產生對應的座標矩陣 XX 和 YY，接著算出 ZZ，最後用 contour() 繪製等高線圖。

```
01  # ch11_27.py, 繪製等高線圖
02  import numpy as np
03  import matplotlib.pyplot as plt
04  x = np.linspace(-3, 3, 128)
05  y = np.linspace(-3, 3, 128)
06  XX, YY = np.meshgrid(x, y)
07  ZZ = (1 - XX**3 + YY**3) * np.exp(-XX**2 - YY**2)
08
09  fig, ax = plt.subplots(1, 2, figsize = (12, 4))
10  cs = ax[0].contour(XX, YY, ZZ, [-0.1, 0, 0.1, 0.3, 0.7, 0.9])
11  ax[0].clabel(cs, inline=1, fontsize=8)
12
13  ax[1].contour(XX, YY, ZZ, 8, colors='black')
14  ax[1].contourf(XX, YY, ZZ, 8, alpha=.75, cmap='jet')
15  plt.show()
```

於本例中，4 到 7 行先取得繪製等高線圖必要的資訊，第 10 行利用 contour() 繪製一個等高線圖，且指定要繪製 $-0.1, 0, 0.1, 0.3, 0.7$ 和 0.9 這 6 條等高線，並由 cs 來接收這個等高線的物件。cs 裡已經包含有等高線的一些訊息，因此於第 11 行中，我們把 cs 傳給 clabel()，為圖形標上等高線的值（若是不寫第 11 行，則只會畫出等高線，而不標上其值）。您可以看到左圖標上的等高線的值正是指定要繪製的等高線。

第 13 行利用 contour() 再繪製一個等高線圖，裡面的參數 8 代表要最多繪製 8 條等高線，顏色為黑色，等高線的值則由 contour() 自己決定。注意這邊的參數 8 不需要加上方括號，否則會畫出值為 8 的等高線。第 14 行會在右邊的子圖裡繪製了一個填滿顏色的等高線圖，並指定透明度為 0.75，採用 jet 色表（colormap）。

在前一節中，我們已經使用過 Viridis 色表，它的顏色變化較為平緩。Jet 則是另一種常見色表，顏色由藍至紅漸變，常用來表示數值從低到高的變化。若您對色表的運作原理感到好奇，可參考本書第 14.2 節的進一步說明。

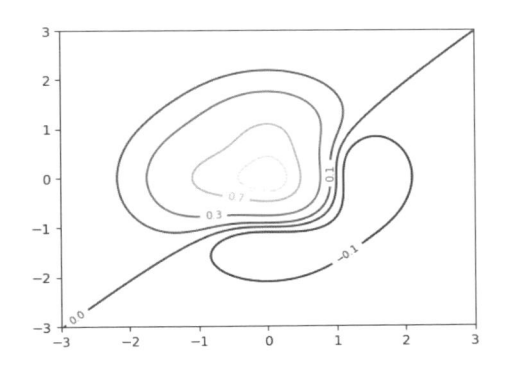

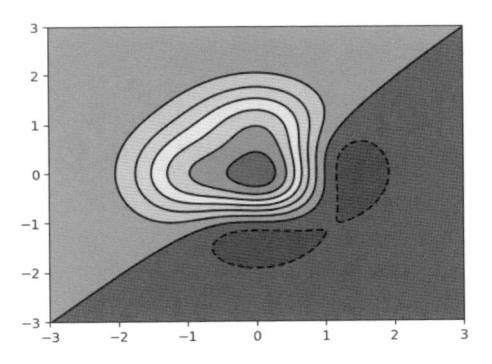

11.5.2 三維等高線圖與曲面圖

如果想在三維空間中觀察等高線圖，可以利用 contour3D() 函數。我們以三維曲面函數 $z(x,y) = (1 - x^3 + y^3)\, e^{-x^2 - y^2}$ 為例，說明如何利用 plt.plot_surface() 來繪製三維圖形。在建立子圖來畫三維的圖形時，如果是使用 subplots() 來建立子圖，記得要透過 subplot_kw 參數設定為 {'projection': '3d'}；如果是使用 fig.add_subplot()，則需將 projection 參數設為 '3d'。

```
01  # ch11_28.py,三維等高線圖與三維曲面圖
02  import numpy as np
03  import matplotlib.pyplot as plt
04  x = np.linspace(-3, 3, 128)
05  y = np.linspace(-3, 3, 128)
06  XX, YY = np.meshgrid(x, y)
07  ZZ = (1 - XX**3 + YY**3) * np.exp(-XX**2 - YY**2)
08
09  fig,ax= plt.subplots(1,2,figsize=(9,4),subplot_kw={'projection':'3d'})
10  c = ['red','blue','black']
11  ax[0].contour3D(XX, YY, ZZ, [-.1,.1,.7], linewidths=[2,3,4], colors=c)
12
13  ax[1].contour3D(XX, YY, ZZ, [-.1,.1,.7], linewidths=[2,3,4], colors=c)
14  ax[1].plot_surface(XX, YY, ZZ, cmap='jet', alpha=0.7)
15  plt.show()
```

程式第 9 行設定了 subplot_kw 參數的值為 {'projection':'3d'},我們要在左邊的子圖畫上三條等高線,因此於第 10 行先指定繪製的顏色為紅色、藍色和黑色。第 11 行是左邊的子圖,呼叫 contour3D() 來繪製值為 -0.1, 0.1 和 0.7 的三維等高線圖,並分別指定這三條等高線的寬度為 2, 3 和 4。在第 13 行右邊的子圖中,我們希望把三維的等高線圖和曲面圖畫在同一個子圖裡,因此除了要繪製三維的等高線之外,於第 14 行還需要利用 plot_surface() 函數畫上三維的曲面圖。在這個曲面圖中,我們設定色表為 jet,透明度為 0.7。

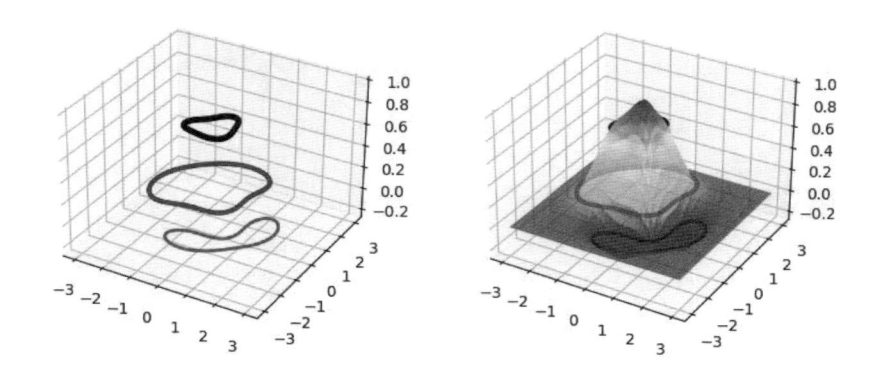

等高線圖類似地圖上的等高線,能顯示函數在不同高度的變化輪廓;曲面圖則呈現整體的三維形狀。兩者結合可以同時觀察函數的整體外觀與特定高度的變化。   ❖

11.5.3 調整三維圖形的仰角和方位角

三維圖形預設的仰角（elevation）為 30°，方位角（azimuth）為 −60°。利用 ax.elev 和 ax.azim 可提取三維子圖 ax 的仰角和方位角。利用 view_init(elev, azim) 則可同時設定仰角和方位角。下面以函數 $z(x,y) = \sin(\sqrt{x^2+y^2})/\sqrt{x^2+y^2}$ 為例來說明這兩個角度的設定：

```python
01  # ch11_29.py, 仰角和方位角的設定
02  import numpy as np
03  import matplotlib.pyplot as plt
04  x = np.linspace(-10, 10, 36)
05  y = np.linspace(-10, 10, 36)
06  XX, YY = np.meshgrid(x, y)
07  ZZ = np.sin((XX**2 + YY**2)**0.5) / (XX**2 + YY**2)**0.5
08
09  fig, ax= plt.subplots(1, 2, figsize = (12, 4),
10                       subplot_kw = {'projection':'3d'})
11  p = ax[0].plot_surface(XX, YY, ZZ, cmap='hsv')
12  ax[0].set_yticks([-10, 0, 10])
13  ax[0].set_zticks([0, 0.5, 1])
14  ax[0].set_title(f'elev={ax[0].elev}, azim={ax[0].azim}')
15  plt.colorbar(p, ax=ax[0], orientation='vertical', pad=0.05)
16
17  ax[1].set_axis_off()
18  ax[1].plot_surface(XX, YY, ZZ, cmap='jet')
19  ax[1].view_init(60, -40)
20  ax[1].set_title(f'elev={ax[1].elev}, azim={ax[1].azim}')
21  plt.show()
```

程式 4 到 7 行建立了繪圖時必要的 XX、YY 和 ZZ 矩陣，第 11 行以色表 hsv 繪製三維的曲面圖，並將生成的繪圖物件設給變數 p。第 12 和 13 行設定了 y 軸和 z 軸的要顯示的刻度，第 14 行則利用 ax[0].elev 和 ax[0].azim 提取子圖的仰角和方位角，並於圖形的標題上呈現。第 15 行指定在子圖 ax[0] 於在垂直方向（orientation = 'vertical'）畫出色條，並調整色條和圖形的距離為子圖寬度的 5%（pad = 0.05）。第 18 行是以不同的色表（jet）來繪製相同的三維圖，且於第 19 行指定仰角為 60°，方位角為 −40°。

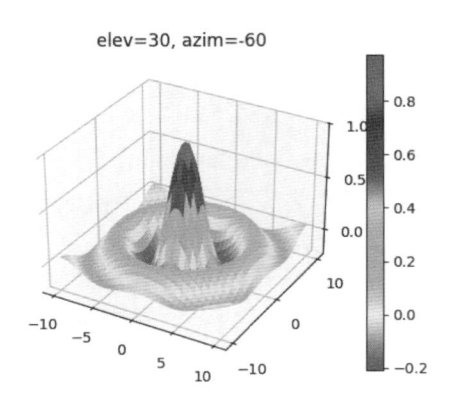

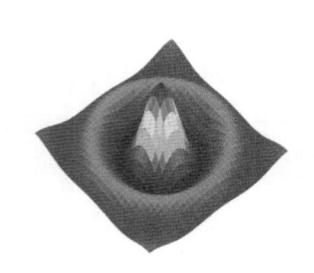

elev=30, azim=-60   elev=60, azim=-40

11.5.4 三維的散佈圖

畫三維散佈圖時,只要有每個點的 x、y 和 z 座標,就能像畫二維圖那樣,透過 scatter() 或 plot() 繪出來。下面的範例是利用這兩個函數來繪出參數方程式 $x = \cos(t)/\sqrt{t}$,$y = \sin(t)/\sqrt{t}$,$z = t$,$0 \le t \le 15$ 的圖形:

```
01  # ch11_30.py, 三維的散佈圖
02  import numpy as np
03  import matplotlib.pyplot as plt
04  t = np.linspace(1, 15, 120)
05  x = np.cos(t) / np.sqrt(t)
06  y = np.sin(t) / np.sqrt(t)
07
08  fig,ax= plt.subplots(1, 2, figsize=(10,4), subplot_kw={'projection':'3d'})
09  p = ax[0].scatter(x, y, t, c=t, cmap='jet')
10  plt.colorbar(p, ax=ax[0], orientation='vertical', fraction=0.035, pad=0.05)
11
12  ax[1].plot(x, y, t,'-')
13  ax[1].grid(False)
14  plt.show()
```

在這個範例中,第 4 行為參數 t 的設定,我們將把 t 的值做為 z 座標來繪製。第 5 到 6 行則是計算參數方程式的 x 座標和 y 座標。第 9 行利用 scatter() 函數來繪製 (x,y,z) 的散佈圖,其中 $z = t$。另外,設定 $c = t$ 代表我們以 z 軸的值做為上色的依

據，也就是 z 越大，就會使用色條越上邊的顏色為資料點上色。第 10 行在子圖 ax[0] 加上一個垂直的色條，並設定色條寬度為子圖寬度的 3.5%（fraction＝0.035），色條和三維圖形的距離為子圖寬度的 5%。第 12 行則是以我們熟悉的 plot() 於右邊的子圖中繪出資料點的分佈，並以實線連接。

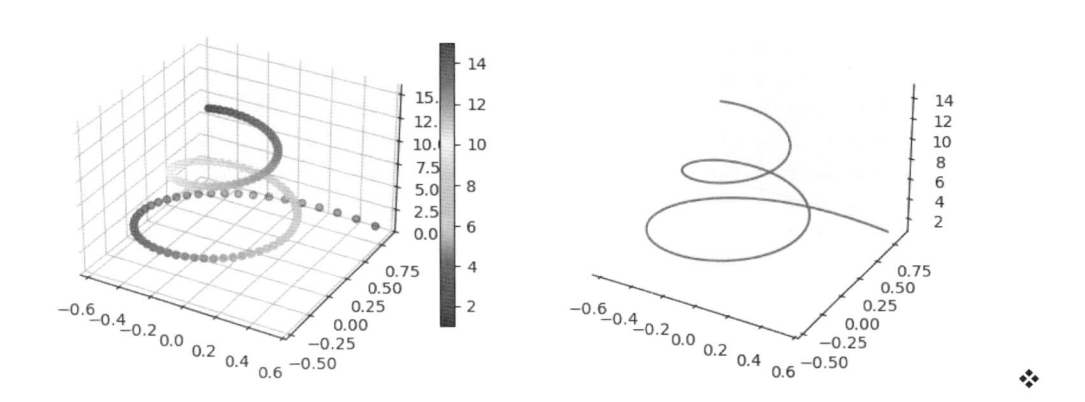

11.6 動畫的製作

在 Python 中，我們可以透過 matplotlib.animation 模組的 FuncAnimation() 來製作動畫。FuncAnimation 是由「Function」與「Animation」組合而成，顧名思義，它是透過不斷更新資料點的位置來呈現動畫效果。需要注意的是，在 Jupyter Notebook 或 Google Colab 中執行時，動畫可能不會即時顯示，通常需另存為 GIF 或 HTML 檔；而在 VS Code 等支援即時視覺化的 IDE 中，則可直接播放動畫。

利用 plot() 繪製資料點或曲線時，plot() 會傳回一個 Line2D 的物件，這個物件內建有 get_data() 與 set_data() 等函數，可以用來取得或設定 Line2D 物件裡資料點的座標。因此在製作動畫時，只要透過 set_data() 等函數持續更新資料點即可生成動畫的效果。下表列出製作動畫時常用的函數：

‧製作動畫採用的函數

函數	說明
ani=FuncAnimation(fig, func, frames, init_func, interval)	繪製動畫於畫布 fig，並傳回動畫物件 ani，其中 func 為動畫的更新函數，frames 為幀數，init_func 為初始化函數，interval 為每幀之間的時間，單位為毫秒，預設為 100
ani.save("檔名.gif", writer=PillowWriter(fps = fps))	將動畫儲存為 GIF 檔。需事先安裝 Pillow 套件。fps 設定每秒播放幀數
p.get_data(x,y); p.set_data(x,y)	取得/設定繪圖物件 p 的 x 和 y 座標

上表中，FuncAnimation() 和 PillowWriter() 定義在 matplotlib.animation 模組內，在使用之前，必須利用下面的語法載入這兩個模組：

```
from matplotlib.animation import FuncAnimation, PillowWriter
```

Pillow 是一個專門用來處理影像的套件，提供讀取、編輯、儲存圖片等功能。而 PillowWriter 是 matplotlib.animation 模組中的一個工具，會利用 Pillow 將動畫的每一幀儲存為 GIF 格式。

若是第一次使用 Pillow 套件來儲存 GIF 動畫檔，必須先進行安裝。請在 VS Code 的終端機中輸入

```
pip install Pillow
```

來完成安裝。如此一來，就可以在 VS Code 環境中使用 PillowWriter() 儲存動畫為 .gif 檔案。

一般在製作動畫時，我們會先把動畫應有資訊先計算好，然後在 FuncAnimation() 的 func 參數指定要利用哪個函數裡來獲取這些計算好的訊息並繪製動畫。下面的例子是繪製一個圓球沿著軌跡 $y = \sin(2x)$ 移動的範例：

```python
01  # ch11_31.py, 圓球沿著 y=sin(2x) 的軌跡移動
02  import numpy as np
03  from matplotlib.animation import FuncAnimation, PillowWriter
04  import matplotlib.pyplot as plt
05  x = np.linspace(0, 2*np.pi, 100)
06  y = x * np.sin(2*x)
07  fig, ax =plt.subplots()
08
09  ax.set_xlim(0, 2*np.pi)
10  ax.set_ylim(min(y)-1, max(y)+1)
11  ax.plot(x, y)              # 畫出軌跡線
12  dot, = ax.plot([], [], 'ro', markersize=12)   # 移動中的紅點
13
14  def init():                # 初始化函數
15      dot.set_data([], [])
16      return dot,
17  def animate(i):            # 動畫函數
18      dot.set_data([x[i]], [y[i]])
19      return dot,
20
21  ani=FuncAnimation(fig, animate, frames = len(x),
22                    init_func = init, interval = 50)
23  ani.save("ch11_31.gif", writer = PillowWriter(fps = 20))
24  plt.show()
```

這個程式可分為四個部分，即第 5 到 6 行的資料準備，第 9~19 行的繪圖準備與函數定義，第 21 到 22 行的 ani 動畫物件建立，和第 23 行的動畫輸出。首先，在第 5 到 6 行先把 x 和 $y = \sin(2x)$ 兩個陣列建立好，注意這兩個陣列各有 100 個元素，x 裡的第 i 個元素和 y 裡的第 i 個元素值是第 i 幀動畫中圓球的位置。

第 8 行建立一個子圖 ax，第 11 行則是利用 plot() 取得一個 dot 物件（它是 Line2D 型別），目前 dot 物件裡並沒有任何資料點。注意第 12 行的 dot 後面有一個逗號，這是因為 plot() 會傳回一個串列，裡面只有一個 Line2D 型別的物件。如果只要接收這個物件（而不是整個串列），必須在 dot 之後加上一個逗號。

11-43

第 14 到 16 行的 init() 是在繪製動畫之初會被呼叫的函數，它通常是用來對動畫的場景預先進行佈置，它只會在動畫開始時執行一次。第 17 到 18 行的函數 animate(i) 是這個程式的核心。animate() 可以接受一個參數 i，然後把 dot 物件裡的資料（座標）設成 x 和 y 裡的第 i 個元素。隨著 i 值的變化，dot 物件裡的資料（只有一個點的座標）也一直被更新，因此給予不同的參數 i，即可達成動畫的效果。注意因為我們在第 5、6 和 12 行已經定義過 x、y 和 dot 這三個變數。因此在 init() 和 animate() 裡可以取用它們。

第 21 和 22 行則是利用 FuncAnimation() 建立一個動畫物件 ani。第一個參數 fig 用來指定製作動畫的畫布。第二個參數 func 是用來指明產生動畫的函數，在此我們設它為 animate，也就是 17 到 18 行的函數。第三個參數 frames = len(x) 代表這個動畫一共有 100 幀（變數 x 的長度為 100），因此它會自動產生 0 到 99 共 100 個整數，然後分別代入 animate(i) 中的參數 i 來生成動畫。第四個參數 init_func=init 則指明了動畫的初始化函數為 init，在這個範例中它會幫我們繪製一個 $y = \sin(2x)$ 的圖形。最後一個參數 interval = 50 是設定每一幀要隔多少時間放映，單位為毫秒，因此本例會以 0.05 秒的間隔來放映。

FuncAnimation() 會傳回一個物件，並以 ani 變數來接收它。第 23 行使用 ani.save() 把動畫儲存為 ch11_31.gif，並設定每秒播放 20 幀（fps）。這樣，程式就會將動畫儲存成 GIF 格式並利用 24 行 plt.show() 顯示出來。您可以點擊 ch11_31.gif 查看動畫繪製的結果，在 VS Code 裡也可以看到如下的動畫（取其中三幀）：

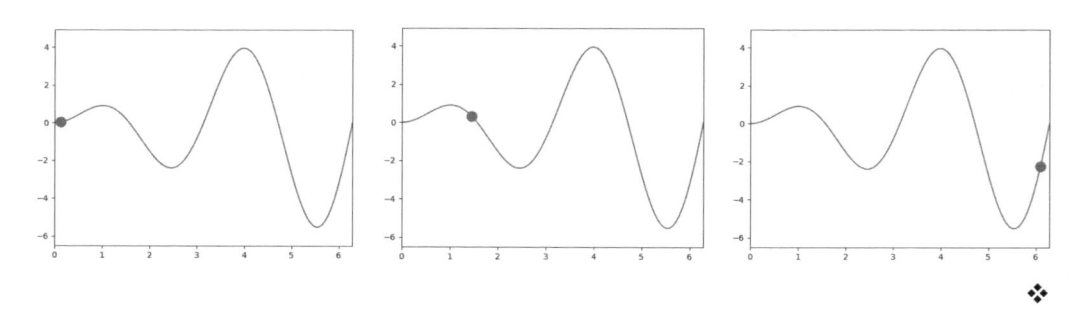

在上面的範例中，函數的曲線是在 init() 裡畫上去的。如果希望函數的曲線能夠隨著圓球一起勾勒出來，就必須把描繪曲線的程式寫在 animate() 函數內，如下面的範例：

```
01  # ch11_32.py, 一起繪出圓球和函數 y="sin"(2x) 的軌跡
02  import numpy as np
03  import matplotlib.pyplot as plt
04  from matplotlib.animation import FuncAnimation, PillowWriter
05  x = np.linspace(0, 2 * np.pi, 100)
06  y = x * np.sin(2 * x)
07  fig, ax = plt.subplots()
08  ax.set_xlim(-0.3, 6.5)    # 設定 x 軸範圍
09  ax.set_ylim(-5.8, 5.8)    # 設定 y 軸範圍
10  dot, = ax.plot([], [], 'ro', markersize=12)   # 注意dot後面有個逗號
11  line, = ax.plot([], [])                        # 注意line後面有個逗號
12  plt.close()
13
14  def animate(i):
15      dot.set_data([x[i]], [y[i]])
16      line.set_data([x[:i]], [y[:i]])
17
18  ani = FuncAnimation(fig=fig, func=animate, frames=100, interval=25)
19  ani.save("ch11_32.gif", writer=PillowWriter(fps=20))
```

程式 5 到 6 行利用 linspace() 生成 100 個從 0 到 2π 的等距數字，並計算對應的 $y = \sin(2x)$ 值。這些數值代表動畫中圓球的運動軌跡。接著，程式建立了畫布 fig 和座標軸 ax，並於 8 到 9 行設定了座標軸範圍，使得 x 軸的範圍是從 -0.3 到 6.5，而 y 軸的範圍是從 -5.8 到 5.8。接著，程式在畫布上繪製了兩個物件，一個是紅色圓點 dot，代表將隨著動畫更新的圓球，另一個是 line，用來繪製圓球的運動軌跡。第 12 行 plt.close() 的作用是關閉當前圖形視窗，防止繪製過程中顯示不必要的圖形視窗。

動畫的更新邏輯是透過兩個函數實現。animate(i) 函數會在每一幀被呼叫，更新紅色圓點 dot 的位置，並繪製從起點到當前幀位置的運動軌跡 line。在 animate() 函數中，第 15 行會將圓球的座標設為 x[i] 和 y[i]，而第 16 行則更新了從起點到第 i 幀的軌跡。FuncAnimation 被用來將這些動畫幀組合成一個動畫物件 ani，並指定每幀之間的間隔時間為 25 毫秒。最後，程式利用 PillowWriter 將動畫儲存為 GIF 檔案，並設定每秒播放 20 幀。執行結果其中的三幀如下所示：

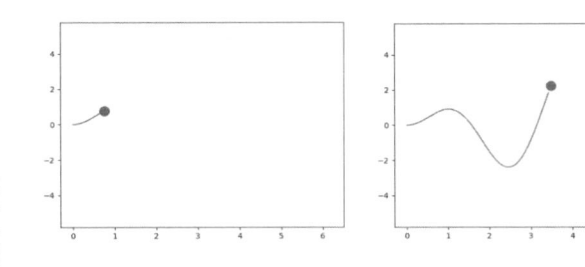

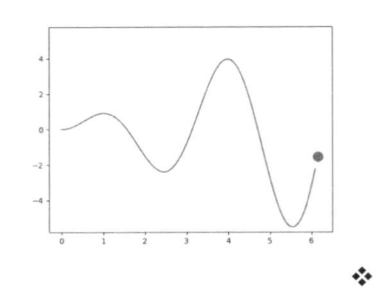

知道二維動畫的繪製之後，畫上三維的動畫就比較簡單。在三維的座標軸中觀看角度由仰角和方位角控制。下面的範例是把仰角控制在 60°，然後讓方位角從 0° 旋轉到 360°，間隔 3° 來觀察 $z(x,y) = \sin(\sqrt{x^2+y^2})$ 圖形的旋轉情形。

```
01  # ch11_33.py, 三維的動畫
02  import numpy as np
03  import matplotlib.pyplot as plt
04  from matplotlib.animation import FuncAnimation, PillowWriter
05  x = np.linspace(-6, 6, 128)
06  y = np.linspace(-6, 6, 128)
07  XX, YY = np.meshgrid(x, y)
08  ZZ = np.sin(np.sqrt(XX**2 + YY**2))
09
10  fig, ax = plt.subplots(subplot_kw={'projection': '3d'})
11  ax.plot_surface(XX, YY, ZZ, cmap='jet', alpha=0.7)
12  ax.set_axis_off()
13  plt.close()
14
15  def animate(i):
16      ax.view_init(30, i)
17
18  ani = FuncAnimation(fig=fig, func=animate,
19                      frames=np.arange(0, 360, 3), interval=60)
20  ani.save("ch11_33.gif", writer=PillowWriter(fps=20))
```

第 5 到 8 行先計算好需要繪圖的 XX，YY 和 ZZ 矩陣，然後於第 10 到 12 行繪出 $(x,y) = \sin(\sqrt{x^2+y^2})$ 圖形。因為物件 ax 已經包含了三維圖形的所有資訊，因此只要在 animate(i) 函數內更動方位角的值即可，也就是利用 ax.view_init(30,i) 來設

定方位角為 i。方位角的 i 值是由第 19 行的 frames = np.arange(0, 360, 3) 來提供，因此 i 的值會從 0，間距為 3 變化到 360。

執行時將會看到一個繞著 z 軸旋轉的圖形，下圖是其中的三幀。您可以嘗試固定方位角，以變動仰角的方式來生成動畫，或者是讓仰角和方位角同時變化來生成動畫。

第十一章 習題

11.1 Matplotlib 繪圖的基本認識

1. 【使用 add_subplot() 繪製函數圖形】於下面各小題中，試利用 add_subplot() 添加一個子圖到畫布中，然後繪製函數的圖形（繪出來的圖形應盡可能平滑）：

   (a) $f(x) = x^4 + 6x^3 + 7x + 3, \; -7 \leq x \leq 4$

   (b) $f(x) = 6\sin(x+3)\cos(x), \; -\pi \leq x \leq 2\pi$

   (c) $f(x) = \frac{x+3}{x^2+1}, \; -3 \leq x \leq 6$

2. 【subplots() 繪製函數圖形】試利用 subplots() 添加一個子圖到畫布中，然後繪製下列各函數的圖形：

   (a) $f(x) = x^4 + 6x^3 + 7x + 3, \; -7 \leq x \leq 4$

   (b) $f(x) = \sin(x^2)\cos(x), \; -\pi \leq x \leq \pi$

   (c) $f(x) = e^{-0.5x}\sin(x), \; 0 \leq x \leq 4\pi$

   (d) $y(t) = e^{-t}\sin(3t+2), \; 0 \leq t \leq 2\pi$

3. 【儲存圖形】試繪出 $f(x) = \sin(x)/(x+1)$ 的圖形，範圍為 $0 \leq x \leq 4\pi$，並利用 savefig() 函數儲存繪出來的圖形，檔名為 ex11_3.png，dpi 為 72，背景設為不透明。

11.2 二維圖形的修飾

4. 【正弦函數頻率比較圖】試繪出 $f_1(x) = \sin(x)$、$f_2(x) = \sin(2x)$、$f_3(x) = \sin(3x)$ 與 $f_4(x) = \sin(4x)$ 的圖形，繪圖範圍請用 $0 \leq x \leq 2\pi$，每個子圖請用不同顏色的線條，並將它們排成如下 2×2 的子圖：

$\sin x$	$\sin(2x)$
$\sin(3x)$	$\sin(4x)$

5. 【正弦與餘弦函數組合圖】試分別利用紅綠藍三種顏色繪出 $f_1(x) = \sin(x)$、$f_2(x) = \cos(2x)$ 與 $f_3(x) = \sin(x) + \cos(2x)$ 的圖形，繪圖範圍 $0 \leq x \leq 2\pi$，畫布大小設為 figsize = (5,10)，並將它們排成如下 3×1 的圖形：

$\sin x$
$\cos(2x)$
$\sin(x) + \cos(2x)$

6. 【兩函數的繪圖】試將 $f(x) = \sin(x^2)$ 與 $f(x) = \sin^2(x)$ 繪於同一張圖，範圍為 $0 \leq x \leq \pi$，並在繪圖區的左下角加上圖例。

7. 【對數座標下的函數圖形】試繪出 $y = x\log_{10}(3x)\sin(\sqrt{x})$，$1 \leq x \leq 1000$ 的圖形，其中 x 軸為對數座標，並加上網格線。

8. 【對數座標下的 x^x 圖形】試繪出 $y = x^x$，$0 \leq x \leq 16$ 的圖形，其中 y 軸為對數座標，並加上網格線。

9. 【繪製對數座標下的函數】試繪出 $y = \frac{xe^x}{x^2+1}$，$1 \leq x \leq 100$ 的圖形，其中 x 與 y 軸均為對數座標。

10. 【繪製小於等於 n 的質數個數】設 $f(n)$ 為小於等於 n 之質數的個數（n 為整數），例如 2, 3, 5, 7, 11, 13, 17, 19 皆為質數，因此 $f(2) = 1$，$f(7) = 4$，$f(19) = f(20) = 8$。試繪出 $f(n)$，$2 \leq n \leq 100$ 的圖形。在此題中，因為 n 為整數時，$f(n)$ 才有定義，所以點和點之間不要以線條連接。

11.3 填滿繪圖與極座標繪圖

11. 【繪製填滿圖形】試利用 plot() 函數繪製 $f(x) = e^{-0.5x}\cos(3x)$, $0 \leq x \leq \pi$，繪圖點數取 32 個，線條為紅色的虛線，資料點以大小為 8 的小圓來呈現，並以黃色填滿。繪圖區的標題為 'My plot'，字體大小為 18，並加上網格線。

12. 【繪製極座標圖】試繪出 $r = \sin(6x)$ 的極座標圖，$0 \leq x \leq 2\pi$，座標軸 r 的刻度為 $-1, -0.5, 0, 0.5, 1$，資料點數取 120 點。

13. 【繪製極座標圖】試將 $r = \sin(3x)$ 與 $r = \cos(\sin(6x))$，$0 \leq x \leq 2\pi$ 的圖形繪於同一張極座標圖上，座標軸 r 的刻度為 $-1, 0, 1$，資料點數取 120。

11.4 統計繪圖

14. 【降雨量百分比圓餅圖】設某個地區春天的降雨量為 138 公厘，夏天為 187 公厘，秋天為 92 公厘，冬天為 63 公厘。試以圓餅圖表示每一季降雨量所佔的百分比。

15. 【常態分佈亂數的直方圖】試產生 3600 個平均值為 1，標準差為 5 的常態分佈亂數，並以 20 個組界的直方圖來繪製這筆資料，並以組界寬度的 80% 做為直方圖中，每個長條的寬度。

16. 【骰子點數分佈長條圖】試以長條圖繪製擲骰子 10000 次，每一個點數出現的次數。

17. 【常態分佈資料點的分佈圖】設 x 和 y 均是由 1200 個平均值為 170，標準差為 16 的常態分佈亂數所組成的向量，試分別以 plot() 和 scatter() 函數繪出資料點 (x, y) 的分佈圖於同一張畫布上，圖像左右排列，x-y 座標軸的比為 $1:1$。

11.5 等高線圖與三維繪圖

18. 【二維與三維等高線圖與曲面圖】試繪出下列各函數的二維、三維等高線圖與三維的曲面圖，並將它們顯示在一個 4×3 的子圖中。二維的等高線需顯示等高線的值，figsize 參數的值設為 $(16, 12)$。

   (a) $\sin(x)\sin(y)$, $0 \leq x \leq 2\pi$, $0 \leq y \leq 2\pi$，等高線為 $-0.7, -0.3, 0, 0.3, 0.7$。

   (b) $\frac{1}{\sqrt{x^2+y^2+1}}$, $-\pi \leq x \leq \pi$, $-\pi \leq y \leq \pi$，5 條等高線。

   (c) $\frac{y}{(x^2+y^2+1)^{4/5}}$, $-4 \leq x \leq 4$, $-4 \leq y \leq 4$，6 條等高線。

   (d) $(x^2+y)e^{-x^2-y^2}$, $-3 \leq x \leq 3$, $-3 \leq y \leq 3$，6 條等高線。

19. 【亂數散佈圖】設 x 和 y 為平均分佈的浮點數亂數，$0 \le x \le 6, 0 \le y \le 6$，而 z 為平均值為 5，標準差為 8 的常態分佈亂數。試利用 scatter() 繪出 1000 個這樣的亂數，並使用 jet 色表，顏色依 z 軸的值來上色。

20. 【三維曲面圖】試繪出 $(x+y)e^{-x^2-y^2}$，$-2 \le x \le 2, -2 \le y \le 2$ 的三維曲面圖，並設定仰角為 40 度，方位角為 160 度。

21. 【三維等高線圖】試分別繪出 $\log_{10}(1+x^2+y^2)$ 的三維等高線圖（等高線為 0.1、0.3 與 0.5）與三維曲面圖（色表為 jet）於同一張畫布上，圖形左右排列，$-2 \le x \le 2$，$-2 \le y \le 2$。

11.6 動畫的製作

22. 【紅球在二維函數上方移動的動畫】試製作一個紅球（大小為 10，markersize=10）在二維函數 $f(x) = \tan(\sin(2x)) - \sin(\tan(x))$ 上方移動的動畫，$0 \le x \le \pi$，幀數為 240，每幀播放的間隔為 0.05 秒。下圖為其中的三幀動畫：

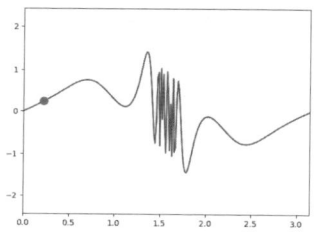

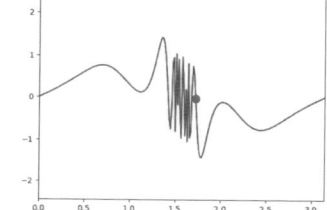

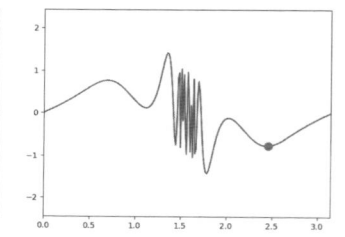

23. 【紅球在極座標函數軌跡上的動畫】試製作一個紅球（大小為 10，markersize=10）在極座標函數 $r = \sin(6t)$，$0 \le t \le 2\pi$ 上方移動的軌跡，移動時 $r = \sin(6t)$ 的圖形會一起繪出。幀數取 256，每幀播放間隔為 0.05 秒。下圖為其中三幀動畫（提示：可利用 set_data(t, r) 來設定 t 和 $r = \sin(6t)$ 的座標）：

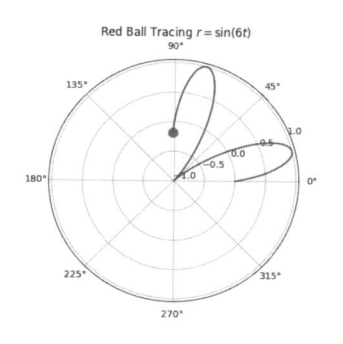

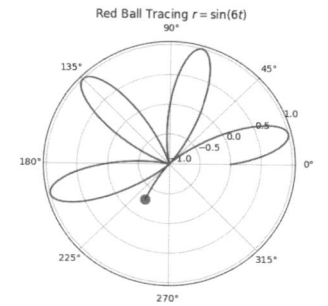

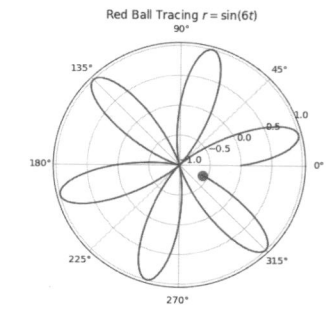

Chapter 12

使用 Pandas 處理數據資料

Pandas 是一個常用的資料處理與分析套件,在資料科學領域中扮演著重要角色,常被譽為 Python 的「Excel」。Pandas 的名稱源自於 Panel data sets,從其名稱可以看出它擅長處理表格數據,就像是 Excel 專精於處理資料表一樣。Pandas 彌補了 Python 在資料分析上的不足,讓使用者能在 Python 環境中輕鬆進行類似試算表的操作。此外,Pandas 也提供一些繪圖的函數,可以直接將數據視覺化,使用起來非常方便。

1. 一維的 Series
2. 二維的 DataFrame
3. Pandas 的元素操作與運算
4. 排序與統計函數
5. Pandas 的繪圖
6. 存取 CSV 檔與 Pickle 檔

Pandas 是專門用來處理結構化數據的函數庫，適合處理表格、時間序列和大型資料集，具備強大的資料分析功能。它提供了 Series（一維）和 DataFrame（二維）兩種資料結構，能夠靈活地處理各類型的資料。Pandas 支援多種資料格式，如 CSV、Excel、JSON、SQL 資料庫等，讓資料的讀取與儲存更加方便。此外，Pandas 還能與 NumPy、matplotlib 等函數庫搭配使用，提升數據視覺化與機器學習的效率。若要使用 Pandas，首先需要安裝它。請於 VS Code 的終端機裡鍵入

```
pip install pandas
```

稍等一會兒即可安裝完成。由於在資料分析中，Pandas 負責資料整理與操作，NumPy 擅長於數值計算與陣列運算，因此，在建立 Series 或是 DataFrame 物件前，通常也會一同載入 NumPy 套件。

```
import pandas as pd
import numpy as np
```

pd 是 pandas 的縮寫，np 則是 numpy 的縮寫，這兩種縮寫是數據分析中常見的慣例。值得注意的是，雖然 Pandas 可以單獨使用，但若涉及數值計算或需要建立陣列，就需要載入 NumPy。由於這是進行資料處理的基本設定，後續範例將不再重複載入這兩個套件，但讀者應該知道它們在資料分析中的重要性。

12.1 一維的 Series

在處理資料時，常會遇到單一欄位的資料，例如學生分數、股票價格、產品銷售量等。這種一維的資料可以用 Pandas 提供的 Series 來表示。Series 是一種類似串列（list）或是字典（dict）的資料結構，套件內提供索引（index）、數學運算、數據篩選等功能，讓資料操作簡單方便。在本節中，我們要介紹 Series 的建立方式、索引、取值與基本運算，並透過範例學習使用 Series 處理一維資料。

12.1.1 建立 Series

Series 可以用來儲存一維的數據資料，類似於 NumPy 的單軸陣列。這些資料可以是整數、浮點數、字串或是 Python 的物件等。由於 Pandas 能處理結構化資料，而 NumPy 提供高效的數值運算功能，因此這兩者常會一起使用。如果要建立 Series，可以使用 pd.Series() 函數。

‧建立 Series 的語法

語法	說明
pd.Series(data)	建立 Series 物件，data 可以是串列、字典或 NumPy 的陣列等

透過 pd.Series() 來建立的 Series 物件，常見的有串列、字典和 NumPy 陣列幾種方式。在 Series 中，索引用來標示每個元素的位置，因此也可以稱它為列索引（row index）。下面是建立 Series 物件的範例：

```
> s1 = pd.Series([4.3, 7.24, 8.5])
```
利用串列建立 Series 物件 s1。Series 裡有三筆資料。

```
> s1
  0    4.30
  1    7.24
  2    8.50
  dtype: float64
```
顯示 s1 的內容。左欄是 Series 元素的索引，右欄是元素值。

```
> s2 = pd.Series({'a':5,'b':2,'c':3})
```
使用字典建立 Series。字典的鍵會自動成為索引，值作為元素。

```
> s2
  a    5
  b    2
  c    3
  dtype: int64
```
顯示 s2 的內容。

```
> s3 = pd.Series([4.3, 7.24, 8.5],
      index = ['A', 'B', 'C'])
```
使用串列建立 Series 物件 s3，並指定索引為 'A'、'B'、'C'。

```
> s3
A    4.30
B    7.24
C    8.50
dtype: float64
```
顯示 s3 的內容。

從上面的輸出可以看到，Pandas 會將 Series 元素依序排列，每個元素都有索引。若未設定索引，預設會使用從 0 開始的流水號，若使用字典建立，則字典鍵會自動成為索引。此外，我們也可以手動設定索引，讓資料更具可讀性。

12.1.2 Series 常用的查詢及缺失值處理

在使用 Pandas 進行資料處理時有多種函數可以幫助我們進行資料檢視、篩選和清理。無論是查詢資料型別、提取元素，還是處理缺失值，這些函數都能提高工作效率。以下是 Pandas 中常見的函數與屬性，這些功能大多適用於 Series 和 DataFrame。若遇到特殊用法（例如 dtype 在 DataFrame 要用 dtypes），會在說明中特別指出。

・基本查詢與缺失值處理相關的函數與屬性 （x 可以是 Series 或 DataFrame 物件）

函數	說明
x.ndim; x.shape; x.size	查詢物件 x 的維度、形狀和元素個數
x.dtype	查詢 Series 物件 x 中元素的型別
x.dtypes	查詢 x 中元素的型別；若為 DataFrame 則傳回各欄型別
x.values	提取 x 的值
x.index	提取 x 的索引名稱
x.where(條件)	若條件中對應位置為 True，則保留原值，否則設為 NaN
x.isna()	判別 x 裡的元素是否為缺失值
x.notna()	判別 x 裡的元素是否非缺失值
x.fillna(n)	將 x 裡的缺失值填上 n
x.dropna()	刪除 x 裡的缺失值

大多數的 Pandas 函數在操作時不會直接修改原始資料，而是回傳一個新的 Series 或 DataFrame。若是想要修改原始物件，通常需加上 inplace=True，或是將結果重新指定回原變數。

此外，Pandas 在查詢 Series 物件的維度、形狀、和元素個數的語法和 NumPy 相同，不過在查詢型別時，NumPy 是用 dtype，而 Pandas 的 Series 可以用 dtype，或是多加一個 s 的 dtypes 來查詢。另外 isna()、notna()、fillna() 和 dropna() 這四個函數都帶有後綴 na，它是 not available 的縮寫，為無法取得之意，此處用來代表缺失值（Missing value）。

```
> s1 = pd.Series([4, 7, 8])
```
利用串列建立一個 Series 物件 s1。

```
> s1.size
3
```
查詢 s1 的元素個數，有 3 個元素。

```
> s1.dtypes
dtype('int64')
```
查詢 s1 的型別。

```
> s1.values
array([4, 7, 8])
```
values 是 s1 的一個屬性。s1.values 可以提取出 s1 的值。

```
> s1.index
RangeIndex(start=0,stop=3,step=1)
```
提取 Series 物件的索引。提取出的 index 是 RangeIndex 物件，表示索引從 0 到 3（不含），間距為 1。

從上面的分析可知，一個 Series 物件包含 index 與 value 兩個屬性。如果沒有賦予 index 屬性，則預設是從 0 開始的流水編號作為索引（和 NumPy 陣列的索引相同）。利用索引，我們可以提取出 Series 物件裡的元素值。

```
> s2 = pd.Series([4.3, 7.24, 8.5])
```
利用串列來建立一個 Series 物件 s2。

```
> s2[1]
(np.float64(7.24))
```
提取 s2 索引為 1 的元素。

```
> s2[1:]
  1    7.24
  2    8.50
  dtype: float64
```
提取 s2 索引從 1 開始之後的所有元素。寫法和 NumPy 的切片法相同。

```
> s2[4] = 6; s2
  0    4.30
  1    7.24
  2    8.50
  4    6.00
  dtype: float64
```
將索引為 4 的元素設為 6。s2 並沒有 4 這個索引，因此會新增索引 4，然後將其值設為 6。

```
> s3 = pd.Series([4, 7, 8],
      index=['a', 'b', 'c'])
```
建立一個物件 s3，並指定索引為 a、b 和 c。

```
> s3['a']
  np.int64(4)
```
利用索引 a 來提取 s3 的元素，得到 4。

我們可以利用 in 運算子來查詢某個 Series 物件是否包含某個索引，也可以利用 where() 函數對 Series 物件裡的元素進行處理。

```
> d1 = {'cat':5, 'dog':3, 'fox':6}
  s4 = pd.Series(d1)
```
字典 d1 有三個鍵值對。利用字典建立物件 s4。

```
> 'ant' in s4
  False
```
查詢 ant 是否為 s4 的索引，結果回應 False。

```
> 3 in s4
  False
```
雖然 s4 裡有 3 這個值，不過 in 判別的是 index 屬性，因此回應 False。

```
> s4.where(s4 > 4)
  cat    5.0
  dog    NaN
  fox    6.0
  dtype: float64
```
建立一個與 s4 相同形狀的新物件，保留 s4 中大於 4 的元素，其餘位置以 NaN 表示。例如 dog 的值為 3，不符合條件，因此對應位置顯示 NaN。

```
> s5 = pd.Series(d1,
      index=['dog', 'bat', 'cat'])
```
用字典 d1 建立 Series 物件 s5，並指定索引 dog、bat 和 cat。bat 是新索引。

```
> s5
   dog    3.0
   bat    NaN
   cat    5.0
   dtype: float64
```
查詢 s5 的值，可看到 bat 的值為 NaN，dog 和 cat 保留原本的值。

```
> s5.isna()
   dog    False
   bat    True
   cat    False
   dtype: bool
```
利用 isna() 函數判斷 s5 裡是否有缺失值，bat 的值為 True，代表其值缺失。

在 Pandas 中，where() 函數會根據條件保留符合的值，其他值會變成 NaN（缺失值）。回傳的是新物件。需要注意的是，因為 Pandas 是基於 NumPy 實作，當包含 NaN 的 Series 中，所有元素會自動轉換為浮點數型別，即使原本是整數。例如，當 dog 的值變成 NaN 時，整個 Series 會轉為浮點數，這就是為何 cat 和 fox 也會變成浮點數的原因。

如果想要修改原先 Series 物件的索引名稱，我們可以直接對其 index 屬性重新設值，如下面的範例：

```
> s5.index = ['dog', 'fox', 'rat']
```
將 s5 的索引改為 dog，fox 和 rat。

```
> s5
   dog    3.0
   fox    NaN
   rat    5.0
   dtype: float64
```
查詢 s5，索引已被修改。

```
> s5.fillna(0)
   dog    3.0
   fox    0.0
   rat    5.0
   dtype: float64
```
s5.fillna(0) 會建立一個和 s5 相同的新物件，並將缺失值填上 0，像是 fox 的 NaN 變為 0，但原始的 s5 不會改變。

```
> s5.dropna()
   dog    3.0
   rat    5.0
   dtype: float64
```
s5.dropna() 會建立一個和 s5 相同的新物件，將缺失值刪除，像是 fox 的元素被移除，但原始的 s5 不會改變。

下面的程式用字典建立一個 Series 物件，用來計錄某位學生的各科成績，接著透過 for 迴圈逐一印出各科的科目名稱與對應的成績，最後計算並輸出平均分數。

```
01  # ch12_1.py, 計算成績平均
02  import pandas as pd
03  scores = pd.Series({'Math':80, 'English':63, 'Biology':92})
04  total_score = 0                                    # 總分
05
06  for subject, score in scores.items():
07      total_score += score                           # 計算加總
08      print(f"{subject}: {score}")                   # 印出科目和分數
09  average_score = total_score / scores.size          # 計算平均分數
10  print(f'平均: {average_score:.2f}')                # 印出結果
```

- 執行結果：
```
Math: 80
English: 63
Biology: 92
平均:78.33
```

程式中使用字典儲存學生的各科成績，其中，「索引」代表科目，「值」代表分數。在第 6~8 行透過 for 迴圈走訪 Series 物件 scores 時，scores.items() 會傳回 (索引, 值) 這樣的 tuple，subject 會接收「索引」，score 接收「值」。接著，將 score 逐一累加至 total_score，全部走訪完後，再利用 scores.size 取得元素個數，計算平均值。 ❖

Series 是一種一維資料結構，每個元素都有對應的索引，讓資料操作更加方便。Series 支援向量化運算，可以直接對整組資料進行加減乘除等運算，且效率高。它會自動處理缺失值（NaN），並提供多種方法來清理資料。此外，Series 也包含常見的統計方法，讓資料分析變得更簡單。

12.2 二維的 DataFrame

在實務應用中，經常會需要處理包含多個欄位的資料表格，此時可使用 DataFrame。它是由多個 Series 組成的資料結構，具備列（row）索引與欄（column）索引，能夠靈活地操作資料。其結構類似 Excel 試算表或資料庫中的資料表，支援資料的篩選、排序、運算，甚至合併與轉換，使資料處理更為簡便與高效。

12.2.1 建立 DataFrame

DataFrame 是用來儲存二維資料的結構,可以用串列、字典、NumPy 陣列等方式建立。如果有 CSV 檔,也可以直接讀進來變成 DataFrame。如果要建立 DataFrame,可以使用 pd.DataFrame() 函數。

· 建立 DataFrame 的語法

語法	說明
pd.DataFrame(data, columns= None, index=None)	建立 DataFrame 物件。data 代表要儲存的數據,可為串列、字典或 NumPy 陣列。columns 指定欄位名稱,index 指定列索引。

透過 pd.DataFrame() 建立的 DataFrame 物件,具有列索引(row index)與欄索引(column index)。列索引用來標示每一筆資料的位置,若沒有提供,Pandas 會自動生成從 0 開始的索引。欄索引則用來標示每個欄位的名稱,若是沒有提供,Pandas 會自動使用數字作為欄位名稱。

此外,在 Excel 資料表中,直行稱為「欄」(column),橫列稱為「列」(row);而在 Pandas 中,欄索引對應到欄位名稱,列索引則對應到每一筆資料的索引,兩者概念相同但名稱上略有差異。下面是建立 DataFrame 的範例:

```
> ar = np.arange(6).reshape((2, 3))
  pd.DataFrame(ar)
     0  1  2
  0  0  1  2
  1  3  4  5
```
建立 2×3 的 NumPy 陣列 ar,再用 pd.DataFrame() 轉成 DataFrame。預設列索引是 0 到 1,欄索引是 0 到 2。

```
> pd.DataFrame(ar,columns=['a','b','c'])
     a  b  c
  0  0  1  2
  1  3  4  5
```
利用 columns 參數來指明欄索引為 a,b 和 c。資料表上方顯示的欄索引已從預設的 0、1 和 2 改為 a,b 和 c。

```
> pd.DataFrame(ar,index=['Java','C++'])
        0  1  2
  Java  0  1  2
  C++   3  4  5
```
index 參數可以修改預設的列索引。左式是以 Java 和 C++ 為列索引建立 DataFrame 物件。

從上面的範例輸出可以看到，Pandas 會將 DataFrame 物件的資料以表格形式呈現，每個欄位有對應的欄索引（column index），每一列有列索引（row index）。若沒有自行設定索引，Pandas 預設會使用從 0 開始的流水號作為列索引。

12.2.2 DataFrame 常用的函數

Pandas 的 DataFrame 物件提供多種函數，可用來檢視、篩選和清理數據，使資料處理更方便。例如，這些函數可查詢數據類型、提取元素、處理缺失值等，幫助我們管理 DataFrame 並確保資料正確。下表整理了一些常用的 DataFrame 函數。

・與 DataFrame 物件相關的查詢函數 （x 可以是 Series 或 DataFrame 物件）

函數	說明
x.dtypes	查詢物件 x 中，元素的型別（DataFrame 傳回每欄型別）
x.index	提取或設定物件 x 的列索引
d.columns	提取或設定 DataFrame 物件 d 的欄索引
x.head(n)	提取物件 x 的前 n 筆資料
x.tail(n)	提取物件 x 的後 n 筆資料
d.T	將 DataFrame 物件 d 轉置，也就是欄與列互換

由於 DataFrame 是由多個 Series 組成的結構，它們之間有許多相似的操作方式。因此很多函數都是共用的，例如，head() 和 tail() 函數可用於 DataFrame 和 Series，而 dtypes 和 index 屬性則分別用於查詢型別和索引。

使用字典建立 DataFrame 時，字典的鍵（key）會當作欄索引，值（value）會轉換為對應的數據。建立後，可用 head(n) 和 tail(n) 函數查看特定範圍的資料，方便檢視內容。如果某個鍵沒有對應數值，Pandas 會自動補上 NaN，確保欄位長度一致，

維持矩陣結構。下面的範例可以看到建立的 DataFrame 欄位的排列設定，以及某個鍵沒有對應數值時，會補齊 NaN 的情況。

> data = {'Math': [98, 99, 38],
   'Bio':[89, 45, 67],
   'Eng':[87, 98, 98]}

建立字典 data。

> pd.DataFrame(data,
  columns = ['Eng','Math','Bio'])

以字典 data 建立一個 DataFrame，並且使用 columns 參數指定欄位順序。結果中，Eng 欄位會排在最前面，接著是 Math，最後是 Bio。

	Eng	Math	Bio
0	87	98	89
1	98	99	45
2	98	38	67

> d1 = pd.DataFrame(data,
  columns=['Eng','Math','Art'],
  index=['Tom','Jerry','Mary'])

指定欄和列的索引建立 DataFrame 物件 d1。

> d1

	Eng	Math	Art
Tom	87	98	NaN
Jerry	98	99	NaN
Mary	98	38	NaN

字典 data 裡沒有 Art 欄位，所以這欄會自動補上 NaN。列索引則會顯示成 index 參數裡設定的字串。

由範例可知，當 DataFrame 使用 columns 參數指定欄位順序時，資料會按照給定的順序排列，而不是依據字典 data 裡的鍵順序。同時，若指定的欄位在原始資料中不存在（例如 Art 欄），Pandas 會自動以 NaN 補上缺失的值，以維持 DataFrame 的完整性。在實務應用中，若是遇到 NaN 值時，可以使用 fillna() 來填補預設值，或使用 dropna() 移除含有缺失值的列或欄，確保資料完整性。

DataFrame 的許多操作都和欄與列的索引有關。從 DataFrame 物件提取出一欄，得到的是一個 Series 物件，因此如果想從 DataFrame 物件提取出某一欄某一列的值，只要先提取出該欄，再從得到的 Series 物件中利用列索引提取出該元素即可。

另外，上一節介紹的 where()、isna()、notna()、fillna() 和 dropna() 等函數也可以作用在 DataFrame 物件。下面的範例說明了如何在 DataFrame 提取資料、處理缺失值（NaN）以及如何進行條件篩選。

```
> d2 = pd.DataFrame(
    [[63, 65, 77], [63, None, 39]],
    columns=['Java','C++','VB']); d2
```
這是一個 DataFrame 物件 d2。d2 裡有一個缺失值。

	Java	C++	VB
0	63	65.0	77
1	63	NaN	39

```
> d2['C++'][1]
  np.float64(nan)
```
先提取索引為 'C++' 的欄，再從得到的 Series 物件中提取索引為 1 的列。

```
> d2.isna()
```
查詢 d2 的缺失值。回應的表中顯示 True 的位置代表 d2 的缺失值。

	Java	C++	VB
0	False	False	False
1	False	True	False

```
> d2.where(d2 < 60)
```
查詢 d2 中，小於 60 的元素。d2 裡小於 60 的會顯示原值，其餘則顯示 NaN。

	Java	C++	VB
0	NaN	NaN	NaN
1	NaN	NaN	39.0

上面建立了包含缺失值的 DataFrame 物件 d2，其中 None 會被 Pandas 自動轉換為 NaN，並使該欄的數據類型變為 float64。透過索引，如 d2['C++'][1]，可以提取特定元素，傳回 np.float64(nan)。此外，isna() 可用來檢查缺失值，顯示 True 代表該位置為 NaN。若要填補缺失值，可以使用 fillna(0)。另外，where() 會根據條件篩選數據，如 d2.where(d < 60) 會保留小於 60 的數值，其他則變為 NaN。

值得注意的是，利用 fillna() 填補缺失值時，不一定要填 0，也可以用平均數、中位數或前後資料填補，讓資料可以更合理且不影響分析結果。

下面的程式使用 DataFram 管理寵物資訊並處理缺失的數據。如果整個欄位皆缺失，則該欄的值設為 0，若只是部分資料缺失，則以該欄其餘數據的平均值填補，並更新原始 DataFrame。

```
01  # ch12_2.py, 寵物資訊管理
02  import pandas as pd
03  data = {'Name': ['Luna', 'Mimi', 'Coco'],
04          'Type': ['狗', '貓', '兔'],
05          'Age': [3, None, 5],           # Mimi 的年齡缺失
06          'Weight': [None, 4.3, 2.6]}    # Luna 的體重缺失
07  df = pd.DataFrame(data)              # 建立 DataFrame, 其中部分數據缺失
08  print("原始寵物資料：")
09  print(df.to_string())
10
11  if df['Age'].isna().all():
12      df['Age'] = 0                    # 如果整欄都是 NaN，就用 0
13  else:
14      df['Age'] = df['Age'].fillna(df['Age'].mean())
15
16  if df['Weight'].isna().all():
17      df['Weight'] = 0                 # 如果整欄都是 NaN，就用 0
18  else:
19      df['Weight'] = df['Weight'].fillna(df['Weight'].mean())
20
21  print("\n 填補缺失值後的寵物資料：")      # 處理後的 DataFrame
22  print(df.to_string())
```

- 執行結果：

```
原始寵物資料：
   Name Type  Age  Weight
0  Luna   狗  3.0     NaN
1  Mimi   貓  NaN     4.3
2  Coco   兔  5.0     2.6

填補缺失值後的寵物資料：
   Name Type  Age  Weight
0  Luna   狗  3.0    3.45
1  Mimi   貓  4.0    4.30
2  Coco   兔  5.0    2.60
```

12-13

程式第 3~6 行設定寵物的資料 data,其中 Age 和 Weight 欄位裡有缺失值 (NaN)。第 7 行根據 data 建立 DataFrame。第 9 行將原始資料印出。第 11~14 行處理 Age 欄位缺失值,如果整個 Age 欄位都是 NaN,就將整欄設為 0,否則用該欄的平均值填補。第 16~19 行也是相同方式處理。最後於 22 行印出填補後的資料內容。 ❖

12.3 Pandas 的元素操作與運算

在對 Series 和 DataFrame 物件的建立方式及其基本操作有了初步的認識後。本節將進一步探討 Pandas 的運算,包括索引的重排、元素的插入與刪除,以及數據篩選與提取等操作。

12.3.1 元素的選取

在 Pandas 中,loc 和 iloc 是用來提取資料的兩個常用方法,用來選取 Series 或 DataFrame 物件中的特定元素。

‧Pandas 物件的提取元素函數

函數	說明
x.loc[row, col]	根據列索引 row 和欄索引 col 來提取資料,並回傳對應的元素
x.iloc[irow, icol]	根據列 irow 和欄 icol 的整數位置索引來提取資料,並回傳對應的元素

值得注意的是,loc 是根據索引標籤來選取資料,例如 d.loc['a', 'b'] 會使用指定的列與欄標籤來提取元素;如果選取的是單一位置的資料,會回傳該位置的單一元素;若選取的是多行或多列的資料,則會回傳一個 Series 或 DataFrame。相對地,iloc(是 integer location 的縮寫)是根據資料的整數位置來選取,例如 d.iloc[2, 3]。當資料沒有明確的索引標籤,或僅需透過位置來操作資料時,iloc 會特別有用。我們可以利用方括號 [] 來提取 DataFrame 裡某些欄位的元素:

```
> s1 = pd.Series([6, 7, 8],
    index=['a', 'b', 'c']);
```
建立一個 Series 物件 s1，並指定索引為 a、b 和 c。

```
> s1
  a   6
  b   7
  c   8
  dtype: int64
```
s1 的內容。

```
> s1['c'], s1.loc['c']
  (np.int64(8), np.int64(8))
```
s1['c'] 或 s1.loc['c'] 都可取得索引為 'c' 的值，結果是 8。雖然兩種寫法都可用，但遇到字串索引時，建議用 loc，可讓意圖更清楚，也避免和整數索引混淆。

```
> s1.iloc[-1], s1.iloc[2]
  (np.int64(8), np.int64(8))
```
iloc 用整數位置取值，例如 s0.iloc[-1] 取最後一個元素，s0.iloc[2] 取第 3 個元素。

下面的範例展示了如何使用 loc 和 iloc 來有效地提取 DataFrame 中的特定元素或資料子集，無論是依據標籤還是位置索引。

```
> d1 = pd.DataFrame(
    np.arange(6).reshape(2, 3),
    index = ['a', 'b'],
    columns = ['x', 'y', 'z'])
```
建立一個 DataFrame 物件 d1。

```
> d1
     x  y  z
  a  0  1  2
  b  3  4  5
```
d1 的內容，包含 2 個列索引 a 和 b，3 個欄索引 x、y 和 z。

```
> d1.loc['a', 'z']
  np.int64(2)
```
提取列索引為 a，欄索引為 z 的元素。

```
> d1.iloc[1, 2]
  np.int64(5)
```
提取列索引為 1，欄索引為 2 的元素。

```
> d1.loc['a', ['y', 'x']]
  y   1
  x   0
  Name: a, dtype: int64
```
提取列索引為 a，欄索引為 y 和 x 的元素。會回傳一個 Series 物件。

```
> d1.loc[['b', 'a'], ['x', 'z']]       提取列索引為 b 和 a、欄索引為 x 和 z 的元
   x  z                                 素。會回傳一個 DataFrame 物件。
b  3  5
a  0  2

> d1.iloc[:2, 1:]                      提取前 2 列，索引從 1 開始的所有欄位。iloc
   y  z                                 提取元素的方法與 NumPy 類似。會回傳一
a  1  2                                 個 DataFrame 物件。
b  4  5
```

使用 loc 和 iloc 可以讓程式碼更具可讀性，在資料結構比較複雜的情況下，能避免一些不必要的錯誤或混淆。

下面的程式使用 DataFrame 建立茶葉價格表，儲存不同種類茶葉在不同重量下的價格資訊。接著，透過函數根據傳入的茶葉種類與重量，查詢並傳回相對應的價格，方便快速獲取所需資訊。

```
01  # ch12_3.py, 茶葉重量價格查詢
02  import pandas as pd
03  df = pd.DataFrame({                  # 建立 DataFrame
04      '100g': [300, 425, 450],
05      '150g': [400, 612, 824],
06      '200g': [750, 830, 1399]
07  }, index=['Black Tea', 'Green Tea', 'OolongTea'])
08
09  def query_price(tea, weight):
10      price = df.loc[tea, weight]      # 直接從 DataFrame 查詢
11      print(f"{tea}, {weight} 價格是 {price}")
12
13  query_price("Green Tea", "100g")     # 測試查詢
14  query_price("Black Tea", "200g")     # 測試查詢
15  query_price("OolongTea", "150g")     # 測試查詢
```

- 執行結果：
```
Green Tea, 100g 價格是 425
Black Tea, 200g 價格是 750
OolongTea, 150g 價格是 824
```

程式第 3~7 行定義 DataFrame 物件的變數 df，將茶葉種類作為索引（Black Tea、Green Tea、OolongTea），並將不同重量（100g、150g、200g）的價格存入表格中。接著，透過第 9~11 行的 query_price() 函數，使用 df.loc[tea, weight] 傳入的茶葉種類 tea 與重量 weight 查詢對應的價格，並輸出結果。第 13~15 行查詢 Green Tea 100g、Black Tea 200g 和 OolongTea 150g 的價格，結果顯示價格分別為 425、750 和 824。

NumPy 的花式索引（Fancy indexing）可以用索引列表或布林陣列選取多個元素，這技巧也適用在 Pandas，方便我們挑選和調整欄位或列的順序，對資料篩選和操作很實用。

```
> d2 = pd.DataFrame(
    np.arange(8).reshape(2, 4),
    index = ['a', 'b'],
    columns = ['w', 'x', 'y', 'z'])
```
建立一個 DataFrame 物件 d2。

```
> d2[['w', 'y', 'x']]
    w  y  x
 a  0  2  1
 b  4  6  5
```
利用花式索引提取出索引為 w、y 和 x 的欄。

```
> d2.loc[['b'], ['x', 'z']]
    x  z
 b  5  7
```
選擇列索引列 b，並提取欄索引 x 和 z 兩個欄位的元素值。

```
> d2[0:1][['x', 'z']]
    x  z
 a  1  3
```
先提取第一列，再以花式索引提取 x 和 z 的欄。d2[0:1]用的是位置索引，選擇了第一列（即 a）。

由範例可知，花式索引比傳統的逐項選擇更加靈活方便。例如，d2[['w', 'y', 'x']] 不僅能選取特定欄位，還能根據需求自由調整欄位的顯示順序，在資料處理中非常有幫助。

12.3.2 條件篩選元素

利用布林運算,我們可以很容易的提取 Series 或 DataFrame 物件中,符合特定條件的元素,我們來看看下面的範例:

```
> s1 = pd.Series([23, 55, 32])
```
建立一個 Series 物件 s1。

```
> s1[s1 < 40]
  0    23
  2    32
  dtype: int64
```
由於 s1 < 40 的結果是索引為 0 和 2 的元素為 True,因此會提取出索引為 0 和 2 的元素。

DataFrame 具有兩個索引,提取符合特定條件的元素較 Series 來的複雜些。我們可以加上限制條件來提取整欄、整列或是個別的元素。

```
> score = [[37, 65, 54], [38, 87, 77]]
  name = ['Tom', 'Jerry'];
  course = ['Math', 'Eng', 'Bio']
```
設定 score、name 和 course 三個變數,其中 score 代表成績,name 為學生姓名,而 course 為科目名稱。

```
> d1 = pd.DataFrame(score,
      index = name, columns = course)
```
建立一個 DataFrame 物件 d1。

```
> d1
```
物件 d1 的內容。

	Math	Eng	Bio
Tom	37	65	54
Jerry	38	87	77

```
> d1[d1['Bio'] >= 60]
```

	Math	Eng	Bio
Jerry	38	87	77

d1['Bio'] >= 60 中只有 Jerry 是 True,因此這個語法可以提取出值為 True 的列,也就是 Jerry 所有科目的成績。

```
> d1 >= 60
```

	Math	Eng	Bio
Tom	False	True	False
Jerry	False	True	True

查詢 d1 中大於等於 60 的元素,也就是查詢所有學生中有哪些科目及格。

```
> d1.loc['Jerry'] >= 60
  Math     False
  Eng      True
  Bio      True
  Name: Jerry, dtype: bool
```
查詢 Jerry 所修的科目中，大於等於 60 分的科目，顯示英文和生物及格。

```
> d1.columns[d1.loc['Jerry'] >= 60]
  Index(['Eng', 'Bio'],
  dtype='object')
```
提取 Jerry 所修的科目中，及格科目的名稱。

於上例中，d1.loc['Jerry'] >= 60 可判別 Jerry 那一列中，大於等於 60 的元素，可以得到 False、True 和 True，再將它們代入 d1.columns 中，提取到的即是 d1 的欄索引為 1 和 2 的元素，也就是 Eng 和 Bio。這個語法相當於查詢 Jerry 所修的科目中，所有及格的科目名稱。

```
> d1.index[d1['Math'] < 60]
  Index(['Tom', 'Jerry'],
  dtype='object')
```
提取出數學分數不及格的學生名稱。d1.index 可提取出 d1 的列索引。

```
> (d1 >= 60).all(axis = 1)
  Tom      False
  Jerry    False
  dtype: bool
```
沿著欄（也可寫成 axis='columns'）判斷每個學生是否所有科目都及格。若不指定 axis，預設為列（axis=0）。

```
> (d1.Math < 60) | (d1.Bio < 60)
  Tom      True
  Jerry    True
  dtype: bool
```
查詢數學或生物有任一科少於 60 分的學生，結果顯示 Tom 和 Jerry 符合條件。「|」為元素對元素的 or 運算。

下面的程式是在一份動物收容所的資料中，找出體重低於 2 公斤且尚未被領養的動物。這樣的查詢方式，適合用來判斷哪些動物需要優先照顧或推廣認養。

```python
01  # ch12_4.py, 動物資料篩選
02  import pandas as pd
03  data={'Weight': [4.5, 8.0, 1.2, 2.3, 0.3],
04         'Species': ['Cat', 'Dog', 'Rabbit', 'Turtle', 'Bird'],
05         'Adopted': [False, True, False, False, True]}
06
07  names = ['Tom', 'Max', 'Leo', 'Sam', 'Ben']
08  df = pd.DataFrame(data, index=names)     # 建立 DataFrame
09
10  print('動物資料:\n', df)
11  # 篩選體重小於 2 公斤且未被領養的動物
12  result = df[(df['Weight'] < 2) & (df['Adopted'] == False)]
13  print('\n體重小於 2 公斤且未被領養的動物:\n', result)
```

- 執行結果：

```
動物資料:
     Weight Species  Adopted
Tom     4.5     Cat    False
Max     8.0     Dog     True
Leo     1.2  Rabbit    False
Sam     2.3  Turtle    False
Ben     0.3    Bird     True

體重小於 2 公斤且未被領養的動物:
     Weight Species  Adopted
Leo     1.2  Rabbit    False
```

在程式裡，我們先建立一個 DataFrame，裡面記錄了每隻動物的品種、體重，以及是否已經被領養。用動物的名字作為索引，讓資料更有辨識度。接著找出「體重小於 2」而且「尚未被領養（Adopted 為 False）」的資料。篩選完後得到一份新的表格，裡面只包含符合條件的動物，最後將符合條件的動物資料列印出來。 ❖

12.3.3 索引的重排與資料分組

在資料分析中，常需要調整資料的結構或進行分組運算。reindex() 函數可以根據指定的索引，重新排列 Series 或 DataFrame，使資料符合需求的順序。groupby() 則能依照一個或多個欄位將資料分組，並進行彙總、計算或其它操作，讓我們方便分析或是比較資料。

• Pandas 物件的重排與分組函數

函數	說明
x.reindex(alist)	依據 alist 重新排列物件 x 的索引,並傳回重排後的物件
x.groupby(by)	指定欄位 by 進行分組,並傳回一個 GroupBy 物件

在 reindex() 中,如果僅傳入新的索引順序(為一個串列),則會依指定順序重排列索引;如果加入 columns 參數,則能調整欄索引的順序或補齊缺失欄位。

```
> s1=pd.Series([8,1],index=['c','a'])
```
建立 Series 物件 s1。

```
> s1
  c    8
  a    1
  dtype: int64
```
s1 的索引順序是 ['c', 'a']。

```
> s1.reindex(['a', 'b', 'c'])
  a    12.0
  b    NaN
  c    8.0
  dtype: float64
```
利用 reindex() 將 s1 的索引依 a、b 和 c 的順序重排。原本 s1 裡並沒有索引 b,因此它的值被填上 NaN。

```
> d1=pd.DataFrame([[1,2,3], [4,5,6]],
      index = ['a', 'b'],
      columns = ['x', 'y', 'z'])
```
建立 DataFrame 物件 d1。

```
> d1
     x  y  z
  a  1  2  3
  b  4  5  6
```
物件 d1 的內容。

```
> d1.reindex(list('abc'))
       x    y    z
  a   1.0  2.0  3.0
  b   4.0  5.0  6.0
  c   NaN  NaN  NaN
```
將 d1 的列索引重排。list('abc') 會得到 ['a', 'b', 'c'],因此這個式子是將列索引依照 a、b、c 的順序重排。注意,reindex() 只會傳回重排後的結果,d1 的值不會被改變。

12.3 Pandas 的元素操作與運算

12-21

> d1.reindex(columns=['x', 'y', 'w'])　　如果指定 columns 參數，d1 的欄位會
按照指定的順序排列。例如，設定為
```
   x  y   w
a  1  2  NaN
b  4  5  NaN
```
['x', 'y', 'w']，原本的欄位 'z' 會被排除，新欄位 'w' 會自動填上 NaN。

groupby() 是 Pandas 常用的資料處理函數，它可根據指定的欄位將資料分組，方便對每組資料分別進行處理。groupby() 會傳回一個 GroupBy 物件，內含分組的鍵與對應的子資料表，能透過 for 迴圈逐組走訪與處理。

> data={'Group':['A','B','A','B','B'],　　建立字典 data。
   'Value':[10,20,30,40,50],
   'Rate':[85,92,85,85,92]}

> d2 = pd.DataFrame(data); d2　　建立 DataFrame 物件並顯示其內容。

```
   Group  Value  Rate
0    A     10    85
1    B     20    92
2    A     30    85
3    B     40    85
4    B     50    92
```

> gp1 = d2.groupby('Group')　　根據 'Group' 將 d2 進行分組，並將結果儲存在變數 gp1 中。

> for group_key, df in gp1:
  print(f'Key: {group_key}')
  print(df)

gp1 為一個 GroupBy 物件，內含分組的鍵，以及與對應的子資料表。我們可以利用 for 迴圈走訪它們，然後進行後續的處理。

```
Key: A                    ── 分組的鍵
   Group  Value  Rate
0    A     10    85      ┐ 子資料表
2    A     30    85      ┘
Key: B                    ── 分組的鍵
   Group  Value  Rate
1    B     20    92      ┐
3    B     40    85      ├ 子資料表
4    B     50    92      ┘
```

12-22

在上面的範例中，我們只針對一個欄位（Group）進行分組。groupby() 也能依據多個欄位來分組，形成更細的分類組合。例如下面的範例是以 Group 和 Rate 兩個欄位進行分組。

```
> gp2=d2.groupby(['Group', 'Rate'])
```
以 'Group' 和 'Rate' 進行分組，結果儲存在 gp2 中。

```
> for group_key, df in gp2:
      print(f'Key: {group_key}')
      print(df)
 Key: ('A', np.int64(85))
   Group  Value  Rate
 0     A     10    85
 2     A     30    85
 Key: ('B', np.int64(85))
   Group  Value  Rate
 3     B     40    85
 Key: ('B', np.int64(92))
   Group  Value  Rate
 1     B     20    92
 4     B     50    92
```

當以 Group 和 Rate 進行分組時，理論上會形成 4 種組合：('A', 85)、('A', 92)、('B', 85) 與 ('B', 92)。不過由於資料中沒有 ('A', 92) 這個組合，因此實際分組結果只包含 3 組：('A', 85)、('B', 85) 與 ('B', 92)。

在分組結果中，分組鍵中的 Rate 數值會顯示為 np.int64(85)，表示它是 NumPy 的 np.int64 型別。如果只想輸出純數字，可以將其轉換為 Python 內建的 int。以 gp2 為例，可以將迴圈改寫成：

```
for group_key, df in gp2:
    print(f'Key: ({group_key[0]}, {int(group_key[1])})')
    print(df)
```

此時 group_key[0] 對應 Group 欄位的值，group_key[1] 對應 Rate 欄位的值，輸出結果就會顯示為 Key: (A, 85)，而不會出現 np.int64(85)。

下面的範例展示了如何使用 reindex() 和 groupby() 對動物醫療資料進欄索引重排和分組操作。首先，使用 reindex() 重新調整資料的索引順序，然後用 groupby() 根據健康狀況分組，讓我們能夠更方便地處理和分析資料。

```python
# ch12_5.py, 動物醫療資料的索引與分組
import pandas as pd
# 建立動物醫療資料
data={'Species': ['Cat', 'Dog', 'Dog', 'Rabbit', 'Turtle'],
      'Weight': [4.2, 9.1, 7.8, 1.3, 2.4],
      'Health': ['良好', '中等', '良好', '差', '良好']}
index=['小花', '阿毛', '阿呆', '球球', '小龜']
df = pd.DataFrame(data, index=index)

# 重新指定索引順序
new_order = ['阿呆', '小花', '球球', '阿毛', '小龜']
df_reindex = df.reindex(new_order)
print("重新指定索引順序後的資料：")
print(df_reindex)

# 依健康狀況分組
group = df.groupby('Health')
print("\n 依健康狀況分組後的資料：")
for health, group_data in group:
    print(f"健康狀況: {health}")
    print(group_data)
```

- 執行結果：

```
重新指定索引順序後的資料：
     Species  Weight Health
阿呆      Dog     7.8     良好
小花      Cat     4.2     良好
球球   Rabbit     1.3      差
阿毛      Dog     9.1     中等
小龜   Turtle     2.4     良好

依健康狀況分組後的資料：
健康狀況: 中等
    Species  Weight Health
阿毛     Dog     9.1     中等
健康狀況: 差
    Species  Weight Health
球球  Rabbit     1.3      差
健康狀況: 良好
    Species  Weight Health
小花     Cat     4.2     良好
阿呆     Dog     7.8     良好
小龜  Turtle     2.4     良好
```

	Species	Weight	Health
小花	Cat	4.2	良好
阿毛	Dog	9.1	中等
阿呆	Dog	7.8	良好
球球	Rabbit	1.3	差
小龜	Turtle	2.4	良好

建好的資料表 df

這個程式於 4 到 8 行建立一個動物醫療資料的 DataFrame。資料包含五隻動物，分別記錄其物種（Species）、體重（Weight）以及健康狀況（Health），並且透過 index 參數賦予列索引的名稱，例如「小花」、「阿毛」等。

接著，11 到 14 行示範如何使用 reindex() 調整列索引的順序。原始 DataFrame 的索引會依照建立時的順序排列，但有時候我們希望依照自訂的順序來重新組織資料。例如這裡指定新的索引順序 ['阿呆', '小花', '球球', '阿毛', '小龜']，就能生成一個新的 DataFrame，依照這個順序重新排列。

最後，17 到 21 行透過 groupby() 函數，將資料依「健康狀況」欄位進行分組。這樣可以將健康狀況相同的動物歸類在一起，方便逐組檢視或進一步分析。程式使用 for 迴圈來走訪每一組，輸出該健康狀況以及對應的子資料表。這種做法可以快速觀察不同健康狀況的物種或體重，或是針對每組資料進行統計比較。

12.3.4 刪除與插入列或欄

Pandas 提供了多種函數來操作 Series 和 DataFrame 物件，讓我們能夠選取、移除或調整特定的資料，並將不同的 Series 或 DataFrame 結合在一起，進行資料清理、轉換或合併等操作。

· Pandas 的刪除與插入物件函數

函數	說明
x.drop(labels)	刪除物件 x 索引為 labels 的元素
d.insert(loc, col, val)	在 DataFrame 的 loc 位置插入新欄位 col，其值為 val
pd.concat(s1, s2)	將 s2 附加在 s1 之後（預設沿 axis = 0 垂直合併）

以下範例展示了如何使用 Pandas 的 drop() 函數刪除資料，並展示如何使用 concat() 函數將多個資料合併在一起。

```
> s1 = pd.Series([2, 4, 6])              建立 Series 物件 s1。
```

```
> s1.drop([1, 0])
  2    6
  dtype: int64
```
刪除 s1 中索引為 1 和 0 的元素，並回傳一個新的物件，原本的 s1 不會被修改。

```
> pd.concat([s1, pd.Series([7, 9])])
  0    2
  1    4
  2    6
  0    7
  1    9
  dtype: int64
```
將 s1 和 pd.Series([7, 9]) 串接起來建立新物件。由於沒有指定索引，因此會自動從 0 開始編號，造成索引重複。concat() 會建立新物件，不會改變原本的 s1。

```
> pd.concat([s1, pd.Series([7, 9])],
            ignore_index = True)
  0    2
  1    4
  2    6
  3    7
  4    9
  dtype: int64
```
設定 ignore_index=True 時，會忽略原來的索引，並使用新的流水號來重新編排索引，因此新的 Series 會繼續從原始 s1 的索引順序編排。

在資料前處理過程中，刪除與合併操作相當常見。舉例來說，當處理缺失值或不必要的資料時，可能會刪除不需要的欄位；而在資料合併時，處理索引重複則會是常見的挑戰。此時，drop() 和 concat() 的使用便變得至關重要，尤其是 concat() 中的 ignore_index=True 參數，能夠有效避免索引重複問題。

```
> d1=pd.DataFrame([[1,2,3], [4,5,6]])
```
建立一個 DataFrame 物件 d1。

```
> d1.drop([0, 1], axis = 1)
     2
  0  3
  1  6
```
指定 axis=1 表示刪除欄（欄索引為 0 和 1），也可以用 axis='columns' 表示同樣意思。

> d1

	0	1	2
0	1	2	3
1	4	5	6

drop() 會建立新的物件傳回刪除後的結果，d1 的內容不會被改變。

> pd.concat([d1,
      pd.DataFrame([[9, 9, 9]])])

	0	1	2
0	1	2	3
1	4	5	6
0	9	9	9

concat() 可將 d1 和另一個 DataFrame 串接後建立新的物件。預設的列索引會重新編號。如果設定 ignore_index=True，則會延續原本的列索引編號。

> d1.drop([0,1], axis=1, inplace=True)

設定 inplace=True 時，會直接修改 d1，且不會回傳結果。

> d1

	2
0	3
1	6

查詢 d1 的值。從輸出可以看到索引為 0 和 1 的欄已經被刪除。

在 Pandas 中，索引允許重複，但這可能會影響數據操作。例如，使用 loc[] 時會傳回所有符合的資料，而使用 drop() 刪除資料時，會移除所有相同索引的項目。因此，在處理資料時，應該確認是否需要重複索引設計，以免引發不必要的錯誤或混淆。concat() 可以串接 DataFrame 建立新物件，如果要將資料插入到特定序號欄位，可以使用 insert()：

> d2 = pd.DataFrame([[1, 2], [3, 4]],
      index = ['a', 'b'],
      columns = ['x', 'y'])

建立一個 DataFrame 物件 d2。

> d2

	x	y
a	1	2
b	3	4

物件 d2 的內容。

12.3 Pandas 的元素操作與運算

12-27

> d2.insert(1, 'v', [9, 8])　　　　　　在 d2 中，將欄索引為 'v' 的欄位添加資料 9 和 8。d2 的內容會被修改。

> d2　　　　　　　　　　　　　　　　查詢 d2，可看到多了一欄 'v'，其值為 9 和 8。

```
   x  v  y
a  1  9  2
b  3  8  4
```

使用 insert() 插入欄位時，需注意指定插入位置不能與現有的欄位位置重複，欄位名稱也不能重複，同時插入資料的長度必須與 DataFrame 的列數一致。此操作會直接修改原始的 DataFrame，如果不希望改變原始資料，記得要先進行複製。

下面的程式裡建立了一個包含兩隻寵物基本資訊的資料表。我們透過 drop() 和 insert() 函數進行欄位管理，包括刪除不需要的欄位（Health 欄），以及插入新的欄位（Age 欄）。

```
01  # ch12_6.py，刪除與插入列或欄
02  import pandas as pd
03  data={'Species': ['Cat', 'Dog'],          # 建立資料表
04        'Weight': [4.2, 9.1],
05        'Health': ['Good', 'Poor']}
06  index = ['CoCo', 'Toby']
07  df=pd.DataFrame(data, index=index)
08  print(f"原始資料：")
09  print(df)
10
11  df.drop(columns='Health', inplace=True)    # 刪除 健康 欄
12  print("\n 刪除 Health 欄後：")
13  print(df)
14
15  df.insert(1, 'Age', [3, 5])                # 插入新的欄位 年齡
16  print("\n 插入 Age 欄後：")
17  print(df)
```

- 執行結果：
```
原始資料：
     Species  Weight  Health
CoCo    Cat      4.2    Good
Toby    Dog      9.1    Poor

刪除 Health 欄後：
     Species  Weight
CoCo    Cat      4.2
Toby    Dog      9.1

插入 Age 欄後：
     Species  Age  Weight
CoCo    Cat    3     4.2
Toby    Dog    5     9.1
```

程式第 3~6 行建立了一個包含兩隻寵物基本資料的資料表，其中有 Species（品種）、Weight（體重）和 Health（健康）三個欄位。接著於第 11 行透過 drop() 函數，刪除 Health 欄，這樣只保留了 Species 和 Weight 欄位。接下來，於第 15 行使用 insert() 函數在 Weight 欄的前面插入一個新的欄位 Age，並為每隻寵物設定了年齡。

12.3.5 常用的四則運算函數

兩個 Series 或 DataFrame 物件之間可以進行四則運算，我們也可以把這些物件做為 NumPy 函數的參數，對物件裡的元素進行特定的計算。

· Pandas 物件的四則運算函數 （$x1$ 和 $x2$ 可以是 Series 或 DataFrame 物件）

函數	說明
$x1$.add($x2$)	將 $x1$ 物件與 $x2$ 物件相加，同 $x1 + x2$
$x1$.sub($x2$)	將 $x1$ 物件與 $x2$ 物件相減，同 $x1 - x2$
$x1$.mul($x2$)	將 $x1$ 物件與 $x2$ 物件相乘，同 $x1 * x2$
$x1$.div($x2$)	將 $x1$ 物件與 $x2$ 物件相除，同 $x1 / x2$

在上表中，像 d1.add(d2)、d1.sub(d2) 等函數均有相對應的運算子（如 +、-），但這些函數通常提供額外選項，例如 fill_value 可用來處理缺失值；而運算子則無法指定這些行為，因此在處理資料時，使用函數能提供更大的彈性。

```
> s1 = pd.Series([2, 9, 1],
      index = ['a', 'c', 'd'])
```
定義 s1 為一個 Series 物件。

```
> s2=pd.Series([3,2], index=['a','d'])
```
定義另一個 Series 物件 s2。

```
> s1.add(s2)
  a    5.0
  c    NaN
  d    3.0
  dtype: float64
```
add() 可將 s1 和 s2 相加。共有的索引（如 a 和 d）會相加，其他無法對應的索引（如 c）結果為 NaN。與 s1+s2 效果相同。

```
> s1.add(s2, fill_value = 0)
  a    5.0
  c    9.0
  d    3.0
  dtype: float64
```
add() 比加法運算子多了選項可用，像是 fill_value=0 可先將缺失值補成 0 再相加，因此索引 c 的結果為 9。

```
> s1.sub(s2, fill_value=0)
  a   -1.0
  c    9.0
  d   -1.0
  dtype: float64
```
sub() 是 subtract（減法）的縮寫，用來計算兩個 Series 的差值。這裡使用 fill_value=0 讓缺失值以 0 代替，避免出現 NaN。

```
> s1.mul(s2, fill_value=1)
  a    6.0
  c    9.0
  d    2.0
  dtype: float64
```
mul() 是 multiply（乘法）的縮寫，會逐一將對應索引的元素相乘。如果有缺失值，設定 fill_value=1 就能維持正確乘積，因為任何數乘 1 不會改變原值。

```
> s1.div(s2, fill_value=1)
  a    0.666667
  c    9.000000
  d    0.500000
  dtype: float64
```
div() 是 divide（除法）的縮寫，用來進行除法運算。設定 fill_value=1 可確保分母或分子缺失時不會產生 NaN，而能得到可用的結果。

注意在上面的運算中，當兩個 Series 進行運算時，如果索引無法完全對齊，就會產生缺失值 NaN。由於 NaN 屬於浮點數型別，Pandas 會將整個運算結果轉換為 float，以確保能同時容納整數與 NaN。即使原始資料是整數，結果中也會因 NaN 的存在而顯示為浮點數，這是 Pandas 的自動型別轉換所致。

12-30

在 Pandas 中,可以對 Series 物件運算的函數也可以作用在 DataFrame 物件,只不過 DataFrame 有兩個軸,有時候我們必須指定是對哪一個軸進行操作。

```
> d1 = pd.DataFrame([[2, 3], [4, 5]],      定義 DataFrame 物件 d1。
      columns = ['a', 'b'],
      index = ['x', 'y'])
```

```
> d1                                        這是 d1 的內容。
     a  b
  x  2  3
  y  4  5
```

```
> d2 = pd.DataFrame([[6,7,8],[9,0,1]],     定義 DataFrame 物件 d2。
      columns = ['a', 'b', 'c'],
      index =['x', 'y'])
```

```
> d2                                        這是 d2 的內容。
     a  b  c
  x  6  7  8
  y  9  0  1
```

```
> d1.add(d2, fill_value = 0)                利用 add() 將 d1 和 d2 相加。d1 沒有
     a   b    c                              c 這一欄,但因設定了 fill_value=0,
  x  8  10  8.0                              所以 d1 的 c 這一欄會以 0 取代,然後
  y  13  5  1.0                              再相加,如此可避免出現缺失值。
```

除了 Pandas 自帶的函數外,NumPy 的函數如 np.mean() 和 np.sum() 等同樣可以對 DataFrame 進行平均或加總。透過 axis 參數就能沿著列或欄進行計算果,非常方便。

```
> np.mean(d2, axis = 0)                     沿軸 0(垂直方向)計算平均,若不
  a    7.5                                   指定 axis=0,則計算所有元素平均。
  b    3.5                                   注意計算結果為 Series 物件,索引為
  c    4.5                                   a、b 和 c。
  dtype: float64
```

```
> np.sum(d2, axis = 1)                      沿軸 1(水平方向)對 d2 加總。注意
  x    21                                    其結果為 Series 物件,索引為 x 和 y。
  y    10
  dtype: int64
```

12-31

在成績計算中，常需依科目重要性設定權重。以下範例透過 Pandas 的 mul() 搭配 NumPy 的 sum()，計算三個學生的加權總分並輸出成績表。

```python
01  # ch12_7.py, 計算各科成績的加權後分數與總分
02  import pandas as pd
03  import numpy as np
04  data = {'Math':[98, 96, 39],     # 建立成績資料表
05          'Biology':[78, 89, 45],
06          'English':[87, 98, 66]}
07  d0 = pd.DataFrame(data, index=['Tom', 'Leo', 'Ava'])
08  print("學生各科原始成績：")
09  print(d0)
10
11  # 設定三科權重：數學 0.4、生物 0.3、英文 0.3
12  weights = pd.Series([0.4, 0.3, 0.3], index=d0.columns)  # 權重
13  d0 = d0.mul(weights, axis=1)        # 把各科欄位更新為加權後的分數
14  d0['Total'] = np.sum(d0,axis=1) # 計算加權總分，並存放至 Total 欄位
15  print("加權後的成績表：")
16  print(d0)
```

- 執行結果：

```
學生各科原始成績：
     Math  Biology  English
Tom    98       78       87
Leo    96       89       98
Ava    39       45       66
加權後的成績表：
     Math  Biology  English  Total
Tom  39.2     23.4     26.1   88.7
Leo  38.4     26.7     29.4   94.5
Ava  15.6     13.5     19.8   48.9
```

程式 4 到 7 行建立一個 DataFrame d0，並指定列索引為學生姓名。第 12 行建立一個 Series 物件 weights，內含三個權重 [0.4, 0.3, 0.3]，並將其索引設為 d0 的欄位名稱，如此每個科目就能與對應的權重正確配對。接著第 13 行使用 d0.mul() 沿水平方向 (axis=1) 將 d0 每一欄的數值均乘上對應的權重，並設回給 d0 存放。計算完加權成績後，第 14 行再透過 Numpy 的 sum() 函數將 d0 沿水平方向加總，得到每位學生的加權總分，最後將結果存入 d0 的 Total 欄位。這種作法結合了 Pandas 的靈活性與 NumPy 的計算效率，能簡潔地完成加權運算。

12.4 排序與統計函數

與 NumPy 一樣，Pandas 也內建了一些排序和統計相關的函數，方便我們利用 Series 或 DataFrame 物件直接呼叫。我們分兩個小節來介紹它們。

12.4.1 排序函數

Series 提供了 sort_index() 和 sort_values() 兩個函數，分別可依照索引或數值進行排序。而在 DataFrame 中，還可以指定某一欄的數值來對整個資料列進行排序。

· 與排序相關的函數 （x 可以是 Series 或 DataFrame 物件）

函數	說明
x.sort_index()	將 x 依索引的編碼大小排序
x.sort_values()	將 x 的值由小到大排序。設定 ascending=False 則由大到小排序

上表所列的函數中，若資料包含有缺失值，預設情況下這些缺失值會被排序在最後面（na_position='last'）。若希望將缺失值排在前面，可透過參數 na_position='first' 進行設定。下列範例為無缺失值的情況；關於含有缺失值的情形，讀者可自行嘗試觀察排序結果的差異。

```
> d1 = pd.DataFrame(
    [[40, 60, 50], [50, 70, 62]],
    columns = ['S', 'L', 'M'],
    index = ['tea', 'coffee'])
```
這是一個 DataFrame 物件 d1。

```
> d1
        S   L   M
tea    40  60  50
coffee 50  70  62
```
物件 d1 的內容，它的索引為 tea 和 coffee，欄索引為 S、L 和 M。

```
> d1.sort_index()
         S   L   M
coffee  50  70  62
tea     40  60  50
```
將 d1 的索引依字元的編碼排序,因此 coffee 會被排在 tea 前面。

```
> d1.sort_values(by='L',ascending=False)
         S   L   M
coffee  50  70  62
tea     40  60  50
```
根據欄索引 L 的值由大到小排序,coffee 會排在 tea 上面。

```
> d1.sort_values(by='coffee', axis=1)
         S   M   L
tea     40  50  60
coffee  50  62  70
```
根據索引為 coffee 的值排序,欄索引會排成 S、M、L。

12.4.2 統計函數

Pandas 提供多種統計函數,讓我們能夠進行常見的統計運算,如計算元素的個數、總和、平均值、標準差等,以下列舉一些常用的統計函數,若需要更詳細的資訊,可參考 Pandas 官方網站。

・與統計相關的函數（x 可以是 Series 或 DataFrame 物件）

函數	說明
x.count()	計算行或列之元素的個數
x.describe()	顯示 x 的一些常用的統計性質
x.sum()	計算 x 之元素的加總
x.mean()	計算 x 之元素的平均
x.median()	計算 x 之元素的中位數
x.std()	計算 x 之元素的標準差
x.var()	計算 x 之元素的變異數

這些統計函數可以應用在 Series 與 DataFrame 物件，幫助我們快速掌握資料的特性。下面的範例以 DataFrame 為例，示範如何使用 describe()、sum() 和 mean() 等函數進行分析處理。

```
> d1 = pd.DataFrame(
      [[3, 5, 7], [8, 9, 12]],
      index = ['x', 'y'],
      columns = ['a', 'b', 'c'])
```
這是一個 DataFrame 物件 d1。

```
> d1
```
這是 d1 的內容。

	a	b	c
x	3	5	7
y	8	9	12

```
> d1.describe()
```

	a	b	c
count	2.000000	2.000000	2.000000
mean	5.500000	7.000000	9.500000
std	3.535534	2.828427	3.535534
min	3.000000	5.000000	7.000000
25%	4.250000	6.000000	8.250000
50%	5.500000	7.000000	9.500000
75%	6.750000	8.000000	10.750000
max	8.000000	9.000000	12.000000

describe() 函數顯示常見統計數據，如個數、平均值、標準差、最小值、最大值和百分位數等。預設計算每一欄的統計數據，若加上 axis=1，則計算每一列的統計數據。

```
> d1.sum(axis = 1)
x    15
y    29
dtype: int64
```
sum() 可以計算每一欄的加總。

```
> d1.mean().mean()
  np.float64(7.333333333333333)
```
求出全部元素的平均值。如果要計算每一欄的平均值，可用 d1.mean()。

當我們使用這些統計函數時，可以快速掌握資料的整體狀況，例如資料的分布、集中趨勢和變異情況，對資料分析和後續處理非常有幫助。尤其在面對大量資料時，

這些函數能節省很多時間，避免手動計算的繁瑣與錯誤。此外，瞭解如何處理缺失值（NaN）也是分析過程中的重要一環，Pandas 預設會自動忽略缺失值，使結果更符合實際情況，但在某些情境下，我們也可以選擇包含缺失值進行計算，以符合特殊需求。上面的範例是在 DataFrame 沒有缺失值的情況下進行的。下面的範例說明資料中有缺失值的情況：

```
> d2 = pd.DataFrame(
      [[3, 5, None], [8, 6, 3]],
      index = ['x', 'y'],
      columns = ['a', 'b', 'c'])
```
這是 DataFrame 物件 d2，包含一個缺失值（None 或 np.nan）。

```
> d2
    a  b   c
x   3  5  NaN
y   8  6  3.0
```
這是 d2 的內容，列索引為 0、欄索引為 2 的元素顯示 NaN，表示它是缺失值。

```
> d2.count(axis = 1)
x    2
y    3
dtype: int64
```
計算每列的元素個數，索引為 x 的列有兩個元素，索引為 y 的列有三個元素。

```
> d2.sum(skipna=False, axis=1)
x     NaN
y    17.0
dtype: float64
```
使用 sum() 時，預設會忽略缺失值（視為 0 加總）。如果設置 skipna=False，則當資料中有缺失值時，結果會顯示為 NaN，表示該列或欄有缺失值。

值得注意的是，在使用 Pandas 進行統計運算時，許多函數會自動忽略缺失值（NaN），但可通過設置 skipna=False 將缺失值含括進來。此外，使用 axis 參數可以選擇運算的方向，預設為沿著列（axis=0），若需要沿著行計算則要設定 axis=1。另外，describe() 函數會計算數值欄位的統計數據，並忽略非數值的資料。

下面這個範例將某年度市面上四個汽車品牌的年銷售資料建立成 DataFrame，並計算每個品牌的平均月銷量及市佔率百分比，藉此觀察各品牌在市場上的表現。

```python
01  # ch12_8.py, 統計不同品牌汽車的月銷售資料
02  import pandas as pd
03  data = {
04      'Toyota': 97077,
05      'Honda': 23692,
06      'Nissan': 17397,
07      'Mitsubishi': 13932}
08  df = pd.DataFrame(data, index=['Total']).T
09
10  df['Avg_Month'] = df['Total'] // 12        # 計算平均月銷量
11  total_sales = df['Total'].sum()             # 計算所有車子總銷量
12
13  # 計算佔有率
14  df['Share%'] = ((df['Total'] / total_sales) * 100).round(2)
15  print(df)
```

- 執行結果：

```
            Total  Avg_Month  Share%
Toyota      97077       8089   63.83
Honda       23692       1974   15.58
Nissan      17397       1449   11.44
Mitsubishi  13932       1161    9.16
```

程式第 3~7 行建立一個字典，包含四個汽車品牌的年銷售數字。第 8 行透過 .T 轉置，將品牌設為列索引，建立 DataFrame 物件。第 10 行計算每個品牌的平均月銷量（以整數表示），第 11 行加總所有品牌的年銷售總量。第 14 行利用總銷量計算每個品牌的市佔率百分比，最後印出結果。

當我們在處理大量資料時，善用統計函數能大大提升分析的效率和準確度。像是 describe() 函數可以快速掌握資料的分布情形，而 mean()、sum() 等函數則適合用來觀察整體趨勢或進行簡單的指標計算。透過 axis 參數可以設定計算方向，skipna 參數則可以控制是否要忽略缺失值，讓分析結果更貼近實際。這些統計工具不只適用於數值資料，也能搭配其他 Pandas 功能，成為資料分析時不可或缺的利器。

12.5 Pandas 的繪圖

Pandas 提供了多種繪圖函數，可以直接從資料繪製圖表，無需將 Pandas 的資料轉成 NumPy 陣列，再利用 Matplotlib 函數庫繪圖。不過 Pandas 的繪圖已經超出本書的範例，本節將簡單介紹基本語法，有需要的讀者請參考專門介紹 Pandas 繪圖的書籍。

```
> s1 = pd.Series([55, 30, 45],
    index = ['coffee', 'tea', 'juice'])
```
這是一個 Series 物件，它有三筆資料，索引為 coffee、tea 和 juice。

```
> s1.plot(kind = 'pie',
    autopct = '%1.1f%%',
    title = 'Sales',
    label = 'June')
```
利用 s1.plot() 繪製圓餅圖，其中 kind = 'pie' 設定圖型為圓餅圖，autopct = '%1.1f%%' 會顯示每個扇形的百分比並保留一位小數，title = 'Sales' 設定圖表標題為 'Sales'，而 label = 'June' 則在圖的左側標註 "June"。

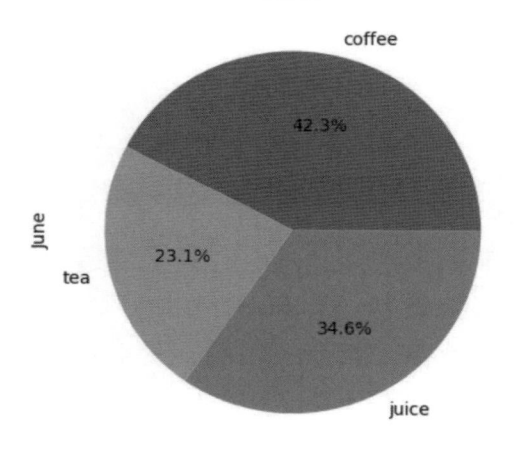

```
> d1 = pd.DataFrame(
    [[50, 60, 80], [45, 70, 85]],
    columns = ['S', 'M', 'L'],
    index = ['red', 'green'])
```
建立一個 DataFrame 物件 d1。

```
> d1
```
這是物件 d1 的內容。

	S	M	L
red	50	60	80
green	45	70	85

12-38

```
> d1.plot(kind = 'bar',
    xlabel = 'Color', ylabel = 'Price')
```

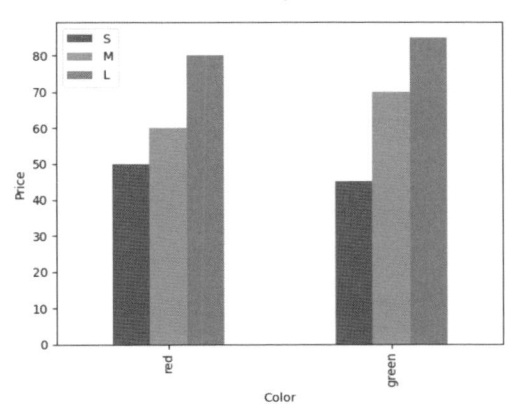

利用 d1.plot() 繪製長條圖，設定 kind = 'bar' 表示繪製長條圖。x 和 y 軸的標題分別設定為 'Color' 和 'Price'。繪圖時，資料會根據每一列顯示，且將列索引顯示在 x 軸上，欄索引以圖例呈現。

12.6 存取 CSV 檔與 Pickle 檔

Pandas 可以讀取已經存在的檔案資料，也可以把 Series 或 DataFrame 寫入檔案儲存。我們以最常用的 CSV 檔和 Pickle 檔來做說明，這兩種檔案格式在第八章介紹檔案存取時已經接觸過它們了。

・存取 CSV 檔與 Pickle 檔相關的函數 （x 可以是 Series 或 DataFrame 物件）

函數	說明
x.to_csv(fname)	將 x 以 CSV 的檔案格式存儲到 fname 中
read_csv(fname)	從 fname 讀取 CSV 檔案
x.to_pickle(fname)	將 x 以二進位檔的格式寫入檔案 fname 中
read_pickle(fname)	從 fname 中讀取二進位檔

在 Jupyter Notebook 中，!more 是透過驚嘆號 ! 執行系統指令，其中 more 是用來顯示文字檔案內容的指令。下面的範例練習將 DataFrame 物件儲存成 CSV 檔案，接著用 !more 查看檔案，以確認資料是否正確儲存。

```
> d1 = pd.DataFrame(
    [[50, 60, 80], [45, 70, 85]],
    columns = ['S', 'M', 'L'],
    index = ['red', 'green'])
```
建立一個 DataFrame 物件 d1。

```
> d1
```
	S	M	L
red	50	60	80
green	45	70	85

這是物件 d1 顯示成資料表的樣子。

```
> d1.to_csv('price.csv')
```
利用 to_csv() 將 d1 以 CSV 的格式寫入 price.csv 檔案中。

```
> !more price.csv
,S,M,L
red,50,60,80
green,45,70,85
```
讀取 price.csv 的內容時，原本 DataFrame 的「列索引」像是 red 和 green，會被儲存在檔案最左邊的一欄。這欄雖然沒有欄位名稱，但實際上就是原本的列索引資訊。

```
> pd.read_csv('price.csv', index_col=0)
```
	S	M	L
red	50	60	80
green	45	70	85

read_csv() 會將 price.csv 中第 0 欄（最左邊的欄位）作為列索引讀取，這樣可以正確還原原本包含列索引的 CSV 資料。

```
> d1.to_csv('price2.csv', header=None)
```
設定 header=None，欄索引不會被寫入 CSV 檔中，只會寫入資料部分。

```
> !more price2.csv
red,50,60,80
green,45,70,85
```
在 price2.csv 中，欄索引未被寫入檔案（header=None）。列索引會被寫入，這是因為 to_csv() 預設會將列索引寫入檔案。如果不希望列索引被寫入，可以設定 index=False。

```
> pd.read_csv('price2.csv',header=None,
    names=['Color','S','M','L'])
```
	1	2	3
0	50	60	80
1	45	70	85

在讀取 price2.csv 時，由於檔案中沒有欄位名稱，所以需要設定 header=None。另外，'Color' 是用來對應原本的列索引欄，也就是第一欄的顏色資料。

12-40

如果我們把 price.csv 的內容看成是一個 3 列 4 欄的資料表（每一欄由逗號隔開），那就比較好解釋在讀取它時，read_csv() 所使用的參數。於上面的輸出中，可以看到 price.csv 索引為 0 的列一開頭是一個逗號，這是因為寫入的 DataFrame 物件 d1 僅帶有 3 個欄索引（S, M, L），但列索引寫入 price.csv 後也會佔了一欄，因此共有 4 欄，所以將 d1 寫入檔案時，會在 price.csv 索引為 0 的列開頭加上一個逗號。

請到存放 CSV 檔的資料夾中，使用 EXCEL 開啟 price.csv 與 price2.csv。可以發現，在 price.csv 中，第一欄是原本的列索引資料（red、green），而且欄位名稱（S、M、L）也有被寫入；而在 price2.csv 中設定了 header=None，所以欄位名稱沒有被寫入，檔案中只留下資料與列索引。這樣可以更清楚的看到兩種儲存設定在檔案格式上的差異。

用 EXCEL 開啟 price.csv

用 EXCEL 開啟 price2.csv

Pickle 檔案是一種二進位格式，可以將 Python 物件（如 DataFrame）儲存到檔案中，並且可以完整保留物件的結構和內容。這對於儲存和讀取複雜的資料結構非常有用。下面的範例是使用 to_pickle() 和 read_pickle() 來儲存和讀取 Pickle 檔案。

> d1.to_pickle('price3')　　　　　to_pickle() 可將 d1 寫入 pickle 檔。

> d2 = pd.read_pickle('price3')　　read_pickle() 可以讀取 pickle 檔，並將讀取的結果存入變數 d2。

> d2　　　　　　　　　　　　　　查詢 d2 的內容，會發現它與原來寫入的 d1 內容完全相同。

```
       S   M   L
red   50  60  80
green 45  70  85
```

12-41

```
> d2.eq(d1)
```

	S	M	L
red	True	True	True
green	True	True	True

使用 eq() 比較 d1 和 d2，結果顯示所有位置都為 True，表示它們的值相同。

```
> d2.eq(d1).all(axis = None)
  np.True_
```

在 all() 中設定 axis = None 代表不指定軸，會檢查所有列和欄。因為 d2.eq(d1) 中每個元素都是 True，所以結果為 True。

CSV 檔是純文字格式，方便資料交換與檢視，但不會保留資料型態，適合儲存簡單資料。Pickle 則是 Python 專用的二進位格式，能完整保留資料型態，適合儲存複雜資料。處理資料時，可根據需求選擇合適的格式來儲存。

第十二章 習題

12.1 一維的 Series

1. 【Series 建立與基本操作】設 lst=[95, 77, 98, 65]，試以 lst 建立一個 Series 物件 s，然後依序完成下列各題：

    (a) 試查詢 s 的型別、形狀和元素的個數。

    (b) 提取 s 中，索引為 0 和 2 的元素。

    (c) 提取 s 中，除了第一個元素以外的所有元素。

    (d) 將 s 的索引從流水編號改為字元 a, b, c 和 d。

    (e) 提取 s 中，奇數的元素。

    (f) 將 s 裡的偶數設為 100。

2. 【Series 建立與缺失值處理】設字典 d0 的鍵分別為 'Apple'、'Orange' 和 'Pineapple'，值分別為 25, 36, 62，其中鍵代表品項，值代表價錢。試以 d0 建立一個 Series 物件 s，然後依序完成下列各題：

    (a) 提取價格大於 50 的品項。

    (b) 計算 s 中，Apple 和 Orange 價錢的總和。

(c) 試由字典 d0 建立一個 Series 物件 s2,並指定索引為 'Orange'、'Kiwi' 和 'Apple'。

(d) 試找出 s2 中,值有缺失的品項,並將它們的值設為 30,然後設定給 s3 存放。

(e) 將 s3 中的缺失值捨棄。

(f) 試計算 s3 與 s 的加總。有哪些品項的值為 NaN?為什麼會得到 NaN 這個結果?

12.2 二維的 DataFrame

3. 【DataFrame 建立與資料選取】設 arr=[[78, 34, 29, 76], [12, 40, 12, 90], [33, 10, 65, 20]],試依序作答下列問題:

   (a) 以 arr 建立一個 DataFrame 物件 d。
   (b) 顯示 d 的後兩筆資料。
   (c) 設定 d 的列索引為 a, b 和 c,欄索引為 w, x, y 和 z。
   (d) 提取 d 的前 3 個欄索引(即 w, x 和 z),並將它們轉換為串列。
   (e) 提取列索引為 b,欄索引為 y 的元素。
   (f) 提取列索引為 c,欄索引為 w 的元素。
   (g) 提取列索引為 a,欄索引為 z 的元素。

4. 【動物資料處理與索引操作】設 data = {'Name': ['Tom', 'Jerry', 'Mickey'], 'Age': [3, 5, 2], 'Weight': [4.2, 8.0, 5.5], 'Species': ['Cat', 'Mouse', 'Mouse']},依序完成下列各題:

   (a) 以 data 建立一個 DataFrame 物件 d。
   (b) 顯示 d 的前兩筆資料。
   (c) 設定 d 的列索引為 ['a', 'b', 'c'],欄索引為 ['Name', 'Age', 'Weight', 'Species']。
   (d) 提取 d 的欄索引為 ['Name', 'Age'] 的部分資料,並將它們轉換為串列。
       提取列索引為 b,欄索引為 Weight 的元素。

12.3 Pandas 的元素操作與運算

5. 【Series 索引與運算練習】設 s=pd.Series([77, 34, 78, 20, 12, 35]),依序作答下列各題:

   (a) 提取 s 中,索引為 0、2 和 3 的元素。
   (b) 提取 s 的後 3 個元素。
   (c) 提取 s 中,大於 60 的元素。

12-43

(d) 提取 s 中的偶數,並將它們平均。

(e) 計算 $s + s^2$、$s * s^2$ 和 $s^2/(2*s)$

6. 【DataFrame 的建立】設 d0={'Java': [87, 65, 26, 89, 67], 'C++': [63, 98, 66, 89, 80], 'Python': [78, 25, 76, 43, 69]},試依序作答下列各題:

   (a) 試以字典 d0 建立一個 DataFrame 物件 df。

   (b) 以字串串列 ['Tom', 'Bob', 'Tim', 'Wien', 'Lily'] 做為 df 的列索引。

   完成 (a) 與 (b) 之後,資料表裡 df 已經有 5 個人的 Java、C++ 和 Python 成績了。

7. 【DataFrame 欄列選取與平均計算】接續習題 6 建立的 DataFrame 物件 df,試依序作答下列各題:

   (a) 提取 Tim 和 Wien 的所有成績。

   (b) 提取所有學生的 Python 成績。

   (c) 提取 Lily 的 Python 成績。

   (d) 提取 Tom 的 Python 和 C++ 的成績。

   (e) 提取所有學生的 Python 和 Java 成績。

   (f) 計算每個學生的平均成績。

   (g) 計算每個科目的平均成績。

8. 【DataFrame 條件篩選與資料過濾】接續習題 6 建立的 DataFrame 物件 df,試依序作答下列各題:

   (a) 列出 Python 大於等於 60 分的學生。

   (b) 列出所有科目都大於等於 60 分的學生。

   (c) 列出 Python 小於 60 分之同學所有科目的成績。

   (d) 列出 Tim 所有大於等於 60 分的科目。

   (e) 列出所有學生都及格的科目。

9. 【DataFrame 資料重組與轉換應用】接續習題 6 建立的 DataFrame 物件 df,試依序作答下列各題:

   (a) 將 df 的欄索引順序改為 Python、Java 和 C++,並把結果設給 df2 存放。

   (b) 將 df2 的列索引按學生名字之英文字母的次序排序,並把結果設給 df3 存放。

(c) 使用 copy() 函數將 df3 拷貝一份給 df4。再於 df4 中，將 Wien 的 Python 成績設為 60。

(d) 將 df3 拷貝一份給 df5。於 df5 中，將每位同學的成績加 10 分，超過 99 分以 99 分計。

(e) 將 df3 拷貝一份給 df6。於 df6 中，將每位同學的成績開根號乘以 10 之後捨入到整數，然後列出每個科目少於 60 分的學生。

12.4 排序與統計函數

10. 【Series 排序練習】設 s = pd.Series([34, 35, 12, 88, 99, 16], index = list('abcdef'))，試依序作答下列各題：

    (a) 試將 s 由大到小排序。
    (b) 試將 s 依其索引從 f 到 a 來排序。

11. 【DataFrame 排序練習】設 d = pd.DataFrame([[4, 5, 3], [3, 9, 1]], columns = ['M', 'L', 'XL'], index = ['a', 'b'])，試依序作答下列各題：

    (a) 將索引為 a 之列的元素值由大到小排序，然後依以此結果排序 d 的每一欄。
    (b) 將 d 以欄索引的字元編碼順序來排序（編碼小的排在前面）。
    (c) 將 d 的列索引依字元編碼的順序反向排序（編碼大的排在前面）。

12. 【DataFrame 排序練習】設 d = pd.DataFrame([[40, 50, 36], [12, 19, 21]], columns = ['a', 'b', 'c'])，試依序作答下列各題：

    (a) 分別計算 d 的每一列和每一欄的平均值。
    (b) 計算 d 中，所有元素的加總。
    (c) 計算 d 每一欄之元素的標準差。

12.5 Pandas 的繪圖函數

13. 【繪製圓餅圖】設 s = pd.Series([28, 88, 12, 76, 89], index = list('abcde'))，試利用 Series 物件 s 呼叫 plot() 來繪出圓餅圖，圖形的標題為 'PIE chart'，在圓餅圖的每一個份額標上百分比到小數點以下一位。

14. 【繪製長條圖】試將上題改以長條圖來繪製，圖形的標題為 'Bar chart'。

12.6 存取 CSV 檔與 Pickle 檔

15. 【Series 輸出與讀取檔案練習】設 s = pd.Series([34, 76, 33, 78], index = list("'abcd'"))，試依序作答下列各題：

    (a) 試將 s 寫入一個 CSV 檔，檔名為 ex12_15.csv。寫入後讀取 ex12_15.csv 的內容。

    (b) 試將 s 寫入一個 Pickle 檔，檔名為 ex12_15.pck。寫入之後，試讀取 ex12_15.pck 的內容。

16. 【DataFrame 輸出與讀取檔案練習】設 d = pd.DataFrame([[4, 5, 3, 2], [3, 9, 1, 8]], columns = ['S', 'M', 'L', 'XL'], index = ['a', 'b'])，試依序作答下列各題：

    (a) 試將 d 寫入一個 CSV 檔（包含列索引和欄索引），檔名為 ex12_16_a.csv。寫入之後，試讀取 ex12_16_a.csv 的內容以驗證寫入的正確性。

    (b) 試將 d 寫入一個 CSV 檔，但不包含列索引和欄索引，檔名為 ex12_16_b.csv。寫入之後，試讀取 ex12_16_b.csv 的內容，將讀取的內容設為 g，並為 g 添加上列索引 a、b 和欄索引 S、M、L 和 XL。

    (c) 試將 d 寫入一個 Pickle 檔，檔名為 ex12_16_c.pck，寫入後試讀取 ex12_16_c.pck 這個檔案，看看得到的結果是否與 d 相同。

網路爬蟲入門

網路世界充滿了大量的資訊，學會使用網路爬蟲（Web Scraping）能幫助我們自動抓取所需的資料，提升效率並減少許多重複性的工作。本章將帶領初學者從基礎概念開始，瞭解網路爬蟲的運作原理，學習如何使用 Python 的 requests 和 BeautifulSoup 套件，來解析網頁內容並提取有用的資訊。

1. 認識網路爬蟲
2. 使用 requests 發送請求
3. 使用 BeautifulSoup 解析 HTML
4. 實作：抓取網頁特定資訊
5. 爬取 PTT 寵物板

13.1 認識網路爬蟲

如果能從網路上大量抓取所需的資訊並進行分析與處理，對於商業決策、學術研究以及個人專案等方面都將帶來很大的幫助。由於網頁結構通常遵循固定格式，我們可以透過程式自動搜尋並取得所需的資料。這項技術，通過程式化的方式進行大量抓取、分析及整理網頁內容，稱為網路爬蟲（Web Crawling & Scraping）。

13.1.1 網路爬蟲的類型與應用

網路爬蟲可以分為「網路爬取」（Web Crawler）和「網頁抓取」（Web Scraper）兩種類型，下圖為網路爬蟲的類型示意圖：

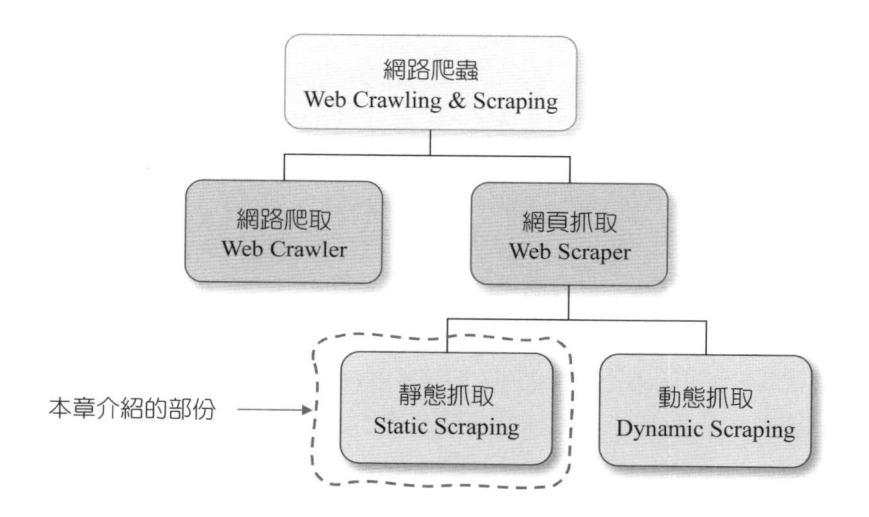

```
                    網路爬蟲
              Web Crawling & Scraping
                   /          \
              網路爬取        網頁抓取
            Web Crawler     Web Scraper
                            /          \
                       靜態抓取      動態抓取
                    Static Scraping  Dynamic Scraping
```

（本章介紹的部份 → 靜態抓取 Static Scraping）

雖然人們習慣統稱它們為「網路爬蟲」，但它們的運作方式其實有所不同：

- 網路爬取（Web Crawler）：也稱為網路蜘蛛（Spider），其運作方式是自動走訪網站，並收集大量的網頁資訊。例如，Google、Bing 這類搜尋引擎的爬蟲會定期爬取網站內容並建立索引，以提供搜尋結果。

- 網頁抓取（Web Scraper）：這類爬蟲主要針對特定網頁的內容進行抓取，並將數據整理、儲存，以供後續分析。例如，電商比價網站可能會定期爬取商品的價格，新聞分析系統會抓取新聞的標題與內容等。

爬蟲會針對特定的 URL（Uniform Resource Locator，全球資源定位器，通常稱為網址）發出請求，並解析回應的網頁資料，然後提取所需的資訊。此外，根據網站內容的更新方式，網頁抓取可分為兩大類型：

- 靜態抓取（Static Scraping）：爬蟲會直接請求網頁的原始碼，並從中抓取內容，適用於網頁內容直接在原始碼中顯示的情況。
- 動態抓取（Dynamic Scraping）：當網站的內容是透過動態方式載入時，單純請求原始碼無法取得完整的資料。這時需要額外的工具來獲取完整的數據。

網路爬蟲的技術豐富多樣，礙於篇幅，本章僅介紹靜態抓取技術（Static Scraping），以 requests 與 BeautifulSoup 套件來抓取網頁資料，並示範實際應用案例。

13.1.2 爬蟲的工作原理

網路爬蟲的基本原理可以分為四個主要步驟，讓爬蟲能夠從網站獲取有用的資訊。

1. 發送請求：網路爬蟲透過網址向目標網站發送請求，要求取得特定網頁的內容。
2. 獲取回應：伺服器接收到請求後，回傳網頁的原始碼。
3. 解析內容：資料解析（Data Parser）負責剖析回應的內容，提取所需資訊，例如文字、圖片、連結或數據等各種資料。
4. 儲存與分析：解析後的數據可存入檔案或資料庫，供後續資料分析、報表生成，甚至應用在機器學習或商業決策等領域。

我們根據上述的流程繪製了一張示意圖，讓您能更加理解網路爬蟲的運作方式。

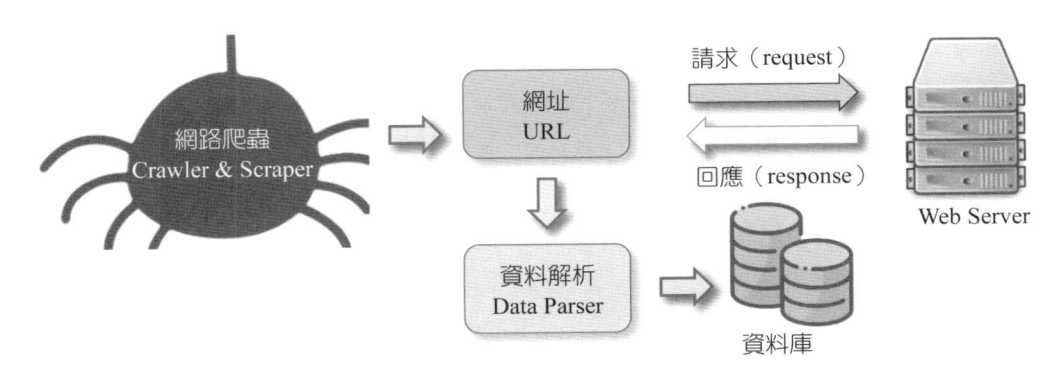

在實作網路爬蟲時，除了學習使用技術工具外，還需遵守網站規範，避免對網站造成負擔。此外，爬取資料時也要確保資料使用合法，避免侵犯版權或產生法律問題。

13.1.3 網頁的請求與回應

當我們輸入網址瀏覽網頁時，實際上就是執行 13.1.2 節「爬蟲的工作原理」中的步驟 1（發送請求），也就是「用戶端透過瀏覽器發送請求」。這個請求透過 HTTP（HyperText Transfer Protocol，超文本傳輸協定）傳遞，以請求該網站的網頁內容。伺服器接收到請求後，會進行處理並回應相應的內容，例如 HTML 或其他資源。瀏覽器則會解析這些回應，將其顯示成網頁內容讓使用者瀏覽。這個過程與 13.1.2 節「爬蟲的工作原理」中的步驟 2（獲取回應）相同。

上述的「請求-回應」機制不僅是網頁運作的基礎，也是網路爬蟲技術的核心原理。爬蟲透過類似的方式向 Web 伺服器發送請求，獲取網頁原始碼後，再進行數據解析與儲存，以便進一步分析。

下圖說明了用戶端（Client）與 Web 伺服器（Web Server）之間的 HTTP 通訊流程，這個機制是網頁技術的核心概念，也是網路爬蟲運作的基礎。

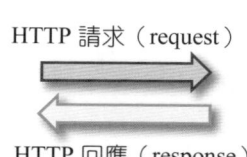

用戶端　　　HTTP 請求（request）　　　HTTP 回應（response）　　　Web Sever

13.2 使用 requests 發送 GET 請求

requests 套件可用來發送 GET 請求，主要用在下載網頁內容或上傳資料等。首次使用 requests 套件時需要先進行安裝。請在 VS Code 視窗下方的「終端機」標籤中輸入「pip install requests」，按下 Enter 鍵後，稍後套件就會安裝完成。

```
PS C:\Users\Gato919\OneDrive\桌面\My_Python> pip install requests
Collecting requests
  Downloading requests-2.32.3-py3-none-any.whl.metadata (4.6 kB)
Collecting charset-normalizer<4,>=2 (from requests)
  Downloading charset_normalizer-3.4.1-cp313-cp313-win_amd64.whl.metadata (36 kB)
Collecting idna<4,>=2.5 (from requests)
  Downloading idna-3.10-py3-none-any.whl.metadata (10 kB)
Collecting urllib3<3,>=1.21.1 (from requests)
  Downloading urllib3-2.3.0-py3-none-any.whl.metadata (6.5 kB)
Collecting certifi>=2017.4.17 (from requests)
  Downloading certifi-2025.1.31-py3-none-any.whl.metadata (2.5 kB)
Downloading requests-2.32.3-py3-none-any.whl (64 kB)
B)
B)
Downloading idna-3.10-py3-none-any.whl (70 kB)
Downloading urllib3-2.3.0-py3-none-any.whl (128 kB)
Installing collected packages: urllib3, idna, charset-normalizer, certifi, requests
Successfully installed certifi-2025.1.31 charset-normalizer-3.4.1 idna-3.10 requests-2.32.3 urllib3-2.3.0
PS C:\Users\Gato919\OneDrive\桌面\My_Python>
```

輸入「pip install requests」進行安裝 requests 套件

安裝 requests 套件後，顯示的安裝資訊

成功安裝完 requests 套件後，就可以開始進入爬蟲的世界。利用 requests，我們可以輕鬆地向網站發送請求並獲取網頁內容。

GET 是 HTTP 通訊協定中常見的請求方式之一，用於向伺服器請求資料。HTTP 通訊協定中會以大寫顯示（如 GET）。在 Python 的 requests 套件中，get() 函數是用來實作 HTTP 通訊協定中的 GET 請求，requests 遵循 Python 的命名規則，將函數名稱定義為小寫。

當伺服器收到 GET 請求後，會回傳一個物件，其中包含伺服器的回應資訊。我們可以使用 requests 套件發送請求，並將回應結果儲存到變數 req 中，方便後續處理。以下是發送 GET 請求的基本語法：

‧requests 套件發送 GET 請求的語法

語法	說明
req=requests.get(url, 參數)	利用 requests 套件發送 GET 請求，並取得伺服器回應的資料。參數非必填項目

舉例來說，我們可以透過 requests.get() 獲取 `https://www.udn.com` 的網頁資訊，如果狀態碼為 200，表示 GET 請求成功，否則印出請求失敗的狀態碼：

```
01  # ch13_1.py, 發送 GET 請求
02  import requests                      # 載入套件
03  url = 'https://www.udn.com'          # 目標網站
04  req = requests.get(url)              # 發送 GET 請求
05  if req.status_code == 200:           # 狀態碼 200 表示請求成功
06      print('GET 請求成功!')            # 印出請求成功
07      print(req.text[:41])             # 印出回應的 HTML 內容前 41 字
08  else:
09      print(f'請求失敗!狀態碼:{req.status_code}')
```

- 執行結果:
  GET 請求成功!
  `<html><head><script language="javascript"`

程式第 4 行,當 requests 發送 GET 請求時,會回傳一個物件並存放在變數 req 中,此時可以透過屬性獲取狀態碼、回應內容及標頭等資訊。對於純文字回應,可用 req.text 解析;若是二進位檔案(如圖片或音訊),則使用 req.content。通常,我們會將 req.text 進一步解析,而非直接印出,像是抓取網頁中的新聞標題等資訊。

此外,Python 在發送 GET 請求得到回應後,可以利用 req.status_code 提取 HTTP 狀態碼,這個設計有助於程式設計師了解請求是否成功,或是出現錯誤,狀態碼 200 表示請求成功,404 表示找不到請求的資源,而 5xx 則是與伺服器相關的錯誤碼,根據這些狀態碼可以找到相對應的錯誤處理邏輯。 ❖

為了將重點放在爬取功能的使用,本書的範例省略了 HTTP 狀態碼的檢查與錯誤處理。在實際的應用中,建議加入錯誤處理機制,例如檢查 HTTP 狀態碼、處理連線異常,以確保程式能夠應對各種情況。

13.3 解析 HTML 與安裝 BeautifulSoup

BeautifulSoup 是 Python 常用的 HTML 解析工具,能夠輕鬆查找標籤、抓取內容並處理網頁資料。本節將介紹其基本用法,並透過實例學習如何解析與抓取網頁資訊。

13.3.1 簡單的 HTML 檔案

HTML（HyperText Markup Language，超文本標記語言）是網頁設計中基本的標記語言，用來定義網頁內容的結構與格式。透過 HTML 可以將文字、圖片、影片、音訊、表單等元素嵌入到網頁中，並且還可以透過超連結（Hyperlink）連接不同的網頁或資源。我們以一個簡單的網頁來說明 HTML 檔的架構。請在瀏覽器中開啟下列網址：

```
https://wienhong.github.io/cats.html
```

下圖為 cats.html 在瀏覽器中顯示的情況。

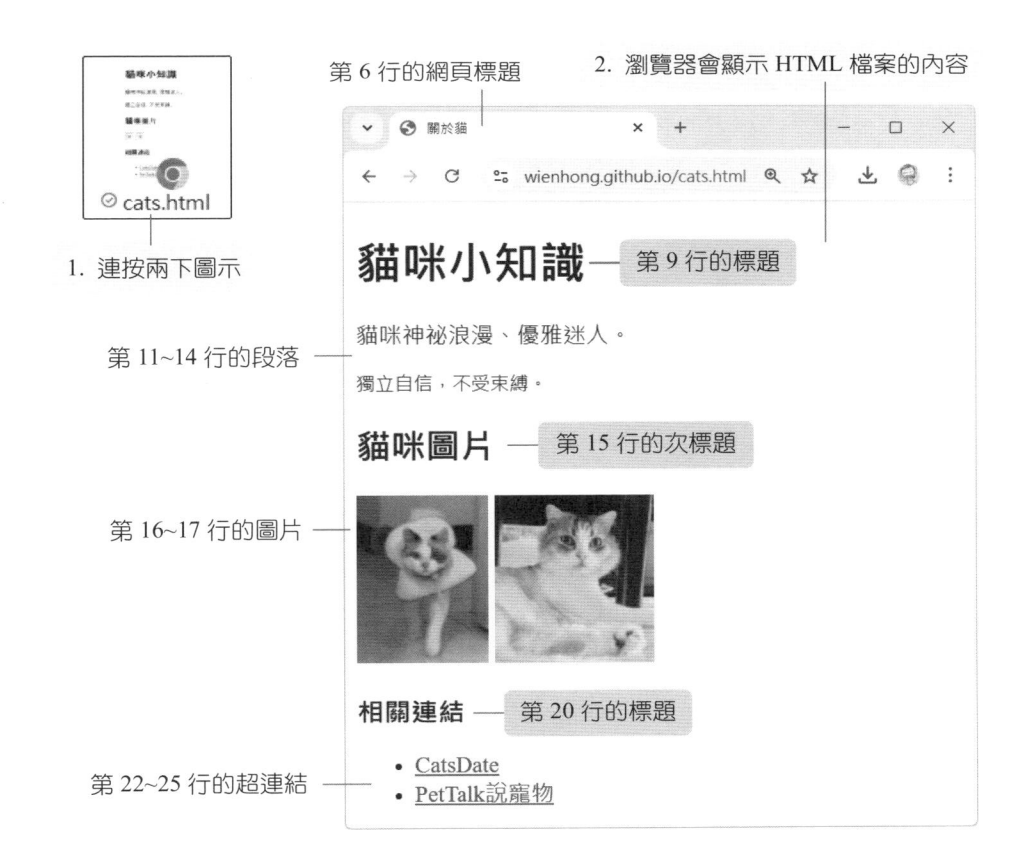

1. 連按兩下圖示
第 6 行的網頁標題
2. 瀏覽器會顯示 HTML 檔案的內容
第 9 行的標題
第 11~14 行的段落
第 15 行的次標題
第 16~17 行的圖片
第 20 行的標題
第 22~25 行的超連結

從瀏覽器中可以看到，網頁的內容是按照特定的結構來顯示，包含文字、圖片和連結等，這些元素都是事先設定好的，讓使用者可以看到清晰、完整的網頁畫面。以下是 cats.html 實際的檔案內容，您可以將網頁與檔案內容相互對照：

```html
01  <!-- cats.html, 有圖片、超連結的 HTML 文檔 -->
02  <!DOCTYPE html>
03  <html lang="zh-TW">
04  <head>
05      <meta charset="UTF-8">
06      <title class="about">關於貓</title>
07  </head>
08  <body>
09      <h1 class="knowledge">貓咪小知識</h1>
10      <div>
11          <p id="p1" class="cats">
12              貓咪神祕浪漫、優雅迷人。</p>
13          <p id="p2" style="font-size:10pt">
14              獨立自信,不受束縛。</p>
15          <h2 class="pictures">貓咪圖片</h2>
16          <img src="cats_QQ.jpg" alt="可愛貓咪一">
17          <img src="cats_Mi.jpg" alt="可愛貓咪二">
18      </div>
19      <div>
20          <h3 class="Related">相關連結</h3>
21          <ul>
22              <li><a href="https://www.catsdate.com/">
23                  CatsDate</a></li>
24              <li><a href="https://www.pettalk.tw/">
25                  PetTalk 說寵物</a></li>
26          </ul>
27      </div>
28  </body>
29  </html>
```

第 1 行為 HTML 註解,以 `<!--` 開始,`-->` 結束,瀏覽器不會顯示註解內容。第 2 行是 HTML5 的文件類型宣告,告訴瀏覽器使用 HTML5 標準來解析頁面。第 3 行 `<html>` 是文件的起始標籤,到第 29 行 `</html>` 標籤結束,這部分稱為根元素,包含整個頁面的結構,是整個 HTML 文件的基礎。HTML 文件裡的大多數的標籤都是成對出現,每個標籤會以 `<` 開始,並以 `>` 結束,而結束標籤則以 `</` 開頭,並以 `>` 結束。這種結構幫助定義 HTML 元素的範圍和內容。部分標籤(如 `<img>` 等)是自閉合標籤,不需要成對結束。

13-8

第 4~7 行是網頁的資訊區塊,由 `<head>` 開始,`</head>` 結束,第 6 行為網頁標題,由 `<title>` 與 `</title>` 包圍,標題為「關於貓」,這段文字不會顯示在網頁上,而是出現在瀏覽器的標題列或分頁標籤中。

第 8~28 行由 `<body>` 與 `</body>` 包圍的程式碼為網頁的主要內容。第 9 行為標題標籤(Heading),標題標籤有 6 個顯示尺寸,數字愈小,顯示的字體愈大,本例中用 `<h1>` 最大字體顯示,內容為「貓咪小知識」至 `</h1>` 結束。第 10~18 行為 `<div>` 區塊標籤,在此區塊中,由 2 個段落標籤(Paragraph)`<p>` 與 `</p>` 包圍,第 11~12 行為第一個段落,id 為 p1,內容為一段字串用來介紹貓咪,第 13~14 行為第二個段落,id 為 p2,字型(font size)為 10pt,內容為另一個介紹貓咪的字串。

第 15 行使用 `<h2>` 標籤來顯示次標題,次標題為「貓咪圖片」,至 `</h2>` 結束。第 16~17 行以 `<img>` 標籤插入圖片。第 19~27 行則是另一個 `<div>` 區塊標籤,在此區塊中,第 20 行的標題標籤用 `<h3>` 字體顯示,內容為「相關連結」至 `</h3>` 結束。

第 21~26 行為清單標籤,第 22~23 行的 `<a>` 連結標籤設定「CatsDate」的超連結,至 `</a>` 結束。第 24~25 行 `<a>` 連結標籤設定「PetTalk 說寵物」的超連結。點擊超連結後會連結至「CatsDate」與「PetTalk 說寵物」的網頁。

13.3.2 認識 HTML 的標籤

HTML 由各種「標籤」(Tags)組成的,例如 `<h1>` 表示標題,`<p>` 表示段落,`<a>` 用來建立超連結,`<img>` 用來插入圖片等。每個標籤都有其特定的功能,並且與屬性一起使用來進一步定義元素的外觀和行為。

· 常用的 HTML 標籤說明

標籤	功能簡介
`<!DOCTYPE html>`	宣告 HTML5，讓瀏覽器正確解析網頁
`<html>`	HTML 文件的根元素。所有 HTML 標籤都要放在此標籤內
`<head>`	包含網頁的元資料，如標題、字型設定等，不會顯示在頁面上
`<title>`	設定網頁的標題，會顯示在瀏覽器標籤上
`<meta>`	用來描述網頁的元資料，如編碼、關鍵字等
`<body>`	網頁的內容部分。這些內容會顯示在瀏覽器中
`<h1>`至`<h6>`	標題（heading tag）標籤。`<h1>` 為最大標題，`<h6>` 為最小標題
`<p>`	段落（paragraph）標籤。用來顯示段落文字
`<a>`	超連結（anchor tag）標籤。用來建立超連結
`<img>`	圖像（image）標籤。用於插入圖片，src 屬性指定圖片來源。
`<div>`	區塊（division）元素。用來分隔頁面區域
`<ul>`和`<li>`	無序清單和清單項目。`<ul>` 是清單容器，`<li>` 是清單項目

其中 `<ul>` 是無序清單（unordered list），通常以項目符號（bullet points）顯示，而 `<li>` 則是用來定義清單中的項目（list item）。HTML 的標籤還需要搭配屬性才能完整的將網頁的基本結構與功能展現出來，以下將常用的 HTML 屬性整理出來：

· HTML 標籤中常用的屬性說明

屬性	功能簡介
`id`	設定元素的唯一識別符號（identifier）
`class`	設定元素的類別名稱
`href`	設定超連結（hypertext reference）的目標 URL（用於 `<a>` 標籤）
`lang`	設定文檔或元素的語言（language）
`src`	設定圖片的來源（source）URL，用於 `<img>` 標籤
`alt`	設定圖片的替代文字（alternative text），用於 `<img>` 標籤
`target`	設定超連結的開啟方式
`title`	提供元素的額外信息

除了上面表格中所列的內容，HTML 提供了豐富的標籤和屬性，使網頁設計更具彈性。實際上，HTML 的標籤和屬性遠多於上述所列，有興趣的讀者可以參考書籍或線上資源，進一步了解其應用。

13.3.3 開發人員工具與網頁原始碼

以 Chrome 瀏覽器開啟 https://wienhong.github.io/cats.html 網頁為例，若想查看瀏覽器解析後的結構，請點擊瀏覽器右上角的「⋮」選單，選擇「更多工具」-「開發人員工具」，或直接按下 Ctrl+Shift+I 鍵。這時，「開發人員工具」會顯示在瀏覽器右側，而網頁的呈現結果則會顯示在左側。按下開發人員工具裡的「元素」（Elements）標籤，即可看到 HTML 結構與 CSS 樣式（Cascading Style Sheets，用來控制網頁外觀與排版的規則）。

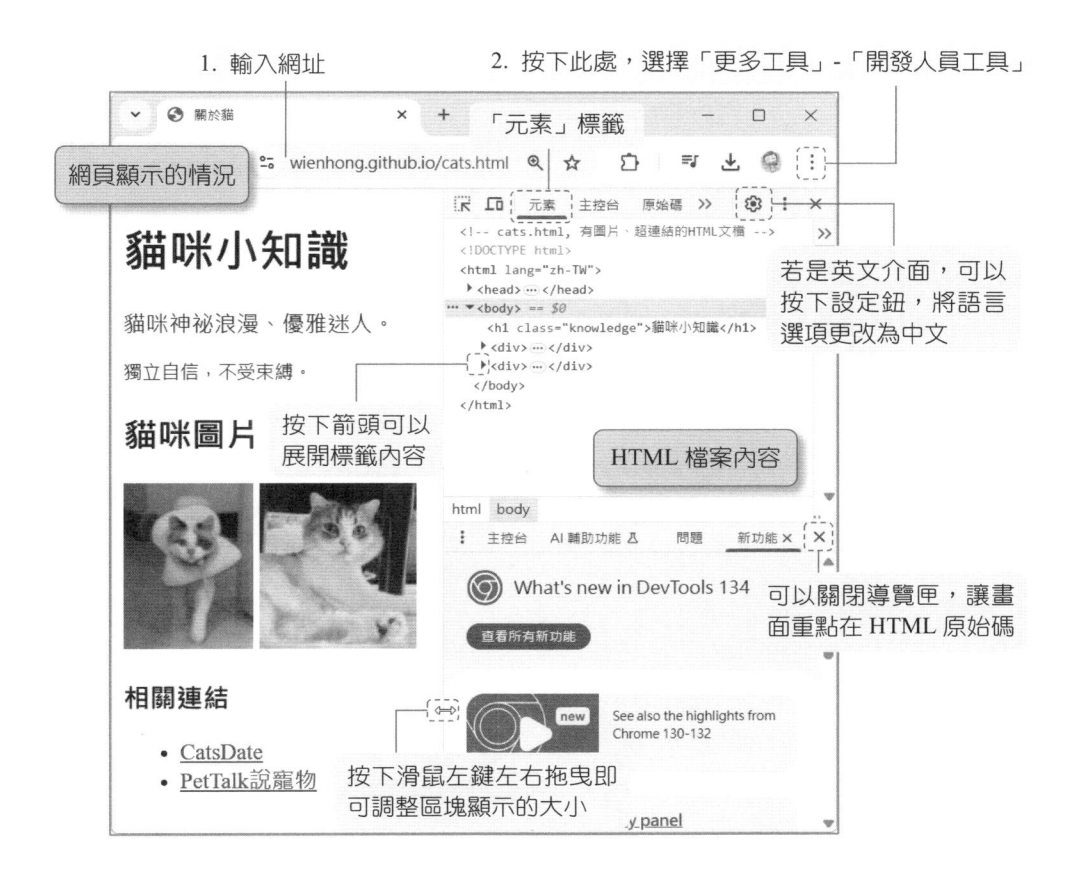

13.3 解析 HTML 與安裝 BeautifulSoup

13-11

如果「開發人員工具」顯示的是英文，可以按下「Settings」（設定）鈕（或是直接按 F1 鍵），在「Preferences」（偏好設定）中的「外觀」（Appearance）找到「Language」（語言）欄位，從下拉選單中選擇「中文(台灣)-Chinese(Taiwan)」做為顯示語言，按下右上角的「✕」即可離開設定。接著再按下 Reload DevTools 重新啟動開發人員工具，介面就會變成中文。

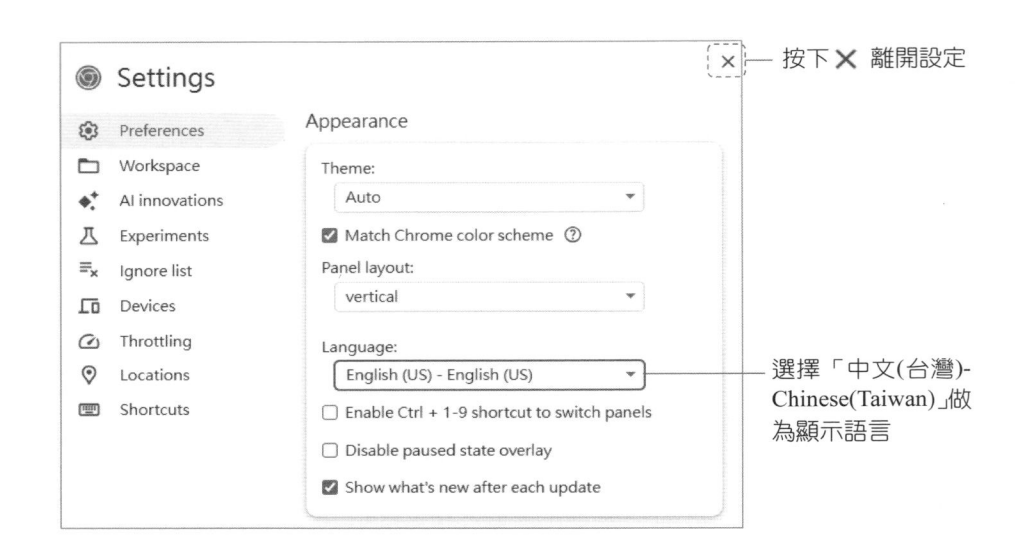

按下 ✕ 離開設定

選擇「中文(台灣)-Chinese(Taiwan)」做為顯示語言

此外，「元素」（Elements）標籤是開發人員工具中用來顯示網頁 HTML 結構的區域，內容包括標籤、屬性及動態產生的內容，不完全等同於原始碼。若只想查看未經修改的 HTML 原始碼，可使用「檢視頁面原始碼」功能。為了專注於觀察 HTML 結構，可關閉下方導覽匣與不需要的面板。您也可以將滑鼠移到右側 HTML 程式碼中的文字上，瀏覽器左側會同步高亮顯示對應的畫面內容。HTML 結構通常是巢狀的，點擊標籤前的黑色向右箭頭 ▶ 可展開內容，箭頭會變成向下 ▼，表示內容已展開，再點一次則可收起。

值得注意的是，我們也可以利用「檢查」功能來找出對應的 HTML 標籤。舉例來說，想要知道左邊那張貓咪照片在 HTML 檔案裡的位置，可以在照片上點擊滑鼠右鍵，然後從跳出來的選單中選擇「檢查」。此時在瀏覽器右側的開發人員工具裡，對應貓咪照片的 HTML 標籤就會被反白標示，讓我們能更快找到這個元素的結構和屬性。

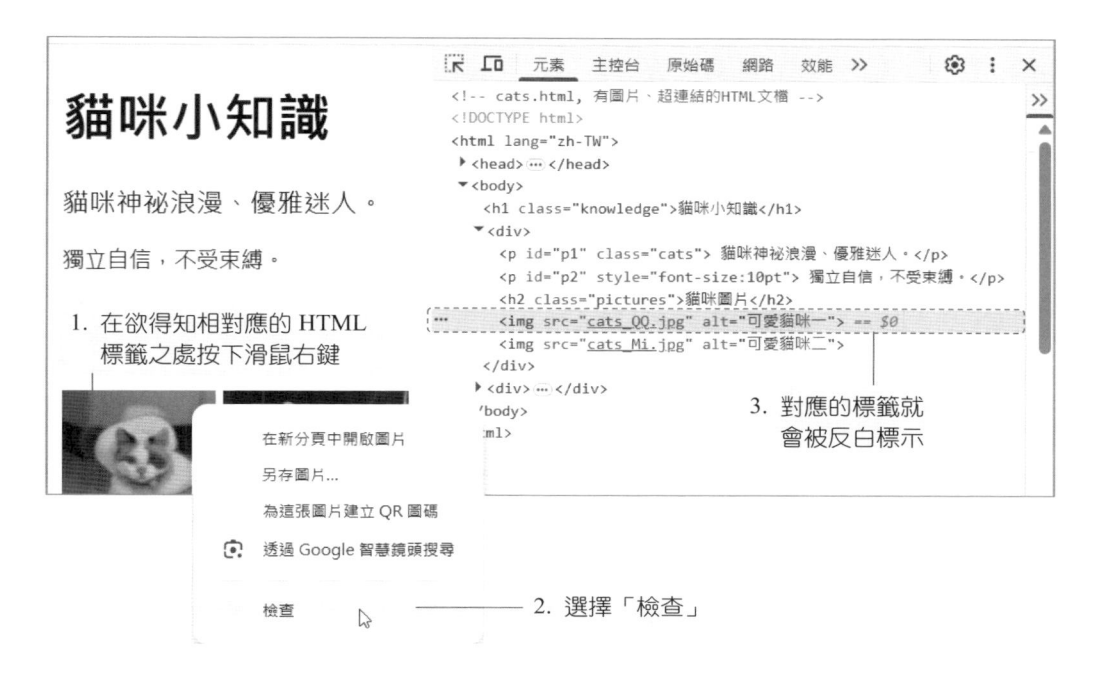

❖ 13.3 解析 HTML 與安裝 BeautifulSoup

貓咪小知識

貓咪神祕浪漫、優雅迷人。

獨立自信，不受束縛。

1. 在欲得知相對應的 HTML 標籤之處按下滑鼠右鍵

2. 選擇「檢查」

3. 對應的標籤就會被反白標示

若要查看網頁的原始程式碼，可在網頁空白處按下滑鼠右鍵，然後從選單中選擇「檢視網頁原始碼」。瀏覽器隨即會開啟新頁面，顯示該網頁的 HTML 程式碼。

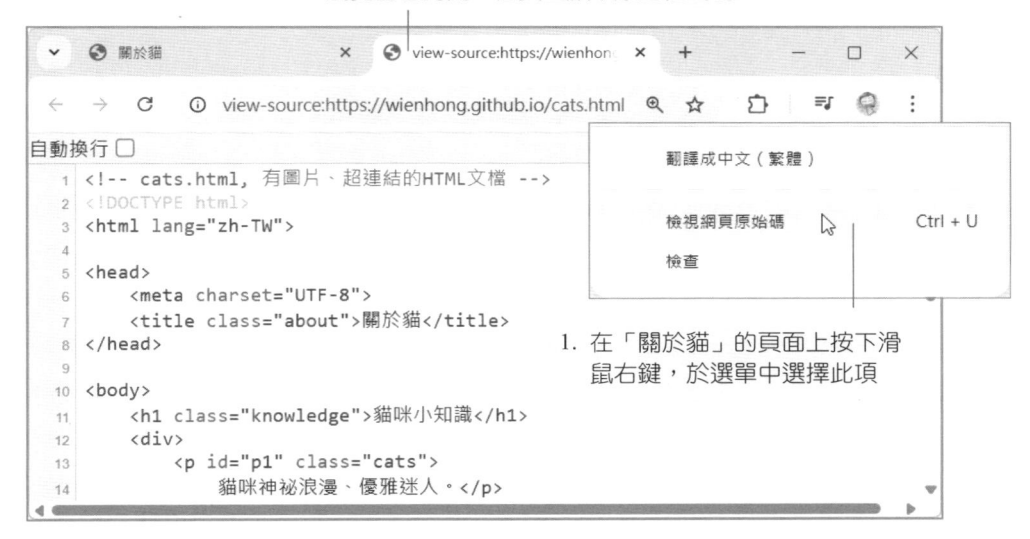

2. 瀏覽器會另開一個頁面顯示原始程式碼

1. 在「關於貓」的頁面上按下滑鼠右鍵，於選單中選擇此項

13-13

透過查找 HTML 檔案的原始碼，對解析網頁和撰寫爬蟲非常有幫助，requests 負責獲取網頁原始碼，BeautifulSoup 則根據 HTML 標籤與屬性抓取特定內容，讓資料處理更方便。

13.3.4 安裝與載入 BeautifulSoup

BeautifulSoup 是 Python 常用的 HTML 解析工具，可用來解析、查找並抓取網頁中的資料。若要使用 BeautifulSoup，需先安裝相關套件。請在 VS Code 視窗下方的「終端機」標籤中輸入「`pip install beautifulsoup4`」，按下 Enter 鍵後，套件就會進行安裝。安裝完成後，就可以在 Python 程式中載入 BeautifulSoup 來解析 HTML。

```
from bs4 import BeautifulSoup
```

值得注意的是，雖然套件名稱是「beautifulsoup4」（簡稱 BS4），它是目前主流且支援 Python 3 的版本。但在程式中仍然使用「from bs4 import BeautifulSoup」，這是官方為了確保與舊版相容而保持的命名方式。

13.4 實作：抓取網頁特定資訊

我們以爬取前一節介紹的網頁 `cats.html` 作為範例，帶您解析 HTML 並進一步提取資料。基本的步驟如下：

1. 分析 HTML 結構
   (a) 先用瀏覽器打開要爬取的網頁。
   (b) 開啟該頁面的原始碼，檢查 HTML 標籤結構。
   (c) 確認想要爬取的資訊（例如標題 `<h1>`、段落 `<p>`、超連結 `<a>`）。

2. 使用 requests.get(url) 取得 HTML 原始碼，確保成功請求並獲取網頁內容。

3. 使用 BeautifulSoup 解析，用 find()、find_all() 來找尋並抓取所需的資訊。

13.4.1 取得標籤內容

下面的程式是使用 requests 與 BeautifulSoup 套件來解析網頁內容，將不同 HTML 標籤的內容抓取並列印出來，您可以看到如何從網頁中提取特定的資料。

```
01  # ch13_2.py，取得各種標籤的內容
02  import requests
03  from bs4 import BeautifulSoup
04  url = 'https://wienhong.github.io/cats.html'
05  req = requests.get(url)
06  req.encoding = 'utf-8'
07  sp = BeautifulSoup(req.text, 'html.parser')
08  print(sp.title.text.strip())      # 列印<title>標籤的內容
09  print(sp.h1.text.strip())         # 列印<h1>標籤的內容
10  print(sp.p.text.strip())          # 列印<p>標籤的內容
11  print(sp.a.text.strip())          # 列印<a>標籤的內容
```

- 執行結果：
  關於貓
  貓咪小知識
  貓咪神祕浪漫、優雅迷人。
  `CatsDate`

程式第 2~7 行先透過 requests.get() 取得網頁內容，再用 BeautifulSoup 解析 HTML。第 8 行取得 `<title>` 標籤內的文字，印出「關於貓」。第 9 行取得 `<h1>` 標籤內的文字，印出「貓咪小知識」。第 10 行取得 `<p>` 標籤內的內容，印出段落的內容。第 11 行取得 `<a>` 標籤內的文字（超連結文字），印出「CatsDate」。

值得注意的是，HTML 原始碼裡的縮排或換行可能會一併被爬取，使用 strip() 可以移除多餘的空白與換行，使內容更加整齊。此外，若是 HTML 有多個標籤，如 `<a>`、`<p>` 等標籤，sp.a.text 只會取第一個出現的標籤內容。

在進行爬蟲時，通常需要知道 HTML 結構，才能正確找尋和提取資料。因此，開啟網頁的原始碼或使用瀏覽器的檢查工具（如 Chrome 的開發者工具）來分析標籤結構是非常重要的。下圖為本例的 HTML 原始碼與程式中列印每個標籤的標註：

```
<html lang="zh-TW"> (scroll)
  ▼<head>
      <meta charset="UTF-8">
      <title class="about">關於貓</title>        ── 第 8 行 <title> 標籤的內容
    </head>
  ▼<body>
      <h1 class="knowledge">貓咪小知識</h1>   ── 第 9 行 <h1> 標籤的內容
    ▼<div>
        <p id="p1" class="cats"> 貓咪神祕浪漫、優雅迷人。</p>
        <p id="p2" style="font-size:10pt"> 獨立自信，不受束縛。
        </p>
        <h2 class="pictures">貓咪圖片</h2>      ── 第 10 行 <p> 標籤的內容
        <img src="cats_QQ.jpg" alt="可愛貓咪一">
        <img src="cats_Mi.jpg" alt="可愛貓咪二">
      </div>
    ▼<div>
        <h3 class="Related">相關連結</h3>
      ▼<ul>
        ▼<li>                    第 11 行 <a> 標籤的內容
            ::marker
            <a href="https://www.catsdate.com/"> CatsDate</a>
```

在使用 BeautifulSoup 解析 HTML 時，有一些常用的函數與屬性可以幫助我們更精確地操作和查找 HTML 元素。以下是幾個常見的用法：

· 解析 HTML 元素常用的函數與屬性功能

函數/屬性	說明	使用方式
find()	尋找符合條件的第一個標籤	find(標籤，屬性)
find_all()	尋找所有符合條件的標籤	find_all(標籤，屬性)
get()	取得標籤的屬性值	元素.get(屬性名稱)
strip()	移除字串前後的空白字元	字串.strip()
.text	取得標籤內的純文字內容	元素.text

根據 HTML 的標籤、屬性及文字內容不同，在使用 find() 和 find_all() 函數時，可依需求選擇適當的方式。以下對照表提供 find() 常見用法，方便您快速查閱：

・find() 用法對照表

查找依據	find()（回傳第一個符合的標籤）
標籤名稱	sp.find("p")
class 屬性	sp.find("div", class_="c")
id 屬性	sp.find("h1", id="title")
屬性	sp.find("a", href=True)
特定屬性值	sp.find("btn",{"data-type":"s"})
文字內容	sp.find("p",text="段落")
混合條件	sp.find("div",class_="c",id="m")

值得注意的是，find() 用於尋找符合條件的第一個標籤，而 find_all() 則會傳回所有符合條件的標籤。由於 id 屬性在 HTML 文件中是唯一的，因此使用 find() 就能獲得該元素，不需使用 find_all()，因為不會有多個相同 id 的元素。

13.4.2 取得超連結與圖片內容

接下來我們再以 cats.html 為例，使用 requests 與 BeautifulSoup 解析該網頁，使用 find_all() 函數爬取並列印出所有圖片與超連結的網址：

```
01  # ch13_3.py, 取得圖片和超連結網址
02  import requests
03  from bs4 import BeautifulSoup
04  url = 'https://wienhong.github.io/cats.html'
05  req = requests.get(url)
06  req.encoding = 'utf-8'
07  sp = BeautifulSoup(req.text, 'html.parser')
08
09  # 找出所有的<img>標籤
10  images = sp.find_all('img')      # 找出所有的<img>標籤
11  for img in images:
12      img_url = img.get('src')     # 取得圖片的 URL
13      print(f'圖片網址: {img_url}')
```

```
14
15  # 爬取並列印所有超連結的網址
16  links = sp.find_all('a')            # 找到所有 <a> 標籤
17  for link in links:
18      href = link.get('href')         # 取得超連結的 URL
19      if href:                        # 檢查是否有 href 屬性
20          print(f'超連結網址: {href}')    # 列印超連結的 URL
```

- 執行結果：
  圖片網址：cats_QQ.jpg
  圖片網址：cats_Mi.jpg
  超連結網址：https://www.catsdate.com/
  超連結網址：https://www.pettalk.tw/

程式第 5~7 行使用 requests.get() 取得網頁內容，然後用 BeautifulSoup 解析 HTML。第 10~13 行爬取圖片網址：第 10 行找出所有 `<img>` 標籤，並將其儲存在變數 images 中。第 11~13 行的 for 迴圈會逐一取得每個 `<img>` 標籤的 `src` 屬性，這就是圖片的 URL，並將其列印出來。

第 16~20 行爬取超連結網址：第 16 行找出所有 `<a>` 標籤，並將它們儲存在 links 變數中。第 17~20 行使用 for 迴圈，逐一取得每個 `<a>` 標籤的 `href` 屬性，這是超連結的 URL，並將其列印出來。下圖為本例的 HTML 原始碼與爬取到的連結標註：

```
<h2 class="pictures">貓咪圖片</h2>
<img src="cats_QQ.jpg" alt="可愛貓咪一">      第 11~13 行爬取
<img src="cats_Mi.jpg" alt="可愛貓咪二">      到的圖片連結
</div>
▼<div>
    <h3 class="Related">相關連結</h3>
    ▼<ul>
        ▼<li>
            ::marker
            <a href="https://www.catsdate.com/"> CatsDate</a>
        </li>
        ▼<li>                           第 17~20 行爬取到的超連結
            ::marker
            <a href="https://www.pettalk.tw/"> PetTalk說寵物</a>
```

13.4.3 取得完整的超連結 URL

從 ch13_3.py 的執行結果與 cats.html 的 HTML 原始碼裡，可以看到這兩張圖片的超連結並非實際存放的網址。這是因為在 `<img>` 標籤裡存放的連結只是一個相對路徑（Relative Path），而不是完整的 URL 網址。這表示連結中只包含了路徑部分，並沒有包含網路協議（如 https://）與網域名稱，如下所示：

```
                    相對路徑
<img src="cats_QQ.jpg" alt="可愛貓咪一">
```

上圖的「cats_QQ.jpg」只是相對路徑，並非完整的網址，瀏覽器會根據當前網頁的 URL 進行解析後，再加載圖片。例如，在本例中當前網頁的 URL 是 https://wienhong.github.io/cats.html，完整的圖片網址為：

https://wienhong.github.io/cats_QQ.jpg

如果在 HTML 中直接使用的是完整網址，`<img>` 標籤內就會顯示完整的圖片網址，這種就稱為絕對路徑（Absolute Path），例如：

```
<img src="https://wienhong.github.io/cats_QQ.jpg" alt="可愛貓咪一">
```

您可以在 HTML 原始碼中，將滑鼠移到圖片標籤上，即可看到該圖片的完整網址。

因此，若要取得完整的網址，我們需要將圖片連結的相對路徑與主網站的網域（本例為 https://wienhong.github.io/）結合：

完整的 URL ＝ 主網站網域名稱 ＋ 相對路徑

https://wienhong.github.io/cats_QQ.jpg

因此，要取得完整的頁面網址，就要將主網站網域名稱與從 HTML 中取得的圖片相對路徑結合，如此才能得到一個完整的 URL。在爬取圖片 URL 時，可以透過檢查 `src` 屬性來判斷它是「絕對路徑（完整網址）」還是「相對路徑」。

通常完整的網址會以「`http://`」或是「`https://`」開頭，而相對路徑則不包含這些前綴。因此我們可以利用 `startswith()` 函數判斷圖片的路徑是否以「`http`」開頭並根據結果決定是否需要補全網址。下面的程式修改自 ch13_3.py，將所有圖片的網址完整印出：

```
01  # ch13_4.py, 取得圖片完整的 URL
02  import requests
03  from bs4 import BeautifulSoup
04  url = 'https://wienhong.github.io/cats.html'
05  base_url = 'https://wienhong.github.io/'
06  req = requests.get(url)
07  req.encoding = 'utf-8'
08  sp = BeautifulSoup(req.text, 'html.parser')
09
10  # 找出所有的<img>標籤
11  images = sp.find_all('img')              # 找出所有的<img>標籤
12  for img in images:
13      img_url = img.get('src')             # 取得圖片的 URL
14      if not img_url.startswith('http'):   # 若不是完整的 URL
15          img_url = base_url + img_url     # 加上網域名稱
16      print(f'圖片網址: {img_url}')
```

- 執行結果：
  圖片網址: https://wienhong.github.io/cats_QQ.jpg
  圖片網址: https://wienhong.github.io/cats_Mi.jpg

程式第 14 行加入判斷，如果 img_url 的內容並非 'http' 開頭，表示不是完整的網址，此時就加上存放圖片的主網域名稱。此例為 'https://wienhong.github.io/'，如此一來就可以將 URL 完整顯示出來。

值得注意的是，在 HTML 中使用相對路徑是很常見的情況，這是因為相對路徑可以提高網站的可移植性，跨平台執行不會受作業系統影響，只需保持檔案結構即可，維護網站更方便，資源也易於引用和更新。

以本例來說，使用相對路徑引用圖片，可以在 `<img>` 標籤中撰寫如下的敘述：

```
<img src="cats_QQ.jpg">
```

使用絕對路徑引用圖片：

```
<img src="https://wienhong.github.io/cats_QQ.jpg">
```

如果網站文件夾結構變動，使用絕對路徑的網站就需要更新每個檔案中的 URL，而使用相對路徑的網站，只要文件夾的結構不變，路徑就不需要做修改。

到目前為止，我們已完成幾個爬蟲練習，可以發現無論爬取何種網頁，以下程式碼都是不可或缺的基本架構，您可以將其作為標準爬蟲模板，在撰寫爬蟲時直接套用：

‧標準的爬蟲程式模版之語法

```
import requests                                    # 載入 requests
from bs4 import BeautifulSoup                      # 載入 BeautifulSoup
url = '要爬取的網址'                                # 要爬取的 URL
req = requests.get(url)                            # 發送 GET 請求
req.encoding = 'utf-8'                             # 設定編碼，確保網頁正常顯示
sp = BeautifulSoup(req.text, 'html.parser')        # 將解析的內容存入 sp 中
```

值得注意的是，若是請求的網頁出現亂碼問題，請加上「req.encoding = 'utf-8'」，以確保網頁編碼能夠正確顯示。您也可以直接將「req.encoding = 'utf-8'」納入標準爬蟲程式模版，避免可能發生的亂碼問題。

13-21

此外，發送 GET 請求後，HTML 內容會以純文字的形式存放在 req.text 中。接著使用 BeautifulSoup(req.text, 'html.parser') 來解析 req.text，並將解析後的結果存入變數 sp，這個變數通常代表解析後的 Soup 資料（Soup，BeautifulSoup 的簡稱）。

13.5 爬取 PTT 寵物板

PTT 是台灣最大的 BBS 論壇，涵蓋多種分類的討論區。由於 PTT 的網頁結構大致相同，非常適合作為爬蟲入門範例。本節我們以「PTT 寵物板」為例，說明如何進行爬取。為了讓後續爬取更順利，我們先來熟悉寵物板頁面的各項元素，並特意反轉顏色，以便更清楚地察看。請先開啟 PTT 寵物板頁面：

```
https://www.ptt.cc/bbs/pet/index.html
```

您可以看到在頁面中最上方顯示當前頁面的網址（即 URL），下方則有「看板」、「精華區」、「最新」、「最舊」及「上頁」的連結。主要區域則包含文章標題、作者及發文日期。

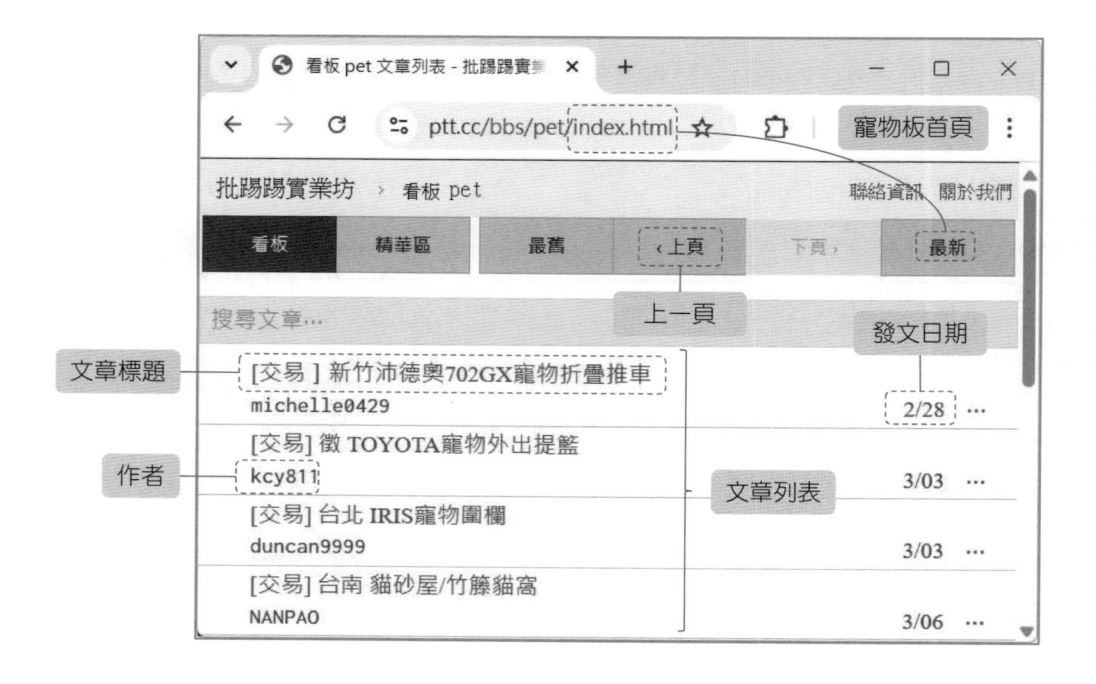

值得注意的是，在 PTT 的 URL 結構中，「`https://www.ptt.cc/bbs/pet/`」代表寵物板的路徑，「`index.html`」則是預設首頁的檔名，首頁會顯示最新一頁的內容。不論是哪個看板，首頁的檔名都是「`index.html`」。

隨著新文章發表，首頁內的文章列表會持續更新，較早的文章則會依序被推往上一頁、上上一頁等，因此舊文章的頁面就會需要編號來區分。舉例來說，在 PTT 的 URL 中，「`https://www.ptt.cc/bbs/pet/index1182.html`」中的 1182 表示該頁為寵物板的第 1182 頁，而 1182 就是該頁的編號。

13.5.1 爬取一個頁面的資訊

進入 PTT 寵物板首頁後，可以看到頁面上顯示最新的討論文章列表。請在第一篇文章的標題上按下滑鼠右鍵，從選單中選擇「檢查」，瀏覽器即會顯示該元素的 HTML 結構。每篇文章都是放在一個 `<div class="r-ent">` 標籤區塊裡。您可以從這個區塊內找到 `<div class="title">`，由此再進一步確認標題文字及其對應的 `<a>` 標籤連結。您也可以將滑鼠移動到其他元素上，觀察它們在 HTML 結構中的對應位置與屬性。下圖為 PTT 寵物板裡第一篇文章列表的 HTML 結構對照說明。

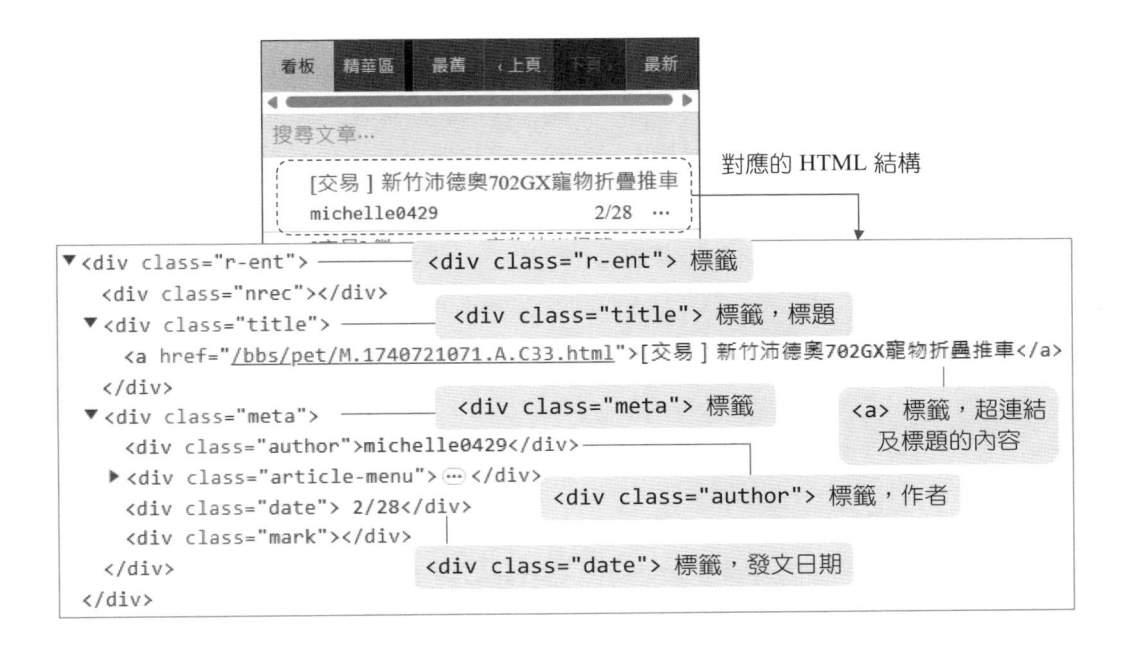

從圖中可以看到，每篇文章的資訊會被包在 `<div class="r-ent">` 標籤內；`<div class="title">` 是文章標題的區塊，裡面的 `<a>` 標籤存放文章連結與標題文字；`<div class="meta">` 標籤則存放文章的作者名稱與發文日期。有了這些基本認識，我們就可以利用這些 HTML 結構的規律來爬取所需的內容。

♣ 取得文章標題

認識了 PTT 寵物板的 HTML 結構之後，我們來練習爬取首頁裡所有的文章標題。下面的程式向 PTT 寵物板首頁發送 GET 請求，使用 BeautifulSoup 解析網頁內容後，將文章標題列印出來。

```python
# ch13_5.py, 取得文章標題
import requests
from bs4 import BeautifulSoup
url = 'https://www.ptt.cc/bbs/pet/index.html'
req = requests.get(url)
req.encoding = 'utf-8'
sp = BeautifulSoup(req.text, 'html.parser')

articles = sp.find_all('div', class_='r-ent')# 找出所有的文章區塊
for data in articles:
    try:
        title_block = data.find('div', class_='title')   # 找標題
        title_tag = title_block.find('a')
        title = title_tag.text.strip()
    except:
        title = '本文已被刪除'
    print(title)
```

- 執行結果：
  ［交易］新竹沛德奧 702GX 寵物折疊推車
  ［交易］ 徵 TOYOTA 寵物外出提籃
      … （以下省略）

程式第 5~7 行使用 requests.get() 取得網頁內容，然後用 BeautifulSoup 解析 HTML。第 9 行使用 find_all('div', class_='r-ent')尋找所有屬於 r-ent 類別的 `<div>` 區塊，這

些區塊代表每篇文章的基本資訊，並將結果存入變數 articles。在第 10 ~17 行的 for 迴圈中，逐一處理每篇文章的資訊。

在迴圈中，利用 try-except 尋找標題，若是文章被刪除或是發生其它錯誤，即會執行第 15~16 行的敘述，將標題改設為「(本文已被刪除)」。如果沒有錯誤，在第 12 行使用 find('div', class_='title') 找出包含標題的區塊，並將其存入 title_block 變數，接著於第 13 行進一步尋找 <a> 標籤，該標籤內含文章的超連結與標題名稱。第 14 行將標題文字取出並存入 title 變數，最後於第 17 行將標題列印出來。

由於 PTT 的討論內容更新速度很快，因此您的執行結果可能與書中的結果不同。無需擔心是否出錯，只要爬取的結果相似，就表示您已成功完成爬取。

要特別注意的是，在爬取文章時可能會遇到文章被刪除的情況，此時標題區塊內的 <a> 標籤會消失，只剩下純文字標題，顯示為「(本文已被刪除)」。以下圖為例，您可以看到 <div class="title"> 內沒有 <a> 標籤，整個超連結被刪除。

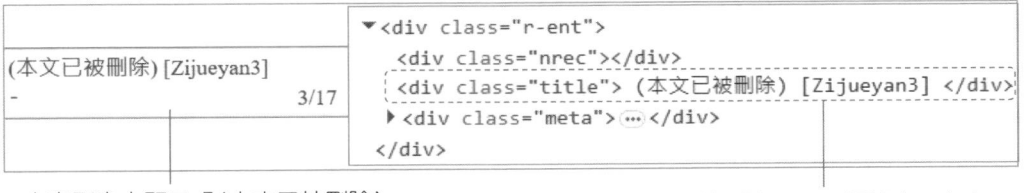

(本文已被刪除) [Zijueyan3]	▼<div class="r-ent">
- 3/17	<div class="nrec"></div>
	<div class="title"> (本文已被刪除) [Zijueyan3] </div>
	▶<div class="meta">⋯</div>
	</div>
文章列表中顯示「(本文已被刪除)」	標題已被刪除，<a> 標籤也不存在

因此，在爬取 PTT 文章時，需要特別處理這種情況。如果直接使用 find('a') 尋找 <a> 標籤，當標題區塊內沒有超連結時，會回傳 None，可能導致程式錯誤。為了避免這種情況，我們可以在程式中使用 try-except 來處理文章標題缺失（即文章被刪除）或非正常的情況。

♣ 取得文章標題、作者和發文時間

下面的程式示範如何爬取 PTT 寵物板首頁的文章資訊，包括標題、作者和發文日期。我們透過 requests 發送 GET 請求，並使用 BeautifulSoup 解析 HTML，找出相關的文章區塊，最後將結果列印出來。

```
01  # ch13_6.py, 取得文章標題、作者、發文日期
02  import requests
03  from bs4 import BeautifulSoup
04  url = 'https://www.ptt.cc/bbs/pet/index.html'
05  req = requests.get(url)
06  req.encoding = 'utf-8'
07  sp = BeautifulSoup(req.text, 'html.parser')
08
09  articles = sp.find_all('div', class_='r-ent')# 找出所有的文章區塊
10  for data in articles:
11      try:
12          title_block = data.find('div', class_='title')  # 找標題
13          title_tag =title_block.find('a')        # 找出<a>標籤
14          title = title_tag.text.strip()
15          meta_tag=data.find('div',class_='meta')# 找作者和發文日期
16          author =meta_tag.find('div', class_='author').text
17          date=meta_tag.find('div', class_='date').text.strip()
18          print(f'{title}, {author}, {date}')    # 列印結果
19      except:
20          title = '本文已被刪除'
21          print(title)                           # 列印結果
```

- 執行結果：
  [交易] 新竹沛德奧 702GX 寵物折疊推車, michelle0429, 2/28
  [交易] 徵 TOYOTA 寵物外出提籃, kcy811, 3/03
  … (以下省略)

本範例前半段與 ch13_5.py 相同，先找出文章標題，再接著爬取作者和發文日期。由於作者和發文日期存放在 <div class='meta'> 標籤中，因此於第 15 行需要先在 data 變數中找到 <div class='meta'> 區塊，並將其資料存放在 meta_tag 變數中。若是 meta_tag 存在，在第 16 與 17 行從 meta_tag 變數中提取作者與發文日期的資料。最後再於第 18 行印出每篇文章的標題、作者和發文日期。若是文章被刪除，會執行 19~21 行的程式，僅印出 '本文已被刪除'。 ❖

值得注意的是，在使用 find() 或 find_all() 時，我們需要先找到最上層的 <div> 區塊，然後再一層層往下尋找需要的資訊。

```
                                    爬取 <div class='meta'> 區塊，要先找到上層的
                                    <div class=' r-ent'> 區塊，然後再往下搜尋

 ▼<div class="r-ent">
     <div class="nrec"></div>
   ▶<div class="title">⋯</div>
 ▼<div class="meta">
     <div class="author">michelle0429</div>
   ▶<div class="article-menu">⋯</div>
     <div class="date"> 2/28</div>
     <div class="mark"></div>
   </div>
 </div>
```

　　　　　　　　　　爬取 <div class='author'> 區塊，要先找到上層的
　　　　　　　　　　<div class='meta'> 區塊，再繼續往下找出需要的資訊

13.5.2 爬取多個頁面

爬取多個頁面資料的關鍵點在於正確抓取每頁的內容，並根據頁面連結前往下一頁（或是上一頁），步驟包括：

1. 先找到最上層的 `<div>`，再逐層往下提取標題、連結、作者和日期等資訊。
2. 若文章被刪除或沒有標題，需設置預設值避免錯誤。
3. 從頁面底部的「下一頁」或「上一頁」按鈕取得連結，然後繼續爬取。

這樣可以確保不會遺漏任何重要的資訊，並能有效抓取每頁內容，確保資料的完整性，讓我們可以快速取得所需的資料。

♣ 取得文章標題

讓我們來找找頁面連結的網址。請在 PTT 寵物板首頁的「上頁」按鈕上按右鍵，選擇「檢查」，就可以看到對應的 HTML 程式碼。

```
          ┌─ 首頁的 URL
https://www.ptt.cc/bbs/pet/index.html
```

批踢踢實業坊 > 看板 pet   聯絡資訊 關於我們

看板 精華區 最舊 ‹上頁 下頁› 最新

搜尋文章「上頁」相對應的 HTML 程式碼

```html
<div class="btn-group btn-group-paging">
    <a class="btn wide" href="/bbs/pet/index1.html">最舊</a>
    <a class="btn wide" href="/bbs/pet/index1182.html">‹ 上頁</a>
    <a class="btn wide disabled">下頁 ›</a>
    <a class="btn wide" href="/bbs/pet/index.html">最新</a>
</div>
</div>
```
                          └─ 首頁的相對路徑

在 PTT 寵物板的 HTML 原始碼中,「上頁」的連結通常只是一個相對路徑,而不是完整的 URL 網址。這表示連結中只包含了路徑部分,並沒有包含網路協議(如 https://)與網域名稱。

相對路徑

`<a class="btn wide" href="/bbs/pet/index1182.html">‹ 上頁</a>`

這裡的「/bbs/pet/index1182.html」就是相對路徑,若要形成完整的網址,我們需要將它與主網站的網域(本例為 https://www.ptt.cc)結合:

完整的 URL = 主網站網域名稱 + 相對路徑

`https://www.ptt.cc/bbs/pet/index1182.html`

因此,要取得完整的頁面網址,就要將主網站網域名稱與從 HTML 中抓取「上頁」的相對路徑結合,如此才能得到一個完整的 URL,然後再用 requests 發送 GET 請求。若要爬取多個頁面,就需要重複幾次這個過程。

下面的程式爬取 PTT 寵物板前五頁，將文章標題存入檔案中。

```python
01  # ch13_7.py，取得 5 頁文章標題
02  import requests
03  from bs4 import BeautifulSoup
04  base_url = 'https://www.ptt.cc'        # PTT 主網域名稱
05  current_url = '/bbs/pet/index.html' # 當前頁面的路徑
06  with open('ch13_7.txt', 'w', encoding='utf-8') as f:
07      n_pages = 5       # 要爬取的頁數
08      for i in range(n_pages):
09          f.write(f'第{i+1}頁\n')
10          url = base_url + current_url   # 取得當前頁面的完整網址
11          req = requests.get(url)
12          sp = BeautifulSoup(req.text, 'html.parser')
13          # 找出所有的文章區塊
14          articles = sp.find_all('div',class_='r-ent')
15          for data in articles:
16              try:
17                  title_block = data.find('div', class_='title')
18                  title_tag =title_block.find('a')  # 找<a>標籤
19                  title = title_tag.text.strip()      # 標題
20              except:
21                  title = '本文已被刪除'
22              f.write(f"{title}\n")  # 寫入檔案
23          # 找出上頁連結
24          btn_group = sp.find('div', class_='btn-group-paging')
25          if btn_group:           # 如果有找到按鈕群組
26              prev_page = btn_group.find_all('a')[1]
27              if prev_page: # 如果有找到上一頁按鈕
28                  current_url = prev_page['href'] # 更新 current_url
29              else:
30                  break
31          else:
32              break
33  print("爬取結果已存入檔案中")
```

- 執行結果：
  爬取結果已存入檔案中

程式第 4 行為 PTT 的主網域名稱，第 5 行為目前頁面的相對路徑，第 10 行的 url 則是根據第 4 行與第 5 行的變數結合而得。第 7 行設定要爬取的頁數。第 8~30 行為 for 迴圈，負責爬取每一頁的文章標題：第 9 行將目前的頁數寫入檔案，第 10 行取得當前頁面的完整網址，第 11~12 行發送 GET 請求並使用 BeautifulSoup 解析 HTML。

第 14~22 行將文章的標題一一寫入檔案中。第 24 至 30 行找出「上頁」的相對路徑。第 24 行先抓取 `<div class='btn-group-paging'>`，並將結果存放在 btn_group 變數中。第 26 行則透過 `find_all('a')` 取得上一頁按鈕，並將索引為 [1] 的 `<a>` 標籤存放到 prev_page 變數中。最後，第 28 行透過 `prev_page['href']` 取得上一頁的相對路徑，更新 current_url，以便進入下一輪迴圈，爬取前一頁的文章。

下圖是「分頁按鈕」區塊，包含四個 `<a>` 標籤，分別是「最舊」、「上頁」、「下頁」和「最新」。在爬取多頁的時候，關鍵是找到「上頁」的超連結，也就是透過 `btn_group.find_all('a')[1]` 來取得「上頁」的連結。這個連結是相對路徑，例如 `/bbs/pet/index1182.html`，需要與 PTT 主網址 `https://www.ptt.cc` 結合，形成完整的網址，然後用 `requests.get()` 爬取前一頁的內容，讓爬蟲可以逐頁往回抓取更多文章。

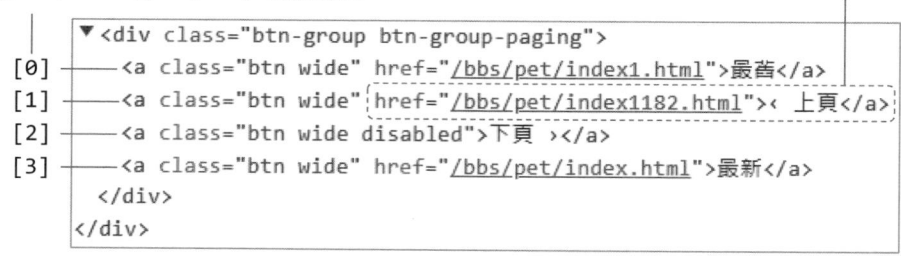

```
                                              要找到「上頁」的相對路徑
btn_group.find_all('a') 的註標值
         ▼<div class="btn-group btn-group-paging">
[0] ──── <a class="btn wide" href="/bbs/pet/index1.html">最舊</a>
[1] ──── <a class="btn wide" href="/bbs/pet/index1182.html">‹ 上頁</a>
[2] ──── <a class="btn wide disabled">下頁 ›</a>
[3] ──── <a class="btn wide" href="/bbs/pet/index.html">最新</a>
         </div>
</div>
```

請打開 ch13_7.txt 檔案檢視爬取結果，並與 PTT 寵物板上的內容進行比對。下圖展示了 ch13_7.txt 的標題與 PTT 寵物板標題的部分截圖。為了方便閱讀，我們特意將 PTT 網頁的顏色進行反轉處理。

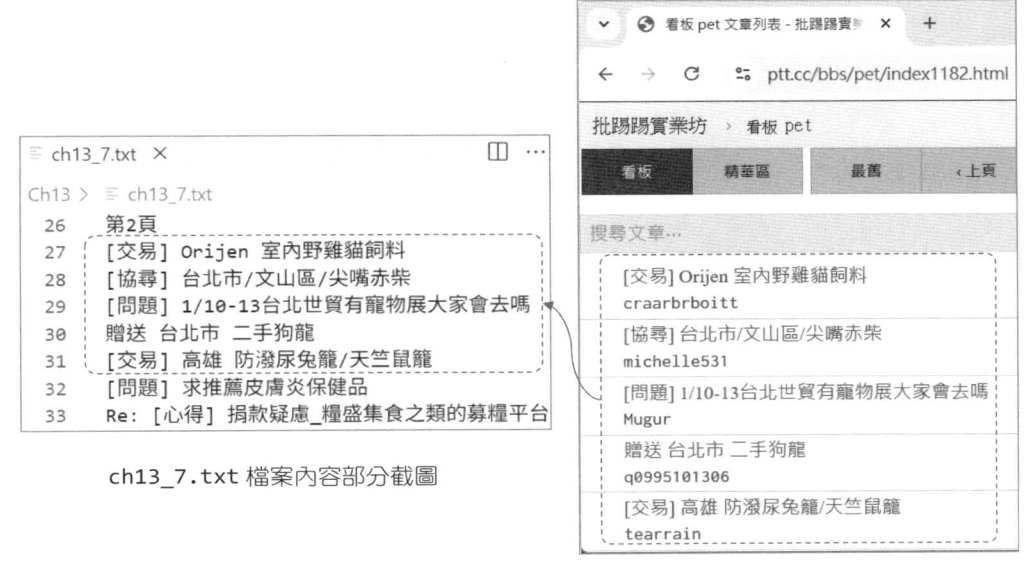

❖ 13.5 爬取 PTT 寵物板

ch13_7.txt 檔案內容部分截圖

PTT 寵物板第 2 頁的標題部分截圖

♣ 取得文章標題和文章連結

學會爬取多個頁面的資料後，我們再來練習取出文章的標題與該篇文章的超連結。下面的程式承襲前一個範例，將 PTT 寵物板前五頁的文章標題及其超連結爬取後存入檔案中。

```
01  # ch13_8.py，取得 5 頁文章標題、連結
02  import requests
03  from bs4 import BeautifulSoup
04  base_url = 'https://www.ptt.cc'        # PTT 主網域名稱
05  current_url = '/bbs/pet/index.html'    # 當前頁面的路徑
06  with open('ch13_8.txt', 'w', encoding='utf-8') as f:
07      f.write('文章標題, 連結\n')
08      n_pages = 5        # 要爬取的頁數
09      for i in range(n_pages):
10          f.write(f'第{i+1}頁\n')
11          url = base_url + current_url   # 取得當前頁面的完整網址
12          req = requests.get(url)
13          sp = BeautifulSoup(req.text, 'html.parser')
14          # 找出所有的文章區塊
```

13-31

```
15          articles = sp.find_all('div',class_='r-ent')
16          for data in articles:
17              try:
18                  title_block = data.find('div', class_='title')
19                  title_tag =title_block.find('a')   # 找<a>標籤
20                  title = title_tag.text.strip()     # 找標題
21                  link = base_url + title_tag['href']    # 文章連結
22                  f.write(f"{title}, {link}\n")          # 寫入檔案
23              except:
24                  title = '本文已被刪除'
25                  f.write(f"{title}\n")             # 寫入檔案
26          # 找出上頁連結
27          btn_group = sp.find('div', class_='btn-group-paging')
28          if btn_group:     # 如果有找到按鈕群組
29              prev_page = btn_group.find_all('a')[1]
30              if prev_page: # 如果有找到上一頁按鈕
31                  current_url = prev_page['href'] # 更新 current_url
32              else:
33                  break
34          else:
35              break
36  print("爬取結果已存入檔案中")
```

- 執行結果：
  爬取結果已存入檔案中

這個程式與 ch13_7.py 僅差在找到標題後，一併提取該篇文章的超連結，即第 21 行，超連結的存放位置也是在 `<a>` 標籤中，屬性為 `'href'`。完整的網址同樣也是要將主網域的名稱與路徑結合。

文章的超連結路徑

```
▼<div class="r-ent">
   <div class="nrec"></div>
  ▼<div class="title">
     <a href="/bbs/pet/M.1740721071.A.C33.html">[交易] 新竹沛德奧702GX寵物折疊推車</a>
   </div>
  ▶<div class="meta">…</div>
 </div>
```

請開啟 ch13_8.txt 檔案檢視爬取結果，下圖為 ch13_8.txt 的部分截圖。

```
≡ ch13_8.txt  ×                    爬取結果之部分截圖
Ch13 >  ≡ ch13_8.txt
  23    [事件] 網路社群，小心詐騙！, https://www.ptt.cc/bbs/pet/M.1411489210.A.FD5.html
  24    [公告] 寵物板板規, https://www.ptt.cc/bbs/pet/M.1617809683.A.484.html
  25    [公告] 關於有些文章無法自行刪除, https://www.ptt.cc/bbs/pet/M.1680882915.A.F4C.html
  26    [公告] 防詐宣導, https://www.ptt.cc/bbs/pet/M.1730741485.A.C71.html
  27    第2頁
  28    [交易] Orijen 室內野雞貓飼料, https://www.ptt.cc/bbs/pet/M.1735715566.A.057.html
  29    [協尋] 台北市/文山區/尖嘴赤柴, https://www.ptt.cc/bbs/pet/M.1736094749.A.287.html
```

透過爬取 PTT 寵物板的實例，相信您已經初步掌握了爬蟲撰寫與操作的技巧。然而，本章的內容僅僅展示了爬蟲世界的一角，更多豐富且充滿挑戰的技術正等待著您去探索與應用。

第十三章 習題

13.1 認識網路爬蟲

1. 【網路爬蟲的運作與應用】什麼是網路爬蟲？它如何幫助我們從大量資訊中快速抓取所需資料？

2. 【靜態與動態抓取的區別】請說明靜態抓取與動態抓取之間的區別，在何種情況下會選擇使用靜態抓取技術？

3. 【網路爬蟲的多領域應用】請舉例說明網路爬蟲在搜尋引擎、金融投資、電子商務或社群分析等領域中的應用。

13.2 使用 requests 發送請求

4. 【requests 套件簡介與用途】什麼是 requests 套件，它的主要用途是什麼？

5. 【查看 requests 回應內容的屬性】當我們使用 requests.get() 請求一個網頁時,會收到伺服器回應。以下哪些屬性可以用來查看回應的內容?

   (a) `req.status_code`
   (b) `req.text`
   (c) `req.headers`
   (d) `req.content`

6. 【HTTP 狀態碼的含義】HTTP 狀態碼 200 和 404 分別代表什麼意思?請解釋它們的含義及常見的情況。

7. 【處理圖片與音訊回應】當網站回應的資料是圖片或音訊檔時,應該如何處理回應的內容?

13.3 解析 HTML 與安裝 BeautifulSoup

8. 【解析網頁標籤內容】請至網頁 https://wienhong.github.io/ex13_8.html,利用 BeautifulSoup 解析網頁,將<title>、<h2>、<p> 標籤內容列印出來。

9. 【爬取圖片與超連結網址】請至網頁 https://wienhong.github.io/ex13_8.html,利用 BeautifulSoup 解析網頁,將圖片完整的網址和超連結內容爬取出來。

13.4 實作:抓取網頁特定資訊

10. 【下載文字檔案】請連到 https://data.gov.tw/dataset/38130,這是政府資料開放平台,然後點選「資料資源下載網址」欄位的 CSV 檔旁的「檢視資料」:

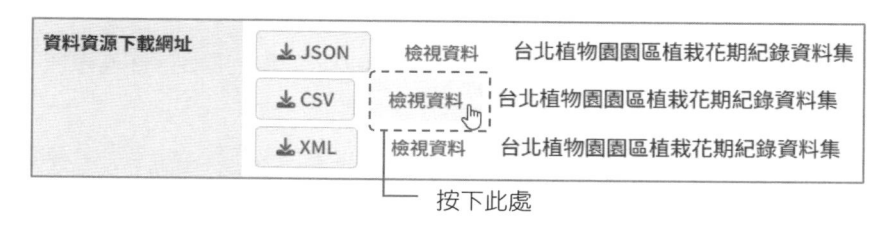

於出現的對話框中將「資料下載網址」欄位旁的網址複製:

接著請在 VS Code 裡新增一個 Python 檔案 ex13_10.py，將複製的網址設值給變數 url 存放，然後利用 requests 以 url 為網址發送 GET 請求，將讀取到的資料寫入檔案 ex13_10.csv。完成後，請印出字串 '下載「台北植物園園區植栽花期紀錄資料集」完成'。下圖為 ex13_10.csv 在 VS Code 打開時，部分資料的截圖。

```
 ex14_10.py       ex14_10.csv  ×
Ch14 >  ex14_10.csv >  data
   1   spid,rid,iconType,squarePhoto,rectanglePhoto,flowerBloom1,flowerBloom2,
   2
   3   Alpi15,45,3,http://bgip.tfri.gov.tw/tpbg2012/upload/file/20150514_月桃_
   4
   5   Alpi17,531,3,http://bgip.tfri.gov.tw/tpbg2012/upload/file/20150506_2011
   6
   7   Alpi19,502,3,http://bgip.tfri.gov.tw/tpbg2012/upload/file/20150401_2011
```

11.【下載二進位檔案】請參考上題的步驟，到 https://wienhong.github.io/cats.html 完成下載 1 張貓咪的圖片，並儲存成 ex13_11.jpg。請參考如下的執行結果。

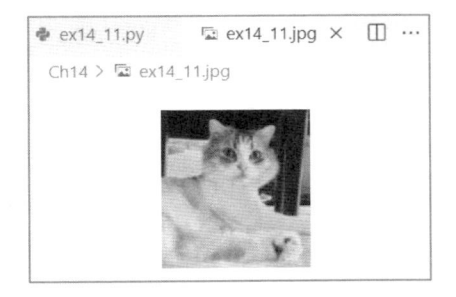

13.5 爬取 PTT 寵物板

12.【提取標題】請撰寫一程式，將 PTT 美食板（https://www.ptt.cc/bbs/Food/index.html）網頁中提取所有文章開頭為[食記]的標題。

13.【提取多頁標題並儲存】請撰寫一程式，將 PTT 美食板網頁中提取 5 個頁面，文章開頭為[食記]的標題。請將爬取的結果寫入 ex13_13.txt。

網址為 https://www.ptt.cc/bbs/Food/index.html。執行結果請參考下圖。

13-35

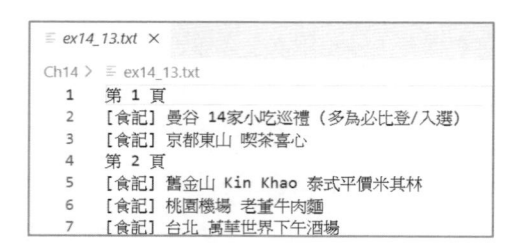

```
ex14_13.txt ×
Ch14 >  ex14_13.txt
1   第 1 頁
2   [食記] 曼谷 14家小吃巡禮（多為必比登/入選）
3   [食記] 京都東山 喫茶喜心
4   第 2 頁
5   [食記] 舊金山 Kin Khao 泰式平價米其林
6   [食記] 桃園機場 老董牛肉麵
7   [食記] 台北 萬華世界下午酒場
```

14. 【爬取文章資訊並儲存】請撰寫一程式，將 PTT 美食板提取 5 個頁面，將每篇文章標題、作者、發文日期寫入 ex13_13.txt。網址為 https://www.ptt.cc/bbs/Food/index.html。執行結果請參考下圖。

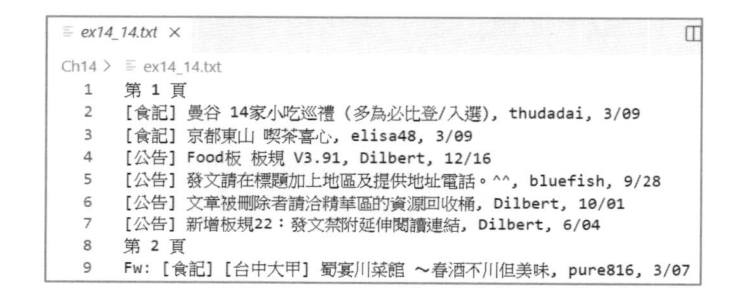

```
ex14_14.txt ×
Ch14 >  ex14_14.txt
1   第 1 頁
2   [食記] 曼谷 14家小吃巡禮（多為必比登/入選）, thudadai, 3/09
3   [食記] 京都東山 喫茶喜心, elisa48, 3/09
4   [公告] Food板 板規 V3.91, Dilbert, 12/16
5   [公告] 發文請在標題加上地區及提供地址電話。^^, bluefish, 9/28
6   [公告] 文章被刪除者請洽精華區的資源回收桶, Dilbert, 10/01
7   [公告] 新增板規22：發文禁附延伸閱讀連結, Dilbert, 6/04
8   第 2 頁
9   Fw: [食記] [台中大甲] 蜀宴川菜館 ～春酒不川但美味, pure816, 3/07
```

14 Chapter

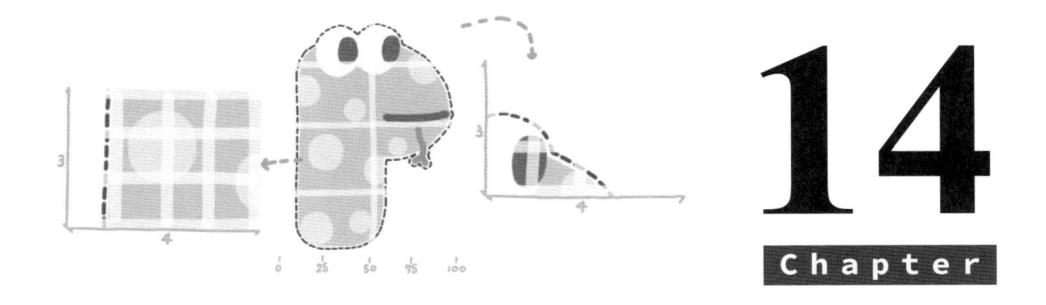

使用 Skimage 進行圖像處理

Python 擁有多種圖像處理套件,例如 Pillow、OpenCV 和 Scikit-image(簡稱 Skimage)等。其中,Pillow 提供基礎的圖像處理功能;OpenCV 雖然以 C++ 為核心開發,但提供了 Python 的呼叫介面;而 Skimage 則是 Scikit 套件家族中的圖像處理模組,最大的特色是以 NumPy 陣列來表示圖像像素,讓各種處理操作更為直觀且方便。本章將以 Skimage 為主軸,介紹如何在 Python 中進行圖像處理。內容包含圖像的基本概念、色表處理、邊緣檢測、柔化與銳利化,以及圖像修復等應用。

1. 圖像的基本概念
2. 圖像類型、儲存與色表應用
3. 基礎圖像處理
4. 進階圖像處理
5. 圖像修復

本章我們將利用 Scikit-image（簡稱 Skimage）來進行圖像處理。在 VS Code 中請於終端機的窗格裡鍵入下面的指令來進行安裝：

```
pip install scikit-image
```

安裝完成後，我們就可以開始使用 Skimage 套件進行各種圖像處理操作了。

14.1 圖像的基本概念

當圖像儲存在電腦中時，會以數值方式表示每個像素的顏色或亮度資訊。根據儲存方式與應用需求，常見的圖像可分為灰階圖像、二值圖像與彩色圖像等三種類型。這些圖像在資料結構、視覺效果、讀取與顯示方式，以及儲存格式上各有不同，了解其特性有助於後續的圖像處理與應用。

14.1.1 讀取與顯示圖像

在進行圖像處理時，讀取與顯示圖像是最基本的操作，它們可分別由 imread() 和 imwrite() 來完成，這兩個函數名稱的前綴 im 是 image 的縮寫，為圖像的意思。

· 圖像讀取與顯示函數

函數	說明
imread(fname)	讀取圖檔 fname（需載入 imageio.v3）
imshow(img, cmap = map)	以色表 map 繪出圖像 img（需載入 matplotlib.pyplot）

imread() 用於讀取圖像檔案，需透過 imageio.v3 模組使用。imageio 是支援多種格式的 Python 套件，可用來讀取與寫入圖像，常見格式包含 PNG、JPEG、TIFF 和 GIF。最新版為 v3，通常會隨 scikit-image 一併安裝，無需額外安裝即可使用。

使用 imread() 讀取圖檔時，可以在檔名前加上路徑；若圖檔與 Python 執行檔位於同一資料夾中，則可省略路徑。以下範例使用本書附的圖檔 img01.jpg，可在 ch14 資料夾中找到，您也可以嘗試讀取自己的圖檔。

```
01  # ch14_1.py, imread() 與 imshow() 的練習
02  import imageio.v3 as iio
03  import matplotlib.pyplot as plt
04
05  # 讀取圖檔（注意檔案路徑）
06  img = iio.imread('ch14/img01.jpg')
07
08  # 顯示圖像
09  plt.imshow(img)          # 顯示圖像
10  plt.axis('off')          # 不顯示座標軸
11  plt.show()               # 顯示圖像視窗
```

目前工作目錄
- MY_PYTHON
  - ch14
    - ch14_1.ipynb
    - ch14_1.py.py
    - img01.jpg

這個範例第 2 行匯入 imageio.v3 模組並將其縮寫為 iio。iio 為 imageio 套件的縮寫，是社群裡常用的命名習慣。第 3 行匯入 matplotlib.pyplot 模組；第 6 行使用 iio.imread() 讀取 img01.jpg；第 9 行使用 plt.imshow() 函數將讀取的圖像資料顯示出來，並在第 10 行透過 axis('off') 關閉座標軸的顯示；最後，第 11 行使用 plt.show() 將圖像視窗呈現給使用者。執行結果如下圖所示：

在 VS Code 中執行 .py 檔案時，預設的讀取路徑是「目前的工作目錄」，而不一定是 .py 檔本身所在的資料夾；相對地，在 Jupyter Notebook 中，預設的工作目錄通常就是該 .ipynb 所在的資料夾。由於 img01.jpg 和 ch14.ipynb 是放在同一個資料夾內，因此如果本範例在 Jupyter Notebook 裡執行，第 6 行的路徑 ch14/ 可以省略。

14.1.2 圖像類型與 Skimage 內建圖像資源

於 ch14_1.py 中，img01.jpg 是彩色圖像，另外灰階和二值圖像也是常見的圖像。在使用 imread() 讀取圖像後，會得到一個 NumPy 陣列。圖像的類型不同，其陣列的維度結構與資料型別（dtype）也會有所不同。灰階圖像是二維陣列，形狀為 (H, W)，其中 H 和 W 表示圖像的高度和寬度，單位為像素。

彩色圖像會多出一個通道（Channel）維度，例如 RGB 圖像的形狀為 (H, W, 3)，支援透明度的 RGBA 圖像為 (H, W, 4)，其中 3 和 4 分別代表每個像素的色彩通道數。二值圖像的型別通常為 bool 或 uint8，且僅有黑白之分。這些分類整理於下表：

．常見圖像格式與陣列結構對照

圖像類型	陣列維度範例	資料型別	像素數值範圍
灰階圖像	(H, W)	uint8 或 float	0 – 255 或 0.0 – 1.0
二值圖像	(H, W)	bool 或 uint8	True/False 或 0/255
彩色圖像（RGB）	(H, W, 3)	uint8 或 float	每通道 0 – 255 或 0.0 –1.0
RGBA 圖像	(H, W, 4)	uint8 或 float	多一個 alpha（透明）通道

另外，在圖像處理中，每個像素都是一個數值，而這些數值的型別會影響資料儲存與處理方式，最常見的是 uint8 和 float：

．uint8（uint8 圖像）

像素值為 0 到 255 之間的整數，是圖像儲存最常用的格式之一。每個像素的每個通道佔 1 位元組（8 位元），數值越大代表亮度或顏色強度越大。例如灰階圖像中，0 為全黑，255 為全白。

．float（float 圖像）

像素值為 0.0 到 1.0 的浮點數，用來表示經過正規化的圖像資料，適合用於數學運算、或是深度學習的模型輸入等場合。浮點數提供較高的精度，但檔案較大、計算成本也較高。

為了方便圖像處理的學習與測試，skimage 提供多組內建圖像，可透過 skimage.data 模組直接載入，無需額外下載。這些圖像涵蓋灰階與彩色類型，使用方式類似呼叫函數，非常直觀。例如，以下語法可載入一張灰階圖像 camera：

```
from skimage import data
img = data.camera()         # 載入灰階圖像 camera，其中 img 為 NumPy 陣列
```

載入的圖像已經轉換為 NumPy 的陣列，因此可以直接套用 Skimage 或其它圖像處理工具進行操作。下面展示了本章會使用的一些經典圖像：

camera()　　astronaut()　　chelsea()　　coffee()　　coins()

在這些圖像中，camera 是經典的攝影師圖像，常見於圖像處理的教材中。coins 是多個硬幣的圖像，常用於邊緣偵測或分割。另外三張為彩色圖像，其中 astronaut 圖像中的女性是美國太空人 Kathryn Sullivan，她是第一位在太空中行走的美國女性。這張照片拍攝於她執行哥倫比亞號太空梭任務期間。

14.2 圖像類型、儲存與色表應用

在圖像處理中，了解不同的圖像類型是基礎功之一，包括灰階圖像、二值圖像與彩色圖像，它們各自具有不同的結構與應用情境。本節將介紹這些圖像的基本概念，說明常見的圖像儲存方式，以及如何利用色表（colormap）強化圖像的顯示效果，為後續進行更進階的圖像處理打下基礎。

14.2.1 灰階圖像

灰階圖像是最基本的圖像類型，每個像素僅儲存單一亮度值，不含顏色資訊，以二維陣列表示。常見的資料型別為 uint8 或 float，數值越高表示亮度越強。在圖像處理中，灰階圖像常用於邊緣偵測、圖像增強與特徵提取等應用。

在圖像處理中，除了觀察圖像本身，我們也可以檢查圖像的一些訊息，如大小與型別等，這有助於後續的處理。下面以 camera 圖像為例，說明灰階圖像的特性。

```
01  # ch14_2.py, 載入 skimage 的內建圖像
02  from skimage import data
03  import matplotlib.pyplot as plt
04
05  img = data.camera()              # 載入內建灰階圖像
06  plt.imshow(img, cmap='gray', vmin=0, vmax=255)  # 顯示圖像
07  plt.axis('off')
08  plt.show()
09
10  print("圖像形狀 shape : ", img.shape)        # (512, 512)
11  print("資料型別 dtype : ", img.dtype)        # uint8
12  print("圖像總像素數 size : ", img.size)       # 262144
13  print("圖像前 5x5 像素資料 :\n", img[:5, :5])
```

- 執行結果：
  圖像形狀 shape : (512, 512)
  資料型別 dtype : uint8
  圖像總像素數 size: 262144
  圖像前 5x5 像素資料 :
   [[200 200 200 200 199]
    [200 199 199 200 199]
    [199 199 199 200 200]
    [200 200 199 199 199]
    [200 200 200 200 199]]

此範例第 2 行從 skimage 載入 data 模組，第 5 行透過 data.camera() 載入一張灰階圖像，並將其存入變數 img 中。由於灰階圖像只有一個通道，所以一定要明確指定使用 gray 色表，才會套用正確的灰階（第 6 行）。10 到 12 行的輸出顯示圖像的形狀為 (512, 512)，型別為 uint8，總像素數為 262144。

第 13 行進一步輸出圖像左上角 5 × 5 的像素值，方便觀察圖像的部分內容。由於此圖為灰階，像素值介於 0 到 255 之間。數值越低表示越暗，越高則表示越亮。您可以看到 camera 圖像的左上角區域較為明亮，因此該區域 5 × 5 的區塊中，像素值相對較高，反映出其亮度偏強的特性。

值得一提的是，在顯示灰階圖像時，imshow() 會自動將圖像中實際的「最小像素值」對應為全黑、「最大像素值」對應為全白，其餘像素則依比例轉換為不同層次的灰階。

這種自動對應雖然可增強圖像的對比（Contrast），但可能造成對圖像真實灰階分布的誤解。例如，若圖像中沒有亮度值接近 0 或 255 的像素，整體對比可能被拉大，導致視覺上的誤判。因此，當需要真實呈現圖像原始亮度分佈時，可設定 vmin = 0 和 vmax = 255（如程式第 6 行），如此 imshow() 就會以全白對應最大亮度（255），全黑對應最小亮度（0），中間值則根據線性比例呈現，以避免圖像因自動調整對比而產生誤導性的視覺效果。

上面的例子是使用 plt.imshow() 來顯示單張圖像。如果想要將多張圖像並排呈現在同一張畫布上，則需使用第 11 章介紹的方法先建立子圖（subplot）結構，再將各圖像繪製於對應的子圖上。此外，使用 imshow() 顯示灰階圖像時，必須指定 cmap = 'gray'，也就是設定色表（colormap）為灰階。否則，Matplotlib 將使用預設的色表，可能導致灰階圖呈現出彩色效果，影響視覺判讀。

另外，若圖像資料為浮點數（範圍在 0 到 1 之間），也必須留意顯示時的參數設定。如果 imshow() 指定錯誤的 vmin 與 vmax，可能會導致顯示效果與預期不符。例如在一張浮點數圖像中，若設定 vmin = 0 和 vmax = 255，則圖像的顯示幾近全黑，這是因為 vmax = 255 表明了最大的像素值為 255，但實際的最大值僅可能為 1，因此圖像將以非常暗的顏色顯示。

下面的範例展示了使用 imshow() 顯示浮點圖像時，設定 cmap 以及 vmin 和 vmax 參數對於視覺效果的影響。

```
01  # ch14_3.py, float 圖像與 cmap='gray' 顯示差異
02  from skimage import data
03  import matplotlib.pyplot as plt
04
05  img = data.camera()/255   # 將圖像轉為 0-1 範圍
06  fig, axes = plt.subplots(1, 3, figsize=(10, 4))   # 建立子圖
07  axes[0].imshow(img)
08  axes[1].imshow(img, cmap='gray', vmin=0, vmax=255)
09  axes[2].imshow(img, cmap='gray', vmin=0, vmax=1)
10  plt.show()
```

在這個範例中，第 5 行將 camera 這張 uint8 的圖像除以 255，使得它變成一張浮點數圖像，像素值介於 0 到 1 之間。第 7 行未設定 cmap 參數，因此 imshow() 採用了預設的色表，導致輸出的顏色異常（左圖）；第 8 行雖設設定了 cmap，但 vmax = 255 不符合圖像實際範圍，因此整體幾近全黑（中間）；第 9 行設定 vmin = 0 和 vmax = 1，因此能正確對應原始圖像的灰階值，呈現最真實的亮度分布（右圖）。

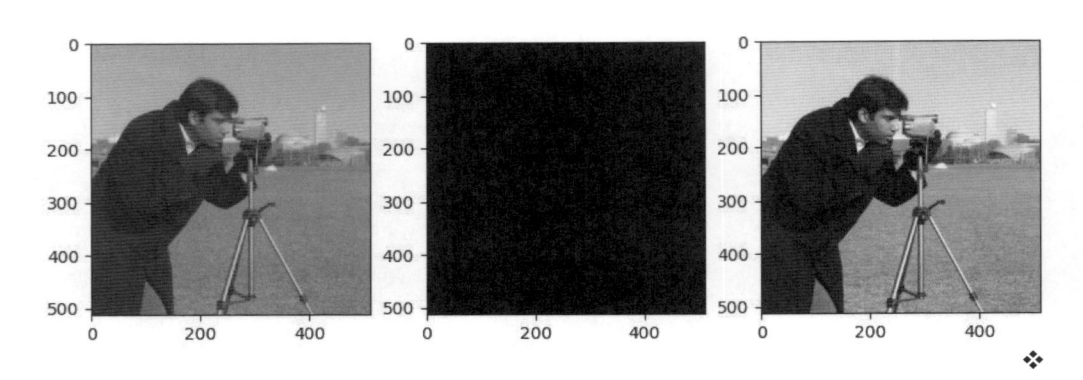

14.2.2 二值圖像

二值圖像（Binary image）是指只有兩種像素狀態的圖像，通常為黑色和白色。像素值可以是布林型別（True / False），或是數值型別（如 0 和 1，或 0 和 255），依應用場景而有所不同。二值圖像廣泛應用於需要明確區分前景與背景的場合，例如物件偵測、邊緣偵測等領域。

產生二值圖像的方法有許多種，其中最常見的是根據亮度設定閾值（threshold）：將高於閾值的像素設為白色，低於閾值的設為黑色。不同閾值會影響畫面中的亮暗比例。透過這種方式，可以有效突顯圖像中的重點區域，是圖像處理中非常常見且重要的基本步驟。

以下範例將針對同一張圖像使用三種不同的閾值進行處理，觀察不同閾值設定對二值化結果的影響。

```
01  # ch14_4.py, 不同 threshold 對二值化結果的影響
02  from skimage import data
03  import matplotlib.pyplot as plt
04  import numpy as np
05
06  img = data.camera()      # 讀取圖像
07  thresholds = [50, 128, 200] # 設定三個不同的 threshold
08  fig, axes = plt.subplots(1, 3, figsize=(12, 4)) # 建立子圖
09
10  # 對每個 threshold 分別二值化並顯示
11  for ax, th in zip(axes, thresholds):
12      binary_img = img > th        # 大於 th 為 True，小於等於為 False
13      ax.imshow(binary_img, cmap='gray')
14      ax.set_title(f"Threshold = {th}")
15  plt.show()
```

在這個範例中，第 7 行定義了一個 thresholds 串列，內含三個不同的閾值 [50, 128, 200]；第 8 行建立了 1 × 3 的子圖。第 11 行開始的迴圈對每個閾值進行二值化處理，將像素值大於閾值的部分設為 True，小於等於閾值的部分設為 False 來產生二值化圖像 binary_img；第 13 行將二值化圖像顯示在對應的子圖中。注意此處不需要設定 vmin 和 vmax，因為布林型別（True/False）會自動對應為 1（白色）與 0（黑色）。最後，第 14 行為每個子圖設定標題，顯示對應的閾值。顯示的圖像如下：

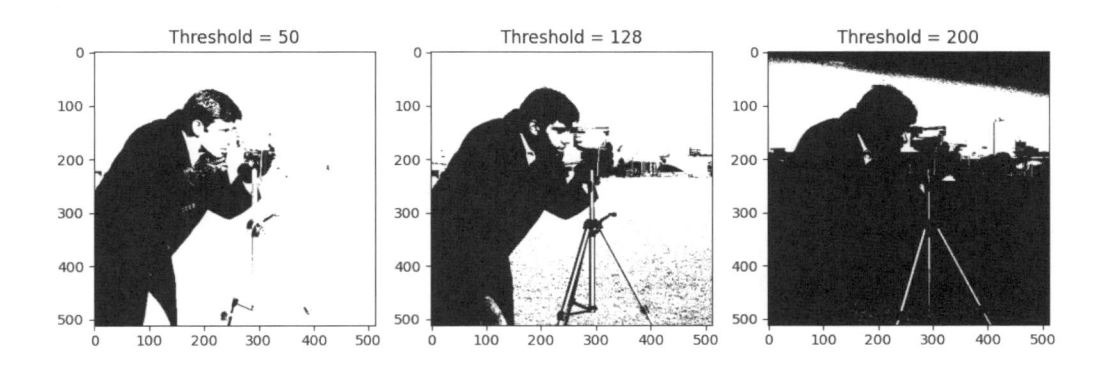

14.2 圖像類型、儲存與色表應用

14-9

從生成的圖像可以看出，當閾值設為 50 時，大部分像素值都高於 50，因此圖像中多數區域呈現白色，看起來偏亮；閾值設為 128 時，圖像中黑白區域較為均衡，能較清楚分出亮暗部位；而當閾值提高到 200 時，只有非常亮的區域才會轉為白色，其餘大部分區域呈現黑色，整體畫面變得較暗。透過這個比較，可以清楚看到不同閾值設定對二值化結果的影響。 ❖

14.2.3 彩色圖像

彩色圖像是由紅、綠和藍三個通道（Channel）所組成，每一個通道可以視為一張獨立的灰階圖像。Skimage 將一張高為 h，寬為 w 的彩色圖像表示為 $h \times w \times 3$ 的 NumPy 陣列。如果還有設定透明色的通道，則陣列大小為 $h \times w \times 4$，如下圖所示。注意在下圖中，我們刻意把軸的順序畫的和第 9 章為不同，以方便理解。

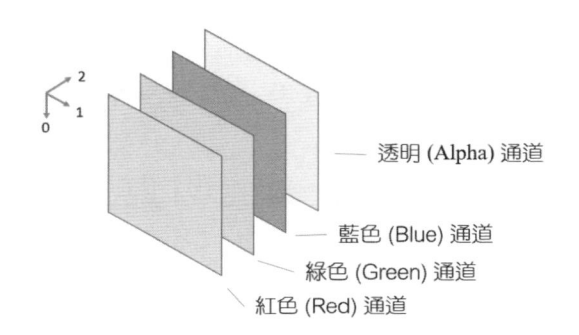

相同的，彩色圖像的資料型別可以是 uint8 或 float64。在一個通道中，某個像素值越大，代表該像素在該通道的顏色成分越強。例如，當圖像型別為 uint8 時，紅色通道中像素值為 255 表示紅色成分最強（純紅），而像素值為 0 則表示該像素中完全沒有紅色成分。

如果分別觀察各通道的灰階圖，我們就可以了解不同色彩成分在圖像中的分佈情形。以下範例了展示原始彩色圖像及其紅色與綠色通道的灰階顯示效果。

```
01  # ch14_5.py, 彩色圖像與 RGB 通道展示
02  from skimage import data
03  import matplotlib.pyplot as plt
04
05  img = data.astronaut()   # 讀取彩色圖像
06
07  # 定義要顯示的資料、標題和子圖
08  images = [img, img[:, :, 0], img[:, :, 1]]
09  titles = ['Original Image', 'Red Channel', 'Green Channel']
10  cmaps = [None, 'gray', 'gray']
11
12  fig, axes = plt.subplots(1, 3, figsize=(15, 5))
13  # 使用迴圈繪製三張圖
14  for ax, image, title, cmap in zip(axes, images, titles, cmaps):
15      ax.imshow(image, cmap=cmap)
16      ax.set_title(title)
17  plt.show()
```

在這個範例中，第 8 到 10 行定義了 images、titles 和 cmaps 三個串列，分別存放要顯示的圖像、標題和色表。images 包括原始彩色圖像 img，以及紅色通道 img[:, :, 0] 與綠色通道 img[:, :, 1]。第 14 行開始的迴圈依序取出圖像、標題與色表，使用 imshow() 將圖像繪製到子圖上，其中原始圖像使用預設色表，單一通道則以灰階色表顯示。

從輸出結果可以看到，原圖中的衣服呈現橘紅色。在紅色通道中，衣服部分亮度明顯較高，顯示紅色成分較強；而在綠色通道中，同一區域亮度則較低，反映出衣服中的綠色成分較弱。

有些圖像除了 RGB 通道外，還包含第四個通道，即透明度通道（Alpha Channel），形成所謂的 RGBA 結構。Alpha 通道用來調整圖像各部分的透明程度：當數值為 0 時，該部分完全透明，底色會透出來，圖像本身無法顯示；數值為 255 時，圖像完整呈現；介於兩者之間則呈現半透明效果。

由於 skimage 中並未直接內建 RGBA 格式的範例圖像，我們借用 Matplotlib 提供的 logo2.png，觀察 RGBA 結構的實際樣貌。以下範例以 logo2.png 為例，分別展示 RGB 色彩、Alpha 通道以及完整的 RGBA 圖像，幫助理解透明度通道的運作方式

```python
# ch14_6.py, 有 Alpha 通道的圖像的觀察
import matplotlib.pyplot as plt
import matplotlib.cbook as cbook    # 載入 Matplotlib 的範例資料工具
import imageio.v3 as iio
import numpy as np

file_path = cbook.get_sample_data('logo2.png')   # 取得檔案路徑
img = iio.imread(file_path)          # 讀取圖片，形狀為 (130, 542, 4)

img_rgb = img[:, :, :3]              # RGB 通道
alpha = img[:, :, 3]                 # Alpha 通道
images = [img_rgb, alpha, img]       # 要顯示的圖像
cmaps = [None, 'gray', None]         # 使用的色表

fig, axes = plt.subplots(1, 3, figsize=(18, 6))
for ax, image, cmap in zip(axes, images, cmaps):
    ax.imshow(image, cmap=cmap)
    ax.axis('off')
plt.tight_layout()
plt.show()
```

在這個範例中，第 2 行載入 cbook 套件，第 7 行透過 cbook.get_sample_data() 取得 logo2.png 的檔案路徑；第 8 行在讀取圖像後，將資料儲存在 img 中。img 的圖像大小為 (130, 542, 4)，代表含有 RGB 和 Alpha 四個通道。

14-12

第 10 到 11 行分別從 img 中擷取前三個通道（RGB 彩色資訊），以及第四個通道（Alpha 透明度資訊）。第 12 行定義要顯示的三張圖，包括 RGB 彩色圖、Alpha 通道圖，以及完整的 RGBA 圖；第 13 行定義各張圖使用的色表，其中 Alpha 通道使用灰階顯示。第 16 行開始的迴圈將三張圖依序繪製到對應的子圖中，其中 RGB 圖和 RGBA 圖使用原色顯示（cmap = 'None'），Alpha 通道以灰階顯示。

黑色 (0) 部分會將圖片變透明

白色 (255) 部分圖片不透明

RGB 圖像 (沒有Alpha 通道)　　　　Alpha 通道　　　　RGBA 圖像

執行結果如上圖所示，但不包含註解文字和葉子，葉子只是用來展示透明效果。第一張圖顯示 logo2.png 的 RGB 色彩資訊，因為沒有套用透明度，所以背景呈現黑色；第二張圖為 Alpha 通道，白色區域代表完全不透明，黑色區域代表完全透明；第三張圖則是完整的 RGBA 圖像，可以看到 Alpha 通道黑色的部分，RGBA 圖像呈現透明，因此背後的葉子可以清楚的看見。如果你想試一下透明的效果，可以在本範例的最後一行加上

```
iio.imwrite('RGBA.png', img)          # 寫入 png 檔
```

如此便會存一張 PNG 圖檔在你的電腦裡。你可以用 PowerPoint 來檢視透明效果。請在 PowerPoint 裡選擇「插入」，點選「圖片」，然後「此裝置」，接著選取剛剛存好的 RGBA.png，插入後即可看到透明區域正確呈現，背景會自然透出底色或版面，不會出現黑底或白底。

14.2.4 儲存圖像

在完成圖像處理後，常需要將結果儲存為圖檔以便後續使用。imageio.v3 模組提供了 imwrite() 函數，可將圖像陣列儲存成各種格式的圖像，如 PNG 和 JPEG 等，並可控制輸出的圖像品質、壓縮率與透明度設定等。

- imwrite() 函數

函數	說明
imwrite(fname, img)	將圖像 img 寫入圖檔 fname（需載入 imageio.v3） ・PNG，支援透明度（Alpha 通道） ・JPG 或 JPEG，可調整品質（quality 參數） ・BMP，無壓縮，通常只保存 RGB ・TIFF，支援透明度，可無損或有損壓縮 ・GIF，常用於動畫

在儲存圖像時，JPEG 格式允許設定壓縮品質，品質越低，檔案越小，但失真也越明顯。下面的範例將以同一張原圖，分別儲存成不同品質的 JPEG 檔案，並讀回比較，觀察品質設定對圖像細節與畫質的影響。

```python
01  # ch14_7.py, JPEG 不同品質設定的影響（原圖、品質 70 和 10）
02  import matplotlib.pyplot as plt
03  import imageio.v3 as iio
04  from skimage import data
05  import numpy as np
06
07  img = data.chelsea()    # 讀取原圖（這裡用 chelsea 貓咪圖）
08  iio.imwrite('q70.jpg', img, quality = 70)    # 儲存成不同品質
09  iio.imwrite('q10.jpg', img, quality = 10)
10  img_q70 = iio.imread('q70.jpg')              # 讀回來
11  img_q10 = iio.imread('q10.jpg')
12
13  images = [img, img_q70, img_q10]             # 要顯示的圖
14  titles = ['Original Image', 'Quality 70', 'Quality 10']
15
16  fig, axes = plt.subplots(1, 3, figsize=(18, 6))
17  for ax, image, title in zip(axes, images, titles):
18      ax.imshow(image)
19      ax.set_title(title, fontsize=24)
20      ax.axis('off')
21  plt.tight_layout()
22  plt.show()
```

本範例首先於第 7 行讀取一張彩色貓咪圖像 chelsea，接著 8 到 9 行使用 imwrite() 分別以不同的品質（quality=70 與 quality=10）的 JPEG 格式儲存圖像。10 到 11 行將這兩張不同品質的 JPEG 檔案讀回，取得兩個圖像陣列 img_q70 和 img_q10。第 13 行設定要顯示的三張圖，依序為原圖 img、img_q70 以及 img_q10。17 到 20 行透過迴圈繪製各圖，並以字體大小 24pt 標示標題。

上圖中，第一張圖為原始圖像，細節清晰、顏色自然；第二張圖為使用 quality = 70 儲存後的圖像，肉眼觀察下仍保持良好的細節與色彩表現，只有些微壓縮損失；第三張圖為使用了 quality = 10，可以明顯看到畫面模糊、區塊狀失真較大，顏色過渡也變得不自然。

14.2.5 定義自己的色表

前幾節已經使用過 gray 這個色表，本節我們將探討內建色表的運作原理，並介紹如何建立自己所需的色表。在 Matplotlib 中，n 個顏色的色表可由一個 $n \times 3$ 的陣列所描述，其中每一列的 3 個值（浮點數）分別代表紅、綠、藍三個通道的強度，數值範圍介於 0 到 1 之間。如果要設定透明度，則可以使用 $n \times 4$ 的陣列，第四個值代表 Alpha 通道。要建立自訂色表，可透過載入 ListedColormap 類別來實現。

下面的程式碼示範了如何使用 ListedColormap 自訂色表，將指定的紅、綠、藍、黑、白五種顏色應用於圖像中。範例並展示了如何透過 vmin 來控制色表的起始對應範圍，以理解色表的運作原理。

```
01  # ch14_8.py, 自訂 ListedColormap 色表 (只顯示第一張圖)
02  import numpy as np
03  import matplotlib.pyplot as plt
04  from matplotlib.colors import ListedColormap
05
06  palette = np.array([    # 定義自訂色表，需要 0 到 1 之間的浮點數
07      [1., 0., 0.],           # 紅色
08      [0., 1., 0.],           # 綠色
09      [0., 0., 1.],           # 藍色
10      [0., 0., 0.],           # 黑色
11      [1., 1., 1.]            # 白色
12  ])
13  newcmp = ListedColormap(palette)      # 自訂色表
14  img = np.array([                       # 建立整數圖像陣列
15      [9, 7, 3],
16      [4, 5, 9],
17      [3, 4, 0]
18  ])
19  plt.figure(figsize=(6, 4))
20  im = plt.imshow(img, cmap = newcmp, vmin=2)    # 顯示圖像
21  plt.colorbar(im)
22  plt.show()
```

這個範例第 4 行載入了 ListedColormap 類別，6 到 12 行建立一個 5×3 的顏色陣列 palette，每一個橫列為一個顏色，每個橫列裡的 3 個數字分別代表紅、綠、藍 3 個顏色的強度。第 13 行利用 ListedColormap() 將 palette 轉換成色表，並命名為 newcmp。第 14 到 18 行定義了要顯示的圖像 img，20 行在 imshow() 裡指定 cmap 為 newcmp 來顯示 img。

當 imshow() 在取用 newcmp 色表時，會先找出圖像裡像素的最大和最小值，以這兩個值為邊界劃分成 5 個等距的區間，每個區間對應到一個顏色。例如 img 中數字 3 和 4 分別對應到紅色和綠色，因此圖像中，值為 3 或 4 的像素都分別以紅色和綠色來顯示。像素值落在某個區間內就以該區間所對應的顏色來顯示。您可以觀察到下圖中，右側色條（Color bar）裡的 5 個顏色就是色表裡的顏色。注意色條旁邊的刻度最小為 2（因為設定 vmin = 2），最大為 9（因為 img 裡最大的數字是 9）。

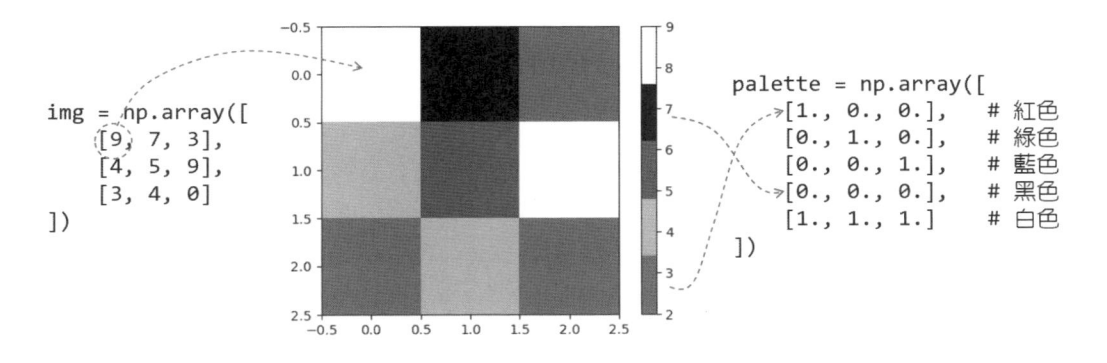

```
img = np.array([
    [9, 7, 3],
    [4, 5, 9],
    [3, 4, 0]
])
```

```
palette = np.array([
    [1., 0., 0.],    # 紅色
    [0., 1., 0.],    # 綠色
    [0., 0., 1.],    # 藍色
    [0., 0., 0.],    # 黑色
    [1., 1., 1.]     # 白色
])
```

建議讀者試著將本範例中定義的自訂色表，套用到浮點數陣列或灰階圖像（如 camera）上進行測試。透過不同型別資料的套用，可以更直觀地理解色表如何依據資料數值進行映射，以及 vmin 和 vmax 等參數在控制顏色分佈時的重要性。

14.3 基礎圖像處理

本節我們將介紹圖像處理的基本操作，包含了圖像的切割、像素值的修改、圖像型別的轉換，以及色彩空間的轉換等。

14.3.1 圖像的切割

許多的圖像在處理前都必須要進行切割。稍早我們在第 9 章已經有介紹過如何利用串列推導式將一個大陣列切割成小陣列。事實上我們只要利用 reshape() 和 swapaxes() 這兩個函數就可以完成切割的動作，下面我們舉一個簡單的例子來做說明。

假設一張圖像大小為 8×15，想把它切成 2×3 個大小為 4×5 的區塊（左圖）。因為 $8 = 2 \times 4$，$15 = 3 \times 5$，因此利用 reshape()，8×15 的陣列可以重新排成 $2 \times 4 \times 3 \times 5$ 的陣列。以 NumPy 的陣列而言，$2 \times 4 \times 3 \times 5$ 可以解讀成 2×4 個 3×5 的陣列，但是我們希望得到的是 2×3 個大小為 4×5 的陣列，其形狀為 $2 \times 3 \times 4 \times 5$。和 reshape() 後的形狀 $2 \times 4 \times 3 \times 5$ 相比，可發現軸 1 和軸 2 的維度剛好相反。因此想把大小為 8×15 的圖像切成 2×3 個大小為 4×5 的區塊，只要先將圖像重排成 $2 \times 4 \times 3 \times 5$ 的陣列，再將重排後的軸 1 和軸 2 對調就可以了，如中間這張圖：

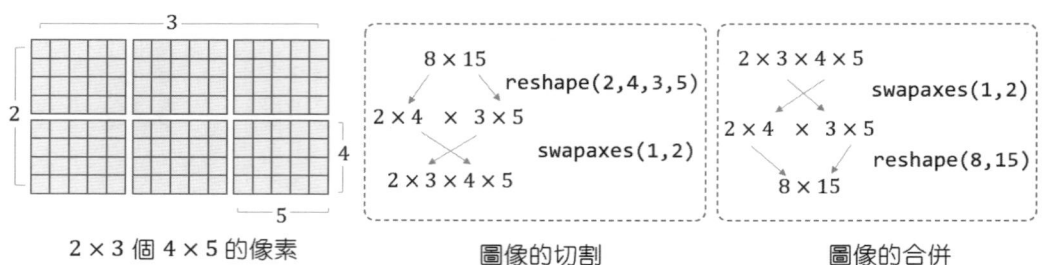

2×3 個 4×5 的像素　　圖像的切割　　圖像的合併

如果要將切割後的陣列（形狀為 2×3×4×5）重排成原本的 8×15 的陣列，只要反向操作即可，也就是先將 2×3×4×5 的軸 1 和 2 對調，變成 2×4×3×5，再重排成 8×15 的陣列（右圖）。要將兩個軸對調，可用 swapaxes() 函數。下面的範例是將 camera 這張 512×512 圖像切割成 8×8 個 64×64 的區塊：

```
01  # ch14_9.py, 圖像的切割
02  import numpy as np
03  import matplotlib.pyplot as plt
04  from skimage import data
05
06  man = data.camera()
07  manP = man.reshape(8,64,8,64).swapaxes(1, 2)     # 切割圖像
08
09  fig,ax = plt.subplots(8,8,figsize = (5, 5))
10  for r in range(8):
11      for c in range(8):
12          ax[r,c].imshow(manP[r,c],cmap = 'gray')
13          ax[r,c].axis('off')
14
15  fig.subplots_adjust(wspace = 0.1)        # 水平間距為子圖寬度的 0.1
16  fig.subplots_adjust(hspace = 0.1)        # 垂直間距為子圖高度的 0.1
17  plt.show()
```

在這個範例中，最重要的應該是第 7 行了。因為 camera 圖像的大小為 512×512，所以先將它排成 8×64×8×64，再將排完結果的軸 1 和 2 對調，就得到 8×8 個 64×64 的區塊了。9 到 13 行是將每個區塊繪製出來，一個區塊就是一張子圖。15 到 16 行則是調整子圖之間水平和垂直方向的距離。執行結果如下：

有趣的是，上圖中每個區塊的灰階值似乎和原本圖像不同，這是因為每個區塊內的最大值與最小值並非都是 0 和 255，因此灰階值會被等比例放大至 0 到 255 之間。要解決這個問題，只需在第 12 行加上 vmin = 0 和 vmax = 255 即可。最後，若要將切割後的圖像 manP 重新組合成原圖，可使用下列語法：

```
manR=manP.swapaxes(1,2).reshape(512,512)   # 將區塊組合成原圖
```

注意組合前需先將 manP 的軸 1 和軸 2 對調，然後組合成 512×512 的陣列。

14.3.2 像素的操作

灰階圖像素值的大小代表了該像素的明暗。因此將像素加上某個值，就相當於把像素變亮。相反的，將像素減去某個值，像素就會變暗。在操作像素時，應避免像素值在處理完後超出該像素型別可以表達的範圍（這種情況稱為溢位，Overflow），否則在顯示圖像時會造成不可預期的結果。例如，將 uint8 型別的陣列 a 加 10 之後，各別元素值可能會超過 255：

```
> a = np.array([240, 250, 255], dtype = 'uint8')   # uint8 型別的陣列
> a + 10    # 將 a 裡的元素加 10
  array([250,   4,   9], dtype=uint8)
```

您可以看到將 250 和 255 加 10 之後已經超出 uint8 可以表示的最大值（255），因而發生溢位，得到 4 和 9。這種情況會使得原本圖像接近白色的部分反而變黑。為了避免這個問題，一般我們會先將 uint8 型別的圖像先轉成範圍較大的 int 型別，處理完像素之後，再將超過 255 的像素設回 255，小於 0 的像素設回 0 即可：

```
>  a2 = a.astype(int) + 10;           # 將陣列 a 轉成 int 型別
>  a2[a2 > 255] = 255; a2             # 將 a2 大於 255 的值設成 255
   array([250, 255, 255])
```

或者您也可以利用 clip() 函數，同時限定像素處理完後不超出 0 和 255：

```
>  np.clip(a.astype(int) + 10, 0, 255)    # 大於 255 會被剪裁為 255
   array([250, 255, 255])
```

下面的範例示範了溢位對於圖像造成的影響，以及如何在顯示圖像前先處理掉溢位的問題。我們採用 Skimage 內建的灰階圖像 coins 來做測試：

```
01  # ch14_10.py, 避免像素的溢位
02  import matplotlib.pyplot as plt
03  from skimage import data
04
05  coins0 = data.coins()                       # coins0 的型別為 uint8
06  coins1 = coins0.copy()                      # coins1 的型別為 uint8
07  coins1 += 60                                # 將像素值都加 60（溢位發生）
08
09  coins2 = coins0.copy().astype(int)          # coins2 的型別為 int
10  coins2 += 60                                # 將像素值都加 60（不會溢位）
11  coins2[coins2 > 255] = 255                  # 將大於 255 的像素值設為 255
12
13  fig, ax = plt.subplots(1, 3, figsize=(10, 3))
14  ax[0].imshow(coins0, cmap='gray')           # 原圖
15  ax[0].set_title('Original image')
16  ax[1].imshow(coins1, cmap='gray')           # 溢位發生
17  ax[1].set_title('Overflow occurs')
18  ax[2].imshow(coins2, cmap='gray')           # 不會溢位
19  ax[2].set_title('Overflow prevented')
20  plt.show()
```

在本例中，第 5 行讀取 coins（錢幣）圖像，命名為 coins0，於第 6 行將它拷貝一份，並設定給 coins1 存放。第 7 行將 coins1 中的像素值都加 60 後設回給 coins1 存放。9 到 11 行則是先將 coins0 拷貝一份，轉成整數後再設定給 coins2 存放，然後將 coins2

的像素值都加 60，最後再將超出 255 的像素都設值為 255。從輸出中可以看出，中間這張圖加上 60 之後，顏色顯得較亮，不過也有部分的像素因為溢位的問題而變黑。右邊這張圖因為有經過第 11 行的處理，溢位的問題就不存在了。

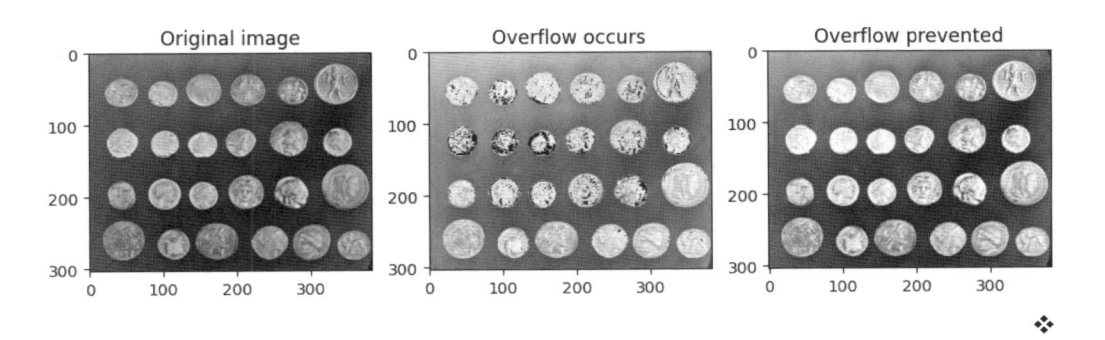

上面的範例是灰階圖像的處理。然而彩色圖像有三個通道（在軸 2 的方向），因此處理起來會多一個維度。下面我們以 Skimage 內建的 astronaut 這張彩色圖像（大小為 512×512）來說明如何進行圖像的裁切，以及如何在某個矩形區域內填滿一個顏色。

```
01  # ch14_11.py, # 彩色圖像的裁切與像素值的設定
02  import matplotlib.pyplot as plt
03  from skimage import data
04
05  astr0 = data.astronaut()
06  astr1 = astr0[0:256, 100:360, :]            # 圖像裁切
07  astr2 = astr0.copy()
08  astr2[ 10: 80,  20: 90, :] = [  0, 255, 0]  # 填上綠色
09  astr2[350:400,  50:200, :] = [255, 255, 0]  # 填上黃色
10  astr2[200:300, 400:500, :] = [255,   0, 0]  # 填上紅色
11
12  images = [astr0, astr1, astr2]              # 放到串列中
13  titles = ['Original Image', 'Cropped Image', 'Modified Image']
14  fig, ax = plt.subplots(1, 3, figsize=(12, 6))
15  for img, axis, title in zip(images, ax, titles):
16      axis.imshow(img)
17      axis.set_title(title)
18      axis.axis('off')                        # 去掉座標軸
19  plt.show()
```

14-21

在這個範例中，第 5 行讀入圖像 astronaut，命名為 astr0，然後於第 6 行將 astr1 設為 astr0 的第 0 到 255 列，第 100 到 359 行，這也就是裁切的動作（中間的圖）。注意因為彩色圖像有 3 個軸（維度），所以在軸 2 的方向必須同時選取紅、綠、藍三個通道（即 astr0[0:256, 100:360, :] 的最後一個索引必須填上冒號）。第 7 行將 astr0 拷貝一份給 astr2，8 到 10 行則在 3 個矩形區域分別填上 3 種顏色。以第 8 行為例，我們把 astr2 中的第 10 到 79 列，20 到 89 行的三個通道分別填上 0, 255 和 0，因為綠色的強度最強（255），紅和藍的強度均為 0，因此被填滿的區域呈綠色（右圖）。

Original Image　　　Cropped Image　　　Modified Image

14.3.3　圖像資料型別的轉換函數

在 Skimage 裡，像素值是以 uint8 的整數或介於 0 到 1 之間的浮點數來表達。如果像素值只有黑和白兩種色階，則稱為二值圖像（Binary image），一般以布林型別 True 或 False 來表達。Skimage 提供了幾個函數，可以快速的轉換圖像的型別。

· 圖像型別轉換函數（必須載入 skimage 套件）

函數	說明
img_as_ubyte(img)	將圖像 img 轉換成 uint8 型別
img_as_bool(img)	將圖像 img 轉換成 bool 型別
img_as_float(img)	將圖像 img 轉換成 float 型別

這些轉換都非常簡單，它們只是單純的數學運算。您也可以直接利用 NumPy 數學上的轉換來完成，如下表所列。

14-22

· 圖像型別轉換函數對等的運算公式

函數	運算公式	說明
img_as_ubyte(img)	clip(round(255 × pixel),0,255)	轉成 0～255 整數
img_as_bool(img)	pixel > 0	轉成 True/False
img_as_float(img)	pixel/最大值	轉成 0～1 浮點數

當使用 img_as_float() 進行型別轉換時，會依據原本資料型別除以對應的最大值，使像素標準化到 0 到 1 之間。例如，若原本是 uint8，會除以 255；若是 uint16，會除以 65535；若是 bool，則將 True 轉成 1.0、False 轉成 0.0；如果原本就是 float 型別，則保持不變，不進行任何轉換。

圖像處理的許多操作（如縮放和直方圖等化等）會將原本 uint8 的圖像轉換成浮點數格式，使像素值落在 0 到 1 之間。然而，許多儲存、顯示或進一步處理仍需要圖像維持在 uint8 格式，此時就可以利用運算公式，或是 img_as_ubyte() 函數將浮點數圖像重新轉換為 uint8。下面的範例將這兩者的結果進行比對，以驗證它們的一致性。

```
01  # ch14_12.py, # 彩色圖像的裁切與像素值的設定
02  import numpy as np
03  from skimage import img_as_ubyte
04
05  # 原始浮點數陣列（範圍 0~1）
06  imgF = np.array([[0.00, 0.12, 0.65],
07                   [0.76, 0.20, 1.00]])
08
09  # 用運算公式計算
10  manual = np.clip(np.round(255 * imgF), 0, 255).astype(np.uint8)
11
12  # 使用 img_as_ubyte() 自動轉換
13  ubyte_img = img_as_ubyte(imgF)
14
15  print(manual)
16  print(ubyte_img)
```

- 執行結果：
```
[[  0  31 166]
 [194  51 255]]
[[  0  31 166]
 [194  51 255]]
```

本範例透過一個簡單的 2×3 浮點數陣列，驗證 img_as_ubyte() 函數的轉換規則。首先，第 10 行根據公式 clip(round(255 × pixel), 0, 255) 計算出每個像素經轉換後的結果；接著第 13 行使用 img_as_ubyte() 函數自動轉換，並將兩者結果進行比較。從輸出中可以看到，公式計算與函數轉換得到的結果完全一致。

14.3.4 色彩空間的轉換

先前介紹的彩色圖像都是屬於 RGB 色彩空間，因為像素值都是由 Red、Green 和 Blue 三個通道所描述。許多時候，圖像需要在不同的模型之間進行顏色的轉換，以利後續的處理。例如在進行邊緣偵測時，我們常需要把彩色轉成灰階才能進行運算。

如果想增加顏色的飽和度，可是不希望改變圖像的亮度時，則可以先將彩色圖像轉換至 HSV 色彩空間，因為 HSV 是以色相（Hue）、飽和度（Saturation）和亮度（Value）三個通道來表示，僅更改顏色的飽和度並不會影響到亮度，因此可以單獨處理飽和度，然後再轉回原來的 RGB 圖像。

・色彩空間的轉換函數（必須載入 color 套件）

函數	說明
rgb2gray(img)	將圖像 img 從 RGB 轉換成灰階
rgb2hsv(img), hsv2rgb(img)	色彩空間 RGB 和 HSV 之間的轉換
rgb2lab(img), lab2rgb(img)	色彩空間 RGB 和 LAB 之間的轉換

下面的程式碼示範如何將彩色圖像 astronaut 轉換為灰階圖及 HSV 色彩空間，並分別提取色相與飽和度通道，搭配子圖與色條顯示，方便觀察不同色彩特徵的分佈與變化。

```
01  # ch14_13.py,  # 色彩空間轉換的範例
02  import matplotlib.pyplot as plt
03  from skimage import data
04  from skimage.color import rgb2gray, rgb2hsv
05
06  img = data.astronaut()
07  gray_img = rgb2gray(img)              # 轉換成灰階
08  hsv_img = rgb2hsv(img)                # 轉換成 HSV
09  h_channel = hsv_img[:, :, 0]          # 色相（Hue）
10  s_channel = hsv_img[:, :, 1]          # 飽和度（Saturation）
11
12  images = [gray_img, h_channel, s_channel]
13  titles = ['Grayscale', 'Hue Channel', 'Saturation Channel']
14  fig, ax = plt.subplots(1, 3, figsize=(12, 3))
15  for img, axis, title in zip(images, ax, titles):
16      im = axis.imshow(img, cmap='gray')
17      axis.set_title(title)
18      axis.axis('off')
19      fig.colorbar(im, ax=axis)         # 加上 colorbar
20  plt.show()
```

在這個範例中，第 6 行讀入 astronaut 圖像（左圖）。第 7 行使用 rgb2gray() 將彩色圖像轉換為灰階。第 8 行使用 rgb2hsv() 函數將原圖轉換成 HSV 色彩空間，並於第 9 與 10 行分別擷取色相（H）通道與飽和度（S）通道。在 15 到 19 行的迴圈中，我們為每張圖加上標題與色條，以便觀察亮度、色相與飽和度的分佈變化。最終結果依序顯示為灰階圖、H 通道圖和 S 通道圖。

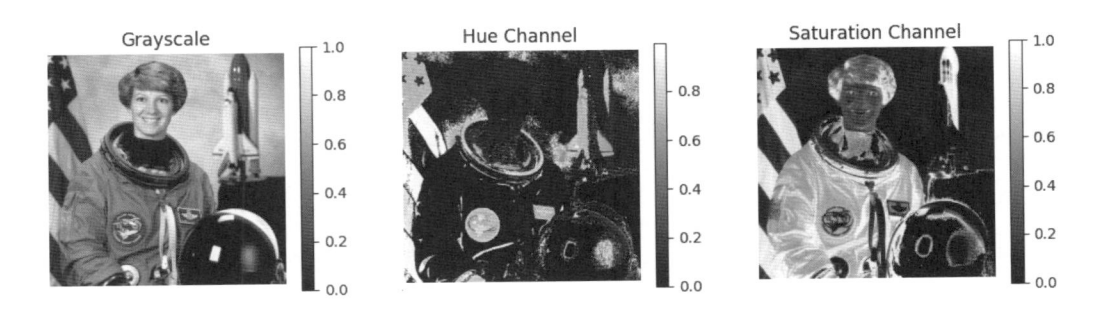

從輸出可以看到，灰階圖主要呈現亮暗變化；H 通道顯示不同色相分佈，色調差異明顯，例如臉部和衣服上的徽章色調明顯不同；S 通道則反映飽和度分佈，顏色越鮮明的區域（如衣服），亮度較高，代表顏色的飽和度較高，而背景等低彩度區域則較暗，這也意味著這些區域的顏色相對不飽和。 ❖

14.4 進階圖像處理

當我們進行圖像處理時，往往不只是單純觀看或儲存圖像，而是希望進一步改善畫質、強化細節，或提取有用的資訊。本節將介紹如何使用 Skimage 進行圖像的縮放、直方圖等化、旋轉、邊緣偵測、平滑與銳利化，以及去除雜訊等，藉由這些技術，讓我們能更靈活且有效地掌握圖像的特性與細節。

14.4.1 改變大小與旋轉

Skimage 用來改變圖像大小的函數有兩個，一個是依比例來改變的 rescale()，它不會改變圖像高度和寬度的比例。另一個是 resize()，它可以依給定的高和寬來縮放圖像的大小，因此 resize() 可能會改變高和寬的比例。另一個常用的函數是 rotate()，用來旋轉圖片。這三個函數都是定義在 transform 模組內，使用前必須先將它載入。

· 改變大小與旋轉函數（必須載入 transform 模組）

函數	說明
rescale(img, scale=s)	將 img 依比例 s 等比縮放
resize(img, (h,w))	將 img 縮放成高為 h，寬為 w 的圖像
rotate(img, degree)	將 img 逆時針旋轉 degree 度

下面的範例透過 rescale()、resize() 及 rotate() 三個函數，示範如何對圖像進行縮放、尺寸調整與旋轉操作，並以圖像 coffee 為例，呈現不同變換後的視覺效果。這些技術是圖像處理與資料增強中常見的基本步驟。

```
01  # ch14_14.py, 縮放與旋轉的練習
02  import matplotlib.pyplot as plt
03  from skimage import data
04  from skimage.transform import rescale, resize, rotate
05
06  img = data.coffee()        # 讀取咖啡杯圖像，形狀為 (400, 600, 3)
07  img_rescaled=rescale(img, scale=0.25, channel_axis=2)   # 縮小 25%
08  img_resized=resize(img,(210, 210))      # 調整成 210x210 大小
09  img_rotated=rotate(img,angle=45, resize=True, cval=1) # 旋轉 45 度
10
11  images = [img_rescaled, img_resized, img_rotated]
12  titles = ['Rescale 0.25x', 'Resize to 210x210', 'Rotate 45°']
13
14  fig, ax = plt.subplots(1, 3, figsize=(15, 5))
15  for image, axis, title in zip(images, ax, titles):
16      axis.imshow(image)
17      axis.set_title(title)
18  plt.show()
```

這個範例第 4 行載入了 rescale()、resize() 和 rotate() 函數。第 6 行讀入咖啡杯圖像，形狀為 (400, 600, 3)。第 7 行使用 rescale() 以 0.25 倍縮小原圖，保留原本的比例，並以 channel_axis = 2 指定色彩的通道在軸 2 (灰階圖像則不用設定)。第 8 行使用 resize() 將圖像直接改成 210 × 210 大小，圖像寬和高的比例明顯被改變。第 9 行用 rotate() 將圖像旋轉 45 度，並設定 resize = True 讓畫布自動擴大，避免旋轉後裁切，同時以 cval = 1 指定旋轉後空白區域填上白色。cval 代表 constant value，用於指定圖像旋轉後空白區域的填充值，取值為 0 到 1 之間，數字越大空白區域越白。

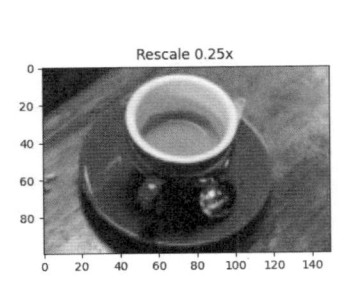

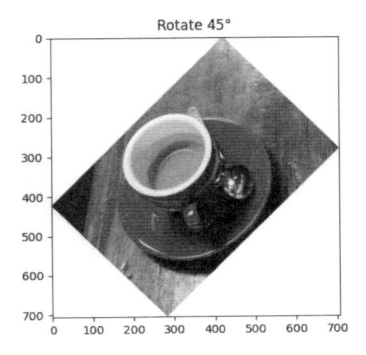

14-27

rescale() 和 resize() 都可以透過 order 參數指定內插方式，如下表所示：

- rescale() 和 resize() 的 order 參數

order	內插方法	特點
0	最近鄰內插（Nearest-neighbor）	最快，圖像鋸齒明顯，不平滑
1	雙線性內插（Bilinear）	平滑度一般，速度快，邊緣稍微模糊
2	二次內插（Quadratic）	比雙線性更平滑，邊緣過渡較自然
3	雙三次內插（Bicubic）	更平滑，細節更自然，運算量較大

order = 1 為雙線性內插，它是預設值，適用於多數的場合。若希望縮放或調整大小時畫面更平滑，可以使用 order = 2 或 order = 3；若希望保留像素邊界清晰的效果，則可使用 order = 0，但鋸齒狀較明顯。 ❖

14.4.2 直方圖等化

在圖像處理中，圖像的對比度（Contrast）往往會因光照不足或分佈不均而偏低，導致細節不易辨識。直方圖均衡化（Histogram equalization）是一種常用的技術，透過調整像素強度分佈，提升圖像的整體對比度，使得圖像中的細節更加清晰。Skimage 提供了相關函數，可將圖像進行直方圖等化處理，以改善圖像的對比度。

- 直方圖等化相關函數（須從 skimage.exposure 模組載入）

函數	說明
equalize_hist(img)	對圖像 img 進行直方圖等化，提升對比度
equalize_adapthist(img)	將圖像分成小區塊分別等化，強化局部對比
histogram(img)	計算圖 img 像中各灰階值的分佈

上表中，equalize_hist() 是傳統直方圖等化函數，將整張圖的亮度分佈平均化，提升整體對比度。equalize_adapthist() 則是適應性等化，將圖像分成小區塊分別等化，能更細緻地強化局部對比，但也容易讓局部雜訊放大。

下面的範例示範傳統直方圖等化與適應性直方圖等化兩種方法的效果，並比較它們對圖像分佈與細節強化的影響。

```python
01  # ch14_15.py, 直方圖等化
02  from skimage import data, exposure, img_as_ubyte
03  import matplotlib.pyplot as plt
04  img = data.camera()
05
06  # 不同的直方圖等化函數
07  img_eq = exposure.equalize_hist(img)
08  img_adapt = exposure.equalize_adapthist(img, clip_limit=0.03)
09
10  images = [img, img_as_ubyte(img_eq), img_as_ubyte(img_adapt)]
11  titles = ['Original', 'Equalized', 'Adaptive Equalized']
12
13  fig, ax = plt.subplots(2, 3, figsize=(15, 8))
14  for img, a, title in zip(images, ax[0], titles):
15      a.imshow(img, cmap='gray')        # 繪製等化後的圖
16      a.set_title(title)
17
18  for img, a in zip(images, ax[1]):
19      a.hist(img.ravel(), bins=256, histtype='step')    # 繪製直方圖
20      a.set_xlim(0, 255)
21  plt.show()
```

本範例第 7 和 8 行分別使用 equalize_hist() 與 equalize_adapthist() 對原圖進行傳統與適應性直方圖等化。第 8 行的參數 clip_limit 可控制對比度增強程度，值越大對比越強，但可能放大雜訊，預設為 0.01。第 10 行透過 img_as_ubyte() 將等化後的浮點圖像轉為 0 到 255 的整數，方便繪製直方圖。第 19 行使用 hist() 函數，將圖像攤平成一維，分成 256 個灰階區間，並設定 histtype='step' 以線條方式繪製直方圖。

從輸出結果可以看到，原始圖像對比度較低，細節表現較平坦。經 equalize_hist() 處理後，整體對比度提升，暗部與亮部細節變得更清晰。使用 equalize_adapthist() 則在局部細節上有更明顯的強化，特別是在人物衣服的暗部區域，布料的紋理變得更加分明，使畫面層次感更豐富。

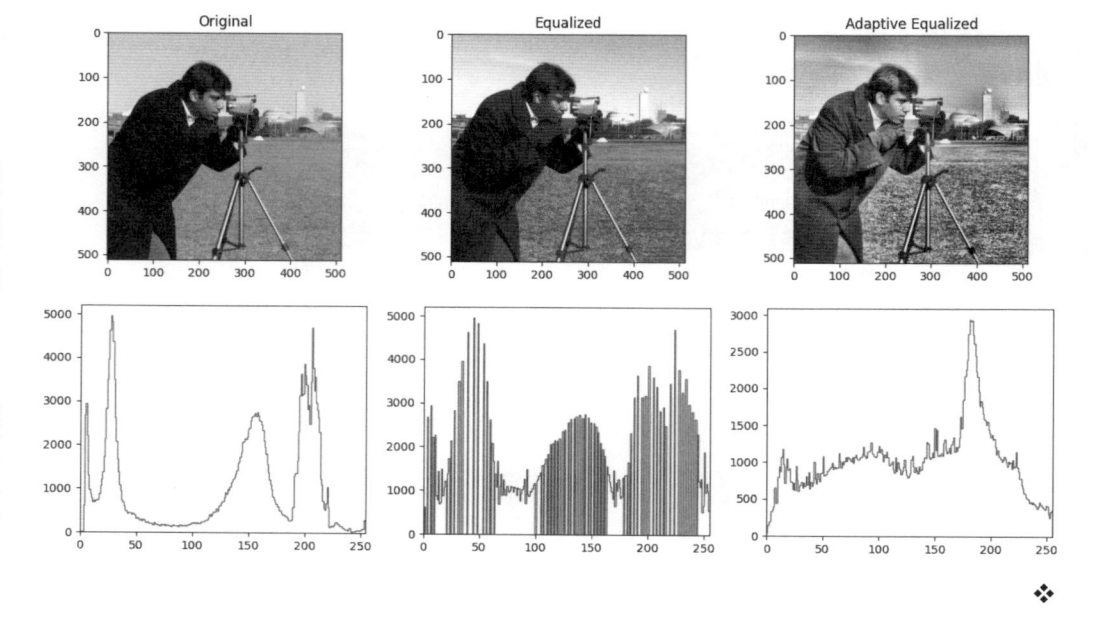

14.4.3 邊緣偵測

在圖像中,邊緣偵測的目的是要找出圖像的邊緣,用以辨識或提取圖像裡的一些特徵。Canny 是一個常用的檢測法,只要給予一個參數 sigma 就可以檢測出圖像的邊緣。較小的 sigma 對於像素值的起伏比較敏感,因此也就能檢測出較多的邊緣。

· 邊緣檢測函數(必須從 skimage.feature 模組載入)

函數	說明
result=canny(img, sigma=i)	將 img 進行邊緣檢測。sigma 越小則越多細節被檢測出來。檢測結果為二值圖像,True 代表邊緣。

在 canny() 邊緣偵測中,sigma 是高斯模糊的標準差,用來控制邊緣偵測前的平滑程度。當 sigma 較小(如 0.5 或 1)時,只做輕微模糊,能保留細小結構,偵測出更多細微邊緣,但也容易偵測到雜訊。當 sigma 較大(如 2 或 3)時,模糊程度增加,小細節與雜訊會被抹除,偵測出的邊緣變得較簡單、乾淨。

下面是 canny() 邊緣偵測函數的使用範例，透過調整不同的 sigma 來控制圖像的平滑程度，並比較偵測出的邊緣細節與輪廓變化。

```
01  # ch14_16.py, 邊緣偵測
02  import matplotlib.pyplot as plt
03  from skimage import data
04  from skimage.feature import canny   # 載入 canny() 函數
05
06  coins = data.coins()                # 讀取範例圖像
07  fig, axes = plt.subplots(1, 3, figsize=(9, 4))
08
09  for i, ax in enumerate(axes):       # 使用不同 sigma 進行邊緣偵測
10      edges = canny(coins, sigma=i)
11      ax.imshow(edges, cmap='gray')
12      ax.set_title(f'sigma={i}')
13      ax.axis('off')
14  plt.show()
```

程式的第 4 行從 skimage.feature 模組裡載入 canny() 函數。第 9 行在迴圈內依序設定 sigma 為 0、1 和 2，利用 canny() 將 coins 這張圖像進行邊緣檢測。canny() 傳回的是一張二值圖像，True 的像素代表邊緣。從圖中可以看出 sigma 為 0 時，圖像呈現了過多的細節，sigma 為 1 時恰可呈現硬幣的外緣和內部的紋理。當 sigma 為 2 時，硬幣內部的紋理減少很多，這是因為硬幣內像素值的變化遠較硬幣的外緣來的小。

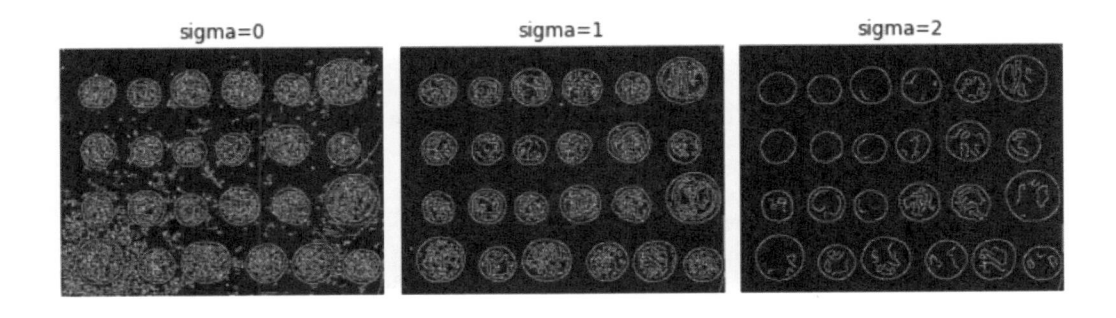

注意 canny() 只能檢測灰階圖像的邊緣。如果要檢測彩色圖像的邊緣，我們可以將它轉成灰階圖像再進行檢測。

14.4.4 柔化與銳利化圖像

柔化（Smoothing）使圖像看起來較為柔和，銳利化（Sharpening）則讓邊緣更清晰，兩者都是常見的圖像處理技術。柔化和銳利化可分別使用 skimage.filters 模組的 gaussian() 和 unsharp_mask() 來完成。

. 柔化與銳利化函數（必須從 skimage.filters 模組載入）

函數	說明
gaussian(img, sigma = n)	將 img 柔化，n 越大圖像越模糊
unsharp_mask(img, amount = n)	將 img 銳利化，n 越大銳利化效果越明顯

下面的範例展示如何利用 gaussian() 進行柔化，unsharp_mask() 進行銳利化，並比較原圖和柔化與銳利化處理後的差異。

```
01  # ch14_17.py, 柔化與銳利化圖像
02  import matplotlib.pyplot as plt
03  from skimage import data
04  from skimage.filters import unsharp_mask, gaussian    # 載入套件
05
06  cat = data.chelsea()
07  fig, ax = plt.subplots(1, 3, figsize=(10, 4))         # 建立子圖
08
09  ax[0].imshow(gaussian(cat, sigma=3, channel_axis=2))  # 柔化
10  ax[0].set_title('Gaussian Blur')
11  ax[0].axis('off')
12
13  ax[1].imshow(cat)      # 顯示原圖
14  ax[1].set_title('Original')
15  ax[1].axis('off')
16
17  ax[2].imshow(unsharp_mask(cat, amount=5, channel_axis=2))  # 銳利化
18  ax[2].set_title('Unsharp Mask')
19  ax[2].axis('off')
20  fig.tight_layout()
21  plt.show()
```

在這個範例中，第 4 行從 skimage.filters 模組載入 unsharp_mask() 和 gaussian() 函數。第 9 行顯示了柔化的結果（左圖），第 13 行顯示原圖（中間），第 17 行顯示了銳利化的結果（右圖）。我們可以觀察到，柔化後的圖像變得較模糊，細節減少；而銳利化後，邊緣與細節更加清晰，整體對比度提升。讀者可以試著修改 sigma 和 amount 這兩個參數，看看得到的結果會有什麼不同。

14.4.5 去雜訊處理

在某些場合，圖像在擷取或傳送時可能會摻有一些雜訊，其中一種常見的雜訊是由純黑或純白的像素所組成，看起來就像是撒了胡椒鹽一樣，因此稱為胡椒鹽（Pepper and salt）雜訊。一般要濾除這種雜訊，中位數濾波器（Median filter）是一個非常有效的方法，它是使用滑動視窗覆蓋圖像區域，將視窗內的像素取中位數，並用該值取代中心像素，以去除雜訊並保留邊緣細節。

我們可以從 skimage.filters.rank 載入 median() 函數來進行濾波處理。在處理時，濾波器需要一個觀察窗（Window）來提取像素進行處理。常見的觀察窗為圓形，我們可以用 skimage.morphology 模組裡的 disk() 函數來產生。disk(r) 會建立一個 $(2r+1) \times (2r+1)$ 的陣列，以陣列的中心點畫一個半徑為 r 的圓，圓內的值皆為 1，代表它們是屬於觀察窗；圓外的數值皆為 0，代表它們不屬於觀察窗。

・與去雜訊處理函數相關的函數

函數	說明
median(img, mask)	將 img 以遮罩 mask 行中位數濾波
disk(r)	建立半徑為 r 個像素的遮罩

有了中位數濾波的基本概念後，下面以一個實例來說明其實際應用。範例中隨機將 camera 這張圖像中 2% 的像素設為白色、2% 設為黑色，製作出帶有胡椒鹽雜訊的圖像。接著，分別使用不同半徑的圓形觀察窗 (disk) 進行中位數濾波，觀察濾除雜訊的效果。

```
01  # ch14_18.py, 利用 median() 函數進行去除雜訊
02  import matplotlib.pyplot as plt
03  import numpy as np
04  from skimage import data
05  from skimage.filters.rank import median      # 載入 median()
06  from skimage.morphology import disk          # 載入 disk()
07
08  man = data.camera()                          # 讀取範例圖像
09  noise = np.random.rand(*man.shape)           # 加入椒鹽雜訊
10  man[noise > 0.98] = 255
11  man[noise < 0.02] = 0
12  fig, ax = plt.subplots(1, 3, figsize=(10, 4))    # 建立子圖
13
14  ax[0].imshow(man, cmap='gray')    # 顯示帶有雜訊的原圖
15  ax[0].set_title('Noisy Image')
16  ax[0].axis('off')
17
18  ax[1].imshow(median(man, disk(1)), cmap='gray')   # 使用小範圍濾波
19  ax[1].set_title('Median Filter (disk=1)')
20  ax[1].axis('off')
21
22  ax[2].imshow(median(man, disk(10)), cmap='gray')  # 使用大範圍濾波
23  ax[2].set_title('Median Filter (disk=10)')
24  ax[2].axis('off')
25
26  fig.tight_layout()
27  plt.show()
```

在這個範例中，第 8 行載入了 camera 這張圖像，並命名為 man。第 9 行建立一個大小和 man 一樣的浮點數亂數陣列 noise，亂數的範圍為 0 到 1 之間。第 10 行如果 noise 的值大於 0.98，則相對應之位置的像素值就設為 255，如此就有 2% 的像素會

變成白色。相同的，如果第 11 行 noise 的值小於 0.02，則相對應之位置的像素值就設為 0，這樣我們就建好一張帶有雜訊的圖像了。注意在生成 noise 陣列的語法中，*man.shape 是將 man.shape 解包成兩個數值做為 rand() 的參數，我們曾在第 7 章中介紹過這個語法。

接下來第 14 行顯示了帶有雜訊的 man 圖像（左圖），第 18 行顯示了觀察窗半徑為 1 時的雜訊處理結果（中間），而第 22 行則是將觀察窗半徑設為 10 之後的結果（右圖）。從圖中可以看出，半徑設為 1 的雜訊過濾效果非常顯著，半徑為 10 時，圖像就顯得模糊了。

如果您對 disk() 這個函數感到好奇，不妨觀察一下它的輸出。下面是 disk(2) 的輸出，我們可以看到以陣列的中心點為圓心，半徑為 2 內的元素值都為 1，代表被這些元素覆蓋的像素值都會參與中位數濾波。如果將半徑設的大一點（例如 10），由數字 1 組成的圓形就看的更清楚。

```
> from skimage.morphology import disk
  disk(2)
  array([[0, 0, 1, 0, 0],
         [0, 1, 1, 1, 0],
         [1, 1, 1, 1, 1],
         [0, 1, 1, 1, 0],
         [0, 0, 1, 0, 0]], dtype=uint8)
```

14.5 圖像修復

圖像修復（Image inpainting）是一個非常有趣的演算法，它可將圖像小範圍丟失掉的資訊修補回來。如果丟失的區域不大，一般都可以修補到肉眼看不太出來。Skimage 裡提供了一個好用的 inpaint_biharmonic()，可用來對圖像進行修復。

‧ 圖像修復函數（必須從 skimage.restoration 載入 inpaint 模組）

函數	說明
inpaint_biharmonic(img, mask)	將 img 以遮罩 mask 進行修補。mask 中 True 的部分為要修補的像素

要進行圖像修復，首先需要建立一個遮罩，用來標記圖像中需要修復的區域。然後使用修復演算法根據周圍像素資訊，推測並填補缺損部分。下面的範例以 chelsea 這張圖像為例，我們先隨機遮蔽多個小區塊當做圖像受損的部分，接著利用 inpainting 模組裡的 inpaint_biharmonic() 進行修復，然後觀察修復前後的效果差異。

```
01  # ch14_19.py, 圖像修復的範例
02  import matplotlib.pyplot as plt
03  import numpy as np
04  from skimage import data
05  from skimage.restoration.inpaint import inpaint_biharmonic
06
07  cat = data.chelsea()       # 讀取範例圖像
08  # 建立破損遮罩
09  np.random.seed(2022)
10  mask = np.zeros(cat.shape[:2], dtype=bool)
11  size = 12   # 每個破損區塊大小
12  for _ in range(160):
13      x = np.random.randint(0, cat.shape[0] - size)
14      y = np.random.randint(0, cat.shape[1] - size)
15      mask[x:x+size, y:y+size] = True
16
17  # 生成破損圖像
18  cat_damage = cat * ~mask[:, :, np.newaxis]
19
```

```
20  # 修復破損圖像
21  out = inpaint_biharmonic(cat_damage, mask, channel_axis=2)
22
23  # 顯示結果
24  fig, ax = plt.subplots(1, 3, figsize=(12, 5))
25  ax[0].imshow(mask, cmap='gray')
26  ax[0].set_title('Damage Mask')
27  ax[0].axis('off')
28
29  ax[1].imshow(cat_damage)
30  ax[1].set_title('Damaged Image')
31  ax[1].axis('off')
32
33  ax[2].imshow(out)
34  ax[2].set_title('Restored Image')
35  ax[2].axis('off')
36
37  fig.tight_layout()
38  plt.show()
```

於本例中，第 5 行先從 skimage.restoration.inpaint 模組中載入 inpaint_biharmonic() 函數，並在第 7 行讀入 cat 圖像後，於 9 到 15 行建立遮罩 mask。建立的 mask 有兩個功用，一是用來生成被破壞的圖像，二是表明有哪些地方要進行修復。mask 是一個 bool 型別的陣列，其值全為 False，寬和高與 cat 相同。接著在 for 迴圈內隨機從 mask 裡挑選 160 個大小為 12×12 的區域，然後把裡面的值全設為 True，代表這些區域是要修復的部分，如下面執行結果的左圖。

第 18 行利用 mask 生成一張遭破壞的 cat 圖像。因為我們希望被破壞的地方以黑色呈現，因此我們把 mask 取 not 運算，使得要修復區域的值為 False（Python 把 False 看成是 0），其餘的地方為 True。將 cat 乘上取 not 之後的 mask，要修復的區域相乘後變為 0，其它區域乘 1 之後不改變其值，如此就可以得到一張被破壞的圖像（中間那張圖）。不過 cat 為三維圖像（因為是彩色），而 mask 為二維，為了可以進行廣播運算，我們必須新增一個軸給 mask，如此乘法運算就可以在軸 2 的方向進行廣播了。

第 21 行則是進行圖像修復。我們呼叫 inpaint_biharmonic() 函數，傳入要修復圖像 cat_damaged 的遮罩 mask，並指定要修復的是彩色圖像（channel_axis = 2）。圖像修復有很多種演算法，biharmonic 是其中一種，所以 Skimage 在命名修復函數時，於 inpaint 的後面接上了 biharmonic。修復的結果如右圖：

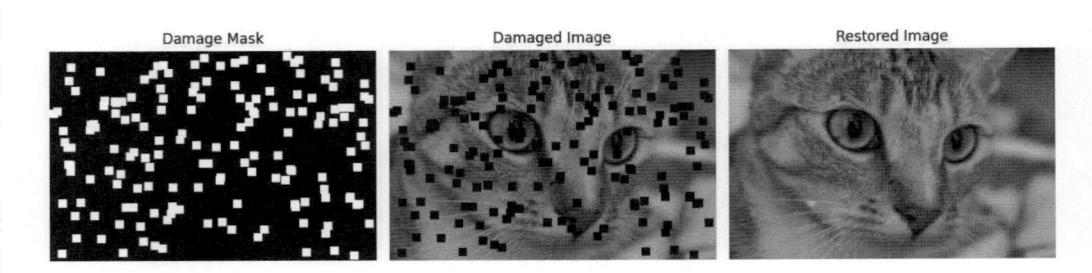

從本範例的輸出中，我們可以觀察到修復的結果相當不錯，即使在圖像中有紋理的地方，inpaint_biharmonic() 也可以順著紋理來修復。讀者可以試著換一張圖像試試，以觀察不同紋理和不同大小之破壞區域的修復效果。　　　　　　　　　　❖

第十四章 習題

14.1 圖像的基本概念

1. 【讀取並分類圖像型態】試從 skimage.data 載入下列三張圖像：camera、coins 和 astronaut，並完成下列各題：

    (a) 分別顯示每張圖像的形狀 (shape) 與資料型別 (dtype)。

    (b) 判斷並列出這三張圖像分別屬於灰階圖像還是彩色圖像。

    (c) 繪出像素值等於 0 的分佈圖。

2. 【圖像轉為二值圖並顯示】試讀取 camera 這張灰階圖像，並完成下列各題：

    (a) 將像素值大於 128 的設為 255，小於等於 128 的設為 0，轉成一張二值圖像。

    (b) 使用 matplotlib.pyplot 的 imshow() 函數繪製出原圖與二值圖，並排成 1×2 子圖顯示。

    (c) 分別統計大於 128 和小於等於 128 的像素各有幾個。

14.2 圖像類型、儲存與色表應用

3. 【利用二值圖像顯示分佈】試讀取 camera 圖像，然後回答下面各題（滿足條件者以白色來顯示，否則以黑色顯示，每個小題的結果均是一張 512×512 的二值圖像）：
   (a) 繪出像素值大於 128 的分佈圖。
   (b) 繪出像素值介於 120 和 180 之間（包含 120 和 180）的分佈圖。
   (c) 繪出像素值等於 0 的分佈圖。

4. 【限制像素上限並以白色顯示】執行下列兩行程式碼，我們可以得到一張處理過的圖像 man，其像素值介於 0 到 150 之間：

   ```
   man = data.camera()
   man[man > 150] = 150
   ```

   試利用 plt.imshow() 來繪製 man，並加入應有的參數，使得繪出的圖像中，像素值大於 150 的像素均用白色來顯示。

5. 【以指定 RGB 值繪製 2×4 彩色圖像】已知紅、黑、白、綠、灰、藍、青和黃的 rgb 值分別為 (255,0,0)、(0,0,0)、(255,255,255)、(0,255,0)、(128,128,128)、(0,0,255)、(0,255,255) 和 (255,255,0)。試利用這些資訊畫出如下圖的彩色圖像（提示：圖像的形狀為 2×4×3）：

紅	黑	白	綠
灰	藍	青	黃

6. 【建立自訂色表並繪應圖像】試建立一個由紅、黑、白、綠、灰、藍、青和黃等 8 個顏色組成的色表（這些顏色的 rgb 值請參考第 3 題），並設計一張圖像配合此色表，用以顯示出下列的圖像：

紅	青	白	綠
灰	藍	青	黃
白	黑	綠	灰

7. 【將彩色圖像以自訂色表進行近似重建】接續上題建立的色表，試讀入 coffee 這張圖像，然後將每一個彩色像素和色表裡的顏色比對，找出最相似的顏色（兩顏色 (r_0, g_0, b_0) 和 (r_1, g_1, b_1) 的相似度 s 可以利用三個通道差值平方之加總來估算，即 $s = (r_0 - r_1)^2 + (g_0 - g_1)^2 + (b_0 - b_1)^2$），然後將該彩色像素以色表中最相近的顏色來顯示。（提示：可以將圖像編碼成 400×600 的陣列，陣列裡的每一個元素記錄了

色表中，和該位置之像素最近的顏色編號）。

8. 【建立 11 階的灰階色表並量化圖像顯示】試建立一個具有 11 個灰階的色表，每個顏色的灰階值為 0, 0.1, 0.2, ..., 0.9, 1.0，然後將 camera 這張圖像以這 11 個灰階值顯示（提示：camera 中每個像素的值應從色表中挑選一個與它最靠近的顏色來顯示。另外，色表中 rgb 三個通道的顏色都為 x 的話，此顏色的灰階值即為 x）。

14.3 基礎圖像處理

9. 【對調紅色與藍色通道】試讀取 chelsea 這張圖像，然後把它的紅色通道和藍色通道對調，再顯示對調後的圖像。您觀察到什麼樣的結果？

10. 【區塊切割、平均與重建】試讀取 camera 圖像，並完成下列各題：
    (a) 將圖像切割成 4×8 個區塊，每個區塊大小為 128×64，並將它們顯示出來。
    (b) 計算每一個區塊的平均值，並以平均值取代該區塊內的每一個像素。
    (c) 將取代後的區塊組合成一張圖像並顯示出來。

11. 【切割彩色圖像】試讀取 astronaut 這張彩色圖像，然後完成下列各題：
    (a) 將圖像切割成 8×4 個區塊，每個區塊的大小為 64×128，並將它們顯示出來。
    (b) 將 (a) 的切割結果組合成原來的圖像，並顯示出來。

12. 【統計並標示像素分佈】試計算 camera 有多少個像素的值分別小於 5 和大於 250？請以一張彩色圖像顯示它們的分佈情形，小於 5 和大於 250 的像素請分別用紅色和藍色來顯示，其餘的像素以白色顯示。

13. 【色彩空間轉換】試讀取 astronaut 這張圖像，把它設給變數 astro 存放，然後依序完成下列各題：
    (a) 將 astro 由 RGB 轉成 HSV，然後轉成 uint8，再將結果設給 astro_hsv 存放。
    (b) 將 astro_hsv 由 HSV 轉成 RGB，然後轉成 uint8，再將結果設給 astro_rgb 存放。
    (c) 顯示 astro 和 astro_rgb 這兩張圖。它們看起來都完全一樣，不過各別的像素值可能會有所不同。
    (d) 試繪出 astro 和 astro_rgb 這兩張圖中，每個通道不同像素值的分佈情況，不同的像素以白色顯示，相同的像素以黑色顯示。請將比較結果繪於 1×3 的子圖中。

14.4 進階圖像處理

14. 【旋轉、縮放與尺寸調整】試讀取 camera 這張圖像，並完成下列各題：

    (a) 將它旋轉 30 度，且原圖的四個角落不能被裁切。旋轉後，多出來的區域用黑色填滿。

    (b) 將 camera 的高和寬均放大 2 倍，然後顯示放大後的結果。

    (c) 將 camera 的高改為 480，寬改為 640，然後顯示修改後的結果。

15. 【繪製直方圖】試讀入 astronaut 這張彩色圖像，繪出它的 RGB 三個通道的直方圖，並分別以紅、綠和藍色顯示，且限制 y 方向的高度介於 0 到 5000 之間。

16. 【直方圖等化】試讀取 skimage.data 模組中的 moon 圖像，然後完成下列各題：

    (a) 利用 exposure.equalize_hist() 對該圖像進行直方圖等化處理，並將處理後的圖像轉成 uint8 格式。

    (b) 在第一列分別繪出原圖和等化後的圖像。

    (c) 在第二列分別繪出原圖與等化後圖像的直方圖。

17. 【繪製不同半徑的圓形結構元素】試從 skimage.morphology 載入 disk() 函數，然後繪製 disk(1)、disk(4)、disk(8) 和 disk(32) 的圖像，並將它們排成 1×4 的子圖。

18. 【不同 sigma 值下的邊緣偵測】試讀入 chelsea 這張圖像，然後顯示邊緣偵測的結果。參數 sigma 的值分別取 1、2 和 4，並將邊緣偵測的結果顯示於 1×3 的子圖上。

19. 【柔化與銳利化處理】試讀取 moon 圖像，然後做答下列各題：

    (a) 將 moon 進行柔化，sigma 的值分別取 1、5 和 9，然後把結果排成 1×3 的子圖。

    (b) 將 moon 進行銳利化處理，amount 取 3、5 和 10，然後把結果排成 1×3 的子圖。

20. 【雜訊去除】試讀取 astronaut 圖像，然後將它轉成灰階，型別為 uint8，將結果設為 astro_gray，然後作答接續的問題：

    (a) 從 astro_gray 隨機選取 10000 個像素，將其顏色設為白色，再選取 10000 個像素，將其顏色設為黑色，最後將所得的結果設為 astro2，並顯示所得的結果。

    (b) 利用中位數濾波器將 astro2 進行去雜訊處理，disk() 裡的參數分別採用 1、2 和 3，並將結果顯示於 1×3 的子圖。

14.5 圖像修復

21. 【白色破損區域的圖像修復】在本節修復的範例（ch14_19.py）中，cat 那張圖被破壞的區域是以黑色的區塊來呈現。試把它改成以白色的區塊呈現。

22. 【破壞並修復 coins 圖像】試載入 coins 這張圖像，並隨機破壞 200 個大小為 7×7 的區塊，然後對它進行修復，並將修復的過程排成如下 1×3 的子圖：

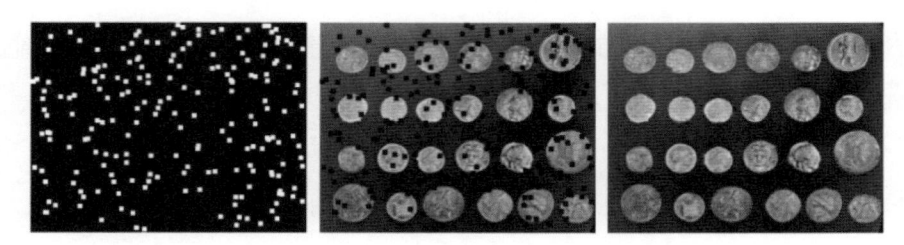

其中左圖白色的點是被破壞的區域，中間是欲修復的圖像，右邊是修復後的結果。

23. 【以圓形破壞圖像並修復】試載入 chelsea 這張圖像，並隨機破壞 160 個半徑為 4 的圓形區域（可以利用 14.4 節提及的 disk() 函數來產生），然後對它進行修復，並將修復的過程排成如下 1×3 的子圖（左中右分別為被破壞的區域、欲修復的圖像，以及修復後的圖像）。

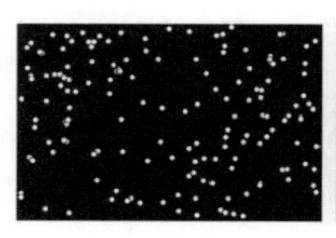

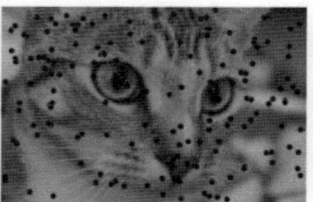

附錄 A: 使用 Jupyter Notebook

執行 Python 時，Jupyter Notebook 是常見的開發環境之一。VS Code 提供內建的 Jupyter Notebook 支援，讓使用者可以直接在 VS Code 中開啟 .ipynb 檔案，不需切換至外部的 Jupyter 環境，即可在同一介面中撰寫、執行程式、查看變數與管理檔案。

Jupyter Notebook 最大的特色在於可分段執行程式碼，便於即時測試與除錯，並能在程式區塊間穿插支援 Markdown 格式的說明文字，非常適合用於教學展示、學習筆記及資料分析。本文附錄將說明如何在 VS Code 中使用 Jupyter Notebook，包括啟動方式、基本操作與環境設定等。

A.1 安裝 Jupyter 擴充功能

要在 VS Code 中使用 Jupyter Notebook，必須先安裝相關的擴充套件。請在 VS Code 左側的「延伸模組」（Extensions）面板中，搜尋「Jupyter」並點選安裝。

稍候片刻，等安裝完成後，就可以開啟 Jupyter Notebook 的 .ipynb 檔了（一般稱 .ipynb 檔為 Notebook）。如果要新增一個 ipynb 檔，我們可以從左側的「管理」選單中，選擇「命令選擇區」（或是直接按下 Ctrl + Shift + P），在搜尋列中輸入並選取「Jupyter: Create New Blank Notebook」，即可建立一個新的 Notebook。

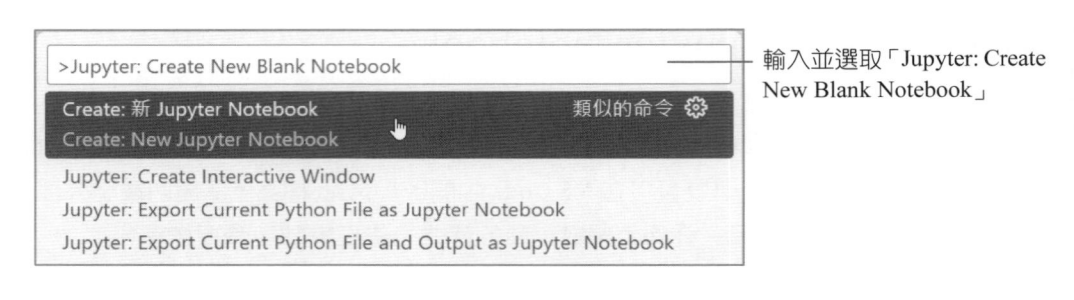

● 附錄 A：使用 Jupyter Notebook

輸入並選取「Jupyter: Create New Blank Notebook」

建立完成後，畫面中會開啟一個名為 Untitled-1.ipynb 的 Notebook 檔案。它的操作方式與 Python REPL 相似，都能即時執行程式碼：

畫面中會開啟一個名為 Untitled-1.ipynb 的 Notebook 檔案

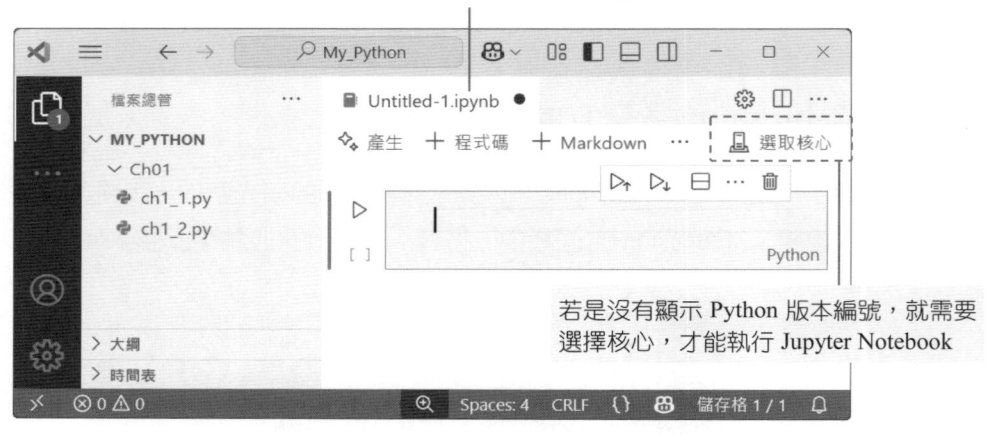

若是沒有顯示 Python 版本編號，就需要選擇核心，才能執行 Jupyter Notebook

您也可以在 VS Code 視窗中的檔案總管裡，按下「新增檔案」鈕，手動輸入 .ipynb 作為副檔名，即可建立 Notebook 檔案。

1. 按下「新增檔案」鈕

2. 輸入檔案名稱，副檔名為 .ipynb 即會建立一個新的 Jupyter Notebook 檔案

在使用 Jupyter Notebook 前，還需要先安裝 ipykernel 套件。這個套件是負責讓 Python 解譯器能與 Jupyter Notebook 正常連接與運作。請在終端機中輸入以下指令來安裝：

```
pip install ipykernel
```

稍等片刻，安裝程序就會完成。接著，您會在 VS Code 視窗的右上角看到目前使用的「核心」（Kernel），也就是執行 Notebook 所依賴的 Python 解譯器。每個 Notebook 都需要指定一個核心來執行程式碼。因此，當 VS Code 請您選擇核心時，其實就是要您指定這個 Jupyter Notebook 要使用哪一個 Python 版本來執行。核心名稱通常會是 Python 的版本編號。

如果畫面中沒有自動顯示版本編號，請手動點選右上角的「選取核心」，從清單中選擇您已安裝的 Python 版本。例如，選擇「C:\Python313\python.exe」。

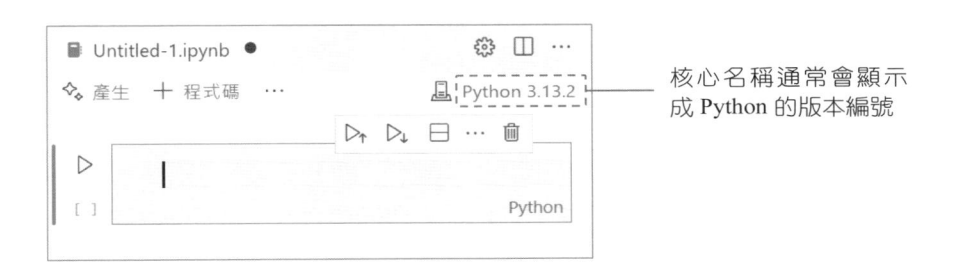

核心名稱通常會顯示成 Python 的版本編號

核心（kernel）選取後，就能開始使用 Jupyter Notebook。一般情況下不需要每次都重新選取核心，只要沒有關閉 Notebook 或重啟 Jupyter，它會自動沿用原本的核心。只有在關閉重開、切換虛擬環境，或核心錯誤時，才需重新選取。一般來說核心會持續保留，除非遇到特殊情況。

A.2 鍵入程式碼

打開 Jupyter Notebook 之後，Jupyter 會幫我們準備好一個全新的環境，並自動配置一個程式碼儲存格（Cell）。在儲存格的輸入區內有一個閃爍的游標等待我們輸入。假設想計算 1+2 的值，請在輸入區內鍵入下面的敘述（在本書中，「>」符號代表後面的敘述必須鍵入在一個新的儲存格，因此請不要把「>」符號也一起鍵入）：

> 1+2

再按一下前方的執行儲存格按鈕 ▷，或是按下 Ctrl+Enter 鍵，儲存格內即會出現輸出區，並會在輸出區顯示運算的結果。執行完後，Jupyter Notebook 的畫面如下圖：

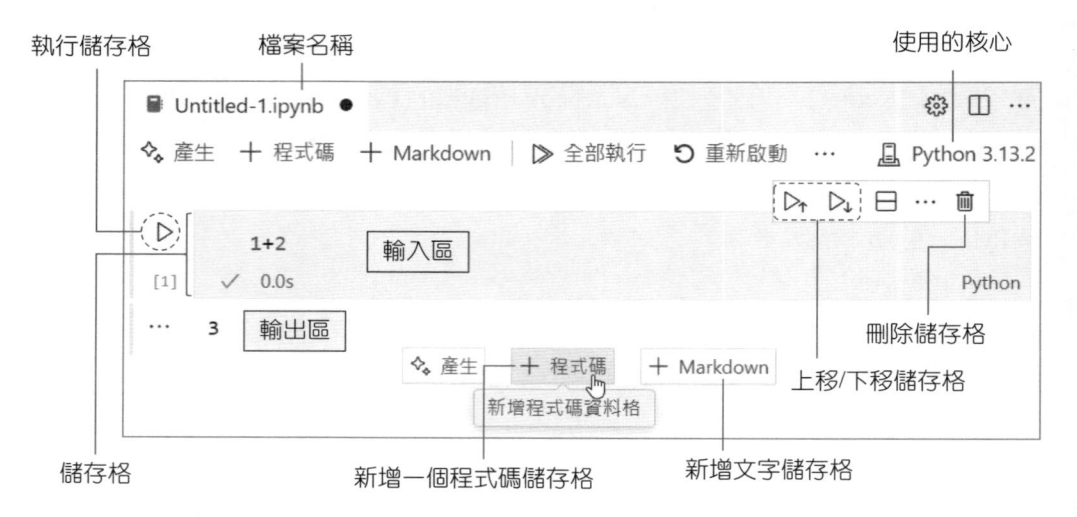

附錄 A：使用 Jupyter Notebook

圖示說明：執行儲存格、檔案名稱、使用的核心、輸入區、輸出區、刪除儲存格、上移/下移儲存格、新增文字儲存格、新增一個程式碼儲存格、儲存格

Jupyter Notebook 的程式碼儲存格包含了輸入區和輸出區。如果要增加一個儲存格來輸入程式碼，可以按下檔案名稱下方的 ＋ 程式碼 鈕，或是將滑鼠移到儲存格下方邊緣處，按下出現的 ＋ 程式碼 鈕即可增加一個儲存格。如果要刪除儲存格，只要按下該儲存格右上方的垃圾桶按鈕 🗑 即可。

現在您已經學會了如何在 Jupyter Notebook 裡鍵入並執行 Python 的程式。請試著鍵入下面的敘述（即一行 Python 程式），並且執行它們，藉以熟悉 Jupyter 的操作：

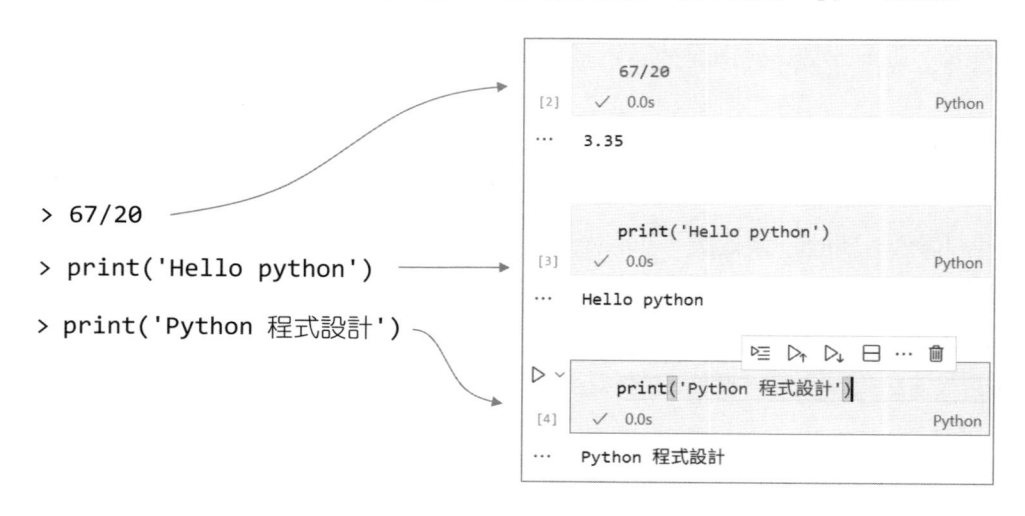

> 67/20
> print('Hello python')
> print('Python 程式設計')

執行結果：
```
67/20
3.35

print('Hello python')
Hello python

print('Python 程式設計')
Python 程式設計
```

再次提醒，「>」符號代表後面的敘述是鍵入在一個儲存格內，因此你會用三個程式碼儲存格來鍵入它們。在這三個敘述中，第一個計算 67/20，後兩個是印出字串。

A-4

您也可以按下 Shift+Enter 來執行儲存格。與 Ctrl+Enter 不同的是，Shift+Enter 在執行完儲存格之後，在當前的儲存格下方會自動新增一個程式碼儲存格以方便下一次輸入。您也可以將數個敘述鍵在同一個儲存格裡，例如在儲存格內鍵入：

```
> print('Some statements')
  100-36
  256*100
```

執行之後，您會看到如下的結果：

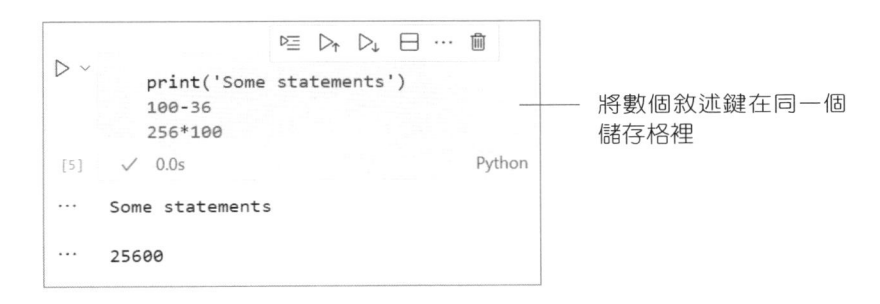

```
print('Some statements')
100-36
256*100
[5]  ✓ 0.0s                    Python
... Some statements
... 25600
```
—— 將數個敘述鍵在同一個儲存格裡

在上面的輸出中，您可以注意到寫在同一個儲存格的敘述，Jupyter Notebook 預設只會顯示最後一個敘述（如 256*100）的運算結果，因此第二個敘述 100 – 36 的運算結果並不會顯示。若要顯示其執行結果，可以使用 print() 函數，如下面的範例：

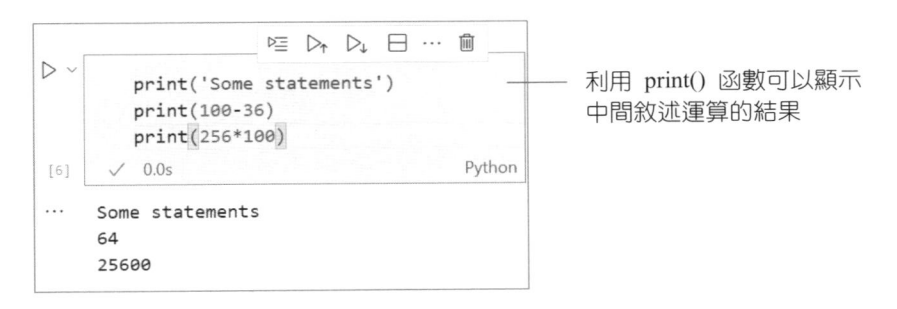

```
print('Some statements')
print(100-36)
print(256*100)
[6]  ✓ 0.0s                    Python
... Some statements
    64
    25600
```
—— 利用 print() 函數可以顯示中間敘述運算的結果

如此就能將執行結果順利顯示。此外，在 VS Code 中使用 Jupyter Notebook 時，會自動啟用自動完成（Auto Completion）功能。例如在輸入區鍵入 pri，編輯器會自動列出以 pri 相關的候選指令，幫助我們加快輸入速度並減少錯誤。

A-5

自動列出 pri 開頭的候選字

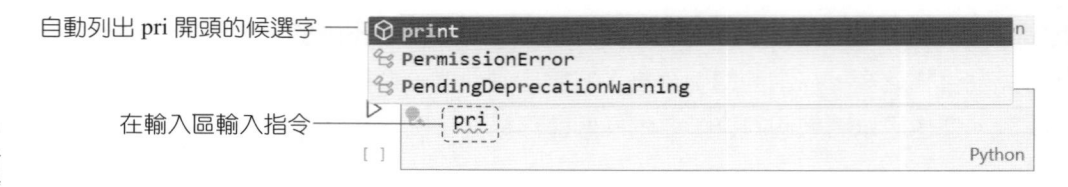

在輸入區輸入指令

A.3 儲存格的選取、複製、移動與刪除

儲存格（Cell）是 Jupyter Notebook 的基本單位，可用來輸入程式碼或文字。點選儲存格後，外框會變成藍色，表示已選取。接著可按右鍵使用複製、貼上、剪下等功能。下圖為儲存格示意圖：

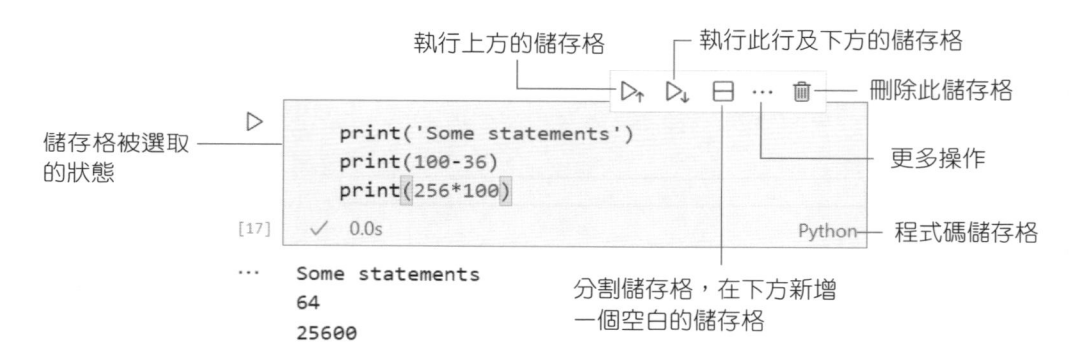

儲存格被選取的狀態

執行上方的儲存格　　執行此行及下方的儲存格

刪除此儲存格

更多操作

分割儲存格，在下方新增一個空白的儲存格

程式碼儲存格

如果想把選取的儲存格複製到其它地方，可先按 Ctrl+C 將內容複製，然後於要貼上的地方選取上一個儲存格，再按 Ctrl+V，複製的內容就會被貼到剛剛選取之儲存格的下方。若是誤刪了一個儲存格，可按 Ctrl+M，再按 Z 來取消刪除。

A.4 存檔與離開 Jupyter Notebook

Jupyter Notebook 新開啟檔案的預設檔名為 Untitled-1.ipynb，其附加檔名 ipynb 為 interactive python notebook 的縮寫，即互動式 Python 筆記本的意思。在 VS Code 中使用 Jupyter Notebook 時，儲存與關閉的方式與一般編輯器相同。若要儲存目前的 Notebook，請選擇「檔案」功能表中的「儲存」（或是按下 Ctrl＋S）。如果要另存新

檔，則可使用「另存新檔」（Ctrl＋Shift＋S）並重新命名。VS Code 會將目前內容儲存在 .ipynb 檔案中。在檔名後面如果有個小黑點，表示這個檔案內容有變更但尚未儲存，請記得進行存檔：

檔名後面有個小黑點，表示內容有變更，檔案尚未儲存

想要離開 Jupyter Notebook，請先確定系統是否已經儲存了開啟的筆記本，再關閉網頁即可。由於我們是在「My_Python」資料夾新增筆記本，因此 Jupyter Notebook 也會把它儲存在這個資料夾裡。

當 Notebook 含有多個儲存格時，可使用「全部執行」功能一次執行所有內容，適合用來檢查整份 Notebook 是否能正確執行。開啟 .ipynb 檔案後，可以點選上方的「全部執行」▷ 全部執行 按鈕，Jupyter Notebook 就會依照順序，逐一執行每個儲存格的內容，並顯示輸出結果。若是執行過程中出現錯誤，Notebook 預設仍會繼續執行後面的儲存格，錯誤訊息會顯示在出錯的儲存格中，方便後續檢查與修正。

舉例來說，若在某個儲存格中輸入不符合 Python 語法的指令「printf」，並執行「全部執行」，該儲存格就會顯示錯誤訊息，其它儲存格則會照常執行，不會受到影響。

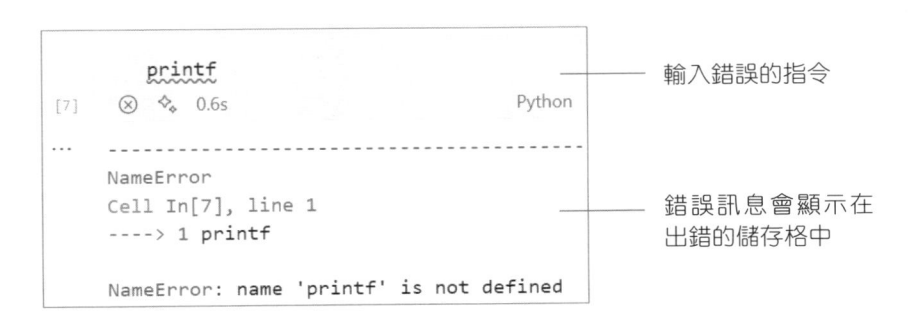

輸入錯誤的指令

錯誤訊息會顯示在出錯的儲存格中

A.5 Markdown 語法

Markdown 是一種簡單易讀的標記語言，用來格式化純文字。在 Jupyter Notebook 中我們可以利用 Markdown 語法撰寫文字說明、建立目錄、插入圖片與超連結等。若要新增 Markdown 格式的儲存格，只需將滑鼠移到想插入的位置，點擊儲存格下方出現的 ＋Markdown 按鈕，即可新增一個文字儲存格。

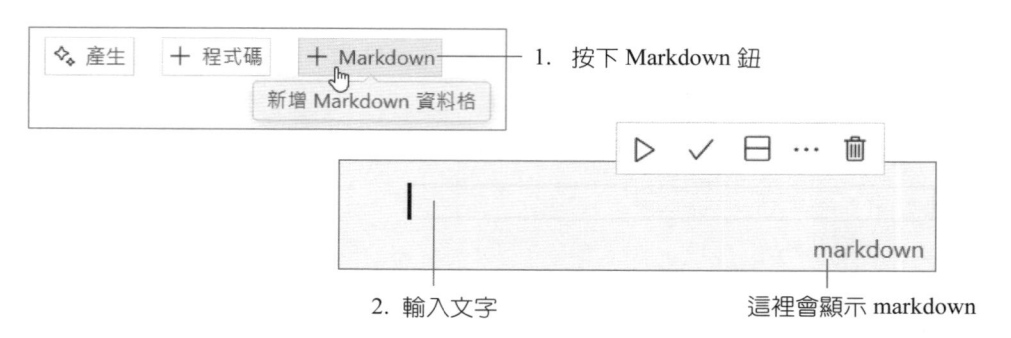

1. 按下 Markdown 鈕
2. 輸入文字
這裡會顯示 markdown

在輸入區直接輸入 Markdown 語法即可進行編輯。例如，若要輸入標題，只要在文字前加上井號（#），# 表示一級標題，## 表示二級標題，以此類推。編輯完成後，按下 ✓ 即可離開編輯模式，並看到排版後的結果。下圖是還在編輯狀態時輸入的內容，包含一級、二級標題與一行說明文字：

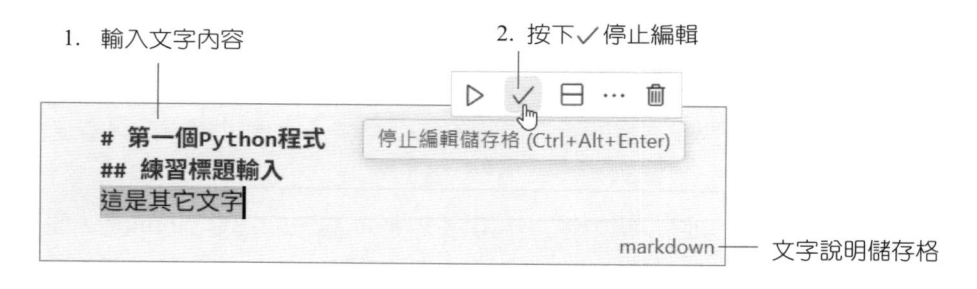

1. 輸入文字內容
2. 按下 ✓ 停止編輯

```
# 第一個Python程式
## 練習標題輸入
這是其它文字
```

文字說明儲存格

編輯完成後按下 ✓ 鈕，就會顯示成以下畫面：

編輯好標題與註解，按下 ✓ 後，於儲存格裡看到的結果

第一個Python程式

練習標題輸入

這是其它文字

若要再次編輯內容，可以按下 ✏ 進行編輯

如果想再次編輯，只要點兩下儲存格或按 Enter 鍵，就可以回到編輯狀態。修改完後再按一次 ✓ 即可。

✤ 常用的 Markdown 語法

Jupyter Notebook 支援了大部分的 Markdown 語法，使得我們能夠靈活地排版和美化筆記內容。下面分別列出常用的 Markdown 語法。

1. 標題（Headings）：我們可以使用 # 號來建立標題，# 的數量代表標題的層級，從一級到六級不等。層級越多顯示的字體越小。這些標題不僅有助於組織內容，也會影響 Jupyter Notebook 自動產生的目錄結構。下面呈現了標題的輸入和預覽：

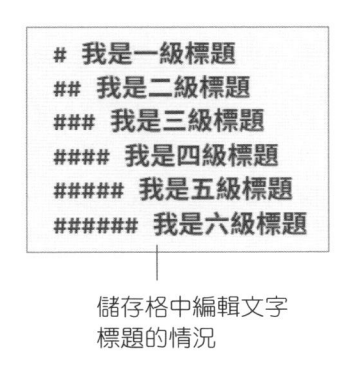

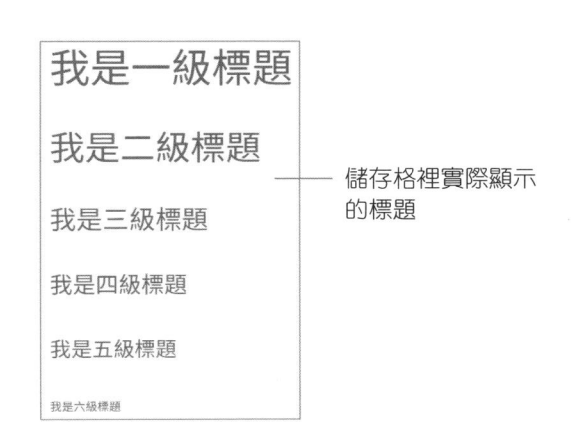

   ```
   # 我是一級標題
   ## 我是二級標題
   ### 我是三級標題
   #### 我是四級標題
   ##### 我是五級標題
   ###### 我是六級標題
   ```

   儲存格中編輯文字標題的情況

   # 我是一級標題
   ## 我是二級標題
   ### 我是三級標題
   #### 我是四級標題
   ##### 我是五級標題
   ###### 我是六級標題

   ── 儲存格裡實際顯示的標題

2. 粗體與斜體（Bold and Italic）：粗體是使用 ** 或 __（兩個底線）將文字包起來，而斜體是使用 * 或 _，粗斜體則是使用 *** 或 ___（三個底線）。

   ```
   **這是粗體文字**         __這是粗體文字__

   *這是斜體文字*           _這是斜體文字_

   ***這是粗斜體文字***     ___這是粗斜體文字___
   ```

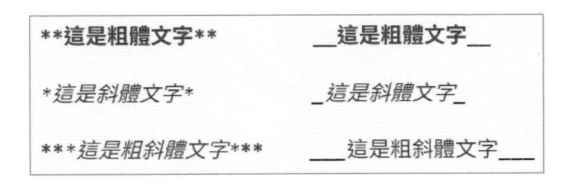

   儲存格中編輯文字粗體與斜體的情況

   這是粗體文字 **這是粗體文字**

   這是斜體文字 *這是斜體文字*

   這是粗斜體文字 ***這是粗斜體文字***

   儲存格裡實際顯示的文字

3. 列表（Lists）：列表分為無序（Unordered）和有序（Ordered）兩種。無序列表使用 -、* 或 + 做為前綴，而有序列表則是在數字後面加上一個小數點。

```
- 我是項目1
- 我是項目2
    - 我是子項目a
    * 我是子項目b
    + 我是子項目c

1. 我是項目1
2. 我是項目2
    1. 我是子項目1
    2. 我是子項目2
```

儲存格中編輯有序/無序列表的情況

- 我是項目1
- 我是項目2
  - 我是子項目a
  - 我是子項目b
  - 我是子項目c

1. 我是項目1
2. 我是項目2
    1. 我是子項目1
    2. 我是子項目2

儲存格裡實際排列的情況

值得注意的是，雖然 *、-、+ 都可以用來建立無序列表，但在 Jupyter Notebook 中，有時會出現行距或縮排稍有不同的情況。這是因為不同符號在畫面呈現時可能會被套用不同的樣式。為了排版格式一致，建議整份文件使用同一種符號。

4. 超連結（Links）：以 [顯示文字](超連結) 的語法添加超連結，其中的 [顯示文字] 會做為超連結的顯示文字：

```
[前往 Python 官方網站](https://www.python.org)
```

儲存格中編輯超連結

前往 Python 官方網站

儲存格裡實際顯示的情況

5. 圖片（Images）：用 的語法來插入圖片。若圖片超連結失效，則以 [圖片描述] 取代。

```
![Python logo](https://www.python.org/
static/img/python-logo.png)
```

在儲存格中插入圖片

儲存格裡實際顯示的情況

6. 表格（Tables）：使用 | 和 – 來建立表格，並用冒號用來控制對齊方式（左對齊、右對齊、居中對齊）。

```
| 姓名    | 年齡  | 城市          |
|:-------|:----:|-------------:|
| Alice  | 25   | New York     |
| Bob    | 30   | San Francisco|
```

在儲存格中插入表格

姓名	年齡	城市
Alice	25	New York
Bob	30	San Francisco

實際顯示的情況

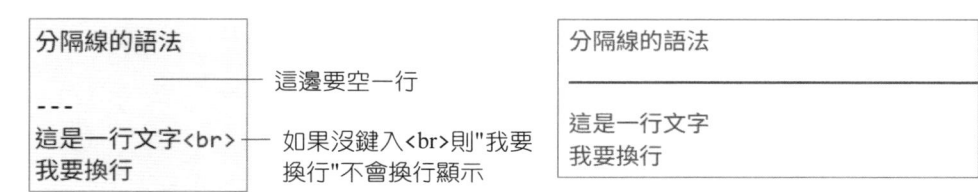

7. 水平線和換行：使用三個或以上的 -、* 或 _ 來建立分隔線。如果要換行可以用 HTML 的標記
（break 的意思）：

```
分隔線的語法

---
這是一行文字<br>
我要換行
```
（這邊要空一行；如果沒鍵入
則"我要換行"不會換行顯示）

在儲存格中插入分隔線及換行

分隔線的語法
_____
這是一行文字
我要換行

儲存格裡實際顯示的情況

8. 數學公式（Math Equations）：Jupyter Notebook 可以用 LaTeX 語法來插入數學公式。如果公式是要跟隨在文字內，就使用 $ 將公式包裹起來。如果想單獨將公式呈現在一行，則使用 $$ 。

```
與文字同一行：$E=mc^2$

單獨一行：
$$
\int_0^\infty e^{-x^2} dx = \frac{\sqrt{\pi}}{2}
$$
```

在儲存格中插入數學公式

與文字同一行：$E = mc^2$

單獨一行：
$$\int_0^\infty e^{-x^2} dx = \frac{\sqrt{\pi}}{2}$$

儲存格裡實際顯示的情況

關於 Latex 的語法，請參考 https://bcc16.ncu.edu.tw/7/latex，有更多詳細的介紹。

A.6 於 Jupyter Notebook 裡製作目錄

在 Jupyter Notebook 中使用多層級的 Markdown 標題時，系統會自動產生一份「目錄（Table of Contents）」，方便您快速瀏覽筆記本的各個章節。請點選儲存格上方的功能列 `...`，從出現的選單中選擇「大綱」，即可在檔案總管下方看到「大綱」列表，此目錄會根據 Markdown 標題的層級，自動列出整本筆記的章節結構。

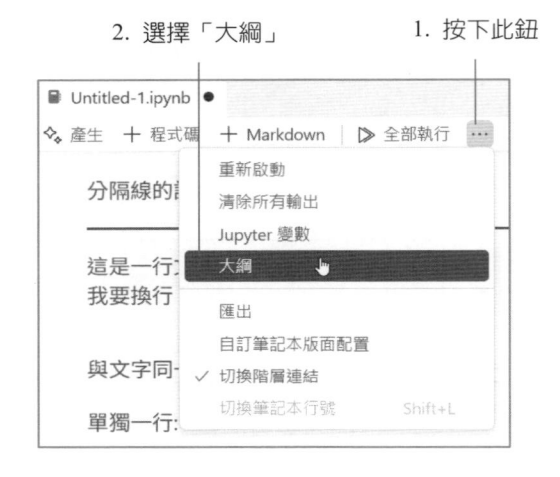

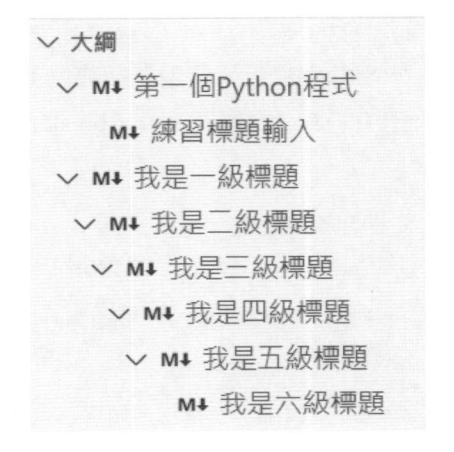

「大綱」列表。根據 Markdown 標題的層級，自動列出整本筆記的章節結構

當我們使用「# 標題一」，該章節會顯示在大綱的第一層；「## 標題二」，會顯示在「標題一」下方的子層；「### 標題三」，則會進一步顯示為更細的分類。透過這種層級結構，我們可以清楚掌握整份筆記的內容架構，進而提升閱讀與編輯的效率。您也可以直接點擊大綱中的標題，快速跳轉到對應的內容位置。這項功能對整理大型筆記特別有幫助，不只好閱讀，編輯起來也更有效率。

附錄 B: Colab 的使用

Colab 是附錄 A 介紹之 Jupyter Notebook 的雲端版，使用者無需安裝任何軟體，只要有網路即可撰寫與執行 Python 程式，特別適合初學者學習 Python 程式設計。

B.1 啟動 Colab

Colab 是個雲端服務，所有檔案都儲存在 Google 雲端硬碟中，因此您必須擁有 Google 帳號才能使用。若尚未申請帳號，請先註冊一個。接著，請開啟瀏覽器並前往：

```
https://drive.google.com/
```

如果尚未登入帳號，系統會提示您輸入 Google 帳號與密碼。登入後即可進入雲端硬碟主頁。建議您在根目錄中建立一個專門練習 Python 的資料夾。請在「我的雲端硬碟」上按右鍵，選擇「新增資料夾」，並命名為「Python 教學手冊」。建立完成後，該資料夾就會出現在「我的雲端硬碟」中：

接下來,請點進「Python 教學手冊」資料夾,然後在空白處按右鍵,選擇「更多」-「Google Colaboratory」,即可新增一個 Colab 筆記本(Notebook):

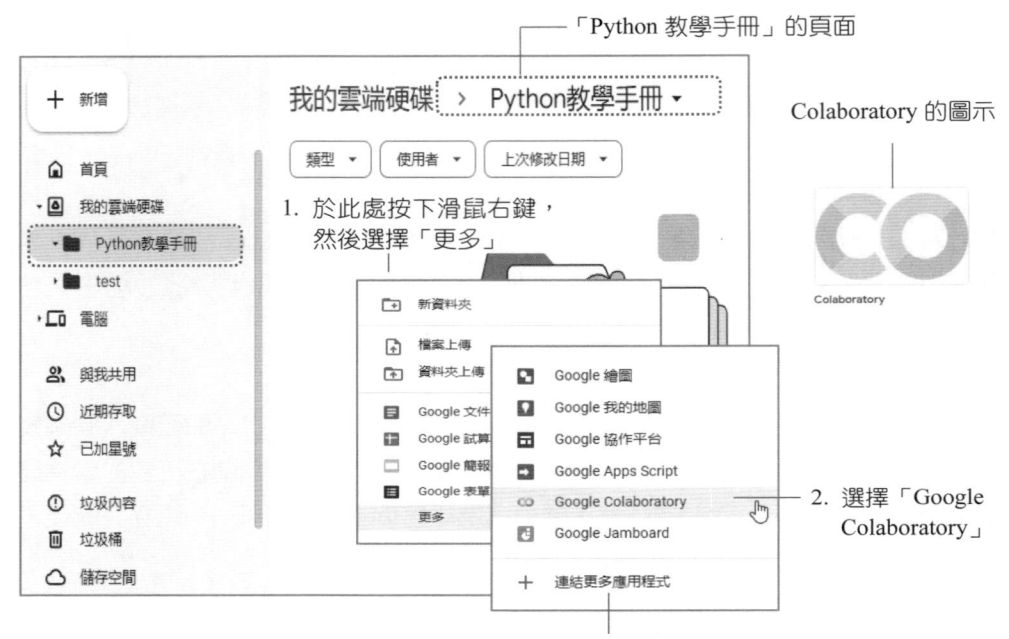

如果在選單中找不到「Google Colaboratory」選項,表示尚未將此應用程式連結至您的帳戶。請點選「連結更多應用程式」,在搜尋欄輸入「Colaboratory」,找到相符的應用程式圖示後點選安裝,並依照預設設定完成連結。完成後,「Google Colaboratory」選項就會出現在「更多」的選單中。

B.2　鍵入程式碼與文字儲存格

打開 Colab 之後,系統會幫我們準備好一個新的執行環境,並自動建立一個程式碼儲存格。在儲存格的輸入區內會出現一個閃爍的游標,等待我們輸入指令。假設想計算 1+2 的值,請在輸入區內鍵入下面的敘述(本書中的「>」符號表示該行程式需輸入在新儲存格中,實際輸入時請省略此符號):

> 1+2

接著，按一下左側的執行按鈕 ▶，或是直接按下 Ctrl+Enter 鍵，系統會在輸出區顯示運算的結果。第一次執行時會稍等片刻以完成環境設定，之後的運算會快得多。執行完後，Colab 的畫面應如下圖所示：

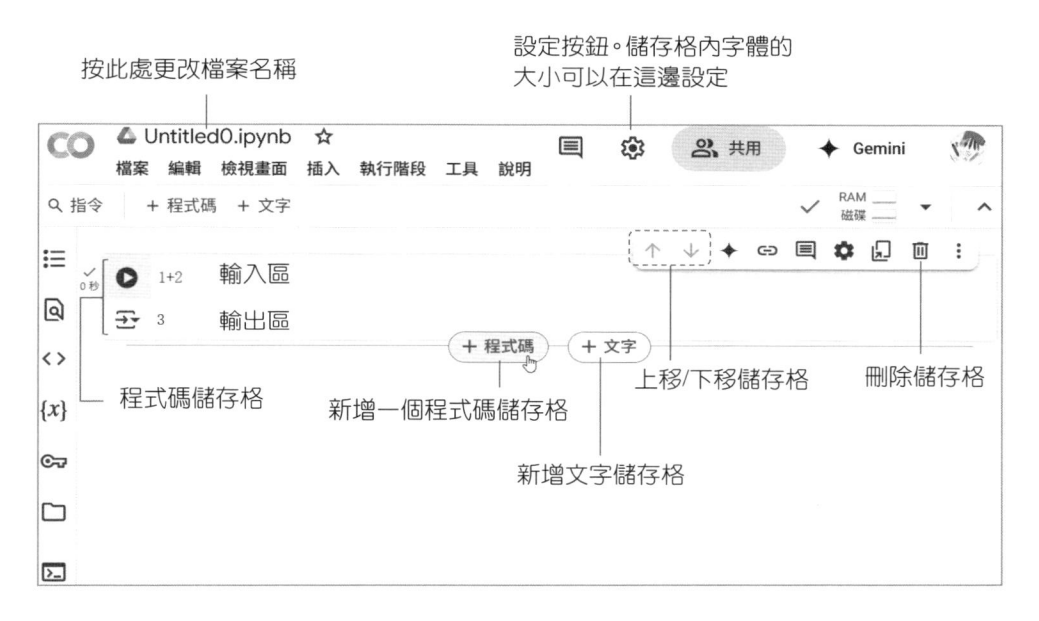

Colab 的程式碼儲存格包含了輸入區和輸出區。若是要新增儲存格，可以點選功能表下方的 ＋程式碼 按鈕，或是將滑鼠移到儲存格下方邊緣處，按下出現的 ＋程式碼 按鈕即可增加一個儲存格。如果要刪除儲存格，只要按下該儲存格右上角的垃圾桶圖示 🗑 即可。

現在您已經了解如何在 Colab 裡輸入並執行 Python 程式，請試著輸入下列敘述（一行 Python 程式碼），並加以執行，以熟悉 Colab 的基本操作方式。

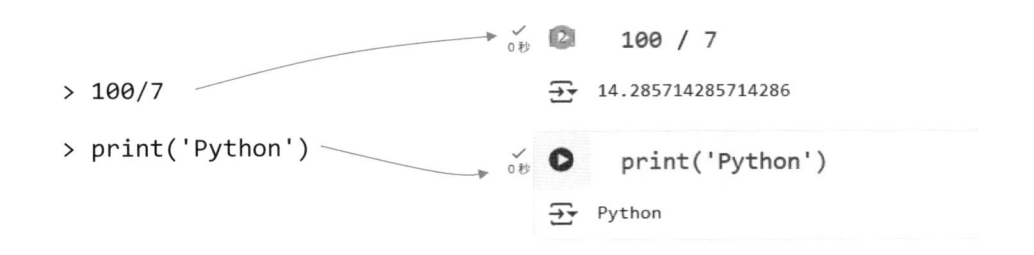

> 100/7
> print('Python')

B.2 鍵入程式碼與文字儲存格

B-3

再次提醒,「>」符號代表後面的敘述是鍵入在一個儲存格內。在這兩個指令敘述中,第一個敘述計算 100/7,第二個敘述則印出 'Python' 字串。

除了使用 Ctrl+Enter 執行儲存格,您也可以按下 Shift+Enter。兩者的差別在於,Shift+Enter 執行後會自動在下方新增一個新的程式碼儲存格,方便接續輸入其它指令。您也可以在同一個儲存格中輸入多行程式碼,例如:

```
> print("開始計算")
  10 + 5
  100 /4
```

執行之後,您會看到如下的結果:

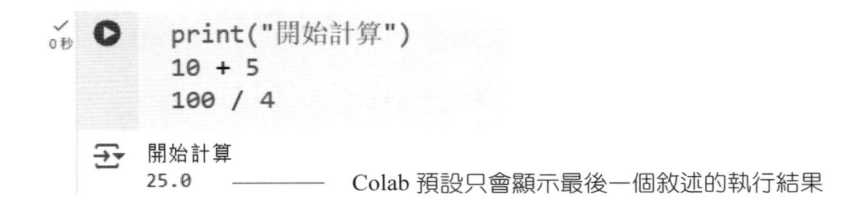

```
print("開始計算")
10 + 5
100 / 4

開始計算
25.0
```
─── Colab 預設只會顯示最後一個敘述的執行結果

在上面的輸出中,您可以注意到放在同一個儲存格的敘述,Colab 只會顯示最後一個敘述 100/4 的運算結果。如果希望顯示中間的運算結果,建議使用 print() 函數:

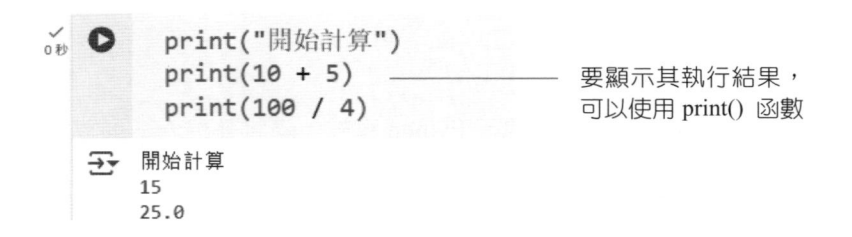

```
print("開始計算")
print(10 + 5)       ─── 要顯示其執行結果,
print(100 / 4)         可以使用 print() 函數

開始計算
15
25.0
```

在 Colab 中,文字儲存格(Text cell)是用來輸入註解、公式、標題或格式化內容的區塊,與程式碼儲存格不同,它不會執行任何程式碼。文字儲存格支援 Markdown 語法,也能使用 LaTeX 語法輸入數學公式。關於 Markdown 語法的使用請參考附錄 A。若是要新增文字儲存格,可以點選功能表下方的 ➕文字 按鈕,或是將滑鼠移到儲存格下方邊緣處,按下出現的 ➕文字 按鈕即可增加一個文字儲存格。如果要刪除儲存格,只要按下該儲存格右上角的垃圾桶圖示 🗑 即可。

此外，Colab 支援自動完成（Auto completion）的功能。當在輸入區鍵入 p，系統會自動列出可能的選項，幫助我們快速完成程式碼撰寫。

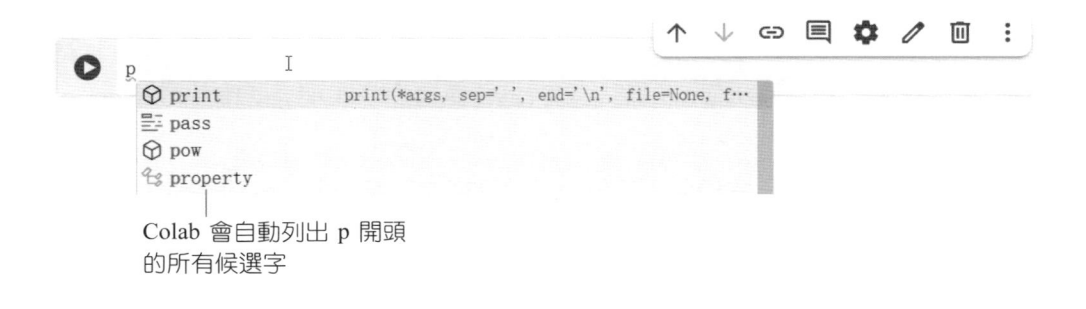

```
p
  print      print(*args, sep=' ', end='\n', file=None, f…
  pass
  pow
  property
```
Colab 會自動列出 p 開頭的所有候選字

B.3 儲存格的選取、複製、移動與刪除

Colab 的另一個常見操作是管理程式碼儲存格。若是要選取一個儲存格，只要點一下該儲存格即可。若要選取數個連續的儲存格，可以在第一個儲存格的周圍空白處按下滑鼠左鍵，拖拉滑鼠到最後一個儲存格，就能一次選取多個儲存格。

選取好儲存格後，按下滑鼠右鍵，於出現的選單中可以進行刪除、複製、剪下，甚至合併儲存格等操作。下圖是選取兩個儲存格的示意圖：

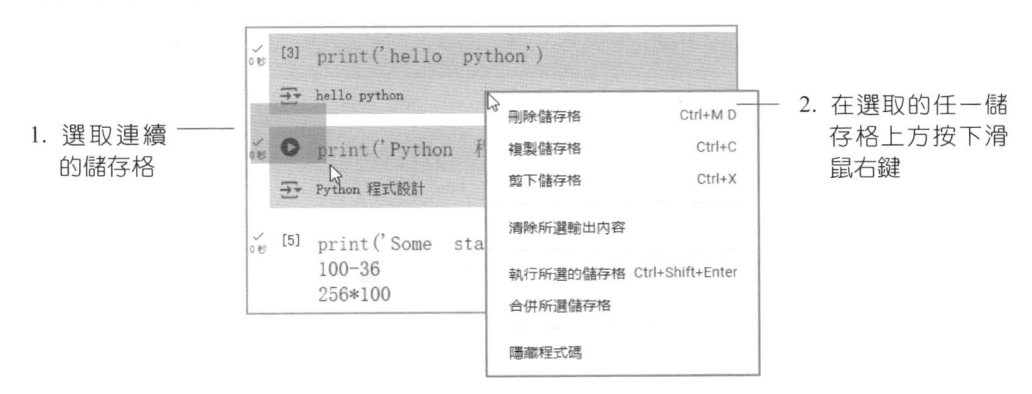

1. 選取連續的儲存格
2. 在選取的任一儲存格上方按下滑鼠右鍵

如果想把選取的儲存格複製到其它地方，可先按 Ctrl+C，再選擇目標儲存格，按 Ctrl+V 即可貼上，新的儲存格會出現在所選儲存格的下方。如果不小心刪除了儲存格，可以使用復原操作，同時按住 Ctrl + M 然後再按 Z，即可還原刪除的內容。

B.4 存檔與離開 Colab

當在 Colab 中開啟新的筆記本時，預設的檔名會是 Untitled0.ipynb，其中 .ipynb 為 interactive python notebook 的縮寫，代表「互動式 Python 筆記本」。建議一開始就點選左上角的檔名 Untitled0.ipynb 將它修改為有意義的名稱，例如「附錄 B.ipynb」。

由於 Colab 是在雲端運行的環境，只要對程式碼或文字區塊做出任何修改，系統通常會在幾秒內自動儲存。儲存完成後，在工具列上方會出現「已儲存所有變更」的提示；若尚未儲存，這段提示則不會出現。

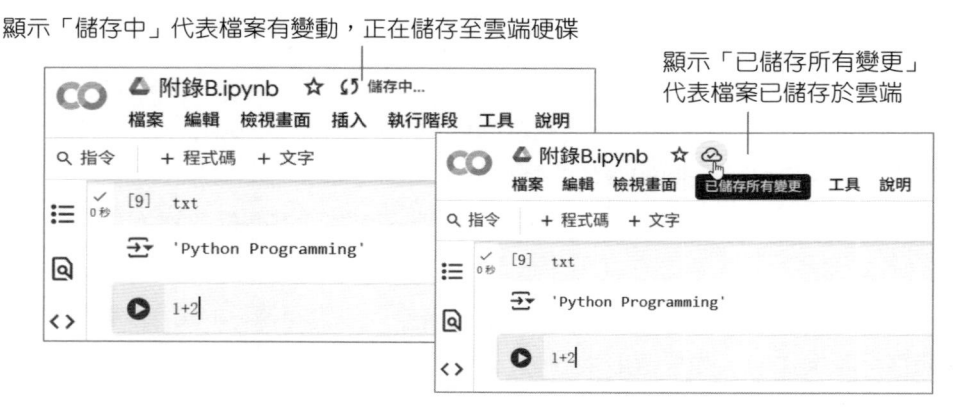

顯示「儲存中」代表檔案有變動，正在儲存至雲端硬碟

顯示「已儲存所有變更」代表檔案已儲存於雲端

要結束使用 Colab，只需確認變更已被儲存後關閉瀏覽器分頁即可。如果不確定是否成功儲存，可以手動點選上方功能表的「檔案」-「儲存」，確保內容備份完成。由於這份筆記本是從「Python 教學手冊」資料夾中建立的，因此它也會自動儲存在那裡，方便日後繼續使用。

如果想新增新的筆記本，可以在「檔案」功能表中選擇「在雲端硬碟中建立新筆記本」，此時 Colab 會將它儲存在「我的雲端硬碟/Colab Notebooks」資料夾裡，日後記得到這個資料夾裡開啟檔案即可。

最後提醒一下，如果在 Colab 裡太久沒有操作，系統會跳出通知視窗，顯示您已經與伺服器斷線：

此時可以點選「重新連線」按鈕繼續操作，不過，由於記憶體已被清空，因此需要重新執行全部或部分的程式區塊。

B.5 設定更舒適的操作環境

Colab 提供一些簡單的設定，可以讓操作環境更加舒適。例如，以更好看的字體來顯示程式碼、改變佈景主題與字體大小，或者將 Colab 切換成英文介面等。

♣ 將程式碼字體改為 consolas

Colab 在中文環境下，程式碼預設字型為 monospace，會導致顯示不太美觀，特別是空格寬度為英文字母兩倍，使程式碼不易對齊。我們可透過「工具」選單中的「設定」，在「編輯器」頁籤的「轉譯程式碼時使用的字型系列」欄位，將 monospace 改為 consolas，即可讓程式碼顯示更為整齊、美觀，與英文版一致。

下圖是 Colab 在中文環境下，程式碼的預設字型 monospace 和使用 consolas 字型的比較。您可以發現 consolas 字型比較清晰，空格的顯示也比較正常。

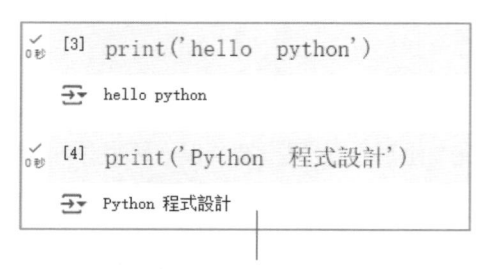

```
[3] print('hello  python')
    hello python
[4] print('Python  程式設計')
    Python 程式設計
```

Colab 中文介面預設採用 monospace 字型，程式碼的字體不好看，且空格寬度為英文字母寬度的兩倍，不利程式碼對齊

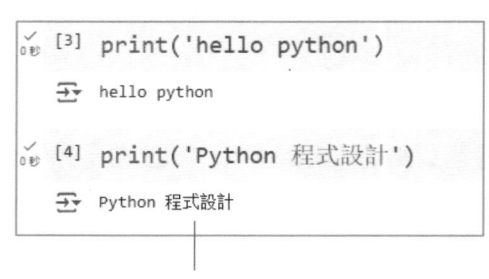

```
[3] print('hello python')
    hello python
[4] print('Python 程式設計')
    Python 程式設計
```

改用 consolas 字型，程式碼看起來比較美觀好閱讀

✤ 切換佈景主題與改變字體大小

一般來說，暗色的佈景主題在寫程式時眼睛比較不會疲勞。如果想把佈景主題改為暗色，可選擇「工具」功能表中的「設定」，於出現的「設定」對話方塊中選擇「網站」，然後將主題從 light 改成 dark 即可。另外如果想改變程式碼字體的大小，可以於「設定」對話方塊中選擇左邊的「編輯器」，再於右邊的「字型大小」欄位中選擇適當的大小即可。

✤ 將 Colab 切換成英文介面

於 Colab 的「說明」功能表中選擇「查看英文版本」即可將 Colab 切換到英文介面。不過 Colab 並不會記住這個切換，每次重啟 Colab 時，還是會顯示中文介面。

B.6 使用 Colab 的 AI 輔助學習 Python

Colab 內建的 AI 技術可以協助使用者更輕鬆地撰寫程式。不但可以自動補全程式碼，還會即時提供語法提示、修正建議，甚至預測你接下來想輸入的內容。舉例來說，如果想寫一個程式來判別數字 10 是奇數還是偶數，可以在第一行寫上程式的註解，在第二行設定 a = 10，如下面的程式碼：

```
> # 判別奇偶數
  a=10
```

此時 Colab 會根據輸入的內容，自動猜測可能想完成的程式碼。因此會自動生成剩餘的程式碼。當滑鼠移到生成的程式碼的上方，此時一個選單會出現，如果您想全部採用生成的程式碼，則可以按下選單上的 Accept。若是按下 Accept Word，則可逐字挑選，如下圖所示：

```
# 判別奇偶數                ┌─ 按 Accept 則同意 AI 給的建議
a=10           < 1/2 > Accept  Accept Word  Ctrl + RightArrow
if a%2==0:
  print('偶數')              └─ 按 Accept Word 可以逐字同意 AI 的建議
else:
  print('奇數')     ── AI 建議的程式碼
                    注意由於 AI 演算法的關係，AI 建議的程式碼可能略有不同。
```

我們也可以在 Colab 裡輸入希望 AI 可以幫我們做到的事，也就是讓 AI "生" 一段程式碼給我們，這也就是所謂的「生成」程式碼。其實您早已注意到 Colab 新增的空白程式碼儲存格都會有一行灰色的提示「開始使用 AI 編寫或生成程式碼」，只要按下「生成」兩個字，此時會出現一個欄位，讓我們輸入想讓 AI 做的事情。下面是我們輸入「判別 10 是奇數還是偶數」，按下 Enter 鍵之後，Colab 的回應：

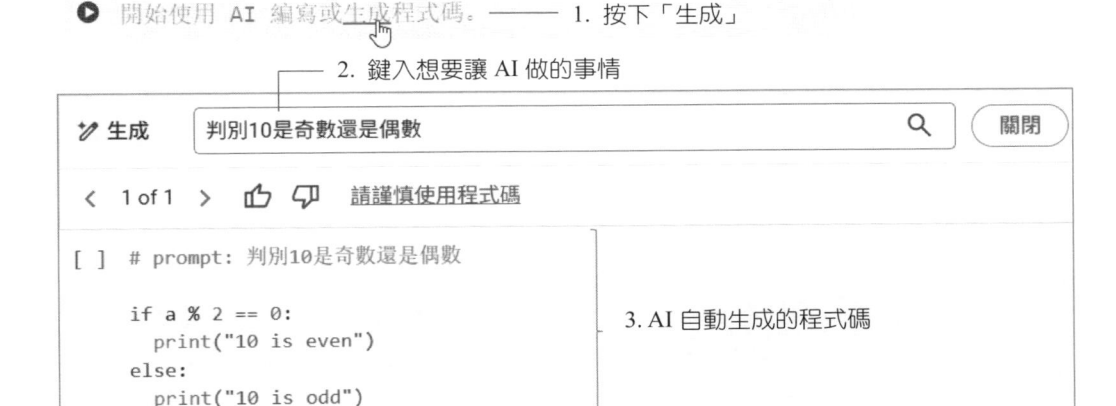

```
開始使用 AI 編寫或生成程式碼。 ──── 1. 按下「生成」

                    ┌── 2. 鍵入想要讓 AI 做的事情
✏ 生成  │ 判別10是奇數還是偶數          🔍  │ 關閉

< 1 of 1 >  👍 👎  請謹慎使用程式碼

[ ]  # prompt: 判別10是奇數還是偶數

     if a % 2 == 0:
       print("10 is even")       3. AI 自動生成的程式碼
     else:
       print("10 is odd")
```

您會發現 Colab 已自動產生一段可執行的程式碼。通常，Colab 所產生的程式碼已能滿足我們的需求；而描述越詳細，所生成的程式碼就越能貼近預期的結果。

此外，Colab 也整合了強大的 Gemini AI 模型，讓您可以直接在 Colab 環境中與 Gemini 互動，使用體驗類似於 OpenAI 的 ChatGPT 或微軟的 Copilot。若要在 Colab 中使用 Gemini，只需點選畫面右上角的 ✦ Gemini 按鈕，然後在「在這裡輸入提示」的欄位中輸入您想解決的問題即可。例如，輸入「1 加到 10 的 Python 程式碼」並送出後，將會看到以下畫面：

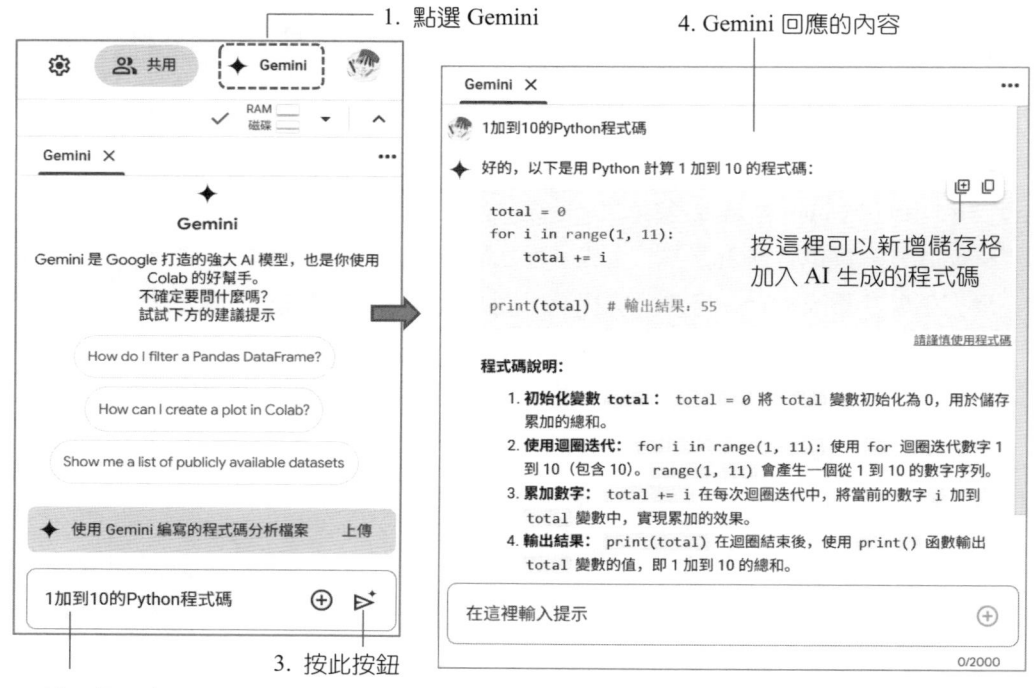

從輸出中，我們可以看到 Gemini 不僅把程式碼寫出來，同時也附上程式碼的說明，這非常有助於初學者的學習。注意由於程式碼和說明文字都是 AI 生成，因此您得到的結果可能和上圖會有點差異。另外，Gemini 可能會用英文回答，您只要在輸入時，提示它用繁體中文回答即可。

B.7 在 Colab 存取雲端硬碟裡的檔案

在 Colab 執行程式時，如果沒有另外指定儲存位置，檔案會暫放在 Colab 的暫存區中，這些資料只會保留到本次工作結束，一旦關掉瀏覽器或閒置過久就會被清除。如果希望長期保存資料或反覆使用同一份檔案，建議將檔案存進 Google 雲端硬碟中的「MyDrive」資料夾。

要讓 Colab 連接 Google 雲端硬碟，可以點選左側工具列的「檔案」圖示，在出現的頁籤中選擇「掛接雲端硬碟」。接著會出現授權畫面，點選「連線至 Google 雲端硬碟」並完成授權後，就能順利掛載。連接成功後，檔案區會多出一個名為「drive」的資料夾。點開「drive」-「MyDrive」後，即可看到雲端硬碟中所有檔案與資料夾。

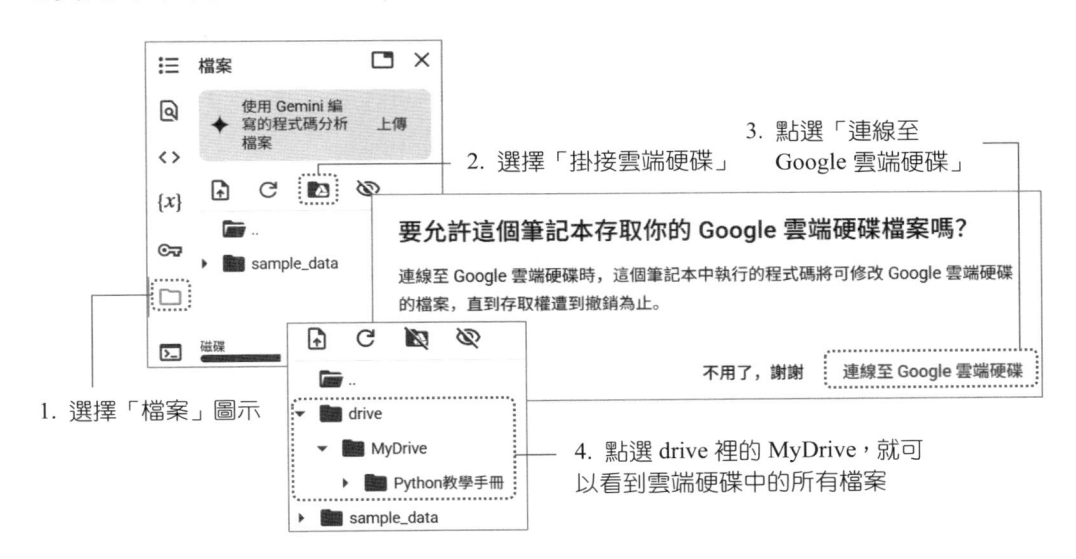

成功連接雲端硬碟後，我們就可以直接在 Colab 中存取雲端硬碟裡的檔案。請依序點開左側檔案區的「drive」-「MyDrive」資料夾，即可找到名為「Python 教學手冊」的資料夾，本附錄所有相關的檔案都會放置在此。

找到資料夾後，還必須取得資料夾的路徑才能存取檔案。請在「Python 教學手冊」資料夾上方按右鍵，於出現的選單中選擇「複製路徑」，如此就能把路徑拷貝起來。

B-11

1. 按下資料夾旁的「⋮」，於出現的選單中選取「複製路徑」
2. 取得資料夾的路徑才能存取檔案

事實上，在 Colab 中，雲端硬碟的根目錄會被掛載在 /content/drive 這個路徑下。因此，MyDrive 的完整路徑是：

/content/drive/MyDrive/

所以只要在這個路徑後面再加上要存取資料夾的路徑即可。於本例中，「Python 教學手冊」的完整路徑為

/content/drive/MyDrive/ Python 教學手冊

這就是我們選擇「複製路徑」之後取得的內容。因此如果想把 ascii.txt 寫到雲端硬碟的「Python 教學手冊」資料夾裡，我們可以利用下面的程式碼：

```
> f = open('/content/drive/MyDrive/Python 教學手冊/ascii.txt','w')
  f.write('Python Programming')
  f.close()
```

相同的，如果要從雲端硬碟的「Python 教學手冊」資料夾裡讀取寫入的 ascii.txt，我們可以利用下面的程式碼來讀取：

```
> f = open('/content/drive/MyDrive/Python 教學手冊/ascii.txt','r')
  Txt = f.read()
  f.close()
```

讀取完後，輸入變數 txt 就能看到內容是否正確讀取：

```
> txt
  'Python Programming'
```

附錄 C: ASCII 碼表

十進位	二進位	八進位	十六進位	ASCII	按鍵
0	0000000	00	00	NUL	Ctrl+@
1	0000001	01	01	SOH	Ctrl+A
2	0000010	02	02	STX	Ctrl+B
3	0000011	03	03	ETX	Ctrl+C
4	0000100	04	04	EOT	Ctrl+D
5	0000101	05	05	ENQ	Ctrl+E
6	0000110	06	06	ACK	Ctrl+F
7	0000111	07	07	BEL	Ctrl+G
8	0001000	10	08	BS	Ctrl+H，Backspace
9	0001001	11	09	HT	Ctrl+I，Tab
10	0001010	12	0A	LF	Ctrl+J，Line Feed
11	0001011	13	0B	VT	Ctrl+K
12	0001100	14	0C	FF	Ctrl+L
13	0001101	15	0D	CR	Ctrl+M，Return
14	0001110	16	0E	SO	Ctrl+N
15	0001111	17	0F	SI	Ctrl+O
16	0010000	20	10	DLE	Ctrl+P
17	0010001	21	11	DC1	Ctrl+Q
18	0010010	22	12	DC2	Ctrl+R
19	0010011	23	13	DC3	Ctrl+S
20	0010100	24	14	DC4	Ctrl+T
21	0010101	25	15	NAK	Ctrl+U
22	0010110	26	16	SYN	Ctrl+V
23	0010111	27	17	ETB	Ctrl+W
24	0011000	30	18	CAN	Ctrl+X
25	0011001	31	19	EM	Ctrl+Y
26	0011010	32	1A	SUB	Ctrl+Z
27	0011011	33	1B	ESC	Esc，Escape
28	0011100	34	1C	FS	Ctrl+\
29	0011101	35	1D	GS	Ctrl+]
30	0011110	36	1E	RS	Ctrl+=

附錄 C：ASCII 碼表

十進位	二進位	八進位	十六進位	ASCII	按鍵
31	0011111	37	1F	US	Ctrl+_
32	0100000	40	20	SP	Spacebar
33	0100001	41	21	!	!
34	0100010	42	22	"	"
35	0100011	43	23	#	#
36	0100100	44	24	$	$
37	0100101	45	25	%	%
38	0100110	46	26	&	&
39	0100111	47	27	'	'
40	0101000	50	28	(	(
41	0101001	51	29	)	)
42	0101010	52	2A	*	*
43	0101011	53	2B	+	+
44	0101100	54	2C	,	,
45	0101101	55	2D	-	-
46	0101110	56	2E	.	.
47	0101111	57	2F	/	/
48	0110000	60	30	0	0
49	0110001	61	31	1	1
50	0110010	62	32	2	2
51	0110011	63	33	3	3
52	0110100	64	34	4	4
53	0110101	65	35	5	5
54	0110110	66	36	6	6
55	0110111	67	37	7	7
56	0111000	70	38	8	8
57	0111001	71	39	9	9
58	0111010	72	3A	:	:
59	0111011	73	3B	;	;
60	0111100	74	3C	<	<
61	0111101	75	3D	=	=
62	0111110	76	3E	>	>
63	0111111	77	3F	?	?

十進位	二進位	八進位	十六進位	ASCII	按鍵
64	1000000	100	40	@	@
65	1000001	101	41	A	A
66	1000010	102	42	B	B
67	1000011	103	43	C	C
68	1000100	104	44	D	D
69	1000101	105	45	E	E
70	1000110	106	46	F	F
71	1000111	107	47	G	G
72	1001000	110	48	H	H
73	1001001	111	49	I	I
74	1001010	112	4A	J	J
75	1001011	113	4B	K	K
76	1001100	114	4C	L	L
77	1001101	115	4D	M	M
78	1001110	116	4E	N	N
79	1001111	117	4F	O	O
80	1010000	120	50	P	P
81	1010001	121	51	Q	Q
82	1010010	122	52	R	R
83	1010011	123	53	S	S
84	1010100	124	54	T	T
85	1010101	125	55	U	U
86	1010110	126	56	V	V
87	1010111	127	57	W	W
88	1011000	130	58	X	X
89	1011001	131	59	Y	Y
90	1011010	132	5A	Z	Z
91	1011011	133	5B	[	[
92	1011100	134	5C	\	\
93	1011101	135	5D	]	]
94	1011110	136	5E	^	^
95	1011111	137	5F	_	_
96	1100000	140	60	`	`

❖ 附錄 C: ASCII 碼表

附錄 C：ASCII 碼表

十進位	二進位	八進位	十六進位	ASCII	按鍵
97	1100001	141	61	a	a
98	1100010	142	62	b	b
99	1100011	143	63	c	c
100	1100100	144	64	d	d
101	1100101	145	65	e	e
102	1100110	146	66	f	f
103	1100111	147	67	g	g
104	1101000	150	68	h	h
105	1101001	151	69	i	i
106	1101010	152	6A	j	j
107	1101011	153	6B	k	k
108	1101100	154	6C	l	l
109	1101101	155	6D	m	m
110	1101110	156	6E	n	n
111	1101111	157	6F	o	o
112	1110000	160	70	p	p
113	1110001	161	71	q	q
114	1110010	162	72	r	r
115	1110011	163	73	s	s
116	1110100	164	74	t	t
117	1110101	165	75	u	u
118	1110110	166	76	v	v
119	1110111	167	77	w	w
120	1111000	170	78	x	x
121	1111001	171	79	y	y
122	1111010	172	7A	z	z
123	1111011	173	7B	{	{
124	1111100	174	7C	|	|
125	1111101	175	7D	}	}
126	1111110	176	7E	~	~
127	1111111	177	7F	Del	Del，Rubout

英文索引

!, 2-9, 12-39
!more, 12-39
", 2-5, 2-20
#, 1-27, 5-16
( ), 1-25, 5-37, 9-5
*, 5-19
', 2-5, 2-20
/, 2-8
//, 2-8
; , 1-25
@, 3-21, 10-21
@classmethod, 7-9, 7-11
@property, 7-28
@staticmethod, 7-12
[ ], 1-25, 3-7, 3-26, 5-37, 12-14
\", 2-23
\, 1-25, 2-20, 3-11
\', 2-23
\n, 2-19, 8-5, 8-10
\t, 8-10
\u, 3-11
\x, 3-11, 4-8, 8-10
__init__(), 7-3, 7-4, 7-16, 7-21
{}, 1-25, 2-23, 6-14, 6-23
</a>, 13-9
</body>, 13-9
</head>, 13-9
</p>, 13-9
</title>, 13-9
<a>, 13-9, 13-15, 13-25, 13-30, 13-32
<body>, 13-9
<div>, 13-9, 13-24, 13-27
<head>, 13-9
<html>, 13-8
<img>, 13-8
<li>, 13-10
<p>, 13-9, 13-15
<title>, 13-9, 13-15
<ul>, 13-10
=, 2-13
≠, 2-9
==, 2-9, 5-8, 6-24, 10-5
>, 1-23, 13-8
>>>, 1-7
©, 3-12
♠, 3-12
0b, 2-3
0o, 2-3
0x, 2-3

-A-
Absolute Path, 13-19
add(), 12-30
add_subplot(), 11-5, 11-9, 11-27
Address, 5-7
all(), 10-9
allow_pickle, 10-34
Alpha Channel, 14-11
alpha, 11-16, 14-12
alternative text, 13-10
and, 1-24, 2-10
animate(), 11-44
Animation, 11-41
annotate(), 11-18
Anonymous function, 5-26
any(), 10-9
append(), 3-33
append, 8-4
arange(), 9-11
Area, 7-2
arg, 10-11
argmax(), 10-20

argmin(), 10-11, 10-17, 10-20
argsort(), 10-17, 10-18
argument, 10-11
Arithmetic operator, 2-8
array range, 9-11
array(), 9-4
Array, 6-4, 9-2
array_equal(), 10-5
as, 1-24, 8-18, 8-25
as_index, 12-21
ASCII, 3-10, 3-27, 8-3, 8-10
aspect, 11-23
Attribute, 3-18, 7-3
autopct, 11-33
average(), 12-32
axis, 9-30, 11-23, 12-36
azim, 11-39
azimuth, 11-39

-B-
bar chart, 11-29, 11-32
bar(), 11-32
base class, 8-18
BeautifulSoup, 13-3, 13-14, 13-22, 13-24
best, 11-13
Big5, 8-2
bin, 11-34
Binary file, 8-2, 8-10
Binary image, 14-8, 14-22
binary, 2-3
Blue, 14-24
bool(), 2-11
bool, 2-5, 14-4, 14-23
Boolean type, 2-5
Boolean, 2-11
break, 1-24, 4-20, 4-21, 4-23, 4-26
Broadcasting, 9-24, 10-24

Built-in constant, 2-7
built-in, 3-2
bullet points, 13-10
by, 12-21
byte string, 8-13
bytes(), 8-11, 8-12
bytes, 8-6, 8-10, 8-13, 10-33

-C-
canny(), 14-30
capitalize(), 3-18
Cascading Style Sheets, 13-11
ceil(), 10-2
center, 11-13
center left, 11-13
center(), 3-24
Channel, 14-4, 14-10
Character, 2-5, 3-9, 3-13, 3-15
choice(), 9-13, 9-14
chr(), 3-13
clabel(), 11-36
Class attribute, 7-9
Class method, 7-9
class, 1-24, 3-17, 7-3, 7-18
clear(), 6-25
Client, 13-4
clip(), 14-20
close(), 8-3, 8-5, 8-6
Colab, 1-3
Color bar, 14-16
Color map, 11-31
colorbar(), 11-31
colorbar, 14-25
colormap, 11-37, 14-5
column index, 12-9, 12-10
column, 4-15, 12-8, 12-9
Comma-Separated Values, 8-8

Comments, 1-27
Comparison operator, 2-9
concat(), 12-25, 12-30
concatenate(), 9-33
constant value, 14-27
continue, 1-24, 4-23, 4-20
Contour plot, 11-35
contour(), 11-36
contour3D(), 11-37
contourf(), 11-36
Contrast, 14-7, 14-28
Copilot, 1-28
copy(), 6-2, 9-23
Copy, 9-21, 9-22, 9-25
CSS, 13-11
CSV, 8-8, 12-9, 12-39
csv, 8-8
cumulative, 11-34

-D-
Data Parser, 13-3
DataFrame, 12-2, 12-8
DataFrame(), 12-9
Debug, 1-27
Decorator, 7-9
deepcopy(), 6-30
def, 1-24, 5-2, 5-34, 5-37
default_rng(), 9-13
define, 5-2
del, 1-24, 3-19
delete, 3-19
describe(), 12-35
determinate, 10-22
dict(), 6-22
dict, 4-9, 6-22, 12-2
dictionary, 5-10, 6-22
difference(), 6-19

disk(), 14-33, 14-35
DOC, 8-2
dot product, 10-21
dot(), 10-21
drop(), 12-25
dropna(), 12-5, 12-11, 12-12
dtype, 12-4, 14-3
dtypes, 12-4, 12-10
dump(), 8-13
Dynamic Scraping, 13-3
Dynamically typed, 2-6

-E-
eigenvalues, 10-22
eigenvectors, 10-23
eigvals(), 10-23
Elements, 13-11, 13-12
elev, 11-39
elevation, 11-39
elif, 1-24, 4-5
else, 1-24, 4-3, 4-25, 8-18
else-if, 4-5
Encapsulation, 7-20
encoding, 8-2
end, 2-19, 5-16
enumerate(), 5-28, 5-32
equalize_adapthist(), 14-28
equalize_hist(), 14-28
Escape sequence, 2-20
eval(), 2-16, 2-25
Excel, 12-8
except, 1-24, 8-18
Exception, 8-15, 8-18
EXE, 8-2
exit, 1-7
Explicit, 2-16
explode, 11-33

extend(), 3-33

Extension, 1-10

-F-

Factorial, 5-23

Factors, 4-29

False, 1-24, 2-5, 2-7, 2-10, 3-29, 4-25, 5-8, 6-19, 10-5, 14-8, 14-22

Fancy indexing, 9-19, 9-21, 12-17

figsize, 11-6

figure(), 11-5

fill, 11-36

fill_value, 12-29

fillna(), 12-5, 12-11, 12-12

finally, 1-24, 8-18

find(), 13-16, 13-26

find_all(), 13-16, 13-26

flatten(), 9-25

float(), 2-16, 2-25

float, 2-27, 2-4, 14-4, 14-5, 14-23

float64, 14-10

floor(x), 10-4

font size, 13-9

for, 1-24, 4-9, 4-14, 4-24, 4-30, 6-4, 9-11

for-else, 4-25, 4-26

format, 2-21

from, 1-24

frombuffer(), 10-33, 10-34

f-string, 2-21

FuncAnimation(), 11-41, 11-42

Function, 11-41

-G-

gaussian(), 14-32

Generator expression, 5-3

Generator Iterator, 5-34

get(), 6-24

GET, 13-4, 13-5, 13-24

get(), 13-15

get_data(), 11-41

getter, 7-27

GIF, 11-41, 11-42, 14-2

Global Variable, 5-21

global, 1-24, 5-22

Green, 14-24

grid(), 11-17

group_keys, 12-21

groupby(), 12-21, 12-24

-H-

hash(), 6-14

Hashable, 6-14

Hashing, 6-16

head(), 12-10

header, 12-41

hex(), 2-18

hexadecimal, 2-3, 2-18

hist(), 11-34

Histogram equalization, 14-28

histogram, 11-29, 11-34

Horizontal, 9-29

href, 13-18, 13-32

hsplit(), 9-30

hstack(), 9-30, 9-32

HSV, 14-24

HTML, 8-2, 11-41, 13-7, 13-15

HTTP, 13-4

http://, 13-20

https://, 13-20, 13-28

Hue, 14-24

Hyperlink, 13-7

HyperText Markup Language, 13-7

hypertext reference, 13-10

HyperText Transfer Protocol, 13-4

-I-

id(), 5-8
Identifier, 1-22, 1-23, 13-10
if, 1-24, 4-2, 4-7, 4-28
if-elif-else, 4-5
if-else, 4-3, 4-4, 4-7, 4-28, 8-16
ignore_index, 12-26
iio, 14-3
iloc, 12-14
Image inpainting, 14-36
image, 14-2
imageio, 14-2
imageio.v3, 14-2
Imaginary number, 2-4
imaginary part, 2-4
img_as_float(), 14-23
img_as_ubyte(), 14-23
Immutable, 5-7, 6-8, 6-14, 8-11
Implicit, 2-16
import, 1-24, 3-3, 8-29, 9-4
imread(), 14-2
imshow(), 14-6
imwrite(), 14-2, 14-13
in, 1-24, 3-29, 6-16, 6-24, 12-6
Indent, 4-2
index, 3-15, 12-2, 12-5, 12-7
IndexError, 8-15
inf, 2-4
infinity, 2-4
Inheritance, 7-14
init, 7-3
initialize, 7-3
Inner loop, 4-15
inpaint_biharmonic(), 14-36
inpainting, 14-36
inplace, 12-5
input(), 2-19, 2-25
insert(), 12-27

Instance method, 7-6
instance, 7-3
int(), 2-16, 2-18, 2-25, 8-19
int, 2-3, 7-3
int64, 10-10, 12-23
integer location, 12-14
integer, 2-18
Interactive Window, 1-20
Interning pool, 5-11
Interning, 5-11
inversion, 10-22
is alphanumeric, 3-20
is, 1-24, 3-20, 5-8, 6-20
isalnum(), 3-20
isdigit(), 3-20
isdisjoint(), 6-18
isinstance(), 7-18
isna(), 12-5, 12-12
issubset(), 6-18
issuperset(), 6-18
items(), 6-24
iter(), 5-30
Iterable, 4-9, 5-29
Iteration, 4-9
Iterator, 5-28, 5-29

-J-

Jaccard, 6-20
join(), 3-27
JPEG, 14-2, 14-14

-K-

key, 5-27, 12-10
keys(), 6-24
Key-value pair, 6-22
Keyword parameters, 5-18
Keyword, 1-24, 7-16

-L-

lambda, 1-24, 5-25
language, 13-10
LaTex, 11-22
LCG, 5-35
left, 3-23
legend, 11-14
len(), 3-28, 6-9, 6-14, 6-16
linalg, 10-22
Line2D, 11-41, 11-43
linear algebra, 10-22
Linear Congruential Generator, 5-35
linear space, 9-11
linewidth, 11-16, 11-20
linspace(), 11-5
linspace, 9-11
List comprehension, 4-28
list item, 13-10
list(), 3-26, 8-11
list, 3-7, 3-26, 3-31, 6-2, 10-8, 12-2
ListedColormap, 14-15
Literal constant, 2-6
Literal, 1-22
ljust(), 3-24
load(), 8-13, 10-34
loads(), 8-13
loc, 11-13, 12-14
Local Variable, 5-21
log, 10-2
Logical operator, 2-10
lower camel case, 1-24
lower case, 3-18
lower right, 11-13
lst.copy(), 6-6

-M-

Major ticks, 11-17

Mangling, 7-23
markerfacecolor, 11-16
markersize, 11-16
mask, 9-18
math, 3-3
matmul(), 10-21
Matplotlib, 11-2, 12-2, 12-38, 14-12
matplotlib.animation, 11-41
max(), 3-28, 6-9, 6-14, 6-16
maximum(), 10-4
mean(), 12-35
Median filter, 14-33
median(), 14-33
meshgrid(), 11-35
Method, 3-18, 7-3
Microsoft JhengHei, 11-15
min(), 3-28, 6-9
Missing value, 12-5
mod, 5-36
mode, 8-2
Module, 3-3, 8-24
Mutable, 5-7, 6-2

-N-

na, 12-5
na_position, 12-33
Name mangling, 7-23
NaN, 12-7, 12-10, 12-12, 12-36
ndim, 9-6
Nested, 4-7
new line, 2-19
newaxis, 9-26
next(), 5-30
None, 1-24, 2-7, 5-2, 5-30, 6-26, 9-27
not available, 12-5
not in, 6-24
not, 1-24, 2-10

notna(), 12-5, 12-12
np, 9-4, 12-2
Numeral, 2-2
NumPy, 9-2, 9-4, 10-3, 12-2
npy, 10-34

-O-
object, 3-17, 10-34
observed, 12-21
oct(), 2-18
octal, 2-3, 2-18
OOP, 7-16, 7-27
open(), 8-2, 8-6
Operand, 1-22, 2-8
Operator, 1-22, 2-8
or, 1-24, 2-10
ord(), 2-10, 3-9, 3-13
order, 14-28
Ordered, 6-2
Orderless, 6-14
ordinal, 2-10, 3-9
orientation, 11-39
Outer loop, 4-15
Overflow, 14-19
Overriding, 7-17

-P-
Package, 8-24, 8-25
page, 9-7
Pandas, 12-2
Paragraph, 13-9
Parameters, 5-2
pass, 1-24, 4-20, 4-24
pd, 12-2
Pepper and salt, 14-33
Perimeter, 7-2
permutation(), 9-14
pickle, 8-13, 12-39

pie chart, 11-29, 11-32
pie(), 11-32
Pillow, 11-42
PillowWriter(), 11-42
Placeholder, 2-23, 4-24
plot(), 11-4, 11-9, 11-40
plot, 11-2
plot_surface(), 11-37
plt, 11-2
PNG, 14-2
Polymorphism, 7-14, 7-17
pop(), 6-25
popitem(), 6-25
position, 11-13
Positional parameters, 5-18
Precision loss, 2-4
precision, 10-6
print(), 1-24, 2-19
printoptions, 10-8
Program, 1-22
property_name, 7-29
pyplot, 11-2
Python plot, 11-2

-R-
raise, 8-21
randint(), 4-19
random number generator, 9-13
random, 3-7, 4-19, 9-11
range(), 3-31, 4-14, 9-4
Rank, 10-24
ravel(), 9-25
ravel_multi_index(), 10-13
read(), 8-5
read_csv(), 12-41
read_pickle(), 12-41
readline(), 8-5

readlines(), 8-5
Real number, 2-4
real part, 2-4
Red, 14-24
reindex(), 12-20, 12-24
Relative Path, 13-19
remove(), 3-34
REPL, 1-20, 1-24
replace, 9-13
requests, 13-3, 13-15
rescale(), 14-26, 14-28
Reserved word, 1-24
reshape(), 9-25, 9-33, 14-17
Residuals, 10-23
resize(), 14-26, 14-28
Return value, 5-2
return, 1-24, 5-2, 5-25, 5-34, 10-32
Re-use, 7-14
reverse(), 6-2
rfind(), 3-22
RGB, 14-4, 14-12, 14-24
rgb2gray(), 14-25
RGBA, 14-4, 14-12
right, 3-22, 3-23
rjust(), 3-24
rmax, 11-28
rotate(), 14-26
round half to even, 3-2
row index, 12-3, 12-9, 12-10
row, 4-15, 12-8
rticks, 11-28
Runtime Error, 8-15
rwidth, 11-34

-S-

Saturation, 14-24
save(), 10-34
savefig(), 11-11
savez(), 10-34
Scalar, 9-5
scatter plot, 11-29
scatter(), 11-30, 11-40
Scikit-image, 14-2
scilimits, 11-23
Scope, 5-21
seed(), 3-8
seek(), 8-6
self, 7-3, 7-5, 7-6
Semantic error, 1-26
sep, 2-19, 5-16
separator, 2-19
Series, 12-2
Series(), 12-3
set(), 6-14
set, 4-9, 5-10, 6-14
set_data(), 11-41
set_printoptions(), 10-6
set_rlabel_position(), 11-29
set_title(), 11-20
set_visible(), 11-24
set_xscale() , 11-21
set_xticklabels(), 11-21
set_xticks(), 11-21
set_ylim(), 11-19
set_yscale('log'), 11-21
setdefault(), 6-27
setter, 7-27
shadow, 11-33
shape, 9-6, 9-18, 9-24
shares_memory(), 9-23
Sharpening, 14-32
show(), 11-5, 11-12
shuffle(), 3-7, 9-14
sigma, 14-30

Singular value, 10-24
size, 9-6
Skimage, 14-2, 14-22
skimage.data, 14-4
skimage.feature, 14-31
skimage.filters, 14-32
skimage.filters.rank, 14-33
skimage.morphology, 14-33
Slice, 3-29, 9-15, 9-17
Slicing, 3-15, 9-21
Smoothing, 14-32
snake_case, 1-24
sort(), 6-2, 10-17, 10-18
sort, 12-21
sort_index(), 12-33
sort_values(), 12-33
sorted(), 3-27, 5-27
Soup, 13-22
source, 13-10
Spider, 13-2
Spine, 11-24
spines, 11-19
split(), 3-27, 6-22, 9-31, 9-33
Split, 9-29
squeeze(), 9-26, 9-28
stack(), 9-31
Stack, 9-29
startswith(), 13-20
Statement, 1-22
Static method, 7-12
Static Scraping, 13-3
Stop words, 6-20
StopIteration, 5-30, 5-35
str(), 2-16
str, 3-19
string index out of range, 8-15
String, 2-2, 2-5, 3-9, 8-13

strip(), 8-5
style_string, 11-4
subplots(), 11-4, 11-7, 11-9, 11-27, 11-37
sum(), 3-28, 6-16, 10-8, 12-32, 12-35
super title, 11-20
super(), 7-16
suppress, 10-6
suptitle(), 11-20
swapaxes(), 14-17
Syntax error, 1-26
SyntaxError, 8-15

-T-
T, 9-24
Tab, 1-30, 3-23, 8-10
Tags, 13-9
tail(), 12-10
tell(), 8-6
Terminal, 1-7
Text file, 8-2
this, 6-20
threshold, 14-8
ticklabel_format(), 11-22, 11-23
ticks label, 11-21
ticks, 11-21
TIFF, 14-2
time(), 10-32
time, 10-32
to_pickle(), 12-41
tobytes(), 10-33
Toggle Chat, 1-28
Toggle, 1-31
transform, 14-26
Transpose, 9-24
True, 1-24, 2-5, 2-7, 3-29, 2-10, 5-8, 6-19
try-except-else-finally, 8-18, 13-25
tuple(), 6-8

tuple, 4-9, 5-10, 5-19, 6-8, 10-8, 10-14
TXT, 8-2
type(), 2-2, 3-17
TypeError, 8-23

-U-
uint16, 14-23
uint8, 14-4, 14-5, 14-10, 14-19, 14-20
Unicode, 3-10, 3-13
Uniform Resource Locator, 13-3
union() , 6-19
unique(), 10-16
unordered list, 13-10
Unpacking, 5-28
unravel_index(), 10-12, 10-29
unsharp_mask(), 14-32
update(), 6-25
upper case, 3-18
upper center, 11-13
upper left, 11-13
upper(), 7-2
URL, 13-3, 13-18, 13-22
User-defined constant, 2-7
utf-8, 8-2, 8-6

-V-
value, 12-5, 12-10
ValueError, 8-19
values(), 6-24
Variable, 2-6
Vertical, 9-29
View, 9-21, 9-23, 9-25
vmax, 14-7
vmin, 14-7, 14-15
vsplit(), 9-30
vstack(), 9-30, 9-32

-W-

wcwidth(), 3-25
Web Crawling & Scraping, 13-2
Web Scraper, 13-2
Web Server, 13-4
where(), 12-6, 12-12, 10-13, 10-14
while, 1-24, 4-17, 4-23
while-else, 4-25, 4-27
wide character width, 3-25
Window, 14-33
with open() as, 8-6
with printoptions(), 10-6
with, 1-24, 6-20, 10-7
Workspace, 1-15
write(), 8-3
writelines(), 8-3, 8-8

-Y-
yield, 1-24, 5-34, 5-37
y-limit, 11-19

-Z-
ZeroDivisionError
ZeroDivisionError, 8-15, 8-19, 8-21
zeros, 3-23
zip(), 5-28, 5-32

Python 教學手冊
第二版

Python 教學手冊 - 第二版

著作人	洪維恩
發行人	施威銘
發行所	旗標科技股份有限公司
	台北市杭州南路一段15-1號19樓
電話	(02)2396-3257(代表號)
傳真	(02)2321-2545
劃撥帳號	1332727-9
帳戶	旗標科技股份有限公司

新台幣售價： 680 元
西元 2025 年 9 月 二版 2 刷
行政院新聞局核准登記 - 局版台業字第 4512 號
ISBN 978-986-312-836-6

學生團體訂購專線：(02) 2396-3257 轉 362 / 傳真專線：(02) 2321-2545